Riedler

J. M. G. Cowie

**Chemie und Physik
der synthetischen Polymeren**

J. M. G. Cowie

Chemie und Physik der synthetischen Polymeren

Ein Lehrbuch

Aus dem Englischen übersetzt
von Heike Mauermann-Düll

Das vorliegende Werk wurde sorgfältig erarbeitet. Dennoch übernehmen Autoren und Verlag für die Richtigkeit von Angaben, Hinweisen und Ratschlägen sowie für eventuelle Druckfehler keine Haftung. Die Wiedergabe von Gebrauchsnamen, Handelsnamen, Warenbezeichnungen usw. in diesem Buch berechtigt auch ohne besondere Kennzeichnung nicht zu der Annahme, daß solche Namen im Sinne der Warenzeichen- und Warenschutzgesetzgebung als frei zu betrachten wären und daher von jedermann benutzt werden dürfen.

Teile dieser Übersetzung basieren auf dem Werk „Cowie, Chemie und Physik der Polymeren, 1. Aufl., 1976, Verlag Chemie, Weinheim". Mit freundlicher Genehmigung der VCH-Verlagsges.mbH und der Übersetzerin, Dr. Gabriele Disselhoff.

Originalausgabe:
© 1991, J. M. G. Cowie
Authorised translation from English language edition "Polymers: Chemistry and Physics of Modern Materials" (2nd Edition)
published by Blackie Academic and Professional, an imprint of Chapman & Hall, London, UK

Der Verlag Vieweg ist ein Unternehmen der Bertelsmann Fachinformation GmbH.

Druck und buchbinderische Verarbeitung: Lengericher Handelsdruckerei, Lengerich
Gedruckt auf säurefreiem Papier
Printed in Germany

ISBN 3-528-06616-4

Inhaltsverzeichnis

Vorwort

Als im Jahre 1973 die erste Auflage dieses Buches erschien, sollte sie zwei wichtigen Anforderungen gerecht werden. Zum einen sollte ein Buch vorgelegt werden, das auf einem grundlegenden Niveau einen breiten Überblick über die Polymerwissenschaft gibt und dabei deren interdisziplinären Charakter verdeutlicht. Zum anderen stand da der Wunsch, interessierten Studenten ein umfangreiches, aber günstiges Buch in die Hände zu geben. Die Reaktionen auf dieses Buch in den Jahren seit seinem Erscheinen waren sowohl überraschend als auch erfreulich und zeigten, daß die beiden Ziele erfüllt worden waren. Allerdings hat sich die Polymerwissenschaft in einer dramatischen Art und Weise weiterentwickelt. Entscheidende Fortschritte wurden insbesondere in der Synthese und der Anwendung neuer polymerer Materialien mit hoher Leistungsfähigkeit gemacht. Das Gebiet der Spezialpolymeren blühte auf und entwickelte sich rasend weiter; die Elektronikindustrie „entdeckte" die Nützlichkeit von Polymeren, und synthetische polymere „Metalle" wurden Realität. Diese aufregenden Entdeckungen machten eine Erweiterung des Buches unter Berücksichtigung dieser neuen Aspekte unbedingt erforderlich. Weiterhin habe ich auf konstruktive Kritik, die von einigen Kollegen über die Jahre geübt wurde, reagiert und daher einige Abschnitte geändert oder erweitert sowie einige neue Kapitel hinzugefügt.

Der interdisziplinäre Charakter der Polymerwissenschaft ist offensichtlich. Bei Polymeren handelt es sich um Materialien mit typischen mechanischen und physikalischen Eigenschaften, die durch ihre Struktur und den Syntheseweg gesteuert werden. Daher kann ein Wissenschaftler oder ein Ingenieur am meisten profitieren, wenn der interdisziplinäre Zugang von Beginn an herausgestellt wird, doch benötigt man auch einen sinnvollen Ausgangspunkt. Unter dieser Voraussetzung ist das Buch folgendermaßen aufgebaut: Darstellung, Charakterisierung, physikalische und mechanische Eigenschaften und letztendlich die Struktur-Eigenschaftsbeziehungen. In den sich hieran anschließenden Kapiteln werden einige Anwendungsbereiche für polymere Materialien diskutiert.

Natürlich konnten im Rahmen dieses Buches einige Aspekte nicht berücksichtigt werden, dennoch bin ich davon überzeugt, daß die durchgeführten Änderungen und Ergänzungen allgemeine Zustimmung finden und der Text als eine einführende Grundlage dient, so wie er auch ursprünglich gedacht war.

Mein Dank gilt den Herren Dr. Keith Stead und Dr. W. V. Steele, deren Kommentare und konstruktive Kritik zur Verbesserung des Manuskripts beigetragen haben. Zum Schluß möchte ich dieses Buch meiner lange, aber geduldig leidenden Familie – Ann, Graeme und Christian – widmen.

J.M.G.Cowie

1 Einleitung

1.1 Die Geburt einer Idee

Was ist ein Makromolekül? Hätte man diese Frage in der zweiten Hälfte des 19. oder im ersten Viertel des 20. Jahrhunderts gestellt, so wäre sie entweder mit völlig verständnislosen Blicken oder - schlimmer - mit dem Spott von Teilen der wissenschaftlichen Gemeinschaft beantwortet worden. Bei dieser heute so wichtigen Fragestellung befaßt man sich mit Stoffen, die unser ganzes tägliches Leben derart durchdringen, daß wir in der Tat Schwierigkeiten hätten, sie zu umgehen. Polymere werden heute in vielfältiger Weise verwendet und gebraucht, sie werden ignoriert, kommentiert und normalerweise als gegeben akzeptiert. Einige dieser Substanzen sind neu und Produkte des Einfallsreichtums der Chemiker, andere kommen natürlich vor und werden vom Menschen seit Tausenden von Jahren gebraucht, wiederum andere bilden Bestandteile unseres Körpers. Alle Stoffe, die sich Polymere oder Makromoleküle nennen, sind Riesenmoleküle mit Molmassen von einigen Tausend bis hin zu Millionen.

Heute ist das Konzept eines Riesenmoleküls von Wissenschaftlern generell akzeptiert. Das war nicht immer so, denn die anfänglichen Bedenken gegenüber der Idee, daß kovalent gebundene Riesenmoleküle existieren könnten, saßen tief und ließen sich nur schwer zerstreuen. Es scheint, daß insbesondere die verschiedenen Interpretationen kolloidalen Verhaltens ein Hindernis waren. Im Jahre 1861 unterschied der Schotte Thomas Graham zwischen *kristalloiden* Substanzen, die in Lösung leicht diffundieren konnten, und *kolloiden* bzw. leimartigen Substanzen, die nicht kristallisierten, hohe Viskositäten in Lösung aufwiesen und nur in gelöster Form langsam in Flüssigkeiten diffundierten. Er erklärte dieses voneinander abweichende Verhalten damit, daß Kristalloide kleine Teilchen seien, während Kolloide aus großen Teilchen bestünden. Dieser Schluß war für die meisten Wissenschaftler akzeptabel, jedoch kamen bei dem Versuch, eine Erklärung auf molekularer Ebene zu erstellen, Uneinigkeiten auf. Dieses Auseinanderdriften der Meinungen wird verkörpert durch den Gegensatz des physikalischen und des chemischen Ansatzes.

Die chemische Methode nahm an, daß kolloidale Stoffe große Moleküle seien und daß ihr Verhalten durch die Molekülgröße erklärt werden kann. Der physikalische Ansatz bevorzugte ein Konzept, bei dem sich die Molekülgrößen nicht von den Dimensionen kristalliner Materialien unterschieden, das kolloidale Verhalten jedoch eine Folge der Aggregierung kleiner Moleküle in Lösung sei, die durch physikalische Kräfte und nicht durch chemische Bindungen zusammengehalten würden.

Die physikalische Erklärung dominierte, weil sie der chemischen Methodik dieser Zeit entsprach. Die klassische organische Chemie verlangte die sorgfältige Präparation und Untersuchung reiner Stoffe mit wohldefinierten Schmelzpunkten, Siedepunkten und Molmassen. Selbst wenn experimentelle Messungen auf die Existenz großer Moleküle hinwiesen, wurden die Daten so gedeutet, daß sie dem physikalischen Modell entsprachen. So wurde für Kautschuklatex, der kolloidales Verhalten aufwies, die korrekte Strukturformel I für die individuellen Bestandteile ermittelt, dennoch wurde angenommen, er habe die Ringstruktur II.

$$
-CH_2-\overset{\overset{\displaystyle CH_3}{|}}{C}=CH-CH_2- \quad ; \quad
\left[\begin{array}{l}
CH_2-\overset{\overset{\displaystyle CH_3}{|}}{C}=CH-CH_2 \\
| \qquad\qquad\qquad\quad | \\
CH_2-\underset{\underset{\displaystyle CH_3}{|}}{C}=CH-CH_2
\end{array}\right]_x
$$

I   II

Man vermutete, daß diese Ringe große Aggregate in den Latexteilchen bilden. Dieses Konzept war notwendig, um die Massen zwischen 6500 und 10^5, die durch kryoskopische und ebullioskopische Messungen von Kautschukteilchen in Lösung errechnet wurden, in Übereinstimmung mit dem physikalischen Modell zu erklären.

So blieb es bei der Irrmeinung, daß nur kleine Moleküle als chemische Einheiten existent sind. Die Mehrheit der Wissenschaftler zog die Möglichkeit einer langen Kette im Gegensatz zur ringbildenden Struktur II als Alternative zur Erklärung der hohen Molmassen nicht ernsthaft in Betracht. Ähnliche Untersuchungen von Stärke, Cellulose und Proteinen zeigten die Existenz hochmolekularer Teilchen, aber auch hier wurde die Aggregat-Hypothese als Interpretation bevorzugt.

Man sollte dem Irrtum, ein uns einleuchtendes Konzept nicht zu akzeptieren, jedoch nicht allzu kritisch gegenüber stehen. Erreichtes Wissen ist eine verführerisch komfortable Arbeitsumgebung, und es braucht eine willensstarke und vielleicht ebenso dogmatische Person, um aus diesen Strukturen auszubrechen. Der deutsche organische Chemiker Hermann Staudinger erwies sich als eine solche Person. Aufbauend auf den Beobachtungen des englischen Chemikers Pickles (der ein Mitskeptiker war), die Zweifel an der Existenz physikalischer Aggregationskräfte in kolloidalen Systemen aufkommen ließen, und auf seine eigene Arbeit über die Viskosität von Materialien mit kolloidalem Verhalten, begann er einen langen Kampf der Meinungswandlung. Von 1927 an gelang es ihm, wenn auch nur langsam, andere Chemiker davon zu überzeugen, daß kolloidale Stoffe, wie Kautschuk, Stärke und Cellulose, in der Tat lineare, fadenartige Moleküle unterschiedlicher Länge sind, zusammengesetzt aus kleinen definierten molekularen Einheiten, die kovalent miteinander verbunden Makromoleküle oder Polymere formen.

Die Aufgabe war nicht leicht. Er wurde von Kollegen gefragt, warum er das „wunderbare Gebiet der niedermolekularen Chemie" aufgeben und sich der „Schmierenchemie" zuwenden wolle. Selbst Ende der 20er Jahre erhielt er den folgenden Hinweis: „Lieber Kollege, ich möchte Ihnen raten, die Idee großer Moleküle zu verwerfen, da es keine organischen Moleküle mit Molmassen über 5000 gibt. Reinigen Sie Ihre Produkte, wie beispielsweise Gummi, und sie werden kristallisieren und sich als niedermolekulare Substanzen erweisen."

Obwohl das Image der Polymerchemie als „Schmierenchemie" in einigen Kreisen der Chemie nur schwer zu entkräften war, erwies sich eben diese Schmiere als eine reiche wissenschaftliche Goldader. Wie reich läßt sich nur ermessen, indem man sich tief in das „eingräbt", was sich zu einem der aufregendsten und vielseitigsten Gebiete der Wissenschaft entwickelt hat und wo die Innovationsmöglichkeiten schier grenzenlos erscheinen.

1.2 Einteilung

Aufgrund der Vielfalt von Funktion und Struktur, die man auf dem Gebiet der Makromoleküle vorfindet, ist es vorteilhaft, ein Schema zu entwerfen, das die Materialien - wie im folgenden gezeigt - in bestimmte Gruppen einteilt.

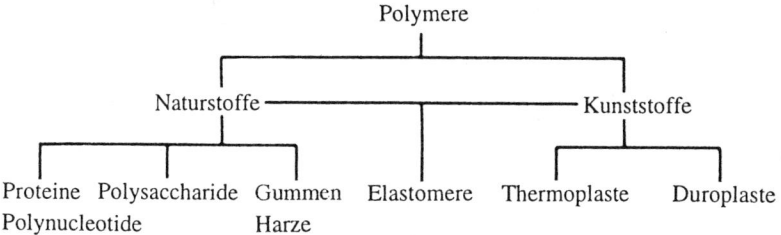

Natürliche Polymere haben im allgemeinen kompliziertere Strukturen als synthetische; im Rahmen dieses Buches werden wir uns nahezu ausschließlich mit den letztgenannten befassen. Elastomere können sowohl natürlichen als auch künstlichen Ursprungs sein und werden hier als eine gemeinsame Untergruppe geführt. Der allgemeine Begriff Elastomeres wird zur Beschreibung kautschukähnlicher Materialien verwendet, da nunmehr eine große Vielzahl synthetischer Produkte mit deutlich von Naturkautschuk abweichenden Strukturen existiert, deren elastische Eigenschaften aber vergleichbar oder manchmal sogar besser als das Original sind.

1.3 Einige grundlegende Definitionen

Um die Polymerwissenschaft in den richtigen Rahmen einzuordnen, müssen wir das Gebiet auf einer möglichst breiten Basis untersuchen. Es ist sinnvoll, Polymere zunächst auf molekularer Ebene und erst dann als Materialien zu betrachten. Diese beiden Betrachtungsweisen können miteinander in Beziehung gebracht werden, indem man die verschiedenen Gesichtspunkte in der Reihenfolge Synthese, Charakterisierung, mechanisches Verhalten und schließlich Anwendungen untersucht. Bevor jedoch die Chemie und Physik im Detail diskutiert werden, müssen einige Grundbegriffe eingeführt werden, um den notwendigen Hintergrund für eine derartige Erschließung zu schaffen. Wir müssen wissen, was ein Polymeres ist, wie es benannt und hergestellt wird. Außerdem ist es nützlich, klarzustellen, welche physikalischen Eigenschaften von Bedeutung sind. Es ist daher notwendig, die Molmasse und die Molekulargewichtsverteilung zu definieren, eine Vorstellung über Molekülgröße und -gestalt zu gewinnen und die wichtigsten Temperaturübergänge zu erkennen.

Ein *Polymeres* ist ein großes Molekül, das aus zahlreichen kleineren Grundbausteinen, die als *Monomere* bezeichnet werden, aufgebaut ist, die in jeglicher vorstellbarer Weise kovalent miteinander verknüpft sind. In einigen Fällen ist es präziser, die Struktur- oder Wiederholungseinheit als einen *Monomerrest* zu bezeichnen, da im Verlauf einiger Polymerisationsprozesse Atome oder Atomgruppen aus der einfachen Monomereinheit eliminiert werden.

Die notwendige Voraussetzung, die ein kleines Molekül zum Monomeren oder zum „Baustein" qualifiziert, ist der Besitz von zwei oder mehr Verknüpfungsstellen, mit Hilfe derer es mit anderen Monomeren verbunden werden kann, um so die Polymerkette zu bilden. Die Zahl dieser Verknüpfungsstellen wird als *Funktionalität* bezeichnet. Monomere, wie eine Hydroxycarbonsäure (HO-R-COOH) oder Vinylchlorid (CH_2=CHCl) sind bifunktionell. Die Hydroxycarbonsäure kann mit anderen Hydroxycarbonsäure-molekülen mittels der OH- und COOH-Gruppen kondensieren und so ein lineares Polymeres bilden. Die Polymerisationsreaktion besteht in diesem Fall aus einer Serie einfacher organischer Reaktionen entsprechend:

$$ROH + R'COOH \rightleftharpoons R'COOR + H_2O$$

Die Doppelbindung einer Vinylverbindung ist ebenfalls bifunktionell; die Aktivierung durch freie Radikale oder Ionen führt ebenfalls zur Bildung von Polymeren gemäß:

$$CH_2{=}CHCl + R^{\cdot} \rightarrow RCH_2{-}CHCl{-}CH_2{-}CHCl \sim^{\cdot}$$

Bifunktionelle Monomere formen lineare Makromoleküle, während aus polyfunktionellen, d.h. aus Monomeren mit drei oder mehr Verknüpfungsstellen, wie beispielsweise Glycerin (CH_2OH-CHOH-CH_2OH), verzweigte Makromoleküle gebildet werden können. Diese können sich zu großen dreidimensionalen Netzwerken weiterentwickeln, die neben den Netzbrücken auch Verzweigungen enthalten.

Wird bei der Synthese eines Makromoleküls nur eine Art von Monomer verwendet, so bezeichnet man das Produkt als *Homopolymeres*, häufig auch einfach nur als Polymeres. Sind die Ketten aus zwei Arten von Monomereinheiten zusammengesetzt, so handelt es sich bei dem Material um ein *Copolymeres* und bei drei verschiedenen um ein *Terpolymeres*.

Copolymere aus bifunktionellen Monomeren können in vier Hauptklassen unterteilt werden:

I. statistische Copolymere, bei denen die Verteilung der zwei Monomeren in der Kette im wesentlich zufällig ist, aber unbeeinflußt durch die unterschiedlichen Reaktivitäten der Monomeren,

$\sim$ AAABABBABABBBBABAAB $\sim$

II. alternierende Copolymere mit einer regelmäßigen Anordnung entlang der Kette,

$\sim$ ABABABABAB $\sim$

III. Blockcopolymere, die aus längeren Sequenzen oder Blöcken eines jeden Monomeren bestehen,

$\sim$ AAAAAABBBBBAAAA $\sim$

IV. oder Pfropfcopolymere, bei denen Blöcke eines Monomeren auf das Gerüst des anderen Monomeren aufgepfropft sind.

```
B                 B
B                 B
B                 B
B                 B
AAAAAAAAAAAAAAAAA
        B
        B
        B
        B
```

1.4 Synthese von Polymeren

Die Umwandlung von Monomeren in Polymere bezeichnet man als *Polymerisation,* und die beiden wichtigsten Verfahren sind das *schrittweise Wachstum* und die *Addition.* Eine schrittweise Polymerisation wird für Monomere mit funktionellen Gruppen, wie -OH, -COOH, -COCl, etc. verwendet und ist normalerweise, aber nicht immer, eine Folge von Kondensationsreaktionen. Folglich unterscheidet sich die Mehrzahl der in dieser Weise gebildeten Polymere geringfügig von den ursprünglichen Monomeren, da im Verlauf der Reaktion ein kleines Molekül abgespalten wird. So entsteht beispielsweise bei der Reaktion von Ethylenglykol und Terephthalsäure ein Polyester, der unter dem Namen Trevira besser bekannt ist.

$$n\,HO(CH_2)_2OH + n\,HOOC\!-\!\!\bigcirc\!\!-\!COOH \rightarrow \left(\!-O(CH_2)_2O \cdot \underset{O}{\overset{\parallel}{C}}\!-\!\!\bigcirc\!\!-\!\underset{O}{\overset{\parallel}{C}}\!-\!\right)_n$$

$$+ (2n - 1)\,H_2O$$

Die Additionspolymerisationen sind im Falle olefinischer Monomere Kettenreaktionen, die Monomere in Polymere umwandeln, indem die Öffnung der Doppelbindung mit einem Radikal- oder ionischen Initiator hervorgerufen wird. Das Produkt hat dann die gleiche chemische Zusammensetzung wie das Ausgangsmaterial, z.B. entsteht aus Acrylnitril Polyacrylnitril, ohne daß ein kleines Molekül eliminiert wird.

$$n\,CH_2\!=\!CHCN \rightarrow \sim\!\!\left(\!CH_2CHCN\!\right)_n\!\sim$$

Die Länge der Molekülketten, die ihrerseits von den Reaktionsbedingungen abhängt, kann durch Messungen der Molmassen bestimmt werden.

1.5 Nomenklatur

Die sicherste Methode, ein Polymeres zu benennen, basiert auf seiner Herkunft, allerdings ist eine Vielzahl von Handelsnamen gebräuchlich. Bei Polymeren, die aus Polyadditionsreaktionen hervorgegangen sind, wird die Vorsilbe Poly- vor den Namen des Monomeren gesetzt und somit bezeichnen die Begriffe Polyethylen, Polyacrylnitril oder Polystyrol Polymere, die aus den gleichnamigen Monomeren hergestellt wurden. Hat ein Monomeres einen Namen, der sich aus mehreren Worten zusammensetzt oder trägt es Substituenten, so wird der Name in Klammern geschrieben und trägt die Vorsilbe Poly-, z.B. Poly(methylmethacrylat), Poly(vinylchlorid), Poly(ethylenoxid), etc.

Polymere, die durch Selbstkondensation eines einzigen Monomeren, wie beispielsweise ω-Aminolaurinsäure, hergestellt werden, benennt man in gleicher Weise. Folglich heißt das Polymere Poly(ω-aminolaurinsäure), allerdings wird es auch als Nylon-12 bezeichnet. Da das Material zudem über eine ringöffnende Polymerisation von Lauryllactam zugänglich ist, ist auch die Bezeichnung Poly(lauryllactam) möglich. Beide Namen sind korrekt.

Die IUPAC hat versucht, die Nomenklatur regulärer, einsträngiger organischer Polymerer zu formalisieren und hat eine Reihe von Vorgehensweisen vorgeschlagen. Einige sind im Anschluß kurz beschrieben.

Der erste Schritt ist die Auswahl der *konstitutionellen Wiederholungseinheit* (constitutional repeat unit, CRU), die eine oder mehrere Untereinheiten enthalten kann. Der Name des Polymeren ist dann der Name der CRU in Klammern mit der Vorsilbe Poly. Vor der Namensgebung muß die CRU korrekt orientiert werden. Das bedeutet, daß die Bestandteile höchster Priorität auf der linken Seite stehen. In der Folge abnehmender Priorität wären dies heterocyclische Ringe, Ketten mit Heteroatomen, carbocyclische Ringe und Ketten, die nur aus Kohlenstoffatomen bestehen, immer vorausgesetzt, daß eine solche Ordnung chemisch möglich ist.

So wäre -(-O-CH$_2$-CH$_2$-)- Poly(oxyethylen) und nicht -(-CH$_2$-CH$_2$-O-)- Poly(ethylenoxyd). Wenn die CRU einen Substituenten trägt, dann wird dieser so weit wie möglich nach links ausgerichtet. So wird

$$\text{+O—CH—CH}_2\text{+} $$
$$\qquad\quad | $$
$$\qquad\quad \text{CH}_3 $$

Poly(oxy-1-methylethylen) gegenüber

$$\text{+O—CH}_2\text{—CH+} $$
$$\qquad\qquad\quad | $$
$$\text{bevorzugt.} \quad \text{CH}_3 $$

In gleicher Weise wird eine komplexere CRU orientiert als

und Poly(3,5-pyridin-diyl-1,3-cyclohexen-oxymethylen) genannt. Weitere Beispiele sind in Tabelle 1.1 aufgeführt, für ein tiefergehendes Verständnis sei der Leser jedoch auf die Referenzen am Ende des Kapitels verwiesen.

1.6 Mittlere Molmassen und Molmassenverteilungen*

Das wichtigste Merkmal, welches ein synthetisches Molekül von einem niedermolekularen Stoff unterscheidet, ist die Tatsache, daß man einem Polymeren keine exakte Molmasse zuordnen kann. Das ist ein Folge davon, daß in einer Polymerisationsreaktion die Länge der gebildeten Kette ausschließlich von statistischen Ereignissen bestimmt wird. In einer Polykondensationsreaktion hängt die Kettenlänge von der Verfügbarkeit einer geeigneten reaktiven Gruppe und in einer Kettenreaktion von der Lebensdauer des Kettenträgers ab. Wegen der statistischen Natur des Wachstumsprozesses ist das Produkt unvermeidlich ein Gemisch von Ketten unterschiedlicher Länge, also eine *Verteilung* von Kettenlängen, die in vielen Fällen statistisch errechnet werden kann.

Ein Polymeres wird am besten durch seine Molmassenverteilung und die entsprechenden mittleren Molmassen charakterisiert. Die typische Verteilung, wie sie in Bild 1.1 dargestellt ist, kann mit verschiedenen Durchschnittswerten beschrieben werden. Da die Methoden zur Bestimmung der Molmassen von Polymeren auf verschiedenen Mittelungsverfahren beruhen, ist es sicherer, mehr als ein Verfahren zu verwenden, um so zwei oder mehr Mittelwerte zu erhalten und das Polymere vollständiger zu charakterisieren.

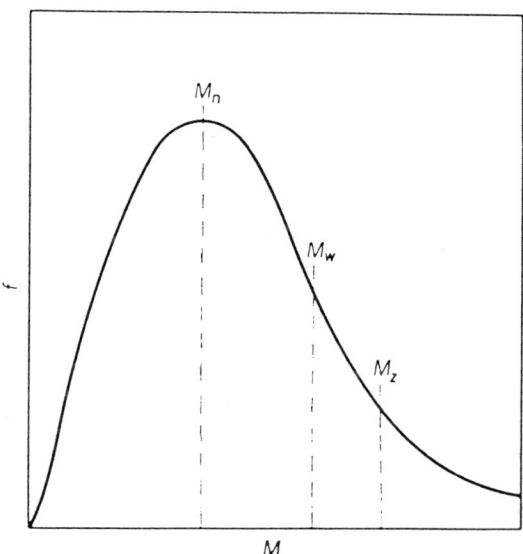

Bild 1.1: Typische Molmassenverteilung einer synthetischen Polymerprobe. Dabei ist f der Bruchteil der Probe im jeweils betrachteten Intervall von M.

---

*In diesem Buch wird die Größe *Molmasse* anstelle der in der Polymerchemie üblichen dimensionslosen Größe *Molekulargewicht* benutzt, dies gilt für alle Gleichungen in den folgenden Abschnitten.

Tabelle 1.1:   Nomenklatur einiger bekannter Polymere

Name	Struktur	Trivialname[*]
Poly(methylen)	$-(CH_2CH_2)_n-$	Polyethylen
Poly(propylen)	$-(CH-CH_2)_n-$ $\quad\ CH_3$	Polypropylen
Poly(1,1-dimethylethylen)	$\quad\ CH_3$ $-(C-CH_2)_n-$ $\quad\ CH_3$	Polyisobutylen
Poly(1-methyl-1-butenylen)	$-(C=CHCH_2CH_2)_n-$ $\quad\ CH_3$	Polyisopren
Poly(1-butenylen)	$-(CH=CHCH_2CH_2)_n-$	Polybutadien
Poly(1-phenylethylen)	$-(CH-CH_2)_n-$ (Phenyl)	Polystyrol
Poly(1-cyanoethylen)	$-(CH-CH_2)_n-$ $\quad\ CN$	Polyacrylnitril
Poly(1-hydroxyethylen)	$-(CH-CH_2)_n-$ $\quad\ OH$	Poly(vinylalkohol)
Poly(1-chlorethylen)	$-(CH-CH_2)_n-$ $\quad\ Cl$	Poly(vinylchlorid)
Poly(1-acetoxyethylen)	$-(CH-CH_2)_n-$ $\quad\ OOCCH_3$	Poly(vinylacetat)
Poly(1,1-difluorethylen)	$\quad\ F$ $-(C-CH_2)_n-$ $\quad\ F$	Poly(vinylidenfluorid)

[*] Anm. der Übersetzerin: Im deutschen werden die Trivialnamen im allgemeinen ohne Klammer geschrieben; aufgrund der im Text aufgeführten Regeln wird in diesem Buch die Klammerschreibweise konsequent beibehalten

Tabelle 1.1:   Nomenklatur einiger bekannter Polymere (Fortsetzung)

Name	Struktur	Trivialname
Poly[(1-methoxycarbonyl)ethylen]	$-(CH-CH_2)_n-$ $\quad$ COOCH$_3$	Poly(methylacrylat)
Poly[(1-methoxycarbonyl)-1-methylethylen]	CH$_3$ $-(C-CH_2)_n-$ COOCH$_3$	Poly(methylmethacrylat)
Poly(oxymethylen)	$-(OCH_2)_n-$	Polyformaldehyd
Poly(oxyethylen)	$-(OCH_2CH_2)_n-$	Poly(ethylenoxid) (bisweilen unter dem Namen Polyethylenglykol)
Poly(oxyphenylen)	$-(O-\!\!\bigcirc\!\!-)_n$	Poly(phenylenoxid)
Poly(oxyethylenoxyterephthaloyl)	$-(OCH_2CH_2OOC-\!\!\bigcirc\!\!-CO)_n-$	Poly(ethylenterephthalat)
Poly(iminohexamethylenimino-adipoyl)	$-(NH(CH_2)_6NHCO(CH_2)_4CO)_n-$	Poly(hexamethylen-adipinsäureamid)
Poly(difluormethylen)	F$\quad$F $-(C-C)_n-$ F$\quad$F	Poly(tetrafluorethylen)
Poly((2-propyl-1,3-dioxan-4,6-diyl)-methylen)	($\quad$—CH$_2$)$_n$ O$\quad$O C$_3$H$_7$	Poly(vinylbutyral)

Eine kolligative Methode, wie z.B. der osmotische Druck, zählt die Anzahl der vorhandenen Moleküle und ergibt eine *zahlenmittlere Molmasse* $\langle M \rangle_n$, die durch die folgende Gleichung definiert ist:

$$\langle M \rangle_n = \frac{\sum N_i M_i}{\sum N_i} = \frac{\sum w_i}{\sum (w_i / M_i)} \tag{1.1}$$

Dabei ist N_i die Zahl der Moleküle einer Spezies i mit der Molmasse M_i. Die spitzen Klammern $\langle \; \rangle$ deuten an, daß es sich um einen Mittelwert handelt, werden aber üblicherweise weggelassen.

Falls erforderlich, kann ein alternativer Ausdruck verwendet werden, der sich auf die Masse $w_i = N_i M_i / N_A$ bezieht, wobei N_A die Avogadro'sche Zahl darstellt.

Aus Lichtstreumessungen, einer Methode, die die Größe nicht aber die Zahl der Teilchen berücksichtigt, wird eine *gewichtsmittlere Molmasse* $\langle M \rangle_w$ erhalten, welche durch die Gleichung

$$\langle M \rangle_w = \frac{\sum N_i M_i^2}{\sum N_i M_i} = \frac{\sum w_i M_i}{\sum w_i} \tag{1.2}$$

definiert wird. Statistisch gesehen ist $\langle M \rangle_n$ einfach die erste Ableitung und $\langle M \rangle_w$ ist das Verhältnis der zweiten zur ersten Ableitung der Häufigkeitsverteilung.

Ein höherer Durchschnittswert, das z-Mittel, gegeben durch

$$\langle M \rangle_z = \frac{\sum N_i M_i^3}{\sum N_i M_i^2} = \frac{\sum w_i M_i^2}{\sum w_i M_i}, \tag{1.3}$$

kann mit Hilfe einer Ultrazentrifuge gemessen werden. Diese Methode liefert auch noch einen anderen sehr nützlichen Mittelwert, das $(z+1)$-Mittel

$$\langle M \rangle_{z+1} = \frac{\sum N_i M_i^4}{\sum N_i M_i^3}, \tag{1.4}$$

das oft zur Beschreibung mechanischer Eigenschaften gebraucht wird.

Ein Zahlenbeispiel soll dazu dienen, die Unterschiede zwischen den einzelnen Mittelwerten zu klären. Betrachten wir eine hypothetische Polymerprobe, die sich aus Ketten mit vier verschiedenen Molmassen zusammensetzt und zwar 100 000, 200 000, 500 000 und 1 000 000 g mol^{-1}, im Verhältnis 1 : 5 : 3 : 1. So ergeben sich:

$$M_n / \text{g mol}^{-1} = \frac{\left(1 \times 10^5\right) + \left(5 \times 2 \times 10^5\right) + \left(3 \times 5 \times 10^5\right) + \left(1 \times 10^5\right)}{1 + 5 + 3 + 1} = 3.6 \times 10^5$$

$$M_w / \text{g mol}^{-1} = \frac{\left\{1 \times \left(10^5\right)^2\right\} + \left\{5 \times \left(2 \times 10^5\right)^2\right\} + \left\{3 \times \left(5 \times 10^5\right)^2\right\} + \left\{1 \times \left(10^6\right)^2\right\}}{\left(1 \times 10^5\right) + \left(5 \times 2 \times 10^5\right) + \left(3 \times 5 \times 10^5\right) + \left(1 \times 10^5\right)} = 5.45 \times 10^5$$

und $M_z = 7{,}22 \times 10^5$ g mol^{-1}.

Die Breite der Verteilung wird durch die Berechnung der *Dispersität*[*] (M_w/M_n) abgeschätzt. Für viele Polymerisationen liegt dieser Wert bei etwa 2,0; doch können sowohl größere als auch kleinere Werte erhalten werden, so daß es sich hierbei bestenfalls um einen groben Anhaltspunkt handelt.

Eine alternative Methode zur Beschreibung der Kettenlänge eines Polymeren ist die Messung des *mittleren Polymerisationsgrades x*. Dieser gibt die Zahl der Monomereinheiten oder -reste in der Kette wieder und ist gegeben durch die Gleichung

$$x = M / M_0, \tag{1.5}$$

wobei M_0 die Molmasse des Monomeren oder Monomerrestes und M die entsprechende mittlere Molmasse des Polymeren ist. Daher hängt der Mittelwert von x davon ab, welcher Wert für M eingesetzt wird. Um Verwirrung zwischen dem Molenbruch x und dem mittleren Polymerisationsgrad x zu vermeiden, wird der letztere immer mit einem Index x_n oder x_w versehen, der gleichzeitig anzeigt, welches M bei der Berechnung in Gleichung (1.5) eingesetzt wurde.

1.7 Größe und Gestalt

Eine gewisse Vorstellung über die Größe eines Polymeren erhält man aus der Molmasse, aber man erhält keine Auskunft über die tatsächliche Länge der Kette und welche Gestalt sie besitzt. Um diese Frage zu beantworten, betrachten wir zunächst einmal ein ganz einfaches Molekül, wie z.B. Butan, und verfolgen das Verhalten dieses Moleküls, wenn es um die Achse rotiert, welche die Kohlenstoffatome 2 und 3 verbindet (siehe Bild 1.2).

Die Newman und „Sägebock"-Projektionen zeigen in Bild 1.2a den *trans*-Zustand mit dem Rotationswinkel $\phi = 180°$. Dies ist die stabilste Konformation, denn die beiden Methylgruppen sind hier am weitesten voneinander entfernt. Eine Rotation um die C_2-C_3-Achse ändert ϕ und bringt die Methylgruppen mit den gegenüberliegenden Wasserstoffatomen zur Deckung. Bei der letztendlich erreichten verdeckten (eclipsed) Konformation (siehe Bild 1.2b) wirkt eine zusätzliche abstoßende Kraft.

Der Verlauf der Rotation läßt sich durch Auftragung der Änderung des Potentials $V(\phi)$ gegen den Rotationswinkel, wie in Bild 1.3 gezeigt, verfolgen. Das resultierende Diagramm für Butan weist drei Minima bei $\phi = \pi$, $\pi/3$ und $5\pi/3$ auf, welche als die *trans*- und $\pm$*gauche*-Zustände bezeichnet werden. Aus dem tieferen Wert für den *trans*-Zustand kann man schließen, daß in dieser Konformation ein Zustand mit maximaler Stabilität vorliegt. Obwohl die beiden *gauche*-Zustände unwesentlich instabiler sind, lassen sich alle drei Minima als diskrete Rotationszustände betrachten. Die Maxima sind den verdeckten Konformationen und somit den Zuständen mit höchster Instabilität zuzuschreiben. Derartige Diagramme gelten jeweils nur für einen einzelnen Molekültyp und müssen nicht

---

[*] Anm. der Übersetzerin: Die Begriffe „Dispersität" (oder auch „Dispersitätsindex") und „Uneinheitlichkeit" werden häufig durcheinander geworfen. Die Uneinheitlichkeit U ist definiert als $U = (M_w / M_n) - 1$, denn nur ein einheitliches Polymeres ($M_w = M_n$) hat die Uneinheitlichkeit Null.

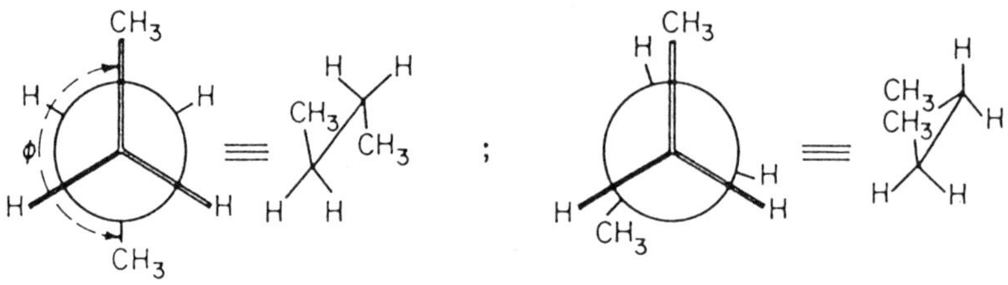

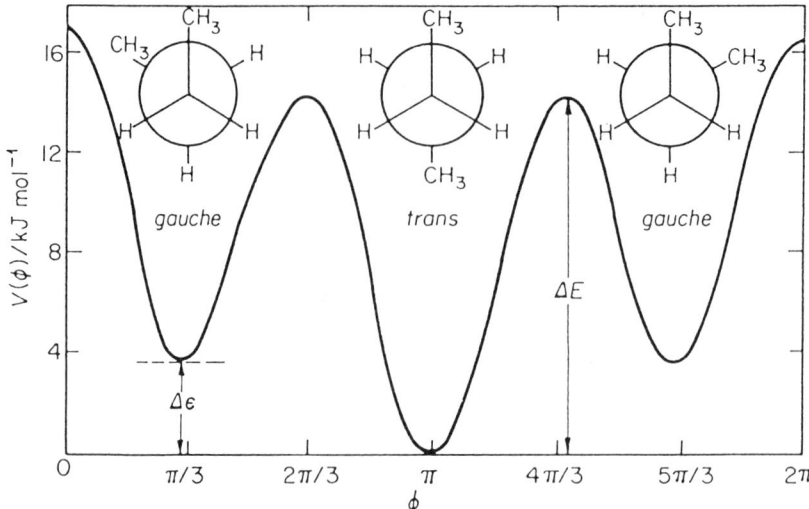

Bild 1.2:   Newman- und „Sägebock"-Projektionen für *n*-Butan; (a) gestaffelte (staggered)
Konformation mit $\phi = \pi$ und (b) verdeckte (eclipsed) Konformation.

zwingend symmetrisch sein. Das für Butan erstellte Diagramm ist dem für das einfache
Polymere Polyethylen -(-CH$_2$CH$_2$-)- jedoch sehr ähnlich, wenn man die beiden CH$_3$-Grup-
pen des Butans durch die Polymerketten auf beiden Seiten der Drehachse ersetzt. Das
Polymerrückgrat besteht aus einer Kette tetraedrischer Kohlenstoffatome, die kovalent so
miteinander verknüpft sind, daß das Molekül als eine gestreckte Zick-Zack-Kette mit *trans*-
Konformation dargestellt werden kann:

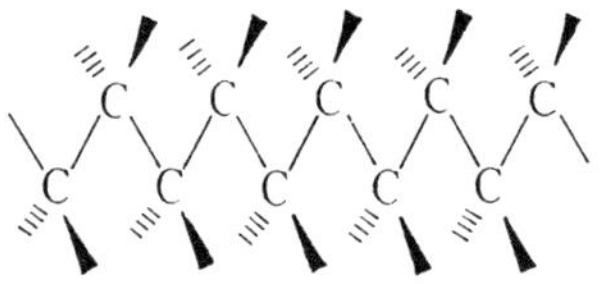

Für einen typischen Wert von $M = 1{,}6 \times 10^5$ g mol^{-1} enthält die Kette 10 000
Kohlenstoffatome. Im gestreckten Zick-Zack-Zustand mit einem Tetraederwinkel von 109°
und einer Bindungslänge von 0,154 nm wäre die Kette etwa 1260 nm lang und hätte

Bild 1.3:   Das Potential $V(\phi)$ als Funktion des Rotationswinkels ϕ für *n*-Butan.

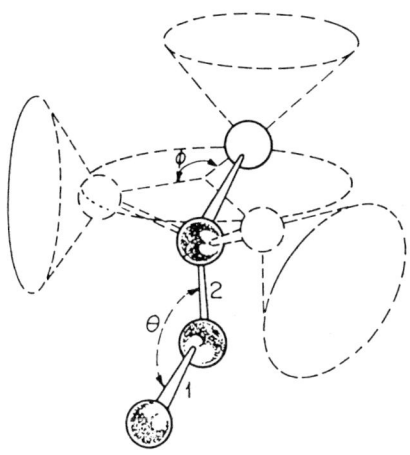

Bild 1.4: Schematische Darstellung der Rotationskegel, die die 3. und 4. Bindungen einer einfachen Kohlenstoffkette mit vorgegebenem Winkel θ ausführen können.

einen Durchmesser von 0,3 nm. In millionenfacher Vergrößerung läßt sich die Kette durch ein Stück Draht von 126 x 0,03 cm darstellen. Daraus folgt, daß Polyethylen ein langes, fadenähnliches Molekül ist, doch wie realistisch ist die Vorstellung einer gestreckten vollständigen *trans*-Konformation? Eine jede Gruppe bestehend aus vier Atomen in der Kette kann drei mögliche stabile Rotationszustände einnehmen. Somit bestehen für diese eine Kette insgesamt $3^{10\ 000}$ Anordnungsmöglichkeiten und nur eine einzige ist die reine *trans*-Konformation. Daher ist anzunehmen, daß obwohl die gestreckte *trans*-Konformation die niedrigste Energie besitzt, die wahrscheinlichste Konformation irgendein statistisch geknäuelter Zustand sein wird. Voraussetzung für diese Annahme ist, daß keine ordnenden Kräfte von außen einwirken und daß die Rotation um die Kohlenstoffbindungen nicht behindert wird. Die Vielfalt der möglichen Knäuelzustände kommt dadurch zustande, daß sich die Kette in eine *gauche*-Position dreht, bei der ein Atom aus der Ebene der benachbarten Bindungen herausgedreht wird. Sehr viel deutlicher wird dies, wenn man die verschiedenen Rotationskegel betrachtet, die bei einer Kette bei Rotation um nur zwei Bindungen auftreten können. Die Verteilung von *trans*- (*t*) und *gauche*- (*g*) Konformationen entlang der Kette ist eine Funktion der Temperatur und der relativen Stabilität des jeweiligen Zustandes. Daraus folgt, daß die Verteilung zwischen den beiden ungleich ist. Das Verhältnis der Anzahl der *trans*- (n_t) zu den *gauche*- (n_g) Konformationen ist durch einen Boltzmannfaktor gegeben und lautet

$$n_g / n_t = 2\exp(-\Delta\varepsilon / kT), \tag{1.6}$$

wobei k die Boltzmann-Konstante, $\Delta\varepsilon$ die Energiedifferenz zwischen den beiden Minima ist und der Faktor 2 aufgrund der beiden möglichen $\pm$*gauche*-Konformationen eingeführt wird. Für Polyethylen beträgt $\Delta\varepsilon$ etwa 3,34 kJ mol^{-1}, und die Werte für das Verhältnis (n_g/n_t) betragen bei Temperaturen von 100, 200 und 300 K 0,036, 0,264 bzw. 0,524 und zeigen somit, daß die Ketten mit zunehmender Temperatur immer weniger gestreckt

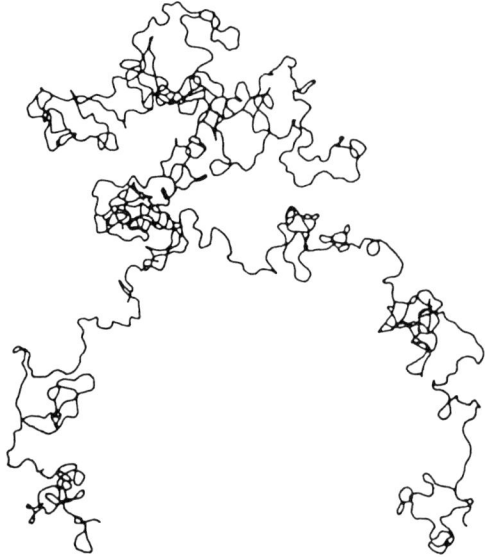

Bild 1.5:   Statistische Anordnung einer Polyethylenkette mit 1000 frei rotierenden C-C-Bindungen, wobei jede nachfolgende Bindung die statistische Wahl zwischen sechs gleichen Winkelpositionen hat (nach Treloar (1958), *Physics of Rubber Elasticity*).

vorliegen, sondern mehr und mehr verknäulen. Aufgrund der Rotationsmöglichkeit um die C-C-Bindungen befindet sich die Kette in einem Stadium permanenter Bewegung und geht kontinuierlich von einer geknäuelten Form in eine andere über, die bei der gegebenen Temperatur gleich wahrscheinlich ist. Die Geschwindigkeit dieser Konformationsum-wandlungen variiert mit der Temperatur (und natürlich auch von Polymerem zu Polymerem) und diktiert, wie später noch gezeigt wird, viele der physikalischen Eigenschaften eines Polymeren.

Die Höhe der Energiebarriere ΔE bestimmt die Geschwindigkeit der Umwandlungen zwischen den t- und den g-Zuständen und beträgt im Fall von Polyethylen etwa 16,7 kJ mol^{-1}. Ist ΔE groß (etwa 80 kJ mol^{-1}), so ist die Rotation stark erschwert; wird jedoch die Temperatur erhöht, nimmt auch der Anteil an den Molekülen zu, die eine Energie größer als ΔE besitzen, und die Rotation von einem in den anderen Zustand wird erleichtert.

Realistisch betrachtet wird eine Polymerkette durch eine lose geknäuelte Kugel (siehe Bild 1.5) weitaus besser beschrieben als durch ein gestrecktes Stäbchen. Für die in diesem Abschnitt behandelte, millionenfach vergrößerte Polyethylenkette besitzt ein Ball mit einem Durchmesser von 4 cm eine wahrscheinliche Größe.

Die Bezeichnung *Konformation* wurde hier genutzt, wenn auf die dreidimensionale geometrische Anordnung der Polymeren hingewiesen werden sollte, die sich leicht ändert, wenn die Moleküle um ihre Bindungen rotieren.

Es besteht die Tendenz, den Begriff *Konfiguration* gleichbedeutend zu benutzen, aber soweit wie möglich soll dieser Ausdruck solchen Vorgängen vorbehalten bleiben, bei denen die geometrischen Veränderungen der Kette auf Bindungsspaltungen beruhen.

1.8 Die Glasübergangstemperatur T_g und die Schmelztemperatur T_m

Bei ausreichend tiefen Temperaturen sind alle Polymeren harte, steife Festkörper. Mit steigender Temperatur gewinnt jedes Polymere schließlich so viel thermische Energie, daß sich seine Ketten frei genug bewegen können und es verhält sich wie eine viskose Flüssigkeit (vorausgesetzt, es findet kein thermischer Abbau statt). Es gibt zwei Wege, auf denen ein Polymeres vom festen in den flüssigen Zustand gelangt, wobei diese Wege von der inneren Ordnung der Ketten in der Probe abhängen. Die verschiedenen Typen sind in Bild 1.6 am Beispiel der Änderung des spezifischen Volumens schematisch dargestellt.

Im festen Zustand kann ein Polymeres vollständig amorph vorliegen, was bedeutet, daß die Ketten in der Probe absolut statistisch angeordnet sind. Die Volumenänderung bei amorphen Polymeren folgt der Kurve von Punkt A nach Punkt D. Im Bereich zwischen den Punkten C bis D ist das Polymere ein Glas, doch beim Erhitzen durchläuft es eine Temperatur T_g, die sogenannte *Glasübergangstemperatur*, oberhalb derer es weich und kautschukelastisch wird. Es handelt sich bei dieser Temperatur um ein entscheidendes Charakteristikum für eine polymere Substanz, da an diesem Punkt wesentliche Eigenschaftsänderungen auftreten; so läßt sich das Material oberhalb von T_g leichter verformen oder dehnen. Ein weiterer Temperaturanstieg entlang C-B-A resultiert darin, daß aus dem kautschukelastischen Polymeren eine viskose Flüssigkeit wird.

In einem vollständig kristallinen Polymeren würden alle Ketten in einem Bereich dreidimensionaler Ordnung eingebaut sein, welche als Kristallite bezeichnet werden. Da keine ungeordneten Ketten in der Probe vorhanden sind, würde man auch keinen Glasübergang beobachten. Beim Aufheizen würde das kristalline Polymer der Kurve H-B-A folgen, beim Punkt T_m^0 schmelzen und zu einer viskosen Flüssigkeit werden.

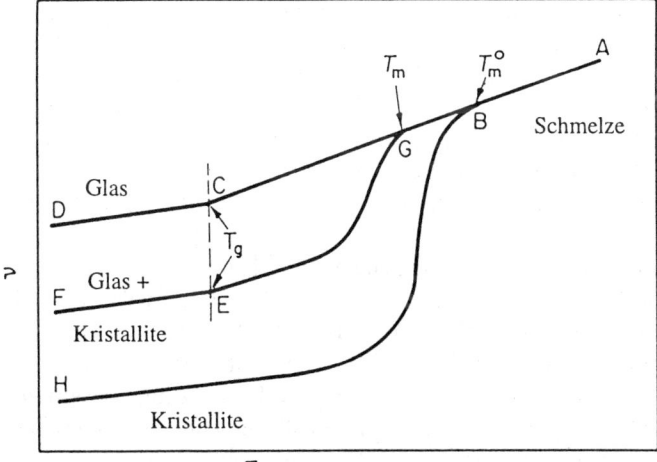

Bild 1.6:   Schematische Darstellung der Änderung des spezifischen Volumens *v* eines Polymeren mit der Temperatur *T* für (i) eine vollkommen amorphe Probe (A-C-D), (ii) eine teilkristalline Probe (A-G-F) und (iii) ein vollständig kristallines Material (A-B-H).

Vollkommen kristalline Polymere trifft man in der Praxis nicht an, stattdessen enthalten die Proben unterschiedliche Anteile an geordneten bzw. ungeordneten Bereichen. Für derartige teilkristalline Polymere findet man entsprechend ihrer geordneten und ungeordneten Anteile sowohl ein T_m als auch ein T_g; dieses Verhalten wird durch die Kurve F-E-G-A in Bild 1.6 veranschaulicht. Da T_m^0 die Schmelztemperatur eines vollkommen kristallinen Polymeren mit hoher Molmasse ist, liegt T_m niedriger und umfaßt meist einen ganzen Temperaturbereich, da das teilkristalline Polymere ein ganzes Spektrum von Ketten unterschiedlicher Länge und Kristallite verschiedener Größe mit vielen Fehlstellen enthält. Diese Unregelmäßigkeiten bewirken eine Erniedrigung der Schmelztemperatur, zudem kann der experimentelle Wert von T_m sehr stark von der thermischen Vorgeschichte der Probe abhängen.

Trotz dieser Einschränkungen stellen die Werte von T_m und T_g wichtige Parameter für ein Polymeres dar und tragen entscheidend zur vollständigen Charakerisierung der Substanz bei.

1.9 Elastomere, Fasern und Kunststoffe

Es existiert heute eine große Anzahl synthetischer Polymerer, die einen breiten Eigenschaftsbereich abdecken. Diese Polymeren lassen sich in drei Hauptklassen unterteilen und zwar in Kunststoffe, Fasern und Elastomere, wobei zwischen diesen Klassen keine scharfe Trennung möglich ist. Eine Einteilung ist jedoch vom technischen Standpunkt aus betrachtet sehr nützlich; eine Methode, Klarheit über die Zugehörigkeit eines Polymeren zu einer dieser Kategorien zu gewinnen, liefert das typische Spannungs-Dehnungs-Diagramm (siehe Bild 1.7). Harte Kunststoffe und Fasern sind widerstandsfähig gegen Deformation und durch einen hohen Modul sowie durch eine niedrige Dehnung charakterisiert. Elastomere werden schnell deformiert, und unter geringen angelegten Spannungen zeigen sie hohe reversible Dehnungen, d.h. sie sind elastisch. Das Verhalten der weichen Kunststoffe liegt dazwischen. Ein Überblick über die Beziehungen zwischen der Struktur und den Eigenschaften wird Gegenstand eines späteren Kapitels sein. Bevor hier Details beschrieben werden, sollen erst einige der gängigeren Polymeren mit ihren Anwendungen vorgestellt werden. Einige dieser polymeren Substanzen sind in Tabelle 1.2 aufgeführt, aus welcher hervorgeht, daß eine klare Abgrenzung zwischen den drei genannten Hauptgruppen unmöglich ist.

Ein Polymeres, welches normalerweise als Faser genutzt wird, kann ein hervorragender Kunststoff sein, wenn es nicht zu einem Faden verstreckt wird. In gleicher Weise kann ein Kunststoff, wenn er bei Temperaturen oberhalb seines Glasüberganges genutzt wird und ausreichend vernetzt ist, ein vollkommen akzeptables Elastomeres abgeben. Im folgenden Abschnitt beschäftigen wir uns in aller Kürze mit den gängigsten Kunststoffen, Fasern und Elastomeren, wobei die Einteilung im wesentlichen auf den hauptsächlichen technologischen Anwendungen der Substanzen unter Standardarbeitsbedingungen beruht.

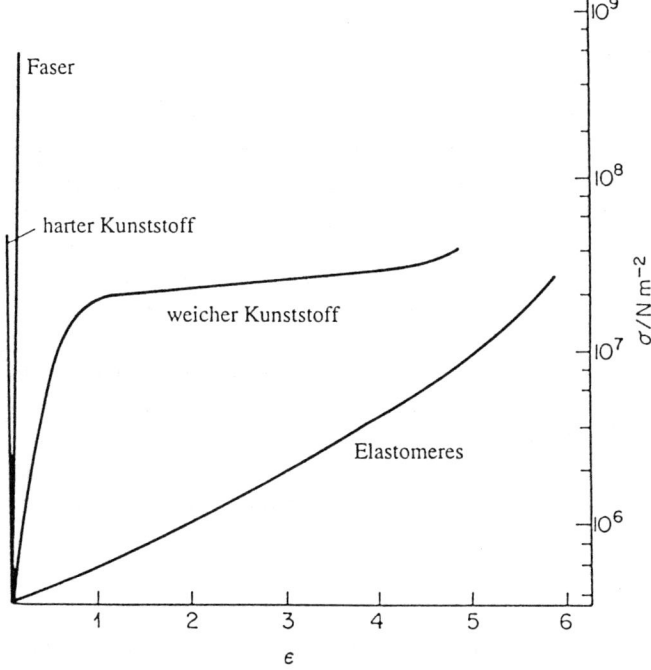

Bild 1.7: Typische Spannungs-Dehnungs-Kurven (σ-ε) für ein hartes Polymeres, eine Faser, einen weichen Kunststoff und ein Elastomeres.

Tabelle 1.2:   Einige gängige Kunststoffe, Elastomere und Fasern

Elastomere	Kunststoffe	Fasern
Polyisopren	Polyethylen	
Polyisobutylen	Poly(tetrafluorethylen)	
Polybutadien	Polystryol	
	Poly(methylmethacrylat)	
	Phenol-Formaldehyd	
	Harnstoff-Formaldehyd	
	Melamin-Formaldehyd	

$\longleftarrow$———— Polyvinylchlorid ————$\longrightarrow$
$\longleftarrow$———— Polyurethane ————$\longrightarrow$
$\longleftarrow$———— Polysiloxane ————$\longrightarrow$

$\longleftarrow$———— Polyamide ————$\longrightarrow$
$\longleftarrow$———— Polyester ————$\longrightarrow$
$\longleftarrow$———— Polypropylen ————$\longrightarrow$

1.10 Faserbildende Polymere

Obwohl es viele faserbildende Polymere gibt, hat nur eine begrenzte Anzahl davon bedeutenden technologischen und wirtschaftlichen Erfolg gefunden. Es ist bezeichnend, daß dies schon recht altbekannte Polymere sind, und es wurde bereits prognostiziert, daß die zukünftige Faserforschung die etwas prosaische Aufgabe habe, zu versuchen, die existierenden Fasern zu verbessern, zu modifizieren oder ihre Kosten zu senken, und nicht, nach neuen und besseren Alternativen zu suchen. Die kommerziell wichtigen Fasern sind in Tabelle 1.3 zusammengestellt; bei allen handelt es sich um thermoplastische Polymere.

Die Polyamide sind eine sehr wichtige Gruppe von Polymeren, die die natürlich vorkommenden Proteine bis hin zu den synthetischen Nylontypen einschließen. Der Ausdruck Nylon, der ursprünglich ein Handelsname war, ist heute zu einem Gattungsbegriff für synthetische Polyamide geworden, und die Zahlen, die dem Namen nachgestellt sind, z.B. Nylon-6,6, geben die Anzahl der Kohlenstoffatome an, die zwischen zwei Amidgruppen in der Kette liegen. Nylon-6,10 wird somit aus zwei Monomeren dargestellt und besitzt die Struktur:

$$-[-NH(CH_2)_6NHCO(CH_2)_8CO-]_n$$

mit alternierenden Sequenzen von 6 und 10 Kohlenstoffatomen zwischen den Stickstoffatomen; demgegenüber wird Nylon-6 aus nur einem Monomeren aufgebaut und hat die Wiederholungseinheit $-[-NH(CH_2)_5CO-]_n$ mit regelmäßigen Abschnitten von 6 Kohlenstoffatomen zwischen den Stickstoffatomen. Ein Nylon mit zwei Ziffern wird als *diadisch* bezeichnet und die Bezeichnung zeigt an, daß es sowohl einen Dicarbonsäure- (Säurechlorid-) als auch einen Diaminanteil enthält, wobei die erste Ziffer das bei der Synthese verwendete Diamin und die zweite die Dicarbonsäure repräsentiert. Die *monadischen* Nylontypen werden durch *eine* Ziffer gekennzeichnet, was bedeutet, daß bei der Synthese auch nur ein Monomertyp verwendet wurde. Gemäß dieser Terminologie heißt ein Polymeres, welches aus einer α-Aminosäure gewonnen wurde, Nylon-2.

Poly(ethylenterephthalat) (Trevira) ist der wichtigste Polyester. Es zeichnet sich durch eine hohe Elastizität, Haltbarkeit und niedrige Feuchtigkeitsaufnahme aus, Eigenschaften, die zu seinen wünschenswerten „wash and wear"-Charakteristika beitragen. Das Gefühl der Rauhigkeit, das die reine Faser infolge der steifen Kette verursacht, wird durch Mischen mit Wolle und Baumwolle beseitigt.

Die Acryl- und Modacrylfasern sind die wichtigsten Vertreter aus der Reihe der amorphen Fasern. Ihre Grundkomponente ist die Acrylnitrileinheit $-CH_2CH(CN)-$, und sie werden meistens als Copolymere verarbeitet. Wenn der Acrylnitrilanteil bei 85 Prozent oder höher liegt, wird das Polymere als *Acrylfaser* bezeichnet, bei Gehalten zwischen 85 und 35 Prozent spricht man dagegen von einer *Modacrylfaser*. Die bedeutensten Comonomeren sind Vinylchlorid und Vinylidenchlorid; die entsprechenden Copolymeren ergeben voluminöse Garne, die nach der Herstellung einem kontrollierten Schrumpfungsprozeß unterworfen werden können. Nachdem die Fasern einmal geschrumpft sind, bleiben sie dimensionsstabil.

Schon seit Beginn der synthetischen Faserforschung wurde nach seideähnlichen Fasern gesucht. Das neue cycloaliphatische Polyamid „Qiana" mit der wahrscheinlichen Struktur

$$\left[NH - \hexagon - CH_2 - \hexagon - NH - CO \left(CH_2 \right)_{\!m} CO \right]_n$$

soll vom Aussehen der Naturseide gleichen; eine seidenähnliche Faser „Chinon" wurde aus einem Pfropfcopolymeren aus Polyacrylnitril und Protein hergestellt. Dieses Copolymere kann durch Pfropfung von Polyacrylnitril auf Casein erhalten werden; es besitzt viele Eigenschaften der Naturseide.

1.11 Kunststoffe

Ein Kunststoff wird ziemlich unzulänglich als ein organisches Hochpolymeres bezeichnet, das unter Krafteinwirkung seine Form ändern kann und diese neue Form nach Entlastung beibehält, d.h., ein Material, in dem eine Spannung eine irreversible Dehnung hervorruft.

Das Hauptkriterium für Kunststoffe ist, daß sie sich unter Anwendung von Wärme und/oder Druck sehr einfach verformen lassen, wobei eine weitere Unterteilung der Substanzklasse in *Duroplaste*[*] und *Thermoplaste* sinnvoll ist. Duroplaste werden beim Erhitzen über eine kritische Temperatur hart und erweichen beim erneuten Erwärmen nicht wieder. In diesem Zustand sind sie meistens vernetzt. Ein thermoplastisches Polymeres wird beim Erhitzen über die Glastemperatur erweichen. In diesem Stadium ist es verformbar, und beim Abkühlen wird es in dieser Form erhärten. Bei erneutem Erwärmen wird ein thermoplastisches Polymeres wieder erweichen und kann - falls nötig - neu verformt werden, bevor es bei Temperaturerniedrigung wieder erhärtet. Dieser Cyclus läßt sich beliebig oft wiederholen.

Eine Übersicht über die wichtigsten Thermoplaste gibt Tabelle 1.4 zusammen mit einigen wenigen Beispielen über ihre hauptsächlichen Anwendungsgebiete, die durch die wesentlichen Eigenschaften des jeweiligen Thermoplasts geprägt werden. So besitzen Polypropylen, Poly(phenylenoxid) und Poly-(4-methylpenten-1) eine gute thermische Stabilität und können daher für Gegenstände, die sterilisiert werden müssen, eingesetzt werden. Die optischen Eigenschaften von Polystyrol und Poly(methylmethacrylat) lassen diese Polymere dort Anwendung finden, wo die Transparenz Priorität hat; der niedrige Reibungskoeffizient und die ausgezeichnete chemische Resistenz von Poly(tetrafluorethylen) hat hingegen dieses Polymere für Antihaftbeschichtungen und Schutzkleidung unentbehrlich gemacht. Während Hochdruckpolyethylen dem Niederdruckpolyethylen mechanisch unterlegen ist, hat es eine bessere Schlagfestigkeit und kann dort eingesetzt werden, wo höhere Ansprüche an die Flexibilität gestellt werden. Demgegenüber beruht die Popularität von Polyvinylchlorid in seiner unübertroffenen Fähigkeit, nach der Weichmachung ein stabiles und flexibles Material zu liefern. Polyamide und Polyethylenterephthalat sind ebenfalls wichtige Thermoplaste.

---

[*] Anm. der Übersetzerin: Da die Duroplaste eigentlich gar nicht plastisch verarbeitbar sind, wurde die Bezeichnung „Duromere" eingeführt, die sich allerdings nicht generell durchgesetzt hat.

Tabelle 1.3: Chemische Struktur synthetischer Fasern

Polymeres	Wiederholungseinheit	Handelsname
Polykondensate		
POLYAMIDE (Nylon) (Anwendungen: drip-dry Stoffe, Tauwerk, Litzen, Borten und chirurgisches Nahtmaterial		
Polycaprolactam	$-[NH(CH_2)_5CO]_n-$	Nylon-6, Perlon
Poly(decamethylencarboxamid)	$-[NH(CH_2)_{10}CO]_n-$	Nylon-11, Rilsan
Poly(hexamethylenadipamid)	$-[NH(CH_2)_6NHCO(CH_2)_4CO]_n-$	Nylon-6,6, Bri-Nylon
Poly(m-phenylenisophthalimid)	$-[NH-\langle C_6H_4\rangle-NHCO-\langle C_6H_4\rangle-CO]_n-$	Nomex
POLYESTER (Anwendungen: Stoffe, Reifencordgarne, Segel)		
Poly(ethylenterephthalat)	$-[OC-\langle C_6H_4\rangle-COO(CH_2)_2O]_n-$	Trevira, Diolen, Kodel-10
Poly(cyclohexan-1,4-dimethylenterephthalat)	$-[OCH_2-\langle C_6H_{10}\rangle-CH_2OOC-\langle C_6H_4\rangle-CO]_n-$	Kodel-2
POLYHARNSTOFFE		
Poly(nonamethylenharnstoff)	$-[NHCONH(CH_2)_9]_n-$	Urylon

Tabelle 1.3: Chemische Struktur synthetischer Fasern (Fortsetzung)

Polymeres	Wiederholungseinheit	Handelsname
Polymerisate		
ACRYLPOLYMERE (Anwendungen: Stoffe und Teppiche)		
Polyacrylnitril	$+CH_2CHCN+_n$ (oft als Copolymere mit > 85% Acrylnitril)	Courtelle, Acrilan, Creslan,
Acrylnitril-Copolymere	35% < Acrylnitril < 85% + Vinylchlorid + Vinylidenchlorid	Dynel Verel
POLYKOHLENWASSERSTOFFE (Anwendungen: Teppiche und Polsterwaren)		
Polyethylen	$+CH_2CH_2+_n$	Courlene, Vestolen
Polypropylen (isotaktisch)	$\left(CH_2-\underset{\underset{CH_3}{\mid}}{CH}\right)_n$	Ulstron, Herculon, Meraklon
HALOGENSUBSTITUIERTE OLEFINE (Anwendungen: Strickwaren und Schutzkleidung)		
Poly(vinylchlorid)	$+CH_2CHCl+_n$	Rhovyl, Valren
Poly(vinylidenchlorid)	$+CH_2CCl_2+_n$	Saran, Tygan
Poly(tetrafluorethylen)	$+CF_2CF_2+_n$	Teflon, Polifen
POLYVINYLALKOHOL (Anwendungen: Fasern, Klebstoffe, Farben, Schwämme, Filme und Plasmaersatz)		
Poly(vinylalkohol)	$+CH_2CHOH+_n$ (in der Regel vernetzt)	Vinylon, Kuralon, Mewlon

Tabelle 1.4: Thermoplaste

Polymeres	Wiederholungseinheit	Dichte (g cm^{-3})	
Polyethylen (Niederdruck) (Hochdruck)	$-(CH_2CH_2)-$	0,94 bis 0,96 0,92	Haushaltswaren, Isolatoren, Rohre, Spielwaren, Flaschen
Polypropylen	$-(CH_2CH(CH_3))-$	0,90	Wasserleitungen, Integralscharniere, sterilisierbare Krankenhausausrüstungen
Poly(4-methylpenten-1) (TPX)	$-(CH_2CH)-$ mit Seitenkette $CH_2-CH(CH_3)CH_3$	0,83	Krankenhaus- und Laborgeräte
Poly(tetrafluorethylen) (PTFE)	$-(CF_2CF_2)-$	2,20	Antihaftoberflächen, Isolierungen, Dichtungen
Poly(vinylchlorid) (PVC)	$-(CH_2CHCl)-$	1,35 bis 1,45	Schallplatten, Flaschen, Hausanstriche und Dachrinnen
Polystyrol	$-(CH_2CH(C_6H_5))-$	1,04 bis 1,06	Lichtleisten, Linsen, Dämmplatten, Blumentöpfe
Poly(methylmethacrylat) (PMMA)	$-(CH_2-C(CH_3)(COOCH_3))-$	1,17 bis 1,20	Badezimmereinrichtungen, Knöpfe, Kämme, Leuchttafeln
Polycarbonat	$-(R.O.COO)-$	1,20	Ventilatoren, Schiffsschrauben, Sicherheitshelme
Poly(2,6-dimethylphenylenoxid)	(2,6-Dimethylphenylenoxid-Einheit, CH_3/CH_3/O)	1,06	Heißwasserarmaturen, sterilisierbare medizinische und chirurgische Instrumente

1.12 Duroplaste

Duroplaste haben im Vergleich zu den Thermoplasten im allgemeinen bessere Verschleiß- und Formstabilitätscharakteristika, die bessere Bieg- und Stoßeigenschaften aufweisen. Im Gegensatz zu den Thermoplasten werden Duroplaste, wie der Name schon sagt, irreversibel von schmelzbaren, löslichen Produkten in sehr schwer zu bearbeitende, vernetzte Produkte überführt, die nicht mehr durch Spritzpressen verformt werden können und deshalb während des Vernetzungsprozesses verarbeitet werden müssen. Typische Beispiele sind:

Phenolharze, die aus der Reaktion von Phenolen mit Aldehyden gewonnen werden. Eingesetzt werden sie für elektrische Einrichtungen, Radio- und Fernsehgehäuse, wärmebeständige Griffe für Kochtöpfe, Teile von Spielen, Spangen, Türgriffe und eine weitere Vielzahl von Gegenständen.

Aminharze sind vergleichbare Polymere, die aus Formaldehyd und Harnstoff oder Melamin hergestellt werden. Zusätzlich zu den oben aufgeführten Anwendungsmöglichkeiten können sie für leichtes Geschirr, Theken- und Tischoberflächen eingesetzt werden. Da sie transparent sind, lassen sie sich füllen und mit hellen Pastellfarbtönen einfärben, während die Phenolharze immer ziemlich dunkel und deshalb nur einem eingeschränkten Farbbereich zugänglich sind.

Duroplastische *Polyesterharze* werden in Farben und für Oberflächenbeschichtungen verwendet; während des Trocknens wird durch einen Oxidationsprozeß ein vernetzter Film erzeugt, der eine zähe, widerstandsfähige Schicht bildet.

Epoxidharze sind Polyether aus Glykolen und Dihalogeniden, die aufgrund ihrer kombinierten Eigenschaften von Zähigkeit, chemischer Resistenz und Flexibilität eine breite Anwendung als Oberflächenbeschichtungen, Klebstoffe und flexible emailähnliche Schichten finden.

1.13 Elastomere

Die moderne Elastomerindustrie hat ihren Ursprung in dem Naturprodukt, das aus dem Latex des Baumes *Hevea Brasiliensis* isoliert wird. Die Indianer Südamerikas nutzten ihn als erste und nannten ihn Kautschuk, ein Name, unter dem das Latex auch bei uns eingeführt wurde.

Seit Beginn des 20. Jahrhunderts haben Chemiker versucht, Materialien zu synthetisieren, deren Eigenschaften dieselben oder zumindest ähnlich denen des Naturkautschuks sind. Diese Forschungen führten zur Herstellung einer breiten Palette von sythetischen Elastomeren, von denen einige technologische Bedeutung erlangten. Sie sind in Tabelle 1.5 gemeinsam mit ihren wichtigsten Anwendungen aufgelistet.

Tabelle 1.5:   Einige gängige Elastomere und ihre Anwendungen

Polymeres	chemische Struktur	Anwendung
Naturkautschuk *cis*- Polyisopren	$+CH_2-C=CH-CH_2+_{\overline{n}}$ $\qquad\;\; | \qquad CH_3$	allgemeine Zwecke
Polybutadien	$+CH_2-CH=CH-CH_2+_{\overline{n}}$	Reifenlaufflächen
Butylkautschuk	$\left(\begin{array}{c}\qquad CH_3\\ \quad\; | \\ -CH_2-C- \\ \quad\; | \\ \qquad CH_3\end{array}\right)_n$	Schläuche, Kabelummantelungen, Dachbeschichtungen, Tankauskleidungen
SBR	$\left(\left(CH_2-CH=CH-CH_2\right)_x\left(CH_2-CH\atop\underset{y}{\bigcirc}\right)\right)_n$	Reifen, allgemeine Zwecke
ABS	$+CH_2-CH-CH_2-CH-C_6H_5)_n$ $\qquad\quad	\qquad\qquad\quad	$ $\qquad\;\; CN \qquad +CH-CH=CH-CH_2+_m$	Ölschläuche, Dichtungen, flexible Treibstofftanks
Polychloropren	$\left(CH_2-C=CH-CH_2\atop\qquad | \atop\qquad Cl\right)_n$	öl- und wetterbeständige sowie schwer entflammbare Gegen- stände
Silikone	$\left(\begin{array}{c}\;\; R\\ \;\; | \\ -O-Si- \\ \;\; | \\ \;\; R\end{array}\right)_n$	Tür- und andere Dichtungen, medizinische Anwendungen, biegsame Preßformen
Polyurethane	$+R_1-NHCOOR_2OOCHN+_{\overline{n}}$	Druckrollen, Dichtungen, Scharniere
EPR	$\sim\left((CH_2-CH_2)_{\overline{m}}(CH_2-CH)_p\atop\qquad\qquad\qquad\quad | \atop\qquad\qquad\qquad CH_3\right)_n\sim$	Fensterabdichtungen

Obwohl heutzutage eine Vielzahl synthetischer Elastomere auf dem Markt ist, muß der Naturkautschuk aufgrund seiner ausgewogenen Kombination guter Eigenschaften immer noch als das Standardelastomere angesehen werden. Gegenwärtig deckt er rund 36 Prozent des gesamten Weltbedarfs, und seine allmähliche Verdrängung durch synthetische Varianten beruht teilweise darauf, daß die Nachfrage nach Elastomeren das Angebot an Naturkautschuk weit übersteigt.

Das wichtigste synthetische Elastomere ist der Styrol-Butadien-Kautschuk (SBR), der 41 Prozent des Weltbedarfs an Elastomeren deckt. SBR wird zusammen mit Ruß hauptsächlich für Fahrzeugreifen verwendet. Nitrilkautschuk (NBR) ist ein statistisches Copolymeres aus Acrylnitril (20 bis 40 Gew.%) und Butadien und wird dann eingesetzt, wenn ein Elastomeres in organischen Lösungsmitteln nicht quellbar sein soll. Der Anwendungsbereich läßt sich noch stärker erweitern, wenn Styrol in das Polymere eingebaut

Tabelle 1.6: Dichtungsmassen und Klebstoffe, die bei Raumtemperatur aushärten

Typ	Allgemeine Beschreibung	Spezielle Vorteile	Einschränkungen (Arbeitstemperaturbereich)
durch Feuchtigkeit härtende Polyurethane (PUs)	Dichtungsmassen (weniger Klebstoffe), welche über eine Reaktion der Isocyanatgruppen mit Wasser aus der Luft aushärten	Haftung bzw. Abdichtung gegenüber einer Vielzahl von Substraten	langsames Aushärten; meist niedriger Modul (-80°C bis +120°C)
RTV (Raumtemperatur Vulkanisation)-silikone	Dichtungsmassen (weniger Klebstoffe), welche durch Kontakt mit Wasser aus der Luft aushärten; Prozeß verläuft über einen Kondensationsmechanismus der unter Bildung von Nebenprodukten, wie Essigsäure, Aminen oder Alkohol verläuft.	ausgezeichnete thermische, oxidative und hydrolytische Stabilität	unerwünschte Nebenprodukte; eingeschränkte Haftfähigkeit (-80°C bis +200°C)
Anaerobe Klebstoffe und Dichtungsmassen	Flüssigkeiten, die in Abwesenheit von Luft und Gegenwart von Metallen bzw. UV-Licht über einen radikalischen Mechanismus aushärten	sehr gute Haftung bei Metallen und Keramik Resistenz gegenüber organischen Lösungsmitteln	nach dem Aushärten relativ spröde; Aushärten ist empfindlich gegenüber dem Substrat und der Geometrie der Verbindungsstelle; (-50°C bis +150°C)
Cyanoacrylat-Klebstoffe	Niedrige Viskosität; härten anionisch nach Kontakt mit substratgebundener Luftfeuchtigkeit.	ausgezeichnete Haftung gegenüber etlichen Substraten, sehr effektiv auf Gummi und den meisten Kunststoffen	nach dem Aushärten spröde; eingeschränkte thermische und hydrolytische Stabilität (-50°C bis +80°C)
Acrylester	Methacryl-Klebstoffe, die radikalisch härten nach Reaktion mit Härtemittel behandelten Substraten.	bildet dauerhafte Verbindungstellen auf metallischen Oberflächen, blättert nicht ab	Inhibierung durch Sauerstoff; (-50°C bis +100°C)

wird, z.B. bei ABS-Kautschuk. Butylkautschuk (IIR) wird durch Copolymerisation kleiner Mengen Isopren (etwa 3 Teile) mit Isobutylen (etwa 97 Teile) hergestellt. Seine elastischen Eigenschaften sind schlecht, dafür ist er aber beständig gegenüber korrosiven Flüssigkeiten und hat nur eine geringe Durchlässigkeit für Gase. Polychloropren besitzt die wünschenswerten Eigenschaften, feuerhemmend zu wirken und beständig gegen Witterungseinflüsse, Chemikalien und Öl zu sein. Schon etwas früher waren Terpolymere aus Styrol, Ethen und Buten kommerziell erhältlich. Dabei handelt es sich um thermoplastische Elastomere, die eine Stabilität gegenüber polaren Lösungsmitteln, sowie nicht-oxidierenden Säuren und Basen aufweisen.

Elastomere, die beim Verstrecken leicht kristallisieren, müssen durch Zugabe von Füllstoffen, wie z.B. Ruß, verstärkt werden. SBR, Copolymere aus Ethylen und Propylen (EPR) und die Silikon-Elastomere fallen in diese Kategorie. Während Polyethylen normalerweise hochkristallin ist, zerstört die Copolymerisation mit Propylen diese geordnete Struktur. Wird die Copolymerisation in Gegenwart kleiner Mengen an nicht-konjugierten Dienen (beispielsweise Dicyclopentadien) durchgeführt, so wird eine Vernetzungstelle in die Struktur eingeführt. Das Produkt ist ein statistisches amorphes Terpolymeres, das nach der Vernetzung ein Elastomeres mit hoher Oxidationsbeständigkeit liefert. Bedauerlicherweise ist es mit anderen Elastomeren unverträglich, sodaß es sich nicht zum Verschneiden eignet.

Die Silikonelastomeren haben nur eine geringe Kohäsionsenergie zwischen den Ketten, was schlechte thermoplastische Eigenschaften verursacht und nur eine geringe mechanische Beanspruchung zuläßt. Sie werden aus diesem Grund hauptsächlich dann eingesetzt, wenn eine Temperaturstabilität in einem Bereich zwischen 190 und 570 K verlangt wird, eine Bedingung, die andere Elastomere nicht erfüllen können.

In letzter Zeit wird verstärkt von Silikonkautschuken Gebrauch gemacht, die bei Zimmertemperatur vulkanisieren. Sie basieren auf linearen Poly(dimethylsiloxan)-ketten mit Molmassen von 10^4 bis 10^5 g mol^{-1} und Hydroxylendgruppen. Die Vulkanisation kann auf verschiedene Weisen erfolgen; entweder durch Zusatz eines Vernetzers und eines Metallkatalysators, wie z.B. Tri- oder Tetraalkoxysilan mit Zinnoktoat, oder durch Zumischen eines Vernetzers, der empfindlich gegenüber Luftfeuchtigkeit ist und dadurch die Vulkanisation auslöst. Derartige Polymere stellen gute Dichtungs- und Gießmassen dar; sie lassen sich zu flexiblen Formen verarbeiten und sind ausgezeichnete Isolatoren. Breite Anwendung haben sie in der Bau-, Flug- und Elektronikindustrie gefunden. Einige weitere Dichtungs- und Klebemittel sind in Tabelle 1.6 zusammengestellt.

Nach dieser kurzen Einführung in die Verschiedenartigkeit der Struktur und Eigenschaften synthetischer Polymerer sollen nun die Chemie und die Physik dieser Stoffe näher diskutiert werden.

Allgemeine Literatur

T. Alfrey und E. F. Gurnee, *Organic Polymers*, Prentice-Hall (1967).

G. Allen und J. C. Bevington (Hrsg.), *Comprehensive Polymer Science*, Bde. 1-7 (1989) und 1 Ergänzungsband (1992), Pergamon Press.

W. Becker, D. Braun, „Die Kunststoffe: Chemie, Physik, Technologie", in *Kunststoff-Handbuch*, Bd.1, Hanser-Verlag, München (1990).

F. W. Billmeyer, *Textbook of Polymer Science*, John Wiley and Sons, 3rd Ed. (1984).

L. W. Chubb, *Plastics, Rubbers and Fibres*, Pan (1967).

E. W. Duck, *Plastics and Rubbers*, Butterworths (1971).

H. G. Elias, *Polymere, Von Monomeren und Makromolekülen zu Werkstoffen*, Uni Taschenbücher, Hüthig und Wepf, Basel (1996).

H. G. Elias, *Makromoleküle*, Bd. 1 (Grundlagen, 1990) und Bd. 2 (Technologie, 1992), Hüthig und Wepf, Basel.

D. A. Hounshell und J. K. Smith, „The Nylon Drama", *American Heritage of Invention and Technology*, **4**, 40 (1988).

E. M. McCafferey, *Laboratory Preparation for Macromolecular Chemistry*, McGraw-Hill (1970).

F. M. McMillan, *The Chain Straighteners*, MacMillan Press (1981).

H. Morawetz, *Polymers: The Origins and Growth of a Science*, John Wiley (1985).

P. Munk, *Introduction to Macromolecular Sciences*, Wiley, N. Y. (1989).

L. R. G. Treloar, *Introduction to Polymer Science*, Wykeham Publications (1970).

Spezielle Literatur

1. H. Zandvoort, *Studies in the History and Philosophy of Science*, **19 (4)**, 489 (1988).

2. „Nomenclature of Regular Single-Strand Organic Polymers," *Pure and Applied Chemistry*, **48 (3)**, 373 (1976).

3. R. A. Pethrick (Hrsg.), *Polymer Yearbook 4*, Harwood Academic Publishers (1987) (Regeln zur Nomenklatur).

2 Stufenreaktionen - Polykondensation und Polyaddition

Die klassische Unterteilung von Polymeren in zwei Hauptgruppen wurde bereits im Jahr 1929 von W. H. Carothers vollzogen. Er schlug vor, zwischen solchen Polymeren zu unterscheiden, die in einer Stufenreaktion, und solchen, die in einer Kettenreaktion gebildet werden, und bezeichnete diese als

(1) *Polykondensate*, bei deren Darstellung in jedem Reaktionsschritt ein kleines Molekül, wie etwa Wasser abgespalten wird; und

(2) *Polymerisate*, bei deren Bildung keine derartige Abspaltung auftritt.

Während diese Definitionen zunächst den Ansprüchen der damaligen Zeit genügten, wurde bald ersichtlich, daß etliche Ausnahmen existierten, weswegen eine exaktere Klassifizierung auf der Basis der Kettenwachstumsmechanismen von Nöten war. Der Begriff Kondensation wurde durch den Ausdruck Stufenreaktion ersetzt; diese Umklassifizierung ermöglichte nun auch eine Eingliederung der Polyurethane, deren Darstellung über eine Stufenreaktion ohne Elimination eines kleinen Moleküls verläuft.

In diesem Kapitel werden wir die Hauptmerkmale der Stufenreaktionen kennenlernen und uns zunächst Reaktionen zuwenden, in deren Verlauf ausschließlich lineare Ketten gebildet werden. Der Reaktionstyp wird für die Darstellung von industriell wichtigen Fasern wie Nylon oder Trevira genutzt. Dem schließt sich eine kurze Diskussion der komplexeren Verzweigungsreaktionen an, um die Bildung von Duroplasten zu verdeutlichen.

2.1 Allgemeine Reaktionen

Bei einer jeden Reaktion, die in der Bildung einer Kette oder einem Netzwerk mit hoher Molmasse resultieren soll, ist die Funktionalität des Monomeren (vergleiche Abschnitt 1.3) von größter Bedeutung. Bei einer Polymerisation über Stufenreaktionen erfolgt die Bildung einer linearen Kette bestehend aus Monomerresten durch stufenweise intermolekulare Kondensation oder Addition reaktiver Gruppen bifunktioneller Monomerer. Diese Reaktionen verlaufen völlig analog zu einfachen Reaktionen mit monofunktionellen Einheiten, wie sich anhand der Polyesterbildung aus einem Diol und einer Dicarbonsäure verdeutlichen läßt:

$$HO-R-OH + HOOC-R'-COOH \rightleftharpoons HO-R-OCO-R'-COOH + H_2O$$

Entfernt man das Wasser sofort nach seiner Bildung, stellt sich kein Gleichgewicht ein, und die erste Reaktionsstufe ist die Bildung eines ebenfalls bifunktionellen Dimeren. Schreitet die Reaktion fort, so bilden sich durch weitere Veresterungsreaktionen längere Ketten (Dimere, Trimere usw.), die bezüglich Geschwindigkeit und Mechanismus im wesentlichen identisch sind. Letztendlich besteht die Reaktionsmischung aus einer Mischung von

Polymerketten mit hohen Molmassen M. Zur Darstellung von Polymeren mit ausgesprochen hohen Molmassen bedarf es jedoch der strikten Einhaltung strenger Reaktionsbedingungen, auf die wir in einem späteren Abschnitt in diesem Kapitel zu sprechen kommen.

Die Stufenreaktionen lassen sich in zwei Hauptgruppen einteilen, die sich in der Art der beteiligten Monomertypen unterscheiden. In der ersten Gruppe nehmen an der Reaktion zwei polyfunktionelle Monomere teil, wobei jedes wie in der zuvor beschriebenen Veresterungsreaktion nur eine bestimmte Art funktioneller Gruppen trägt oder allgemein formuliert:

$$A - A + B - B \rightarrow (\!-A - AB - B\!-)$$

Zur zweiten Gruppe zählen Monomere, bei denen mehr als ein Typ von funktionellen Gruppen beteiligt ist, wie beispielsweise bei Hydroxycarbonsäuren (HO-R-COOH), allgemein formuliert als A-B, und die dazugehörige Reaktion lautet

$$nA - B \rightarrow (\!-AB\!-)_n$$

oder $\quad n(\text{HO} - \text{R} - \text{COOH}) \rightarrow \text{H} (\!-\text{ORCO}\!-)_n \text{OH}.$

Eine große Anzahl von Polymeren, die aus Stufenreaktionen hervorgegangen sind, besitzen die Grundstruktur

$$-\Box-R-\Box-R-\Box-R-$$

wobei R -(-CH$_2$-)$_x$- oder $-\langle\bigcirc\rangle-$ sein kann und das Verbindungsglied $-\Box-$ eine der

folgenden drei wichtigen Gruppierungen ist:

$-\text{O}-\text{C}-$	$-\text{C}-\text{N}-$	$-\text{O}-\text{C}-\text{N}-$
$\parallel$	$\parallel\ \ \vert$	$\parallel\ \ \vert$
O	O H	O H
Ester	Amid	Urethan

Auch andere Verbindungsglieder und Gruppen können bei diesem Reaktionstyp beteiligt sein; einige typische Beispiele sind in Tabelle 2.1 zusammengestellt.

2.2 Reaktivität funktioneller Gruppen

Bei der Untersuchung der Kinetik der Stufenreaktionen schlug Flory zur Vereinfachung vor, alle funktionellen Gruppen als gleich reaktiv anzusehen. Das bedeutet, daß ein Monomeres sowohl mit einem anderen Monomeren als auch mit einem Polymeren mit gleicher Geschwindigkeit reagiert.

Tabelle 2.1: Typische Stufenreaktionen

Polymeres	Reaktion
Polyester	$n\text{HO}(\text{CH}_2)_x\text{COOH} \rightarrow \text{HO}\!\left[(\text{CH}_2)_x\!-\!\overset{\text{O}}{\underset{\|}{\text{C}}}\!-\!\text{O}\right]_{\!n}\!\text{H} + (n-1)\text{H}_2\text{O}$
Polyamide	$n\text{NH}_2\!-\!\text{R}\!-\!\text{COOH} \rightarrow \text{H}\!\left[\text{NH}\!-\!\text{R}\!-\!\text{CO}\right]_{\!n}\!\text{OH} + (n-1)\text{H}_2\text{O}$ $n\text{NH}_2\!-\!\text{R}\!-\!\text{NH}_2 + n\text{HOOC}\!-\!\text{R}'\!-\!\text{COOH} \rightarrow \text{H}\!\left[\text{NH}\!-\!\text{R}\!-\!\text{NHCO}\!-\!\text{R}'\!-\!\text{CO}\right]_{\!n}\!\text{OH} + (2n-1)\text{H}_2\text{O}$
Polyurethane	$n\text{HO}\!-\!\text{R}\!-\!\text{OH} + \text{OCN}\!-\!\text{R}'\!-\!\text{NCO} \rightarrow \left[\text{OROCONH}\!-\!\text{R}'\!-\!\text{NHCO}\right]_{\!n}$
Polyanhydride	$n\text{HOOC}\!-\!\text{R}\!-\!\text{COOH} \rightarrow \text{HO}\!\left[\text{OC}\!-\!\text{R}\!-\!\text{CO}\cdot\text{O}\right]_{\!n}\!\text{H} + (n-1)\text{H}_2\text{O}$
Polysiloxane	$n\text{HO}\!-\!\underset{\underset{\text{CH}_3}{\|}}{\overset{\overset{\text{CH}_3}{\|}}{\text{Si}}}\!-\!\text{OH} \rightarrow \text{HO}\!\left[\underset{\underset{\text{CH}_3}{\|}}{\overset{\overset{\text{CH}_3}{\|}}{\text{Si}}}\!-\!\text{O}\right]_{\!n}\!\text{H} + (n-1)\text{H}_2\text{O}$
Phenol-Formaldehyd-Harze	

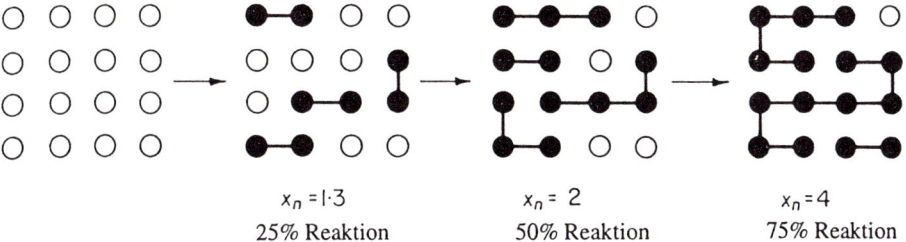

$$x_n = 1{\cdot}3 \qquad\qquad x_n = 2 \qquad\qquad x_n = 4$$

25% Reaktion   50% Reaktion   75% Reaktion

Bild 2.1:   Schematische Darstellung einer Stufenreaktion.

Ein solcher Reaktionsverlauf läßt sich anhand von Bild 2.1 verdeutlichen. Nach einem Umsatz von 25% besteht die durchschnittliche Kettenlänge x_n aus weniger als zwei Monomeren, da die Monomere, die im Überschuß vorliegen, bevorzugt mit sich selbst unter Bildung von Dimeren und Trimeren abreagieren. Selbst nach 87,5% Umsatz beträgt x_n nur acht, und man erkennt deutlich, daß die Reaktion zu vollständigen Umsätzen getrieben werden muß, wenn lange Ketten benötigt werden.

2.3 Die Carothers-Gleichung

W. H. Carothers, der Pionier auf dem Gebiet der Stufenreaktionen, schlug eine einfache Beziehung zwischen x_n und einer Größe p vor, die ein Maß für den Umsatz bei linearen Polykondensationen und Polyadditionen ist.

Ist N_0 die ursprüngliche Anzahl an Molekülen, die in einem A-B-Monomerensystem vorliegen, und N die Anzahl der Moleküle, die nach der Zeit t noch im System vorhanden sind, so beträgt die Gesamtzahl der funktionellen Gruppen A oder B, die reagiert haben, $(N_0 - N)$. Zu diesem Zeitpunkt t ist der Umsatz der Reaktion p gegeben durch:

$$p = \left(N_0 - N\right)/N_0 \qquad \text{oder} \qquad N = N_0\left(1 - p\right). \tag{2.1}$$

Berücksichtigt man, daß $x_n = N_0 / N$, ergibt die Kombination dieser Ausdrücke die *Carothers-Gleichung*

$$x_n = 1/\left(1 - p\right). \tag{2.2}$$

Diese Gleichung besitzt auch für A-A- + B-B-Reaktionen Gültigkeit, wenn man berücksichtigt, daß in diesem Fall zu Beginn 2 N_0 Moleküle vorliegen.

Die Carothers-Gleichung wird dann sehr anschaulich, wenn wir das Verhältnis zwischen x_n und p anhand von Zahlenbeispielen überprüfen. Beträgt $p = 0,95$ (d.h. 95% Umsatz) wird $x_n = 50$ und bei $p = 0,99$ wird $x_n = 100$. In der Praxis hat sich gezeigt, daß bei einem faserbildenden Polymeren, wie z.B. Nylon-6,6 $[-NH(CH_2)_6NHCO(CH_2)_4CO-]_n$, M_n einen Wert von etwa 12 000 bis 13 000 g mol^{-1} erreichen muß, damit eine Faser von hoher Festigkeit gesponnen werden kann. Dies entspricht einem x_n von 106 bis 116, was wiederum bedeutet, daß die Polymerisation oberhalb von 99% Umsatz verlaufen muß. Ähnliches gilt auch für Polyester aus ω-Hydroxydecansäure, H-[-O(CH$_2$)$_9$CO-]$_n$-OH, bei denen ein x_n in der Größenordnung von 150 optimal für gute Fasern ist, so daß p auch hier 0,99 überschreiten muß.

Es ist zu berücksichtigen, daß bei Verwendung der Carothers-Gleichung zur Berechnung des Polymerisationsgrades für ein A-A-, B-B-System, nur die halbe mittlere Molmasse der [A-AB-B]-Wiederholungseinheit benötigt wird. Das beruht darauf, daß Gleichung (2.2) ein Maß für die mittlere Anzahl von Monomeren in einem Polymeren gibt und man in diesem System zwei verschiedene Monomertypen eingesetzt hat. Ein Beispiel dafür ist Nylon-6,6, wo die mittlere Molmasse $(114 + 112) / 2 = 113$.

2.4 Steuerung der Molmasse

Es ist bereits ersichtlich, daß der Steuerung der Molmasse des Produktes bei diesem Reaktionstyp eine große Bedeutung zukommt. Ein Material mit einer ausgesprochen hohen Molmasse läßt sich mitunter nur schwer verarbeiten, während Polymere mit niedrigeren Molmassen oft nicht die im Endprodukt erwünschten Eigenschaften aufweisen; man müßte daher in der Lage sein, eine Reaktion bei dem erforderlichen Wert für p abzustoppen. Dementsprechend erfordern diese Reaktionen den Einsatz sorgsam gereinigter Reagenzien, und eine sorgfältige Kontrolle der stöchiometrischen Mengen der Reaktionspartner in der Mischung ist elementar. Für diese kritischen Bedingungen ist es symptomatisch, daß auf lediglich vier Reaktionswegen lineare Polymere mit $M_n > 25\,000$ g mol^{-1} gebildet werden.

(1) *Schotten-Baumann-Reaktion.* Bei dieser Reaktion wird zur Veresterung oder Amidierung ein Säurechlorid eingesetzt; beispielsweise zählt die Grenzflächenkondensation zwischen Sebacylchlorid und Hexamethylendiamin, bei der das Polyamid Nylon-6,10 entsteht, zu diesem Reaktionstyp.

$$n\text{ClCO}(CH_2)_8\text{COCl} + n\text{H}_2\text{N}(CH_2)_6\text{NH}_2 \rightarrow$$
$$\text{-[CO}(CH_2)_8\text{CONH}(CH_2)_6\text{NH-]}_n + (2n-1)\text{HCl}$$

Zur Durchführung der Reaktion löst man das bifunktionelle Acylchlorid in einem Becherglas in CCl$_4$ und überschichtet mit einer wäßrigen, alkalischen Diaminlösung. An der Grenzschicht bildet sich sofort Nylon-6,10, welches kontinuierlich als Faden abgezogen werden kann, bis die Reagentien aufgebraucht sind. Die Reaktion verläuft nach einem S$_N$2-Mechanismus, bei dem ein Proton an die Base in der wäßrigen Phase abgegeben wird; die Kondensation ist die sich ständig wiederholende stufenweise Abfolge dieser S$_N$2-Reaktion.

(2) *Dehydratisierung von Salzen.* Eine direkte Veresterung erfordert hochreine Materialien in äquimolaren Mengen, da im allgemeinen eine Veresterung einen Umsatz von 98% in der Praxis kaum überschreitet. Um dieses Problem zu umgehen, kann man beispielsweise Hexamethylendiamin und eine Dicarbonsäure, z.B Adipinsäure, zu dem Nylonsalz Hexamethylendiammoniumadipat umsetzen.

Dazu gibt man über einen Zeitraum von 15 min eine Lösung von 0,5 mol Diamin in einer Mischung aus 95proz. Ethanol (160 cm^3) und destilliertem Wasser (60 cm^3) zu einer Lösung von 0,5 mol Dicarbonsäure in 95proz. Ethanol (600 cm^3). Die Mischung wird für weitere

30 min gerührt, wobei sich das Nylonsalz in Form eines weißen, kristallinen Feststoffs abscheidet. Nach dem Umkristallisieren sollte dieses bei 456 K schmelzen. Das reine Salz läßt sich durch Erhitzen im Vakuum in einem abgeschmolzenen Glasrohr auf 540 K in Gegenwart einer kleinen Menge Dicarbonsäure (eine geeignete Mischung ist z.B. auf 10 g Salz 0,55 g Adipinsäure) in das Polyamid überführen. Wenn niedrigere Molmassen gewünscht werden, kann die Adipinsäure durch eine monofunktionelle Säure ersetzt werden, die dann einen Kettenabbruch bewirkt.

(3) _Umesterung._ Eine alternative Umsetzung ist die Umesterung in Gegenwart eines Protonendonators oder eines schwach basischen Katalysators, wie z.B. Natriummethylat:

$$CH_3O-\underset{O}{\overset{\parallel}{C}}-\langle\!\!\!\bigcirc\!\!\!\rangle-\underset{O}{\overset{\parallel}{C}}-O-CH_3 + HO(CH_2)_2OH \rightarrow$$

$$\left[\underset{O}{\overset{\parallel}{C}}-\langle\!\!\!\bigcirc\!\!\!\rangle-\underset{O}{\overset{\parallel}{C}}-O-(CH_2)_2-O\right]_n + CH_3OH$$

Gemäß diesem Reaktionsschema liefern Ethylenglykol und Dimethylterephthalat Poly-(ethylenterephthalat) (Trevira). Bei der Umesterung handelt es sich um das beste Verfahren zur Darstellung von Polyesterverbindungen, da die Reaktionsgeschwindigkeit hoch ist und die Ausgangsstoffe sich ausgezeichnet reinigen lassen. Die Bildung von Poly(ethylen-terephthalat) basiert auf einem Zweistufenprozeß. In der ersten Stufe werden bei einer Temperatur von 380 bis 470 K Dimere und Trimere gebildet, die jeweils zwei Hydroxyl-endgruppen tragen, wobei das entstandene Methanol abdestilliert wird. Zur Vervoll-ständigung der Reaktion wird die Temperatur auf 530 K erhöht und die Oligomeren liefern durch Kondensation ein Polymeres mit einem hohen M_n. Der Hauptvorteil ist, daß sich die Stöchiometrie während der zweiten Reaktionsstufe selbst einstellt.

(4) _Polyaddition (Polyurethanbildung)._ Polyurethane mit hohem M_n lassen sich über eine Reaktion gewinnen, die auf dem Wurtzschen Alkoholtest basiert. In Gegenwart eines basischen Katalysators, z.B Diaminen, läuft beispielsweise zwischen 1,4-Butandiol und 1,6-Hexamethylendiisocyanat eine ionische Addition ab:

$$HO(CH_2)_4OH + OCN(CH_2)_6NCO \rightarrow \left[O(CH_2)_4-O-\underset{O}{\overset{\parallel}{C}}-\underset{H}{\overset{\mid}{N}}-(CH_2)_6NHCO\right]_n$$

In dieser Umsetzung erhält man ein hochkristallines Polymeres; durch Variation der Edukte läßt sich eine Vielzahl von Polyurethanen mit einem breiten Eigenschaftsbereich herstellen.

2.5 Stöchiometrische Kontrolle von M_n

Das Kettenwachstum - und damit die Bildung höhermolekularen Materials - wird mit fortschreitender Reaktionsdauer immer schwieriger. Dies ist eine Folge von verschiedenen Gründen: (i) der problematischen Einstellung der präzisen Äquivalenz der reaktiven Gruppen in den Startmaterialien zueinander, insbesondere wenn zwei oder mehr unterschiedliche Monomertypen verwendet werden; (ii) der abnehmenden Häufigkeit des Zusammentreffens und der Reaktion funktioneller Gruppen mit fallender Konzentration und (iii) der steigenden Wahrscheinlichkeit von Störungen durch Nebenreaktionen.

Sehr oft ist es wünschenswert, die Entstehung von hochmolekularem Material zu vermeiden; eine wirkungsvolle Kontrolle besteht im raschen Abkühlen der Reaktion im geeigneten Moment oder durch Zugabe einer exakt dosierten Menge monofunktionellem Materials (vergl. Darstellung von Nylon-6,6 aus dem Salz im vorangegangenen Abschnitt).

Wesentlich praktischer ist es, durch eine geringfügige stöchiometrische Abweichung der Mengen der Ausgangsverbindungen das gewünschte Ergebnis herbeizuführen. So ergibt beispielsweise ein Überschuß von Diamin gegenüber einem Säurechlorid am Ende ein Polymeres mit zwei Diaminendgruppen, welches nach Verbrauch des Säurechlorids nicht zu einem weiteren Wachstum befähigt ist. Durch Erweiterung der Carothers-Gleichung läßt sich diese stöchiometrische Änderung ausdrücken als

$$x_n = (1+r)/(1+r-2rp), \qquad (2.3)$$

wobei r für das Verhältnis der Edukte zueinander steht. So führt eine quantitative Reaktion ($p = 0,999$) zwischen N Molekülen Phenolphthalein und 1,05 N Molekülen Terephthaloylchlorid zu Poly(terephthaloylphenolphthalein):

Der Wert für r beträgt $r = N_{AA} / N_{BB} = 1/1,05 = 0,952$

und $\qquad\qquad x_n = (1 + 0,952)/(1 + 0,952 - 2 \times 0,999 \times 0,952) \approx 39$

anstelle von 1000 für $r = 1$. Bei dieser Reaktion handelt es sich um eine Grenzflächenpolykondensation, deren Verlauf sich anhand der Farbänderung von der roten Phenolphthaleinlösung zum farblosen Polyester verfolgen läßt. Bei diesem Experiment kann die Grenzfläche stationär sein, jedoch läßt sich die Gleichförmigkeit des Polymeren verbessern, wenn die Reaktionsoberfläche durch intensives Rühren vergrößert wird.

(a)

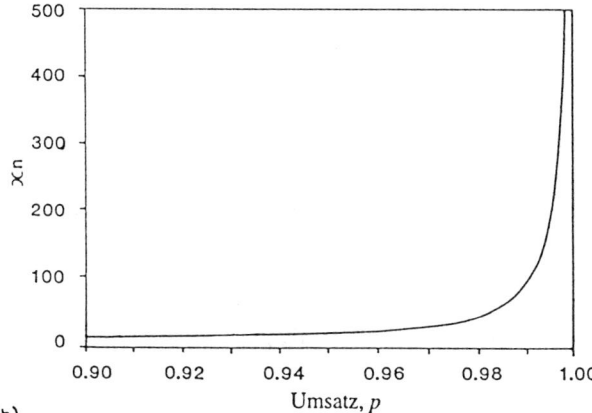

(b)

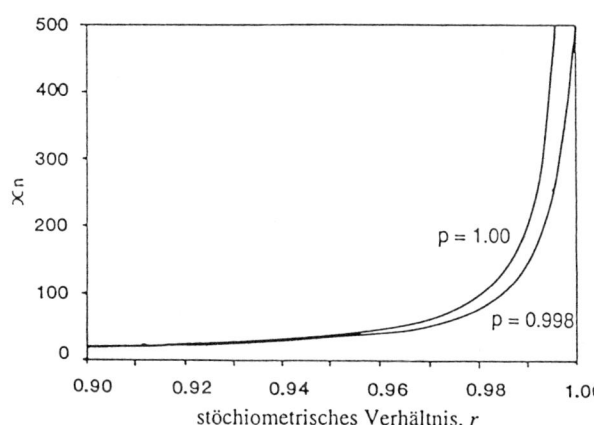

Bild 2.2: Veränderung des Polymerisationsgrades (a) mit dem Umsatz p, berechnet nach Gleichung (2.2) und (b) mit dem stöchiometrischen Verhältnis r für $p = 1,00$,

$$x_n = \frac{1+r}{1-r}, \text{ und } 0,998, \quad x_n = \frac{1+r}{1+r-2rp}, \text{ berechnet nach Gleichung (2.3).}$$

Die Reinheit der Ausgangsmonomeren ist nach wie vor entscheidend; enthält eines der beiden Monomeren lediglich 95% des erwarteten reinen bifunktionellen Materials, wird $r = 0,95$ und der erreichbare x_n beträgt dann ≈ 40.

In der Praxis beobachtet man $p = 1$ nur sehr selten, doch nicht immer liegt es an der perfekten Einwaage. Die Folgen sind in Bild 2.2 dargestellt, in welchem x_n (a) als Funktion von p, berechnet nach Gleichung (2.2), und (b) als Funktion des stöchiometrischen Verhältnisses für $p = 1,00$ und $0,998$, berechnet nach Gleichung (2.3), aufgetragen ist.

Die entsprechende Gleichung für die Zugabe einer monofunktionellen Verbindung ähnelt Gleichung (2.3), mit dem Unterschied, daß r als das Verhältnis $N_{AA}/(N_{BB}+2N_B)$ definiert wird, wobei N_B die Anzahl der zugegebenen monofunktionellen Moleküle ist.

2.6 Kinetik

Die Annahme, daß die Reaktivität der funktionellen Gruppen unabhängig von der Kettenlänge ist, läßt sich kinetisch nachweisen, indem man eine Polyesterbildung verfolgt. Bei einer einfachen Veresterung handelt es sich um einen säurekatalysierten Prozeß, in dessen Verlauf eine protonierte Säure mit einem Alkohol unter Abspaltung von Wasser zum Ester reagiert. Wenn eine deutliche Polymerenbildung erreicht werden soll, besteht die Notwendigkeit, das Wasser kontinuierlich aus der Reaktionsmischung abzuziehen und so das Reaktionsgleichgewicht auf die Produktseite zu verschieben. Desweitern läßt sich das abgeschiedene Wasser zur Abschätzung des Umsatzes verwenden. Alternativ kann durch Titration die Geschwindigkeit des Verbrauchs an Carboxylgruppen bestimmt werden.

In Bild 2.3 ist eine typische Apparatur dargestellt, bestehend aus Reaktionsgefäß, einem Wasserabscheider, einem Rührer, einem Thermometer und einem Stickstoffeinleitungsrohr. Am Beispiel von Ethylenglykol und Adipinsäure läßt sich die Reaktion veranschaulichen. Eine Mischung aus Dekalin (35 cm^3) und Adipinsäure (1 mol) wird in das Reaktionsgefäß gefüllt, zudem gibt man Dekalin in den Wasserabscheider. Anschließend erhitzt man die Mischung auf 420 K und gibt auf diese Temperatur vorgewärmtes Glykol (1 mol) und einen sauren Katalysator (1 mmol, z.B p-Toluolsulfonsäure) zu. Die Temperatur wird unter Durchleiten eines starken Stickstoffstromes rasch erhöht, bis die Mischung am Rückfluß kocht. In festen Zeitabständen kontrolliert man die Menge des abgeschiedenen Wassers, außerdem können kleine aliquote Teile der Reaktionsmischung entnommen, gewogen, mit Aceton verdünnt und mit methanolischer Kalilauge titriert werden. Benötigt man die Aktivierungsenergie, so kann die Temperatur einige Male erhöht und die Reaktion für einige Zeit bei dieser Temperatur beobachtet werden.

Autokatalysierte Reaktionen. Wird kein saurer Katalysator zugesetzt, kann die Reaktion denoch ablaufen, da die Säure als ihr eigener Katalysator wirkt. Die Geschwindigkeit der Kondensation kann zu jeder Zeit t aus der Abnahme der -COOH-Gruppen ermittelt werden und beträgt:

$$- \mathrm{d}[COOH] / \mathrm{d}t = k[COOH]^2[OH] . \tag{2.4}$$

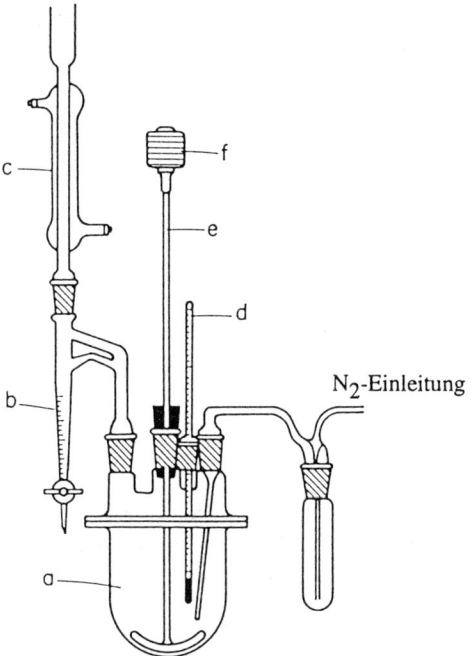

Bild 2.3: Apparatur für Polykondensationen: a) Reaktionsgefäß, b) Wasserabscheider, c) Rückflußkühler, d) Thermometer, e) Rührer, f) Rührmotor.

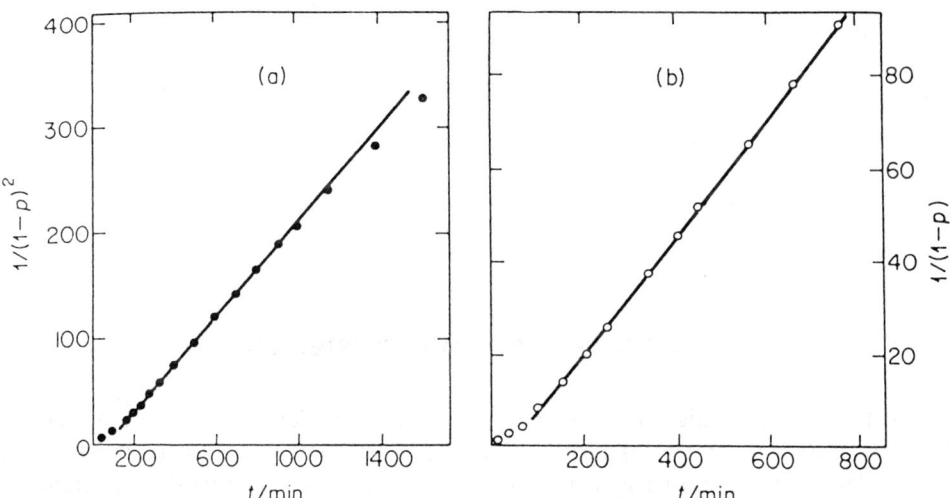

Bild 2.4: (a) Autokatalysierte Polykondensation von Adipinsäure mit Ethylenglykol bei 439 K; (b) Polykondensation von Adipinsäure mit Ethylenglykol bei 382 K, katalysiert durch 0,4 mol% p-Toluolsulfonsäure (nach Daten von Flory).

Die zweite Ordnung in bezug auf [COOH] rührt daher, daß die Säure auch als Katalysator wirkt; k ist die Geschwindigkeitskonstante. Bei einem System mit äquivalenten Mengen an Säure und Glykol läßt sich die Konzentration der funktionellen Gruppen einfach als c bezeichnen und man erhält:

$$- dc/dt = kc^3 \qquad\qquad\qquad (2.5)$$

Dieser Ausdruck läßt sich unter der Bedingung $c = c_0$ zum Zeitpunkt $t = 0$ integrieren:

$$2kt = 1/c^2 - 1/c_0^2 . \qquad\qquad\qquad (2.6)$$

Da das gebildete Wasser sofort entfernt wird, kann man es vernachlässigen. Aus der Carothers-Gleichung folgt, daß $c = c_0(1 - p)$ und daraus resultiert die Endfassung

$$2c_0^2 kt = 1/(1 - p)^2 - 1 . \qquad\qquad\qquad (2.7)$$

Säurekatalisierte Reaktion. Die nichtkatalysierte Reaktion verläuft sehr langsam, hohe Werte für x_n werden nicht erreicht. Die Gegenwart eines Katalysators bewirkt eine Beschleunigung der Reaktionsgeschwindigkeit, und der kinetische Ausdruck ändert sich wie folgt:

$$d[COOH] / dt = k'[COOH][OH] , \qquad\qquad\qquad (2.8)$$

er ist also in bezug auf jede funktionelle Gruppe erster Ordnung. Die neue Geschwindigkeitskonstante k' setzt sich zusammen aus der Geschwindigkeitskonstante k und der Katalysatorkonzentration, die ja konstant bleibt. Daher wird

$$- dc/dt = k'c^2 , \qquad\qquad\qquad (2.9)$$

und Integration ergibt

$$c_0 k' t = 1/(1 - p) - 1 . \qquad\qquad\qquad (2.10)$$

Beide Gleichungen wurden von Flory anhand experimenteller Daten bestätigt (siehe Bild 2.4).

2.7 Molmassenverteilung in linearen Systemen

Bei der Bildung langkettiger Polymerer durch kovalente Verknüpfung kleiner Moleküle handelt es sich um einen statistischen Prozeß, der zu Ketten mit stark variierenden Längen führt. Aufgrund der statistischen Natur des Prozesses läßt sich die Kettenlängenverteilung in einer Probe mit Hilfe einfacher statistischer Methoden ermitteln.

Das Problem ist, die Wahrscheinlichkeit zu berechnen, zum Zeitpunkt t in der Reaktionsmischung eine Kette zu finden, die aus x Strukturgrundelementen besteht und die nach einem von zwei Reaktionsmechanismen

$$xA-A + xB-B \rightarrow A-A[B-BA-A]_{x-1}B-B,$$

oder $xA-B \qquad \rightarrow A\ [BA\ ]_{x-1} B,$

abreagiert, d.h. die Wahrscheinlichkeit zu berechnen, ob eine funktionelle Gruppe A oder B reagiert hat. Aus Gründen der Übersichtlichkeit nehmen wir an, daß es sich bei einer der beiden funktionellen Gruppen um eine Carboxylgruppe handelt. Die Wahrscheinlichkeit, daß $(x - 1)$ Carboxylgruppen unter Bildung einer Kette reagiert haben, beträgt p^{x-1}, wobei p der Umsatz ist, gemäß der Definition in Gleichung (2.1).

Wenn eine Carboxylgruppe nicht reagiert hat, ist die Wahrscheinlichkeit, diese eine Gruppe zu finden, $(1 - p)$. Somit beträgt die Wahrscheinlichkeit P_x, eine Kette bestehend aus x-Einheiten, also ein x-mer, zu finden,

$$P_x = (1-p)p^{x-1} . \tag{2.11}$$

Da der Anteil an x-meren in dem System der Wahrscheinlichkeit entspricht, eines zu finden, ist ihre Gesamtzahl N_x gegeben durch

$$N_x = N(1-p)p^{x-1} , \tag{2.12}$$

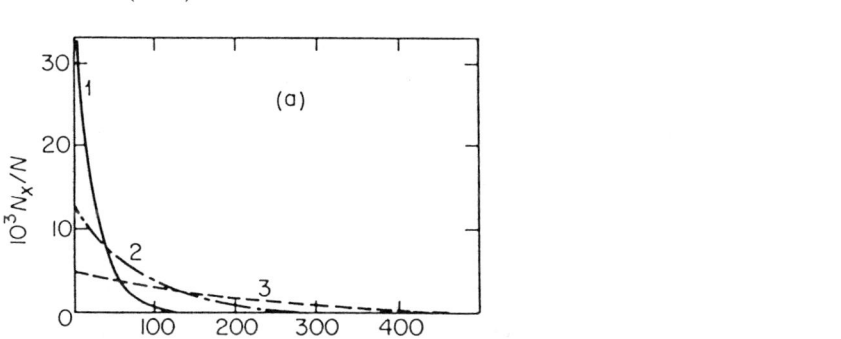

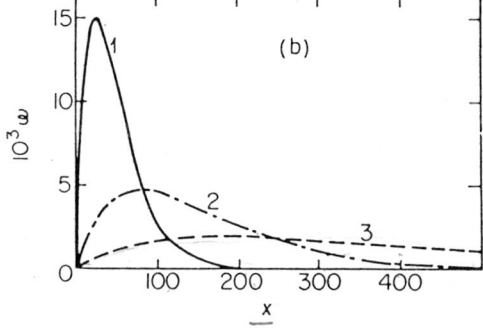

Bild 2.5:   Verteilungskurven für eine lineare Stufenpolymerisation. Kurve 1: $p = 0{,}9600$; Kurve 2: $p = 0{,}9875$; Kurve 3: $p = 0{,}9950$; (a) Zahlenbruch und (b) Gewichtsbruch.

dabei ist N die Gesamtzahl der vorhandenen Polymermoleküle in der Reaktion. Einsetzen der Carothers-Gleichung (2.2) ergibt

$$N_x = N_0(1-p)^2 p^{x-1} ,$$ (2.13)

wobei N_0 für die Gesamtzahl der ursprünglich vorhandenen Monomereinheiten steht. Die Änderung von N_x für verschiedene Werte von p und x ist in Bild 2.5 dargestellt. Eine geringfügig davon abweichende Kurvenschar erhält man bei Auftragung der Zusammensetzung in Gewichtsbrüchen w, in diesem Fall $w_x = x\,N_x / N_0$:

$$w_x = x(1-p)^2 p^{x-1} .$$ (2.14)

Beide Auftragungen verdeutlichen, daß zur Darstellung hochmolekularen Materials hohe Umsetzungen notwendig sind. Da üblicherweise das Monomere das am häufigsten vorhandene Molekül in der Mischung ist, nehmen diese Anteile ab, wenn p den Wert von 0,95 übersteigt.

2.8 Durchschnittliche Molmassen

Zahlen- und gewichtsmittlere Molmassen lassen sich anhand der folgenden Gleichungen berechnen, wenn man für M_0 die Molmasse einer jeden Wiederholungseinheit setzt. Dann gilt:

$$M_n = N_x \sum (M_0 N_x) / N = M_0 / (1-p) ,$$ (2.15)

sowie

$$M_w = M_0(1+p)/(1-p) .$$ (2.16)

Man erkennt, daß die Dispersität (M_w / M_n) für die wahrscheinlichste Verteilung bei $p = 1$

$$(M_w / M_n) = \{ M_0(1+p)/(1-p) \} \{ (1-p)/M_0 \} = 2$$ (2.17)

beträgt.

2.9 Die Merkmale der Stufenreaktionen

Es ist an dieser Stelle günstig, die Hauptmerkmale der Stufenreaktionen zusammenzufassen.
(1) Jeweils zwei Moleküle in der Mischung können reagieren.
(2) Nahezu die gesamten Monomermoleküle werden im Anfangstadium der Reaktion in ein Kettenmolekül eingebaut, das bedeutet, daß bei $x_n = 10$ nur etwa 1% der Monomeren nicht reagiert haben. Somit ist die Polymerausbeute in den späteren Stufen von der Reaktionszeit unabhängig.

(3) Start, Wachstum und Abbruch sind in bezug auf Geschwindigkeit und Mechanismus im wesentlichen identisch.

(4) Die Kettenlänge nimmt im Verlauf der Reaktion ständig zu.

(5) Lange Reaktionszeiten und hohe Umsetzungen sind für die Bildung eines Polymeren mit großem x_n notwendig.

(6) Bei niedrigen Temperaturen sind die Reaktionsgeschwindigkeiten gering, doch steigen sie mit zunehmender Temperatur an; auf den Polymerisationsgrad des Endproduktes hat dies jedoch nur einen geringen Einfluß.

(7) Die Aktivierungsenergien sind nicht besonders hoch, und die Reaktionen verlaufen nicht sonderlich exotherm.

2.10 Typische Stufenreaktionen

Die Reaktionen werden üblicherweise in Substanz in einem Temperaturbereich von 420 bis 520 K geführt. Bei diesen Temperaturen verlaufen die Reaktionen mit ausreichender Geschwindigkeit, zudem lassen sich niedermolekulare Reaktionsprodukte leicht entfernen. Die Aktivierungsenergien betragen etwa 80 kJ mol^{-1}.

Polykondensationen bei niedrigen Temperaturen. Die Vorteile einer Reaktionsführung bei höheren Temperaturen werden teilweise durch die zunehmende Gefahr unerwünschter Nebenreaktionen kompensiert. Die Verwendung hochreaktiver Edukte für Umsetzungen bei Raumtemperatur eröffnet den Zugang zu einer Vielzahl verschiedener Polymerer. Der Einsatz der Schotten-Baumann-Reaktion zur Darstellung von Polyamiden wurde bereits diskutiert. Dabei handelt es sich um ein Beispiel für eine Grenzflächenkondensation ohne Rühren, bei der das Diamin in beiden Phasen löslich ist und durch die Grenzfläche in die organische hineindiffundiert, wo die Polykondensation stattfindet. Eine beständige Polymerbildung wird erreicht, indem man den gebildeten Faden an der Grenzfläche abzieht und somit die kontinuierliche Diffusion der Reaktanden ermöglicht. Andererseits läßt sich die Kontinuität der Polymerisationsreaktion durch kräftiges Rühren des Systems aufrechterhalten. Dadurch wird die Grenzfläche permanent verändert und die für die Reaktion zugängliche Oberfläche wird erhöht. Da beide Verfahren diffusionskontrolliert sind, ist die Einhaltung einer strikten stöchiometrischen Zusammensetzung des Systems überflüssig.

Bei Einsatz aromatischer Diamine erhält man nur niedermolekulares Material, da deren Reaktionsgeschwindigkeit geringer ist. Um längere Ketten zu erhalten, müssen die Reaktionsbedingungen dem System angepasst werden; beide Phasen müssen polar und mischbar sein, außerdem muß das System heftig gerührt werden. Diese Voraussetzungen müssen beispielsweise für eine erfolgreiche Umsetzung von Isophthaloylchlorid mit *m*-Phenylendiamin erfüllt sein (siehe Schema 1 auf der nächsten Seite). Bei diesen aromatischen Polyamiden handelt es sich um sehr vielseitige Materialien, die von beträchtlichem Interesse sind.

Der endgültige Übergang auf ein homogenes System mit inerten polaren Lösungsmitteln vollzieht sich bei der Synthese von Polyimiden. Poly(methylen-4,4'-diphenylenpyromellitsäureamid) wird durch Vermischen äquimolarer Mengen von Pyromellitsäuredianhydrid und Bis(4-aminophenylmethan) in N,N'-Dimethylformamid (Schema 2) hergestellt. Die Reaktion läuft unter Rühren bei einer Temperatur von 288 K innerhalb einer Stunde ab; die Abtrennung des Polymeren erfolgt durch Ausfällen in heftig gerührtem Wasser.

(Schema 1)

(Schema 2)

In vergleichbaren homogenen Reaktionssystemen lassen sich bei niedrigen Temperaturen Polysulfonamide, Polyanhydride und Polyurethane darstellen.

2.11 Ringbildung

Bislang wurde davon ausgegangen, daß alle bifunktionellen Monomeren bei Stufenreaktionen lineare Polymere bilden. Dies ist nicht immer gültig, da Konkurrenzreaktionen, wie die Cyclenbildung, auftreten können. So beobachtet man bei bestimmten Hydroxy- oder Aminocarbonsäuren die Bildung von Lactonen bzw. Lactamen.

Um die Bedeutung solcher Reaktionen beurteilen zu können, müssen die thermodynamischen und kinetischen Aspekte der Ringbildung berücksichtigt werden. Eine Untersuchung der Ringspannung an Cycloalkanen ergab, daß drei- und viergliedrige Ringe eine beträchtliche Ringspannung aufweisen. Diese nimmt jedoch für fünf-, sechs- und siebengliedrige Ringe drastisch ab, steigt dann bis zu Ringen mit 11 Kettengliedern wieder an und fällt für sehr große Ringe erneut ab. Zusätzlich zur thermodynamischen Stabilität muß noch in Betracht gezogen werden, daß zwei geeignete funktionelle Gruppen so benachbart sein müssen, daß sie miteinander reagieren können. Die Wahrscheinlichkeit hierfür nimmt mit steigender Ringgröße ab; wiederum werden Ringe mit 5, 6 oder 7 Kettengliedern begünstigt und werden, wenn möglich, bevorzugt gegenüber linearen Ketten gebildet.

2.12 Nichtlineare Stufenreaktionen

In Systemen mit bifunktionellen Monomeren wird ein hoher Polymerisationsgrad nur erreicht, wenn die Reaktion zu einem fast vollständigen Umsatz getrieben wird. Die Einführung eines trifunktionellen Monomeren bewirkt eine erstaunliche Veränderung, die sich am besten mit Hilfe einer modifizierten Form der Carothers-Gleichung veranschaulichen läßt. Dazu wird ein allgemeiner Funktionalitätsfaktor f_{av} eingeführt, der als die mittlere Anzahl funktioneller Gruppen pro Monomermolekül definiert ist. Für ein System, welches zu Reaktionsbeginn N_0 Moleküle und eine äquivalente Anzahl der beiden funktionellen Gruppen A und B enthält, beträgt die Gesamtzahl der funktionellen Gruppen $N_0 f_{av}$. Die Anzahl der Gruppen, die nach der Zeit t unter Bildung von N Molekülen reagiert haben, ist $2(N_0 - N)$ und

$$p = 2\left(N_0 - N\right)/N_0 f_{av} \, . \tag{2.18}$$

Der Ausdruck für x_n lautet dann

$$x_n = 2/\left(2 - p f_{av}\right) \, , \tag{2.19}$$

ist aber nur gültig, wenn eine äquivalente Anzahl der beiden funktionellen Gruppen im System vorliegt.

Für ein vollständig bifunktionelles System, wie beispielsweise die äquimolare Mischung aus Phthalsäure und Ethylenglykol, ist $f_{av} = 2$ und $x_n = 20$ für $p = 0,95$. Wird jedoch ein trifunktioneller Alkohol, z.B. Glycerin, zugegeben, so daß die Mischung aus 2 mol Dicarbonsäure, 1,4 mol Diol und 0,4 mol Glycerin besteht, erhöht sich f_{av} auf

$$f_{av} = (2 \times 2 + 1,4 \times 2 + 0,4 \times 3)/3,8 = 2,1.$$

Der Wert für x_n beträgt bei 95% Umsatz nun 200, und nur eine kleine Umsatzsteigerung auf 95,23% ist notwendig, um x_n auf unendlich anwachsen zu lassen - eine äußerst dramatische Zunahme. Dies ist die direkte Folge des Einbaus eines trifunktionellen Bausteins in eine lineare Kette, wobei die dritte Hydroxylgruppe eine weitere Wachstumsmöglichkeit bietet. Daraus resultiert eine hochverzweigte Struktur, und je höher die Zahl multifunktioneller Einheiten in der Kette ist, desto schneller erfolgt das Wachstum zu einem unlöslichen dreidimensionalen Netzwerk. Findet dies statt, hat das System seinen sogenannten *Gelpunkt* erreicht.

Wenn die Stöchiometrie des Systems unausgeglichen ist, muß die Definition für die durchschnittliche Funktionalität modifiziert werden zu

$$f' = 2rf_A f_B f_C \big/ \{ f_A f_C + r\rho f_A f_B + r(1-\rho) f_B f_C \} , \qquad (2.20)$$

wobei die Monomeren A und C die gleichen funktionellen Gruppen tragen, aber unterschiedliche Funktionalität f_A und f_C besitzen und f_B die Funktionalität des Monomeren B ist. Somit wird

$$r = \big(n_A f_A + n_C f_C \big) \big/ n_B f_B \leq 1, \qquad (2.21)$$

$$\rho = n_C f_C \big/ \big(n_A f_A + n_C f_C \big) , \qquad (2.22)$$

wobei n_A, n_B und n_C die Mengen der jeweiligen Komponenten sind. Üblicherweise werden Systeme verwendet, deren Monomere $f_A = f_B = 2$ und $f_C > 2$ haben. In diesem allgemeineren System kann man das Einsetzen der Gelierung vorhersagen, wenn man die kritische Umsatzgrenze festlegt, oberhalb derer sich mit Sicherheit ein Gel bildet. Diese Grenze läßt sich aus der Beobachtung ableiten, daß x_n am oder kurz nach dem Gelpunkt unendlich wird. Im Falle eines stöchiometrisch ausgeglichenen Systems wird die Gleichung

$$p = \big(2/f_{av} \big) - \big(2/x_n f_{av} \big) ,$$

am Gelpunkt, wenn x_n gegen unendlich strebt,

$$p_G = 2/f_{av} , \qquad (2.23)$$

wobei der kritische Umsatz der Reaktion, p_G, für den allgemeinen Fall geschrieben werden kann als

$$p_G = \big(1-\rho \big)/2 + 1/2r + \rho/f_C . \qquad (2.24)$$

2.13 Statistische Ableitung

Ein Ausdruck für p_G läßt sich mit Hilfe statistischer Argumente ableiten. Zunächst wird ein Verzweigungskoeffizient ζ eingeführt, der definiert wird, als die Wahrscheinlichkeit, daß ein multifunktionelles Monomeres ($f > 2$) bevorzugt mit einem linearen Kettensegment oder direkt mit einem zweiten multifunktionellen Monomeren (oder einer Verzweigungsstelle) verbunden ist, nicht aber mit einem Kettensegment, das mit einer einzelnen funktionellen Gruppe endet.

Der kritische Wert ζ_G für die einsetzende Gelbildung läßt sich aus der Wahrscheinlichkeit berechnen, daß mindestens eines der ($f - 1$) Kettensegmente, die sich von einer Verzweigungsstelle ausbreiten, mit einer anderen Verzweigungsstelle verknüpft ist; sie ist gegeben durch ($f - 1$)[-1] und somit erhalten wir

$$\zeta_G = 1/(f - 1) , \tag{2.25}$$

wobei f nun für die Funktionalität der Verzweigungseinheit steht und kein Durchschnittswert, wie wir ihn zuvor definiert hatten, mehr ist. Wenn mehr als ein Monomeres im System multifunktionell ist, verwendet man ein Mittel aus allen Monomeren mit $f \geq 3$.

Endet eine Kette in einem Verzweigungspunkt, so folgt daraus, daß im Durchschnitt $\zeta (f - 1)$ Ketten aus diesem Punkt hervorgehen. Wenn ζ Ketten davon wieder in einem Verzweigungspunkt enden, werden weitere $[\zeta (f - 1)]^2$ Ketten gebildet usw. Dies tritt dann auf, wenn $\zeta (f - 1)$ größer als 1 ist und das Wachstum des Netzwerkes nur durch die Grenzen des Systems beschränkt wird. Im Falle von $\zeta(f-1) < 1$ beobachtet man keine Gelbildung.

Diese Argumentation läßt sich ausweiten und für ein System A-A + B-B + A $\diagdown \diagup$ A beträgt der kritische Umsatz der Reaktion für die Gruppe A am Gelpunkt

$$p_G = \left[r + r\rho(f - 2)\right]^{-1/2} . \tag{2.26}$$

2.14 Vergleich mit dem Experiment

Den Gelpunkt eines verzweigten Systems erkennt man üblicherweise anhand eines raschen Anstiegs der Viskosität η, was dadurch registriert wird, daß Blasen in dem Reaktionsmedium nicht mehr aufsteigen können. Darüber hinaus ist er durch einen raschen Anstieg des Polymerisationsgrades x charakterisiert. Die Werte für diese Größen sind in Bild 2.6 für die Reaktion von Diethylenglykol mit Bernsteinsäure und 1,2,3-Propantricarbonsäure in einem Diagramm aufgetragen. Der Anstieg von x_n ist weit weniger drastisch als der von x_w, der sich aus der η-Kurve ablesen läßt. Der Unterschied zwischen x_w und x_n ist für das dargestellte System in Tabelle 2.2 verdeutlicht; dort wurde die Reaktionsmischung hypothetisch auf ein 1:1-Verhältnis von Amino- zu Carboxylgruppen eingestellt. Diese Situation kann man unter der Voraussetzung erreichen, daß sich die Mischungen aus 98,5 mol der Dicarbonsäure A, 100 mol Diol B und 1 mol der Tricarbonsäure C zusammensetzt. Aus Gleichung (2.21) folgt, daß

$r = 98,5 \times 2 + (1 \times 3) / (2 \times 100) = 1.$

Diese Reaktionsbedingungen führen zu einem Auftreten des Gelpunktes bei $p_G = 0,9925$ und das Verhältnis (x_w / x_n) steigt stark an, sobald sich die Reaktion dem kritischen Punkt nähert. Die Verteilung läßt sich leicht mit einem rein bifunktionellen System vergleichen, bei dem $(x_w / x_n) = 1 + p$ ist; die Verbreiterung der Molmassenverteilung, welche für derartige verzweigte Polymerisationen typisch ist, ist so anschaulich dargestellt.

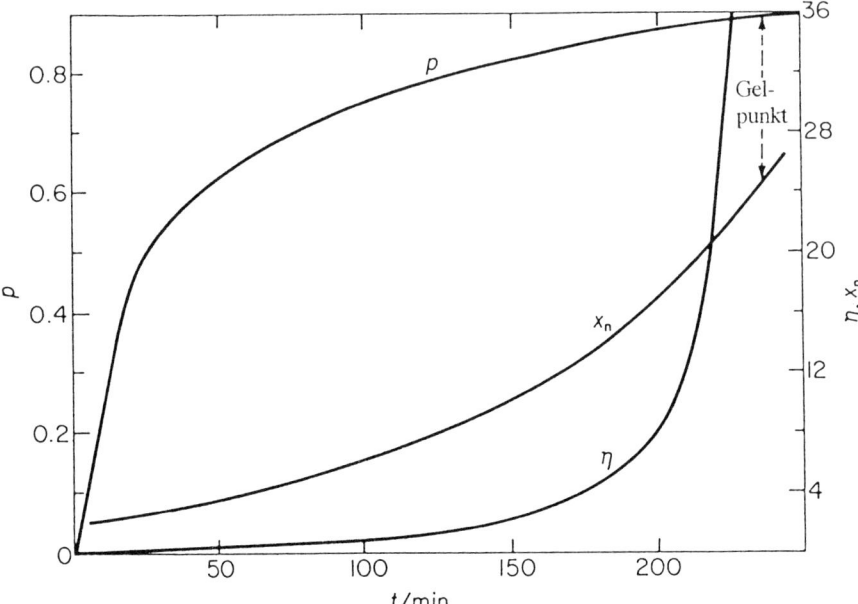

Bild 2.6:   Veränderung der Viskosität η und des Polymerisationsgrades x_n mit dem Ausmaß an
Netzwerkbildung für das System Diethylenglykol + Bernsteinsäure + 1,2,3-Propantri-
carbonsäure (nach Daten von Flory).

Ein Vergleich experimeteller und theoretischer Werte für p_G wurde von Flory für eine
Mischung aus einer Tricarbonsäure, einem Diol und einer Dicarbonsäure beschrieben, die
Daten sind in Tabelle 2.3 zusammengestellt.

Während die statistische Gleichung für p_G einen etwas zu niedrigen Wert liefert, erhält
man mit Hilfe von Gleichung (2.24) einen etwas höheren als den tatsächlichen experimentellen Wert. Die Carothers-Gleichung führt zu einem höheren Wert von p_G, da

Tabelle 2.2:   Verzweigtes System mit $p_G = 0{,}9925$

p	x_n	x_w/x_n
0,100	1,2	1,1
0,500	3,0	1,5
0,700	5,8	1,7
0,900	20,4	2,0
0,950	45,6	2,2
0,980	153,8	2,7
0,990	747,2	5,6
0,992	3306,8	18,2

Tabelle 2.3: Vergleich theoretischer und experimenteller Werte für das Polykondensationssystem bestehend aus 1,2,3-Propantricarbonsäure, Diethylenglykol und Adipin- bzw. Bernsteinsäure

			pG	
r	p	exp.	Gleichung (2.24)	Gleichung (2.26)
0,800	0,375	0,991	1,063	0,955
1,000	0,293	0,911	0,951	0,879
1,002	0,404	0,894	0,933	0,843

in der Mischung auch Moleküle mit einem höheren Polymerisationsgrad als dem bestimmten x_n vorliegen, welche bereits ein Gel bilden, bevor der berechnete Wert erreicht wird. Diese Problematik wird bei der statistischen Betrachtung umgangen, die Abweichungen sind hier intramolekularen Cyclisierungen im System zuzuschreiben. Die gebildeten Ringe leisten keinen Beitrag zu einer Verzweigung, d.h., daß die Reaktion etwas weiter verlaufen muß, um diese Ringbildung zu kompensieren.

2.15 Polyurethane

Eine sehr wichtige und vielseitige Gruppe von Polymeren, deren mannigfaltige Verwendungsmöglichkeiten die Bereiche Schaumstoffe, Fasern, Gummi, Klebstoffe und Dichtungsmaterialien umfassen, wird bei der Reaktion von Diisocyanaten mit Diolen gebildet.

$$OCN-R-NCO + HO-R^1-OH \rightarrow (O-R^1-O-\underset{\underset{O}{\|}}{C}-\underset{\underset{H}{|}}{N}-R-\underset{\underset{H}{|}}{N}-\underset{\underset{O}{\|}}{C})_n$$

Diese Reaktion führt zur Bildung linearer Polymerer, während verzweigte oder vernetzte Strukturen durch Verwendung multifunktioneller Startmaterialien oder versehentlich durch Nebenreaktionen entstehen. Die Eigenschaften sowie die Steifheit der Gruppen R und R^1 steuern die Materialeigenschaften des erhaltenen Produktes, also dessen Flexibilität oder Härte und somit letztendlich den Anwendungsbereich des gebildeten Polyurethans.

Die grundlegende Kettenwachstumsreaktion ist eine Additionsreaktion ohne Elimination eines kleinen Moleküls und ist eine Folge der hohen Elektrophilie des Kohlenstoffatoms in der Isocyanatgruppe.

R —N═C═O + H—O—R^1

$$-R-N=C=O \longrightarrow -R-N-C-O-R^1-$$

Dadurch eignet es sich für einen Angriff durch nukleophile Reagenzien, wie etwa Alkohole, Säuren, Wasser, Amine und Mercaptane. Die Elektrophilie des Kohlenstoffatoms läßt sich weiter steigern, wenn es sich bei dem Substituenten R um einen aromatischen Ring handelt, der in Konjugation mit der Isocyanatgruppe steht. Somit sind aromatische Diisocyanate weitaus reaktiver als die aliphatischen Analoga.

Isocyanatgruppen besitzen bisweilen eine unterschiedliche Reaktivität. So hat beispielsweise in 1-Methyl-2,4-diisocyanatobenzol die Isocyanatgruppe, welche benachbart zum Methylsubstituenten steht, eine von der anderen Isocyanatgruppe abweichende Reaktivität. Wenn jedoch eine der beiden Gruppen bereits reagiert hat, kann sich die Reaktionsbereitschaft der zweiten Gruppe ändern.

1-Methyl-2,4-di-
isocyanatobenzol

Zwar erwartet man, daß bifunktionelle Monomere lineare Polyurethane liefern, doch unterliegt die Polymerisation einigen Nebenreaktionen. Möglich ist die Bildung von Allophanateinheiten, insbesondere dann, wenn die Reaktionstemperatur 400 K überschreitet. Dabei addiert eine Isocyanatgruppe an ein sekundäres Amin in einer Urethaneinheit, wobei sich eine verzweigte oder vernetzte Struktur ausbildet.

Allophanateinheit

Polyurethane werden sehr häufig in zwei Stufen dargestellt; im ersten Schritt erfolgt die Bildung eines Präpolymeren und im zweiten die Kettenverlängerung. Während der ersten Stufe setzt man das Diisocyanat mit einem kurzkettigen Polyether bzw. Polyester mit terminaler Dihydroxyfunktion um. Meist verwendet man Poly(ethylenadipat), Poly(ε-caprolacton) oder Poly(tetramethylenglykol) mit einem Molmassenbereich von 1000 bis etwa 3000. Bei dieser Reaktion verwendet man das Diisocyanat im Überschuß, um so Blöcke mit Isocyanatendgruppen zu produzieren. Diese Ketten werden schrittweise durch

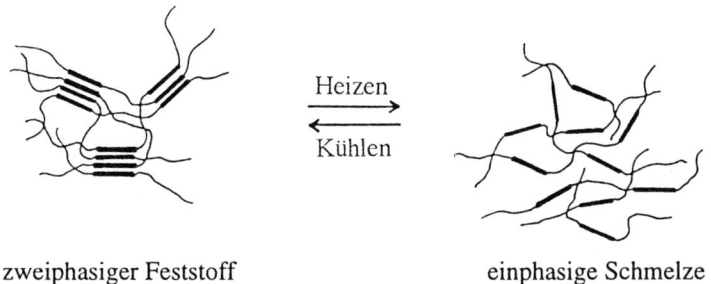

zweiphasiger Feststoff   einphasige Schmelze

Bild 2.7:   Schematische Darstellung eines Polyurethans mit Phasenseparation im festen Zustand und Entstehung von Unregelmäßigkeiten beim Erhitzen; die harten Blöcke sind durch dicke, die weichen Blöcke durch dünne Linien dargestellt (übernommen von Pearson, 1987).

Umsetzung mit kurzkettigen Diolen (z.B. Ethylenglykol oder 1,4-Butandiol) oder Diaminen verlängert (siehe Tabelle 2.4). Die Reaktion mit einem Diamin resultiert in der Bildung eines Harnstoffsegmentes und somit zu Poly(urethan-harnstoff)-Strukturen, die bei Reaktion mit weiteren (NCO)-Gruppen Biureteinheiten ausbilden können.

$$\begin{array}{ccccc} \sim\!\!\!\sim N - C - N \sim\!\!\!\sim & + & OCN-R \sim\!\!\!\sim \\ \;\;| \quad\;\; || \quad\; | \\ \;\;H \quad\;\; O \quad\; H \end{array}$$

$$\downarrow$$

$$\begin{array}{ccc} \sim\!\!\!\sim N - C - N \sim\!\!\!\sim \\ \;\;| \quad\;\; || \quad\; | \\ \;\;H \quad\;\; O \quad C\!=\!O \qquad \text{Biureteinheit} \\ \qquad\qquad | \\ \qquad\;\; H\!-\!N\!-\!R\sim\!\!\!\sim \end{array}$$

Vernetzte Systeme erhält man durch den Einsatz multifunktioneller Monomerer. Bei den Polyurethanen, die in Tabelle 2.4 und in Bild 2.7 aufgeführt sind, betrachtet man die Isocyanat-Monomereinheit als das „harte" Segment und das Polyol als das „weiche" Segment. Die aufgeführten Strukturen werden in der biomedizinischen Forschung verwendet und haben auf kardiovaskulärem Gebiet ihre Eignung bewiesen.

Ein Hauptanwendungsgebiet der Polyurethane ist die Herstellung von sowohl harten als auch flexiblen Schaumstoffen. Die oben beschriebenen Kettenverlängerungsreaktionen werden meistens eingesetzt, wenn Produkte mit elastomeren Eigenschaften benötigt werden, bei Schaumstoffen jedoch kann man das Molekül zur Kettenverlängerung weglassen; man verwendet Polyole mit einer mittleren Funktionalität von mehr als drei. Die Reaktion wird durch tertiäre Amine oder Organozinnverbindungen (z.B. Zinnoktoat) basenkatalysiert, und es bedarf der Zugabe eines Reagenz zur Reaktionsmischung, welches das Produkt „aufbläht" (blowing agent). Dies erreicht man durch die kontrollierte Addition von Wasser zum System unter Ausnutzung der folgenden Reaktion:

Tabelle 2.4: Bildung des (a) aromatischen Polyurethans Pellethan, (b) aromatischen Polyurethans Biomer und (c) aliphatischen Polyurethans Tecoflex

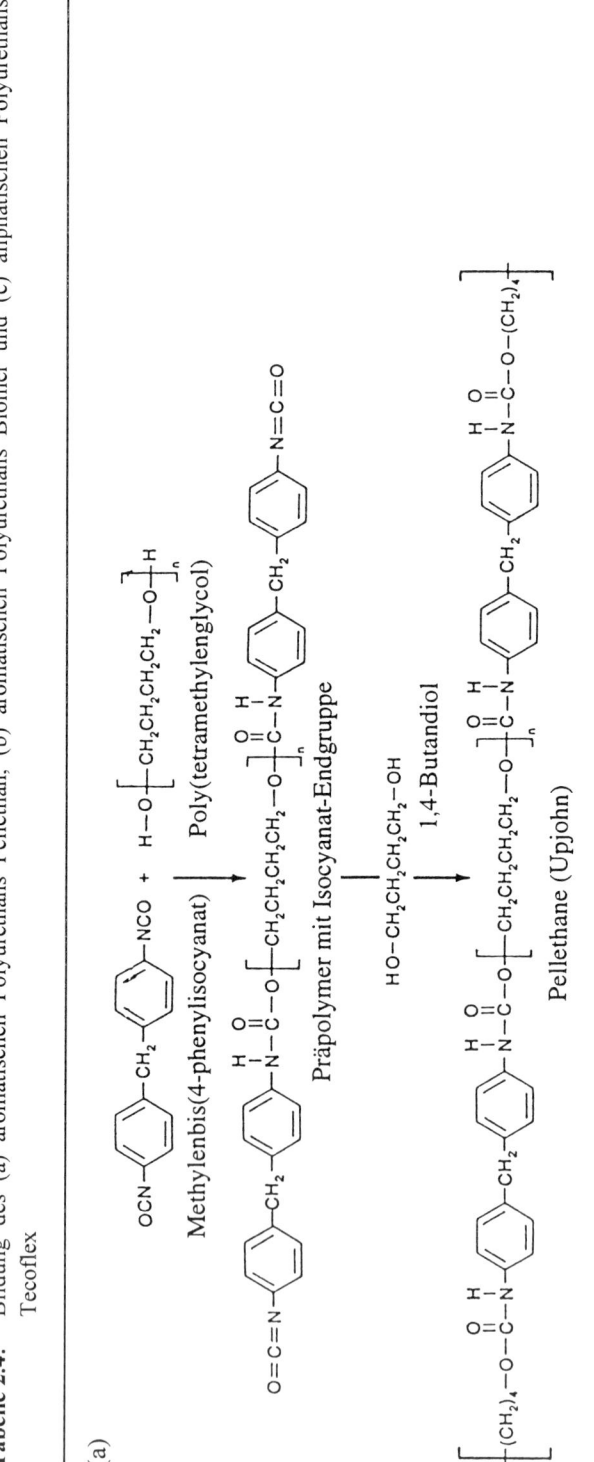

(a)

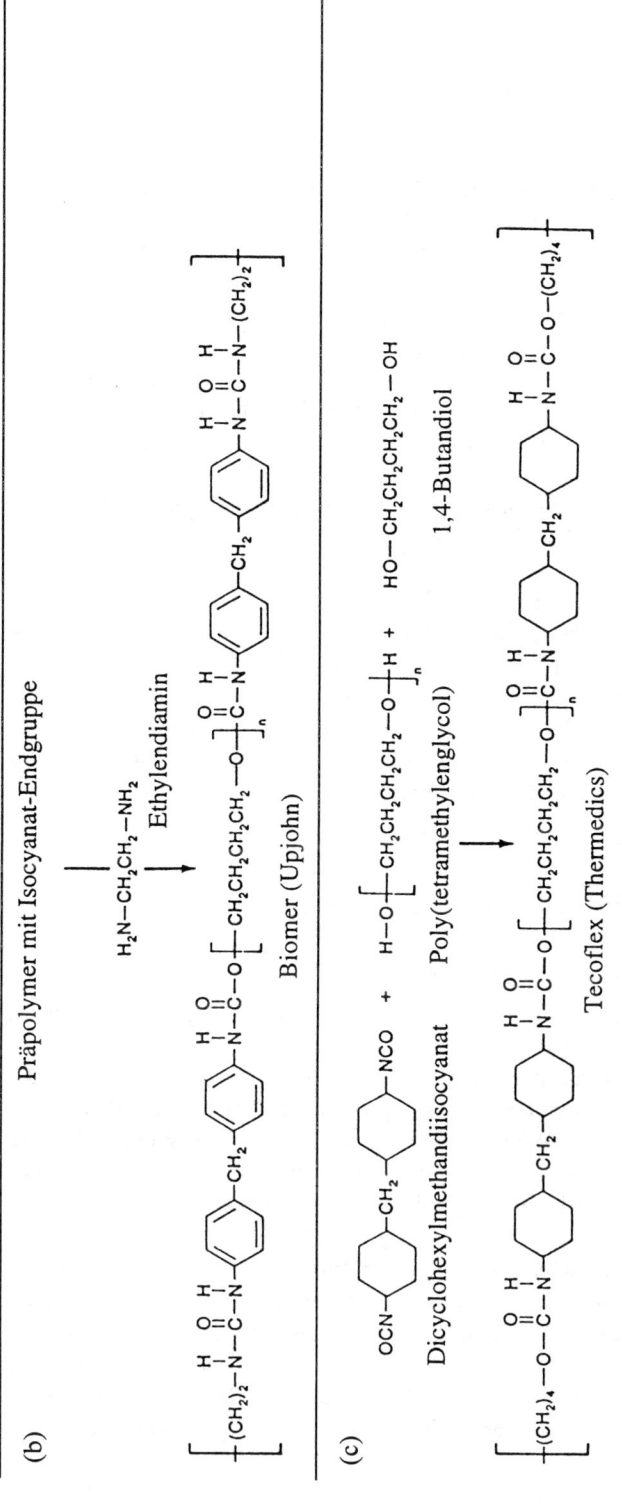

$$\text{\textasciitilde\textasciitilde\textasciitilde RNCO} + \text{H}_2\text{O} \longrightarrow \text{\textasciitilde\textasciitilde\textasciitilde R} - \underset{\underset{\text{H}}{|}}{\text{N}} - \underset{\underset{\text{O}}{\|}}{\text{C}} - \text{OH} \longrightarrow \text{\textasciitilde\textasciitilde\textasciitilde RNH}_2 + \text{CO}_2$$

Das Wasser reagiert mit der Isocyanatgruppe unter Bildung der instabilen Carbaminsäure, welche unter Freisetzung von CO_2 in ein Amin zerfällt. Das freigesetzte Gas bildet kugelförmige Bläschen von unterschiedlicher Größe, die ineinander übergehen und dabei eine polyhedrale Zellstruktur in der Polymermatrix bilden. Eine Alternative ist eine leicht flüchtige Flüssigkeit; Freon ($CFCl_3$) besitzt einen Siedepunkt von 294 K und kann der Reaktionsmischung zugesetzt werden. Da die Reaktion exotherm verläuft (es werden etwa 80 kJ mol^{-1} freigesetzt) reicht die Wärme aus, um das $CFCl_3$ zu verdampfen und so den Schaumstoff zu bilden. Von der Verwendung dieser Fluor-Chlor-Kohlenwasserstoffe ist man aus Gründen des Umweltschutzes mittlerweile abgekommen, da anzunehmen ist, daß diese Stoffe die Ozonschicht angreifen und zerstören.

Benötigt man einen flexibleren Schaumstoff, so verwendet man langkettige, beweglichere Polyole und trifunktionelle Monomere zur Vernetzung. Eine höhere Vernetzungsdichte und kurzkettige Polyole liefern dagegen steifere Schaumstoffe.

In Abwesenheit eines blowing agent und bei Reaktionsbedingungen, die die Bildung linearer Ketten fördern, werden thermoplastische Polyurethanelastomere gebildet. Eine Vielzahl von Materialien mit den unterschiedlichsten Eigenschaften lassen sich durch eine Variation des Verhältnisses von harten zu weichen Blöcken erreichen, und in vielen Fällen beobachtet man eine Kristallisation der harten Segmente. Dies kann die Bildung phasenseparierter Strukturen bewirken, wie in Bild 2.7 schematisch dargestellt, die sich wie thermoplastische Elastomere verhalten (siehe Abschnitt 15.6).

2.16 Wärmehärtende Polymere (Duroplaste)

Die Produktion von hochvernetzten Polymeren ist technisch sehr wichtig, da jedoch die Vernetzung zu harten, schwer zu verarbeitenden Materialien führt, erfolgt die Fabrikation üblicherweise in einem Zweistufenprozeß.

In der ersten Stufe wird ein Präpolymeres, welches noch nicht vollständig auspolymerisiert ist, hergestellt. Dabei handelt es sich entweder um einen Feststoff oder um eine Flüssigkeit mit relativ niedriger Molmasse. Während der zweiten Reaktionsstufe wird dieses Präpolymere *in situ* in einer Preßform in das vollständig vernetzte Produkt überführt. Die verschiedenen Präpolymeren werden im folgenden getrennt vorgestellt.

Phenol-Formaldehyd-Harze. Statistische Präpolymere werden durch die Umsetzung von Phenol (f = 3 wegen der *ortho*- und der *para*-Positionen im Ring) mit bifunktionellem Formaldehyd hergestellt. Die basenkatalysierte Reaktion führt zu einem Gemisch methylolierter Phenole (siehe Schema auf nächster Seite).

Die Zusammensetzung der Mischung läßt sich durch Variation des Phenol-Formaldehyd-Verhältnisses steuern. Die erhaltenen Methylolverbindungen werden getrocknet und

gemahlen, in einigen Fällen werden Füllstoffe, wie etwa Glimmer, Glasfasern oder Säge-
mehl, zugegeben. Das Präpolymere wird mit einem Vernetzungsagens, wie Urotropin, und
CaO als Katalysator vermischt. Bei weiterem Erhitzen während des Formens zerfällt das
Urotropin unter Bildung von HCHO und Ammoniak, letzterer wirkt als Katalysator bei der
abschließenden Vernetzung durch den Formaldehyd.

Aminoplaste. Eine verwandte Gruppe von Polymeren wird aus statistischen Präpolymeren,
die bei der Umsetzung von Harnstoff oder Melamin (siehe unten) mit Formaldehyd entstehen, hergestellt. Die Produkte sind unter dem Namen Aminoplaste bekannt.

Epoxidharze. Diese Präpolymeren weisen definierte Strukturen auf, wobei die
funktionellen Gruppen entweder am Kettenende (*structoterminal*) oder entlang der Kette
(*structopendant*) lokalisiert sind. Bei den Epoxidharzen verwendet man Epoxidgruppen für
die zuerst und Hydroxylgruppen für die zuletzt genannten. Ein Präpolymeres dieses Typs
bildet sich bei der Umsetzung von Bisphenol A mit Epichlorhydrin.

Diese Präpolymeren lassen sich schrittweise mit Vernetzungs- oder Verknüpfungsreagentien in sehr widerstandsfähige Netzwerkstrukturen umwandeln. Aufgrund ihrer niedrigen Kosten sind die bei Raumtemperatur hauptsächlich verwendeten Vernetzungsreagentien: aliphatische Amine; z.B. Diethylentriamin ($H_2NCH_2CH_2NHCH_2CH_2NH_2$) und Triethylentetramin ($H_2N[CH_2CH_2NH]_2CH_2CH_2NH_2$). Diese reagieren mit den Epoxidgruppen.

Anhydride werden ebenfalls als Vernetzungsreagentien verwendet und weisen gegenüber den Aminen den Vorteil einer geringeren Gefahr von Hautreizungen auf. Die Reaktion verläuft am besten in Gegenwart eines Katalysators, wie etwa einer Lewis-Base (oder Säure).

Ein vorgeschlagener Mechanismus erklärt die Reaktion über einen Zweistufen-Prozeß. Im ersten Schritt erfolgt eine Ringöffnung und in der zweiten Stufe die Addition des Epoxids. Im Anschluß daran reagiert das Anion mit einem weiteren Anhydridmolekül.

In der nicht-katalysierten Reaktion wird der Anhydridring durch die Umsetzung mit der Hydroxylgruppe geöffnet, doch verläuft diese Reaktion sehr viel langsamer. Die Hydroxylgruppe reagiert ebenfalls mit der Epoxideinheit.

Auch andere Strukturen sind zugänglich, und eine sehr wichtige Gruppe auf diesem Gebiet sind die Epoxid-Novolake, die als Materialien für Preßformen verwendet werden (siehe nächste Seite). In diesen Systemen läßt sich eine sehr hohe Vernetzungsdichte erzielen, welche dem erhaltenen Material eine ausgezeichnete mechanische Stabilität und eine hohe Temperaturbeständigkeit verleiht.

Epoxid-Novolak

Feuerbeständige Harze lassen sich unter Verwendung von Tetrabrombisphenol A als Bestandteil des Präpolymeren darstellen. Erhitzt man diese Verbindungen auf hohe Temperaturen, so setzen sie Halogenverbindungen frei, die die gebildeten freien Radikale abfangen und somit zur Bekämpfung des Feuers beitragen.

Epoxidharze werden häufig zur Herstellung von Werkzeugen, Klebstoffen, Isolatoren, harten Oberflächenbeschichtungen und, eine sehr wichtige Anwendung, in faserverstärkten Verbundwerkstoffen eingesetzt. Auch auf dem Gebiet von elektronischen Devices haben sie breite Anwendung gefunden.

Allgemeine Literatur

G. Allen und J. C. Bevington (Hrsg.), *Comprehensive Polymer Science*, Bd. 5, Pergamon Press (1989).

P. J. Flory, *Principles of Polymer Chemistry*, Kap. 3, Cornell University Press, Ithaca, N. Y. (1953).

A. H. Frazer, *High Temperature Resistant Polymers*, Interscience (1968).

Houben-Weyl, *Methoden der Organischen Chemie, Makromolekulare Stoffe*, Bd. E 20, Teil 1-3, Thieme Verlag, Stuttgart (1987).

R. W. Lenz, *Organic Chemistry of Synthetic High Polymers*, Kap. 3, Interscience Publishers Inc. (1967).

Macromolecular Syntheses, Col. Vol. 1-9, Wiley, N. Y. (1963 - 1985).

H. F. Mark und G. S. Whitby, *The Collected Papers of Wallace Hume Carothers*, Interscience Publishers Inc. (1940).

P. W. Morgan, *Condensation Polymers by Interface and Solution Methods*, Interscience Publishers Inc. (1965).

P. O. Nielson, "Properties of epoxy resins, hardeners and modifiers." *Adhesives Age*, Bd. 42 (1982).

G. Odian, *Principles of Polymerization*, Kap. 2, John Wiley and Sons (1981).

G. Oertel (Hrsg.), *Polyurethane Handbook*, Hanser, München (1985).

R. G. Pearson, in *Speciality Polymers*, Hrsg. R. W. Dyson, Blackie (1987).

W. G. Potter, *Epoxide Resins*, Butterworth and Co. Ltd (1970).

P. Rempp und E. W. Merrill, *Polymer Synthesis*, Hüthig und Wepf, Basel (1986).

D. H. Solomon, *The Chemistry of Organic Film Formers*, John Wiley and Sons, Inc. (1967).

J. Ulbricht, *Grundlagen der Synthese von Polymeren*, 2. Aufl., Hüthig und Wepf, Basel (1992).

Spezielle Literatur

1. P. J. Flory, (a) *J. Am. Chem. Soc.*, **61**, 3334 (1939);

                (b) **62**, 2261 (1940);

                (c) **63**, 3083 (1941).

3 Radikalische Polymerisation

3.1 Polymerisation

Bei Polyadditions- und Polykondensationsreaktionen bedarf es häufig des Einsatzes höher-funktioneller Monomerer, damit sich in der Reaktion Polymere mit hoher Molmasse bilden. Im Falle von Polymerisationen trifft dies nicht zu. So erhält man aus Monomeren, wie beispielsweise den Vinylidenverbindungen der allgemeinen Struktur $CH_2=CR_1R_1$, sehr leicht lange Ketten. Bei den Monomeren handelt es sich um bifunktionelle Einheiten, bei denen die besondere Reaktivität von der π-Bindung der C-C-Doppelbindung herrührt, die nach Aktivierung durch ionische oder radikalische Initiatoren leicht eine Umlagerungs-reaktion eingeht. Das bei der Initiierung entstandene aktive Zentrum ist Startpunkt für das Wachstum einer kinetischen Kette, die zur Bildung eines Makromoleküls führt und deren Wachstum stoppt, sobald das aktive Zentrum in einer Abbruchreaktion neutralisiert wird. Der gesamte Polymerisationsverlauf umfaßt drei voneinander abgetrennte Teilschritte:

(i) Die *Startreaktion*, bei der das aktive Zentrum, welches als Kettenträger agiert, gebildet wird;

(ii) die *Wachstumsreaktion*, bei der die makromolekulare Kette in einer Kettenreaktion wächst und die durch die Abfolge identischer Vorgänge charakterisiert ist, nämlich durch die sich fortwährend wiederholende Anlagerung eines Monomeren an die wachsende Kette;

(iii) die *Abbruchreaktion*, bei der die kinetische Kette durch Desaktivierung oder Über-tragung des aktiven Zentrums unterbrochen wird.

Typischerweise besitzt ein unter solchen Bedingungen aufgebautes Polymeres die gleiche chemische Zusammensetzung wie das Monomere, d.h. jede Ketteneinheit entspricht einem vollständigen Monomermolekül und nicht nur einem Teil des Monomeren, wie man es beispielsweise bei Polykondensationen findet.

3.2 Die Wahl des Initiators

Dem Polymerchemiker stehen eine Vielzahl von Initiatoren zur Verfügung, welche man in die drei folgenden Kategorien unterteilt: radikalische, kationische und anionische. Bei der Wahl des geeignetsten Initiators muß man die Substituenten R_1 und R_2 im Monomeren und deren Einfluß auf die Doppelbindung berücksichtigen. Dies ist eine Folge der Fähigkeit der Alken-π-Bindung, sich in Abhängigkeit von dem verwendeten Initiator entweder

$$^+\overset{|}{C}-\overset{|}{\underset{|}{C}}{:}^- \;\rightleftharpoons\; \overset{|}{\underset{|}{C}}=\overset{|}{\underset{|}{C}} \;\rightleftharpoons\; \overset{|}{\cdot C}-\overset{|}{\underset{|}{C}}{\cdot}$$

$$\text{I} \qquad\qquad\qquad \text{II}$$

heterolytisch (I) oder homolytisch (II) zu spalten. Bei den meisten relevanten olefinischen Monomeren ist der Substituent R_1 entweder ein H oder eine CH_3-Gruppe, der Einfachheit halber soll für die folgende Betrachtung H angenommen werden. Die Gruppe R_2 kann dann als elektronenanziehende Gruppe

$$CH_2 = \overset{\delta+}{C}H \rightarrow \overset{\delta-}{R}_2$$

oder als elektronenschiebende Gruppe

$$\overset{\delta-}{C}H_2 = CH \leftarrow \overset{\delta+}{R}_2$$

eingestuft werden. Beide Substituententypen verändern die Elektronegativität der π-Elektronenwolke und bestimmen daher, ob ein Radikal, ein Anion oder ein Kation bevorzugt stabilisiert werden kann.

Im allgemeinen reduzieren elektronenanziehende Substituenten, wie -CN, -COOR, -CONH$_2$, die Elektronendichte an der Doppelbindung und begünstigen somit das Wachstum durch eine anionische Spezies. Gruppen, die durch Elektronengabe die Nucleophilie der Doppelbindung erhöhen, wie etwa Alkenyl-, Alkoxy- und Phenylgruppen, begünstigen den Angriff kationischer Initiatoren, darüber hinaus sind die dabei gebildeten aktiven Zentren resonanzstabilisiert. Alkylgruppen fördern eine kationische Initiierung nicht, es sei denn, sie liegen in der Form von 1,1'-Dialkylmonomeren oder Alkyldienen vor, so daß in diesen Fällen heterogene Katalysatoren benötigt werden. Da die Resonanzstabilisierung des aktiven Zentrums ein entscheidender Faktor ist, lassen sich Monomere wie Styrol oder 1,3-Butadien sowohl anionisch als auch kationisch polymerisieren, da beide ionischen Spezies stabilisiert werden können.

Aufgrund seiner elektrischen Neutralität ist ein freies Radikal weniger selektiv, und somit ist ein radikalischer Initiator allgemeiner anwendbar als ein ionischer, da die meisten Substituenten die Resonanzstabilisierung einer radikalischen Spezies gewährleisten. Einige Beispiele sind in Tabelle 3.1 zusammengestellt.

Tabelle 3.1:   Einfluß eines Substituenten auf die Wahl des Initiators

Monomeres	Initiator		
	Radikalisch	Anionisch	Kationisch
Ethylen, $CH_2=CH_2$	+	-	+
1,1'-Dialkylolefin, $CH_2=R_1R_2$	-	-	+
Vinylether, $CH_2=CHOR$	-	-	+
Vinylhalogenide, $CH_2=CH(Hal)$	+	-	-
Vinylester, $CH_2=CHOCOR$	+	-	-
Methacrylsäureester, $CH_2=C(CH_3)COOR$	+	+	-
Acrylnitril, $CH_2=CHCN$	+	+	-
Styrol, $CH_2=CHPh$	+	+	+
1,3-Butadien, $CH_2=CH-CH=CH_2$	+	+	+

3.3 Radikalische Polymerisation

Ein freies Radikal ist eine atomare oder molekulare Spezies, deren normale Bindungsstruktur derart verändert wurde, daß ein ungepaartes Elektron in der neuen Struktur verbleibt. Das Radikal kann mit einem olefinischen Monomeren reagieren und dabei einen Kettenträger generieren, dessen Lebensdauer lang genug ist, um unter geeigneten Bedingungen das Wachstum einer Polymerkette zu ermöglichen.

$$R^{\cdot} + CH_2{=}CHR_1 \rightarrow RCH_2CHR_1^{\cdot}$$

3.4 Initiatoren

Ein wirksamer Initiator ist ein Molekül, das unter dem Einfluß von Wärme, elektromagnetischer Strahlung oder chemischer Reaktion leicht homolytisch in Radikale gespalten wird, die reaktiver als das Monomerradikal sind. Diese Radikale müssen eine ausreichende Lebensdauer besitzen, um mit dem Monomeren zu reagieren und ein aktives Zentrum zu bilden. Für kinetische Studien haben sich Verbindungen mit Azonitrilgruppen als besonders günstig erwiesen, da deren Zerfall meist einer Kinetik erster Ordnung gehorcht und die Zerfallsgeschwindigkeiten vom umgebenden Medium, z.B. Lösungsmittel, unabhängig sind.

Einige typische Radikalbildungsreaktionen sind:

(1) Ein *thermischer Zerfall* läßt sich bei organischen Peroxiden oder Azoverbindungen anwenden. So bildet beispielsweise Benzoylperoxid beim Erhitzen unter Abspaltung von CO_2 zwei Phenylradikale.

Ein einfacherer Einstufenzerfall tritt bei Dicumylperoxid auf.

$$C_6H_5{-}C(CH_3)_2{-}O{-}O{-}(CH_3)_2C{-}C_6H_5 \rightarrow 2C_6H_5{-}C(CH_3)_2O^{\cdot}$$

(2) Die *Photolyse* ist auf Metalliodide, Metallalkyle oder Azoverbindungen anwendbar; Azodiisobutyronitril (AIBN) z.B. zerfällt bei Bestrahlung mit Licht einer Wellenlänge von 360 nm.

$$(CH_3)_2-\underset{\underset{CN}{|}}{C}-N{=}N-\underset{\underset{CN}{|}}{C}-(CH_3)_2 \;\rightarrow\; 2(CH_3)_2-\underset{\underset{CN}{|}}{C}^{\bullet} \;+\,N_2$$

Dabei ist zu beachten, daß in jeder Reaktion aus einem Initiatormolekül I zwei Radikale $R^{\bullet}$ gebildet werden; allgemein formuliert:

$$I \xrightarrow{\;k_d\;} 2R^{\bullet} \tag{3.1}$$

(3) *Redoxreaktionen*, so z.B. bilden sich bei der Reaktion von Eisen(II)-Ionen mit Wasserstoffperoxid in Lösung Hydroxylradikale:

$$H_2O_2 + Fe^{2+} \rightarrow Fe^{3+} + OH^- + OH^{\bullet}.$$

Anstelle von H_2O_2 können auch Alkylhydroperoxide verwendet werden. Eine ähnliche Reaktion beobachtet man bei der Oxidation eines Alkohols durch Cer(IV)-sulfat:

$$RCH_2OH + Ce^{4+} \rightarrow Ce^{3+} + H^+ + RC(OH)H^{\bullet}$$

(4) *Persulfate* sind auf dem Gebiet der Emulsionspolymerisation sehr hilfreiche Initiatoren, da der Zerfall in der wäßrigen Phase abläuft und das Radikal in ein hydrophobes, Monomeres enthaltendes Tröpfchen diffundiert.

$$S_2O_8^{2-} \rightarrow 2SO_4^{\bullet-}$$

(5) *Ionisierende Strahlung* mit α-, β-, γ- oder Röntgenstrahlen läßt sich ebenfalls für die Initiierung einer Polymerisation nutzen. Dabei wird zunächst ein Elektron aus dem Molekül herausgeschlagen, gefolgt von einem Dissoziationsschritt und der abschließenden Radikalbildung durch Elektroneneinfang.

Elektronenabgabe: $C \rightarrow C^+ + e^-$

Dissoziation: $C^+ \rightarrow A^{\bullet} + Q^+$

Elektronenaufnahme: $Q^+ + e^- \rightarrow Q^{\bullet}$

Initiatoren, die einen thermischen Zerfall eingehen, müssen sorgfältig ausgewählt werden, um sicherzustellen, daß sie bei der Polymerisationstemperatur eine sichere Quelle für Radikale darstellen und so die Reaktion aufrechterhalten. Bei einer Initiatorkonzentration von 0,1 M sollte die Geschwindigkeit der Radikalbildung etwa 10^{-6} bis 10^{-7} mol dm^{-3} s^{-1} betragen, was einem $k_d \approx 10^{-5}$ bis 10^{-6} s^{-1} in einem Temperaturbereich von 320 bis 420 K entspricht und im allgemeinen für radikalische Polymerisationen am geeignetsten angesehen wird. Die Geschwindigkeitsgleichungen für verschiedene gängige Initiatoren sind in Tabelle 3.2 aufgeführt; auf ihrer Basis wurden die zugehörigen Arbeitstemperaturen berechnet. Die Halbwertszeiten sind auch in Bild 3.1 dargestellt und als Funktion der Temperatur aufgetragen.

Tabelle 3.2: Geschwindigkeitsgleichungen für den Zerfall einiger radikalischer Initiatoren und zugehörigen empfohlenen Arbeitstemperaturbereiche

Initiator	Geschwindigkeitsgleichung (s^{-1})	Temperaturbereich (K)
RC(O)OO(O)CR		
R = Et	$k = 10^{14} \exp(-146\ kJ/RT)$	382 - 402
R = Bu^t	$k = 6,3 \times 10^{15} \exp(-157\ kJ/RT)$	377 - 395
RN=NR		
R = Me$_2$C(CN)	$k = 1,8 \times 10^{15} \exp(-128,7\ kJ/RT)$	310 - 340
R = PhCHMe	$k = 1,3 \times 10^{15} \exp(-152,6\ kJ/RT)$	378 - 398
R = Me$_2$CH	$k = 5 \times 10^{13} \exp(-170,5\ kJ/RT)$	453 - 473

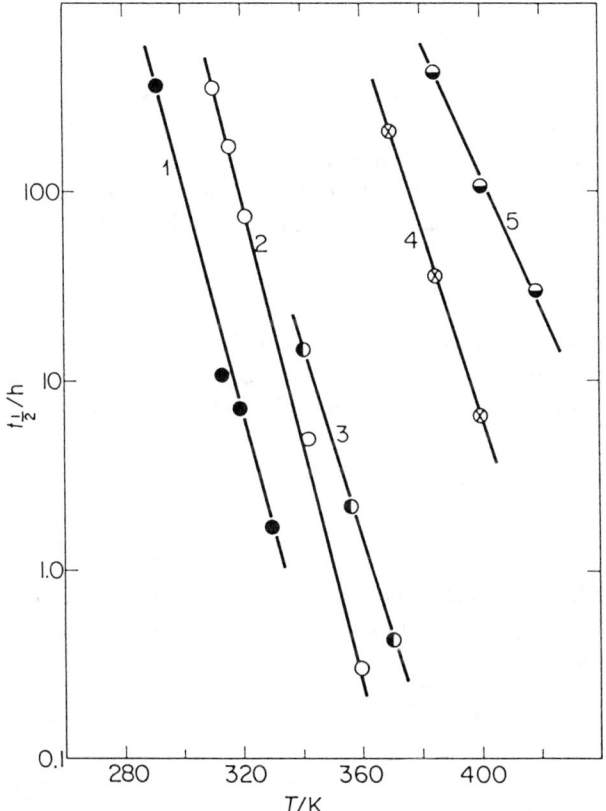

Bild 3.1: Halbwertszeiten $t_{1/2}$ ausgewählter Initiatoren; (1) Isopropylpercarbonat; (2) Azodiisobutyronitril; (3) Benzoylperoxid; (4) Di-*tert*-butylperoxid; (5) Cumylhydroperoxid.

Mit Hilfe dieser Daten kann der Chemiker eine geeignete Initiatorwahl für seine speziellen Versuchsbedingungen treffen. Es muß an dieser Stelle jedoch festgehalten werden, daß die Zerfallsgeschwindigkeiten der Initiatoren vom Lösungsmittel abhängig sein können, weswegen die Werte in Tabelle 3.1 lediglich als eine gute Näherung zu sehen sind.

Initiatorwirksamkeit

Obwohl der Zerfall eines Initiators quantitativ verlaufen kann, müssen nicht alle Initiatorradikale Ketten starten. In einer kinetischen Analyse wird die effektive Konzentration an Radikalen durch den *Wirksamkeitsfaktor f* ausgedrückt, der dann kleiner als eins ist, wenn nur ein Bruchteil der gebildeten Radikale beim Start einer kinetischen Kette wirksam ist. Eine herabgesetzte Wirksamkeit ist die Folge verschiedener Nebenreaktionen.

Rekombination tritt dann auf, wenn die Diffusion der Radikale in der Lösung eine Einschränkung erfährt, und ein Käfigeffekt führt zum Ablaufen der Reaktion:

$$2(CH_3)_2\overset{|}{\underset{CN}{C^{\cdot}}} \quad \rightarrow \quad (CH_3)_2\overset{|}{\underset{CN}{C}}\!-\!\overset{|}{\underset{CN}{C}}(CH_3)_2.$$

Üblicherweise spielt das Lösungsmittel eine sehr wichtige Rolle. Das Ausmaß an Zersetzung beträgt bei Benzoylperoxid in Tetrachlorethylen 35%, in Benzol 50% und in Ethylacetat 85% nach jeweils vierstündigem Erhitzen unter Rückfluß.

Ein weiterer Verlust an Radikalen kann durch induzierten Zerfall hervorgerufen werden; dabei kommt es zu einem Angriff des Radikals durch ein aktives Zentrum.

$$R^{\cdot} + R'\!-\!O\!-\!O\!-\!R' \rightarrow ROR' + R'O^{\cdot}$$

Auf diese Weise wird anstelle von drei möglichen Radikalen für die Polymerisation nur eines wirksam. Für einen Initiator, der zu 100% wirksam ist, beträgt $f = 1$, jedoch liegt die tatsächliche Wirksamkeit der meisten Initiatoren in einem Bereich von 0,3 bis 0,8.

3.5 Kettenwachstum

Bei der Reaktion eines freien Radikals mit einer Monomereinheit bildet sich ein Kettenträger. Das Wachstum der Kette erfolgt dann sehr rasch durch Addition weiterer Monomerer unter Ausbildung eines linearen Polymeren.

$$RM_1^{\bullet} + M \rightarrow RM_2^{\bullet} \tag{3.2}$$

$$RM_n^{\bullet} + M \rightarrow RM_{n+1}^{\bullet} \tag{3.3}$$

Die mittlere Lebensdauer einer wachsenden Kette ist kurz, allerdings bildet sich ein Polymerstrang mit über 1000 Einheiten innerhalb von 10^{-2} bis 10^{-3} s. Gemäß einer Abschätzung von Bamford und Dewar erfolgt bei der thermischen Polymerisation von Styrol bei 373 K in etwa 1,24 s die Bildung einer Polymerkette mit einem Polymerisationsgrad von 1650, was bedeutet, daß alle 0,75 ms eine Monomereinheit addiert wird.

3.6 Abbruch

Theoretisch könnte eine Kette solange wachsen, bis alle Monomermoleküle im System aufgebraucht sind, wenn es sich bei Radikalen nicht um ausgesprochen reaktive Teilchen handeln würde, die so schnell wie möglich abreagieren und inaktive kovalente Bindungen bilden. Das bedeutet, daß bei einer hohen Radikalkonzentration kurze Kette aufgebaut werden, da die Wahrscheinlichkeit von radikalischen Wechselwirkungen entsprechend groß ist. Aus diesem Grund sollte man die Radikalkonzentration immer gering halten, wenn lange Polymerketten benötigt werden. Der Kettenabbruch kann auf verschiedene Arten erfolgen: (1) Wechselwirkung zweier aktiver Kettenenden; (2) Reaktion eines aktiven Kettenendes mit einem Initiatormolekül; (3) Abbruch durch Übertragung des aktiven Zentrums auf ein anderes Molekül, z.B. Lösungsmittel, Initiator oder Monomeres; (4) Wechselwirkung mit Verunreinigungen (z.B. Sauerstoff) oder Inhibitoren.

Die wichtigste Abbruchreaktion ist die unter Punkt (1) aufgeführte, also eine bimolekulare Wechselwirkung zwischen zwei Kettenenden. Dabei sind zwei Reaktionswege möglich:

(a) *Kombination* von zwei Ketten unter Ausbildung einer langen Kette.

$$\sim CH_2-CH^\cdot + HC^\cdot-CH_2 \sim \rightarrow \sim CH_2-CH-CH-CH_2 \sim$$
$$\underset{Cl}{|} \quad \underset{Cl}{|} \qquad\qquad \underset{Cl}{|} \quad \underset{Cl}{|}$$

(b) *Disproportionierung*, bei der von einem Kettenende unter Ausbildung einer Doppelbindung ein Wasserstoffatom abgespalten wird, welches an ein anderes Kettenende anlagert, wobei zwei tote Polymerketten entstehen.

$$\overset{CH_3}{\underset{COOCH_3}{\sim CH_2-C^\cdot}} + \overset{CH_3}{\underset{COOCH_3}{^\cdot C-CH_2 \sim}} \rightarrow \overset{CH_3}{\underset{COOCH_3}{\sim CH=C}} + \overset{CH_3}{\underset{COOCH_3}{CII-CH_2 \sim}}$$

In einem System können einer der beiden oder auch beide Prozesse gleichzeitig ablaufen, wobei die Art des Abbruchs sowohl vom Monomeren als auch von den Polymerisationsbedingungen abhängt. Experimentelle Befunde deuten darauf hin, daß bei Polystyrol bevorzugt ein Abbruch durch Kombination auftritt. Für Poly(methylmethacrylat) findet man bei einer Polymerisationstemperatur oberhalb 333 K ausschließlich Abbruch durch Disproportionierung, während bei tieferen Temperaturen beide Mechanismen ablaufen (vergleiche Tabelle 3.3). Der jeweilige Abbruchmechanismus läßt sich bei Verwendung eines radioaktiv markierten Initiators und anschließender Bestimmung der Anzahl an Initiatorfragmenten pro Kette bestimmen. Bei einem Abbruch durch Disproportionierung zählt man ein Fragment pro Kette, beim Abbruch durch Kombination dagegen zwei. Auch zahlenmittlere Molmassen der Polymeren lassen sich auf diese Weise ermitteln.

Tabelle 3.3:   Abbruchmechanismen einiger Polymerradikale

Monomeres	Temperatur / K	Mechanismus
Styrol	330 - 370	Kombination
Acrylnitril	330	Kombination
Methylmethacrylat	273	hauptsächlich Kombination
	> 300	hauptsächlich Disproportionierung
Methylacrylat	360	hauptsächlich Disproportionierung
Vinylacetat	360	hauptsächlich Disproportionierung

3.7 Kinetik des stationären Zustands

Die drei grundlegenden Schritte der Polymerisation lassen sich durch die folgenden allgemeinen Begriffe beschreiben:

Der *Kettenstart* ist eine Zweistufenreaktion. Dem Zerfall des Initiators

$$I \xrightarrow{k_d} 2R^{\bullet}, \tag{3.4}$$

folgt der Angriff des Radikals an eine Monomereinheit unter Ausbildung eines Kettenträgers

$$R^{\bullet} + M \xrightarrow{k_i} RM^{\bullet}. \tag{3.5}$$

Da die Zersetzung des Initiators verglichen mit der Anlagerung des Primärradikals an ein Monomeres oder der Abbruchsreaktion langsam verläuft, handelt es sich hierbei um den geschwindigkeitsbestimmenden Schritt. Die Startgeschwindigkeit v_i entspricht daher der Bildungsgeschwindigkeit der Radikalketten

$$v_i = d\left[RM^{\bullet}\right]/dt = 2k_d f[I], \tag{3.6}$$

wobei der Faktor 2 eingeführt werden muß, da während des Initiatorzerfalls zwei möglicherweise wirksame Radikale gebildet werden. Somit ist f ein Maß für die Fähigkeit der Radikale, ein Kettenwachstum zu initiieren. Der Ausdruck besitzt Gültigkeit für thermisch gestartete Polymerisationen, doch lassen sich viele Reaktionen auch durch Licht initiieren, unter der Voraussetzung, daß das Monomere die Strahlung absorbiert und somit als sein eigener Initiator wirkt. Die Geschwindigkeit v_{ip} ist dann von der Intensität des absorbierten Lichtes abhängig:

$$v_{ip} = 2\phi I_a. \tag{3.7}$$

Die Quantenausbeute ϕ ersetzt hier f und definiert die Initiatorwirksamkeit; I_a ist abhängig von der Intensität der absorbierten Strahlung I_0, der Monomerkonzentration und dem Extinktionskoeffizienten ε, und es gilt

$$v_{ip} = 2\phi\varepsilon I_0 [M]. \tag{3.8}$$

Absorbiert das Monomere die Strahlung schlecht, können geringe Mengen eines Photo-sensibilisators zugegeben werden. Dieser absorbiert die Energie, überträgt sie auf das Monomere und schafft somit die aktiven Zentren. In einem solchen Fall ersetzt man [M] durch die Konzentration an Photosensibilisator.

Unter *Kettenwachstum* versteht man die Anlagerung eines Monomeren an das wachsende Radikal

$$RM_n^\bullet + M \xrightarrow{\ k_p\ } RM_{n+1}^\bullet . \tag{3.9}$$

Man nimmt an, daß die Geschwindigkeit eines jeden Anlagerungsschrittes gleich ist und somit ergibt sich:

$$v_p = k_p [M][M^\bullet] . \tag{3.10}$$

In dieser Gleichung steht [M˙] für die Konzentration der wachsenden Kettenenden; üblicherweise ist [M˙] zu jeder Zeit der Reaktion klein. Das Wachstum ist im wesentlichen die Umsetzung des Monomeren zum Polymeren, und daher läßt sich die Geschwindigkeit aus dem Verbrauch des Monomeren bestimmen.

Der *Abbruch* ist ebenfalls ein bimolekularer Prozeß, der nur von [M˙] abhängt. Die Geschwindigkeit für beide Abbruchmechanismen ist

$$v_t = 2k_t [M^\bullet][M^\bullet] . \tag{3.11}$$

Die Geschwindigkeitskonstante k_t setzt sich, wenn sowohl Kombination als auch Dispro-portionierung möglich sind, aus $(k_{tc} + k_{td})$ zusammen, doch aus Gründen der Vereinfachung schreibt man nur k_t. Wenn die Kettenreaktion nicht zu einer Explosion führt, wird ein stationärer Zustand erreicht, bei dem die Bildungsgeschwindigkeit von Radikalen genau der Geschwindigkeit ihres Verbrauchs entspricht; also $v_i = v_t$, so daß für eine thermische Reaktion gilt

$$2k_t [M^\bullet]^2 = 2k_d f[I] . \tag{3.12}$$

Aus dieser Gleichung erhält man einen Ausdruck für [M˙], welcher lautet

$$[M^\bullet] = \{fk_d[I]/k_t\}^{1/2} . \tag{3.13}$$

Da die Radikalkonzentration für eine exakte Bestimmung normalerweise zu gering ist, wird sie in die kinetische Gleichung eingesetzt, und man erhält somit die Bruttopolymerisations-gleichung

$$v_p = k_p \{fk_d[I]/k_t\}^{1/2} [M] , \tag{3.14}$$

die zeigt, daß die Polymerisationsgeschwindigkeit proportional zu der Monomerkonzen-tration und $[I]^{1/2}$ ist, wenn f groß genug ist. Bei einer geringen Initiatorwirksamkeit f wird die Polymerisationsgeschwindigkeit eine Funktion von [M] und die Geschwindigkeit ist dann proportional zu $[M]^{3/2}$.

Analog betrachtet ergibt sich für die Geschwindigkeit einer photochemisch initiierten Polymerisation

$$v_{pp} = k_{pp}\{\phi\varepsilon I_0/k_t\}^{1/2}[M]^{3/2}.$$ (3.15)

Aus dieser Ableitung erhält man zwei sehr wesentliche Parameter, nämlich die kinetische Kettenlänge $\bar{v}$ und den mittleren Polymerisationsgrad x.

Die kinetische Kettenlänge $\bar{v}$ ist ein Maß für die durchschnittliche Anzahl von Monomereinheiten, die mit einem aktiven Zentrum während dessen Lebensdauer reagieren, wobei der Zusammenhang zwischen $\bar{v}$ und x_n vom Abbruchmechanismus abhängig ist. Bei einem Abbruch durch Kombination erhält man $x_n = 2\bar{v}$, während $x_n = \bar{v}$ gilt, wenn Disproportionierung die einzige Abbruchreaktion ist. Im stationären Zustand gilt:

$$\bar{v} = v_p/v_i = v_p/v_t = k_p^2[M]^2/2k_t v_p.$$ (3.16)

Da $\bar{v}$ umgekehrt proportional zur Polymerisationsgeschwindigkeit ist, bedeutet dies, daß ein Temperaturanstieg eine Erhöhung von v_p zur Folge hat und dementsprechend eine Abnahme der Kettenlänge. Weiterhin zeigt die Gleichung, daß $\bar{v}$ umgekehrt proportional zur Radikalkonzentration ist; infolgedessen ist der Polymerisationsgrad bei hohen Radikalkonzentrationen niedrig und umgekehrt. Das bedeutet, daß durch eine Kontrolle der Initiatorkonzentration, der Polymerisationsgrad steuerbar ist.

3.8 Substanz-Polymerisation bei hohem Umsatz (Trommsdorff-Norrish-Effekt)

Bei sehr vielen Polymerisationen verzeichnet man gegen Ende der Reaktion einen deutlichen Anstieg der Reaktionsgeschwindigkeit anstelle der zu erwartenden allmählichen Abnahme, die durch die Abreicherung von Monomeren und Initiator verursacht wird. Diese *Selbstbeschleunigung* ist ein direkter Effekt aus der erhöhten Viskosität des Mediums und tritt besonders bei Polymerisationen, die in Substanz oder in konzentrierter Lösung geführt werden, in Erscheinung. Das Phänomen, welches unter den Bezeichnungen *Trommsdorff-Norrish-* oder *Geleffekt* bekannt ist, beruht darauf, daß gegen Ende einer Polymerisation die Bedingungen des stationären Zustandes nicht mehr erfüllt sind.

Wenn die Viskosität des Reaktionsmediums steigt, werden die verschiedenen Schritte der Polymerisationsreaktion an den Punkten diffusionskontrolliert, die von der Aktivierungsenergie für diesen Schritt abhängen. Die Start- und Wachstumsreaktionen haben im Vergleich zu den Abbruchreaktionen höhere Aktivierungsenergien und verlaufen im Endabschnitt der Umsetzung diffusionskontrolliert. Der Abbruchschritt besitzt die niedrigste Aktivierungsenergie und wird bei niedrigeren Viskositäten durch die Diffusion kontrolliert, also sehr viel früher im Reaktionsverlauf. Für den erfolgreichen Zusammenstoß der radikalischen Enden zweier langer, stark miteinander verhakter Polymerketten ist also ein bimolekularer Prozeß verantwortlich, doch mit steigender Viskosität des Reaktionsmediums wird die Beweglichkeit der Ketten zunehmend eingeschränkt, mit dem Resultat, daß die aktiven Kettenenden große Schwierigkeiten haben, sich gegenseitig zu finden. Dies führt zu einer deutlichen Absenkung der Geschwindigkeit der Abbruchreaktion und, da es sich hierbei um den Hauptprozeß für das Verschwinden von Radikalen handelt, steigt die Bruttoradikalkonzentration allmählich an. Eine Folge davon ist ein Anstieg der Anzahl an Wachstumsschritten und damit verbunden eine Freisetzung von mehr Wärme. Diese wiederum erhöht die Zersetzungsgeschwindigkeit des Initiators, wobei mehr Radikale gebildet werden, was letztendlich in einer Selbstbeschleunigung resultiert. Eine große Gefahr, die von dieser Abfolge an Sequenzen ausgeht, ist, daß es bei ungenügender Abfuhr der freigesetzten Wärme zu einer Explosion kommen kann.

Bei der einfachen klassischen kinetischen Analyse, die wir uns in Abschnitt 3.7 erarbeitet haben, handelt es sich um ein stark vereinfachtes Modell, welches auf den folgenden Annahmen basiert:

1. die Bedingungen des stationären Zustandes überwiegen während der gesamten Reaktion und bei allen Umsetzungen;
2. die Reaktivität der Radikale ist unabhängig von der Kettenlänge;
3. es findet keine Kettenübertragung statt;
4. es tritt keine Selbstbeschleunigung oder Geleffekt auf.

Ein schematisches Geschwindigkeitsdiagramm einer typischen Polymerisation in Substanz ist in Bild 3.2(a) wiedergegeben, wobei dort die Geschwindigkeit in Abhängigkeit vom Umsatz aufgetragen wurde. Die Geschwindigkeit steigt zu Beginn solange an, bis bei etwa 0,1% Umsatz der stationäre Zustand erreicht ist und gehorcht dann der Näherung

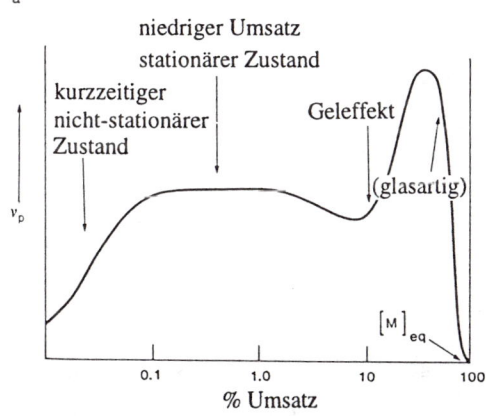
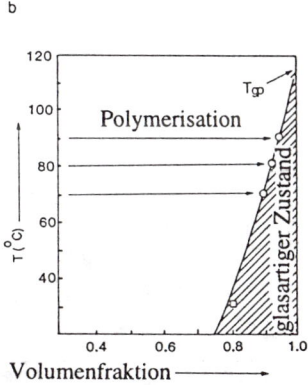

Bild 3.2: (a) Schematische Auftragung der Polymerisationsgeschwindigkeit gegen den Umsatz; (b) Schematische Darstellung der Glasbildungspunkte für die Polymerisation von Methylmethacrylat in Substanz bei verschiedenen Polymerisationstemperaturen. Die durchgezogene Linie markiert die Volumenfraktion an Polymerem, bei welcher die Polymerisation zum Erliegen kommt, als Funktion der Polymerisationstemperatur.

des stationären Zustandes bis zu einem Umsatz von etwa 10%. Die Geschwindigkeit durchläuft im Anschluß ein kleines Minimum bis der Geleffekt zu greifen beginnt, was man anhand einer deutlichen Selbstbeschleunigung erkennt. Besitzt das Polymere eine Glasübergangstemperatur, die oberhalb der Polymerisationstemperatur liegt, so wird die Mischung allmählich glasartig und die Geschwindigkeit fällt ab, da das verbleibende Monomere den Glasübergang des Polymeren unterhalb der Reaktionstemperatur nicht weiter unterdrückt. Dargestellt ist dies in Bild 3.2(b), wo die Polymerisation von Poly-(methylmethacrylat) in Substanz aufhört, sobald die Glasübergangstemperatur durch den Weichmachereffekt des Monomeren unterhalb der Polymerisationstemperatur nicht weiter unterdrückt wird; die Glasbildung tritt ein.

Sehr sorgfältig durchgeführte experimentelle Untersuchungen haben gezeigt, daß die Geschwindigkeitskonstante für den Abbruch abhängig von der Kettenlänge ist, wenn $x_n \leq 100$, doch daß sie im wesentlichen kettenlängenunabhängig ist, wenn $x_n > 1000$. Eine sorgsame Analyse dieses Effektes ergibt, daß k_t in Abhängigkeit von der Knäuelgröße steht und daß der Effekt dann groß ist, wenn das Polymerknäuel klein oder eng gepackt ist. Die Folge davon ist, daß die Polymerisation in einem thermodynamisch schlechten Lösungs-mittel langsamer verläuft als in einem guten, und somit beruht die Verlangsamung des Reaktionsprozesses nicht nur auf der Verarmung an Monomeren, sondern auch darauf, daß das Reaktionsmedium mit der Zeit für das entstandene Polymere weniger geeignet ist. Jedoch wollen wir diesen Effekt nicht weiter berücksichtigen.

O'Driscoll hat vorgeschlagen, daß sich die Selbstbeschleunigung durch ein Modell beschreiben läßt, wenn man sich vor Augen hält, daß die Abbruchreaktion nicht nur durch die Diffusion kontrolliert wird, sondern auch von der Größe der beteiligten Kette abhängt. Die kritische Kettenlänge für die Verhakung, n_c, wird dann zu einem wichtigen Parameter, und es lassen sich zwei Geschwindigkeitskonstanten für den Abbruch definieren,

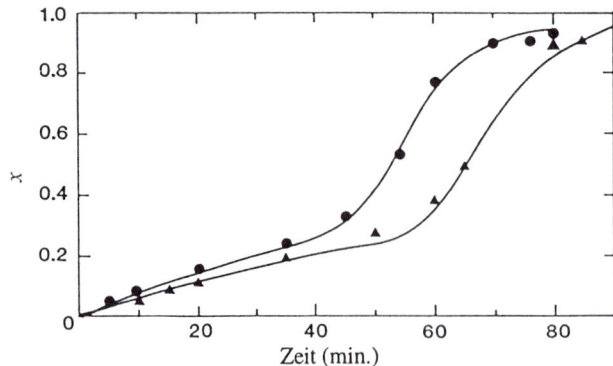

Bild 3.3:   Dilatometrisch bestimmter Umsatz x (ausgedrückt als Molenbruch) als Funktion der Zeit für die Polymerisation von Methylmethacrylat in Substanz bei einer Temperatur von 343 K. Die Anfangsinitiatorkonzentrationen betragen 0,5% bzw. 0,3%. $x = (M_0 V_0 - MV) / M_0 V_0$; die durchgezogenen Linien wurden aus Gleichung (3.17) abgeleitet. (Übernommen von S. T. Balke, A. E. Hamielec, *J. Appl. Polym. Sci.* **17**, 905 (1973)).

nämlich eine für Ketten, die kürzer sind als n_c, und eine zweite für die verhakten Ketten. Diese werden k_t und k_{te} genannt. Wenn $\bar{v}$ die kinetische Kettenlänge und v_p die Wachstumsgeschwindigkeit der konventionellen Polymerisation im stationären Zustand ist, so wird die beobachtete Geschwindigkeit v_p^* gegeben durch:

$$\frac{v_p^*}{v_p} - 1 = \left[\left(\frac{k_t}{k_{te}} \right)^{1/2} - 1 \right] \exp(-n_c \bar{v}) . \tag{3.17}$$

Es besteht eine gute Übereinstimmung zwischen der postulierten Geschwindigkeit in Gleichung (3.17) und experimentell ermittelten Werten bei der Polymerisation in Substanz von Methylmethacrylat bei 343 K und zwei verschiedenen Initiatoren (Bild 3.3).

Die Selbstbeschleunigung läßt sich unterdrücken, indem man die Polymerisation in stärker verdünnten Lösungen durchführt oder aber die Reaktion abstoppt, bevor der Diffusionseffekt eine spürbare Stärke erreicht. Wie wir im nächsten Abschnitt sehen werden, besitzt jedoch auch die Wahl eines geeigneten Lösungsmittels einen großen Einfluß auf den Verlauf der Reaktion.

3.9 Kettenübertragung

Der Abbruch in einer radikalischen Polymerisation verläuft üblicherweise über den Zusammenstoß zweier aktiver Zentren an den Kettenenden, doch liegt der Polymerisationsgrad des Produktes in sehr vielen Fällen weitaus niedriger, als man erwarten würde, wenn der Abbruch ausschließlich über diesen Mechanismus verläuft. Im allgemeinen liegt x_n innerhalb der erwarteten Grenzen $\bar{v}$ (Abbruch durch Disproportionierung) und $2\bar{v}$ (Kombinationsabbruch). Doch wie Flory herausfand, trifft dies nicht immer zu, denn das Kettenwachstum wird bisweilen durch einen vorzeitigen Abbruch durch Übertragung der Aktivität infolge eines Zusammenstoßes mit einer anderen Spezies gestoppt. Dabei handelt es sich um eine Konkurrenzreaktion, in deren Verlauf durch den Kettenträger ein labiles Atom von einem inaktiven Molekül XY abstrahiert wird. Die Reaktion ist abhängig von der Stärke der Bindung X-Y.

$$\sim M_m^{\boldsymbol{\cdot}} + XY \rightarrow \sim M_m X + Y^{\boldsymbol{\cdot}}$$

Es ist an dieser Stelle festzuhalten, daß das freie Radikal in dieser Reaktion nicht zerstört, sondern übertragen wird. Ist die neue Spezies ausreichend aktiv, so kann ausgehend von ihr eine neue Kette gestartet werden. Der Prozeß ist unter der Bezeichnung *Kettenübertragung* bekannt und beruht auf dem Austausch eines aktiven Zentrums zwischen zwei Molekülen in einem bimolekularen Zusammenstoß. Bislang wurden verschiedene Typen von Übertragungsreaktionen nachgewiesen.

Übertragung zum Monomeren. Die beiden wichtigsten Reaktionen innerhalb dieser Gruppe beinhalten beide die Abstraktion eines Wasserstoffatoms. Bei der ersten Reaktion existieren zwei konkurrierende Reaktionsverläufe

$$R^{\bullet} + CH_2{=}CHX \underset{\searrow RCH_2CHX^{\bullet}}{\overset{\nearrow RH + CH_2{=}C^{\bullet}X}{}}$$

Ist das im Reaktionsweg (II) gebildete Radikal nur wenig resonanzstabilisiert, so liefert die Umsetzung nur ein geringes Kettenwachstum, da sich das Radikal durch Abstraktion eines H-Atoms vom Monomeren stabilisiert. Dies führt zu einem sehr raschen Abbruch, der als *„degradative transfer"* bezeichnet wird. Es handelt sich hierbei um einen Reaktionstyp, den man bei Allylmonomeren sehr häufig antrifft,

$$\sim R^{\bullet} + CH_2{=}CHCH_2OCOCH_3 \rightarrow \sim RH + \dot{C}H_2{\cdots}CH{\cdots}\dot{C}H{-}OCOCH_3,$$

wobei die Abstraktion des α-H-Atoms zu einem resonanzstabilisierten Allylradikal führt, welches ausschließlich zu einer bimolekularen Kombination mit anderen Allylradikalen befähigt ist. Im Endeffekt handelt es sich bei diesem Prozeß um eine Selbstinhibierung durch das Monomere. Propylen reagiert ebenfalls auf diese Weise. Beide Monomere lassen sich nur schlecht radikalisch polymerisieren.

Eine zweite Gruppe von Übertragungsreaktionen ist die Wasserstoffabstraktion aus einer Seitengruppe. Der entsprechende kinetische Zusammenhang lautet:

$$v_{tr} = k_{tr}^{M}\left[M\right]\left[M^{\bullet}\right]. \tag{3.18}$$

Übertragung auf den Initiator. Bei Verwendung organischer Peroxide als Initiatoren beobachtet man sehr häufig Kettenübertragungsreaktionen. Initiatoren auf der Basis von Azoverbindungen sind im Hinblick darauf weniger problematisch und eignen sich in solchen Fällen, in denen eine kinetische Analyse erforderlich ist. Für Peroxide gilt:

$$v_{tr} = k_{tr}^{I}\left[I\right]\left[M^{\bullet}\right]. \tag{3.19}$$

Übertragung zum Polymeren. Die Kettenübertragung auf Polymere führt in den meisten Fällen zu einer Verzweigung anstelle eines Kettenstarts, so daß die durchschnittliche Molmasse nur wenig beeinflußt wird. Die Lang- und Kurzkettenverzweigungen, die bei Polyethylen beobachtet werden, sind auf einen derartigen Übertragungsprozeß zurückzuführen.

Übertragung auf einen Regler. Die Molmassen lassen sich durch Zugabe eines bekannten und wirksamen Kettenüberträgers, eines sog. Reglers, steuern. Üblicherweise verwendet man Mercaptane, da die S-H-Bindung im Vergleich zur C-H-Bindung schwächer und somit der Kettenübertragung leichter zugänglich ist.

$$\sim CH_2CHX^{\bullet} + RSH \rightarrow \sim CH_2CH_2X + RS^{\bullet}$$

$$RS^{\bullet} + CH_2{=}CHX \rightarrow RSCH_2CHX^{\bullet}$$

Übertragung auf das Lösungsmittel. Eine drastische Abnahme der Kettenlänge beobachtet man bei Polymerisationen in Lösung gegenüber den vergleichbaren Prozessen in Substanz. Diese Abnahme ist sowohl eine Funktion der Verdünnung als auch der Art des verwendeten Lösungsmittels. Die Wirksamkeit eines Lösungsmittels in einer Übertragungsreaktion hängt im wesentlichen von der vorliegenden Menge, der Stärke der an der Abstraktion beteiligten Bindung und der Stabilität des gebildeten Lösungsmittelradikals ab. Mit Ausnahme von Fluor werden Halogenatome sehr einfach übertragen. Ein gutes Beispiel für eine solche Übertragung ist die Reaktion von Styrol in CCl_4.

$$\sim CH_2\text{---}CH^{\cdot} + CCl_4 \rightarrow \sim CH_2CHCl + CCl_3^{\cdot} \qquad\qquad\qquad (I)$$
$$\underset{C_6H_5}{|} \qquad\qquad\qquad\quad \underset{C_6H_5}{|}$$

$$CCl_3^{\cdot} + CH_2{=}CHC_6H_5 \rightarrow Cl_3CCH_2\text{---}CH^{\cdot} \qquad\qquad\qquad (II)$$
$$\underset{C_6H_5}{|}$$

$$Cl_3C \sim CH^{\cdot} + CCl_4 \rightarrow Cl_3C \sim CHCl + CCl_3^{\cdot} \qquad\qquad\qquad (III)$$
$$\underset{C_6H_5}{|} \qquad\qquad\quad \underset{C_6H_5}{|}$$

Liegt das Lösungsmittel in einem großen Überschuß vor, verliert Schritt (I) an Bedeutung; das resultierende Polymere enthält 4 Chloratome, die durch Analyse nachweisbar sind.

Normalerweise ist der Wasserstoff das abstrahierte Atom, doch da das Ausmaß der Übertragungsreaktion auch von der Stabilität des Radikals abhängt, findet man, daß Toluol, welches ein primäres Radikal bildet, weniger wirksam ist als Ethylbenzol, das ein sekundäres Radikal bildet. Beide wiederum sind weniger wirksam als Isopropylbenzol, welches in der Lage ist, ein tertiäres Radikal auszubilden. Letztendlich sind die drei genannten Lösungsmittel alle wirksamer als beispielsweise *tert*-Butylbenzol, dessen Radikal instabil ist, so daß man in diesem Lösungsmittel praktisch keine Kettenübertragung findet. Es ist interessant, daß selbst Benzol in einem geringen Maß als Kettenüberträger wirkt.

Die kinetische Beschreibung lautet:

$$v_{tr} = k_{tr}^{S}\left[S\right]\left[M^{\bullet}\right]. \qquad\qquad\qquad\qquad\qquad (3.20)$$

Folgen der Kettenübertragung

Der primäre Effekt einer Übertragungsreaktion ist eine Abnahme der Kettenlänge, doch lassen sich auch weniger deutliche Effekte verzeichnen. Ist k_{tr} sehr viel größer als k_p, so wird nur wenig Polymeres mit einem Polymerisationsgrad zwischen 2 und 5 gebildet. Ein solcher Prozeß wird als *Telomerisation* bezeichnet. Auch kann der neuerliche Start einer Kette langsamer sein als die Wachstumsreaktion, wobei man eine Abnahme von v_p registriert. Trotzdem ist der Einfluß auf den Grad der Polymerisation x_n sehr wichtig, wobei eine Abschätzung mit Hilfe einer Beziehung, in der alle Übertragungsreaktionen berücksichtigt werden, der sog. Mayo-Gleichung, gelingt.

$$1/x_n = \left(1/x_n\right)_0 + C_S[S]/[M] \qquad\qquad\qquad\qquad (3.21)$$

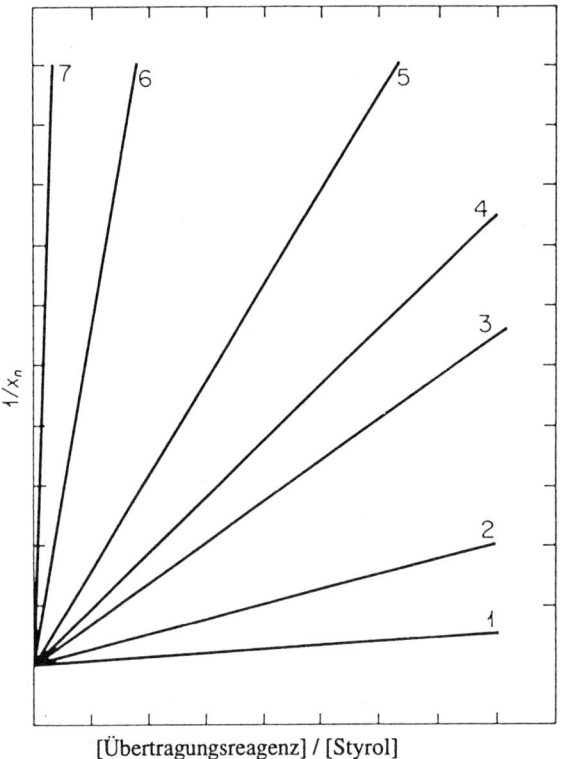

[Übertragungsreagenz] / [Styrol]

Bild 3.4: Einfluß der Übertragung auf den Polymerisationsgrad von Polystyrol für verschiedene Lösungsmittel bei 333 K. 1. Benzol; 2. n-Heptan; 3. sek-Butylbenzol; 4. m-Kresol; 5. CCl₄; 6. CBr₄ und 7. n-Butylmercaptan.

Tabelle 3.4: Übertragungskonstanten verschiedener Lösungsmittel bei der Polymerisation von Styrol bei 333 K.

Lösungsmittel	$10^4 C_s$
Benzol	0,023
n-Heptan	0,42
sek-Butylbenzol	6,22
m-Kresol	11,6
CCl₄	90
CBr₄	22 000
n-Butylmercaptan	210 000

Es handelt sich hierbei um eine vereinfachte Form, die auf der Annahme beruht, daß die Übertragung auf das Lösungsmittel der dominierende Prozeß ist und alle anderen Terme in $(1/x_n)_0$ enthalten sind. Die Übertragungskonstante C_s ergibt sich aus (k_{tr}^s / k_p).

Eine Auftragung von $1/x_n$ gegen $\{[S]/[M]\}$ für verschiedene Lösungsmittel ist in Bild 3.4 dargestellt (siehe auch Tabelle 3.4). Die Steigung ist ein Maß für C_s und der Achsenabschnitt liefert $(1/x_n)_0$. Benötigt man die Aktivierungsenergie der Reaktion, so erhält man diese aus einer Auftragung von $\log C_s$ gegen $1/T$.

3.10 Inhibitoren und Verzögerer

Kettenüberträger können die durchschnittliche Kettenlänge verringern und im Extremfall, bei Anwendung in großen Mengen, eine Telomerenbildung bewirken.

Einige Kettenüberträger bilden Radikale mit nur geringer Aktivität; falls die von diesen Radikalen initiierte Startreaktion langsam verläuft, nimmt die Polymerisationsgeschwindigkeit ab, da die Vermehrung von Radikalen zu einem verstärkten Abbruch durch Radikalkombination führt. Eine Substanz, die sich derartig verhält, wird als *Verzögerer* bezeichnet; als Beispiel sei an dieser Stelle Nitrobenzol bei der Polymerisation von Styrol aufgeführt.

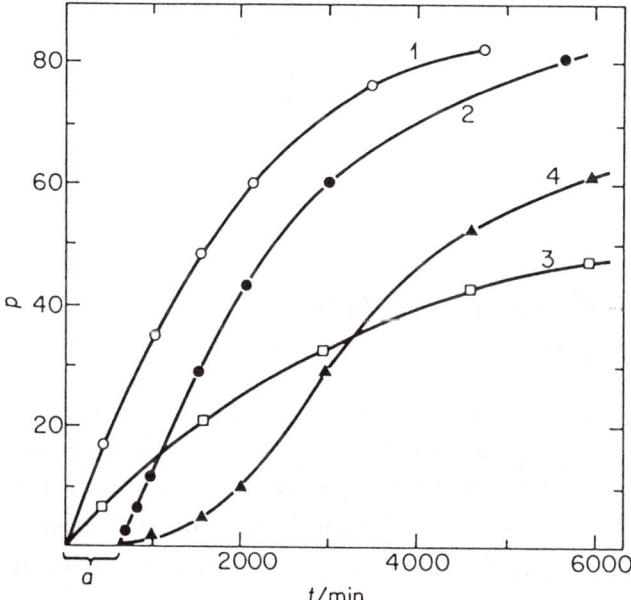

Bild 3.5:   Zeit-Umsatzkurven für die Polymerisation von Styrol bei 373 K in Gegenwart von 1. keinem Inhibitor, 2. 0,1% Benzochinon, 3. 0,5% Nitrobenzol, 4. 0,2% Nitrosobenzol.

Im Extremfall kann die zugesetzte Substanz eine Polymerisation vollständig durch Reaktion mit den Initiatorradikalen unter Ausbildung desaktivierter Spezies unterbinden. Dieser Vorgang ist als Inhibierung bekannt, wobei der Unterschied zwischen einem Inhibitor und einem Verzögerer lediglich eine Frage der Wirksamkeit ist.

Dieses Phänomen wurde von Schulz an der Reaktion von Styrol mit Benzochinon, Nitrobenzol und Nitrosobenzol eingehend untersucht (siehe Bild 3.5). Kurve 1 zeigt die Polymerisation von Styrol in Abwesenheit eines Inhibitors. Bei Zugabe von Benzochinon wird die Polymerisation solange vollkommen inhibiert, bis alles Benzochinon verbraucht ist; dann geht die Reaktion normal vonstatten (Kurve 2). Der Zeitabschnitt a ist die Induktionsperiode und gibt die Zeit wieder, in der das Benzochinon mit allen vorhandenen Radikalen reagiert, bis es aufgebraucht ist. In Gegenwart von Nitrobenzol (Kurve 3) verläuft die Polymerisation mit deutlich verminderter Geschwindigkeit. Wesentlich komplexer ist die Wirkungsweise von Nitrosobenzol (Kurve 4). Zunächst wirkt es als Inhibitor, allerdings wird während dieser Zeit eine Substanz gebildet, die anschließend als Verzögerer wirkt, so daß beide Effekte beobachtet werden.

Üblicherweise werden Monomere in Gegenwart von Inhibitoren transportiert und gelagert, um einer vorzeitigen Polymerisation vorzubeugen, weswegen sie vor Gebrauch destilliert und gereinigt werden müssen.

Ein ausgezeichneter Inhibitor ist das resonanzstabilisierte Radikal Diphenylpicrylhydrazyl (DPPH), das in großem Ausmaß als Radikalfänger verwendet wird, da die Stöchiometrie der Reaktion 1:1 ist.

3.11 Experimentelle Bestimmung einzelner Geschwindigkeitskonstanten

Die interessanten Parameter bei der Kinetik der Homopolymerisation sind f, k_d, k_p und k_t. Sowohl k_d als auch f lassen sich unabhängig von der Polymerisation messen, während eine direkte Bestimmung der beiden anderen Konstanten k_p und k_t im stationären Zustand nicht möglich ist, lediglich das Verhältnis (k_p^2 / k_t) läßt sich ermitteln. Um diese zu bestimmen, müssen nichtstationäre Bedingungen gewählt werden, damit lassen sich f und k_d zunächst messen.

Initiatorzerfall und Wirksamkeit. Unter einem Initiator versteht man im allgemeinen eine Verbindung mit einer labilen Bindung, deren Dissoziationsenergie in einem Bereich von 105 bis 170 kJ mol^{-1} angesiedelt ist. Da es sich bei der Zerfallsgeschwindigkeit des Initiators normalerweise um den geschwindigkeitsbestimmenden Schritt handelt, muß diese gemessen werden, um v_i bestimmen zu können. Die thermisch induzierte Spaltung von Azodiisobutyronitril läßt sich in Abwesenheit eines Monomeren über die Geschwindigkeit der Stickstoffentwicklung während der Radikalbildung verfolgen; ein typischer Wert für k_d ist $1,2 \times 10^{-5}$ s^{-1} bei 333 K.

Thermisch initiierte Polymerisationen besitzen den Nachteil, daß die Radikalbildung aufgrund der großen Wärmekapazität des Systems schwer zu kontrollieren ist; somit können Werte von k_d, die in Abwesenheit von Monomeren bestimmt wurden, ebenfalls verfälscht sein. Eine Photoinitiierung, bei der die Initiierung spontan abläuft, wird deswegen für kinetische Arbeiten bevorzugt. Die Anzahl der vom System absorbierten Quanten wird zunächst abgeschätzt, indem man eine Uranyloxalatlösung im Reaktionsgefäß bestrahlt. Eine solche Lösung reagiert quantitativ und gibt ein Maß für die Anzahl der gebildeten Radikale, vorausgesetzt, daß der Anteil des absorbierten Lichts bekannt ist.

Die Wirksamkeit des Initiators läßt sich dann abschätzen, indem man die Zahl der gebildeten Ketten bestimmt. Dies setzt allerdings voraus, daß man den Abbruchmechanismus kennt und daß keine Übertragung stattfindet. Empfehlenswerter ist es, einen Radikalfänger, z.B. DPPH, FeCl$_2$ oder Benzochinon, einzusetzen. Solange man sicher sein kann, daß ein Inhibitormolekül mit nur einem einzigen Radikal reagiert, ist eine quantitative Abschätzung der Zahl der gebildeten Radikale möglich. Die Zugabe verschiedener Mengen eines Inhibitors ergibt bei einem bestimmten System verschiedene Induktionszeiten, deren Dauer der Anzahl an gebildeten Radikalen proportional ist. Dies ist in Bild 3.6 für die Photopolymerisation von Vinylacetat in Anwesenheit von Benzochinon dargestellt.

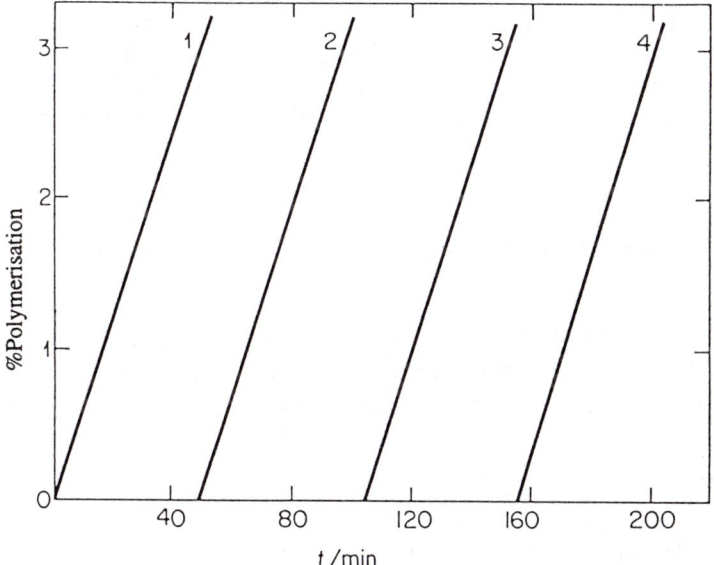

Bild 3.6: Inhibierung der Photopolymerisation von Vinylacetat mit Benzochinon (1) ohne Benzochinon, (2) 2,39 mg, (3) 5,00 mg und (4) 7,50 mg (nach Melville).

Bestimmung von k_p *und* k_t. Um individuelle Werte für die beiden Konstanten zu erhalten, sind zwei oder mehr der folgenden Messungen erforderlich: (1) Die Messung von v_p im stationären Zustand liefert ($k_p^2 k_d / k_t$); (2) die Messung der durchschnittlichen Lebensdauer eines Radikals im stationären Zustand führt zu ($k_d k_t$)$^{-1/2}$; (3) eine Abschätzung des Polymerisationsgrades x_n ergibt ($k_p^2 / k_t k_d$).

Bestimmung von v_p mit Hilfe der Dilatometrie

Die Bruttopolymerisationsgeschwindigkeit läßt sich durch Verfolgung der Änderung einer physikalischen oder chemischen Eigenschaft des Systems bestimmen. Gravimetrische Umsatzbestimmungen oder Titration mit Brom zur Bestimmung der Abnahme an Doppelbindungen sind nur einige Methoden, mit denen sich der Verlauf einer Polymerisation verfolgen läßt. Jedoch ergeben sich hier Schwierigkeiten, sobald Sauerstoff als Inhibitor wirkt. Aus diesem Grund ist die Beobachtung der Veränderung einer physikalischen Eigenschaft zu bevorzugen. Eine Änderung im Brechungsindex läßt sich mit der Abnahme der Doppelbindungen korrelieren, so daß es sich hierbei um eine Größe handelt, über die sich v_p verfolgen läßt. Andererseits kann man auch von der Tatsache Gebrauch machen, daß die Dichte eines Polymeren im allgemeinen höher ist als beim Monomeren, weswegen im Verlauf einer Polymerisation Volumenkontraktionen in einer Größenordnung von bis zu 27%, in Abhängigkeit vom betrachteten System, zu verzeichnen sind. Dies macht die Dilatometrie zu einer besonders wertvollen Methode zur Verfolgung der Polymerisationsgeschwindigkeit. Wird nur bis zu niedrigen Umsätzen polymerisiert, kann man die Initiatorkonzentration als konstant betrachten. Setzt man L_0 als die Anfangshöhe im Dilatometer, L_t als die Höhe nach der Zeit t und L_∞ als diejenige bei vollständigem Umsatz, so ergibt sich aus der Auftragung von log {$(L_0 - L_\infty)/(L_t - L_\infty)$} gegen t eine Gerade, wenn die Reaktion in bezug auf das Monomere 1. Ordnung ist, d.h., wenn $v_p = k_p (f k_d [I]/k_t)^{1/2}[M]$. Die Steigung liefert dann die Konstanten und, wenn k_d, f und [I] bekannt sind, erhält man daraus ($k_p / k_t^{1/2}$).

Bestimmung der Lebensdauer von Radikalen mit Hilfe der Methode des rotierenden Sektors

Im stationären Zustand ist die durchschnittliche Lebensdauer einer wachsenden Kette, τ_s, bestimmt durch das Verhältnis der Radikalkonzentration zu irgendeinem Zeitpunkt zu der Geschwindigkeit des Verbrauchs an Radikalen, der durch die Gleichung (3.11) gegeben wird

$$\tau_s = \left[M^\bullet\right]/2k_t\left[M^\bullet\right]^2 = 1/2k_t\left[M^\bullet\right]. \tag{3.22}$$

Durch Ersetzen der Radikalkonzentration durch Gleichung (3.10) erhält man

$$\tau_s = k_p\left[M\right]/2k_t v_p \tag{3.23}$$

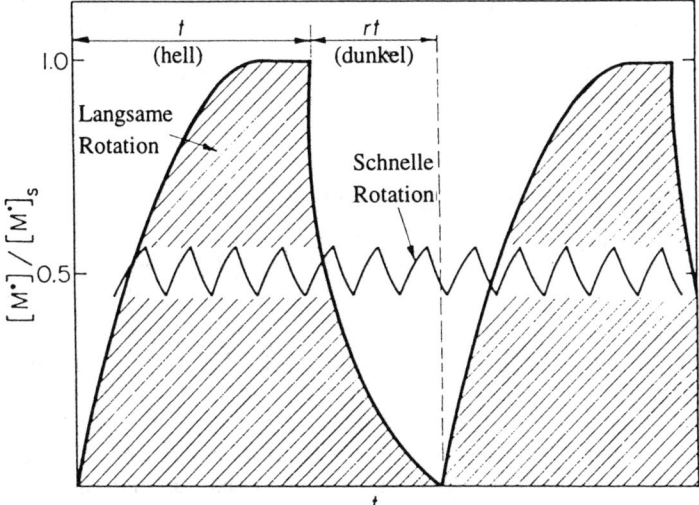

Bild 3.7: Abhängigkeit der Radikalkonzentration von der Zeit t bei einer Photopolymerisation nach der Methode des rotierenden Sektors für schnelle und langsame Rotationsgeschwindigkeiten. Die Ordinate ist gegeben durch das Verhältnis der Radikalkonzentration $[M^\bullet]$ zur Zeit t zu der Radikalkonzentration unter stationären Bedingungen $[M^\bullet]_S$.

und da ($k_p / k_t^{1/2}$) aus der Messung von v_p bekannt ist, liefert die Kenntnis von τ_s ein Mittel zur Einzelbestimmung von k_p und k_t.

Die Lebensdauer eines Radikals τ_s kann unter nichtstationären Bedingungen ermittelt werden. Üblicherweise wird eine solche Messung mit Photoinitiatoren durchgeführt, bei denen eine kontrollierte, spontane Radikalbildung möglich ist. Zur Durchführung gibt man die Reaktionsmischung in ein Quarzdilatometer und thermostatisiert. Die Zelle wird anschließend in einen UV-Strahl gebracht, wobei der Lichtstrahl mit Hilfe einer rotierenden Scheibe mit einem ausgeschnittenen Sektor in alternierenden Zeitabständen ausgeblendet werden kann. Das Verhältnis der Hell- zu den Dunkelperioden wird durch die Größe r angegeben, ein typischer Wert für r ist 3. Die Zeit jeder Belichtungsperiode während eines Cyclus läßt sich durch die Rotationsgeschwindigkeit der Scheibe variieren. Auf diese Weise lassen sich sowohl stationäre als auch nichtstationäre Zustände erreichen.

Bei niedrigen Rotationsgeschwindigkeiten ist die Belichtungszeit t im Vergleich zu τ_s groß, so daß sich in diesem Zeitabschnitt eine Radikalkonzentration aufbauen kann, die dem stationären Zustand entspricht (siehe Bild 3.7, schraffierte Bereiche). Steigert man nun die Rotationsgeschwindigkeit so lange, bis t im Vergleich zu τ_s klein wird, erreicht die Radikalkonzentration in keiner Phase den stationären Zustand, sondern bleibt niedrig und nahezu konstant. Letztendlich wird die Lichtintensität um den Faktor $(1+r)^{-1}$ reduziert und mißt man v_p für verschiedene Rotationsgeschwindigkeiten, so wird sich das Verhältnis (v_p/v_{ps}) von einer unteren Grenze von $(1+r)^{-1}$ für große Werte von t bis zu einer oberen Grenze von $(1+r)^{-1/2}$ für kleine Werte von t ändern, da die Belichtungszeit zwischen $t > \tau_s$ und $t < \tau_s$ variiert wird. Hier sind v_p und v_{ps} die durchschnittlichen bzw. stationären

Geschwindigkeiten. Um die mittlere Geschwindigkeit zu ermitteln, für die $t = \tau_s$ ist, trägt man (v_p/v_{ps}) gegen log t auf und vergleicht diese Kurve mit der theoretischen Kurve für (v_p/v_{ps}) gegen (log t - log τ_S). Anschließend bringt man die beiden Kurven durch Verschiebung der theoretischen Kurve entlang der Abszisse zur Deckung, die horizontale Verschiebung entspricht dann dem Wert für log τ_s.

Bestimmung von k_p und k_t unter Verwendung gepulster Lasertechnologie

Vor einigen Jahren beschrieben Olaj und Mitarbeiter eine Methode zur Bestimmung der individuellen Geschwindigkeitskonstanten, wobei die rotierende Scheibe durch einen gepulsten Laser als Lichtquelle ersetzt wurde. Der experimentelle Aufbau ist schematisch in Bild 3.8 wiedergegeben. Zur Generierung gepulster elektromagnetischer Strahlung mit einer Wellenlänge von 355 nm wird ein Nd:YAG-Laser verwendet. Dieser Lichtstrahl fällt auf ein Reaktionsgefäß aus Pyrex-Glas in dem sich eine Lösung von Monomerem und Initiator befindet. Ein jeder Lichtpuls erzeugt in diesem Reaktionsgefäß eine endliche Radikalkonzentration, die aufgrund der Initiierung von Polymerketten kontinuierlich abnimmt, bis durch den nächsten Puls wieder neue Radikale gebildet werden. Die Pulsdauer ist sehr klein (etwa 15 ns), während die Dunkelzeit zwischen den Blitzen zwischen 0,1 und 10 s variiert. Der Geschwindigkeitsausdruck bei dieser Technik wird gegeben durch

$$\frac{v_p t_f}{[M]} + \left(\frac{k_p}{k_t}\right) \ln\left\{1 + \frac{\rho k_t t_f}{2}\left[1 + \left(1 + \frac{4}{\rho k_t t_f}\right)^{1/2}\right]\right\}, \tag{3.24}$$

wobei ρ für die Radikalkonzentration steht. Unter Verwendung der gleichen Näherung wie bei der Technik mit der rotierenden Scheibe läßt sich das Verhältnis (k_p/k_t) durch Erzeugung nichtstationärer Bedingungen ableiten.

Wird die Molmassenverteilung des bei der Polymerisation erhaltenen Polymeren mit Hilfe der Gelpermeationschromatographie bestimmt, so kann man die Kettenlänge des Polymeren, $\bar{v}$, die sich zwischen aufeinanderfolgenden Pulsen gebildet hat, berechnen.

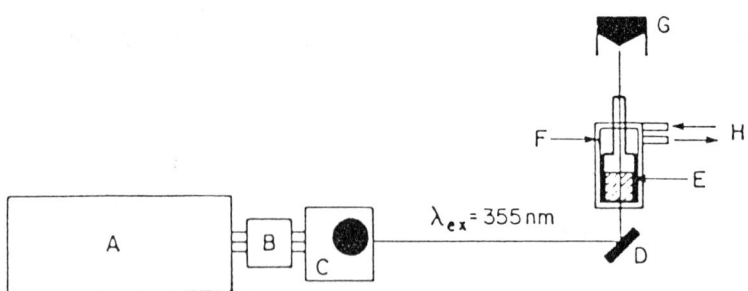

Bild 3.8:   Schematische Darstellung eines experimentellen Aufbaus für eine Messung mit gepulster Lasertechnik; A = Nd:YAG-Laser; B = harmonischer Generator (1064, 532 und 335 / 266 nm); C = Trennscheibe; D = dielektrischer Spiegel; E = Probenzelle; F = Zellenhalter; G = Detektor; H = Kühlmantel.

Dies ermöglicht eine getrennte Bestimmung von k_p aus

$$\bar{v} = k_p [M] \, t_f \, , \tag{3.25}$$

die auch zur Ermittlung von k_t benutzt werden kann.

O'Driscoll und Mitarbeiter nutzten diese Näherung zur Bestimmung der durchschnittlichen Werte von k_p für Polystyrol und Poly(methylmethacrylat); diese betrugen 78 bzw. 294 $dm^3 \, mol^{-1} \, s^{-1}$.

Kinetische Parameter

Einige typische Ergebnisse für die photoinitiierte Polymerisation von Vinylacetat bei zwei verschiedenen Strahlungsintensitäten sind in Tabelle 3.5 zusammengestellt.

3.12 Aktivierungsenergien und Temperatureinfluß

Der Einfluß der Temperatur auf den Verlauf einer Polymerisation ist abhängig von der Wirksamkeit des Initiators und seiner Zerfallsgeschwindigkeit, von Kettenübertragung und von Kettenwachstum. Es ist sehr wichtig, über den Einfluß der Temperatur auf die Polymerisation Kenntnis zu besitzen, da nur so optimale Versuchsbedingungen ausgewählt werden können.

Die Aktivierungsenergie einer Polymerisation läßt sich sehr einfach mit Hilfe der Arrhenius-Auftragung ermitteln, wenn zuvor die Geschwindigkeitskonstanten bei verschiedenen Temperaturen bestimmt wurden. Doch selbst bei der einfachsten Reaktion setzt sich die Bruttogeschwindigkeit aus einem Dreistufenprozeß zusammen, und die Gesamtaktivierung ist eine Summe aus den Beiträgen des Starts, des Wachstums und des Abbruchs.

Tabelle 3.5:   Kinetische Parameter für die Photopolymerisation von Vinylacetat

	Bestrahlung	
	Hohe Intensität	Niedrige Intensität
$v_i / mol \, dm^{-3} \, s^{-1}$	$7,29 \times 10^{-9}$	$1,11 \times 10^{-9}$
$v_{ps} / mol \, dm^{-3} \, s^{-1}$	$1,19 \times 10^{-4}$	$0,45 \times 10^{-4}$
τ_s / s	$1,50$	$4,00$
$(k_p / k_t^{1/2}) / (dm^3 \, mol^{-1} \, s^{-1})^{1/2}$	$0,1826$	$0,177$
(k_p / k_t)	$3,3 \times 10^{-5}$	$3,32 \times 10^{-5}$
$k_p / dm^3 \, mol^{-1} \, s^{-1}$	$1,01 \times 10^3$	$0,94 \times 10^3$
$k_t / dm^3 \, mol^{-1} \, s^{-1}$	$3,06 \times 10^7$	$2,83 \times 10^7$

Wie wir wissen, ist v_p proportional zu $k_p(k_d/k_t)^{1/2}$ und somit ist die Bruttoaktivierungsenergie E_a gegeben durch

$$E_a = \frac{1}{2} E_d + \left(E_p - \frac{1}{2} E_t \right). \tag{3.26}$$

Der Term $(E_p - \frac{1}{2} E_t)$ ist ein Maß für die Energie, die erforderlich ist, um ein bestimmtes Monomer zu polymerisieren und wurde für Styrol zu 27,2 kJ mol^{-1} und für Vinylacetat zu 19,7 kJ mol^{-1} abgeschätzt. Initiatoren haben E_d-Werte in der Größenordnung von 125 bis 170 kJ mol^{-1}, was die dominierende Rolle des Startschritts bei der radikalischen Polymerisation verdeutlicht. Infolgedessen siedeln sich die Werte für E_a in einem Bereich von 85 bis 150 kJ mol^{-1} an.

Typische Werte für diese Größen sind in Tabelle 3.6 dargestellt. Da der Temperatur-term in der Geschwindigkeitsgleichung exp$\{(\frac{1}{2} E_t - \frac{1}{2} E_d - E_p)/RT\}$ lautet, wird der Exponent normalerweise negativ sein, so daß die Polymerisationsgeschwindigkeit zu-nimmt, wenn die Temperatur erhöht wird. Die Änderung der Molmasse läßt sich ebenfalls auf diesem Weg bestimmen, wobei die Größe $\{k_p(k_d/k_t)^{1/2}\}$ interessant ist. Der benötigte Energieterm ist exp$\{(E_p - \frac{1}{2} E_t - \frac{1}{2} E_d)/RT\}$, der bei der thermischen Polymerisation negativ ist und etwa - 60 kJ mol^{-1} beträgt. Mit ansteigender Temperatur fällt die Ketten-

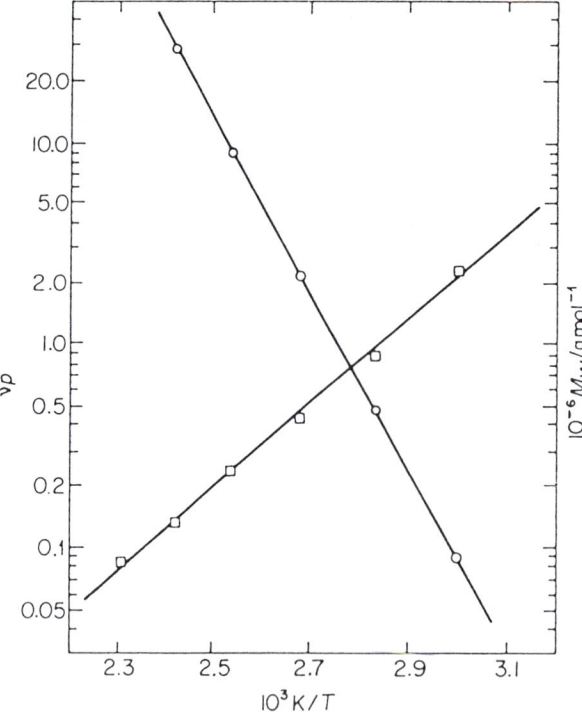

Bild 3.9: Abhängigkeit der Polymerisationsgeschwindigkeit v_p, dargestellt als der prozentuale Umsatz pro Stunde, (—O—) und der Molmasse des Polymeren [—□—] von der reziproken Temperatur für die thermische Polymerisation von Styrol.

Tabelle 3.6: Parameter für typische radikalische Polymerisationen

Monomeres	$\dfrac{10^{-3}\,k_p}{\text{dm}^3\ \text{mol}^{-1}\ \text{s}^{-1}}$	$\dfrac{E_p}{\text{kJ mol}^{-1}}$	$\dfrac{A_p}{\text{dm}^3\ \text{mol}^{-1}\ \text{s}^{-1}}$	$\dfrac{10^{-7}\,k_t}{\text{dm}^3\ \text{mol}^{-1}\ \text{s}^{-1}}$	$\dfrac{E_t}{\text{kJ mol}^{-1}}$	$\dfrac{10^{-9}\,A_t}{\text{dm}^3\ \text{mol}^{-1}\ \text{s}^{-1}}$
Vinylchlorid	12,3	15,5	0,33	2300	17,6	600
Acrylnitril	1,96	16,3	—	78,2	15,5	—
Methylacrylat	2,09	29,7	10	0,95	22,2	15
Methylmethacrylat	0,705	19,7	0,087	2,55	5,0	0,11
1,3-Butadien	0,100	38,9	12	—	—	—

A ist hier der Stoßfaktor der Arrhenius-Gleichung $k = A \exp(-E/RT)$.

Kettenlänge rasch ab, und nur bei sauberen photochemischen Reaktionen, bei denen E_d Null beträgt, ist die Aktivierungsenergie leicht positiv, was zu einem mäßigen Ansteigen von x_n mit steigender Temperatur führt.

3.13 Thermodynamik der radikalischen Polymerisation

Die Umwandlung eines Alkens in eine lange Polymerkette ist ein Prozeß mit einer negativen Enthalpie (ΔH_p ist negativ), da die Bildung einer σ-Bindung aus einer π-Bindung ein exothermer Vorgang ist. Während die Enthalpieänderung den Polymerisationsverlauf begünstigt, ist die Änderung der Entropie ungünstig und negativ, da das Monomere in eine kovalent gebundene Kette eingefügt wird. Die Überprüfung der relativen Größen dieser beiden Effekte zeigt jedoch, daß sich -ΔS_p üblicherweise in einem Bereich von 100 bis 130 J K^{-1} mol^{-1} bewegt und -ΔH_p zwischen 30 und 150 kJ mol^{-1} liegt. Die Gesamtänderung der Gibbsschen Freien Energie $\Delta G_p = \Delta H_p - T\Delta S_p$ ist dann negativ und die Polymerisation somit thermodynamisch durchführbar.

Unter solchen Bedingungen wird die Bildung eines Polymeren begünstigt, allerdings ist aufgrund der allgemeinen Betrachtung der Reaktionsenergien offensichtlich, daß die Kettenlänge mit zunehmender Reaktionstemperatur abnimmt. Dies wird verständlich, wenn wir die Existenz einer Depolymerisationsreaktion postulieren.

Sobald die Reaktionstemperatur steigt, nimmt die Depolymerisation an Bedeutung zu und ΔG_p wird weniger negativ. Schließlich erreicht man eine Temperatur, bei der $\Delta G_p = 0$ und die Bruttopolymerisationsgeschwindigkeit Null ist. Diese Temperatur ist unter der Bezeichnung *Ceiling-Temperatur* T_c bekannt.

Betrachtet man sowohl die Hin- als auch die Rückreaktion als Kettenreaktion, dann gilt

$$\mathrm{M}_n^{\bullet} + \mathrm{M} \underset{k_{dp}}{\overset{k_p}{\rightleftarrows}} \sim \mathrm{M}_{n+1}^{\bullet}$$

wobei k_{dp} die Geschwindigkeitskonstante der Depolymerisation ist. Einen Ausdruck für die Bruttogeschwindigkeit erhält man durch Modifikation von Gleichung (3.10)

$$v_p = k_p\left[\mathrm{M}^{\bullet}\right]\left[\mathrm{M}\right] - k_{dp}\left[\mathrm{M}^{\bullet}\right], \tag{3.27}$$

während der Polymerisationsgrad x gegeben wird durch

$$x = \left(k_p\left[\mathrm{M}\right] - k_{dp}\left[\mathrm{M}^{\bullet}\right]\right)\!\Big/\!v_t . \tag{3.28}$$

Bei der Ceiling-Temperatur ist $v_p = 0$ und somit

$$K = \left(k_p / k_{dp}\right) = 1/\left[\mathrm{M}_e\right], \tag{3.29}$$

wobei [M$_e$] die Gleichgewichtsmonomerkonzentration ist.

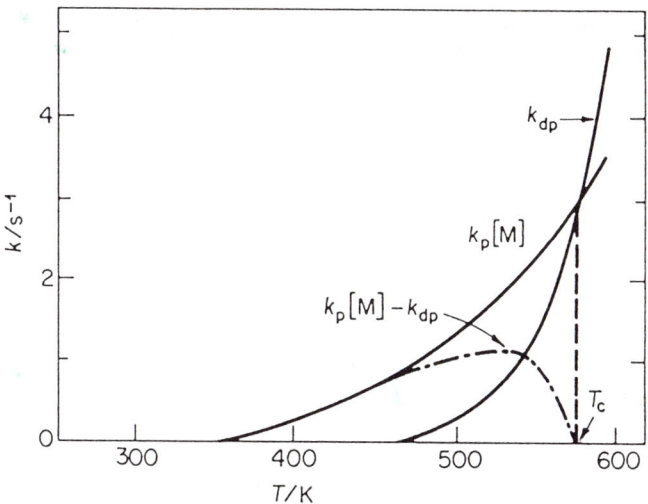

Bild 3.10: Temperaturabhängigkeit von $k_p[M]$ und k_{dp} für Styrol (nach Dainton und Ivin).

Die Ceiling-Temperatur T_c läßt sich schematisch als der Schnittpunkt zwischen den Geschwindigkeitskurven für Polymerisation und Depolymerisation beschreiben (siehe Bild 3.10). Oberhalb von T_c ist die Bildung höhermolekularen Materials unmöglich.

Die thermodynamische Bedeutung von T_c läßt sich mit dieser kinetischen Analyse korrelieren, indem man die Arrhenius-Gleichung für die Geschwindigkeitskonstanten einsetzt. Im Gleichgewichtszustand gilt

$$A_p \exp\left(-E_p / RT_c\right)\left[M_c\right] = A_{dp} \exp\left(-E_{dp} / RT_c\right). \tag{3.30}$$

und daraus folgt

$$T_c = \left(E_p - E_{dp}\right)\Big/\left\{R \ln\left(A_p / A_{dp}\right) + R \ln\left[M_e\right]\right\}. \tag{3.31}$$

Die unterschiedlichen Aktivierungsenergien für die Hin- und Rückreaktion entsprechen einfach der Enthalpieänderung der Polymerisation ΔH_p und somit wird aus Gleichung (3.31)

$$T_c = \Delta H_p \Big/ \left\{R \ln\left(A_p / A_{dp}\right) + R \ln\left[M_e\right]\right\}. \tag{3.32}$$

Die Gleichgewichtskonstante K läßt sich mit der Änderung der Freien Energie ΔG^0 in Beziehung setzen

$$\Delta G^0 = -RT \ln K = RT \ln\left[M_e\right] \tag{3.33}$$

und daraus ergibt sich mit $R \ln (A_p/A_{dp}) = \Delta S^0$ die Änderung der Entropie und

$$T_c = \Delta H_p \Big/ \left(\Delta S_p^0 + R \ln\left[M_e\right]\right). \tag{3.34}$$

Somit ist die Ceiling-Temperatur eine Funktion der freien Monomerkonzentration, und für jede gegebene Monomerkonzentration existiert eine spezifische Ceiling-Temperatur, bei der die spezielle $[M_e]$ im Gleichgewicht mit den Polymerketten steht. Somit läßt sich für jede Polymerisationstemperatur eine Gleichgewichtsmonomerkonzentration für eine gewählte Temperatur von z.B. 298 K ermitteln (siehe Tabelle 3.7).

Wenn ΔH_p negativ ist, bewirkt eine Temperaturerhöhung einen Anstieg von $[M_e]$; bei 405 K hat Methylmethacrylat einen Wert für $[M_e] \approx 0,5$ mol dm^{-3}, während α-Methylstyrol überhaupt nicht polymerisiert. Die Ceiling-Temperaturen beziehen sich dann auf eine gegebene Monomerkonzentration, und es ist wesentlich vorteilhafter, sie auf einen Standardzustand zu beziehen. Dabei greift man entweder auf das reine flüssige Monomere oder eine Konzentration von 1 mol dm^{-3} zurück; einige typische Beispiele für reine flüssige Monomere sind in Tabelle 3.8 aufgeführt. Die Ceiling-Temperatur variiert nicht nur mit der Monomerkonzentration, sie ist zudem druckabhängig. Wenn ΔH und ΔS beide negativ sind, beobachtet man einen Anstieg von T_c, sobald $-\Delta S$ abgesenkt werden kann. Dies läßt sich entweder durch eine Erhöhung der Monomerkonzentration (bei Polymerisationen in Lösung) oder durch eine Absenkung der üblicherweise bei einer Polymerisation beobachteten Volumenkontraktion erzielen. Experimentelle Daten zeigen, daß ein linearer Zusammenhang zwischen T_c und dem Druck besteht, und die Clapeyron-Clausius-Gleichung

$$\frac{\mathrm{d}T_c}{\mathrm{d}P} = \frac{T_c \Delta V}{\Delta H}$$

ist anwendbar. Typische Werte für die Steigerungsrate von T_c mit dem Druck sind für α-Methylstyrol 0,17 K MPa^{-1} und 0,2 K MPa^{-1} für Tetrahydrofuran.

Es soll an dieser Stelle erwähnt werden, daß die vorangegangene Diskussion mit Termen für die radikalische Polymerisation berechnet wurde, thermodynamisch betrachtet sind jedoch die Argumente von der Natur der aktiven Spezies unabhängig. Folglich besitzt die Analyse auch für ionische Polymerisationen Gültigkeit. Darüber hinaus muß, um dieses Modell überhaupt anwenden zu können, eine aktive Spezies vorhanden sein, die sowohl einem Polymerisations- als auch einem Depolymerisationsschritt unterworfen werden kann. Somit kann ein inaktives Polymer oberhalb der Ceiling-Temperatur für das Monomere stabil sein, doch wird dieses Polymere durch die Depolymerisationsreaktion rasch abgebaut, wenn die Spaltung der Hauptkette oberhalb von T_c stimuliert wird.

Tabelle 3.7:   Gleichgewichtsmonomerkonzentrationen bei 298 K (bestimmt gemäß Gleichung (3.34))

Monomeres	$[M_e]$ (mol dm^{-3})
Vinylacetat	10^{-9}
Styrol	10^{-6}
Methylmethacrylat	10^{-3}
α-Methylstyrol	2,6

Tabelle 3.8: Ceiling-Temperaturen basierend auf den reinen flüssigen Monomeren als Standardzustand

Monomeres	T_c (des reinen flüssigen Monomeren) (K)
Tetrafluorethylen	853
Styrol	583
Methylmethacrylat	493
Thioaceton	368
Tetrahydrofuran	353
α-Methylstyrol	334
Acetaldehyd	242

Tabelle 3.9: Polymerisationswärmen ausgewählter Polymerer

Monomeres	$-\Delta H_p{}^a$ (kJ mol^{-1})	$-\Delta H_p{}^b$ (kJ mol^{-1})
α-Methylstyrol	35,2	34,1
Isobuten	52,7	–
Formaldehyd	54,3	58,5
Methylmethacrylat	58,1	56,0
Ethylmethacrylat	58,9	60,2
Styrol	68,5	–
Vinylacetat	89,0	–
Vinylchlorid	95,7	–
Tetrafluorethylen	155,5	–

[a] calorimetrisch
[b] nach Gleichung (3.34)

3.14 Polymerisationswärmen

Bei der Polymerisation handelt es sich um einen exothermen Prozeß, dessen Enthalpieänderung typischerweise in einem Bereich von 34 bis 160 kJ mol^{-1} liegt. Die einzelnen Werte für jedes Monomere weichen voneinander ab und werden durch verschiedene Faktoren beeinflußt, nämlich (a) durch den Energieunterschied zwischen dem Monomeren und dem Polymeren verursacht durch die Resonanzstabilisierung der Doppelbindung durch einen Substituenten oder Konjugation; (b) durch sterische Spannungen, die in dem Polymeren durch Wechselwirkungen der Substituenten auf die neuen Einzelbindungen entstehen; (c) durch polare oder sekundäre Bindungseffekte.

Die wichtigsten Faktoren wurden unter (a) und (b) genannt. Um so höher jedoch die Resonanzstabilisierung im Monomeren ist, desto weniger exotherm verläuft die Reaktion, wie Beobachtungen zeigen. Daher nimmt man an, daß sterische Faktoren den größten Effekt auf ΔH_p ausüben. Somit werden die ungewöhnlich hohen sterischen Spannungen, die bei der Bildung von Poly(α-methylstyrol) auftreten, verursacht durch Wechselwirkungen zwischen den Phenylringen und den α-Methyleinheiten, was sich in den niedrigen Werten für ΔH_p und T_c niederschlägt. Diese sind vermutlich auch verantwortlich für die sehr leicht verlaufende Abbaureaktion. Auf der anderen Seite handelt es sich bei der Polymerisation von Tetrafluorethylen um einen stark exothermen Prozeß, bei welchem ein Polymeres mit nur geringer sterischer Spannung entsteht. Einige Werte für ΔH_p sind in Tabelle 3.9 aufgeführt; sie wurden calorimetrisch ermittelt und lassen sich mit einigen Daten, die nach Gleichung (3.34) berechnet wurden, vergleichen.

Hohe Polymerisationswärmen besitzen ernsthafte praktische Konsequenzen, insbesondere dann, wenn die Polymerisationen rasch verlaufen, was zu thermischen Explosionen führen kann. Um einem solchen Nachteil vorzubeugen, müssen die Geschwindigkeit des Prozesses genau kontrolliert oder im eigenen Interesse andere praktische Ratschläge befolgt werden. Insbesondere bei bis zu hohen Umsätzen geführten Polymerisationen in Substanz, wobei die Reaktionsmischungen viskos werden und eine effiziente Durchmischung durch Rühren schwierig wird, ist die Wärmeabfuhr ausgesprochen problematisch.

Der Bildung gefährlich heißer Reaktionsherde während der Reaktion läßt sich vorbeugen, indem man die Weglängen für die Wärmeabgabe niedrig hält. Dies gelingt durch Polymerisation in Lösung oder bei Durchführung in Emulsion bzw. Suspension, da in diesen Fällen ein großes Volumen von einer inerten flüssigen Phase vorhanden ist.

3.15 Polymerisationsprozesse

Industriell lassen sich radikalisch initiierte Polymerisation auf vier verschiedene Arten durchführen:

(a) nur mit Monomerem - in *Substanz*,
(b) in einem Lösungsmittel - in *Lösung*,
(c) mit einem Monomeren, welches in einer wässrigen Phase dispergiert ist - in *Suspension*
(d) oder als *Emulsion*.

Die Polymerisation *in Substanz* verwendet man bei der Darstellung von Polystyrol, Poly(methylmethacrylat) und Poly(vinylchlorid). Die Reaktionsmischung enthält ausschließlich Monomeres und Initiator; da die Reaktion jedoch exotherm verläuft, können sich bei schlechter Wärmeabfuhr besonders heiße Reaktionsherde ausbilden. Selbstbeschleunigung tritt in hochviskosen Medien auf, wodurch sowohl die Reaktionskontrolle als auch eine Polymerisation zu hohen Umsätzen erschwert wird. Um diese Nachteile zu umgehen, polymerisiert man nur bis zu niedrigen Umsätzen, zieht das unverbrauchte Monomere ab und führt dieses dem Reaktionscyclus erneut zu. Die Hauptvorteile dieser Technik liegen in der hohen optischen Transparenz des Produktes und in der Tatsache, daß dabei keine Verunreinigungen auftreten können.

Der Polymerisation in Substanz ohne Rühren bedient man sich bei der Herstellung von Poly(methylmethacrylat)-Platten. Zunächst wird ein Polymeres mit einer niedrigen Molmasse präpariert und im Folgeschritt, der eigentlichen Hauptpolymerisation, unter

Zuhilfenahme des Trommsdorf-Effektes *in situ* polymerisiert, wobei hochmolekulares Material und somit steifere Platten erhältlich sind. Dieser Zweistufenprozeß ermöglicht eine gute Kontrolle der Wärmeentwicklung.

Bei der *Polymerisation in Lösung* wird die Wärmeübertragung durch die Anwesenheit des Lösungsmittels erleichtert und die Viskosität des Mediums herabgesetzt. Probleme ergeben sich in diesem Fall unter Umständen aus einer Kettenübertragung, weswegen die verwendeten Lösungsmittel sorgfältig ausgewählt werden müssen.

Ethylen, Vinylacetat und Acrylnitril werden nach dieser Methode polymerisiert. Die Redoxpolymerisation von Acrylnitril ist ein Beispiel für eine Fällungspolymerisation, da das entstandene Polyacrylnitril in Wasser unlöslich ist und als Pulver ausfällt. Dies kann zu unerwünschten Nebenreaktionen führen, die unter der Bezeichnung Popcornpolymerisation bekannt sind, bei denen steife vernetzte Polymerpartikel rasch wachsen und die Zuleitungen der Fabrikationsanlagen verstopfen.

Bei der *Suspensionspolymerisation* wird das Problem der Wärmeabfuhr gelöst, indem man das wasserunlösliche Monomere in Form kleiner Tröpfchen in einer wässrigen Phase suspendiert. Diese Tröpfchen erhält man durch heftiges Rühren der Lösung, wobei der Tröpfchendurchmesser in einem Bereich von 0,01 bis 0,5 cm liegt. Letztendlich handelt es sich bei diesem Verfahren ebenfalls um eine Substanzpolymerisation, bei der jedoch die Problematik der Wärmeabfuhr und der Viskosität umgangen wird.

Die *Emulsionspolymerisation* ist ein bedeutender technologischer Prozeß, der bei der Darstellung von Acrylpolymeren, Poly(vinylchlorid), Poly(vinylacetat) und einer Vielzahl von Copolymeren weit verbreitet ist. Die Methode unterscheidet sich von der Suspensionspolymerisation darin, daß die Partikel im System sehr viel kleiner sind, etwa 0,05 bis 5 μm Durchmesser, und daß der Initiator bevorzugt in der wäßrigen Phase und nicht im Monomeren löslich ist. Dieser Prozeß bietet die einzigartige Möglichkeit, die Kettenlänge zu steigern, ohne die Reaktionsgeschwindigkeit zu verändern. Dies läßt sich entweder durch eine Temperaturänderung oder eine Änderung der Initiatorkonzentration erreichen. Die Gründe hierfür werden deutlich, wenn wir uns diese Technik einmal näher vor Augen führen.

Die wesentlichen Bestandteile bei der Emulsionspolymerisation sind Monomeres, Emulgator, Wasser und ein wasserlöslicher Initiator. Bei der oberflächenaktiven Substanz handelt es sich üblicherweise um das Salz einer langkettigen Fettsäure mit einem hydrophilen „Kopf" und einem hydrophoben „Schwanz". In wäßriger Lösung bilden sie Aggregate oder Micellen (0,1 bis 0,3 μm) aus 50 bis 100 Molekülen, deren Schwanz ins Innere ausgerichtet ist, wobei innen eine Kohlenwasserstoffumgebung geschaffen wird und außen eine hydrophile Oberfläche von Köpfen entsteht, die in Kontakt mit der wäßrigen Phase ist. Die Micellen stehen in einem Gleichgewicht mit den freien Molekülen in der wäßrigen Phase, allerdings muß die Emulgatorkonzentration die „kritische Micellenkonzentration" überschreiten.

Gibt man zu dieser Dispersion Monomeres hinzu, so verbleibt der größte Teil in Form von Tröpfchen in der wäßrigen Phase, ein kleiner Teil jedoch gelangt in die Micellen und quillt diese auf. Freie Radikale erzeugt man aus einem wasserlöslichen Redoxsystem, wie beispielsweise Persulfat und zweiwertigem Eisen,

$$S_2O_8^{2-} + Fe^{2+} \rightarrow Fe^{3+} + SO_4^{2-} + SO_4^{-\bullet}$$

wobei die Bildung mit einer Geschwindigkeit von etwa 10^{16} dm^{-3} s^{-1} erfolgt. Die Radikale diffundieren durch die wäßrige Phase und dringen sowohl in die Micellen als auch in die Tröpfchen ein. Da die Konzentration der Micellen (etwa 10^{21} dm^{-3}) weitaus höher ist als die der Tröpfchen (etwa 10^{13} bis 10^{14} dm^{-3}), findet die Polymerisation hauptsächlich im Innern der Micellen statt. Nach nur etwa 2 bis 10% Umsatz hat sich der Charakter bereits merklich verändert. Die Monomerkonzentration innerhalb der durch das Polymere aufgequollenen Micellen wird durch Nachdiffusion aus den Monomertröpfchen konstant gehalten, wobei die Größe der Tröpfchen permanent abnimmt, bis sie bei einem Umsatz von etwa 50 bis 80% vollständig aufgebraucht sind. Die Polymerisation läuft mit stetig fallender Geschwindigkeit weiter, bis auch das restliche Monomere in den Micellen zu Polymerem umgesetzt wurde.

Eine schematische Darstellung eines typischen Emulsionspolymerisationssystems ist in Bild 3.11 wiedergegeben.

Die Polymerisation läßt sich mit Hilfe des von Smith und Ewart erarbeiteten Modells beschreiben. Dieses Modell setzt voraus, daß ein in der wäßrigen Phase diffundierendes Radikal in eine Micelle, welche Monomeres enthält, penetriert und dort eine Kettenwachstumsreaktion mit der Geschwindigkeit v_p startet. Diese Kette wächst so lange, bis ein weiteres Radikal in die Micelle gelangt, wo es auf das wachsende Kettenende trifft und dieses abbricht. Die Micelle verbleibt solange in Ruhe, bis nach dem Eintritt eines weiteren Radikals erneut eine Kette gestartet wird. Dieser Wachstumsprozeß läuft solange ab, bis das nächste Radikal eintrifft und wiederum einen Abbruch bewirkt. Somit setzt das Modell voraus, daß in einer Micelle nur ein aktives Radikal gestattet wird, so daß sich entweder nur ein oder kein Radikal zu einem bestimmten Zeitpunkt in der Micelle aufhält. Das bedeutet, daß der Polymerisationsprozeß in einer jeden Micelle des Systems eine

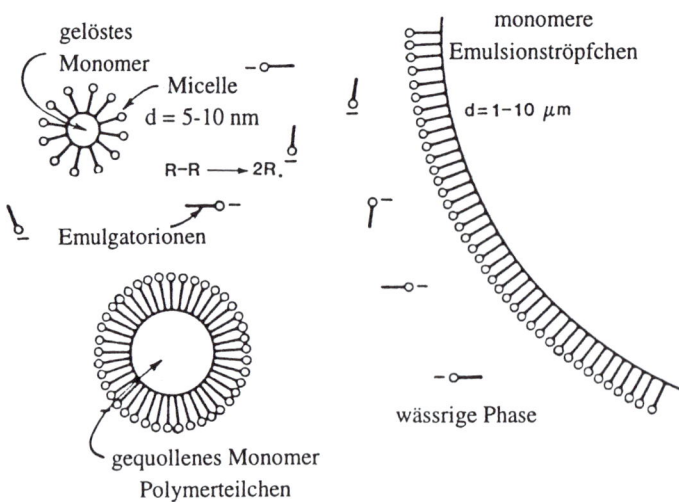

Bild 3.11:   Schematische Darstellung eines Emulsionspolymerisationssystems.

Abfolge von Start-Stop-Reaktionen beinhaltet und die Geschwindigkeit des Ein- und Ausschaltens wird sowohl über die Geschwindigkeit der Radikalbildung als auch der Anzahl an Micellen im Reaktionsmedium gesteuert. Da der Eintritt eines Radikals in eine Micelle zufällig ist, ist die Wahrscheinlichkeit eines Kettenwachstums in einer Micelle zu einem beliebigen Zeitpunkt 50:50. Das bedeutet, wenn N^* Micellen im System Monomeres und Polymeres enthalten, dann sind im Durchschnitt lediglich $N^*/2$ Micellen zu jedem Zeitpunkt des gesamten Polymerisationsverlaufs aktiv. Somit wird die Geschwindigkeit v_p proportional zur Monomerkonzentration in der Micelle $[M^*]$ und zur Anzahl aktiver Micellen ($N^*/2$), also

$$v_p = k_p \left[M^* \right] \left[N^* / 2 \right],$$
(3.35)

wobei k_p $[M^*]$ für die Polymerisationsgeschwindigkeit in einer einzelnen Micelle steht. Ist die Geschwindigkeit der Radikalbildung v_i, so ist die Geschwindigkeit mit der die Radikale in die Micelle eintreten gegeben durch (v_i/N^*), was der Geschwindigkeit der Initiierung

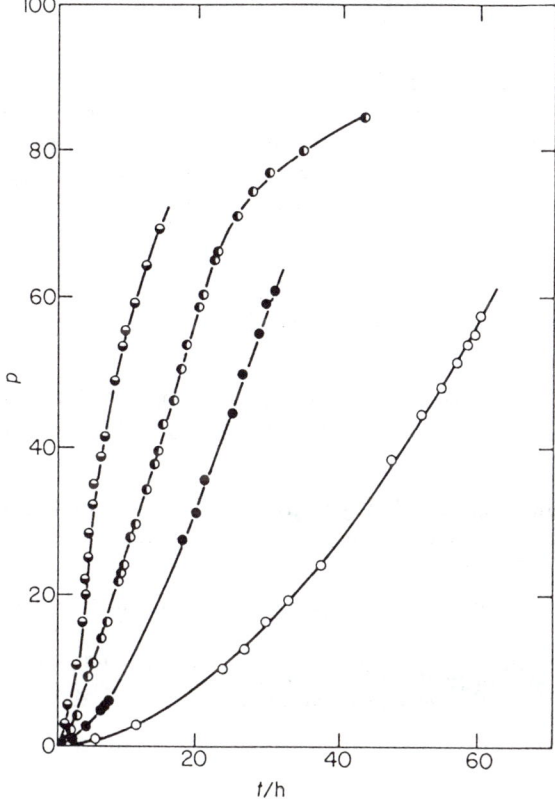

Bild 3.12: Einfluß des Emulgators Kaliumlaurat auf die Emulsionspolymerisation von Isopren bei 323 K. Dargestellt ist der prozentuale Umsatz p in Abhängigkeit von der Zeit t für vier verschiedene Konzentrationen an Kaliumlaurat: O 0,01 mol dm^{-3}; ● 0,04 mol dm^{-3}; ◐ 0,10 mol dm^{-3} und ◓ 0,50 mol dm^{-3}.

(oder des Abbruchs) in der Micelle entspricht. Die kinetische Kettenlänge in einer Micelle ergibt sich dann aus

$$\bar{v} = \frac{k_p[M^*]}{(v_i/N^*)} = \frac{k_p[M^*][N^*]}{2fk_d[I]} \,.$$

(3.36)

Als Folge dieser Betrachtung erkennt man, daß (i) ein Anstieg der Initiatorkonzentration eine Abnahme der Kettenlänge des Polymeren bewirkt, während die Geschwindigkeit der Polymerisation unberührt bleibt, und, was weitaus überraschender ist, daß (ii) für eine festgesetzte Initiatorkonzentration sowohl v_p als auch die Kettenlänge eine Funktion der Anzahl an Micellen im System sind. Somit ist eine Erhöhung der Emulgatorkonzentration allein verantwortlich für eine Steigerung der Polymerisationsgeschwindigkeit und der Molmasse des Produktes. Auf der Basis des Modells ist dies verständlich, da eine Erhöhung der Anzahl an Micellen während einer konstanten Radikalproduktion bedeutet, daß die Zeit zwischen den aufeinanderfolgenden Eintritten zweier Radikale in die Micelle verlängert wird, wodurch dem Kettenwachstum bis zum Abbruch mehr Zeit zur Verfügung steht.

Dargestellt ist dies in Bild 3.12 anhand der Polymerisation von Isopren bei 323 K unter Verwendung vier verschiedener Konzentrationen an Kaliumlaurat. Auf diese Weise kann man eine Kombination von hohen Geschwindigkeiten und hohen Polymerisationsgraden erreichen, ohne die Temperatur zu ändern, worauf die besondere Attraktivität dieser Methode beruht. Falls erwünscht, kann die Kontrolle der Kettenlänge durch Zugabe eines Kettenüberträgers, wie beispielsweise Dodecylmercaptan, erfolgen.

3.16 Merkmale der radikalischen Polymerisation

Die Hauptmerkmale einer radikalischen Polymerisation können nun zusammengefaßt und den entsprechenden Kriterien der Stufenreaktionen (siehe Abschnitt 2.9) gegenübergestellt werden.

(1) Sofort nach Beginn der Reaktion bildet sich ein Polymeres mit einer hohen Molmasse; der mittlere Polymerisationsgrad ändert sich im Verlauf der Polymerisation nur wenig.
(2) Die Monomerkonzentration nimmt während der Reaktion stetig ab.
(3) Nur das aktive Zentrum kann mit dem Monomeren reagieren und die Grundbausteine nacheinander in die Kette einfügen.
(4) Lange Reaktionszeiten erhöhen die Ausbeute, nicht aber die Molmasse des Polymeren.
(5) Eine Temperaturerhöhung bewirkt eine Steigerung der Reaktionsgeschwindigkeit und eine Verringerung der Molmasse.

Allgemeine Literatur

H. Alter und A. D. Jenkins, "Chain-reaction polymerization" in *Encyclopedia of Polymer Science and Technology*, Interscience Publishers Inc. (1965); siehe auch G. Odian, "Chain-reaction polymerization" in *Encyclopedia of Polymer Science and Engineering*, 2. Aufl., Bd. 3, S. 274 (1985).

H. R. Allcock und F. W. Lampe, *Contemporary Polymer Chemistry*, Prentice-Hall (1981).

G. Allen und J. C. Bevington (Hrsg.), *Comprehensive Polymer Science*, Bde. 3 and 4, Pergamon Press (1989).

C. H. Bamford und C. F. H. Tipper (Hrsg.), Free Radical Polymerization, Bd. 14A der *Comprehensive Chemical Kinetics*, Elsevier, Scientific Publishing Company (1976).

F. W. Billmeyer, *Textbook of Polymer Science*, John Wiley and Sons, 3. Aufl. (1984).

D. C. Blackley, *Emulsion Polymerization*, Wiley, N.Y. (1975).

C. Bouton, J. N. Henderson und J. C. Bevington (Hrsg.), *Polymerization Reactors and Processes*, ACS Symposium Series 104 (1979).

H. G. Elias, *Makromoleküle*, Hüthig und Wepf, Basel, 5. Aufl., Bd. I, Kap. 12 (1990).

P. J. Flory, *Principles of Polymer Chemistry*, Kap. 4, Cornell University Press, Ithaca, N.Y. (1953).

G. E. Ham, *Vinyl Polymerization*, Bd. I, Marcel Dekker (1967).

Houben-Weyl, *Methoden der Organischen Chemie, Makromolekulare Stoffe*, Bd. E 20, Teil 1-3, Thieme Verlag, Stuttgart (1987).

A. D. Jenkins, "The reactivity of polymer radicals" in *Adv. in Free Radical Chemistry*, Bd. 2, Logos Press Ltd. (1967).

R. W. Lenz, *Organic Chemistry of Synthetic High Polymers*, Kap. 9-11, Interscience (1967).

Macromolecular Syntheses, Col. Vol. 1-9, Wiley, N. Y. (1963 - 1985).

D. Margerison und G. C. East, *Introduction to Polymer Chemistry*, Kap. 4, Pergamon Press (1967).

D. H. Napper, *Polymer Stabilization of Colloidal Dispersions*, Academic Press, London (1984).

G. Odian, *Principles of Polymerization*, John Wiley and Sons, 2. Aufl. (1981).

P. Rempp und E. W. Merrill, *Polymer Synthesis*, Hüthig und Wepf Verlag Basel (1986).

A. Smith, *Addition Polymers*, Kap. 2, Butterworths (1968).

J. Ulbricht, *Grundlagen der Synthese von Polymeren*, 2. Aufl., Hüthig und Wepf, Basel (1992).

Spezielle Literatur

1. J. N. Cardenas, K. F. O'Driscoll, *J. Polym. Sci. Polym. Chem. Ed.*, **14**, 883 (1976).

2. F. S. Dainton, K. J. Ivin, *Quarterly Reviews*, **12**, 61 (1958).

3. T. P. Davis, K. F. O'Driscoll, M. C. Piton, M. A. Winnik, *Macromolecules*, **22**, 2785 (1989).

4. H. W. Melville, *J. Chem. Soc.*, **247**, (1947).

5. O. F. Olaj. I. Bitai, F. Hinkelmann, *Makromol. Chem.*, **188**, 1689 (1987).

6. G. V. Schulz, *Ber.*, **80**, 232 (1947).

4 Ionische Polymerisation

4.1 Allgemeine Merkmale

Radikalisch initiierte Polymerisationen sind im allgemeinen unspezifisch; dies gilt jedoch nicht für ionische Initiatoren, da die Bildung und Stabilisierung eines Carboniumions oder eines Carbanions in weitem Maße von der Natur des Substituenten R eines Vinylmonomeren CH_2=CHR abhängen. Aus diesem Grund ist die kationische Initiierung gewöhnlich auf solche Monomere beschränkt, die Elektronendonatoren tragen, welche die Delokalisation der positiven Ladung des π-Orbitals stabilisieren helfen. Anionische Initiatoren benötigen elektronenanziehende Gruppen (-CN, -CH=CH_2 usw.), welche die Bildung eines stabilen Carbanions unterstützen. Tritt eine Kombination von mesomeren und induktiven Effekten auf, wird die Stabilität erhöht. Da bei diesen Ionen immer ein Gegenion in Erscheinung tritt, besitzt das Lösungsmittel einen großen Einfluß. Das Kettenwachstum hängt entscheidend von der Dissoziation der beiden Ionen ab; diese Dissoziation steuert auch die Art und Weise, wie das Monomere eingebaut wird. Auch das Gegenion selbst kann auf die Geschwindigkeit und den stereochemischen Verlauf der Reaktion Einfluß nehmen. Obwohl polare und stark solvatisierende Medien für die Polymerisation geeignet sind, lassen sich nicht alle einsetzen, da sie mit dem ionischen Initiator reagieren und ihn desaktivieren. In besonderem Maß gilt dies für hydroxylgruppenhaltige Lösungsmittel; selbst Ketone bilden stabile Komplexe mit dem Initiator und führen zu einem Abbruch der Reaktion. Somit verwendet man Lösungsmittel mit viel geringeren Dielektrizitätskonstanten, weswegen die wachsenden Spezies aufgrund der daraus resultierenden starken Annäherung des Gegenions an das Kettenende als *Ionenpaar* zu betrachten sind. Aber selbst in Medien mit niedriger Polarität, wie z.B. Methylenchlorid, Ether, Tetrahydrofuran, Nitrobenzol usw., kann die Dissoziation des Ionenpaares groß genug sein, daß die Effekte unterscheidbar werden.

Ionisch initiierte Polymerisationen sind viel komplexer als radikalische Reaktionen. Bei einem ionischen Kettenträger sind die Reaktionsgeschwindigkeiten hoch und schwer zu reproduzieren; bei niedrigen Temperaturen erhält man Produkte mit hohen Molmassen, wobei die Mechanismen nur schwer aufgeklärt werden können.

Komplikationen in der kinetischen Analyse können sich auch aufgrund von Cokatalysatoreffekten ergeben, bei denen kleine Mengen anorganischer Verbindungen, wie beispielsweise Wasser, einen unerwartet großen Einfluß auf die Polymerisationsgeschwindigkeit haben.

Der Start einer ionischen Polymerisation kann auf vier Arten erfolgen, bei denen im wesentlichen durch Abgabe oder Aufnahme eines Elektrons am Monomeren ein Ion oder ein Radikalion gebildet wird.

(a)	$M + I^+$	$\rightarrow MI^+$	kationisch
(b)	$M + I^-$	$\rightarrow MI^-$	anionisch
(c)	$M + e^-$	$\rightarrow {}^\bullet M^-$	anionisch
(d)	$M - e^-$	$\rightarrow {}^\bullet M^+$	kationisch (Ladungsübertragung)

4.2 Kationische Polymerisation

Ionische Polymerisationen verlaufen nach einem Kettenmechanismus und können wie zuvor die radikalische Polymerisation in die drei Abschnitte Start, Wachstum und Abbruch unterteilt werden. Ein typisches Beispiel einer kationischen Startreaktion ist unter (a) in Abschnitt 4.1 vorgestellt worden, bei dem I^+ üblicherweise eine starke Lewis-Säure ist. Diese elektrophilen Initiatoren werden in drei Gruppen eingeteilt: 1. klassische Protonensäuren (HCl, H_2SO_4, $HClO_4$), 2. Lewis-Säuren oder Friedel-Crafts-Katalysatoren (BF_3, $AlCl_3$, $TiCl_4$, $SnCl_4$) und 3. Carbeniumionensalze.

Die wichtigsten Initiatoren sind die Lewis-Säuren MX_n. Für sich allein sind sie jedoch nicht sonderlich aktiv, und daher erfordern sie die Anwesenheit eines Cokatalysators SH, der als Protonendonator agiert. Im allgemeinen verlaufen die Reaktionen zunächst über einen Ionisierungsprozeß

$$MX_n + SH \rightleftharpoons [SMX_n]^- \, H^+$$

gefolgt von dem Startschritt, der vermutlich als Zweistufenprozeß abläuft.

(i) $\quad H_2C=C{<}^{R_1}_{R_2} + H^+[SMX_n]^- \rightarrow \left[H_2C=C{<}^{\overset{\overset{H}{:}}{R_1}}_{R_2} \right]^+ [SMX_n]^-$

(ii) $\qquad\qquad\qquad\qquad \rightleftharpoons \left[H-\overset{\overset{\displaystyle H}{|}}{\underset{\underset{\displaystyle H}{|}}{C}}-\overset{\overset{\displaystyle R_1}{|}}{\underset{\underset{\displaystyle R_2}{|}}{C^+}} \right] [SMX_n]^-$

Während in der ersten Stufe die rasche Bildung eines π-Komplexes erfolgt, läuft in Stufe (ii) eine langsame intramolekulare Umlagerung ab. Obwohl man die Notwendigkeit eines Cokatalysators kennt, ist sie oft nur schlecht zu beweisen. Eine nützliche Nachweisreaktion ist die Polymerisation von Isobutylen. Diese Reaktion verläuft in Gegenwart von Spuren Wasser rasch, während sie unter völligem Feuchtigkeitsausschluß nicht abläuft. Die aktive Katalysator-Cokatalysatorspezies, die für diese Reaktion erforderlich ist, lautet:

$$BF_3 + H_2O \rightleftharpoons H^+[BF_3OH]^-$$

Der Komplex reagiert mit dem Monomeren zu einem Carbeniumion, das als Ionenpaar mit $[BF_3OH]^-$ existiert:

$$H^+[BF_3OH]^- + (CH_3)_2 C=CH_2 \rightarrow (CH_3)_3 C^+ [BF_3OH]^-$$

Die Natur des Cokatalysators beeinflußt auch die Polymerisationsgeschwindigkeit, da die Aktivität des Initiatorkomplexes davon abhängt, wie schnell er ein Proton auf das Monomere übertragen kann. Wird die Polymerisation von Isobutylen mit Hilfe von $SnCl_4$ initiiert, so bestimmt die Säurestärke des Cokatalysators die Geschwindigkeit, die in der Reihe Essigsäure > Nitroethan > Phenol > Wasser abnimmt.

Andere Initiatortypen besitzen eine geringere Bedeutung; so protonieren starke Säuren die Doppelbindung eines Vinylmonomeren

$$HA + CH_2{=}CR_1R_2 \rightarrow A^- CH_3C^+R_1R_2,$$

während Iod die Polymerisation über das Ionenpaar

$$2I_2 \rightarrow I^+I_3^-$$

startet, welches mit Olefinen wie Styrol oder Vinylethern einen stabilen π-Komplex bildet.

$$CH_2{=}CHR + I^+I_3^- \rightarrow ICH_2 - \overset{+}{\underset{\underset{R}{|}}{C}}HI_3^-$$

Ein neuerer Vorschlag, wobei es sich hier um einen Charge-Transfer-Mechanismus handeln soll, konnte nicht vollständig bestätigt werden.

Bestrahlung mit hoher Energie soll ebenfalls zu einer kationischen Startreaktion führen, doch kann dies auch eine Spaltung und somit das Auftreten radikalischer und kationischer Zentren bewirken.

4.3 Wachstum bei kationischen Kettenträgern

Das Kettenwachstum erfolgt durch die wiederholte Kopf-Schwanz-Addition eines Monomeren an das Carbeniumion unter Erhalt des ionischen Charakters.

$$CH_3 - \overset{\underset{\displaystyle R_1}{|}}{\underset{\underset{\displaystyle R_2}{|}}{C}}{}^+[SMX_n]^- + nCH_2{=}CR_1R_2 \xrightarrow{k_p} CH_3[CR_1R_2CH_2{\rightarrow}_n\overset{\underset{\displaystyle R_1}{|}}{\underset{\underset{\displaystyle R_2}{|}}{C}}{}^+[SMX_n]^-$$

Der Mechanismus ist abhängig vom *Gegenion*, dem *Lösungsmittel*, der *Temperatur* und der *Art des Monomeren*. Bei Verwendung stark saurer Initiatoren, wie z.B. BF$_3$, können die Reaktionen extrem schnell verlaufen und bei niedrigen Temperaturen hochmolekulare Polymere erzeugen. Die Reaktionsgeschwindigkeiten werden bei Verwendung schwächerer Säuren als Initiatoren langsamer, und eine Polymerisation mit SnCl$_4$ kann sogar einige Tage in Anspruch nehmen. Brauchbare Polymerisationstemperaturen liegen in einem Bereich zwischen 170 und 190 K; eine Temperaturerhöhung bewirkt sowohl eine Abnahme der Molmasse als auch der Reaktionsgeschwindigkeit.

Das Wachstum hängt auch sehr stark von der Position und dem Typ des mit dem Kettenträger assoziierten Gegenions ab. Durch Verwendung von Lösungsmitteln mit verschiedenen Dielektrizitätskonstanten kann die Position des Gegenions geändert werden; auf diese Weise läßt sich, wie in Tabelle 4.1 für die Polymerisation von Styrol mit Perchlorsäure in verschiedenen Medien gezeigt ist, die Wachstumsgeschwindigkeitskonstante k_p stark variieren.

Tabelle 4.1: Kationische Polymerisation von Styrol in Medien mit verschiedenen Dielektrizitätskonstanten ε

Lösungsmittel	ε	Katalysator	k_p $dm^3\ mol^{-1}\ s^{-1}$
CCl_4	2,3	$HClO_4$	0,0012
$CCl_4+(CH_2Cl)_2$ (40/60)	5,16	$HClO_4$	0,40
$CCl_4+(CH_2Cl)_2$ (20/80)	7,0	$HClO_4$	3,20
$(CH_2Cl)_2$	9,72	$HClO_4$	17,0
$(CH_2Cl)_2$	9,72	$TiCl_4/H_2O$	6,0
$(CH_2Cl)_2$	9,72	I_2	0,003

Es wurde vorgeschlagen, die verschiedenen Stufen, aus denen heraus ein Carbeniumion die Polymerisation initiieren kann, folgendermaßen darzustellen:

$$RX \quad \rightleftharpoons \quad R^+X^- \quad \rightleftharpoons \quad R^+/\!/X^- \quad \rightleftharpoons \quad R^+ + X^-.$$

kovalent   Kontaktionenpaar   Solvationenpaar   freie Ionen

Eine steigende Polarität des Lösungsmittels verändert den Abstand zwischen den Ionen eines Kontakt-Ionenpaars über das solvat getrennte Ionenpaar in den Zustand vollständiger Dissoziation. Da freie Ionen schneller reagieren als ein enges Ionenpaar, spiegelt sich eine Erhöhung der Konzentration freier Ionen infolge der Änderung der Dielektrizitätskonstante in einem Anstieg von k_p wieder. Die Trennung der Ionen erniedrigt auch die sterische Abschirmung gegenüber dem angreifenden Monomeren, so daß freie Ionen nur eine geringere Stereoregulierung bewirken können; eine zu große Trennung kann sogar solche Reaktionen ganz verhindern, die auf einer Koordination des Monomeren mit dem Metallkation des Gegenions beruhen.

In erster Näherung kann man festsetzen, daß mit der Erhöhung der Dielektrizitätskonstante des Mediums ein linearer Anstieg im Polymerisationsgrad und ein exponentieller Anstieg der Reaktionsgeschwindigkeit parallel läuft; in einigen Fällen allerdings kann die Dielektrizitätskonstante des Mediums die Wirkung des Lösungsmittels auf ein Ion in seiner unmittelbaren Umgebung nicht erklären. Dies führt zu Abweichungen von dem einfachen Bild. Die Natur des Gegenions beeinflußt die Polymerisationsgeschwindigkeit. Größere und weniger eng gebundene Ionen führen zu größeren k_p-Werten; daher beobachtet man eine Abnahme von k_p, wenn der Initiator von $HClO_4$ über $TiCl_4 \cdot H_2O$ nach I_2 für die Reaktion von Styrol in 1,2-Dichlorethan ausgetauscht wird.

4.4 Kettenabbruch

Die Abbruchreaktion einer kationischen Polymerisation ist weniger gut definiert als bei
einer radikalischen. Man nimmt jedoch an, daß sie entweder über eine unimolekulare Umlagerung des Ionenpaares

$$\sim CH_2 \overset{\overset{\displaystyle R_1}{|}}{\underset{\underset{\displaystyle R_2}{|}}{C}}{}^+ [SMX_n]^- \rightarrow \sim CH{=}CR_1R_2 + H^+[SMX_n]^-,$$

oder über eine bimolekulare Übertragungsreaktion mit einem Monomeren verläuft:

$$\sim CH_2 \overset{\overset{\displaystyle R}{|}}{\underset{\underset{\displaystyle R_2}{|}}{C}}{}^+ [SMX_n]^- + CH_2{=}\overset{\overset{\displaystyle R_1}{|}}{\underset{\underset{\displaystyle R_2}{|}}{C}} \rightarrow \sim CH{=}CR_1R_2 + CH_3 \overset{\overset{\displaystyle R_1}{|}}{\underset{\underset{\displaystyle R_2}{|}}{C}}{}^+ [SMX_n]^-$$

Die erste Möglichkeit beinhaltet die Abstraktion eines Protons aus der wachsenden
Kette, die zur Regenerierung des Katalysator-Cokatalysator-Komplexes führt, während gemäß dem zweiten Mechanismus ein neuer Monomer-Initiator-Komplex gebildet wird, was
ohne Abbruch der kinetischen Kette erfolgt. Bei dem monomolekularen Abbruchprozeß
kann eine echte kovalente Kombination des aktiven Zentrums mit dem Fragment des
Katalysator-Cokatalysator-Komplexes eintreten, die zu zwei inaktiven Spezies führt. Dies
bewirkt einen Abbruch der kinetischen Kette und verringert die Konzentration des
Initiatorkomplexes und ist somit der wirksamere Abbruchmechanismus.

4.5 Allgemeines kinetisches Schema

Viele kationische Polymerisationen verlaufen sowohl schnell als auch heterogen, so daß die
Aufstellung eines eindeutigen kinetischen Schemas ausgesprochen schwierig ist. Bestenfalls kann man ein Schema allgemeiner Gültigkeit ableiten, das man allerdings nicht kri-
tiklos anwenden sollte. Entsprechend dem Stationaritätsprinzip bei der radikalischen Polymerisation, ist die Startgeschwindigkeit v_i einer kationischen Polymerisation proportional
der Katalysator-Cokatalysator-Konzentration c und der Monomerkonzentration [M].

$$v_i = k_i c[M] \tag{4.1}$$

Der Abbruch kann im Gegensatz zum radikalischen Mechanismus als Reaktion erster
Ordnung betrachtet werden und man erhält

$$v_t = k_t[M^+]. \tag{4.2}$$

Unter stationären Bedingungen ist $v_i = v_t$, und somit ergibt sich

$$\left[M^+\right] = k_i c \left[M\right] / k_t .$$ (4.3)

Daraus folgt die Bruttopolymerisationsgeschwindigkeit v_p anhand von

$$v_p = k_p \left[M\right]\left[M^+\right] = \left(k_p k_i / k_t\right) c \left[M\right]^2$$ (4.4)

und die Kettenlänge wird gegeben durch

$$x_n = v_p / v_t = \left(k_p / k_t\right) \left[M\right],$$ (4.5)

wenn der Kettenabbruch gegenüber der Übertragung dominiert. Nimmt die Kettenübertragung ein bedeutendes Ausmaß an, so gilt

$$x_n = k_p / k_{tr} .$$ (4.6)

Obwohl nicht universell anwendbar, ermöglicht dieses Schema eine angemessene Beschreibung der Polymerisation von Styrol mit $SnCl_4$ als Initiator in 1,2-Dichlorethan bei 298 K.

4.6 Energetische Betrachtung der kationischen Polymerisation

Nachdem wir nun ein kinetisches Schema aufgestellt haben, wollen wir uns im folgenden Abschnitt um eine Erklärung über das Anwachsen der Bruttogeschwindigkeit mit fallender Temperatur bemühen. Die Geschwindigkeit ist proportional $(k_i\, k_p\, /\, k_t)$, so daß die Bruttoaktivierungsenergie E gegeben ist durch den Ausdruck

$$E = E_i + E_p - E_t ,$$ (4.7)

und für die Kettenlänge gilt

$$E_x = E_p - E_t .$$ (4.8)

Das Wachstum in einer kationischen Polymerisation erfordert die Annäherung eines Ions an ein ungeladenes Molekül in einem relativ unpolaren Lösungsmittel. Dies ist ein Vorgang mit niedriger Aktivierungsenergie, und somit liegt der Wert von E_p deutlich unterhalb der Werte von E_i, E_t oder E_{tr}. Dementsprechend befindet sich E normalerweise in einem Bereich zwischen -40 und +60 kJ mol^{-1}; ist E negativ, läßt sich der unerwartete Anstieg von k_p mit fallender Temperatur erklären. Es ist an dieser Stelle anzumerken, daß nicht alle kationischen Polymerisationen negative Aktivierungsenergien haben; beispielsweise haben die Polymerisation von Styrol mit Trichloressigsäure in Nitromethan und mit 1,2-Dichlorethan E-Werte von +57,8 kJ mol^{-1} bzw. +33,6 kJ mol^{-1}.

Die Kettenlänge und somit der Polymerisationsgrad werden andererseits bei einer Temperatursteigerung immer abnehmen, da E_t immer größer als E_p ist.

4.7 Telechelische Polymere durch kationische Polymerisation

Telechele sind definiert als Polymere mit einer relativ niedrigen Molmasse ($M_n \leq 20\,000$), die funktionelle Endgruppen tragen, welche für eine weitere Reaktion zum Aufbau von Blockcopolymeren oder Netzwerken genutzt werden können. Unter Einsatz der von Kennedy perfektionierten *Initiator-Transfer-* oder auch „Inifer"-Technik lassen sich diese funktionalisierten Polymere mit Hilfe der kationischen Polymerisation darstellen. Wird das initiierende Katalysator/Cokatalysatorsystem aus einer Lewis-Säure und einem Alkyl- bzw. Arylhalogenid dargestellt, also

$$BCl_3 + RCl \rightleftharpoons [R^{\oplus} BCl_4^{\ominus}]$$

und ein Monomeres, wie beispielsweise Isobuten, zugegeben, so kann das resultierende Polymere eine Übertragungsreaktion mit RCl unter Ausbildung einer Kette mit einem endständigen Halogen und einer regenerierten Starterspezies eingehen.

Das endständige Chloratom läßt sich mit Hilfe weiterer Folgereaktionen in verschiedene andere brauchbare funktionelle Gruppen umwandeln.

$$> C{=}CH_2; \;\; -CH_2OH; \;\; -NCO; \;\; -C{=}CH_2$$
$$\qquad\qquad\qquad\qquad\qquad\qquad\qquad\quad |$$
$$\qquad\qquad\qquad\qquad\qquad\qquad\quad CH_2SO_3H$$

Bifunktionelle Telomere lassen sich ebenfalls darstellen; für den Aufbau von Block-copolymeren unter Verwendung von Kupplungsreaktionen sind solche funktionalisierten Polymere geeignet.

4.8 Kationische Ringöffnungs-Polymerisation

Cyclische Monomere, wie Lactone, Lactame, cyclische Amine und cyclische Ether, lassen sich unter dem Einfluß eines kationischen Initiators zu ringöffnenden Reaktionen unter Ausbildung linearer Polymerer anregen. Die Tendenz zur Ringöffnung ist abhängig von der Größe des Ringes; bei kleinen Ringen ist die primäre Triebkraft der Abbau der Ring-spannung. Die Hauptgründe für das Auftreten von Ringspannung sind die Verzerrung der Bindungswinkel, konformative Spannungen und nichtbindende Wechselwirkungen im Ring. Die Polymerisationswärme, ΔH_p, ist aussagekräftig für die Stärke dieser Größe. In

Tabelle 4.2 sind einige typische Werte für cyclische Ether zusammengestellt; Tabelle 4.3 dokumentiert den großen Bereich cyclischer Monomerer, die für kationische Ringöffnungs-Polymerisationen geeignet sind. Die Daten in Tabelle 4.2 weisen darauf hin, daß Oxan und 1,4-Dioxan nicht polymerisieren, was hauptsächlich auf die Stabilität des Sechsrings zurückzuführen ist. An dieser Stelle ist es jedoch wichtig, darauf hinzuweisen, daß Lactone, Lactame und Trioxane mit sechs Ringatomen Polymere ausbilden. Monomere mit Ringen, die mehr als sechs Glieder enthalten, besitzen eine niedrigere Ringspannung; im Falle einer Polymerisation haben sie auch niedrige Ceiling-Temperaturen.

Zwei grundlegende Mechanismen für das Kettenwachstum bei kationischen Ringöffnungs-Polymerisationen wurden vorgeschlagen.

Der eine Mechanismus beinhaltet eine primäre Wechselwirkung des Katalysatorsystems mit dem Monomeren unter Ausbildung eines Oniumions, welches die eigentliche Initiatorspezies ist. Das Wachstum ist dann hauptsächlich eine Substitutionsreaktion vom S_N2-Typ.

Ein anderer Mechanismus erfordert die Spaltung des Ringes durch den Katalysator zur Bildung einer ionischen Spezies. Dem folgt der Angriff eines weiteren Monomeren unter Ringöffnung und Regeneration der aktiven Form.

Tabelle 4.2: Abhängigkeit von ΔH_p von der Größe des Ringes bei cyclischen Ethern[a]

Monomer	Ringgröße	ΔH_p (kJ mol^{-1})
Ethylenoxid (Oxiran)	3	94,5
Trimethylenoxid (Oxetan)	4	81
Tetrahydrofuran (Oxolan)	5	15
Tetrahydropyran (Oxan)	6	~0
1,4-Dioxan	6	~0
Hexamethylenoxid (Oxepan)	7	33,5[b]

[a]H. Sawada, *J. Macromol. Sci. Rev. Macromol. Chem.*, **C5**(1), 151 (1970).
[b]W. K. Busfield, R. M. Lee and D. Merigold, *Makromol. Chem.*, **156**, 183 (1972)

Tabelle 4.3:   Verschiedene kationisch polymerisierbare Heterocyclen

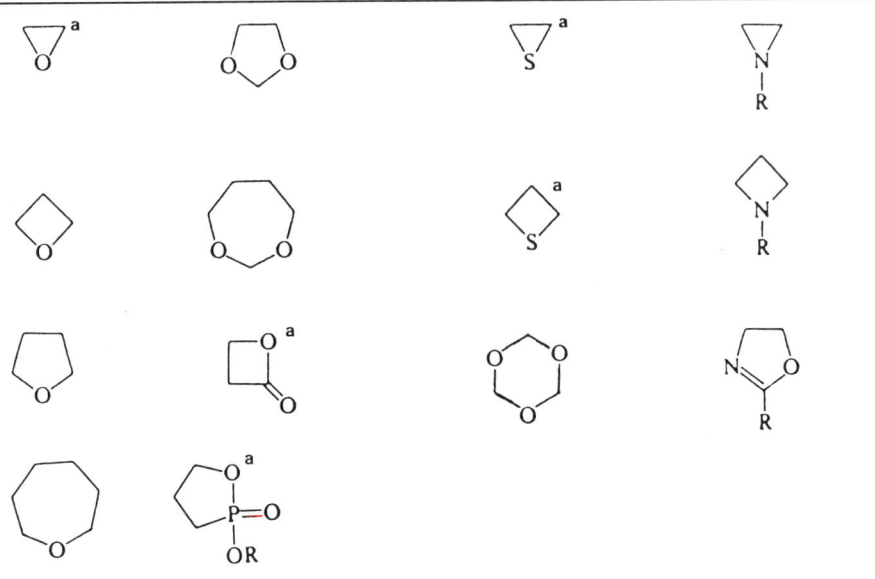

a Diese Verbindungen lassen sich auch anionisch polymerisieren

Mit derartigen Reaktionen lassen sich kommerziell brauchbare Polymere herstellen, doch aufgrund der niedrigen Ceiling-Temperaturen und der Tendenz, über eine Art Reißverschlußmechanismus abzubauen, ist ein Endcapping der Moleküle erwünscht. Ein Beispiel dafür ist der technische Kunststoff Polyformaldehyd, der aus 1,3,5-Trioxan unter Verwendung von Bortrifluoridetherat als Initiator dargestellt und durch Acetylierung der endständigen Hydroxylgruppe stabilisiert wird.

$$\text{(1,3,5-Trioxan)} \xrightarrow{\text{BF}_3\text{O(C}_2\text{H}_5\text{)}_2} \text{HO}\!-\!\!\left[\text{CH}_2\text{O}\right]_n\!\!-\!\!\text{H} \xrightarrow{\text{(CH}_3\text{COO)}_2} \text{CH}_3\text{COO}\!-\!\!\left[\text{CH}_2\text{O}\right]_n\!\!-\!\!\text{H}$$

Cyclische Ether sind nicht die einzigen heterocyclischen Verbindungen, die sich nach diesem Verfahren polymerisieren lassen. Poly(ethylenimin) ist durch die Ringöffnung von Aziridin darstellbar; die Initiierung gelingt mit Hilfe von Protonensäuren gefolgt von

$$\text{N}\!-\!\text{H} + \text{HX} \longrightarrow \overset{\oplus}{\text{N}}\!\!\overset{\text{H}}{\underset{\text{H}}{}} \ \text{X}^\ominus \longrightarrow \overset{\oplus}{\text{N}}\ \text{X}^\ominus \ \text{NH}_2$$

einem nukleophilen Angriff des Monomeren unter Bildung eines Dimeren. Eine weitere Zugabe von Monomerem kann zum Aufbau eines linearen Polymeren führen, doch besteht auch die Möglichkeit der Übertragung eines Protons vom Dimer auf eine andere Aminogruppe und es kommt zur Bildung eines ungeladenen Dimeren.

Fortschreitendes Kettenwachstum führt zum Auftreten sekundärer Aminofunktionen, die eine Reaktion mit einem Aziridiniumion eingehen können, gefolgt von einem Protonentransfer unter Ausbildung von Verzweigungspunkten in der Kette.

Letztendlich liegen im Endprodukt etwa 20 - 30% Verzweigungspunkte vor.

Die Darstellung eines linearen Poly(ethylenimins) gelingt unter Verwendung einer Schutzgruppe. N-(α-Tetrahydropyranyl)aziridin wird dargestellt und kationisch unter Bildung des Poly(iminoethers) polymerisiert. Nach Hydrolyse mit wässriger Säure erhält man zunächst das Polymersalz und durch Neutralisation lineares Poly(ethylenimin).

Auch andere N-substituierte Aziridine lassen sich polymerisieren, doch erhält man häufig Produkte mit niedriger Molmasse. Die Natur des Substituenten kann einen sehr starken Einfluß auf die Abbruchreaktion nehmen, was sich in der Größe des (k_p / k_t)-Verhältnisses wiederspiegelt. Für N-Ethylaziridin beträgt $(k_p / k_t) \approx 6$ dm^3 mol^{-1}, für N-t-Butylaziridin ist jedoch $(k_p / k_t) \approx 12\,000$ dm^3 mol^{-1}. Im letzten Fall ist die Abbruchreaktion so langsam, daß das gebildete Polymere als „temporär lebend" betrachtet werden kann.

Die Tatsache, daß die gebildeten Polymeren zum einen eine enge Molmassenverteilung aufweisen und zum anderen quantitativ durch einen Desaktivator funktionalisierbar sind, unterstreicht den lebenden Charakter dieser Polymerisation.

4.9 Stabile Carbokationen

Viele der Unsicherheiten, mit denen Friedel-Crafts-Katalysator-Cokatalysatorsysteme behaftet sind, können umgangen werden, wenn stabile, wohldefinierte Initiatoren verwendet werden. Bawn und Mitarbeiter benutzten Triphenylmethyl- und Tropyliumsalze der allgemeinen Struktur $Ph_3C^+X^-$ und $C_7H_7^+X^-$, bei denen X^- ein stabiles Anion, wie z.B. ClO_4^-, $SbCl_6^-$ und PF_6^- ist.

Der Start verläuft nach einem der drei Mechanismen:

(i)   Direkte Addition $I^+ + CH_2{=}CHR \rightarrow ICH_2{-}\overset{+}{C}HR$
(ii) Hydridabspaltung $I^+ + CH_2{=}CHR \rightarrow IH + CH{\cdots}\overset{+}{C}H{-}R$
(iii) Elektronenübertragung $I^+ + CH_2{=}CHR \rightarrow I^{\cdot} + {}^{\cdot}[CH_2{=}CHR]^+$

Es wurde gezeigt, daß die Reaktion von Triphenylmethylhexafluorophosphat mit Tetrahydrofuran (THF) ohne Anzeichen auf eine Abbruchreaktion abläuft; auf diese Weise kann man ein „lebendes" kationisches System erhalten. Die Reaktion verläuft unterhalb von Raumtemperatur.

$$Ph_3C^+PF_6^- + \; \begin{array}{c}\square\\O\end{array} \rightarrow Ph_3CH + \; \begin{array}{c}\square\\O\\ {}^+ PF_6^-\end{array} \rightarrow \; \begin{array}{c}\square\\O\end{array}{-}[O(CH_2)_4]_{\overline{n}}{-}\overset{+}{O}\langle\square \; PF_6^-$$

Der Einfluß des Gegenions auf die Unterdrückung der Abbruchreaktion ist wesentlich, und weder $SbCl_6^-$ noch irgend ein anderes untersuchtes Anion hat sich als so gut wie PF_6^- erwiesen.

In der Literatur wurde weiterhin beschrieben, daß bei der Polymerisation von Alkylvinylethern mit (HI/I_2) als Initiatorsystem ebenfalls „lebende" Polymere erhalten werden. Die Reaktion verläuft über eine Zugabe von HI in eine Monomerlösung in einem nichtpolaren Lösungsmittel bei niedriger Temperatur. Man erhält hierbei ein inertes Addukt und kein Polymeres. Erst nach Zugabe von I_2 findet eine rasche Reaktion statt. Die Reaktion verläuft weitaus schneller als bei einer ausschließlichen I_2-Initiierung, und man erhält nach diesem Verfahren Polymere mit einer engen Molmassenverteilung.

$$H_2C{=}CH \xrightarrow{\;HI\;} HCH_2CHI \xrightarrow{\;I_2\;} \overset{\delta+\;\;\delta-}{HCH_2{-}CHI} {----}I_2$$
$$\underset{OR}{|} \qquad\qquad \underset{OR}{|} \qquad\qquad \underset{OR}{|}$$

|Monomeres

$$H{-}(CH_2CH)_n{-}\overset{\delta+\;\;\delta-}{CH_2CHI} {----}I_2 \longleftarrow$$
$$\underset{OR}{|}\qquad \underset{OR}{|}$$

„lebendes" Polymeres

Man nimmt an, daß der „lebende" Charakter des Systems von der Stabilität der wachsenden Spezies herrührt, wodurch Abbruch- oder Kettentransfer-Reaktionen unterdrückt werden.

Neben den hier beschriebenen wurden noch andere Systeme gefunden, bei denen kein Abbruch stattfindet, jedoch ist der Einfluß auf die Wirksamkeit eines Systems, „lebende" Polymere zu bilden, von Monomerem zu Monomerem verschieden.

4.10 Anionische Polymerisation

Die Polymerisation von Monomeren mit stark elektronegativen Gruppen – Acrylnitril, Vinylchlorid, Styrol oder Methylmethacrylat – kann sowohl nach Mechnismus (b) als auch (c) aus Abschnitt 4.1 initiiert werden.

Im Falle eines Verlaufs gemäß Mechanismus (b) ist ein ionisches oder ionogenes Molekül erforderlich, welches in der Lage ist, das Anion an die Vinyldoppelbindung abzugeben und somit ein Carbanion zu bilden.

$$CX \rightarrow C^+ + X^-$$
$$X^- + M \rightarrow MX^-$$

Das Gegenion C^+ kann entweder organischer oder anorganischer Natur sein; typische Initiatoren sind KNH_2, n-Butyllithium und Grignard-Reagentien (Alkylmagnesiumbromide).

Trägt das Monomere stark elektronenziehende Gruppen, so werden nur schwach positive Initiatoren (Grignardverbindungen) benötigt, während bei Substituenten wie Phenyl oder anderen Gruppen mit niedriger Elektronegativität ein stark elektropositiver Metallinitiator, z.B. Li-Verbindungen, eingesetzt werden muß.

Mechanismus (c) stellt die direkte Übertragung eines Elektrons von einem Donator auf das Monomere unter Bildung eines Radikalanions dar. Dies kann man mit Alkalimetallen erreichen; z.B. können Natrium oder Kalium die Polymerisation von Butadien und Methacrylnitril initiieren; letztere Polymerisation wird in flüssigem Ammoniak bei 198 K ausgeführt.

$$Na + CH_2{=}\underset{\underset{CN}{|}}{\overset{\overset{CH_3}{|}}{C}} \rightarrow Na^+ + {}^{\cdot}\left[CH_2{-}\underset{\underset{CN}{|}}{\overset{\overset{CH_3}{|}}{C^-}} \right]$$

In vielerlei Hinsicht ähneln anionische Polymerisationen den kationischen. Sie verlaufen im allgemeinen bei niedrigen Temperaturen schnell, allerdings langsamer als kationische und sind gegenüber Temperaturänderungen weniger empfindlich. Die Reaktionsgeschwindigkeiten sind abhängig von der Dielektrizitätskonstante des Lösungsmittels, der Resonanzstabilisierung des Carbanions, der Elektronegativität des Initiators und dem Ausmaß der Solvatation des Gegenions. Formell betrachtet haben viele anionische Polymerisationen keinen Abbruchschritt, jedoch reagieren sie empfindlich auf Spuren von Verunreinigungen. So sind geringe Mengen an Wasser, Alkohol, Kohlendioxid und Sauerstoff wirksame Abbruchreagentien, da Carbanionen sehr leicht desaktiviert werden können. Daher muß bei der Untersuchung anionischer Polymerisationen auf sorgfältigen Ausschluß von Verunreinigungen geachtet werden; einige Verfahren werden später beschrieben.

4.11 Polymerisation von Styrol mit KNH$_2$

Eine der ersten detailliert untersuchten anionischen Reaktionen war die Polymerisation von Styrol in flüssigem Ammoniak mit Kaliumamid als Initiator, über die Higginson und Wooding berichteten. Anhand dieser Reaktion läßt sich der allgemeine Mechanismus anschaulich verdeutlichen. Sie ist desweiteren interessant, weil es sich um eine der wenigen Reaktionen handelt, bei denen freie Ionen und keine Ionenpaare auftreten. Die Polymerisationen werden bei 240 K in einem hoch polaren Lösungsmittel (flüssigem Ammoniak) ausgeführt.

Der Start ist ein Zweistufenprozeß. Der erste Schritt ist die Dissoziation des KNH$_2$ in seine Ionen, dem die Addition des Anions an das Monomere zur Bildung eines aktiven Kettenträgers folgt.

$$KNH_2 \rightleftharpoons K^+ + :NH_2^-$$

$$:NH_2^- + CH_2{=}CHC_6H_5 \xrightarrow{k_i} H_2NCH_2-\bar{C}HC_6H_5$$

Der zweite Schritt ist geschwindigkeitsbestimmend und es gilt:

$$v_i = k_i c[M] \,, \tag{4.9}$$

wobei c für die Konzentration des Amidions $:NH_2^-$ steht.

Der Wachstumsschritt ist wie üblich durch Addition eines Monomeren an das Carbanion gegeben; die Geschwindigkeit wird durch den Ausdruck

$$v_p = k_p[M\ ][M^-] \,. \tag{4.10}$$

beschrieben.

Eine wachsende Kette wird abgebrochen, wenn eine Übertragung auf das Lösungsmittel unter Rückbildung des Amidions stattfindet, welches dann in der Lage ist, eine neue Kette zu starten.

$$H_2N{+}CH_2CH)_n CH_2{-}\overset{\overset{\displaystyle H}{|}}{\underset{\underset{\displaystyle Ph}{|}}{C}}{}^- + NH_3 \xrightarrow{k_{tr}} NH_2{+}CH_2{-}CHPh)_n CH_2CH_2Ph + :NH_2^-$$

Die Abbruchgeschwindigkeit ergibt sich zu

$$v_t = k_{tr}[M^-][NH_3] \,. \tag{4.11}$$

Die Annahme stationärer Bedingungen führt zu einem Ausdruck für die Konzentration der wachsenden Polycarbanionen

$$\left[M^-\right] = \left(k_i / k_{tr}\right) c \left[M\right] / \left[NH_3\right] ; \tag{4.12}$$

setzt man diesen Ausdruck in Gleichung (4.10) ein, so erhält man

$$v_p = \left(k_p k_i / k_{tr}\right) c \left[M\right]^2 / \left[NH_3\right] \tag{4.13}$$

und

$$x_n = \left(k_p / k_{tr}\right) \left[M\right] / \left[NH_3\right] . \tag{4.14}$$

Da die Aktivierungsenergie für die Übertragungsreaktion größer als für das Wachstum ist, nimmt der Polymerisationsgrad mit steigender Temperatur ab. Andererseits aber ist die Bruttoaktivierungsenergie für diese Reaktion positiv (+38 kJ mol^{-1}) und somit nimmt die Reaktionsgeschwindigkeit mit fallender Temperatur ab.

4.12 „Lebende" Polymere

Das Reaktionsschema, welches für den Start mit Kaliumamid vorgeschlagen wurde, enthält keinen formellen Abbruchschritt, weswegen das Wachstum solange fortschreiten sollte, bis alles Monomere aufgebraucht ist. Voraussetzung dafür ist allerdings, daß alle Verunreinigungen, die mit dem Carbanion reagieren könnten, sorgfältig ausgeschlossen werden, nur dann kann das Carbanion intakt und aktiv verbleiben. Wird weiteres Monomeres zugegeben, wächst die Kette weiter, es sei denn, sie wird versehentlich abgebrochen. Szwarc bezeichnete als erster solche aktiven Polycarbanionen als „lebende" Polymere. Eines der ersten untersuchten „lebenden" Polymersysteme war die Polymerisation von Styrol mit Naphthalin-Natrium als Initiator. Man erhält dieses durch Zugabe von Natrium zu einer Lösung von Naphthalin in einem inerten Lösungsmittel, wie etwa Tetrahydrofuran.

Das Natrium löst sich unter Bildung einer Additionsverbindung auf; durch die Übertragung eines Elektrons wird die grüne Farbe des Radikalanions erzeugt. Bei Zugabe von Styrol wird das Elektron von dem Naphthylradikal auf das Monomere unter Bildung des roten Styrylradikalanions übertragen.

Man nimmt an, daß sich letztendlich ein Dianion bildet, welches in der Lage ist, in beide Richtungen zu wachsen.

$$Na^{+-}[PhCHCH_2CH_2CHPh]^-Na^+$$

Es soll an dieser Stelle erwähnt werden, daß bei Abwesenheit von Abbruch- und Übertragungsreaktionen, also bei striktem Ausschluß von Verunreinigungen, diese Ketten unbeschränkt lange aktiv bleiben. Die Gültigkeit dieser Annahme wurde dadurch bestätigt, daß (i) weiteres Monomeres zu den „lebenden" Polystyrylcarbanionen gegeben wurde und sich der Polymerisationsgrad erhöhte und (ii) ein anderes Monomeres, wie z.B. Isopren, zugegeben wurde, was zur Bildung eines Blockcopolymeren führte.

Die Existenz eines „lebenden" Polymeren wurde von Szwarc in einer Ganzglasapparatur, wie sie in Bild 4.1 wiedergegeben ist, demonstriert.

Die Reaktionskomponenten wurden gründlichen Reinigungsverfahren unterzogen und in der Apparatur unter Vakuum eingeschmolzen. Die grüne Initiatorlösung von Naphthalin-Natrium in Tetrahydrofuran war in B enthalten und wurde nach D überführt, indem die dünne Glaswand bei F durch einen spitzen Glasmagneten, der in die Apparatur eingeschmolzen war, mit Hilfe eines außen befindlichen Magneten durchstoßen wurde. Danach wurde hochreines Styrol auf dieselbe Weise aus C in das Reaktionsgefäß eingebracht, wobei die Farbe rasch von grün nach rot umschlug und auch bestehen blieb, nachdem die schnelle Reaktion abgelaufen war. Zur Überprüfung der Viskosität des Reaktionsmediums wurde dieses in den Seitenarm E überführt und nach einer Drehung der Apparatur um 90° die Zeit gemessen, die ein in Glas eingeschmolzenes Metallstück benötigte, um durch das Medium zu fallen. Die Apparatur wurde dann wieder in ihre Ausgangslage überführt und

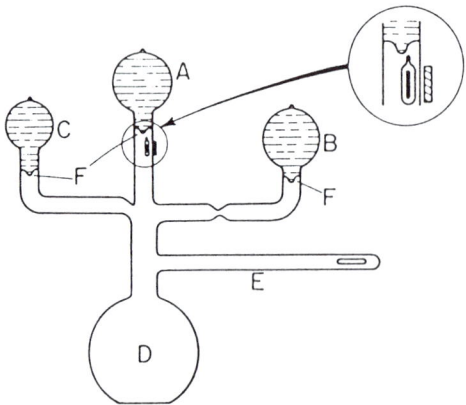

Bild 4.1:   Apparatur, ähnlich der von Szwarc zum Nachweis der Existenz „lebender" Polymerer. Der Bildausschnitt zeigt die Anordnung der internen und externen Magneten zur Sollbruchstelle.

eine frische Lösung von Styrol in Tetrahydrofuran mit derselben Konzentration wie die Reaktionsmischung aus dem Kolben A zugefügt. Ein deutliches Ansteigen der Viskosität wies auf das weitere Wachstum der vorhandenen Ketten (und nicht auf die Bildung neuer Ketten) hin. Die rote Farbe des Polystyrolanions blieb dabei erhalten. In einem zweiten Experiment wurde aus Kolben A Isopren zugegeben, wobei sich ein Blockcopolymeres mit Styrol bildete. Die Analyse des Polymeren ergab, daß kein Polyisopren gebildet wurde, was wiederum die Existenz eines „lebenden" Polymeren untermauerte. Die Verwendung „lebender" Polymerer ist heutzutage ebenso eine Standardmethode zur Darstellung von Blockcopolymeren wie auch der etwas ungewöhnlicheren Stern- und Kamm-Polymeren, wie wir in Kapitel 5 noch sehen werden. Die Synthese von Blockcopolymeren kann in verschiedener Weise erfolgen. Eine Methode beruht darauf, durch Zugabe eines zweiten Monomeren eine neue Blocksequenz zu initiieren. Alternativ bietet sich auch die Kupplung lebender anionischer Kettenenden an. Bei Monomeren, die unter anionischen Bedingungen nicht reagieren, kann man ein drittes Verfahren anwenden, bei dem vorgebildete Ketten mit funktionalisierten Kettenenden gekuppelt werden. Derartige funktionalisierte Blöcke lassen sich gegen Ende der Reaktion durch die gut durchdachte Zugabe von Substanzen, welche einen Kettenabbruch bewirken und gleichzeitig unter Ausbildung brauchbarer Endgruppen in das Polymere inkorporiert werden, darstellen. So lassen sich beispielsweise Hydroxylgruppen durch die Reaktion mit einem Lacton oder Oxiran einführen, wobei die Zugabe von Wasser eine Protonierung des Anions unter Ausbildung des primären Alkohols bewirkt.

$$\sim\!CH_2\!-\!\underset{R}{CH}^{\ominus} \;+\; \underset{O}{\triangle} \;\longrightarrow\; \sim\!CH_2\underset{R}{CH}CH_2CH_2O^{\ominus} \;\xrightarrow{H^{\oplus}}\; \sim\!CH_2OH$$

Carbonsäurefunktionen lassen sich mit Hilfe von Kohlendioxid bilden,

$$\sim\!CH_2\!-\!\underset{R}{CH}^{\ominus} \;+\; CO_2 \;\longrightarrow\; \sim\!\underset{R}{CH}\!-\!\overset{O}{\underset{O^{\ominus}}{C}} \;\xrightarrow{H^{\oplus}}\; \sim\!\underset{R}{CH}COOH$$

während der Einsatz eines Überschußes an Phosgen die Bildung eines terminalen Säurechlorids zur Folge hat.

$$\sim\!CH_2\!-\!\underset{R}{CH}^{\ominus} \;+\; COCl_2 \;\longrightarrow\; \sim\!CH_2\!-\!\underset{R}{CH}\!-\!\overset{O}{\underset{Cl}{C}} \;+\; Cl^{-}$$

Sowohl Keto- als auch Amidgruppen lassen sich ebenfalls einführen.

4.13 Kinetik und Molmassenverteilung in „lebenden" anionischen Systemen

Man kann mit Sicherheit annehmen, daß in einem System, welches speziell für die Darstellung eines „lebenden" Polymeren konzipiert wurde, der Initiator vollständig im Medium dissoziiert ist, bevor das Monomere zugegeben wird. Unter diesen Umständen sollte ein freies, ionisches Kettenwachstum auftreten, sobald das Monomere mit dem Initiator in Kontakt kommt und somit sollten alle Ketten zu etwa der gleichen Zeit mit dem Wachstum beginnen. Dabei ist zu erwarten, daß eine Polymerprobe mit einer sehr engen Molmassenverteilung entsteht und wir werden in der Folge sehen, daß mit einer Poissonverteilung zu rechnen ist. Ist die Startkonzentration an Initiator [GA], so sind die Anfangsschritte

$$GA \rightarrow G^{\oplus} + A^{\ominus}$$
$$G^{\oplus} + A^{\ominus} + M \rightarrow AM_1^{\ominus} + G^{\oplus}$$

und das Kettenwachstum wird bei $[AM_1^-] = [GA]$ Zentren beginnen. Die Wachstumsgeschwindigkeit ist dann geben durch

$$-\frac{d[M]}{dt} = v_p = k_p \left[AM^-\right]\left[M\right] = k_p [GA][M]. \tag{4.16}$$

Dabei handelt es sich um eine Geschwindigkeitsgleichung erster Ordnung, die sich unter Berücksichtigung der Monomerkonzentration integrieren läßt und man erhält

$$[M] = [M]_0 \exp\left(-k_p[GA]t\right), \tag{4.17}$$

wobei $[M]_0$ die Monomerkonzentration zum Zeitpunkt t = 0 ist.

Die kinetische Kettenlänge ($\bar{v}$) ist zu jeder Zeit während der Reaktion

$$\bar{v} = \left([M]_0 - [M]\right)/[GA] \tag{4.18}$$

und Einsetzen in Gleichung (4.17) liefert

$$\bar{v} = \frac{[M]_0}{[GA]}\left\{1 - \exp\left(-k_p[GA]t\right)\right\}, \tag{4.19}$$

was bedeutet, daß nach Verbrauch des gesamten Monomeren, also bei $(t \rightarrow \infty)$

$$\bar{v} = [M]_0/[GA] = x_n$$

gilt, wenn keine Abbruchreaktion auftritt.

Wenn man die folgenden Schritte bedenkt, läßt sich zeigen, daß dieser Polymerisationstyp zu einer Poissonverteilung der Kettenlängen führt.

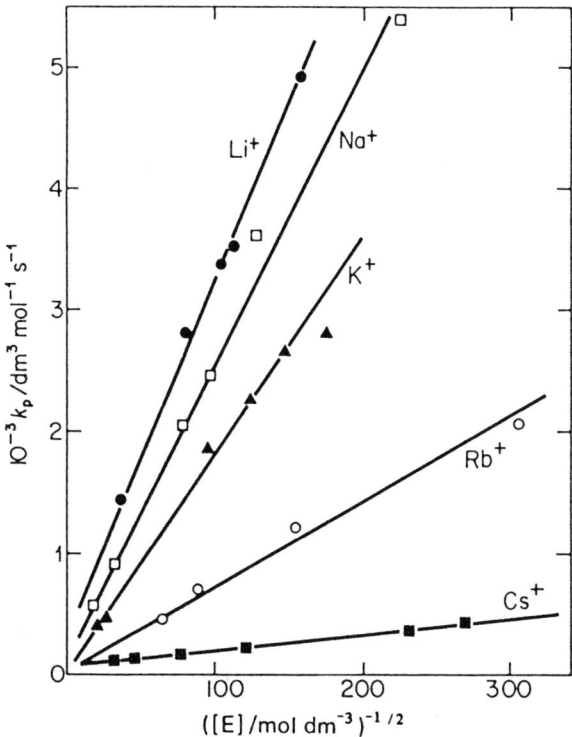

Bild 4.2:   Wachstumsgeschwindigkeitskonstante k_p als Funktion der Konzentration [E] „lebender" Kettenenden für verschiedene Gegenionen für die Polymerisation von Styrol in
Tetrahydrofuran bei 298 K (nach Daten von Szwarc).

Die Geschwindigkeit der Addition eines zweiten Monomeren an das aktive Zentrum

$$AM_1^\ominus + M \rightarrow AM_2^\ominus$$

ist immer (vorausgesetzt man berücksichtigt die Anwesenheit von G^+)

$$-\frac{d[AM_1^-]}{dt} = k_p[AM_1^-][M] = k_p[AM_1^-][M]_0 \exp(-k_p[GA]t),\tag{4.20}$$

welche nach Integration, unter Berücksichtigung von $[AM_1^-] = [GA]$ zum Zeitpunkt $t = 0$,

$$[AM_1^-] = [GA]\exp\left\{\frac{-[M]_0}{[GA]}\Big[1 - \exp\left(k_p[GA]t\right)\Big]\right\}\tag{4.21}$$

ergibt. In einer vereinfachten Form unter Verwendung von Gleichung (4.19) wird diese zu

$$[AM_1^-] = [GA]\exp(-\bar{v}).\tag{4.22}$$

Betrachtet man nun im nächsten Schritt die Addition eines dritten Monomeren

$$AM_2^\ominus + M \rightarrow AM_3^\ominus$$

so ist die Geschwindigkeit der Konzentrationsänderung an der Spezies $[AM_2^-]$ gegeben durch

$$\frac{d[AM_2^-]}{dt} = k_p[AM_1^-][M] - k_p[AM_2^-][M]$$

oder, wenn man erneut die Gleichungen (4.17) und (4.22) verwendet, durch

$$\frac{d[AM_2^-]}{dt} = k_p[M]_0 \exp\left(-k_p[GA]\,t\right)\left\{[GA]\exp\left(-\bar{v}\right) - [AM_2^-]\right\} \qquad (4.23)$$

Differenziert man Gleichung (4.19), so läßt sich diese Beziehung unter Berücksichtigung von t vereinfachen zu

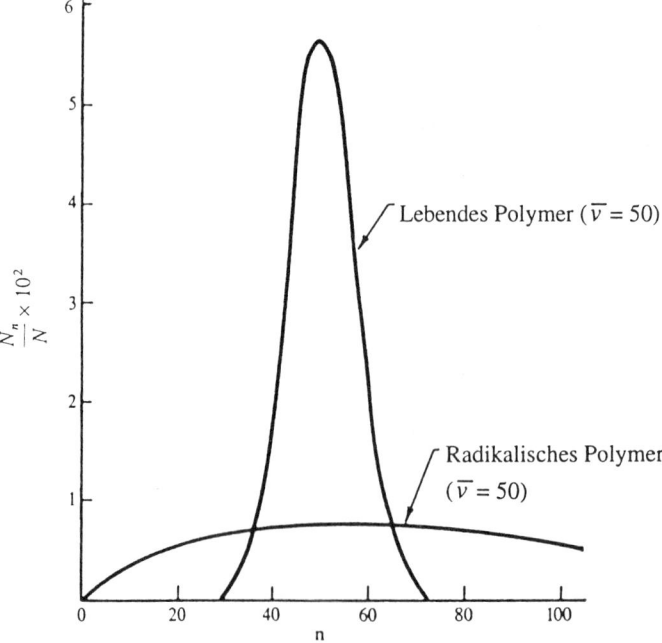

Bild 4.3:   Verteilungskurven für ein Polymeres hergestellt in einer „lebenden" anionischen Polymerisation und zum Vergleich ein Polymeres, welches in einer radikalisch initiierten Polymerisation gewonnen wurde mit Kombination als Abbruchsreaktion. Beide Kurven wurden für $\bar{v} = 50$ berechnet.

$$d\bar{v} = k_p[M]_0 \exp\left(-k_p[GA]\,t\right) dt \tag{4.24}$$

und Einsetzen liefert

$$\frac{d[AM_2^-]}{d\bar{v}} = [GA] \cdot \bar{v} \cdot \exp\left(-\bar{v}\right). \tag{4.25}$$

Eine Verallgemeinerung dieser Beziehung für (n - 1)-Monomeradditionen an die erste aktive Spezies [AM⁻] unter Bildung einer Kette mit n Monomeren führt zu Gleichung

$$\left[AM_n^-\right] = [GA] \cdot \bar{v}^{n-1}\, \frac{\exp\left(-\bar{v}\right)}{(n-1)!} \tag{4.26}$$

Diese läßt sich auch durch den Quotienten N_n / N ausdrücken, wobei N_n die Anzahl an Ketten mit dem Polymerisationsgrad n und N die Gesamtzahl an Ketten ist

$$\frac{N_n}{N} = \frac{\left[AM_n^-\right]}{[GA]} = \frac{\bar{v}^{n-1} \exp\left(-\bar{v}\right)}{(n-1)!} \tag{4.27}$$

und man erhält die Form einer Poissonverteilung.

Die Verteilungskurve ist in Bild 4.3 für $\bar{v} = 50$ dargestellt. Die Dispersität läßt sich mit Hilfe der Beziehung

$$\frac{M_w}{M_n} = 1 + \frac{\bar{v}}{\left(\bar{v}+1\right)^2} \tag{4.28}$$

berechnen und beträgt 1,02.

Zum Vergleich ist ebenfalls die Verteilungskurve für eine radikalisch initiierte Polymerisation mit gleicher kinetischer Kettenlänge dargestellt, die für einen Kettenabbruch durch Kombination berechnet wurde.

4.14 Metallalkylinitiatoren

Organolithiumverbindungen, wie z.B. n-Butyllithium, sind spezielle Mitglieder aus der Gruppe der Elektronenmangelinitiatoren. Im allgemeinen wird die Reaktion durch die Addition des Initiators an die Doppelbindung des Monomeren gestartet

$$RLi + CH_2{=}CHR_1 \rightarrow RCH_2{-}\overset{\displaystyle H}{\underset{\displaystyle R_1}{C^-}} Li^+$$

und das Wachstum verläuft folgendermaßen:

$$RCH_2\overset{\overset{\displaystyle H}{|}}{\underset{\underset{\displaystyle R_1}{|}}{C}}{}^-Li^+ + nCH_2{=}CHR_1 \rightarrow R{+}CH_2{-}CHR_1)_n CH_2\overset{\overset{\displaystyle H}{|}}{\underset{\underset{\displaystyle R_1}{|}}{C}}{}^-Li^+$$

Eine kinetische Analyse dieser Reaktionen zeigt, daß die Startreaktion nicht eine einfache Funktion der Basizität von R ist, sondern, daß sie vielmehr von der Tendenz der lithium-organischen Verbindungen abhängt, zu assoziieren oder Tetra- bzw. Hexamere zu bilden. Durch diese Reaktionen, die lösungsmittelabhängig sind, wird die Kinetik normalerweise komplizierter, weswegen das Auftreten von gebrochenen Reaktionsordnungen nicht unge-wöhnlich ist.

Die Lithiumalkylverbindungen haben sich für die Dienpolymerisation als technisch hilfreich erwiesen, zudem üben sie auch ein gewisses Maß an sterischer Kontrolle über die Polymerisation aus.

4.15 Lösungsmittel- und Gegenioneneffekte

Sowohl das Lösungsmittel als auch die Gegenionen üben einen schwerwiegenden Einfluß auf die Geschwindigkeiten anionischer Polymerisationen aus. Die Polymerisationsge-schwindigkeit steigt im allgemeinen mit steigender Polarität des Lösungsmittels an; z.B. ist $k_p = 2{,}0$ dm^3 mol^{-1} s^{-1} für die anionische Polymerisation von Styrol in Benzol; in 1,2-

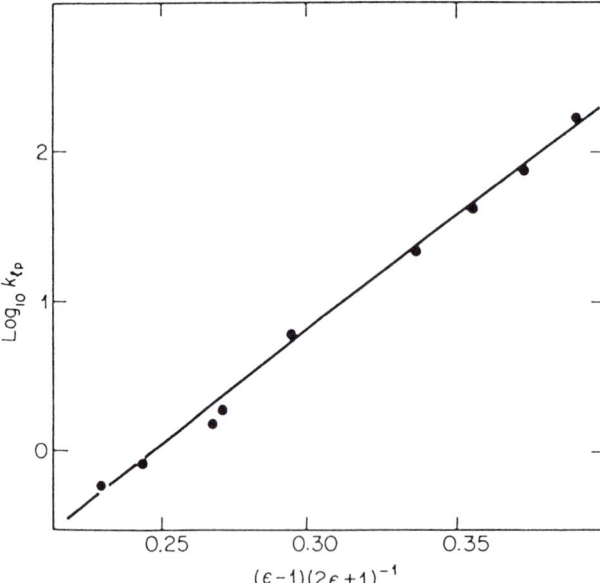

Bild 4.4:   Die Geschwindigkeitskonstante für den Wachstumsschritt k_{lp} für das Polystyryl-lithium-Ionenpaar in Abhängigkeit von der Dielektrizitätskonstante des Reaktions-mediums (übernommen von Bywater und Worsfold).

Dimethoxyethan als Lösungsmittel erhält man k_p = 3800 dm^3 mol^{-1} s^{-1}. Leider ist die Dielektrizitätskonstante kein nützlicher Hinweis auf die Polarität oder die Solvatationskraft in diesen Systemen; so ist k_p = 550 dm^3 mol^{-1} s^{-1}, wenn man zu Tetrahydrofuran als Lösungsmittel übergeht, dessen Dielektrizitätskonstante höher als die von 1,2-Dimethoxyethan ist.

Der Einfluß des Gegenions auf die Polymerisation von Styrol in Tetrahydrofuran bei 298 K ist in Bild 4.2 nach Daten von Szwarc dargestellt. Die kleineren Li$^+$-Ionen können natürlich in einem viel höheren Maße solvatisiert werden als die größeren Ionen. Die Geschwindigkeitsabnahme spiegelt sich in der Tendenz wider, daß Ionenpaare und nicht freie Ionen die aktiven Spezies bilden. Dies ist um so ausgeprägter, je schlechter die Solvatationskraft des Lösungsmittels wird.

Die Wirkung steigender Dielektrizitätskonstanten des Lösungsmittels auf die Wachstumsgeschwindigkeit für ein Ionenpaar (k_{lp}) wurde von Bywater und Worsfold gezeigt (siehe Bild 4.4). Sie stellten log k_{lp} als Funktion von (ε - 1)/(2ε + 1) für Polystyryllithium in verschiedenen Tetrahydrofuran/Benzol-Mischungen dar und fanden, daß mit steigender Solvatisierung k_{lp} ansteigt. Die Solvatisierung wurde durch den Anstieg von ε verfolgt.

4.16 Anionische Ringöffnungs-Polymerisation

Die ringöffnenden Polymerisationen von Oxiranen, Thiiranen und Thietanen können sowohl kationisch als auch anionisch initiiert werden, während für einige andere heterocyclische Systeme, wie z. B. Lactone und Lactame, anionische Verfahren besser geeignet sind.

Polyethylenoxid läßt sich durch die Umsetzung von Ethylenoxid mit dem Kaliumsalz eines Alkohols leicht darstellen. Der Kettenabbruch erfolgt durch eine Übertragungsreaktion auf den im Überschuß vorliegenden Alkohol.

Erhöhte Aufmerksamkeit muß man der Größe des Ringes bei Lactonen, die für die Darstellung von Polyestern eingesetzt werden, entgegenbringen. So polymerisiert beispielsweise das Sechsringderivat δ-Valerolacton, während das fünfgliedrige γ-Butyrolacton, nicht reagiert.

Einige Lactame durchlaufen Ringöffnungs-Polymerisationen unter Ausbildung von Polyamiden; Nylon-6 läßt sich beispielsweise unter Wasserkatalyse aus Caprolactam gewinnen.

$$H_2C-\overset{\displaystyle H_2}{\underset{\displaystyle \underset{H_2}{|}}{C}}\underset{\underset{H}{N}}{\overset{\overset{O}{\parallel}}{C}} \longrightarrow \quad \begin{array}{c} +(CH_2)_5-C-N + \\ \quad\quad\quad\quad \parallel \;\; | \\ \quad\quad\quad\quad O \;\; H \end{array}_{\!\!n}$$

Diese Umsetzung bedarf einer sehr sorgfältigen Reaktionsführung, weswegen eine alternative Route, unter Verwendung eines Zweikomponenten-Katalysatorsystems durch Umsetzung des Lactams mit einer Base unter Ausbildung eines aktivierten Monomeren empfehlenswerter ist. Das aktivierte Monomere reagiert im Folgeschritt mit einem Reaktionsbeschleuniger, wie etwa Acyllactam, welcher das ringöffnende Wachstum des linearen Polymeren initiiert. In einer Reihe cyclischer Lactame ist die Reaktionsgeschwindigkeit abhängig von der Ringgröße, und bezogen auf die Anzahl von Atomen im Ring gilt die Reihenfolge 8 > 7 > 11 » 5 bzw. 6. Bei dieser Reaktion handelt es sich um einen kommerziell sehr wichtigen Prozeß, beispielsweise wird Nylon-4 über einen solchen Reaktionsweg dargestellt.

Allgemeine Literatur

G. Allen und J. C. Bevington (Hrsg.), *Comprehensive Polymer Science*, Bd. 3, Pergamon Press (1989).

A. M. Eastham, "Cationic polymerization" in *Encyclopaedia of Polymer Science and Technology*, Interscience Publishers Inc. (1965); siehe auch den Beitrag von A. Gandini, H. Cheradam in der 2. Aufl., Bd. 2, S. 729ff (1985).

H.-G. Elias, *Makromoleküle*, Hüthig und Wepf, Basel, 5. Aufl., Bd. I, Kap. 10 (1990).

E. J. Goethals (Hrsg.), *Cationic polymerization and Related Processes*, Academic Press (1984).

T. E. Hogen-Esch und J. Smid (Hrsg.), *Recent Advances in Anionic Polymerization*, Elsevier Science Publishing Co. Ltd (1987).

Houben-Weyl, *Methoden der Organischen Chemie, Makromolekulare Stoffe*, Bd. E 20, Teil 1-3, Thieme Verlag, Stuttgart (1987).

J. P. Kennedy und E. Marechal, *Carbocationic Polymerization*, John Wiley and Sons Ltd (1982).

K. J. Ivin und T. Saegusa (Hrsg.), *Ring Opening Polymerization*, Elsevier Applied Science Publishers (1984).

R. W. Lenz, *Organic Chemistry of Synthetic High Polymers*, Kap. 13 und 14, Interscience Publishers Inc. (1967).

Macromolecular Syntheses, Col. Vol. 1-9, Wiley, N. Y. (1963 - 1985).

D. Margerison und G. C. East, *Introduction to Polymer Chemistry*, Kap. 5, Pergamon Press (1967).

M. Morton, *Anionic Polymerization: Principles and Practice*, Academic Press (1983).

P. H. Plesch, *The Chemistry of Cationic Polymerization*, Pergamon Press (1963).

D. A. Smith, *Addition Polymers*, Kap. 3, Butterworths (1968).

M. Szwarc, *Carbanions, Living Polymers and Electron Transfer Processes*, Interscience Publishers Inc. (1968).

M. Szwarc, M. Van Beylen, *Ionic Polymerization and Living Polymers*, Chapman and Hall, New York (1993).

J. Ulbricht, *Grundlagen der Synthese von Polymeren*, 2. Aufl., Hüthig und Wepf, Basel (1992).

Spezielle Literatur

1. S. Bywater, "Polymerization initiated by lithium and its compounds", *Adv. in Polymer Science*, **4**, 66 (1965).

2. S. Bywater, D. J. Worsfold, *J. Phys. Chem.*, **70**, 162 (1966).

3. D. N. Bhattacharyya, C. L. Lee, J. Smid, M. Szwarc, *J. Phys. Chem.*, **69**, 612 (1965).

4. J. P. Kennedy, A. W. Langer, "Recent advances in cationic polymerization", *Adv. in Polymer Science*, **3**, 508 (1964).

5. S. Penczek, P. Kubisa, K. Matyaszewski, "Cationic Ring-opening Polymerization", *Adv. in Polymer Science*, **37** (1980) und **68/69** (1985).

5 Copolymerisation

5.1 Allgemeine Merkmale

Bei den zuvor behandelten Polymerisationsreaktionen lag der Schwerpunkt auf der Bildung von Polymeren aus nur einem einzigen Monomeren. In vielen Fällen beobachtete man, daß derartige Homopolymere sehr unterschiedliche Eigenschaften besitzen, und aus diesem Grund könnte man annehmen, daß in einer physikalischen Mischung verschiedener Typen von Homopolymeren das erhaltene Produkt eine Kombination aller wünschenswerten Eigenschaften aufweisen würde. Unglücklicherweise ist dies nicht immer der Fall; viel häufiger treten statt dessen die schlechteren Eigenheiten einer jeden Komponente besonders stark auf.

Eine mögliche Alternative besteht darin, Ketten zu synthetisieren, die aus mehr als einer Monomerensorte zusammengesetzt sind, und deren Eigenschaftsprofil zu untersuchen. Bei der Wahl zweier (oder unter Umständen mehrerer) geeigneter Monomerer A und B können Ketten, in die beide Monomere eingebaut sind, mit radikalischen oder ionischen Initiatoren synthetisiert werden. Viele der so erhaltenen Produkte weisen bessere Eigenschaften als die ursprünglichen Homopolymeren auf. Dieser Vorgang wird als *Copolymerisation* bezeichnet.

Selbst im einfachsten Fall einer Copolymerisation aus nur zwei Monomeren kann man eine Vielfalt von Strukturen erhalten, von denen die fünf wichtigsten Typen hier vorgestellt werden sollen:

(a) *Statistische Copolymere* werden dann gebildet, wenn das Wachstum unregelmäßig ist und die zwei Monomertypen völlig statistisch in die Kette eingebaut werden, beispielsweise für den Fall ~(~ABBAAAABAABBBA~)~. Dies ist die bei Copolymeren am häufigsten anzutreffende Struktur.

(b) *Alternierende Copolymere* erhält man dann, wenn äquimolare Mengen beider Monomerer regelmäßig alternierend in der Kette angeordnet sind, d.h. ~(~ABABABA~)~. Viele der Polymeren, die in einer Stufenreaktion durch die Kondensation zweier (A-A)-, (B-B)-Monomerer gebildet werden, könnten als alternierende Copolymere angesehen werden, doch ist es üblich, sie als Homopolymere zu betrachten, deren Grundbausteine dem Dimeren A-B entsprechen.

(c) *Blockcopolymere.* Anstelle einer willkürlichen Verteilung der beiden Monomereinheiten kann ein Copolymeres auch aus langen Sequenzen des einen Monomeren bestehen, die mit einer Sequenz oder einem Block des zweiten Monomeren verknüpft sind. Auf diese Weise erhält man ein lineares Copolymeres der Form AA~AABBB###~ B, d.h. ein {A}{B}- oder manchmal ein {A}{B}{A}-Blockcopolymeres.

(d) *Pfropfcopolmere* sind nichtlineare oder verzweigte Blockcopolymere, die durch Aufpropfen einer Homopolymerkette auf das Rückgrat eines andern Homopolymeren aufgebaut werden.

(e) *Stereoblock-Copolymere*. Eine sehr spezielle Struktur wird letztendlich aus nur einer einzigen Art von Monomeren gebildet, bei denen das unterscheidende Merkmal die Taktizität jedes einzelnen Blockes ist; d.h.

Im allgemeinen weisen Block- und Pfropfcopolymere die Eigenschaften der beiden Homopolymeren auf, wogegen statistische und alternierende Strukturen Charakteristika besitzen, die mehr einen Kompromiß zwischen beiden Extremen darstellen.

Man stellt sehr schnell fest, daß die Faktoren, welche den Verlauf sogar einfacher Copolymerisationen bestimmen, viel komplexer als bei einer Homopolymerisation sind. Beispielsweise führt der Versuch, Styrol und Vinylacetat miteinander zu copolymerisieren, zu Copolymeren mit nur etwa 1-2% Gehalt an Vinylacetat, während geringe Mengen Styrol die radikalische Polymerisation von Vinylacetat inhibieren können. Das andere Extrem sind zwei Monomere, wie z.B. Maleinsäureanhydrid und Stilben, die kaum zu homopolymerisieren vermögen, dagegen aber mit Leichtigkeit copolymerisieren.

5.2 Änderung der Zusammensetzung während der Copolymerisation

Es war Staudinger, der bereits im Jahr 1930 feststellte, daß bei der Copolymerisation zweier Monomerer die Ketteneintrittstendenz der beiden Monomeren sehr unterschiedlich sein kann. Er fand, daß bei der Copolymerisation einer äquimolaren Mischung aus Vinylacetat und Vinylchlorid die chemische Zusammensetzung des Produktes im Verlauf der Reaktion variierte und daß sich das Verhältnis von Chlorid zu Acetat im Copolymeren von 9 : 3 über 7 : 3, 5 : 3 zu 5 : 7 änderte.

Diese Verschiebung der Zusammensetzung ist ein Charakteristikum vieler Copolymerisationen und wird der größeren Reaktivität eines der beiden Monomeren in der Mischung zugeschrieben. Aus diesem Grund ist es bei einer Copolymerisation notwendig, einen Unterschied zwischen der Zusammensetzung eines Copolymeren zu machen, das zu einer bestimmten Zeit gebildet wurde, und der gesamten bei einem bestimmten Umsatz vorliegenden Polymerenzusammensetzung.

Bei der Formulierung der Kriterien für die gezielte Steuerung von Copolymerisationen erheben sich zwei grundsätzliche Fragen:

(1) Kann man eine Aussage über die Zusammensetzung eines Copolymeren machen, das bei niedrigem Umsatz aus einem Gemisch zweier Monomerer erhalten wird?
(2) Ist eine Vorhersage über das Verhalten zweier Monomerer, die nie zuvor miteinander copolymerisert wurden, möglich?

Zur Beantwortung der ersten Frage muß man die relative Reaktivität der einzelnen Monomeren zueinander in Erfahrung bringen, während ein Versuch, die zweite Frage zu beantworten, im *Q-e*-Schema (siehe Abschnitt 5.8) zum Ausdruck kommt.

5.3 Die Copolymerisationsgleichung

Um Frage (1) aus dem vorangegangenen Abschnitt zu beantworten, muß man ein geeignetes kinetisches Schema aufstellen. Die folgenden vier Homo- und Heteropolymerisationsschritte wurden 1936 von Dostal für eine radikalische Polymerisation zwischen den Monomeren M_1 und M_2 vorgeschlagen und schließlich von einer ganzen Reihe von Autoren in eine Form gebracht, die die Ableitung einer praktikablen Gleichung aus diesen vier Reaktionen gestattete.

$$\sim M_1^{\cdot} + M_1 \xrightarrow{k_{11}} \sim M_1^{\cdot} \tag{5.1a}$$

$$\sim M_1^{\cdot} + M_2 \xrightarrow{k_{12}} \sim M_2^{\cdot} \tag{5.1b}$$

$$\sim M_2^{\cdot} + M_2 \xrightarrow{k_{22}} \sim M_2^{\cdot} \tag{5.1c}$$

$$\sim M_2^{\cdot} + M_1 \xrightarrow{k_{21}} \sim M_1^{\cdot} \tag{5.1d}$$

In diesem Reaktionsschema stehen k_{11} und k_{22} für die Geschwindigkeitskonstanten des *Homopolymerisationsschritts* und k_{12} und k_{21} für die Geschwindigkeitskonstanten des *Heteropolymerisationsschritts*.

Unter den Bedingungen des stationären Zustandes und der Annahme, daß die Reaktivität der Radikale von der Kettenlänge unabhängig und nur von der Natur der letzten Einheit in der Kette abhängig ist, läßt sich die Abnahme von M_1 in der Ausgangsmischung durch die Gleichung

$$-d\big[M_1\big]/dt = k_{11}\big[M_1\big]\big[M_1^{\bullet}\big] + k_{21}\big[M_1\big]\big[M_2^{\bullet}\big] \tag{5.2}$$

und die Abnahme von M_2 durch

$$-d\big[M_2\big]/dt = k_{22}\big[M_2\big]\big[M_2^{\bullet}\big] + k_{12}\big[M_2\big]\big[M_1^{\bullet}\big] \tag{5.3}$$

ausdrücken.

Die *Copolymerisationsgleichung* erhält man dann durch Division von Gleichung (5.2) mit (5.3) und unter der Voraussetzung, daß $k_{21}\big[M_2^{\bullet}\big]\big[M_1\big] = k_{12}\big[M_1^{\bullet}\big]\big[M_2\big]$ im Falle des stationären Zustandes

$$d\big[M_1\big]/d\big[M_2\big] = \big(\big[M_1\big]/\big[M_2\big]\big)\left\{\big(r_1\big[M_1\big] + \big[M_2\big]\big)\big(\big[M_1\big] + r_2\big[M_2\big]\big)\right\}, \tag{5.4}$$

ist, wobei $r_1 = k_{11}/k_{12}$ und $r_2 = k_{22}/k_{21}$.

Die Größen r_1 und r_2 sind die *Copolymerisationsparameter*, die allgemein als das Verhältnis der Geschwindigkeit eines Homopolymerisationsschrittes zu der eines Heteropolymerisationsschrittes definiert sind.

5.4 Copolymerisationsparameter

Die Copolymerisationsgleichung gibt die Möglichkeit zur Berechnung des Einbauverhältnisses zweier Monomerer in eine Polymerkette für ein vorgegebenes Monomergemisch, wenn die Copolymerisationsparameter bekannt sind. Ist das Monomere M_1 wesentlich reaktiver als M_2, wird M_1 schneller in das Copolymere eingebaut, so daß die Ausgangsmischung zusehends an M_1 verarmt und eine Änderung in der Zusammensetzung auftritt. Die Gleichung stellt dann einen momentanen Ausdruck dar, der nur mit dem Monomergemisch zu einer gegebenen Zeit korreliert werden darf.

Da r_1 und r_2 offensichtlich die Faktoren sind, die die Zusammensetzung des Copolymeren steuern, muß man sich auf die Parameterwerte für jedes Paar von Monomeren (Comonomerenpaar) verlassen können, wenn man die Copolymerisation völlig verstehen und kontrollieren will. Eine Bestimmung der Parameter erfolgt durch eine Polymerisation ver-

Tabelle 5.1: Einige Beispiel für Copolymerisationsparameter bei radikalischen Copolymerisationen

M_1	M_2	r_1	r_2	$r_1 r_2$
Acrylnitril	Acrylamid	0,87	1,37	1,17
	Butadien	2,0	0,1	0,2
	Methylacrylat	0,84	0,83	0,70
	Styrol	0,01	0,40	0,004
	Vinylacetat	6,0	0,07	0,42
Butadien	Methylmethacrylat	0,70	0,32	0,22
	Styrol	1,40	0,78	1,1
Ethylen	Propylen	17,8	0,065	1,17
Maleinsäureanhydrid	Acrylnitril	0	6	0
	Methylacrylat	0,02	3,5	0,07
Methylmethacrylat	Vinylacetat	22,2	0,07	1,55
	Vinylchlorid	10	0,1	1,0
Stryol	p-Fluorstyrol	1,5	0,7	1,05
	α-Methylstyrol	2,3	0,38	0,87
	Vinylacetat	55	0,01	0,55
	2-Vinylpyridin	0,55	1,14	0,63
Tetrafluorethylen	Monochlortrifluorethylen	1,0	1,0	1,0
Vinylchlorid	Vinylacetat	1,35	0,65	0,88
	Vinylidenchlorid	0,5	0,001	0,0005

schiedener Monomeransätze, mit unterschiedlichen $[M_1]/[M_2]$-Verhältnissen, bis zu niedrigen (5 bis 10%) Umsätzen, bei denen sich die Zusammensetzung des Monomergemischs
noch nicht zu stark ändert, und einer anschließenden chemischen Analyse der entstandenen
Copolymeren.

Definieren wir nun F_1 und F_2 als die Molenbrüche der Monomeren M_1 und M_2, die zu
einer gegebenen Zeit in die Kette eingebaut werden, und f_1 und f_2 als die entsprechenden
Molenbrüche der Monomeren im Ausgangsgemisch, dann läßt sich die Copolymerisationsgleichung in der Form

$$F_1 = \left(r_1 f_1^2 + f_1 f_2\right) / \left(r_1 f_1^2 + 2 f_1 f_2 + r_2 f_2^2\right) \tag{5.5}$$

schreiben. Dieser Ausdruck läßt sich umformen und mit Hilfe von

$$F = \left(F_1 / F_2\right) \text{ und } f = \left(f_1 / f_2\right)$$

weiter vereinfachen und man erhält

$$\left\{f\,(1-F)/F\right\} = r_2 - \left(f^2 / F\right) r_1,$$

welche die von Finemann und Ross vorgeschlagene lineare Form von Gleichung (5.5) ist.

Eine Auftragung von $\{f(1-F)/F\}$ gegen (f^2/F) liefert eine Gerade mit r_1 als
Steigung und r_2 als Achsenabschnitt. Für die Bestimmung der Copolymerisationsparameter
wurden etliche andere lineare Formen vorgeschlagen, jedoch ist es sehr viel einfacher r_1
und r_2 aus einer nichtlinearen Anpassung der Zusammensetzung graphisch zu bestimmen.

Einige charakteristische Werte für r_1 und r_2 sind in Tabelle 5.1 für eine Reihe von
Monomeren aufgeführt. Man erkennt deutlich, daß sie in einem weiten Bereich variieren.

5.5 Copolymerisationsparameter und Copolymeraufbau

Aus dem weiten Bereich, den die Copolymerisationsparameter (siehe Tabelle 5.1) überstreichen können, kann man erkennen, daß der Aufbau der Copolymeren eine Funktion von
r_1 und r_2 ist.

Wie wir in Abschnitt 5.1 bereits gesehen haben, können Copolymere verschiedenartig
aufgebaut sein, und der Einfluß der Copolymerisationsparameter auf den Aufbau kann
durch sogenannte Copolymerisationsdiagramme verdeutlicht werden, bei denen die momentane Copolymerzusammensetzung F_1 gegen die momentane Monomerzusammensetzung f_1 für verschiedene r-Werte aufgetragen wird.

Betrachten wir zunächst einmal den recht ungewöhnlichen Fall $r_1 \approx r_2 \approx 1$, der dann
auftritt, wenn das wachsende Polymerradikal gegenüber keinem der beiden Monomeren
eine besondere Vorliebe entwickelt, d.h. wenn $k_{11} \approx k_{12}$ und $k_{22} \approx k_{21}$; die Copolymerisation
ist dann völlig statistisch. Unter diesen Bedingungen ist $F_1 = f_1$, was durch Kurve I in Bild
5.1 dargestellt wird. Da dieser Kurvenverlauf an entsprechende Diagramme für ein ideales
System zweier Flüssigkeiten erinnert, werden die Copolymeren, die unter diesen Bedingungen gebildet werden, und auch alle Copolymere, bei denen das Produkt $r_1 r_2 = 1$, *ideale*

Copolymere genannt. Solche statistischen Copolymere werden bei den Comonomeren-paaren Tetrafluorethylen/Monochlortrifluorethylen, Isopren/Butadien und Vinylacetat/Isopropenylacetat gebildet. Ist jedoch $r_1 > 1$ und $r_2 < 1$ oder umgekehrt, das Produkt $r_1 r_2$ aber 1, wird es entsprechend Bild 5.2 eine Abweichung der Zusammensetzung von der Geraden geben; bei großen Unterschieden zwischen r_1 und r_2 wird diese Abweichung von der idealen Bedingung merklich sein. Die Kurve für $r_1 = 5,0$ und $r_2 = 0,2$ zeigt deutlich, daß M_1 bevorzugt in das Copolymere eingebaut wird. Unter solchen Bedingungen wird es immer schwieriger, statistische Copolymere herzustellen.

In den meisten Fällen sind die Werte von $(r_1 r_2)$ größer oder kleiner als 1, und Kurve II in Bild 5.1 zeigt das nahezu ideale Paar Acrylamid/Acrylnitril dessen Wert für $r_1 r_2 = 1,17$ beträgt. Dieser etwas größere Wert als 1 spiegelt sich in einer leichten Abweichung der Kurve von der idealen Copolymerisationskurve wider und demonstriert den Nutzen derartiger Kurven, um auch bei Systemen mit $r_1 \neq r_2$ eine Aussage über die Änderung der Zusammensetzung während der Polymerisation machen zu können.

In Systemen, in denen beide Parameter kleiner als 1 sind, ist die Copolymerisation bevorzugt und es bilden sich nur kurze Segmente aus M_1 und M_2. Im Extremfall, wenn k_{11} und k_{22} Null betragen und somit auch $r_1 = r_2 = 0$ ist, bildet sich ein regelmäßig alternierendes (1:1)-Copolymeres; ein solcher Fall wird durch Kurve III in Bild 5.1

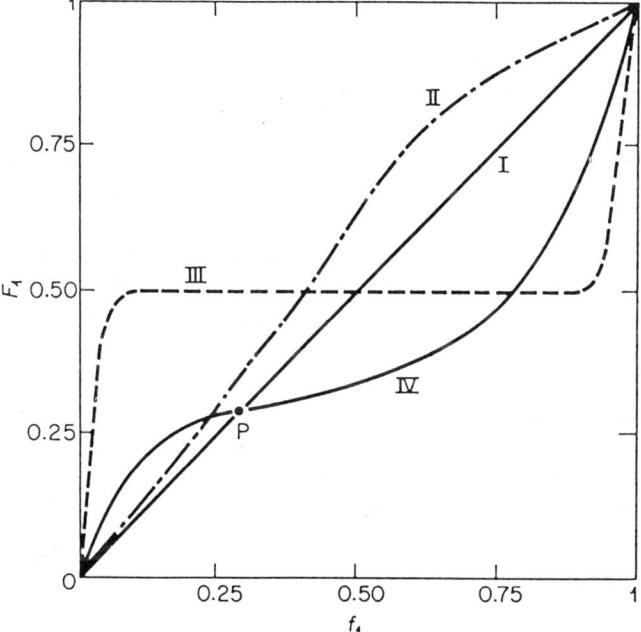

Bild 5.1: Abhängigkeit der Polymer- (F_1) von der Monomerzusammensetzung (f_1) für (I) eine völlig statistische, (II) eine beinahe ideale ($r_1 r_2 = 1,17$), (III) eine alternierende und (IV) eine Copolymerisation, die sich zwischen alternierend und statistisch bewegt ($0 < r_1 r_2 < 1$).

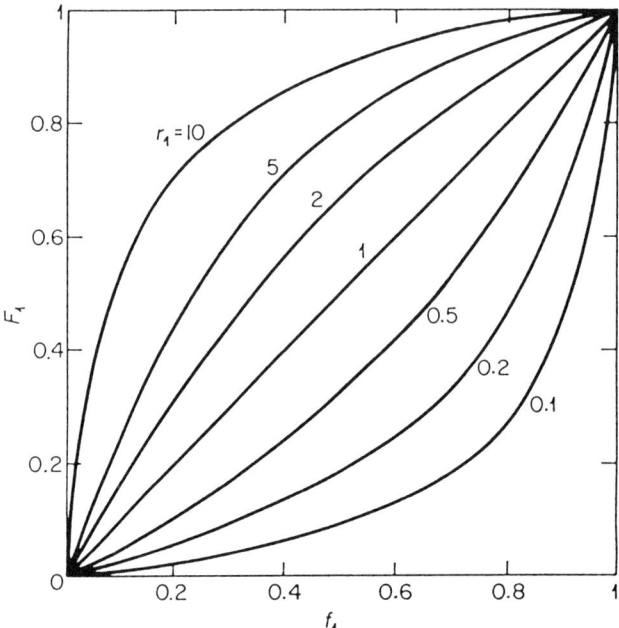

Bild 5.2:   Abhängigkeit der Polymer- (F_1) von der Monomerzusammensetzung (f_1) für Systeme mit verschiedenen Parametern, bei denen $r_1 r_2 = 1$.

repräsentiert. Streng alternierende Copolymere können z.B. aus den Monomerenpaaren Maleinsäureanhydrid/Styrol und Fumarnitril/α-Methylstyrol und einigen anderen hergestellt werden; jedoch sind dies Sonderfälle, denn die meisten Copolymerisationssysteme liegen in einem Bereich $0 < r_1 r_2 < 1$. Je näher das Produkt ($r_1 r_2$) dem Wert Null kommt, desto eher fügen sich die beiden Monomeren M_1 und M_2 alternierend in eine Kette ein. Die Copolymerisationsdiagramme für solche Systeme sind S-förmig (Kurve IV) und schneiden die ideale Gerade in einem Punkt P. Dieser Punkt, an dem $F_1 = f_1$, stellt die *azeotrope Copolymerzusammensetzung* dar. Ein solcher Azeotroppunkt ist ein wesentliches Merkmal für ein System, da er die Monomerzusammensetzung wiedergibt, bei der über den gesamten Umsatzbereich ein Copolymeres mit einer konstanten Zusammensetzung entsteht. Eine solche Copolymerisation, bei der keine Änderung in der Zusammensetzung auftritt, wird *azeotrope* Copolymerisation genannt. Die kritische Zusammensetzung f_{1C} für ein solches Azeotrop kann mit der Gleichung:

$$f_{1C} = (1 - r_2) / \{2 - (r_1 + r_2)\} \tag{5.6}$$

berechnet werden. Sind beide Parameter größer als 1, d.h. $r_1 r_2 \gg 1$, werden lange Sequenzen oder Blöcke aus den einzelnen Monomeren im Copolymeren gebildet. Im Extremfall kann dies zur Bildung zweier getrennter Homopolymerer führen.

5.6 Copolymerisationsparameter und Kettenstart

Man hat festgestellt, daß die Parameter einer radikalischen Polymerisation völlig unabhängig von dem verwendeten Polymerisationsverfahren (Substanz, Emulsion usw.) sind, daß jedoch für ein Monomersystem eine starke Beeinflussung bei Änderung der Kettenträgerart besteht.

Beispielsweise betragen für das System Styrol/Methylmethacrylat die Parameter bei der radikalischen Copolymerisation $r_1 = 0,5$ und $r_2 = 0,44$; dies entspricht einer statistischen Copolymerisation. Im Gegensatz dazu nehmen bei der anionischen Copolymerisation die Parameter die Werte $r_1 = 0,12$ und $r_2 = 6,4$ an und bei der kationisch geführten Umsetzung findet man $r_1 = 10,5$ und $r_2 = 0,1$. Offensichtlich sind die Geschwindigkeiten der Wachstumsreaktionen verschieden, was man auch den Copolymerisationsdiagrammen in Bild 5.3 entnehmen kann. Bei der anionischen Polymerisation resultiert ein Copolymeres mit hohem Methylmethacrylat-Gehalt, während es bei der kationischen Polymerisation gerade umgekehrt ist. Diese Darstellung gibt zu der Frage Anlaß, warum die Werte von r_1 und r_2 so variieren können und warum ein bestimmtes Monomeres für verschiedene Comonomere unterschiedliche r-Werte annehmen kann.

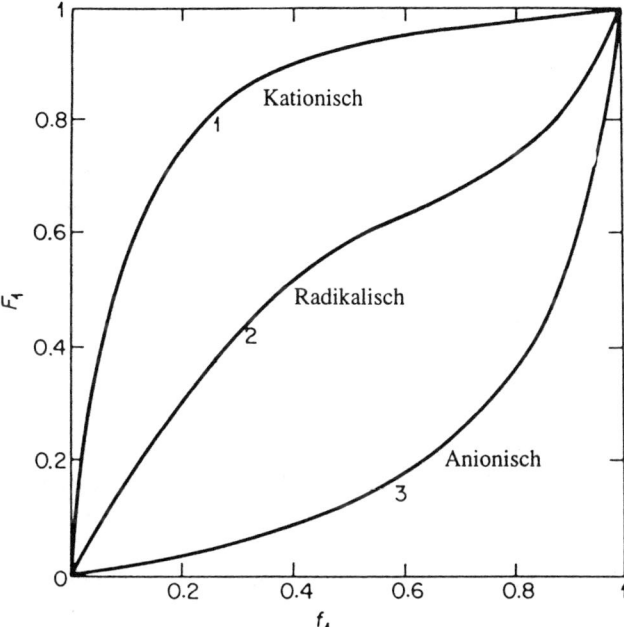

Bild 5.3:   Abhängigkeit der Polymer- (F_1) von der Monomerzusammensetzung (f_1) für das System Styrol/Methylmethacrylat bei Verwendung verschiedener Initiatoren: 1. SnCl$_4$, 2. Benzoylperoxid, 3. Natrium in flüssigem Ammoniak (nach Pepper).

5.7 Einfluß der Monomerstruktur auf die Parameter

Bei ionischen Polymerisationen können die Wachstumsgeschwindigkeiten durch die Polarität der Monomeren beeinflußt werden; bei radikalischen Polymerisationen lassen sich die Wachstumsgeschwindigkeiten dagegen mit der Resonanzstabilität, der Polarität und den sterischen Effekten korrelieren. An dieser Stelle wollen wir uns mit diesen Einflüssen auf die radikalische Polymerisation beschäftigen.

Resonanzeffekte. Es ist bekannt, daß die Reaktivität eines Radikals von der Natur der dem Radikal benachbarten Gruppe abhängt. Trägt der Substituent R in einem Vinylmonomeren (CH_2=CHR) zur Delokalisation des Radikals bei, wird sich die Stabilität des Radikals erhöhen; einige der gängigen Substituenten sind hier in der Reihenfolge ihrer elektronenanziehenden Eigenschaften aufgeführt:

$$C_6H_5 > -CH=CH_2 > -\underset{\underset{O}{\|}}{C}-CH_3 > C\equiv N > -\underset{\underset{O}{\|}}{C}-OR > Cl > R \quad > -O-\underset{\underset{O}{\|}}{C}-CH_3$$

So besitzt beispielsweise das Styrolradikal (R = C_6H_5) eine hohe Resonanzstabilisierung (84 kJ mol^{-1}), während das Radikal des Vinylacetats sehr instabil ist.

$$(R = O-\underset{\underset{O}{\|}}{C}-CH_3)$$

Da reaktive Monomere stabile Radikale bilden, verläuft die Reihenfolge der Reaktivität der Radikale gerade entgegengesetzt zu der oben aufgestellten Reihe. Das bedeutet, daß Monomere mit konjugierten Systemen (Styrol, Butadien, Acrylate, Acrylnitril usw.) hochreaktive Monomere sind, aber stabile und deshalb wenig reaktive Radikale bilden. Umgekehrt sind Monomere ohne konjugierte Doppelbindungen (Ethylen, Vinylhalogenide, Vinylacetat usw.) gegenüber Radikalen nur wenig reaktiv, stellen selbst in Radikalform allerdings sehr instabile und hochreaktive Addukte dar.

Weiterhin wurde beobachtet, daß die Erniedrigung der Reaktivität der Radikale gegenüber Monomeren eine stärkere Wirkung hat als eine entsprechende Erhöhung der Monomerreaktivität. So ist beispielsweise das Styrolradikal gegenüber einem gegebenen Monomeren etwa 10^{3}mal weniger reaktiv als das Vinylacetatradikal. Dagegen ist das monomere Styrol gegenüber einem gegebenen Radikal nur etwa 50mal reaktiver als das monomere Vinylacetat.

Wir verstehen jetzt, warum Styrol und Vinylacetat ein so ungeeignetes Comonomerenpaar sind. Damit eine Copolymerisation ablaufen kann, muß das stabile Styrolradikal mit dem wenig reaktiven Monomeren Vinylacetat reagieren; da dies ein sehr langsamer Vorgang ist, neigt Styrol zur Homopolymerisation.

Allgemeiner ausgedrückt kann eine wirksame Polymerisation nur dann stattfinden, wenn die Comonomeren beide reaktiv oder beide wenig reaktiv sind, aber nicht wenn ihre Reaktivitäten stark verschieden sind. Hier ist es allerdings so wie mit den meisten Verallgemeinerungen, die keine absolute Anwendung finden. Die Resonanzstabilisierung ist daher nicht der einzige Faktor, der das Copolymerisationsverhalten beeinflußt, es müssen auch sterische und polare Effekte berücksichtigt werden.

Polare Effekte. Es wurde beobachtet, daß streng alternierende Copolymere dann gebildet werden, wenn die Polaritäten der eingesetzten Monomeren sehr unterschiedlich sind. Die Polarität eines Monomeren wird wieder durch die Substituenten bestimmt. So vermindern elektronenanziehende Substituenten, wie z.B. -COOR, -CN und -COCH$_3$, die Elektronendichte der Doppelbindung in einem Vinylmonomeren im Vergleich zu Ethylen, während elektronenabstoßende Gruppen, z.B. -CH$_3$, -OR und -OCOCH$_3$, die Elektronendichte erhöhen. Aus diesem Grund bildet Acrylnitril in einer Umsetzung mit Methylvinylketon ($r_1 r_2 = 1,1$) statistische Copolymere, während man aus Reaktionen von Acrylnitril mit Vinylethern alternierende Strukturen erhält ($r_1 r_2 \approx 0,0004$).

Polare Kräfte können dazu beitragen, eine sterische Hinderung zu überwinden. Weder Maleinsäureanhydrid noch Diethylfumarat können homopolymerisieren, doch sind beide in der Lage, mit Styrol, Stilben und Vinylethern aufgrund der starken polaren Wechselwirkungen alternierende Copolymere zu bilden. Die Reaktion zwischen Stilben und Maleinsäureanhydrid läßt sich beispielsweise folgendermaßen formulieren:

5.8 Das *Q-e*-Schema

Alle bisher besprochenen Faktoren beeinflussen die Geschwindigkeit der Copolymerisation; da sie aber immer zusammenwirken, ist es schwierig, die tatsächliche Größe jedes einzelnen Effektes zu bestimmen.

Versuche, den Verlauf einer Copolymerisation vorherzusagen, beruhen daher meistens auf einer halbempirischen Basis und können als nützliche Näherungen, nicht aber als streng gültige Gleichungen betrachtet werden. Ein allgemein brauchbares Schema wurde von Alfrey und Price vorgeschlagen, die den Monomeren für den Resonanzterm die Konstante Q und den entsprechenden Radikalen die Konstante P zuordneten, während sie die Konstante e für den Polaritätsterm für ein Monomeres und sein Radikal als gleich betrachteten.

Für die Geschwindigkeitskonstante eines Wachstumsschrittes, an dem zwei verschiedene Monomere teilnehmen, läßt sich dann folgende Gleichung ableiten:

$$k_{12} = P_1 Q_2 \exp(-e_1 e_2),\tag{5.7}$$

in der sich P_1 auf das Radikal $M_1^\bullet$ und Q_2 auf das Monomere M_2 beziehen. Dieses Verfahren wird als das Q-e-Schema bezeichnet. Mit Hilfe dieses Schemas lassen sich die Copolymerisationsparameter abschätzen, indem man die Gleichung (5.7) so erweitert, daß man die Beziehungen für r_1 und r_2 erhält

$$r_1 = (k_{11} / k_{12}) = (Q_1 / Q_2) \exp\{-e_1(e_1 - e_2)\},\tag{5.8}$$

$$r_2 = (k_{22} / k_{21}) = (Q_2 / Q_1) \exp\{-e_2(e_2 - e_1)\}\tag{5.9}$$

und

$$r_1 r_2 = \exp\{-(e_1 - e_2)^2\}.\tag{5.10}$$

Legt man für Styrol die willkürlichen Bezugswerte $Q = 1,0$ und $e = -0,8$ fest, läßt sich unter Zuhilfenahme der angegebenen Gleichungen eine Tabelle mit relativen Q- und e-Werten für viele Monomere erstellen (siehe Tabelle 5.2). Dieser Tabelle kann man entnehmen, daß für Monomere, deren Substituenten mit der Doppelbindung in Konjugation treten können, $Q > 0,5$ beträgt, während bei Substituenten wie Cl, OR und Alkylgruppen $Q < 0,1$ ist. In diesen Werten reflektiert sich die Annahme, daß Q ein Maß für die Resonanzstabilisierung ist.

Auch die e-Werte sind sehr informativ. Beispielsweise weist Maleinsäureanhydrid mit seinen zwei stark elektronenanziehenden Seitengruppen einen Wert für e von +2,25 auf, was auf eine elektropositive Doppelbindung hindeutet. Dies bewirkt eine Abstoßung

Tabelle 5.2: Q- und e-Werte für einige ausgewählte Monomere

Monomer	Q	e
Styrol (Referenzsubstanz)	1,0	-0,8
Acrylnitril	0,60	1,20
1,3-Butadien	2,39	-1,05
Isobutylen	0,033	-0,96
Ethylen	0,015	-0,20
Isopren	3,33	-1,22
Maleinsäureanhydrid	0,23	2,25
Methylmethacrylat	0,74	0,40
α-Methylstyrol	0,98	-1,27
Propylen	0,002	-0,78
Vinylacetat	0,026	-0,25
Vinylchlorid	0,044	0,20

weiterer Maleinsäureanhydridmoleküle und verhindert eine Homopolymerisation. Ähnlich liegt der Fall bei Isobutylen mit $e = -0,96$, bei dem wiederum durch die starke Abstoßung gleicher Monomerer eine radikalische Homopolymerisation verhindert wird. Eine Copolymerisation entgegen gesetzt geladener Monomerer sollte jedoch leicht vonstatten gehen.

Obwohl dieses Schema mit dem Nachteil behaftet ist, daß sterische Effekte unberücksichtigt bleiben, daß – was zweifelhaft erscheint – für Monomeres und Radikal derselbe e-Wert angenommen wird und daß es nur für monosubstituierte Ethylene gut anwendbar ist, hat es sich für rein qualitative Aussagen als nützlich erwiesen und sollte daher als das betrachtet werden, was es wirklich ist - eine brauchbare Näherung.

Die Gleichung ähnelt der Hammet-Gleichung, welche die Reaktivität eines Monomeren mit dessen Struktur korreliert, allerdings ist die Hammet-Gleichung auf substituierte aromatische Verbindungen beschränkt.

5.9 Alternierende Copolymere

Die Faktoren, die den Eintritt von Monomeren in eine Kette unter Ausbildung einer streng alternierenden Struktur kontrollieren, setzen sich zusammen aus starken polaren und sterischen Effekten. So kann beispielsweise ein sehr starker Elektronendonator wie SO_2 „spontan" mit einem Elektronenakzeptor, wie etwa Bicyclo(2.2.1)hept-2-en, schon bei Temperaturen von 230 K unter Bildung eines (1:1) alternierenden Polymeren reagieren.

$$\tag{5.11}$$

In den meisten Fällen beobachtet man keinen derartig spontanen Reaktionsablauf, doch in Gegenwart eines radikalischen Initiators reagiert etwa Maleinsäureanhydrid, also ein starker Elektronenakzeptor, mit einer Vielzahl von Donatormolekülen (z.B. Styrol, Vinylacetat, Vinylethern), und auch hier erhält man Copolymere mit einer starken Tendenz zur Bildung streng alternierender Strukturen. Die Perfektion der alternierenden Sequenzen ist abhängig von der relativen Stärke der Donor-Akzeptor-Paare. Werden diese schwächer, so steigt die Wahrscheinlichkeit, daß in der Reaktion ein statistisches Copolymeres gebildet wird.

Starke Akzeptormoleküle sind im allgemeinen Vinylverbindungen, die in Konjugation zur Doppelbindung eine Cyano- oder eine Carbonylgruppe tragen. Die Tendenz zur Bildung streng alternierender Systeme bei diesem Monomertyp läßt sich durch Zugabe einer Lewis-Säure, die mit dem Akzeptor komplexiert und dabei die Elektronendichte an der Doppelbindung herabsetzt, steigern. Die Bildung derartiger Komplexe verändert die Eigenschaften des Akzeptormoleküls deutlich; so hat unkomplexiertes Methylmethacrylat $Q = 0,74$ und $e = 0,4$, nach Komplexierung mit $ZnCl_2$ ändern sich diese Werte in $Q = 26,2$ und $e = 4,2$.

Die Komplexe aus Lewis-Säuren und Akzeptoren reagieren mit konjugierten Donor-molekülen (z.B. Styrol) unter sehr milden Reaktionsbedingungen und der Bildung von streng alternierenden Strukturen. Wesentlich drastischere Reaktionsbedingungen benötigt man hingegen bei nicht-konjugierten Donormolekülen (Ethylen, Propylen, Vinylacetat), bei denen als Lewis-Säure Alkylaluminiumsesquichlorid bei einer Temperatur von 195 K verwendet wird. Es wurde postuliert, daß sich ein Molekülkomplex bildet

$$
\begin{array}{ccc}
\underset{\underset{H_2C}{\overset{\displaystyle H}{|}}}{R-C} & + & \underset{\underset{H}{\overset{\displaystyle CH_2}{\|}}}{C-C\equiv N} \\
& EtAlCl_2 &
\end{array}
\longrightarrow
\left[
\begin{array}{c}
R-\overset{\overset{\displaystyle H}{|}}{C}^{\oplus}\ ^{\ominus}CH_2 \\
H_2C\bullet\ \ \bullet\underset{\underset{EtAlCl_2}{|}}{\overset{|}{C}}-C\equiv N \\
H
\end{array}
\right]
\tag{5.12}
$$

$$\downarrow$$

$$-\!\!\!\left(CH_2CHR-CH_2CHCN\right)_n$$

aus dem während der Polymerisation ein alternierendes Copolymeres hervorgeht. Möglicherweise handelt es sich bei diesem Mechanismus um eine starke Vereinfachung, und eine Gültigkeit ist nicht für alle Systeme gewährleistet.

Ein Spezialfall dieser Reaktion zur Synthese alternierender Copolymerer aus Propylen und Dienen beinhaltet die Verwendung eines Ziegler-Katalysators, der aus Vanadium- und Titanhalogeniden aufgebaut ist, die mit Alkylaluminiumverbindungen komplexiert werden; allerdings weicht der Mechanismus stark von dem oben gezeigten ab.

Ein neuer Typ einer spontanen alternierenden Copolymerisation wurde von Saegusa entwickelt. Die Bildung des Copolymeren verläuft über ein Zwitterion, wobei das Wachstumsion und das Gegenion an den entgegengesetzten Enden der Kette anzutreffen sind. Allgemein formuliert kommt es zu einer Wechselwirkung zwischen einem elektrophilen Monomeren (M_E) und einem nukleophilen Monomeren (M_N) in Abwesenheit eines Katalysators unter Ausbildung einer dimeren dipolaren Spezies.

$$M_N + M_E \longrightarrow {}^{\oplus}M_N - M_E^{\ominus} \tag{5.13}$$

Die Polymerisation verläuft unter Beibehaltung der getrennten Ladungen, wobei sich ein „lebendes" Polymeres bildet.

$$n({}^{\oplus}M_N - M_E^{\ominus}) \longrightarrow {}^{\oplus}M_N - (M_E - M_N)_{n-1} - M_E^{\ominus} \tag{5.14}$$

Die meisten M_N-Monomeren sind heterocyclisch

R = H, CH$_3$, Ph, OPh

während bei den M_E-Monomeren eine größere Vielfalt anzutreffen ist und man sowohl heterocyclische als auch arylische Typen findet:

$$CH_2 = CXCOOH, \; CH_2 = CHCOOR$$
$$X = H, CH_3, \text{Halogen.}$$

Typische Reaktionen zwischen M_N- und M_E-Monomeren sind

(a)

$$-[(CH_2)_2-\underset{\underset{CHO}{|}}{N}-(CH_2)_2-\underset{\underset{O}{\|}}{C}-O]_n \qquad (5.15)$$

(b)

$$-[(CH_2)_2O-\underset{\underset{O}{\|}}{\overset{\overset{O}{\|}}{P}}-(CH_2)_2-\underset{\underset{O}{\|}}{C}-O]_n \qquad (5.16)$$

doch erhält man in den meisten Fällen nur niedermolekulares Material mit einem Molekulargewicht unter 10 000.

5.10 Synthese von Blockcopolymeren

Blockcopolymere (siehe Bild 5.4) lassen sich durch aufeinanderfolgende Additionsreaktionen aufbauen. Diese verlaufen unter Zuhilfenahme von

1. ionischen Initiatoren. Dabei bleibt ein aktives Zentrum am Ende des Ausgangsblockes „lebendig" und ist für die Initiierung eines Kettenwachstums eines zweiten Monomeren am Ende der ersten Kette zugänglich;

2. Kupplungsreaktionen zwischen verschiedenen Polymerblöcken, die endständig funktionalisiert sind, wobei diese Reaktionen sowohl direkt als auch mit Hilfe eines kleinen Moleküls als Intermediat ablaufen können;

3. bifunktionellen radikalischen Initiatoren, wobei ein zweites potentielles aktives Zentrum an ein Ende der bereits gewachsenen Kette eingebracht wird, welches dann in einem späteren Schritt ausgehend von dem erhaltenen Makroradikal eine neue Kette startet.

Ionische Reaktionen sind bei der Darstellung wohldefinierter Blockcopolymerer besonders erfolgreich, da ein echter Abbruchschritt nicht eindeutig erkennbar ist. Sind keine Verunreinigungen vorhanden, lassen sich die „lebenden" carbanionischen Endgruppen zum Kettenstart mit einem zweiten Monomeren verwenden.

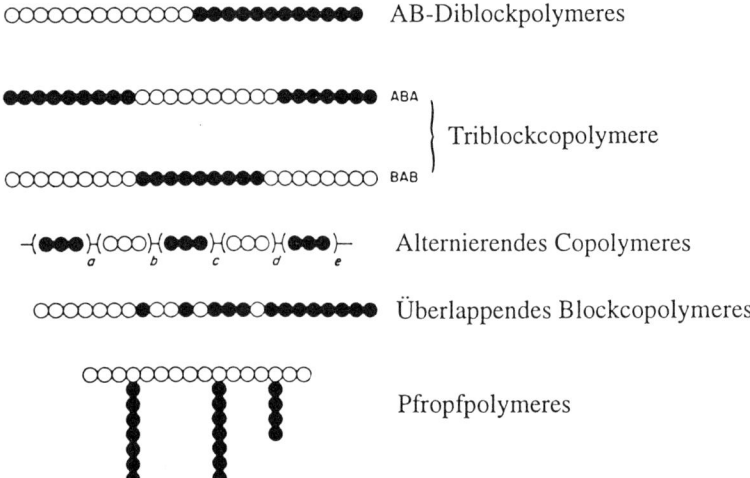

Bild 5.4:   Block- und Pfropfcopolymere .

Die größte Einschränkung erfährt diese Methode aufgrund der Tatsache, daß das Anion eines Monomeren die Polymerisation eines zweiten Monomeren initiieren muß, was nicht immer der Fall ist. So kann Polystyryllithium die Polymerisation von Methylmethacrylat unter Bildung von (A-B)-Zweierblöcken initiieren, doch aufgrund seiner relativ niedrigen Nukleophilie ist ein Methylmethacrylatanion nicht in der Lage, das Wachstum von Styrol zu starten. Die besten Resultate erzielt man bei Verwendung zweier Monomerer mit hoher Elektrophilie, wie z.B. Styrol (St) mit Butadien (Bd) oder Isopren, und es bilden sich, wie in den Gleichungen (5.17a und b) gezeigt, (A-B-A)-Triblockcopolymere.

$$(PSt)_x^- \ Li^+ + yBd \longrightarrow (PSt)_x(PBd)_y^- \ Li^+ \qquad\qquad (5.17a)$$

$$(PSt)_x(PBd)_y^- \ Li^+ + zSt \longrightarrow (PSt)_x(PBd)_y(PSt)_z^- \ Li^+ \qquad\qquad (5.17b)$$

$$(PSt)_w(PBd)_x^- \ Li^+ + ClCH_2Cl + Li^{+ \ -}(PBd)_y(PSt)_z$$

$$\longrightarrow (PSt)_w(PBD)_{x+y}(PSt)_z + 2LiCl \qquad\qquad (5.17c)$$

Derartige Triblockcopolymere sind auch über eine Kupplungsreaktion zweier Carbanionen mit einem organischen Dihalogenid (siehe Gleichung (5.17c)) zugänglich. Andere Kupplungsreagenzien wie etwa Phosgen oder Dichlordimethylsilan sind ebenfalls sehr wirkungsvoll. Das Verfahren läßt sich auch zur Darstellung strahlenförmiger Blöcke verwenden, wobei multifunktionelle Verbindungen benötigt werden; ein Beispiel hierfür ist Siliciumtetrachlorid.

Eine sehr interessante Folgerung aus den bereits aufgezeigten Unterschieden bezüglich der Reaktivitätsverhältnisse in einigen anionischen Systemen ist, daß man in einer Monomerenmischung reine Blöcke von nur einer Substanz finden kann, ohne daß das zweite

$$(5.18)$$

Monomere eingebaut wurde. In Styrol/Butadien-Mischungen reagiert das Butadien sehr viel schneller ab und es kann passieren, daß alles Butadien verbraucht ist, bis das Styrol zu polymerisieren beginnt. Sobald die Mischung an Butadien verarmt, wird Styrol allmählich in die Kette eingebaut, bis es als einziges Monomeres in der Mischung verbleibt, so daß von da an reine Polystyrolketten wachsen. Dabei erhält man ein Gradientencopolymer.

Der Aufbau von Triblockcopolymeren gelingt unter Verwendung eines bifunktionellen Initiators, so z.B. mit Naphthalin-Natrium mit Styrol oder α-Methylstyrol. Es bilden sich Radikalanionen, die unter Kombination Dianionen ausbilden, so daß ein Wachstum von beiden Enden ablaufen kann. Die Addition eines zweiten Monomeren führt dann zu der Triblock-Struktur.

Transformationsreaktionen

Prinzipiell ist eine weitaus größere Anzahl von Monomeren für kationische Polymerisationen geeignet als für anionische, allerdings ist bei der Darstellung von Blockcopolymeren das kationische Verfahren weniger erfolgreich, da in sehr vielen Systemen das Auftreten lebender Carbokationen zweifelhaft ist. Folglich ist der Einsatz von Carbokationen bei der Synthese von Blockcopolymeren begrenzt auf gemischte Reaktionen, ein Beispiel hierfür ist die Kupplung von Poly(tetrahydrofuran)kationen mit Polystyrolanionen, wobei ein (A-B)-Diblockpolymer entsteht.

$$(5.19)$$

Einen weitaus vielseitigeren Zugang eröffnen die Transformationsreaktionen, bei denen ein Typ einer endständigen aktiven Spezies in einen zweiten Typ überführt wird. Dabei wurden zwei grundlegende Reaktionen ermittelt: (i) die Transformation eines endständigen Blockes von einem Anion in ein Kation durch einen Zweielektronen-Oxidationsprozeß und (ii) die Umwandlung eines Carbanions in ein freies Radikal durch einen Einelektronen-Oxidations-schritt.

In einer Anion-Kation-Transformationsreaktion wird die anionisch erzeugte „lebende" Polymerkette einem Endcapping mit einem Halogenid unterworfen, wobei eine Polymer-kette gebildet wird, die weiteren Reaktionen zugänglich ist. Beispielsweise läßt sich mit einer geeigneten Kette eine kationische Polymerisation starten, indem die Endgruppe mit einem Lithium- oder Silbersalz gemäß dem in den Gleichungen (5.20a bis c)) gezeigten Schema aktiviert wird. Nicht immer sind Halogenide die besten Abbruchreagentien, in einigen Fällen wurden Grignard-Reagentien mit sehr großem Erfolg eingesetzt.

$$\sim M_1^- Li^+ + BrRBr \longrightarrow \sim M_1RBr + LiBr \tag{5.20a}$$

$$\sim M_1RBr + Ag^+Y^- \longrightarrow \sim M_1R^+Y^- + AgBr \tag{5.20b}$$

$$\sim M_1R^+Y^- + nM_2 \longrightarrow \sim M_1 \sim M_2^+Y^- \tag{5.20c}$$

Die umgekehrte Kation-Anion-Umwandlungsreaktion ist ebenfalls anwendbar. Die Reaktion verläuft über ein Endcapping mit einer Spezies, die einer weiteren Reaktion mit Alkyllithium unterworfen werden kann.

$$\sim M_1^+Y^- + RNH_2 \longrightarrow \sim M_1NRH + HY \tag{5.21a}$$

$$\sim M_1NRH + R'Li \longrightarrow \sim M_1NR^-Li^+ + R'H \tag{5.21b}$$

$$\sim M_1NR^-Li^+ + nM_2 \longrightarrow \sim M_1N \sim M_2^-Li^+ \tag{5.21c}$$

Transformationen von Anionen in Radikale lassen sich auf verschiedene Weise durch-führen, doch muß man immer mit einer abgebrochenen carbanionischen Kette starten.

(a) Das Polymere wird mit einem halogenierten Diacylperoxid (siehe Gleichung (5.22)) versetzt, wobei eine Kette mit einer potentiellen radikalischen Bildungsstelle an einem Ende entsteht. Im zweiten Reaktionsschritt wird durch den thermischen Zerfall dieser Gruppe in Gegenwart eines anderen Monomeren ein Acyloxy-Makroradikal generiert, von dem ausgehend der zweite Block wächst. In diesem Prozeß wird jedoch auch ein zweites radikalisches Fragment erzeugt, wodurch als Verunreinigung ein Homopolymeres in der Mischung anfällt.

$$\sim\!\!\sim\!\!\sim M_1^{\ominus}Li^{\oplus} + XR\!-\!\underset{\underset{O}{\|}}{C}\!-\!O\!-\!O\!-\!\underset{\underset{O}{\|}}{C}\!-\!RX \longrightarrow$$

$$\sim\!\!\sim\!\!\sim M_1 R\!-\!\underset{\underset{O}{\|}}{C}\!-\!O\!-\!O\!-\!\underset{\underset{O}{\|}}{C}\!-\!RX \xrightarrow[n\,M_2]{\Delta}$$

$$\sim\!\!\sim\!\!\sim M_1 R\!-\!\underset{\underset{O}{\|}}{C}\!-\!O\!\sim\!\!\sim M_2^{\cdot} + XR\!-\!\underset{\underset{O}{\|}}{C}\!-\!O\!\sim\!\!\sim M_2^{\cdot} \tag{5.22}$$

(b) Ein alternatives Verfahren basiert auf einem Endcapping unter Ausbildung einer endständigen Hydroxylgruppe, gefolgt von einer Umsetzung mit Trichloracetylisoyanat (Gleichung (5.23)). Die dabei erzeugte neue reaktive Endgruppe läßt sich für die Initiierung eines zweiten Blockes verwenden; dies gelingt über die von Bamford entwickelte Photo-reduktion, bei der Magnesium- oder Rheniumcarbonylverbindungen mit Hilfe von UV-Strahlung bzw. sichtbarem Licht angeregt werden, wobei von der Endgruppe ein Chlor-atom abgespalten und dabei eine radikalische Stelle erzeugt wird.

$$\text{wwwM}_1\text{OH} + \text{OCN}-\underset{\underset{\text{O}}{\|}}{\text{C}}-\text{CCl}_3 \longrightarrow \text{wwwM}_1-\text{O}-\underset{\underset{\text{O}}{\|}}{\text{C}}-\underset{\overset{\text{H}}{|}}{\text{N}}-\underset{\underset{\text{O}}{\|}}{\text{C}}-\text{CCl}_3$$

$$\text{wwwM}_1-\text{O}-\underset{\underset{\text{O}}{\|}}{\text{C}}-\underset{\overset{\text{H}}{|}}{\text{N}}-\underset{\underset{\text{O}}{\|}}{\text{C}}-\text{CCl}_3 + \text{Mn}_2(\text{CO})_{10} \xrightarrow{h\nu}$$

$$\text{wwwM}_1-\text{O}-\underset{\underset{\text{O}}{\|}}{\text{C}}-\underset{\overset{\text{H}}{|}}{\text{N}}-\underset{\underset{\text{O}}{\|}}{\text{C}}-\text{CCl}_2^{\bullet} + n\,\text{M}_2 \longrightarrow$$

$$\text{wwwM}_1-\text{O}-\underset{\underset{\text{O}}{\|}}{\text{C}}-\underset{\overset{\text{H}}{|}}{\text{N}}-\underset{\underset{\text{O}}{\|}}{\text{C}}-\text{CCl}_2\text{www}\text{M}_2^{\bullet}$$

(5.23)

Da nur ein einziges Radikal gebildet wird, handelt es sich im Vergleich zu (a) um eine wesentlich „sauberere" Reaktion. Bei beiden radikalischen Reaktionen ist die Steuerung der Blocklänge ausgesprochen schwierig, und die exakte Struktur des gebildeten Produktes wird vom Mechanismus der Abbruchreaktion abhängen.

Kupplungsreaktionen

Aus dem bisher Gesagten geht hervor, daß Polymerketten mit funktionellen Gruppen in der α-oder ω-Position oder auch beiden synthetisierbar sind. Liegen zwei funktionalisierte Blocktypen vor, so lassen sich diese unter Ausbildung von Copolymeren miteinander verknüpfen.

Anionische Polymerisationen lassen sich durch Zugabe eines weiteren Moleküls ab-brechen; dabei wird in der ω-Position eine funktionelle Gruppe in die Kette eingeführt. Ein Überschuß von Kohlendioxid oder cyclischen Anhydriden führt zur Bildung endständiger Carboxylgruppen, während die Zugabe eines Überschusses an Phosgen ein terminales Säurechlorid bildet. In gleicher Weise generieren Isocyanate funktionelle ω-Amide und Lactone liefern ω-Hydroxylgruppen.

Der von Kennedy entwickelte „Inifer"-Prozeß läßt sich zur Funktionalisierung von Vinylpolymeren über eine kationische Route, durch Initiierung einer Polymerisation mit einer Alkylhalogenid/Bortrichlorid-Mischung $\{R^+B\,Cl_4^-\}$, verwenden. Der Abbruch durch Übertragung auf ein Alkylhalogenid führt zur Entstehung eines Polymeren mit einem endständigen Halogenid. Dieses läßt sich durch die Reaktionssequenz (i) Dehydrohalogenierung, (ii) Hydroborierung (iii) Oxidation und Hydrolyse (Gleichung (5.24)) in eine terminale Hydroxylgruppe überführen. Mit Hilfe von Standardreaktionen lassen sich diese ω-funktionalisierten Blöcke zu Diblock-Copolymeren kuppeln. Beispielsweise verbinden Diisocyanate ω-Hydroxy- und/oder ω-Aminoblöcke miteinander. Auch direkte Reaktionen laufen ab; so kombinieren ω-Säurechloride rasch mit ω-Hydroxydeinheiten.

$$\text{CH}_2\text{—}\overset{\displaystyle CH_3}{\underset{\displaystyle CH_3}{\text{C}}}\overset{\oplus}{}BCl_4^{\ominus} + RCl \longrightarrow \text{CH}_2\text{—}\overset{\displaystyle CH_3}{\underset{\displaystyle CH_3}{\text{C}}}\text{—Cl} + R^{\oplus}BCl_4^{\ominus}$$

$$\text{CH}_2\text{—}\overset{\displaystyle CH_3}{\underset{\displaystyle CH_3}{\text{C}}}\text{—Cl} \xrightarrow{\text{(i)}} \xrightarrow{\text{(ii)}} \xrightarrow{\text{(iii)}} \text{CH}_2\text{—}\underset{\displaystyle CH_3}{\text{CH}}\text{—CH}_2\text{OH} \qquad (5.24)$$

Auch Azogruppen können in Polymerketten eingebaut werden; z.B. durch Reaktion eines Azodicarbonsäurechlorids (1) mit Hydroxyl-terminierten Polymeren unter Bildung eines Makroazobiesters. Im Folgeschritt liefert die thermische Zersetzung dieser Gruppen radikalische Stellen für ein weiteres Wachstum.

$$\underset{\displaystyle O}{\overset{\displaystyle \|}{\text{Cl—C}}}\text{—R—N}=\text{N—R—}\underset{\displaystyle O}{\overset{\displaystyle \|}{\text{C}}}\text{—Cl} + 2OH\text{—} \longrightarrow$$

$$\text{(1)}$$

$$\text{O—}\underset{\displaystyle O}{\overset{\displaystyle \|}{\text{C}}}\text{—R—N}=\text{N—R—}\underset{\displaystyle O}{\overset{\displaystyle \|}{\text{C}}}\text{—O} \qquad (5.25)$$

5.11 Synthese von Pfropfcopolymeren

Bei der Synthese von Pfropfcopolymeren (siehe Bild 5.4) handelt es sich bei den Stellen, an denen die zweiten und auch weiteren Blöcke angreifen, nicht mehr um endständige Positionen, sondern um Angriffspunkte entlang des Rückgrats der ersten Kette. Zur Darstellung von Propfcopolymeren existieren drei Hauptverfahren: (a) Pfropfung „vom" („grafting from") Stammpolymeren, (b) Pfropfung „zum" („grafting onto") Stammpolymeren und (c) *via* Makromonomeren.[*]

Die Pfropfung „vom" Stammpolymeren erfordert das Vorhandensein polymerisationsauslösender Gruppen. Freie radikalische Stellen lassen sich durch Bestrahlung mit γ-Strahlen in Gegenwart eines zweiten Monomeren erzeugen. Dabei handelt es sich um ein sehr einfaches Verfahren, welches auch die Bildung von Homopolymeren bewirken kann.

---

[*] Anm. der Übersetzerin: Im deutschsprachigen Schrifttum ist es üblich, die englischen Bezeichnung „grafting from" und „grafting onto" zu verwenden.

Die Bestrahlung eines Polymeren in Anwesenheit von Sauerstoff führt zur Bildung von Peroxogruppen am Polymeren, die vergleichsweise stabil sind, weswegen das Polymere isoliert und für weitere Umsetzungen aufbewahrt werden kann. Derartig präparierte Polymere lassen sich in Gegenwart eines zweiten Monomeren erhitzen, wobei die Peroxogruppen unter Ausbildung radikalischer Stellen zerfallen und der Pfropfungsprozeß in Gang kommt. Dieses Verfahren wurde zur Darstellung von Polystyrol-graft-polyacrylnitril eingesetzt. Der Zugang über freie Radikale läßt sich auch auf andere Weise verwenden. Pfropfcopolymere lassen sich über eine Kettenübertragungsreaktion eines in der Reaktionsmischung vorhandenen zweiten Monomeren auf ein vorgebildetes Polymeres aufbauen, wobei man eine Abhängigkeit von der Radikalquelle beobachtet; so läßt sich unter Verwendung von Benzoylperoxid Methylacrylat auf Naturkautschuk aufpfropfen, während die Umsetzung in Gegenwart von AIBN nicht gelingt Die Wirksamkeit der Pfropfung „vom"-Technik ist eine Funktion der Reaktivität und der Polarität der radikalischen Stellen sowie des Monomeren. Alternativ dazu lassen sich radikalische Stellen ins Polymerrückgrat durch *in-situ*-Modifikation von Monomereinheiten oder durch Copolymerisation einführen. Auf diese Weise läßt sich ein Polymeres mit Trihalogenidgruppen entlang der Kette in Gegenwart eines zweiten Monomeren, welches dabei ein Pfropf- und kein Block-Copolymeres bildet, aktivieren. Der Reaktionstyp kann auch zum Auftreten von vernetzten Strukturen führen, nämlich dann, wenn ein Abbruch durch Kombination bevorzugt abläuft.

$$(5.26)$$

Durch Variation der Anzahl aktiver Zentren am Polymerrückgrat lassen sich die Zahl und die Verteilung der gepfropften Ketten steuern. Die Länge eines jeden Seitenzweiges hängt sowohl von der Geschwindigkeit der Initiierung als auch der Monomerkonzentration ab, doch wird das Verhältnis von Verzweigungen zu Vernetzungen im System durch den Mechanismus der Abbruchreaktion der wachsenden Kette gesteuert. Verläuft dieser ausschließlich durch Kombination, so beobachtet man ein hohes Maß an Vernetzung. Die Netzwerkbildung läßt sich durch Zusatz eines Kettenüberträgers abschwächen, dennoch erhält man eine Mischung aus verzweigten und vernetzten Polymeren und zudem fällt auch eine geringe Menge Homopolymeres an. In derartigen Systemen bestimmt der Gehalt an Kettenüberträger das Verhältnis von Verzweigungen zu Vernetzungen.

Eine vergleichbare Mischung verschiedener Strukturen, jedoch mit einer geringeren Menge an Homopolymerem, erhält man, wenn ein zweites Monomeres verwendet wird, dessen Radikale sowohl durch Kombination als auch Disproportionierung abgefangen werden.

Letztendlich führt der photochemische Abbau von Ketonen zur Bildung radikalischer Stellen, die zur Initiierung von Seitenzweigen geeignet sind, doch wie bei anderen radikalischen Techniken beobachtet man auch hier eine Homopolymerisationstendenz.

Anionische Zentren, die für das Pfropfung-„vom"-Verfahren geeignet sind, lassen sich durch Metallierung einführen, wie beispielsweise die Komplexierung eines Kohlenwasserstoffpolymeren durch Organolithiumverbindungen. Diese Reaktion wird im ersten Schritt durch eine Komplexierung des Lithiums durch Tetramethylendiamin, welches als löslichkeitsvermittelnde Base wirkt, unterstützt. Aromatisch gebundenes Chlor wird rasch gegen Lithium ausgetauscht, und man erhält einen Initiator zur anionischen Polymerisation geeigneter Monomerer.

$$2\ \mathsf{M_1^{\ominus}}\ +\ COCl_2\ \longrightarrow\ (M_1)\!\!-\!\!\underset{\underset{O}{\|}}{C}\!\!-\!\!(M_1) \tag{5.27a}$$

$$(M_1)\!\!-\!\!\underset{\underset{O}{\|}}{C}\!\!-\!\!(M_1)\ +\ \mathsf{M_2^{\ominus}}\ \longrightarrow$$

$$(M_1)\!\!-\!\!\underset{\underset{M_2}{|}}{\overset{\overset{OH}{|}}{C}}\!\!-\!\!(M_1) \tag{5.27b}$$

Die Pfropfung-„zum"-Technik setzt voraus, daß die Hauptkette Stellen aufweist, die durch eine wachsende Kette angegriffen werden können, wobei eine Verbindung zwischen den beiden durch eine kovalente Bindung entsteht. Bei anionischen Polymerisationen liefert die Verknüpfung zweier Ketten durch Phosgen ein polymeres Keton, welches mit einer zweiten Kette reagieren kann (5.27 a, b). Andere elektrophile funktionelle Gruppen sind bei solchen Reaktionen wirksam, z. B. Ester, Nitrile, Anhydride usw., und lassen sich als Pfropfungsstellen durch wachsende Carbanionen, wie etwa dem Polystyrylanion, nutzen. Viele dieser Pfropfungsverfahren liefern statistische Verteilungen von Verzweigungen entlang der Hauptkette und somit ungleiche Verzweigungsabstände. Zur Darstellung von Kammstrukturen werden wesentlich kontrolliertere Pfropfungsverfahren benötigt; dies gelingt durch Polymerisation von Makromonomeren oder durch Einsatz einer polymeranalogen Umsetzung an einem geeigneten Polymerrückgrat.

Im ersten Fall lassen sich Makromonomere durch Funktionalisierung einer kurzen Kette durch eine Vinyleinheit darstellen. Eine typische Reaktion ist in Gleichung (5.28) gezeigt, doch wurden in der Literatur auch andere Methoden beschrieben. Die Polymerisation dieser Monomeren liefert wohldefinierte Pfropfstrukturen mit regulären Verzweigungen entlang der Kette. Besitzen die Ausgangsmakromonomeren eine einheitliche Länge, so sind auch die Zweiglängen gleich, doch lassen sich auch Ketten mit gemischten Längen darstellen. Die Copolymerisation mit einem anderen Monomeren führt zu einer Variation der Regelmäßigkeit der Verzeigungspunkte, hält jedoch die Gleichmäßigkeit der Verzweigungslänge aufrecht.

$$\underset{R}{\overset{|}{\underset{}{}}}\!\!CH\!\!-\!\!OH \;+\; \underset{COCl}{\overset{|}{\underset{}{}}}\!\!H_2C\!\!=\!\!CH \longrightarrow H_2C\!\!=\!\!CH\!\!-\!\!\underset{O}{\overset{\|}{C}}\!\!-\!\!O\!\!-\!\!\underset{R}{\overset{|}{\underset{}{}}}\!\!CH \tag{5.28}$$

Für polymeranaloge Reaktionen wurden Poly(säurechloride) verwendet; ω-funktionalisierte Einheiten lassen sich an diesen Stellen kondensieren, wobei Strukturen erhalten werden, die denen, die man bei Verwendung von Makromonomeren erhält, ähnlich sind.

Allgemeine Literatur

G. Allen und J. C. Bevington (Hrsg.), *Comprehensive Polymer Science*, Bde. 3 and 4, Pergamon Press (1989).

D. G. Allport und W. H. Janes (Hrsg.), *Block Copolymers*, Applied Science Publishers (1973).

M. G. Cowie, *Alternating Copolymers*, Plenum Press (1985).

H.-G. Elias, *Makromoleküle*, Hüthig und Wepf, Basel, 5. Aufl., Bd. I, Kap. 14 (1990).

M. J. Folkes (Hrsg.), *Processing, Structure and Properties of Block Copolymers*, Elsevier Applied Science Publishers (1985).

Houben-Weyl, *Methoden der Organischen Chemie, Makromolekulare Stoffe*, Bd. E 20, Teil 1-3, Thieme Verlag, Stuttgart (1987).

Macromolecular Syntheses, Col. Vol. 1-9, Wiley, N. Y. (1963 - 1985).

A. Noshay und J. E. McGrath, *Block Copolymers: Overview and Critical Survey*, Academic Press Inc. (1977).

G. Odian, *Principles of Polymerization*, John Wiley and Sons Ltd (1981).

P. Rempp und E. W. Merrill, *Polymer Synthesis*, Hüthig und Wepf, Basel (1986).

J. Ulbricht, *Grundlagen der Synthese von Polymeren*, 2. Aufl., Hüthig und Wepf, Basel (1992).

Spezielle Literatur

1. G. M. Estes, S. L. Cooper, A. B. Tobolsky, „Block Copolymers", *Reviews in Macromolecular Chemistry*, 5-2, 167 (1970).

2. D. C. Pepper, *Quarterly Reviews*, **8**, 88 (1954).

6 Stereochemie von Polymeren

Das physikalische Verhalten eines Polymeren hängt nicht nur von der allgemeinen chemischen Zusammensetzung, sondern auch von den feineren Unterschieden in der Mikrostruktur ab. Da es heutzutage möglich ist, die Synthese spezifischer Strukturen in großem Ausmaß zu kontrollieren, ist es an dieser Stelle sinnvoll, die verschiedenen möglichen Typen von Mikrostrukturen vorzustellen, bevor ihre Darstellung diskutiert wird. Man kann verschiedene Isomeriearten oder Mikrostrukturen identifizieren und nach den folgenden Gesichtspunkten einteilen: Konstitution, Aufbau, Konfiguration und Geometrie.

6.1 Konstitution

Die Unterschiede innerhalb dieser Gruppe beruhen auf Verzweigungen und Vernetzungen sowie darauf, daß Polymere aus isomeren Monomeren hergestellt werden, bei denen zwar die chemische Zusammensetzung der Monomereinheiten gleich, die Anordnung der Atome aber verschieden ist. Ein Beispiel dafür sind Polyethylenoxid (I), Polyvinylalkohol (II) und Polyacetaldehyd (III). Die verschiedenen Strukturen bewirken unterschiedliche physikalische Eigenschaften der Polymeren; so liegt z.B. die Glastemperatur von Struktur I bei $T_g = 206$ K, von II bei $T_g = 358$ K und von III bei $T_g = 243$ K.

$$\begin{array}{ccc} \mathrm{I} & \mathrm{II} & \mathrm{III} \\ -\!\!\left(CH_2CH_2\!-\!O\right)_n & \left(\!\!\begin{array}{c} CH_2\!-\!CH \\ | \\ OH \end{array}\!\!\right)_n & \left(\!\!\begin{array}{c} CH\!-\!O \\ | \\ CH_3 \end{array}\!\!\right)_n \end{array}$$

6.2 Aufbau

Greift ein Radikal ein monosubstituiertes Vinylmonomeres an, so sind zwei Anlagerungsformen möglich:

$$R^{\bullet} + CH_2\!=\!\underset{\underset{X}{|}}{CH} \quad\longrightarrow\quad \begin{cases} RCH_2\underset{\underset{X}{|}}{CH^{\bullet}} & \mathrm{I} \\[2ex] RCH\underset{\underset{X}{|}}{CH_2^{\bullet}} & \mathrm{II} \end{cases}$$

Wird Weg I bevorzugt, so resultiert daraus eine Kopf-Schwanz-Anordnung der Monomereinheiten in der Kette,

$$\sim CH_2\!-\!\underset{\underset{X}{|}}{CH}\!-\!CH_2\!-\!\underset{\underset{X}{|}}{CH}\!-\!CH_2\!-\!\underset{\underset{X}{|}}{CH}\!-\!CH_2\!-\!\underset{\underset{X}{|}}{CH}\sim$$

III

oder es kommt zu einer Kopf-Kopf- bzw. Schwanz-Schwanz-Anordnung, falls Weg II durchlaufen wird.

$$\sim CH_2 - CH - CH - CH_2 - CH_2 - CH - CH - CH_2 - CH_2 - CH \sim$$

$$\underset{Kopf\text{-}Kopf}{\underset{X\quad X}{\mid\quad\mid}} \qquad \underset{IV}{} \qquad \underset{Schwanz\text{-}Schwanz}{\underset{X\quad X}{\mid\quad\mid}} \qquad \underset{X}{\mid}$$

Die tatsächliche Art der Anlagerung ist abhängig von der Stabilität des Produktes und der möglichen sterischen Hinderung, die ein voluminöser Substituent X auf die Annäherung des Radikals R˙ ausübt. Reaktionsweg I ist stark bevorzugt; erstens, weil die Möglichkeiten zur Resonanzstabilisierung dieser Struktur durch die Wechselwirkung zwischen dem Substituenten X und dem ungepaarten Elektron am benachbarten α-C-Atom viel größer sind, und zweitens, weil diese Art des Radikalangriffs am wenigsten vom Substituenten X beeinflußt wird. Somit handelt es sich bei der Kopf-Schwanz-Anordnung (III) um die bevorzugte Struktur. Auch die Alternativstruktur IV kann in der Kette auftreten; besonders dann, wenn der Kombinationsabbruch begünstigt ist, ist die Existenz einer reinen Kopf-Kopf- oder Schwanz-Schwanz-Anordnung unwahrscheinlich, es sei denn, sie wird absichtlich synthetisiert.

Experimentelle Ergebnisse stützen das Überwiegen der Struktur III in den meisten Polymeren; die bemerkenswertesten Ausnahmen sind Polyvinylidenfluorid mit 4 - 6% und Polyvinylfluorid mit 25 - 32% Kopf-Kopf-Verknüpfungen, die durch NMR-Spektroskopie nachgewiesen wurden. Die Anwesenheit von Kopf-Schwanz-Strukturen kann durch eine Vielzahl von Versuchen gezeigt werden, am besten gelingt es am Beispiel des Polyvinylchlorids. Die Behandlung eines Polymeren mit Zinkstaub in Dioxanlösung führt zur Abspaltung von Chlor, die nach zwei Mechanismen verlaufen kann.

(a) $\sim CH_2 - \underset{Cl}{\underset{\mid}{CH}} - CH_2 - \underset{Cl}{\underset{\mid}{CH}} - CH_2 \sim \;\longrightarrow\; \sim CH_2 - CH - CH - CH_2 \sim + ZnCl_2$ mit $\underset{CH_2}{\diagdown\diagup}$

(b) $\sim CH_2 - \underset{Cl}{\underset{\mid}{CH}} - \underset{Cl}{\underset{\mid}{CH}} - CH_2 \sim \;\longrightarrow\; \sim CH_2 - CH = CH - CH_2 \sim + ZnCl_2$

Eine statistische Analyse der Chlorabspaltung nach Weg (a) ergibt, daß nur 86,4% des Chlors reagieren können. Da es sich bei der Eliminierung um einen statistischen Prozeß handelt, werden etwa 13,6% der Chloratome während der Reaktion isoliert und verbleiben in der Kette. Eine Eliminierung gemäß Mechanismus (b) führt jedoch zu einer vollständigen Chlorabspaltung. Die Analyse von Polyvinylchlorid nach der Behandlung mit Zinkstaub ergab eine Chlorabspaltung von 84 - 86%, ein Wert, der selbst nach langem Erhitzen der Reaktionsmischung konstant blieb. Diese Tatsache läßt den Schluß zu, daß die Monomereinheiten im Polymeren nahezu vollständig in einer Kopf-Schwanz-Anordnung vorliegen.

6.3 Konfiguration

Schon vor langer Zeit stellte man fest, daß bei der Polymerisation eines monosubstituierten Vinylmonomeren $CH_2=CHX$ jedes tertiäre C-Atom in der Kette als chirales Zentrum betrachtet werden kann unter Berücksichtigung der Tatsache, daß m und n in der Kette normalerweise nicht gleich sind. Unter diesen Umständen lassen sich die beiden möglichen Konfigurationen (i) und (ii) nur nach Aufbrechen einer Bindung ineinander überführen.

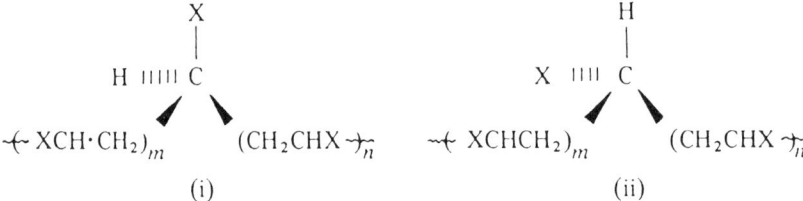

Bei der Darstellung stereoisomerer Polymerer wurden bis zur Entdeckung der Ziegler-Natta-Katalysatoren, die später diskutiert werden, keine echten Fortschritte erzielt. Seither haben jedoch die Arbeiten über stereoreguläre Polymere in einem überraschenden Ausmaß zugenommen, stark unterstützt durch die Anwendung der NMR-Spektroskopie, welche die genaue Charakterisierung der Mikrostruktur ermöglicht. Bevor wir ins Detail gehen, wollen wir vorab einen kurzen Blick auf die Nomenklatur werfen.

Wenn jedes tertiäre C-Atom in der Kette asymmetrisch ist, sollte man erwarten, daß das Polymere optisch aktiv ist. Normalerweise zeigen Polymere mit einer Kohlenstoff-Hauptkette keine optische Aktivität, weil die beiden langen Ketten – und dies je länger sie werden – in bezug auf das chirale Zentrum immer ähnlicher werden; die optische Aktivität sinkt somit auf einen verschwindend geringen Wert ab. Vinylpolymere aus $CH_2=CXY$-Monomeren fallen in diese Kategorie, da sie bezogen auf die Hauptkette zentrosymmetrisch sind und das tertiäre C-Atom nur pseudo-asymmetrisch ist.

Für heteroatomare Ketten, wie z.B. $\sim(\sim CH_2C^*HX\cdot O\sim)\sim$, bei denen das C^*-Atom ein echtes asymmetrisches Zentrum ist, trifft dies nicht zu, und solche Polymere sind tatsächlich optisch aktiv. In diesen Fällen kann eine absolute Konfiguration angegeben werden, die man bei Benutzung der Cahn-Ingold-Prelog-Regeln entweder der R- (rectus) oder S- (sinister) Form zuordnen kann. Die beiden Formen (i) und (ii) können mit Hilfe der willkürlichen Bezeichnung d- oder l-Konfiguration unterschieden werden, die nichts mit der optischen Aktivität zu tun hat, sondern sich lediglich darauf bezieht, ob sich der Substituent X in einer planaren Projektion ober- oder unterhalb der Zeichenebene befindet. Somit existieren drei unterschiedliche Verteilungen der d- und l-Formen innerhalb der Ketteneinheiten, und diese bestimmen die Taktizität der Kette.

Monotaktische Polymere

(a) *Isotaktizität*. Ein Polymeres ist dann isotaktisch, wenn die Substituenten eines jeden asymmetrischen Kettenatoms die gleiche sterische Anordnung besitzen. In anderen Worten ausgedrückt heißt dies, daß die Anordnung der Substituenten rein d oder rein l ist.

(b) *Syndiotaktizität.* Eine Kette wird dann als syndiotaktisch bezeichnet, wenn die Anordnung der Substituenten an jedem asymmetrischen Zentrum gerade umgekehrt der vorhergehenden ist.

(c) *Ataktizität.* Ist die sterische Anordnung um jedes tertiäre C-Atom einer Polymerkette
statistisch, so wird das Polymere ataktisch genannt.

Unter Zuhilfenahme einer Newman-Projektion ist es oft einfacher, eine klare Vorstellung
über die räumliche Anordnung der Kette zu erhalten; in Bild 6.1a-c sind die Newman-
Projektionen gegenübergestellt.

Ditaktische Polymere

Die Stereostruktur der Polymeren wird wesentlich komplizierter, wenn man sich der
Polymerisation 1,2-disubstituierter Ethylene (CHR=CHR') zuwendet, da hier jedes C-Atom
in der Kette zum chiralen Zentrum wird. Die resultierenden ditaktischen Strukturen sind in
Bild 6.1d-f dargestellt. Man erhält zwei isotaktische Strukturen, die *erythro*-Strukturen, bei
denen alle C-Atome die gleiche Konfiguration haben, und die *threo*-Strukturen, bei denen
die Anordnung alterniert. Nur eine disyndiotaktische Struktur ist möglich. Diese

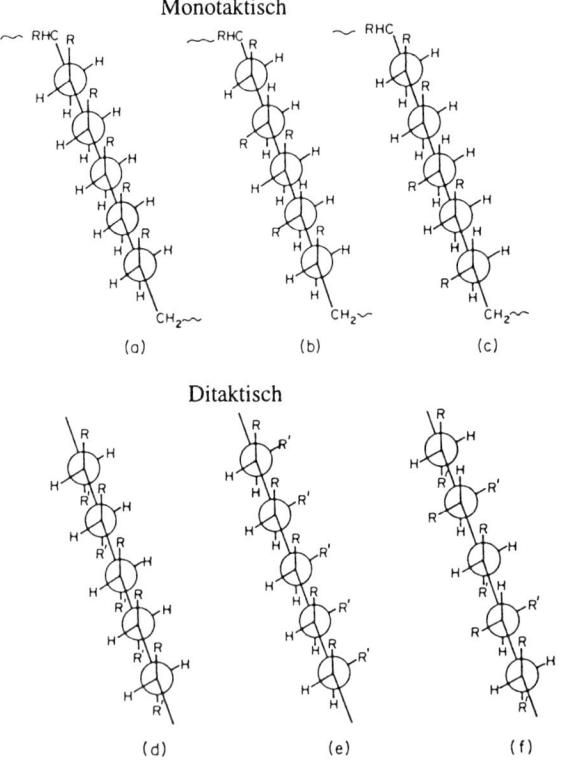

Bild 6.1: Newman-Projektionen verschiedener sterischer Anordnungen; (a) isotaktisch, (b) syndiotaktisch, (c) ataktisch, (d) erythro-diisotaktisch, (e) threo-diisotaktisch und (f) disyndiotaktisch.

Unterschiede rühren von der Stereochemie der Ausgangsverbindungen her; ist das Monomere *cis*-substituiert, resultiert die *threo*-Form, während bei *trans*-Substitution die *erythro*-Form entsteht.

Polyether

Vergrößert sich der Abstand zwischen den asymmetrischen Zentren, wie z.B. bei dem heteroatomaren Polymeren Polypropylenoxid, können bei der planaren Projektion die iso- oder syndiotaktischen Strukturen nicht mehr so leicht erkannt werden. Wählt man die gestreckte Zick-Zack-Darstellung, dann sind hier bei der *isotaktischen* Struktur die Substituenten alternierend zur Ebene, in der die Hauptkette liegt, verteilt.

Für die *syndiotaktische* Kette trifft der umgekehrte Fall zu; hier sind die Substituenten alle nach einer Seite gerichtet.

6.4 Geometrische Isomerie

Zusätzlich zu der eben besprochenen Isomerie kann bei Polymeren aus konjugierten Dienen (z.B. CH_2=CX-CH=CH_2) eine geometrische Isomerie auftreten. Das Kettenwachstum solcher Monomerer kann auf verschiedene Arten vonstatten gehen; eine anschauliche Illustration ist am Beispiel des 2-Methyl-1,3-butadiens (Isopren) möglich. Es besteht die Möglichkeit einer 1,2- oder einer 3,4-Addition, wobei in beiden Fällen isotaktische, syndiotaktische oder ataktische Strukturen entstehen können; es kann aber auch eine 1,4-Addition stattfinden, bei der innerhalb der Hauptkette eine Doppelbindung verbleibt.

Daraus folgt, daß das 1,4-Polymere in der *cis*- oder der *trans*-Form oder in einer Mischung aus beiden vorliegen kann.

Theoretisch ist es möglich, acht unterschiedliche stereochemische Strukturen oder zumindest Gemische aus ihnen zu erhalten. Bei symmetrischen Monomeren, wie z.B.

Butadien (CH$_2$=CH-CH=CH$_2$), kann man zwischen der 1,2- und der 3,4-Addition nicht unterscheiden, und dementsprechend nimmt die Zahl der möglichen Stereoisomeren ab.

Zusätzliche Möglichkeiten eröffnen sich bei der Verwendung 1,4-disubstituierter Diene, XCH=CH-CH=CHY. Für den Fall Y = H ergibt sich

$$XCH=CH-CH=CH_2 \rightarrow \left[\begin{matrix} CH-CH=CH-CH_2 \\ | \\ X \end{matrix} \right]_n$$

wobei bei einer 1,4-Addition sowohl *cis-trans*-Isomerie möglich ist, aber auch isotaktische, syndiotaktische und ataktische Strukturen in bezug auf X entstehen können. Wenn Y ≠### H, können bei der 1,4-Addition sogar die *threo*- und *erythro*-Strukturen gebildet werden. Für Polymere aus Monomeren mit unterschiedlichem X und Y wurde der Name *tritaktisch* vorgeschlagen.

6.5 Konformation stereoregulärer Polymerer

Viele stereoreguläre Polymere sind hochkristallin, und die Tendenz zur Bildung geordneter Strukturen steigt mit dem Ausmaß an Stereoregularität an. In einem späteren Kapitel wird gezeigt werden, daß die hochkristalline Ordnung gewöhnlich mit regelmäßigen symmetrischen Polymerstrukturen verbunden ist, wohingegen aus asymmetrischen Monomeren stark unsymmetrische Ketten entstehen. Es müssen aber noch einige andere Faktoren die Kristallitbildung unterstützen.

Ein stabiler Zustand für Polyethylen ist die reine *trans*-Zick-Zack-Form, in welcher es kristallisiert. Eine gestreckte Zick-Zack-Anordnung wird für ein isotaktisches Polymeres mit einem voluminösen Substituenten allerdings unmöglich, da der Abstand zwischen den Zentren der Substituenten in dieser Konformation nur 0,254 nm betragen würde. Anscheinend wird für ein isotaktisches Polymeres der Zustand niedrigster Energie dadurch erreicht, daß die Substituenten gestaffelt angeordnet und soweit wie möglich voneinander entfernt werden; dies wird dann möglich, wenn durch Rotation um die Einfachbindungen eine Helix gebildet wird. Im Bild 6.2 wird eine solche helicale Form am Beispiel von Polypropylen dargestellt. Ausgehend vom Kohlenstoff 1 findet man die Folge: 1 und 4 stehen *trans* zueinander (*t*), 2 und 5 *gauche* (*g*), 3 und 6 *trans*, 4 und 7 wieder *gauche* usw. Kohlenstoff 1 wiederholt sich in Kohlenstoff 7, daher ist es eine dreifache Helix, bei der drei Monomereinheiten jeweils eine vollständige Windung bilden. In einer Kurzschriftdarstellung handelt es sich um eine 3$_1$-Helix mit einer *tgtgtg*-Konformation; eine Abkehr von diesem Muster zu einer *ttgg*-Sequenz würde die Kette einfach in sich selbst zurückführen. Diese Art von Helix kann auch in Dreiecksform als einfaches Modell zur Veranschaulichung der Struktur dargestellt werden. Eine auf diese Art gebildete Helix, die sich um 120° verdreht, sollte gleich lange Identitätsperioden von 0,62 nm haben. Polypropylen hat Perioden von 0,65 nm Länge und kann ganz beliebig als links- oder rechtsgängige Helix aufgebaut sein. Eine Helix wird rechtsgängig genannt, wenn sie sich bei Betrachtung entlang ihrer Achse im Uhrzeigersinn dreht und umgekehrt.

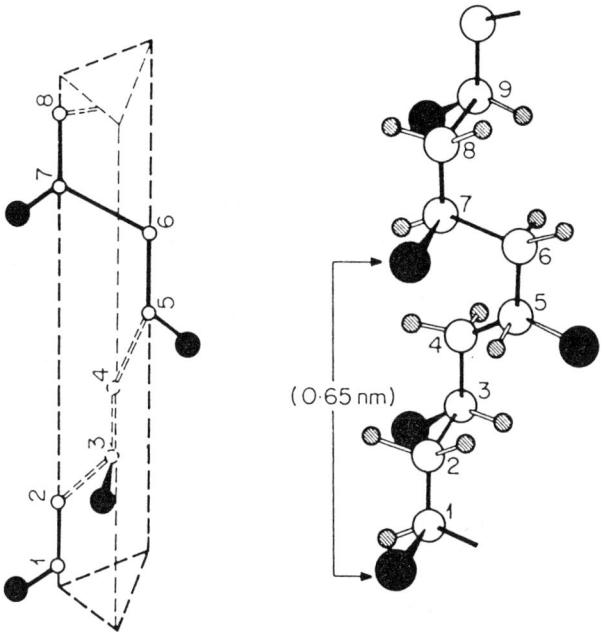

Bild 6.2: 3_1-Helix eines Poly-α-olefins; die Struktur paßt in eine Dreiecksschablone.

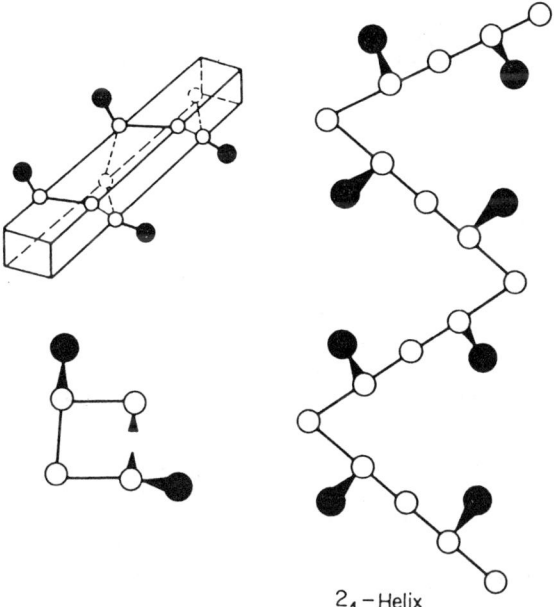

Bild 6.3:   Poly-α-olefin in syndiotaktischer Konfiguration mit *ttgg*-Sequenzen entlang der Kette und zweifach-Helix in einer quadratischen Anordnung.

Viel geeigneter für die gestreckte Zick-Zack-Konformation sind syndiotaktische Poly-mere, da sich die Substituenten hier bereits zu beiden Seiten der Kette für eine günstige Packung anordnen; es kann aber auch eine zweifach-Helix (siehe Bild 6.3) durch Bildung einer *ttgg*-Struktur entstehen, die bei syndiotaktischem Polypropylen nachgewiesen wurde. Zur Veranschaulichung dieser Struktur kann eine quadratische Form gewählt werden. Der gebildete Helixtyp hängt weitgehend von der Größe des Substituenten ab; einige Beispiele sind in Bild 6.4 dargestellt. Wenn die Helix eine regelmäßig geordnete Struktur besitzt, läßt sie sich mit Leichtigkeit in einer dichten dreidimensionalen Packung anordnen; dies erklärt, wie sich das unsymmetrische Monomere in einer kristallinen Polymerstruktur einordnen kann. Hochkristalline Polymere werden dann erhalten, wenn das Polymere genügend stereoregulär ist, damit sich ausreichend lange helicale oder regelmäßige Zick-Zack-Ab-schnitte bilden können; eine Faltung der Ketten in einem geordneten Zustand ist dann möglich.

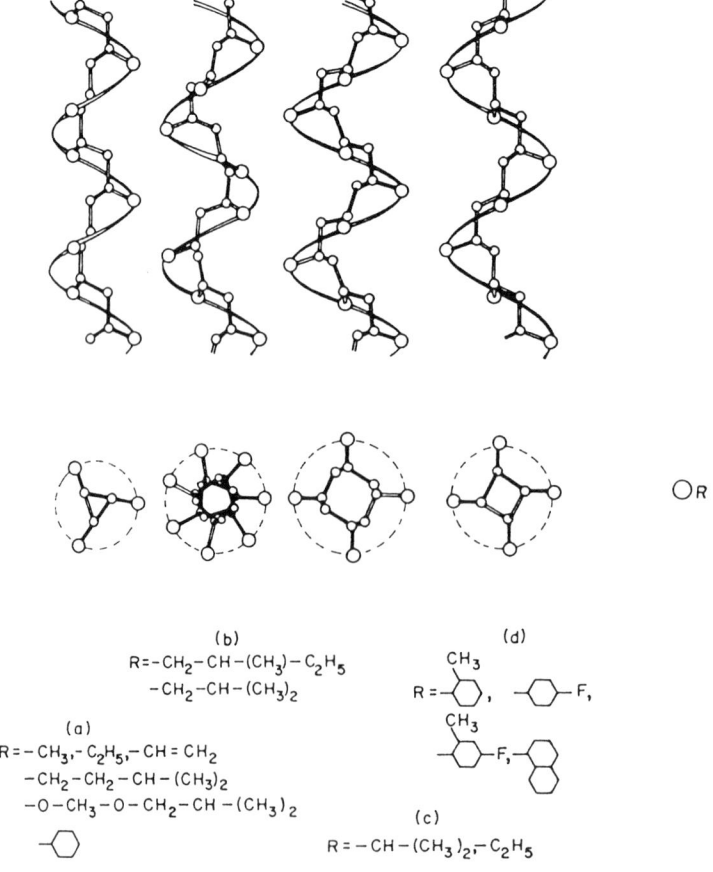

Bild 6.4:   Schematische Darstellung verschiedener Helixtypen für isotaktische Polymere (nach Natta und Corradini).

Eine automatische Gleichsetzung von Kristallinität mit Stereoregularität sollte allerdings vermieden werden, da beide nicht unbedingt synonym sind. Während stereoreguläre Polymere normalerweise kristallin sind, besagt das Vorliegen eines Polymeren im kristallinen Zustand nicht zwangsläufig, daß es auch stereoregulär ist.

6.6 Faktoren, die die Stereoregulierung beeinflussen

Die Niederdruckpolymerisation von Ethylen, über die Ziegler im Jahre 1955 zum ersten Mal berichtete, war das Signal für eine neue Ära in der Polymerwissenschaft. Der aus $TiCl_4$ und $(C_2H_5)_3Al$ gewonnene Katalysator war heterogen und dazu geeignet, wie Natta für Koordinationskatalysatoren dieses Typs zeigte, eine Stereoregulierung der Polymerisation zu erreichen. Anfangs dachte man, daß nur heterogene Katalysatoren zu stereospezifischen Polymeren führen würden, doch heute ist bekannt, daß dies nicht zutrifft, sondern daß eine Stereoregulierung unter spezifischen, wohldefinierten Bedingungen ganz unabhängig von der Löslichkeit des Katalysatorsystems eintreten kann.

Bedeutet Stereoregulierung nur die Kontrolle der Art und Weise des Eintritts eines Monomeren in eine wachsende Kette, dann sollte die Überprüfung der Faktoren, die diese Addition beeinflussen, Aufschlüsse darüber liefern, wie man eine solche Kontrolle ausüben kann.

Bei einer radikalisch initiierten Reaktion wird die Kette gewöhnlich nach einer Bernoulli-Statistik aufgebaut, bei der die Orientierung des neu eintretenden Monomeren nicht von der Struktur des Polymeren beeinflußt wird. Es kann sich dann auf zwei verschiedene Arten anlagern, wobei das aktive Kettenende als planares sp^2-Hybrid betrachtet wird. Die endgültige Konfiguration des eintretenden Monomeren wird erst dann bestimmt, wenn sich im nächsten Schritt ein weiteres Monomeres anlagert. Das bedeutet, daß diese Addition zu einer isotaktischen oder syndiotaktischen Anordnung des pseudoasymmetrischen C-Atoms 1 in bezug zu 2 führt. Ist der Kettenträger eine freie Spezies, d.h. ein Radikal, dann hängt die Stereoregularität des Polymeren von den relativen Geschwindigkeiten der beiden Additionsreaktionen ab, welche wiederum durch die Temperatur kontrolliert werden. Eine Betrachtung der relativen Größen von Aktivierungsenthalpie und -entropie für die isotaktische und syndiotaktische Anordnung zeigt, daß die syndiotaktische Struktur bevorzugt wird, solange die Differenzen gering sind. Dies wird natürlich von der größeren sterischen Hinderung und den Abstoßungskräften unterstützt, die bei der isotaktischen Konfiguration von den Substituenten ausgeübt werden, wobei das Ausmaß mit der Natur des Substituenten X variiert. So liegt für eine radikalische Polymerisation bei 373 K der Anteil an syndiotaktischen Sequenzen für Methylmethacrylat bei 73%, aber nur bei 51% für Vinylchlorid. Eine Herabsetzung der Polymerisationstemperatur führt zu einer Erhöhung der syndiotaktischen Anteile, da aber radikalische Reaktionen meistens bei höheren Temperaturen ablaufen, herrschen hierbei ataktische Strukturen vor. Radikalische Polymerisationen bei niedrigen Temperaturen führen bei den polaren Monomeren Isopropyl- und Cyclohexylacrylat und Methylmethacrylat zu syndiotaktischen Polymeren.

Die gleichen Prinzipien gelten für ionische Polymerisationen mit freien Kettenträgern. Wenn aber eine Koordination zwischen Monomerem und aktivem Kettenende stattfindet, ändert sich die Stereoregularität. Die Konfiguration des Monomeren wird dann von der des wachsenden Kettenendes beeinflußt, und es gibt mehr als zwei Anlagerungsmöglichkeiten des Monomeren an die Kette. Diese Koordinationskatalysatoren umfassen die Ziegler-Natta-Typen als größte Gruppe, daneben einige andere wie Butyllithium, Phenylmagnesiumbromid und Bortrifluoridetherat. In der Regel sind die Polymeren isotaktisch, obwohl in einigen Fällen auch streng syndiotaktische Polymere erhalten werden.

Man kann sich die Orientierung bei der Koordinationspolymerisation als Mehrzentrenzustand vorstellen, bei dem die Lage des Monomeren durch Koordination mit dem Gegenion und dem wachsenden Kettenende fixiert wird. Da das Gegenion dazu tendieren wird, den Substituenten X des angreifenden Monomeren abzustoßen, wird dieses Monomere in einer Weise zur Annäherung gezwungen, die vorwiegend zu isotaktischen

Tabelle 6.1:   Polymerisationen mit Koordinationskatalysatoren; die angegebenen Taktizitäten betragen mehr als 90%

Monomer	Katalysator	Struktur
Isobutylvinylether	$BF_3(C_2H_5)_2O$ in Propan bei 213 K	Isotaktisch
Methylacrylat	C_6H_5MgBr oder n-C_4H_9Li in Toluol bei 235 K	Isotaktisch
Propylen	$TiCl_4$ + $(C_2H_5)_3Al$ in Heptan bei 323 K	Isotaktisch
Propylen	VCl_4 + $Al(i$-$C_4H_9)_2Cl$ in Anisol oder Toluol bei 195 K	Syndiotaktisch

angreifenden Monomeren hat, dann sollte das resultierende Polymere umso stereospezifischer sein, je stärker die Koordinationskraft ist. Allerdings spielt auch die Natur des Monomeren eine Rolle. Polare Monomere (Acrylate und Vinylether) können aktiv in den Koordinationsprozeß eingreifen und erfordern daher Katalysatoren mit nur geringer Orientierungskraft, während unpolare Monomere (z.B. α-Olefine) viel stärker koordinierende Katalysatoren benötigen, um einen gewissen Grad an Stereoregularität bei der Polymerisation zu erreichen. In Extremfällen sind die heterogenen Ziegler-Natta-Katalysatoren erforderlich, bei denen die Art der Monomeraddition an das Kettenende strengen Beschränkungen unterliegt. Solche Katalysatoren müssen bei unpolaren Monomeren eingesetzt werden, die in homogenen Systemen nur ataktische Polymere bilden.

6.7 Homogene stereospezifische kationische Polymerisation

Beispiele für diesen Reaktionstyp sind die Alkylvinylether (CH_2=CHOR). Isobutylvinylether war das erste untersuchte Monomere, das mit einem BF_3 + $(C_2H_5)_2O$-Katalysator ein stereoreguläres Polymeres lieferte. Dieses Monomere soll uns hier als Beispiel dienen. Eine homogene stereospezifische Polymerisation kann in Toluol bei 195 K mit löslichen Komplexen wie $(C_2H_5)_2TiCl_2AlCl_2$ oder $(C_2H_5)_2TiCl_2Al(C_2H_5)Cl$ durchgeführt werden. Bei geeigneter Wahl von Lösungsmittelmischungen läßt sich auch mit BF_3 + $(C_2H_5)_2O$ ein homogenes System herstellen, welches zur Darstellung isotaktischer Polymerer geeignet ist.

Der von Bawn und Ledwith vorgeschlagene Mechanismus postuliert für das endständige C-Atom in der wachsenden Kette eine sp^3-Konfiguration, die ganz besonders in Lösungsmitteln mit niedriger Dielektrizitätskonstante auf das anwesende Gegenion zurückzuführen ist. Die Autoren weisen darauf hin, daß bei den Alkylvinylethern, mit Ausnahme der Ethyl- und Isopropylderivate, eine Seite der Doppelbindung sterisch abgeschirmt ist, wie das folgende Schema zeigt:

Auf diese Weise wird *eine* Möglichkeit zur Spaltung der Doppelbindung unterbunden und die Stereoregulierung unterstützt. Diese Annahme wird dadurch untermauert, daß bei den Ethyl- und Isopropylvinylethern, bei denen eine solche Blockierung nicht möglich ist, keine kristallinen Polymeren entstehen.

Man nimmt an, daß die Bildung eines lockeren Sechsrings das wachsende Carboniumion bei der Reaktion stabilisiert, so daß der einzige Weg für das angreifende Monomere am Gegenion vorbeiführt.

Isotaktisches Polymer

Im Verlauf der Anlagerung wird ein vierzentrischer Übergangszustand durchlaufen, der zu einer Insertion einer Monomereinheit zwischen Katalysator und Kettenende führt, anschließend wird die Sechsringstruktur wiederhergestellt. Eine Alternative für den Übergangszustand, die von Cram und Kopecky vorgeschlagen wurde, hat eine ähnliche, allerdings starrere Struktur.

$$CH_2=CH-O-R$$

Bei beiden Mechanismen wird die Natur des Katalysators, der das Gegenion bildet, außer acht gelassen. Da dieser aber offensichtlich wie eine Art Schablone auf das angreifende Monomere wirkt, wird er einen Einfluß auf die Geschwindigkeit und den Typ der entstehenden Stereoregularität haben. Wegen der Tendenz des Gegenions, den Substituenten des angreifenden Monomeren abzustoßen, wird die wahrscheinlichste Konfiguration die isotaktische sein.

6.8 Homogene stereoselektive anionische Polymerisationen

Die verschiedenen Faktoren, die die Stereoregularität beeinflussen, wenn das wachsende Kettenende ein Carbanion ist, werden günstigerweise am Beispiel der Polymerisation von Methylmethacrylat mit Organolithiumkatalysatoren beleuchtet.

Das wachsende Kettenende bei einer anionischen Reaktion, die durch Reagentien wie *n*-Butyllithium ausgelöst wird, kann man sich - analog zur Bildung von Kationen - in einem der folgenden Zustände vorstellen.

$$RLi \; \rightleftharpoons \; R^-Li^+ \; \rightleftharpoons \; R^-//Li^+ \; \rightleftharpoons R^{\ominus} + Li^+$$
kovalent   Kontaktionenpaar   Solvationenpaar   freie Ionen

Das Ausmaß der Trennung hängt von der Polarität des Reaktionsmediums ab. In unpolaren Kohlenwasserstoffen, wie z.B. Toluol, liegen am wahrscheinlichsten kovalente Moleküle oder Kontaktionenpaare vor. Mit steigender Polarität des Lösungsmittels steigt auch die Tendenz zur Solvatisierung der Ionen, und unter Umständen werden sogar freie Ionen gebildet, die eine rein anionische Polymerisation starten können. Dies führt zu ähnlichen Bedingungen wie bei der radikalischen Polymerisation, bei der die Stereoregulierung unterdrückt wird und bei niedrigen Temperaturen syndiotaktische Polymere bevorzugt gebildet werden.

Die Auswirkung von Lösungsmittel und Temperatur kann man deutlich bei der Polymerisation von Methylmethacrylat mit *n*-Butyllithium bei 243 K in einer Reihe von Lösungsmittelgemischen aus Toluol und Dimethoxyethan zeigen. Die NMR-Spektren der Produkte weisen auf die in Tabelle 6.2 aufgeführten Strukturen hin und machen deutlich, daß in Medien geringer Polarität ein überwiegend isotaktisches Polymeres entsteht, das aber mit steigender Solvatationskraft des Lösungsmittels eine hohe Syndiotaktizität aufweist.

Aus diesen Tatsachen ergibt sich ein weiterer Gesichtspunkt. Die syndiotaktischen Anteile werden höher, wenn die Lewis-Basenstärke des Lösungsmittels zunimmt. Dieser Faktor erklärt wahrscheinlich die Wirksamkeit des Ethers in diesem System. Bei 9-Fluorenyllithium als Initiator führt die Polymerisation von Methylmethacrylat bei 195 K in Toluol zu einem isotaktischen Polymeren, während beim Übergang zu Tetrahydrofuran als Lösungsmittel syndiotaktische Polymere erhalten werden.

Tabelle 6.2:   Einfluß von Lösungsmittelgemischen auf die Taktizität von Poly(methylmethacrylat), initiiert durch *n*-Butyllithium bei 243 K; angegeben sind die Molenbrüche der verschiedenen Konfigurationen im Polymeren

Toluol/DME	Isotaktisch	Heterotaktisch	Syndiotaktisch
100/0	0,59	0,23	0,18
64/36	0,38	0,27	0,35
38/62	0,24	0,32	0,44
2/98	0,16	0,29	0,55
0/100*	0,07	0,24	0,69

*gemessen bei 203 K.

Die Stereoregulierung wird, bei Verwendung von Grignard-Reagentien oder Alkalimetallalkylen als Initiatoren, auch von der Natur des Metallions beeinflußt. In Toluol z.B. nimmt der isotaktische Anteil im Polymeren ab, wenn die Metallionen von Li über Na nach K ausgetauscht werden.

Wenn allgemeine Schlüsse aus dem Verhalten von Methylmethacrylat bei anionischen Polymerisationen gezogen werden können, sind es die folgenden: Tritt ein freies, dissoziiertes Ion am wachsenden Kettenende auf, dann führt die anionische Polymerisation von polaren Monomeren oder Monomeren mit voluminösen Substituenten zu überwiegend syndiotaktischen Polymeren. Dies ist nämlich die stabilste Form, bei der sterische und abstoßende Kräfte auf ein Minimum reduziert werden. Läuft jedoch, wie z.B. bei einer Monomer-Gegenion-Koordination, ein stark regulierender Mechanismus ab, wird das weniger begünstigte isotaktische Polymere gebildet.

In einem Versuch, den Mechanismus der Stereoregulierung in einem durch Lithiumalkyle initiierten System aufzuklären, schlugen Bawn und Ledwith vor, daß die vorletzte Ketteneinheit einen wesentlichen Einfluß auf die Anlagerung eines Monomeren ausübt. Ist das Lithiumion mit der Carbonylgruppe der vorletzten Ketteneinheit und mit der der letzten Ketteneinheit in einer resonanzstabilisierten enolischen Struktur (V) koordiniert, dann bildet sich eine lose cyclische Zwischenstufe.

Alternativ läßt sich ein Übergangszustand (VI), ähnlich dem bei einer S_N2-Reaktion, formulieren. Ist eine Seite des Li^+ abgeschirmt, dann ist die Annäherung des Monomeren behindert. Der Weg des geringsten Widerstandes führt dann dazu, daß sich die α-Methylgruppe des angreifenden Monomeren während der Bildung des π-Komplexes in *trans*-Stellung in bezug auf die α-Methylgruppe des Carbanions anordnet. Die Anlagerung der Methylengruppe des Monomeren erfolgt dann durch eine Reihe von Bindungsumlagerungen. Anstelle der Wechselwirkung mit der ehemals vorletzten Ketteneinheit koordiniert das Lithiumion jetzt mit der Carbonylgruppe des Monomeren und die cyclische Zwischenstufe ist wiederhergestellt.

Die sterische Hinderung, die durch die α-Methylgruppe ausgeübt wird, unterstützt die Bildung eines isotaktischen Polymeren; ist sie wie im Fall des Methylmethacrylats nicht vorhanden, ist die Wahrscheinlichkeit für isotaktische Strukturen geringer. Bei den höheren Acrylaten wird dies durch die Abschirmung einer Monomerseite durch die voluminöse Estergruppe kompensiert. Bei den verzweigten Homologen Isopropyl- und *tert*-Butylacrylat wird die π-Bindung mit dem Lithiumion auf nur einer Seite des Monomeren erzwungen und auf diese Weise die Bildung eines isotaktischen Polymeren unterstützt. Da dieser und auch andere Mechanismen die Existenz von Strukturen erfordern, die durch intramolekulare Solvatation stabilisiert sind, sollte die Zugabe von Lewis-Basen oder polaren Lösungsmitteln diese notwendige Matrix zerstören und das herkömmliche anionische Wachstum durch freie Ionen begünstigen. Dadurch wird natürlich automatisch der isotaktische Anteil im Polymeren herabgesetzt.

6.9 Homogene Dienpolymerisation

Die Prinzipien, die im vorhergehenden Abschnitt auf im wesentlichen polare Monomere angewendet wurden, können auch auf die stereoreguläre Polymerisation von Dienen mit Alkalimetallen und Metallalkylen übertragen werden. Es wurde bereits gezeigt, daß das Polydien infolge der *cis-trans*-Isomerie eine Vielzahl möglicher Strukturen annehmen kann, was natürlich die Darstellung von Polymeren mit nur einer einzigen Konfiguration erschwert. So kann Polyisopren Monomereinheiten mit 1,2- oder 3,4-, *cis*-1,4- oder *trans*-1,4-Konfigurationen enthalten, ohne daß hierbei schon die Taktizität der 1,2- oder 3,4-Monomersequenzen berücksichtigt wäre.

Die größte Anstrengung wurde auf die Darstellung bestimmter geometrischer Isomerer gerichtet, da Art und Verteilung jeder isomeren Form in der Kette einen gewichtigen Einfluß auf die mechanischen und die physikalischen Eigenschaften des Polymeren haben. Die anfängliche Entdeckung, daß metallisches Lithium in einem Kohlenwasserstofflösungsmittel die Entstehung eines reinen *cis*-1,4-Polyisoprens katalysiert, erweckte das Interesse an diesem Gebiet. Gleichzeitig ergaben sich dadurch auch zwei Fragen, die geklärt sein müssen, wenn ein geeigneter Mechanismus aufgestellt werden soll. Zum einen führen Lithium und Lithiumalkyle zu hochspezifischen Stereostrukturen, während der Ersatz des Lithiums durch Natrium oder Kalium diesen Effekt vermindert und zum anderen kann die stereospezifische Polymerisation in Substanz oder in Kohlenwasserstoffen als Lösungsmittel ablaufen, die Zugabe von polaren Lösungsmitteln führt zu drastischen Änderungen. Zur Erklärung dieser beiden Punkte wurde der folgende Mechanismus vorgeschlagen, wobei das bei der Initiierung entstehende Produkt (VII) als „Schlenk"-Addukt bezeichnet wird.

cis-1,4

Das Lithiumion bildet einen Chelatkomplex mit dem Isoprenmolekül und fixiert dieses damit in einer *cis*-Konfiguration, die während der Anlagerung erhalten bleibt. Diese Art des Komplexes ist bei kleinen Ionen wie Li^+ begünstigt, wird aber bei den größeren Gegenionen Na^+ und K^+ nicht gebildet, so daß sich die Monomeren freier nähern können. Auch die Anwesenheit von Ether stört die Stereospezifität der Reaktion, da dieser ebenfalls mit dem Li^+ Komplexe bildet und so die räumliche Anordnung des Chelatkomplexes ändern kann:

Das Monomere kann sich anschließend statistisch anlagern. Das fehlende Auftreten einer bedeutenden 1,2- oder 3,4-Addition beruht möglicherweise auf der Abschirmung des C-Atoms 3 im Übergangszustand. Alle diese Vorschläge bleiben jedoch rein spekulativ.

6.10 Zusammenfassung

Wir können an dieser Stelle einige der bisher behandelten Punkte zusammenfassen.

Drei Faktoren beeinflussen die Stereoregularität während des Kettenwachstums:

1. *Sterische Faktoren* zwingen das Monomere in eine räumliche Anordnung, die durch die Größe und Lage der bereits in der Kette vorliegenden Substituenten vorgegeben ist.

2. *Polare Faktoren* beeinflussen die Stereoregularität dadurch, daß Lösungsmittel, die zur Kontaktionenpaarbildung führen, isotaktische Strukturen begünstigen, während in polaren Lösungsmitteln freie Ionen gebildet werden und bevorzugt syndiotaktische Polymere entstehen.

3. Die *Koordination* ist deshalb wichtig, weil beim Vorliegen eines planaren sp^2-Hybrids am wachsenden Kettenende die Konfiguration dieser letzten Ketteneinheit erst im Verlauf der Anlagerung eines weiteren Monomeren bestimmt wird. Normalerweise wird dies eine syndiotaktische Anlagerung in bezug auf die vorletzte Einheit sein. Andernfalls tritt die Koordination mit dem Gegenion, dem angreifenden Monomeren und der letzten oder vorletzten Ketteneinheit auf.

Bei polaren Monomeren können lösliche Katalysatoren zu isotaktischen Polymeren führen, während die homogenen Katalysatoren bei unpolaren Monomeren hauptsächlich ataktische oder syndiotaktische Polymere begünstigen. In diesem Fall müssen für die Darstellung isotaktischer Polymerer heterogene Katalysatoren eingesetzt werden; dies wird im nächsten Kapitel Gegenstand ausführlicher Diskussionen sein.

Allgemeine Literatur

W. Cooper, "Stereospecific polymerization" in *Progress in High Polymers*, Bd. I, Academic Press (1961).

M. Goodman, "Concepts of polymer sterochemistry", *Topics in Stereochemistry*, Bd. 2, Wiley-Interscience (1967).

A. D. Ketley, *The Stereochemistry of Macromolecules*, Bde. I-III, Edward Arnold (1968).

G. Natta, "Precisely constructed polymers", *Scientific American*, **205**, 33 (1961).

G. E. Schildknecht, "Stereoregular polymers" in *Encyclopaedia of Chemistry*, Reinhold Publishing Corp. (1966).

R. B. Seymour, *Introduction to Polymer Chemistry*, Kap. 6, McGraw-Hill (1971).

Spezielle Literatur

1. C. E. H. Bawn, A. Ledwith, *Quarterly Reviews*, **16**, 361 (1962).

2. G. Natta, P. Corradini, *Rubber Chem. Technol.*, **33**, 703 (1960).

7 Durch Metallkatalysatoren und Übertragungsreaktionen initiierte Polymerisationen

7.1 Polymerisationen mit Ziegler-Natta-Katalysatoren

Stereoreguläre Polymerisationen in homogenen Systemen mit im wesentlichen polaren Monomeren, deren Koordinationsfähigkeit mit dem Katalysator auf die Anlagerung eines Monomeren stereospezifisch wirkt, wurden in dem vorangegangenen Kapitel behandelt. Mit abnehmender Polarität des Monomeren werden jedoch auch die Kontrollmöglichkeiten über die Konfiguration des neu eintretenden Monomeren geringer, und das Ergebnis sind ataktische Polymere.

Eine der größten Neuerungen in der Synthese von Polymerverbindungen war die Entdeckung Zieglers, daß man in Gegenwart eines Katalysators, bestehend aus einer Aluminiumalkylverbindung und einem Übergangsmetallhalogenid, Ethylen bei Raumtemperatur unter Normaldruck polymerisieren kann. Ziegler stellt fest, daß das erhaltene Polyethylen hochkristallin war, ganz im Gegensatz zu dem verzweigten und amorphen Produkt, welches bei der Hochdruckmethode anfiel. Diese Tatsache regte Natta zu weiteren Untersuchungen auf diesem Gebiet an, und gemeinsam mit seinen Mitarbeitern konnte er zeigen, daß aus Propylen, Buten-1 und einer großen Anzahl weiterer α-Olefine mit modifizierten Katalysatoren des Ziegler-Typs hochkristalline Polymere erhalten werden können. Weiterhin stellten sie fest, daß die Kristallinität dieser Polymeren von ihrer strengen stereoregulären Struktur herrührt.

In allen diesen Fällen waren die Systeme heterogen; die aktiven Initiatoren sind heute unter dem allgemeinen Begriff *Ziegler-Natta*-Katalysatoren bekannt. Sie beinhalten eine große Anzahl von Substanzen, die aus verschiedenen Kombinationen von metallorganischen Verbindungen mit Metallen aus den Gruppen I, II oder III und den Halogeniden oder Estern eines Übergangsmetalls (Gruppe IV bis VIII) hergestellt werden. In Tabelle 7.1 sind einige gängige Komponenten für Ziegler-Natta-Katalysatoren zusammengestellt, allerdings erhebt diese Aufstellung keinen Anspruch auf Vollständigkeit.

Diese Katalysatoren können eine Kontrolle sowohl über (a) die Geschwindigkeit als auch (b) die Stereospezifität der Reaktion ausüben, allerdings ist diese Kontrolle von Reaktion zu Reaktion unterschiedlich, und nur eine sorgfältige Wahl des Katalysators kann eine wirkungsvolle Kontrolle über beide Aspekte bewirken.

Aufgrund der Unlöslichkeit des Katalysators besteht leider das Problem, daß die Kinetik nur schwer reproduzierbar und der Reaktionsmechanismus kaum zuverlässig zu formulieren ist. Das bedeutet, daß die Wahl eines geeigneten Katalysators für ein System ziemlich empirisch ist und sehr viele Experimente notwendig macht, bis man die Versuchsbedingungen optimiert hat.

Tabelle 7.1:   Komponenten von Ziegler-Natta-Katalysatoren

Metallalkyl oder -aryl	Übergangsmetallverbindung
$(C_2H_5)_3Al$	$TiCl_4$; $TiBr_3$
$(C_2H_5)_2AlCl$	$TiCl_3$; VCl_3
$(C_2H_5)AlCl_2$	VCl_4; $(C_2H_5)_2TiCl_2$
$(i\text{-}C_4H_9)_3Al$	$(CH_3COCHCOCH_3)_3V$
$(C_2H_5)_2Be$	$Ti(OC_4H_9)_4$
$(C_2H_5)_2Mg$	$Ti(OH)_4$; $VOCl_3$
$(C_4H_9)Li$	$MoCl_5$; $CrCl_3$
$(C_2H_5)_2Zn$	$ZrCl_4$
$(C_2H_5)_4Pb$	$CuCl$
$((C_6H_5)_2N)_3Al$	WCl_6
C_6H_5MgBr	$MnCl_2$
$(C_2H_5)_4AlLi$	NiO

Es ist vielleicht nützlich, an dieser Stelle noch einmal daran zu erinnern, daß bei den Ziegler-Natta-Katalysatoren auch homogene Systeme existieren, daß diese aber mit unpolaren Monomeren nur zu ataktischen oder bisweilen syndiotaktischen Polymeren führen. Da nur mit den heterogenen Ziegler-Natta-Katalysatoren isotaktische Poly-α-olefine entstehen, haben diese die höchste Aufmerksamkeit erweckt. Das Interesse für diesen Polymerisationstyp war ungeheuer groß, was man an der großen Zahl von Publikationen erkennen kann. So war es auch nicht erstaunlich, daß Ziegler und Natta im Jahre 1963 für ihre Arbeiten mit dem Nobelpreis ausgezeichnet wurden.

Experimentelle Veranschaulichung

Bevor auf den Mechanismus der Katalyse und die Natur des Katalysators näher eingegangen wird, soll zur Illustration eine Laborvorschrift zur Darstellung von Polyethylen widergegeben werden.

Darstellung des Katalysators. Triethylaluminium oder Diethylaluminiumchlorid werden mit Titantetrachlorid in wasserfreier, inerter Atmosphäre zusammengegeben. Diese strengen Inertbedingungen sind unbedingt einzuhalten, da sich die Aluminiumalkyle an der Luft sofort entzünden.

Eine weitaus weniger gefährliche Methode ist der Gebrauch von Amyllithium, das aus Lithiumdraht und Amylchlorid hergestellt wird. In einem Dreihalskolben werden 50 cm^3 Petrolether gegeben und mit Stickstoff, der zur Entfernung des Sauerstoffs zunächst durch Pyrogallol und dann durch NaOH geleitet wurde, entgast. Unter heftigem rühren werden 3 g Lithiumdraht, 2 cm^3 einer Lösung von 20,7 cm^3 Amylchlorid in 25 cm^3 Petrolether zugegeben. Man läßt weiter kräftig Rühren, bis die Lösung trübe wird (LiCl) und gibt langsam über einen Zeitraum von etwa 20 min die restliche Amylchloridlösung zu, wobei der Kolben in einem Eisbad gekühlt wird. Die Reaktionsmischung verfärbt sich blau-braun und wird

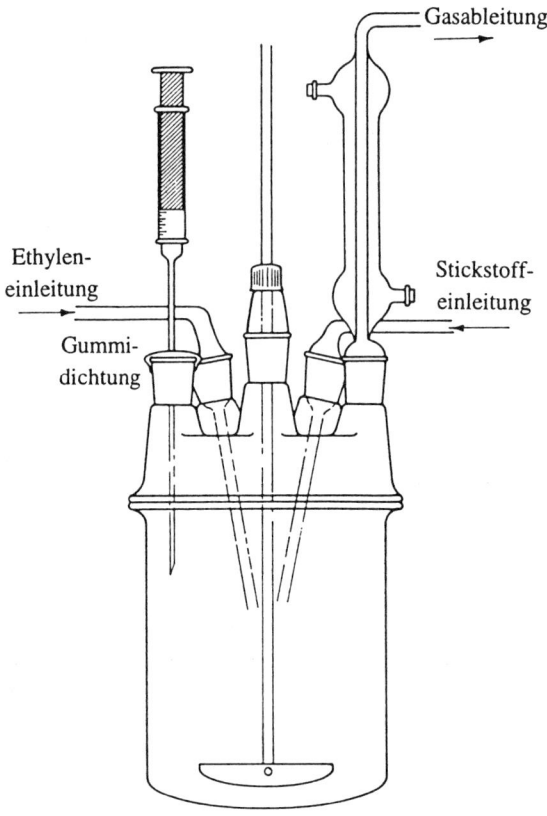

Gasableitung

Ethylen-
einleitung

Stickstoff-
einleitung

Gummi-
dichtung

Bild 7.1:   Apparatur für die Darstellung von Polyethylen.

nach 2,5 h zur Entfernung des überschüssigen Lithiums unter Stickstoff über Glaswolle
abfiltriert. Man läßt das Filtrat absitzen und bestimmt den Gehalt der überstehenden Lösung,
indem man einen aliquoten Teil mit Wasser hydrolisiert und das gebildete LiOH mit 0,1 N
HCl titriert. Die Amyllithiumlösung kann für einige Tage bei 273 K gelagert werden.

Polymerisation. Hierbei wird der Katalysator *in situ* hergestellt. Man verwendet im allgemeinen eine Apparatur ähnlich der in Bild 7.1 gezeigten. In das Reaktionsgefäß (1 dm^3) werden 400 cm^3 Petrolether und 0,05 mol Amyllithium gegeben. Hierzu gibt man 2 cm^3 wasser-
freies Titantetrachlorid und nach etwa 20 min ist die Bildung des Katalysators beendet, der in
Form eines braun-schwarzen Niederschlages anfällt. Die Bildung des Katalysator ist mit
einem Temperaturanstieg von etwa 10 K begleitet. Daraufhin wird unter Rühren Ethylen
durch die Mischung geleitet, wobei sich sofort Polyethylen bildet. Nach etwa 30 min Reaktionszeit wird der Katalysator durch Zugabe von 40 cm^3 Butanol zerstört. Das Polymere wird
abfiltriert, mit einer 1:1-Mischung von HCl und Methanol gewaschen und bei 350 K getrocknet. Es besitzt einen hohen Kristallinitätsgrad, eine höhere Dichte und einen um etwa
20-30 K höheren Schmelzpunkt als Proben, die nach der Hochdruckmethode dargestellt wurden.

Die in Bild 7.1 gezeigte Apparatur ist zusätzlich mit einer Spritze ausgestattet, die bei der Verwendung der leicht entflammbaren Aluminiumalkyle verwendet wird, die zumeist in Kohlenwasserstoffen gelöst sind.

7.2 Die Natur des Katalysators

Häufig ist das Produkt einer Ziegler-Natta-Polymerisation in sterischer Hinsicht unrein, und man kann es durch Extraktion in einen hochkristallinen, stereoregulären Anteil und einen amorphen ataktischen trennen. Dieser Effekt ist der Größe der Katalysatorpartikel zuzuschreiben, da die Stereoregularität durch große Partikel begünstigt wird, während ein fein verteilter Katalysator lediglich zu amorphen Polymeren führt.

Einen sehr starken Einfluß übt auch die Kristallstruktur des Katalysators aus; die violetten α-, γ- und δ-Formen des $TiCl_3$ bilden in Verbindung mit Aluminiumalkylen einen wesentlich größeren Anteil an isotaktischem Polypropylen als die braune β-Struktur. Da man annimmt, daß die aktiven Zentren bei der heterogenen Polymerisation auf der Kristalloberfläche sitzen, ist die Gesamtstruktur wesentlich. Bei der Schichtstruktur des α-$TiCl_3$, bei der jedes dritte Ti^{3+}-Ion im Gitter fehlt, treten natürlich auch eine Reihe von Cl-Leerstellen auf, damit die elektrische Neutralität im Kristall bestehen bleibt. Das Ti^{3+} an der Oberfläche ist dann nur fünffach koordiniert mit einem leeren d-Orbital, $\square$, und ein aktives Zentrum wird dann gebildet, wenn ein Chloratom durch eine Alkylgruppe unter Bildung von $TiRCl_4$ $\square$ ersetzt wird (siehe Diagramme auf Seite 160).

Beim β-$TiCl_3$ bilden die linearen Ketten Bündel, bei denen einige Ti-Ionen von fünf Cl-Ionen, andere aber nur von vier umgeben sind. Das bedeutet, daß die sterische Kontrolle an den Zentren mit zwei Leerstellen weniger stark und demzufolge die Stereoregulierung sehr viel schlechter ist.

Die Zusammensetzung des Katalysators beeinflußt nicht nur die Stereoregulierung sondern auch die Ausbeute an Polymeren. So wird bei der Verwendung von Ti^{3+} viel mehr isotaktisches Polypropylen erhalten als mit Ti^{4+} oder Ti^{2+}, während eine Verlängerung der anhängenden Alkylgruppen die Wirksamkeit der sterischen Kontrolle vermindert. Eine Änderung des Übergangsmetalles und der Aluminiumkomponente beeinflußt ebenfalls die Natur des Produktes.

7.3 Die Natur der aktiven Zentren

Die meisten theoretischen Befunde deuten darauf hin, daß das Wachstum an einer Bindung zwischen Kohlenstoff und Übergangsmetall stattfindet, wobei das aktive Zentrum einen anionischen Charakter besitzt. Radikalische Reaktionen sind bei den Ziegler-Natta-Systemen auszuschließen, weil weder (i) eine Kettenübertragung auftritt, noch (ii) der Katalysator verbraucht wird. Auch leben die aktiven Zentren länger als Radikale und ähneln somit vielmehr den „lebenden" Polymersystemen. So lassen sich beispielsweise auch Blockcopolymere darstellen, wenn man zwei verschiedene Monomere nacheinander zugibt.

Obwohl eine Vielzahl von Mechanismen vorgeschlagen wurden, verdienen es nur zwei, im Detail besprochen zu werden. Sie basieren beide auf der Annahme, daß die aktiven Zentren lokalisiert sind und nicht wandern und daß das α-Olefin vor dem Einbau in der Kette am Übergangsmetall komplexiert wird, d.h. das Wachstum findet immer von der metallischen Seite her statt. Die aktiven Spezies werden dann entweder als bimetallisch oder als monometallisch betrachtet.

7.4 Der bimetallische Mechanismus

Natta und seine Mitarbeiter haben einen Mechanismus postuliert, bei dem das Kettenwachstum von einem aktiven Zentrum ausgeht, welches durch Chemisorption eines elektropositiven Metallalkyls mit kleinem Ionenradius an der Oberfläche des Cokatalysators entsteht. Dies führt zur Bildung eines Brückenkomplexes der Struktur I, welcher ein Elektronendefizit aufweist, und das Kettenwachstum geht von der C-Al-Bindung aus.

I

Es wurde vorgeschlagen, daß das nucleophile Olefin einen π-Komplex mit dem Ion des Übergangsmetalls eingeht und nach einer partiellen Ionisierung der Alkylbrücke in einen Sechsring-Übergangszustand eingebaut wird. Das Monomere wird dann unter Rückbildung des Komplexes zwischen dem Al und dem C in die wachsende Kette inkorporiert.

Da zur Stützung dieses Konzeptes nur eine geringe Anzahl experimenteller Beweise existieren, wurden von Ziegler Zweifel geäußert. Er war der Meinung, daß die dimeren Aluminiumalkyle für die „Aufbau"-Reaktion wirkungslose Katalysatoren sind, so daß der

Ti-Al-Komplex wahrscheinlich nicht das katalytisch wirksame Agens ist. Auch andere, neuere Arbeiten geben der zweiten, einfacheren Variante, dem monometallischen Mechanismus, den Vorzug.

7.5 Der monometallische Mechanismus

Die Mehrheit der Meinungen gibt heute dem Konzept den Vorrang, welches besagt, daß die d-Orbitale des Übergangselementes den Ursprung der katalytischen Aktivität darstellen und daß das Kettenwachstum an der Titan-Alkyl-Bindung stattfindet. Die an dieser Stelle diskutierten Vorschläge sind in der Hauptsache die von Cossee und Arlmann, die am Beispiel von Propylen als Monomerverbindung vorgestellt werden.

$$\text{Cl}-\text{Ti}\overset{\square}{\underset{\text{Cl}}{\overset{|}{-}}}\text{Cl} + \text{Al(C}_2\text{H}_5)_3 \longrightarrow \text{Cl}-\text{Ti}\overset{\text{C}_2\text{H}_5-\text{Al}}{\underset{\text{Cl}}{\overset{|}{-}}}\text{Cl} \longrightarrow$$

$$\longrightarrow \text{Cl}-\text{Ti}\overset{\text{C}_2\text{H}_5}{\underset{\text{Cl}}{\overset{|}{-}}}\square + \text{ClAl(C}_2\text{H}_5)_2$$

Die erste Stufe ist die Bildung des aktiven Zentrums, die hier mit α-TiCl$_3$ als Katalysator skizziert wird. An dem fünffach koordinierten Ti^{3+}-Ion soll nach der Chemisorption des Aluminiumalkyls an der Oberfläche des TiCl$_3$-Kristalls durch einen Austauschmechanismus eine Alkylierung stattfinden. Die vier verbleibenden Chloratome sind die, die fest im Kristallgitter verankert sind, und die Leerstelle kann nun das angreifende Monomere einbauen. Die Reaktion ist auf die Kristalloberfläche beschränkt, und der aktive Komplex ist lediglich ein Oberflächenphänomen in heterogenen Systemen.

Das angreifende Monomere ist im wesentlichen unpolar, bildet aber mit dem Titan über das freie d-Orbital einen π-Komplex (siehe Schema auf der nächsten Seite). Eine graphische Darstellung eines Auschnittes aus dem Komplex (siehe Bild 7.2) zeigt, daß das Propylenmolekül kaum größer als ein Chloridion ist und daß demzufolge die Doppelbindung direkt an das Titan und praktisch genauso dicht wie das Halogen angelagert werden kann. Nach der Insertion der Monomeren zwischen die Ti-C-Bindung wandert die Polymerkette in ihre ursprüngliche Lage zurück und ist für eine weitere Komplexierungsreaktion bereit.

Beim β-TiCl$_3$ bilden die linearen Ketten Bündel, bei denen einige Ti-Ionen von fünf Cl-Ionen, andere aber nur von vier umgeben sind. Das bedeutet, daß die sterische Kontrolle an beträchtlichen Verdrehung aus ihrer Gleichgewichtslage fähig ist. Der Komplex (b) bildet sich, wenn die bindenden π-Orbitale des Olefins mit den leeren $d_{x^2-y^2}$-Orbitalen des

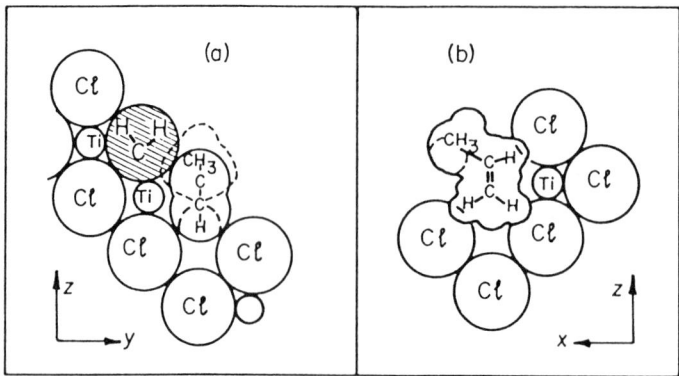

Ti^{3+} überlappen, während zur gleichen Zeit die antibindenden π*-Orbitale mit den d$_{yz}$-Orbitalen des Ti^{3+} überlappen. Die Bildung des Übergangszustandes wird durch die Fähigkeit der =CH$_2$-Gruppe unterstützt, durch partielle Überlappung mit den d$_{yz}$, d$_{z^2}$ und π*-Orbitalen zu wandern (siehe Bild 7.3).

Bild 7.2:   Querschnitt durch den oktaedrischen Propylen-Katalysatorkomplex: (a) y-z-Ebene, (b) x-z-Ebene (nach Bawn und Ledwith).

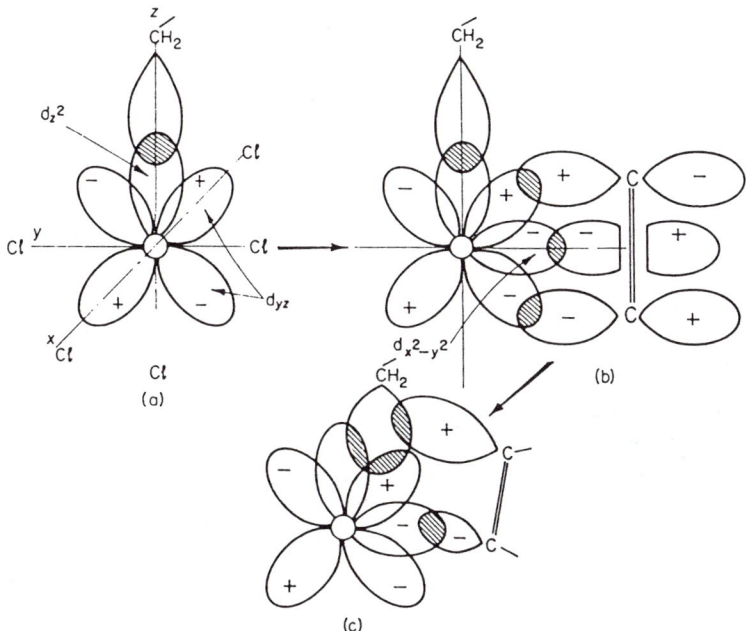

Bild 7.3:   Darstellung der wesentlichen Orbitalüberlappungen bei (a) dem aktiven Zentrum, (b) dem Titan-Olefin-Komplex und (c) dem Übergangszustand.

Die folgenden Hauptmerkmale charakterisieren den monometallischen Mechanismus: (1) Eine Leerstelle im Oktaeder des Ti^{3+} kann das Olefin komplexieren; (2) die Gegenwart einer Alkyl-Übergangsmetallbindung ist an dieser Stelle notwendig, und (3) die wachsende Polymerkette ist immer an das Übergangsmetall gebunden.

7.6 Stereoregulierung

Um ein stereoreguläres Polymeres zu erhalten, muß die Chemisorption des Monomeren an der Katalysatoroberfläche so kontrolliert sein, daß die Orientierung des eintretenden Monomeren immer die gleiche ist. Eine Modellbetrachtung zeigt, daß ein Molekül wie Propylen sich nur in einer einzigen Stellung so an die Katalysatoroberfläche anlagern kann, daß die größtmögliche Annäherung der Doppelbindung an das Ti^{3+}-Ion erreicht wird. Die $=CH_2$-Gruppe ordnet sich daher so an, daß sie in das Kristallgitter hineinragt, so daß aus sterischen Gründen die Orientierung der CH_3-Gruppe nach der einen Seite bevorzugt ist. Dies bestimmt also die Konfiguration des Monomeren während des Komplexbildungsstadiums für jeden weiteren Anlagerungsschritt und führt so zur Bildung eines isotaktischen Polymeren.

Sollte der Cossee-Arlmann-Mechanismus zutreffen, so ist die Wanderung der Leerstellen zurück in ihren ursprünglichen Zustand erforderlich, da sonst das chemisorbierte Monomere eine andere Position einnähme und somit eine syndiotaktische Polymerverbindung entstünde. Das beinhaltet natürlich, daß die Taktizität des gebildeten Polymeren im wesentlichen von den Geschwindigkeiten der Alkylumlagerung und der Wanderung abhängt. Da beide Geschwindigkeiten mit sinkender Temperatur abnehmen, sollte die Bildung syndiotaktischer Polymerer bei niedrigeren Temperaturen Vorrang haben; tatsächlich kann bei 203K syndiotaktisches Polypropylen erhalten werden.

7.7 Synthetischer Naturkautschuk – „Natsyn" (IR)

Das eigentliche Ziel der meisten an Elastomeren interessierten Chemiker war die Synthese von *cis*-Polyisopren, also synthetischem Naturkautschuk oder „Natsyn", wie er bisweilen genannt wird. Dies war deshalb problematisch, weil das Ausgangsmonomere Isopren auf vier verschiedene Arten polymerisieren kann und so zu Mischungen der verschiedenen Formen führt. Erst im Jahre 1956 machten die Katalysatoren von Ziegler und Natta das „Unmögliche" möglich. Bei der Darstellung von *cis*-Polyisopren ist die äußerste Sorgfalt bei der Reinigung der Substanzen die Grundvoraussetzung. Verschiedene Katalysatorsysteme können verwendet werden, doch hat sich Trialkylaluminium + Titantetrachlorid mit einer Ausbeute von über 94% an *cis*-Polyisopren bewährt.

> Zunächst stellt man eine 15%ige Lösung von hochreinem Isopren in trockenem Pentan (99%) her und läßt 55 g dieser Lösung über eine gekühlte Silicagelsäule in eine trockene, saubere Schraubflasche laufen. Durch Erhitzen der offenen Flasche auf einem Sandbad engt man den Inhalt auf etwa 50 g ein und gibt mit einer Spritze 0,2 mmol Triisobutylaluminium und 0,185 mmol $TiCl_4$ zu. Beide Komponenten reagieren mit Wasser oder Sauerstoff sehr heftig und lassen sich am besten in Form von Lösungen in trockenem, reinem Heptan (etwa 0,2 bis 0,5 mol dm^{-3}) handhaben und unter Stickstoff in geschlossenen Flaschen aufbewahren. Bei Bedarf entnimmt man dann in einer Handschuhbox in inerter Atmosphäre die erforderliche Menge an Lösung mit einer Spritze. Nach erfolgter Zugabe der Reagentien wird die Flasche mit einem mit Teflon abgedichteten Verschluß versehen und 16 h in einem Thermostaten bei 323 K geschüttelt. Nach Beendigung der Reaktion und nach dem Abkühlen wird ein Antioxidans, z.B. eine 2%ige Lösung von Di-tert.-amylhydrochinon in Benzol zugegeben. Daraufhin gibt man die Mischung in 0,2 dm^3 Isopropanol, welches 2 g Antioxidans enthält. Das ausgefallene Polymere wird abgetrennt und bei 310 K im Vakuum getrocknet.

Trans-1,4-Polyisopren (99%) läßt sich mit einem Aluminium/Titan/Vanadium-Katalysator herstellen. Derzeit hat „Natsyn" nur einen geringen Anteil am Weltmarkt, doch könnte sich dieser bei steigender Nachfrage rasch ändern.

7.8 Ringöffnende Metathese-Polymerisation (ROMP)

Die Ziegler-Natta-Katalysatoren sind nicht die einzige Gruppe von Komplexen, die zur Unterstützung von Polymerisationsreaktionen befähigt sind. Derzeit besteht ein wachsendes Interesse auf dem Gebiet der „olefinischen Metathesereaktionen", insbesondere solchen, die übergangsmetallkatalysierte, ringöffnende Polymerisationen von Cycloalkenen und Bicycloalkenen beinhalten. Der Reaktionstypus läßt sich zur Darstellung linearer

Ketten mit C=C-Doppelbindungen verwenden. Im Falle von Bicycloalkenen werden zudem Ringstrukturen in das System eingebaut. Die Entdeckung von Katalysatoren, die dazu befähigt sind, lebende Polymersysteme aufrecht zu erhalten, ermöglichte die Darstellung von Blockcopolymeren oder funktionalisierten Telomeren, und auch statistische Polymere wurden bereits auf diesem Weg synthetisiert.

Die Mehrheit der Katalysatorsysteme basiert auf den Übergangsmetallverbindungen von Wolfram-, Molybdän-, Rhenium-, Ruthenium- und Titancarbenkomplexen. Die am häufigsten verwendeten sind die Wolframhalogenide WCl_6, WF_6 und $WOCl_4$, doch üblicherweise benötigen diese, wie auch alle anderen Katalysatoren, die Unterstützung durch einen Cokatalysator, wobei es sich hierbei um eine Organometallverbindung oder eine Lewis-Säure handelt. Infolgedessen sind $[WCl_6:(C_2H_5)_2AlCl]$, $[TiCl_4:(C_2H_5)_3Al]$, $[RuCl_3(hydrat):C_2H_5OH]$ und die allgemein formulierte Gruppe $M(CHR)(NAr)(OR)_2$, wobei M für Mo oder W, R für einen Alkylrest und Ar für 2,6-Diisopropylphenyl steht, alle aktive Katalysator/Cokatalysatorsysteme. Es existieren noch etliche andere, und die Struktur des gebildeten Polymeren kann vom Verhältnis von Katalysator zu Cokatalysator in der Mischung abhängen. Kürzlich wurden die Metallcarben- und metallacyclischen Komplexe für diesen Reaktionstyp entdeckt, und sie erweitern die Palette von Monomerderivaten, die eine ringöffnende Metathese-Polymerisation (ring opening metathesis polymerization, ROMP) eingehen. Beispielsweise werden bei der Verwendung von Titanocenverbindungen, wie etwa Cp_2TiCl_2 (Cp, Cyclopentadienyl = η^5 - C_2H_5), aktive Metallacyclobutanderivate generiert, die zur Bildung von stabilen, lebenden Polymersystemen verwendet werden, die für einen beträchtlichen Zeitraum unter Erhalt ihrer Aktivität lagerbar sind.

Die für die Metathese-Polymerisationen geeigneten Monomertypen sind beschränkt, und die wohl brauchbarsten sind gespannte Ringsysteme. Thermodynamische Betrachtungen gelten für das Versagen der Reaktion mit Sechsringen, wobei spannungsfreie Cyclohexenderivate oder konjugierte Cyclodiene von dieser Betrachtung auszuschließen sind. Cyclische Monomere mit den funktionellen Gruppen -OH, -COOH, -COOR, -CONH$_2$ und -NH$_2$ sind ebenfalls aussichtslose Kandidaten, zumindest mit den Katalysatorsystemen, die bis heute bekannt sind.

7.9 Monocyclische Monomere

Rasche Polymerisationsreaktionen werden bei der Verwendung von stark gespannten Cycloalkenringsystemen beobachtet. Ein Beispiel hierfür ist die Umsetzung von Cyclopenten zu Poly(pentenamer) in Gegenwart von $(WCl_6:Al_2Et_3Cl_3)$ als Katalysator.

Bei dem Material handelt es sich um ein lineares Polymeres, in welchem die Doppelbindung in der Kette verbleibt, so daß die Möglichkeit zu einer *cis-trans*-Isomerie gegeben ist, die ihrerseits die Eigenschaften des Produkts beeinflußt. Poly(pentenamer) ist ein sehr nützliches Elastomeres und läßt sich sowohl mit einem hohen *trans*-Gehalt (T_g = 183 K; T_m = 293 K) als auch einem hohen *cis*-Gehalt (T_g = 159 K; T_m = 232 K) herstellen; beispielsweise erhält man 99% *cis*-Doppelbindungen mit $MoCl_5/AlEt_3$, wobei der Katalysator ein äquimolares (Mo:Al)-Verhältnis aufweisen muß.

Beide Strukturen besitzen eine Glasübergangstemperatur T_g, die unter der von Naturkautschuk liegt; der T_g des *cis*-Polymeren ist sogar der niedrigste, der bislang für ein Kohlenwasserstoff-Elastomer beobachtet wurde. Eine Variation der Katalysatorzusammensetzung läßt sich für eine Kontrolle des *cis-trans*-Gehalts nutzen. Bei molaren (Al:W)-Verhältnissen bis zu (2:1) wird hauptsächlich ein *cis*-Poly(pentenamer) gebildet, während ein weiteres Ansteigen des molaren Verhältnisses mit einem zunehmenden Anteil an *trans*-ständigen Doppelbindungen begleitet ist, bis man bei einem Verhältnis von (6:1) ≈ 90% *trans*-Gehalt findet.

Man nimmt an, daß das Kettenwachstum über eine Koordination der C-C-Doppelbindungen des Monomeren mit der freien Stelle des Übergangsmetallcarbens unter Ausbildung eines π-Komplexes verläuft. Das hierbei entstandene instabile Metallacyclobutan wird dann unter Rückbildung der freien Seite geöffnet, wobei das Monomere in diesem Schritt in die Kette eingebaut wird.

Auch andere monocyclische Monomere durchlaufen ringöffnende Reaktionen; Cyclobuten bzw. 1-Methylcyclobuten liefern Polybutadien bzw. *cis*-Polyisopren, wobei diese synthetischen Verfahren mit den bereits etablierten Methoden zur Darstellung von Elastomeren nicht konkurrieren können. Die Reaktionen verlaufen mit größeren Ringen langsamer, wenn die Spannung abnimmt, allerdings läßt sich aus *cis*-Cycloocten (die *trans*-Verbindung reagiert nicht) ein sehr nützliches Elastomeres mit einem hohem *trans*-Gehalt

und einer ausgeprägten Kristallinität herstellen, welches unter dem Handelsnamen Veste-
namer (Firma Hüls Troisdorf AG) verkauft wird.

$(T_g = 208K; \; T_m = 358K)$

7.10 Bicyclische und tricyclische Monomere

Im allgemeinen lassen sich bi- und tricyclische Monomere sehr viel einfacher polymerisieren als monocyclische Monomere, was sich sehr deutlich an der Vielfalt der verwendbaren Katalysatoren widerspiegelt.

Norbornen (Bicyclo[2.2.1]hept-2-en) ist eines der bekanntesten Monomeren, das einer
ringöffnenden Polymerisation durch Metathesekatalysatoren unterworfen werden kann.
Dieses Monomere, oder auch seine Derivate, liefern Polymere mit sowohl einem Ring als
auch einer Doppelbindung pro Wiederholungseinheit in der Hauptkette.

Solche Polymere können sowohl *cis*- als auch *trans*-Strukturen haben; ein Polynorbornen
mit einem hohen *trans*-Anteil ($T_g = 308$ K; $T_m > 440$ K), dargestellt unter der Verwendung
von MoCl$_5$- oder RuCl$_3$-Katalysatoren, wird unter dem Namen Norsorex (Firma CdF
Chimie Paris) verkauft. Darüber hinaus beinhaltet die Kette chirale Zentren (dargestellt als
—●—), so daß andere steroreguläre Strukturen möglich sind. Wenn die Chiralität der Zentren auf beiden Seiten der Doppelbindung gleich ist, dann hat sich eine *racemische* Diade
gebildet, besitzen sie unterschiedliche Chiralität, so resultiert eine *meso*-Diade. Die Strukturen mit *meso*-Diaden werden isotaktische Anordnungen genannt, während die mit *race-
mischen* Diaden als syndiotaktische Anordnungen bezeichnet werden.

Erfolgreiche Polymerisationen heterobicyclischer Monomerer sind von der sorgfältigen
Wahl des Katalysatorsystems abhängig und bis heute existieren erst wenige Beispiele. So

reagieren 7-Oxanorbornenderivate unter Ringöffnung, wenn sie mit Osmium- oder Rhuthe-niumkatalysatoren umgesetzt werden.

Tricyclo[5.2.1.0]dec-8-en polymerisiert mit verschiedenen Katalysatorkombinationen unter Ausbildung hochstereospezifischer Polymerer.

Verwendet man $MoCl_5$, so bildet sich ein *trans*-Polyalkenamer, ist dagegen $ReCl_5$ der Kata-lysator, so erhält man ein *cis*-Polymeres. Wird das Monomere in der Gegenwart von WCl_6 umgesetzt, so beobachtet man die Bildung einer gemischten *cis-trans*-Struktur.

7.11 Copolyalkenamere

Die Copolymerisation verschiedener Paare von Cycloalkenen läßt sich in Gegenwart von ROMP-Katalysatorsystemen durchführen. Die erhaltenen Strukturen sind hauptsächlich statistisch, da die immer bestehenden Unterschiede in Ringgröße oder Ringsubstituenten dafür sorgen, daß die Reaktivitätsunterschiede der einzelnen Monomere zu verschieden sind, um einheitliche alternierende Copolymere herzustellen.

Die Copolymerisation von Cyclopenten und Cyclohepten in Gegenwart von $(WCl_6:Et_2AlCl)$ und Benzoylperoxid führt zur Bildung eines Copolyalkenameren mit 75% *trans* Anordnungen und etwa 80% Pentenamereinheiten in der Hauptkette. Mono- und Bi-cycloalkene lassen sich mit Hilfe von Wolfram- oder Molybdänkatalysatoren copolymeri-sieren; folglich bilden Cyclopenten und Norbornen die gezeigte elastomere Struktur:

In gleicher Weise lassen sich substituierte Norbornene zur Darstellung von Copolymeren mit verschiedenen Seitengruppen verwenden.

7.12 Lebende Systeme

Die Entdeckung neuer Titancarbenkomplexe durch Grubbs eröffnete einen Weg zu „leben-den Polymersystemen", wobei im Gegensatz zu den ionischen Initiatoren die Polymeri-sationen über Koordination verlaufen; das Verfahren läßt sich zur Darstellung von Block-copolymeren oder Ketten mit funktionalisierten Endgruppen verwenden. Die Initiator-spezies werden durch die Reaktion von Norbornen mit Titanocyclobutan, welches aus 3,3-Dimethylcyclopren erhalten wurde,

(I)

oder aus

(II)

gebildet. Die Methode läßt sich zur Darstellung von Polymeren mit einer engen Mol-massenverteilung verwenden und, soweit keine Abbruchreaktionen auftreten, besitzen sie alle Merkmale „lebender" Polymersysteme. Ein guter Nachweis für „lebende" Polymer-systeme ist beispielsweise die Auftragung des prozentualen Umsatzes an Monomerem gegen die Molmasse des gebildeten Polymeren, wobei man eine Gerade erhält, die durch den Nullpunkt verläuft.

Eine stabile „lebende" Polymerkette ist die vom Norbornen abgeleitete Struktur:

(III)

Erhitzen von (III) in Gegenwart eines anderen Monomeren führt zur Bildung eines Di-block-Copolymeren und gibt man noch ein drittes Monomeres zur Reaktionsmischung hinzu (oder nochmal Norbornen), bildet sich ein Triblock-Copolymeres.

Ein Kettenabbruch ist durch Erhitzen mit einem Reagenz, das mit dem Carben reagiert möglich; Aldehyde oder Ketone reagieren in einer der Wittig-Reaktion ähnlichen Umsetzung unter Ausbildung einer endständigen olefinischen Einheit.

Auch ein Endcapping kann zur Funktionalisierung der Endgruppe genutzt werden. Auf diesem Weg sind Telomere, die in Kupplungsreaktionen zur Darstellung von Block- oder Pfropfcopolymeren eingesetzt werden können, zugänglich. Alternativ läßt sich die Endgruppe auch derart gestalten, daß die erhaltene Gruppe zur Initiierung einer Übertragungsreaktion befähigt ist. Beispielsweise ergibt ein Endcapping mit Phthalaldehyd eine Kette mit einer endständigen Aldehydfunktion, die sich zur Initiierung einer Aldol-Gruppenübertragungs-Polymerisation (siehe Abschnitt 7.14) unter Bildung von Diblock-Copolymeren verwenden läßt.

7.13 Gruppenübertragungs-Polymerisation

Der Einsatz konventioneller Methoden der anionischen Polymerisation zur Darstellung „lebender" Polymerer aus acrylischen oder methacrylischen Monomeren war wenig erfolgreich. Die Entdeckung der Gruppenübertragungs-Polymerisation (engl. group transfer polymerization, GTP) durch Du-Pont-Mitarbeiter veränderte jedoch die Situation dramatisch. Es handelte sich um einen neuen Reaktionstyp zur Darstellung „lebender" Polymerer aus polaren Molekülen und im speziellen um Derivate von Acryl- und Methacrylsäuren. Die Reaktion ist eine Michael-Addition einer Organosilicium-Verbindung an α,β-ungesättigte Ester, Ketone, Nitrile und Carboxamide. Das Kettenwachstum verläuft über eine Übertragungsreaktion der Silylgruppe vom Silylketenacetal-Katalysator auf das Monomere unter Bildung eines neuen Ketenacetals und, wenn man Abbruchreaktionen aufgrund von Unaufmerksamkeit vermeidet, führt die wiederholte Addition zu einem „lebenden" Polymeren. In neueren Arbeiten wurde gezeigt, daß die GTP keine echte „lebende" Polymerisation ist und eine Cyclisierung als langsame Abbruchreaktion eintritt. Infolge dessen hängt die Bildung von Blockcopolymeren von der Additionsgeschwindigkeit des zweiten Monomeren und der Polymerisationsgeschwindigkeit ab. Eine typische Reaktion zeigt die Verwendung von 1-Methoxy-1-trimethylsiloxy-2-methylpropen-1 als Katalysator; zusätzlich ist auch ein Cokatalysator, meist handelt es sich hierbei um eine anionische Spezies oder eine Lewis-Säure, notwendig. Zunächst wird ein Katalysatorkomplex gebildet, an den das Monomere addiert, wobei die Trimethylsilylgruppe auf das eintretende Monomere übertragen wird. Hierbei wird eine „lebende" Ketensilylacetalgruppe aufgebaut, die bei Vorhandensein von Monomerem weiteren Umsetzungen zugänglich ist. Wirkungsvolle anionische Cokatalysatoren sind die Bifluoridionen, z.B. Tris(dimethylamino)sulphoniumbifluorid

[(Me₂N)₃S.HF₂] bzw. die Azide (TASN₃) oder Cyanide (TASCN) wobei TAS = (Me₂N)₃S. Weitere Cokatalysatoren sind Lewis-Säuren, Zinkhalogenide und Dialkylaluminium-chlorid.

Monomere, die aktiven Wasserstoff enthalten (z.B. Säuren oder Hydroxyverbindun-gen), sind für die Gruppenübertragungs-Polymerisation ungeeignet, jedoch lassen sich Acrylate, Acrylnitril, N,N-Dimethylacrylamid rasch polymerisieren. Die Reaktion ist sehr empfindlich gegenüber Verunreinigungen, so daß alle Reagentien und Lösungsmittel ex-trem trocken sein müssen. Der Temperaturbereich für diese Reaktion bewegt sich bevor-zugt zwischen 270 bis 320 K. Wie mit anderen „lebenden" Systemen eignet sich die Gruppenübertragungs-Polymerisation auch zur Darstellung von Blockcopolymeren, bei-spielsweise unter Verwendung von Monomeren wie Methylmethacrylat (MMA) und Butyl-methacrylat (BMA). Die Blocklänge läßt sich durch Variation des molaren Monomer-Initiator-Verhältnisses kontrollieren.

Auch die Bildung telechelischer Polymerer ist möglich. Eine Veränderung des Initiators mit einer Trimethylsilylgruppe, die durch Behandlung mit einer MethanolBu₄NF-Mischung schrittweise entfernt werden kann, führt zu einer Kette mit einer Hydroxyendgruppe.

Wenn $(Me)_2C=C(OSiMe_3)_2$ als Initiatorspezies eingesetzt wird, sind Ketten mit Carboxylendgruppen erhältlich. In beiden Fällen ergeben Kupplungsreaktionen dieser funktionalisierten Ketten Blockcopolymere.

7.14 Aldol-Gruppenübertragungs-Polymerisation

Eine dem zuvor beschriebenen Verfahren verwandte Technik ist die Aldol-Gruppenübertragungs-Polymerisation, bei der von der Reaktion eines Aldehyds mit einem Silylvinylether Gebrauch gemacht wird. Als Cokatalysatoren werden wiederum Lewis-Säuren verwendet. Setzt man sie zusammen mit t-Butyldimethylsilylvinylether ein, so gelingt eine Polymerisation von Aldehyden:

Eine Hydrolyse der Trialkylsilylgruppen ergibt einen Poly(vinylalkohol). Verwendet man ein telechelisches Polymeres mit einer Aldehydendgruppe zur Initiierung einer Aldol-Gruppenübertragungs-Polymerisation, so lassen sich Blockcopolymere, bei denen ein Block aus einem Poly(vinylalkohol) besteht, synthetisieren. Beispielsweise sind auf diesem Weg Strukturen wie Polystyrol-block-polyvinylalkohol zugänglich. Da Silylketenacetale mit Aldehyden reagieren können, lassen sich alternativ Blockstrukturen über einen Kupplungsprozeß aufbauen.

Der Vinylalkoholblock bildet sich im Verlauf dieser Reaktion durch Abspaltung der Silylgruppen, verursacht durch Fluoridionen in der Gegenwart von Methanol.

Allgemeine Literatur

G. Allen und J. C.Bevington (Hrsg.), *Comprehensive Polymer Science*, Bd. 4, Pergamon Press (1989).

J. Boor, *Ziegler-Natta-Catalysis and Polymerization*, Academic Press (1979).

V. Dragutan, A. T. Balaban und M. Dimonie, *Olefin Metathesis and Ring Opening Polymerization of Cyclo Olefins*, John Wiley, N. Y. (1985).

K. J. Ivin, *Olefin Metathesis*, Academic Press, N. Y. (1983).

W. Kaminsky und H. Sinn (Hrsg.), *Transition Metals and Organometallics as Catalysts for Olefin Polymerization*, Springer-Verlag, Berlin (1988).

T. Keii, *Kinetics of Ziegler-Natta-Polymerization*, Chapman and Hall, London (1972).

R. P. Quirk (Hrsg.), *Transition Metal Catalysed Polymerizations*, Harwood Academic Press, N. Y. (1983).

Spezielle Literatur

1. G. Bazan, R. R. Schrock, E. Khosravi, W. J. Feast, V. C. Gibson, *Polymer Commun.*, **9**, 258 (1989).

2. L. R. Gilliom, R. H. Grubbs, *J. Am. Chem. Soc.*, **108**, 733 (1986).

3. O. W. Webster, W. R. Hertler, D. Y. Sogah, W. B. Farnham, T. V. Rajanbabu, *J. Macromol. Sci.-Chem.*, **A21**, 943 (1984).

8 Polymere in Lösung

8.1 Thermodynamik von Polymerlösungen

Sowohl vom praktischen als auch theoretischen Standpunkt aus ist eine Betrachtung der Wechselwirkung von Makromolekülen und Flüssigkeiten von beträchtlichem Interesse. Für lineare und verzweigte Polymere lassen sich im allgemeinen Lösungsmittel finden, die das Polymere vollständig homogen lösen, während vernetzte Polymere bei Kontakt mit verträglichen Flüssigkeiten nur quellen. In diesem Kapitel werden wir uns nur den linearen und den verzweigten Polymeren zuwenden; das Quellen von vernetzten Polymeren wird Gegenstand von Kapitel 14 sein.

Mischt man ein amorphes Polymeres mit einem geeigneten Lösungsmittel, so dispergiert es darin und verhält sich so, als sei es ebenfalls flüssig. In einem guten Lösungsmittel, welches als hochverträglich mit dem Polymeren klassifiziert ist, weiten die Flüssigkeit-Polymer-Wechselwirkungen das Polymerknäuel, das zunächst in seinen ungestörten Dimensionen vorliegt, entsprechend dem Ausmaß der Wechselwirkungen auf. In einem „schlechten" Lösungsmittel sind die Wechselwirkungen weitaus geringer, so daß der Aufweitung oder Störung des Polymerknäuels Grenzen gesetzt sind.

Die grundlegende thermodynamische Gleichung, die zur Beschreibung dieser Systeme angewendet wird, setzt die Gibbssche Freie Energie G in Beziehung zur Enthalpie H und der Entropie S und lautet: $G = H - TS$. Eine homogene Lösung wird dann erhalten, wenn die Gibbssche Freie Mischungsenergie $\Delta G^M \leq 0$, d.h., wenn die Gibbssche Freie Energie der Lösung G_{12} kleiner ist als die Gibbssche Funktion der Komponenten der Mischung G_1 und G_2.

$$\Delta G^M = G_{12} - (G_1 + G_2) \qquad (8.1)$$

8.2 Ideale Mischungen kleiner Moleküle

Um das Verhalten von Polymeren in Lösung besser verstehen zu können, ist die Kenntnis der Entropie- und Enthalpieanteile zu ΔG^M wesentlich. Es ist daher sehr lehrreich, zunächst Mischungen kleiner Moleküle zu betrachten und die Grundlagen von idealem und nicht idealem Verhalten hieran zu erarbeiten. Ein sehr guter Startpunkt für eine derartige Betrachtungsweise stellt das Raoultsche Gesetz dar, welches für eine ideale Lösung definiert, daß die Aktivität einer jeden Komponente in der Mischung a_i gleich der Molfraktion x_i ist. Das Gesetz besitzt nur Gültigkeit für Teilchen vergleichbarer Größe und wenn die bestehenden intermolekularen Kräfte sowohl zwischen gleichen als auch verschiedenen Molekülen gleich groß sind. Die letztgenannte Einschränkung besagt, daß die Moleküle einer jeden Spezies ihre Positionen in der Lösung ändern können, ohne daß sich die

Gesamtenergie des Systems ändert, d.h. $\Delta H^M = 0$. Konsequenterweise verbleibt eine Berechnung nur für die Entropieverteilung ΔS^M.

Für ein System in einem vorgegebenen Zustand ist die Entropie korreliert mit der Zahl unterschiedlicher Anordnungen, die die Komponenten in diesem Zustand einnehmen können, und sie läßt sich aus dem Boltzmannschen Gesetz $S = k \ln W$ berechnen, wobei W für die Anzahl der möglichen statistischen Mikrozustände steht. Betrachten wir nun die Mischung von N_1 Molekülen der Komponente (1) mit N_2 Molekülen der Komponente (2) und stellen wir uns vor, daß dies auf einem hypothetischen Gitter mit $(N_1 + N_2) = N_0$ Zellplätzen von gleicher Größe stattfindet. Obwohl dieser Formalismus für eine Analyse nicht zwingend notwendig ist, läßt sich die Anordnung sphärischer Moleküle von gleicher Größe in einer flüssigen Phase in erster Näherung wie eine reguläre Gitterstruktur beschreiben, und somit handelt es sich hierbei um einen guten Rahmen zur Betrachtung des Mischungsprozesses.

Die Gesamtzahl der möglichen Anordnungen der Moleküle in dem Gitter erhöht sich, sobald eine Durchmischung stattfindet, und ist durch $(N_1 + N_2)! = N_0!$ gegeben. Wird jedoch der Platzwechsel eines Moleküls der Sorte (1) mit einem anderen Molekül dieser Sorte, bzw. der Wechsel zweier Moleküle der Sorte (2), als ein nicht zu unterscheidender Prozeß betrachtet, dann ist die Gesamtzahl unterscheidbarer Anordnungen gegeben durch

$$W = \frac{(N_1 + N_2)!}{N_1! N_2!} = \frac{N_0!}{\prod N_i!}. \tag{8.2}$$

Die konfigurative (oder auch kombinatorische) Entropie S_c läßt sich aus der Boltzmann-Gleichung ableiten und man erhält

$$S_c = k \ln \frac{N_0!}{N_1! N_2!}. \tag{8.3}$$

Für große Werte von N_i läßt sich die Näherung von Stirling verwenden, welche lautet $\ln N! = N \ln N - N$, und aus Gleichung (8.3) wird

$$S_c = k(N_0 \ln N_0 - N_0 - N_1 \ln N_1 + N_1 - N_2 \ln N_2 + N_2). \tag{8.4}$$

Division durch N_0 liefert den Ausdruck

$$S_c = -k \left[N_1 \ln \frac{N_1}{N_0} + N_2 \ln \frac{N_2}{N_0} \right]. \tag{8.5}$$

Wenn $x_i = (N_i / N_0)$ die Molfraktion der Komponente i ist, so erhält man

$$S_c = -k \left[N_1 \ln x_1 + N_2 \ln x_2 \right]. \tag{8.6}$$

Für die reinen Komponenten gilt $x_i = 1$ und da ΔS^M, die Entropieänderung bei der Durchmischung, gegeben ist durch $(S_C - S_1 - S_2)$, können wir schreiben

$$S_c = \Delta S_{id}^M = -k \sum N_i \ln x_i$$

und für eine Mischung bestehend aus zwei Komponenten

$$\Delta S_{id}^{M} = -k\left[N_1 \ln x_1 + N_2 \ln x_2\right].\tag{8.7}$$

Dieser Ausdruck setzt voraus, daß

(a) die Volumenänderung beim Mischen $\Delta V^{M} = 0$,
(b) alle Moleküle die gleiche Größe haben,
(c) alle möglichen Anordnungen die gleiche Energie aufweisen, $\Delta H^{M} = 0$ und
(d) die Bewegung der Komponenten um ihre Gleichgewichtslagen beim Mischen unverändert bleiben.

Somit ist die Freie Mischungsenergie ΔG^{M} gegeben durch

$$\Delta G^{M} = -T\Delta S^{M} = -kT\left(N_1 \ln x_1 + N_2 \ln x_2\right),\tag{8.8}$$

was bedeutet, daß es sich bei der Mischung in idealen Systemen um einen durch die Entropie gesteuerten, spontanen Prozeß handelt.

8.3 Nicht-ideale Lösungen

Alle Abweichungen von den Annahmen (a) bis (d) resultieren in einer Abweichung von der Idealität (eine ideale Lösung trifft man nur sehr selten an), und es lassen sich realistischere Lösungstypen identifizieren:

(i)   *Athermische* Lösungen, bei denen $\Delta H^{M} = 0$, aber ΔS^{M} nicht ideal ist.
(ii) *Reguläre* Lösungen, wobei ΔS^{M} ideal, aber $\Delta H^{M} \neq 0$ ist.
(iii) *Irreguläre* Lösungen; sowohl ΔS^{M} als auch ΔH^{M} weichen von den idealen Werten ab.

Polymerlösungen fallen meistens in die Kategorie (iii), und das nicht-ideale Verhalten läßt sich nicht ausschließlich dem Auftreten einer endlichen Mischungswärme zuschreiben, sondern ist auch eine Folge des Größenunterschiedes zwischen den Polymer- und den Lösungsmittelmolekülen. Eine Polymerkette läßt sich als eine Abfolge kleiner, kovalent miteinander verbundener Segmente betrachten, und die Abweichungen von der idealen Mischungsentropie resultieren aus dieser Verknüpfung innerhalb der Kette. Der Effekt, den die Verknüpfung ausübt, läßt sich abschätzen, indem man die Entropieänderung berechnet. Diese Änderung ist wiederum eng verknüpft mit den verschiedenen Anordnungsmöglichkeiten der Polymerketten und der Lösungsmittelmoleküle in einem Gitter und weicht erheblich von der für eine ideale Lösung ab, wie wir im folgenden noch sehen werden. Dieser Ansatz wird durch die von Flory und Huggins erarbeitete Theorie verkörpert, die jedoch nur den kombinatorischen Beitrag berücksichtigt, obwohl sich die Entropie auch aus weiteren nichtkombinatorischen Beiträgen zusammensetzt, die durch die Wechselwirkungen zwischen dem Polymeren und dem Lösungsmittel hervorgerufen werden, aber nur sehr schwer zu berechnen sind. Trotzdem stellt die Fory-Huggins-Theorie einen Eckstein bei der thermodynamischen Behandlung von Polymerlösungen dar, weswegen eine ausführlichere Betrachtung sinnvoll ist.

8.4 Die Flory-Huggins-Theorie

Das Lösen eines Polymeren in einem Lösungsmittel läßt sich als ein Zweistufen-Prozeß betrachten. Zu Beginn liegt das Polymere im festen Zustand vor, in welchem es auf einen der vielen möglichen Konformationen, die es als freies isoliertes Molekül annehmen könnte, beschränkt ist. Bei Überführung in die flüssige Lösung gewinnt die Kette relativ an Freiheit und kann jetzt schnell zwischen etlichen energetisch gleichen Konformationen wechseln, wobei Einschränkungen teilweise durch die Beweglichkeit der Kette und teilweise durch Wechselwirkungen mit dem Lösungsmittel auftreten.

Flory und Huggins nahmen an, daß die Bildung einer Lösung abhängig ist von (a) einem Übergang der Polymerkette von einem reinen, perfekt geordneten Zustand in einen ungeordneten Zustand, welcher genügend Freiheit bietet, so daß die Kette sich willkürlich auf dem Gitter anordnen kann, und (b) einem Mischungsvorgang der flexiblen Ketten mit dem Lösungsmittel.

Zur Vereinfachung wurde ein Gitterformalismus eingeführt, der die Berechnung der kombinatorischen Mischungsentropie mit den gleichen Einschränkungen und Startvoraussetzungen ermöglichte, wie wir es bereits in Abschnitt 8.2 bei kleinen Molekülen durchgeführt haben.

Mischungsentropie athermischer Polymerlösungen

Betrachten wir eine Polymerkette, die aus r kovalent miteinander verknüpften Segmenten besteht, deren Größe der der Lösungsmittelmoleküle entspricht, d.h., daß $r = (V_2/V_1)$, wobei V_1 das Molvolumen der Komponente i ist. Um die Anzahl an Möglichkeiten zu berechnen, die der Kette zur Anordnung auf dem Gitter zur Verfügung stehen, bedarf es der notwendigen Einschränkung, daß die Segmente aufgrund ihrer Verknüpfung r benachbarte Gitterplätze einnehmen müssen. Das Problem ist jetzt, die Mischung von N_1 Lösungsmittelmolekülen mit N_2 monodispersen Polymermolekülen bestehend aus r Segmenten zu untersuchen, und wir beginnen damit, daß wir i Polymermoleküle auf ein leeres Gitter mit einer Gesamtzahl N_0 an Zellen geben

$$N_0 = \left(N_1 + rN_2\right). \tag{8.9}$$

Somit beträgt die Anzahl an verbleibenden freien Zellen, in die das $(i+1)$ Molekül untergebracht werden kann,

$$\left(N_0 - ri\right). \tag{8.10}$$

Das $(i+1)$ Molekül wird nun auf dem Gitter Segment für Segment angeordnet, wobei wir uns unsere Einschränkung in Erinnerung rufen, die besagte, daß aufgrund der Verknüpfung der Segmente nur eine Anordnung auf jeweils benachbarte Gitterplätze möglich ist. Umgekehrt hängt dies von dem Vorhandensein einer geeigneten leeren Stelle ab. Das erste Segment kann beliebig in jeder freien Zelle angeordnet werden, während bereits die Plazierung des zweiten Segmentes auf die Nachbarschaft des ersten begrenzt ist. Dies wird durch die Koordinationszahl auf dem Gitter z gegeben, doch müssen wir hierzu wissen, ob die Zelle in der Koordinationssphäre leer ist. Setzen wir p_i als die Wahrscheinlichkeit, daß eine angrenzende Zelle frei steht, so läßt sich in einer sinnvollen Näherung diese mit dem Anteil an Zellen, die durch i Polymerketten bereits besetzt sind, gleichsetzen und wir erhalten die Beziehung

$$p_i = \left(N_0 - ri\right)/N_0 \tag{8.11}$$

die für große Werte von z Gültigkeit besitzt. Die zu erwartende Anzahl an freien Zellen, die dem zweiten Segment zur Verfügung steht, beträgt somit zp_i und, nachdem wir nun eine weitere freie Zelle aus der unmittelbaren Nachbarschaft besetzt haben, bleiben für das dritte und jedes weitere Segment $(z\text{-}1)p_i$ freie Zellen zur Auswahl. Die Gesamtzahl an Möglichkeiten in welchen das $(i+1)$ Molekül auf dem Gitter angeordnet werden kann ist somit

$$W_{(i+1)} = \left(N_0 - ri\right) z \, (z-1)^{r-2} \left[\left(N_0 - ri\right)/N_0\right]^{r-1} \tag{8.12a}$$

$$= \left(N_0 - ri\right)^r \left\{(z-1)/N_0\right\}^{r-1}. \tag{8.12b}$$

Man erhält eine Anzahl an möglichen Anordnungen, die ein $(i+1)$ Molekül auf einem Gitter annehmen kann. Die Gesamtzahl aller möglichen Anordnungen für alle N_2 Moleküle erhält man aus dem Produkt aller möglichen Anordnungen

$$W_1 W_2 ... W_i ... W_{N_2} = \prod_{i=1}^{N_2} W_i \, .$$

Die Polymermoleküle sind alle gleich und somit ergibt sich in Analogie zu Gleichung (8.2) die Gesamtzahl an unterscheidbaren Möglichkeiten zur Zugabe von N_2 Polymermolekülen aus

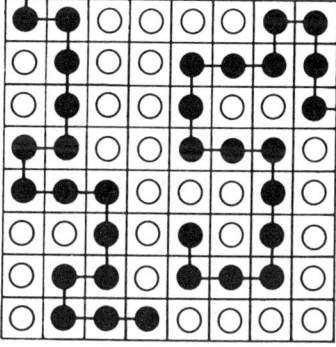

Vorl. 66a

Bild 8.1:   Anordnung von Polymerketten und Lösungsmittelmolekülen auf einem Gitter gemäß der Flory-Huggins-Theorie.

$$W_p = \prod_{i=1}^{N_2} W_i / N_2 \,! \,. \tag{8.13}$$

Einsetzen für W_i ergibt

$$W_P = \frac{1}{N_2\,!} \prod_{i=1}^{N_2} \left\{ \left[N_0 - r\,(i-1) \right]^r \left[(z-1)/N_0 \right]^{r-1} \right\}$$

$$= \left(\frac{1}{N_2\,!} \right) \left(\frac{z-1}{N_0} \right)^{N_2(r-1)} \prod_{i=1}^{N_2} \left\{ N_0 - r\,(i-1) \right\}^r . \tag{8.14}$$

Zur Berechnung des Produkttermes multiplizieren wir zunächst aus und dividieren dann durch r.

$$\prod_{i=1}^{N_2} \left\{ N_0 - r\,(i-1) \right\}^r = r^{(N_2 r)} \prod_{i=1}^{N_2} \left\{ \frac{N_0}{r} - i + 1 \right\}^r \tag{8.15}$$

Diese Gleichung läßt sich in eine wesentlich handlichere Form umformen, indem wir uns in Erinnerung rufen, daß das Produkt

$$\left(\frac{N_0}{r} + 1 - 1 \right)^r \left(\frac{N_0}{r} + 1 - 2 \right)^r \left(\frac{N_0}{r} + 1 - 3 \right)^r \dots \left(\frac{N_0}{r} + 1 - N_2 \right)^r \tag{8.16}$$

äquivalent zu

$$\left\{ \frac{(N_0/r)!}{(N_0/r - N_2)!} \right\}^r = \left\{ \frac{(N_0/r)!}{(N_1/r)!} \right\}^r \tag{8.17}$$

ist und somit läßt sich Gleichung (8.14) in der Form

$$W_p = \left(\frac{1}{N_2\,!} \right) \left\{ \frac{(N_0/r)!}{(N_1/r)!} \right\} \left[\frac{z-1}{N_0} \right]^{N_2(r-1)} \tag{8.18}$$

schreiben.

Die verbleibenden leeren Gitterzellen können nun mit Lösungsmittelmolekülen besetzt werden, doch gibt es hier nur eine unterscheidbare Art der Durchführung, nämlich daß $W_s = 1$ und kein anderer Beitrag zu W_p und der Entropie des Systems existiert. Der letztgenannte Beitrag läßt sich aus der Boltzmann-Gleichung berechnen. Unter Zuhilfenahme der Stirling-Gleichung gelingt eine Näherung, wobei es einer umfangreichen Umformung bedarf, die wir allerdings übergehen wollen. Letztendlich läßt sich jedoch zeigen, daß

$$S^{M}/k = \ln W_p = -N_1 \ln\left(\frac{N_1}{N_0} \right) - N_2 \ln\left(\frac{N_2}{N_0} \right) + N_2 \left\{ (r-1)\ln(z-1) - (r-1) \right\} . \tag{8.19}$$

Um dies in eine Form zu bringen, die uns einen korrekten Ausdruck für den Oberflächenbruch liefert, müssen wir $N_2 \ln r$ auf der rechten Seite von Gleichung (8.19) addieren und subtrahieren und erhalten

$$S^M/k = -N_1 \ln\left[\frac{N_1}{N_1 + r N_2}\right] - N_2 \ln\left[\frac{r N_2}{N_1 + r N_2}\right] + N_2 \left\{(r-1)\ln\frac{(z-1)}{e} + \ln r\right\}. \quad (8.20)$$

Für das reine Lösungsmittel beträgt $N_2 = 0$ und die Entropie $S_1 = 0$. In gleicher Weise ist die Entropie des reinen Polymeren S_2 erhältlich für $N_1 = 0$ und beträgt

$$S_2 = N_2 \left\{(r-1)\ln\frac{(z-1)}{e} + \ln r\right\}. \quad (8.21)$$

Somit beschreibt Gleichung (8.21) die Verbindung der Entropie mit dem ungeordneten oder amorphen Polymeren in Abwesenheit eines Lösungsmittels.

Daraus ergibt sich die Entropieänderung beim Mischen eines ungeordneten Polymeren mit einem Lösungsmittel durch

$$\Delta S^M = S^M - S_1 - S_2$$

und man erhält

$$\Delta S^M = -k\left\{N_1 \ln \phi_1 + N_2 \ln \phi_2\right\}, \quad (8.22)$$

wobei der Volumenbruch ϕ_i den Oberflächenbruch ersetzt, wenn man bedenkt, daß die Anzahl der durch das Polymere und Lösungsmittel eingenommenen Plätze den jeweiligen Volumina entspricht.

Gleichung (8.22) ist der Ausdruck für die kombinatorische Mischungsentropie einer athermischen Polymerlösung und ein Vergleich mit Gleichung (8.7) zeigt, daß beide Gleichungen in der Form ähnlich sind, bis auf die Tatsache, daß nun der Volumenbruch die einfachere Möglichkeit darstellt, um die Entropieänderung auszudrücken; im Gegensatz zum Molenbruch, der bei kleinen Molekülen genutzt wird. Dieser Unterschied resultiert aus dem Größenunterschied der Komponenten, was im allgemeinen bedeutet, daß die Molenbrüche für Lösungsmittel fast eins sind, insbesondere bei der Untersuchung verdünnter Lösungen.

Ein größeres Verständnis, inwieweit die Länge der Polymerkette die Größe von ΔS^M beeinflußt und warum diese Meßgröße von ΔS_{id}^M aus Gleichung 8.7 abweicht, erhalten wir, indem wir Gleichung (8.22) in der folgenden Weise umformen. Der Volumenbruch ϕ_i läßt sich durch die Stoffmenge n_i und das Volumen V_i der Komponente i in der Form

$$\phi_i = \left(n_i V_i / V\right)$$

ausdrücken, wobei V für das Gesamtvolumen steht und $\Delta V^M = 0$. Überführt man n_i in molare Größen, so erhält man

$$\Delta S^M = -RV\left[\frac{\phi_1}{V_1}\ln\phi_1 + \frac{\phi_2}{V_2}\ln\phi_2\right]. \quad (8.23)$$

Da sich V_i gemäß seiner Definition als Funktion des Standardvolumens V_0 in der Form $V_i = r_i V_0$, schreiben läßt und unter der Annahme, daß man r ohne einen merklichen Fehler mit dem Polymerisationsgrad korrelieren kann, erhalten wir

$$\Delta S^{\mathrm{M}} = -\frac{RV}{V_0} \left[\frac{\phi_1}{r_1} \ln \phi_1 + \frac{\phi_2}{r_2} \ln \phi_2 \right].$$

(8.24)

Wird die Form des Volumenbruchs beibehalten, dann gilt für eine einfache Mischung von Flüssigkeiten $r_1 = r_2 = 1$, doch im Falle einer Polymerlösung wird $r_2 \gg 1$, wodurch der hintere Term in Gleichung (8.42) kleiner wird als der vergleichbare Term für kleine Moleküle. Folglich ist ΔS^{M} pro Mol Gitterplätze (oder einem äquivalenten Volumen) sehr viel kleiner als $\Delta S_{\mathrm{id}}^{\mathrm{M}}$, und der Beitrag der kombinatorischen Entropie zum Mischungsprozeß einer Polymerlösung ist nicht so groß wie der von Lösungen kleiner Moleküle, wenn man in Form von Volumenbrüchen rechnet und das Ergebnis pro Mol Plätze angibt.

8.5 Enthalpieänderung beim Mischen

Die Ableitung von ΔS^{M} aus der Gittertheorie basierte auf der Annahme, daß während des Mischvorgangs keine Wärme- oder Energieänderungen auftreten. Dies findet man jedoch nur sehr selten; die experimentelle Erfahrung deutet darauf hin, daß die Energieänderung endlich ist. Um einen Ausdruck für ΔH^{M} zu erhalten, können wir auf die Theorie regulärer Lösungen zurückgreifen. In dieser Theorie nimmt man an, daß die Energieänderung hervorgerufen wird durch die Bildung neuer Lösungsmittel-Polymer-Kontakte, (1-2)-Kontakte, die einige der (1-1)- und (2-2)-Kontakte, die im reinen Lösungsmittel bzw. dem reinen Polymeren vorliegen, ersetzen. Eine Beschreibung ist über einen quasi-chemischen Prozeß der Form

$$\frac{1}{2}(1-1) + \frac{1}{2}(2-2) \longrightarrow (1-2)$$

(8.25)

möglich, wo die Bildung eines Lösungsmittel-Polymer-Kontaktes zunächst einen Bruch von (1-1)- und (2-2)-Kontakten erfordert. Die Beschreibung für jeden Kontakt erfolgt mit Hilfe der Wechselwirkungsenergie $\Delta \varepsilon_{12}$, die gegeben ist durch

$$\Delta U^{\mathrm{M}} = \Delta \varepsilon_{12} = \varepsilon_{12} - \frac{1}{2}(\varepsilon_{11} + \varepsilon_{22}).$$

(8.26)

Dabei sind ε_{ii} und ε_{ij} die Kontaktenergien der jeweiligen Spezies. Die Mischungsenergie ΔU^{M} läßt sich durch ΔH^{M} ersetzen, wenn während des Mischens keine Volumenänderung auftritt und somit gilt für q neu gebildete Kontakte in der Lösung

$$\Delta H^{\mathrm{M}} = q \Delta \varepsilon_{12}.$$

(8.27)

Unter der Annahme, daß die Wahrscheinlichkeit einer durch ein Lösungsmittelmolekül besetzten Gitterzelle einfach dem Volumenbruch ϕ_1 entspricht, kann die Anzahl an Kontakten mit Hilfe des Gittermodells abgeleitet werden. Das bedeutet, daß jedes Polymermolekül von $(\phi_1 rz)$ Lösungsmittelmolekülen umgeben ist und für N_2 Polymermoleküle erhält man

$$\Delta H^M = N_2 \phi_1 rz \, \Delta\varepsilon_{12} \,. \tag{8.28}$$

Aus der Definition von ϕ_2 erhalten wir $rN_2\phi_1 = N_1\phi_2$ und daraus folgt mit

$$\Delta H^M = N_1 \phi_2 z \, \Delta\varepsilon_{12} \tag{8.29}$$

ein Ausdruck, der dem von van Laar abgeleiteten für reguläre Lösungen entspricht und damit zeigt sich, daß die gemachten Näherungen für Polymersysteme gültig sind. Um z zu eliminieren, wird pro Lösungsmittelmolekül ein dimensionsloser Parameter (χ_1) eingeführt, der definiert ist als

$$kT\chi_1 = z\Delta\varepsilon_{12} \,. \tag{8.30}$$

Dieser entspricht der Energiedifferenz eines Lösungsmittelmoleküls das im reinen Polymeren bzw. im reinen Lösungsmittel eingebunden ist, und läßt sich auch in der alternativen Form $RT\chi_1 = BV_1$ ausdrücken, wobei B die Wechselwirkungsdichte ist.

Der endgültige Ausdruck lautet

$$\Delta H^M = kT\chi_1 N_1 \phi_2 \,. \tag{8.31}$$

Der Wechselwirkungsparameter χ_1 ist ein sehr wichtiges Charakteristikum der Lösungstheorie von Polymeren, wie wir in Kürze sehen werden.

8.6 Die Freie Mischungsenergie

Nachdem wir nun die Enthalpie- und Entropieanteile zum Mischungsvorgang berechnet haben, lassen sich diese zu einem Ausdruck für die Freie Mischungsenergie kombinieren; $\Delta G^M = \Delta H^M - T\Delta S^M$ läßt sich in der Form

$$\Delta G^M = kT\Big[\underbrace{N_1 \ln \phi_1 + N_2 \ln \phi_2}_{\text{Kombinatorischer Term}} + \underbrace{N_1 \phi_2 \chi_1}_{\substack{\text{Kontakt-}\\\text{unterschiede}}} \Big] \tag{8.32}$$

schreiben. Gleichung (8.32) wird wesentlich handlicher, wenn man die chemischen Potentiale des reinen Lösungsmittels $\left(\mu_1^0\right)$ und des Lösungsmittels in der Lösung (μ_1) verwendet und den Ausdruck nach der Anzahl an Lösungsmittelmolekülen N_1 differenziert. Nach Multiplikation mit der Avogadroschen Zahl erhält man einen Ausdruck für die partielle molare Gibbssche Freie Verdünnungsenergie

$$\frac{\partial \Delta G^M}{\partial N_1} = \left(\mu_1 - \mu_1^0\right) = RT\left[\ln\left(1 - \phi_2\right) + \left(1 - \frac{1}{r}\right)\phi_2 + \chi_1\phi_2^2 \right]. \tag{8.33}$$

Für ein Polymeres (N_2) läßt sich dies ebenfalls durchführen; dabei macht es keinen Unterschied, welche der beiden Gleichungen verwendet wird, da beide von ΔG^M ausgehen; allerdings handelt es sich bei Gleichung (8.33) um die geeignetere Form. Während dieser Ausdruck für die Verhältnisse in verdünnten Lösungen keine strenge Gültigkeit besitzt, ist eine Umwandlung in eine Form möglich, die wesentlich mehr Information über die Abweichungen vom idealen Verhalten liefert und bei Molmassenbestimmungen mit Hilfe von Methoden wie etwa dem osmotischen Druck genutzt wird. Entwickelt man den logarithmischen Term in einer Taylor-Reihe

$$\ln(1-\phi_2) = -\phi_2 - \phi_2^2/2 - \phi_2^3/3\ldots\ldots$$

und bricht diese jedoch nach dem quadratischen Term ab, unter der Annahme, daß ϕ_2 klein ist, so erhält man

$$\left(\mu_1 - \mu_1^0\right) = -RT\left[\left(\phi_2/r\right) + \left(\frac{1}{2} - \chi_1\right)\phi_2^2\right]. \tag{8.34}$$

Dieser Ausdruck läßt sich modifizieren, wenn wir uns die Beziehungen $\gamma = (V_2/V_1)$ und $\phi_2 = c_2\bar{v}_2$ in Erinnerung rufen, wobei $\bar{v}_2$ für das partielle spezifische Volumen des Polymeren steht. Dieses läßt sich mit dem Molekulargewicht des Polymeren M_2 durch den Ausdruck $\bar{v}_2 = (V_2/M_2)$ korrelieren, so daß $(\phi_2/\gamma) = c_2V_1/M_2$ wird und man letztendlich den Zusammenhang

$$\left(\mu_1 - \mu_1^0\right) = -RT\left[\frac{c_2V_1}{M_2} + \bar{v}_2^2\left(\frac{1}{2} - \chi_1\right)c_2^2\right] \tag{8.35}$$

erhält.

Wir wollen jetzt der Bestimmung der Molmasse, die in Kapitel 9 Gegenstand ausführlicher Diskussionen sein wird, vorausgreifen und eine Betrachtung des osmotischen Druckes im Hinblick auf Gleichung (8.35) durchführen.

8.7 Der osmotische Druck

Der osmotische Druck π einer Lösung läßt sich als der Druck verstehen, welcher auf die Lösung aufgebracht werden muß, um das chemische Potential des Lösungsmittels in der Lösung (μ_1) auf das des reinen Lösungsmittels $\left(\mu_1^0\right)$ bei Standarddruck P zu bringen und es gilt

$$\mu_1^0 = \mu_1 + \int_P^{P+\pi} \left(\partial\mu_1/\partial P\right)_T dP. \tag{8.36}$$

Die Kompressibilität des Lösungsmittels $(\partial\mu_1/\partial P)_T$ ist äquivalent zum Molvolumen des Lösungsmittels in der Lösung (V_1) und läßt sich in einem sehr engen Druckbereich als unverändert annehmen. Somit ergibt sich

$$\mu_1^0 = \mu_1 + V_1 \int_P^{P+\pi} dP \qquad\qquad \left(\frac{\partial \mu}{\partial P}\right)_T = V_m \quad (Atk\ s.\ 145\ 7.1-2) \tag{8.37a}$$

$$= \mu_1 + V_1 \left[(P+\pi) - P\right] \qquad da = V \cdot dp - S \cdot dT \tag{8.37b}$$

und man erhält

$$\left(\mu_1 - \mu_1^0\right) = -V_1 \pi . \qquad\qquad \left(\frac{\partial a}{\partial P}\right)_T = V \quad \left(\frac{\partial a}{\partial n}\right) = \mu \tag{8.37c}$$

Einsetzen in Gleichung (8.35) liefert

$$\pi V_1 = RT \left[\frac{c_2 V_1}{M_2} + \bar{v}_2^2 \left(\frac{1}{2} - \chi_1\right) c_2^2\right] \tag{8.38}$$

bzw.

$$\frac{\pi}{c_2} = \frac{RT}{M_2} + RT \frac{\bar{v}_2^2}{V_1} \left(\frac{1}{2} - \chi_1\right) c_2 . \tag{8.39}$$

Hierbei handelt es sich um einen beschränkten Virialausdruck, wobei der erste Term der klassische Ausdruck von van't Hoff für den osmotischen Druck bei unendlicher Verdünnung ist. Der zweite Term beschreibt die Abweichung vom idealen Verhalten und gibt einen Zusammenhang zwischen dem zweiten Virialkoeffizienten B und dem Wechselwirkungsparameter χ_1.

$$B = RT \frac{\bar{v}_2^2}{V_1} \left(\frac{1}{2} - \chi_1\right) . \tag{8.40}$$

Somit wird $B = 0$, wenn $\chi_1 = 1/2$ ist, und der osmotische Druck ergibt sich dann aus dem Gesetz für eine ideale Lösung.

8.8 Grenzen der Flory-Huggins-Theorie

Die einfache Gittertheorie beschreibt das Verhalten verdünnter Polymerlösungen nicht besonders gut, da die im folgenden aufgeführten Vereinfachungen der theoretischen Betrachtung ungültig sind:

1) Es wurde angenommen, daß der Prozeß der Segmentanordnung ausschließlich ein statistischer Prozeß ist, was nur dann stimmt, wenn $\Delta\varepsilon_{12}$ Null wäre.
2) Bei der Betrachtung wurde angenommen, daß sich die Beweglichkeit der Kette beim Übergang vom festen in den gelösten Zustand nicht ändert. Dies beschränkt die Berechnung von ΔS^M auf den kombinatorischen Beitrag und vernachlässigt den Beitrag, der durch die kontinuierliche Bewegung der Kette, dem sogenannten nichtkombinatorischen Entropiebeitrag, zustande kommt.

3) Alle möglichen spezifischen Lösungsmittel-Polymer-Wechselwirkungen, die eventuell zu einer Orientierung der Lösungsmittelmoleküle in der Nähe der Polymerkette führen, werden vernachlässigt; d.h. polare Lösungen werden durch diese Theorie nur unzureichend behandelt.

4) Eine gleichmäßige Besetzungsdichte für Gitterplätze wurde vorausgesetzt, was nur für relativ konzentrierte Lösungen zutrifft.

5) Der Parameter χ_1 ist häufig konzentrationsabhängig, was bislang ignoriert wurde. Mittlerweile wird allgemein akzeptiert, daß ein nicht-kombinatorischer Entropiebeitrag aus der Bildung neuer (1-2)-Kontakte in der Mischung hervorgeht, der die Schwingungsfrequenzen der zwei Komponenten ändert; also muß die Annahme (d) in Abschnitt (8.2) abgeschwächt werden. Das kann man zulassen, indem man sich in Erinnerung ruft, daß χ_1 in Wirklichkeit ein Parameter der Freien Energie bestehend aus entropischen χ_H und enthalpischen χ_S Beiträgen ist, so daß $\chi_1 = \chi_H + \chi_S$. Diese sind definiert durch

$$\chi_H = -T\left(\mathrm{d}\chi_1/\mathrm{d}T\right) \text{ und } \chi_S = \mathrm{d}\left(T\chi_1\right)/\mathrm{d}T\left(= -\Delta S/k\right)$$

Experimente deuten darauf hin, daß der Hauptbeitrag von der χ_S-Komponente herrührt; dies wiederum zeigt an, daß eine Entropieabnahme vorliegt (nicht-kombinatorisch), die dem Lösungsprozeß eines Polymeren in einem Lösungsmittel entgegenwirkt.

Trotz aller berechtigter Kritik kann die Flory-Huggins-Theorie mit, wenn auch begrenztem, Erfolg für Studien über die Phasengleichgewichte angewendet werden.

8.9 Phasengleichgewichte

Eine Anwendung der Flory-Huggins-Theorie besteht in der Voraussage des Gleichgewichtsverhaltens zweier flüssiger Phasen, wenn beide ein amorphes Polymeres und ein oder sogar zwei Lösungsmittel enthalten.

Betrachten wir ein Zweikomponentensystem mit einer Flüssigkeit (1), die ein schlechtes Lösungsmittel für ein Polymeres (2) darstellt. Eine vollständige Vermischung tritt dann ein, wenn die Gibbssche Freie Mischungsenergie kleiner ist als die Gibbssche Energie der Komponenten; die Lösung bleibt auch nur so lange homogen, wie ΔG^M kleiner als die Gibbssche Energie zweier möglicher koexistenter Phasen ist.

Die Situation wird durch die Kurve T_5 in Bild 8.2 repräsentiert. Man beobachtet für die Mischbarkeit eines solchen Systems eine starke Temperaturabhängigkeit; mit fallender Temperatur trennt sich die Lösung in zwei Phasen. Somit ist bei einer beliebigen Temperatur, nennen wir sie T_1, die Gibbssche Freie Energie einer jeden Mischung, deren Zusammensetzung x_2''' im Bereich zwischen x_2' und x_2'' liegt, größer als die der beiden koexistenten Phasen, deren Zusammensetzung x_2' und x_2'' ist; eine Phasentrennung tritt auf. Die Zusammensetzungen der beiden Phasen x_2' und x_2'' entsprechen nicht den beiden Minima, sondern werden aus den Berührungspunkten der Doppeltangente AB mit der Gibbsschen Energiekurve berechnet. Das gleiche gilt auch für andere Temperaturen, die unterhalb von T_c liegen. Die Punkte lassen sich verbinden, und die erhaltene Kurve umschreibt ein Gebiet,

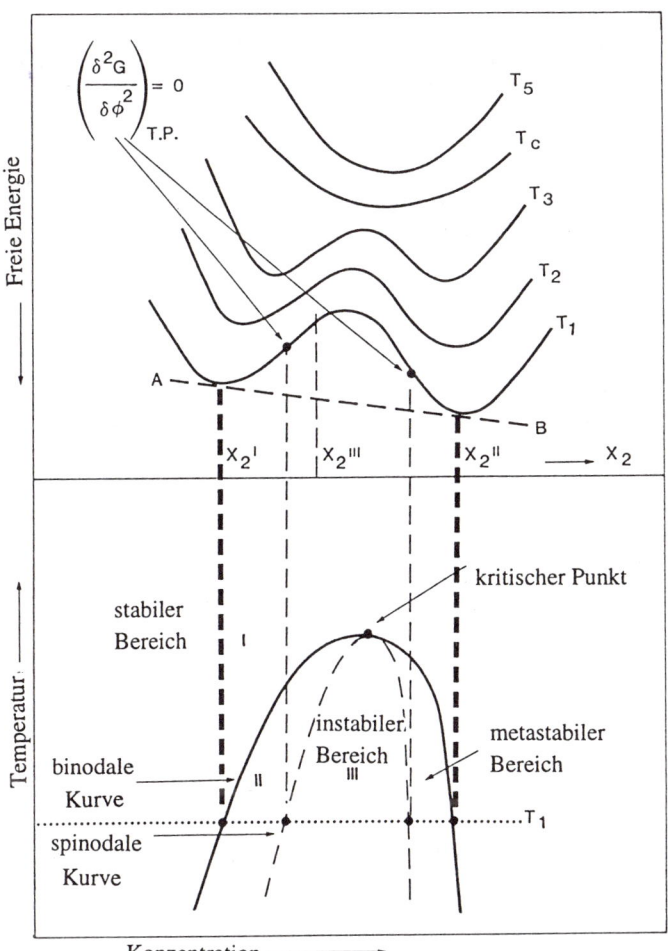

Bild 8.2: Die schematische Darstellung der Gibbsschen Freien Mischungsenergie ΔG^M als Funktion des Molenbruchs x_2 des Gelösten (obere Hälfte) zeigt den Übergang von einem System, das in allen Bereichen bei einer Temperatur T_5 mischbar ist, durch die kritische Temperatur T_c, in teilweise mischbare Systeme bei den Temperaturen T_3 bis T_1. Die Berührungspunkte der eingezeichneten Tangente durch die Minima wurden in die Temperatur-Konzentrationsebene projiziert und bilden eine binodale Kurve (Trübungspunkt), während die Projektion auf die Krümmungspunkte eine spinodale Kurve ergibt. Der untere Teil des Diagramms zeigt den einphasigen stabilen Bereich I, den metastabilen Bereich II und den instabilen Bereich III.

das das heterogene Zweiphasensystem darstellt, in dem Komponente 2 in Komponente 1 nur begrenzt löslich ist und umgekehrt. Diese Kurve wird als *Trübungspunktkurve* bezeichnet.

Mit steigender Temperatur werden die Grenzen der Zweiphasenkoexistenz immer enger, bis sie möglicherweise unter Bildung einer homogenen Einphasenmischung bei T_c, der *kritischen Lösungstemperatur*, zusammenfallen.

Allgemein kann man sagen, daß eine Phasentrennung dann auftritt, wenn die Freie-Energie-Zusammensetzungskurve eine solche Form aufweist, daß eine Tangente die Kurve in zwei Punkten berührt.

Bei der kritischen Lösungstemperatur handelt es sich um eine sehr wichtige Größe, die sich mit Hilfe des chemischen Potentials genau definieren läßt. Sie stellt den Punkt dar, an dem die beiden Minima der Kurve zusammenfallen und somit ist es die Temperatur, bei der die erste, zweite und dritte Ableitung der Gibbsschen Freien Energie nach dem Molenbruch Null wird.

$$\partial \left(\Delta G^{M} \right) / \partial x_2 = \partial^2 \left(\Delta G \right) / \partial x_2^2 = \partial^3 \left(\Delta G^{M} \right) / \partial x_2^3 = 0 \tag{8.41}$$

Außerdem gilt, daß an diesem Punkt die partiellen molaren Gibbsschen Freien Energien einer jeden Komponente gleich sind und somit ergibt sich, daß die Bedingungen für die beginnende Phasenseparation ausgedrückt werden durch

$$\partial \mu_1 / \partial \phi_2 = \partial^2 \mu_1 / \partial \phi_2^2 = \partial^3 \mu_1 / \partial \phi_2^3 = 0 . \tag{8.42}$$

Rufen wir uns in Erinnerung, daß $\Delta G_1 = (\mu_1 - \mu_1^0)$, so führt die Anwendung dieser Gleichgewichtskriterien auf Gleichung (8.33) zur ersten Ableitung dieser Gleichung

$$\left(1 - \phi_{2,\,c} \right)^{-1} - \left(1 - 1/x_n \right) - 2\phi_{2,c} \chi_{1,c} = 0 , \tag{8.43}$$

während die zweite Ableitung

$$\left(1 - \phi_{2,\,c} \right)^{-2} - 2\chi_{1,c} = 0 \tag{8.44}$$

lautet, wobei der Index c auf die kritischen Bedingungen hinweist. Die kritische Zusammensetzung, bei der erstmals Phasentrennung auftritt, ist somit gegeben durch

$$\phi_{2,c} = 1 / \left(1 + x_n^{1/2} \right) \approx 1 / x_n^{1/2} \tag{8.45}$$

und

$$\chi_{1,c} = \frac{1}{2} + 1/x_n^{1/2} + 1/2x_n \tag{8.46}$$

was besagt, daß bei unendlicher Kettenlänge $\chi_{1,c} = 0{,}5$ ist.

Der Wechselwirkungsparameter χ_1 ist ein sehr gutes Maß für die Stärke des Lösungsmittels. Schlechte Lösungsmittel haben Werte für χ_1, die in einem Bereich von 0,5 liegen, während ein Anstieg der Lösungsmittelstärke den Wert herabsetzt. Allgemein beobachtet man Werte in einem Bereich von 0,5 bis -1,0, wobei die Parameter vieler Lösungen synthetischer Polymerer in einem Bereich von 0,6 bis 0,3 variieren. Für χ_1 wird zudem eine lineare Temperaturabhängigkeit der allgemeinen Form $\chi_1 = a + b/T$ vorausgesagt, die darauf schließen läßt, daß mit steigender Temperatur das Löslichkeitsvermögen eines Lösungsmittels ebenfalls ansteigt. Dies hat Auswirkungen auf die Fraktionierung von Polymeren.

8.10 Fraktionierung

Die in diesem und anderen Kapiteln abgeleiteten Beziehungen beruhen auf der Annahme, daß die Polymerprobe eine einheitliche Molmasse besitzt. In der Praxis trifft man dies jedoch nur sehr selten an, weswegen die Kenntnis der Molmassenverteilung der Probe ausgesprochen nützlich ist, da die einen bedeutenden Einfluß auf die physikalischen Eigenschaften haben kann. Weiterhin ist es vorteilhaft, Fraktionen zu erhalten, deren Homogenität bedeutend besser als die des Ausgangspolymeren ist, insbesondere im Hinblick auf eine Überprüfung der Theorie verdünnter Lösungen.

Wir haben gesehen, daß die Kettenlänge durch Gleichung (8.46) mit der Güte des Lösungsmittels, ausgedrückt durch χ_1, korreliert werden kann, was in Bild 8.3 graphisch dargestellt ist. Man nimmt an, daß bei einer sorgfältigen Kontrolle von χ_1 Bedingungen erreicht werden können, bei denen Polymere eines bestimmten Polymerisationsgrades ausfallen, während größere oder kleinere Moleküle in Lösung bleiben. Dieser Prozeß ist als *Fraktionierung* bekannt.

Praktisch läßt sich die Fraktionierung auf verschiedene Arten durchführen, wobei drei davon recht häufig angewendet werden: (1) Zugabe eines Nichtlösungsmittels zu einer Polymerlösung; (2) Erniedrigung der Temperatur des Lösungsmittels und (3) Säulenchromatographie.

Bei der erstgenannten Methode wird χ_1 dadurch kontrolliert, daß zur Polymerlösung ein Nichtlösungsmittel zugeben wird. Erfolgt die Zugabe langsam, so nimmt χ_1 allmählich zu, bis der kritische Wert für große Moleküle erreicht ist. Dies führt dazu, daß die Moleküle mit dem höchsten Polymerisationsgrad zuerst ausfallen und so von den kürzeren Ketten, die in der Lösung zurückbleiben, getrennt werden. In der Praxis wird die Polymerlösung bei konstanter Temperatur gehalten und das Fällungsmittel unter Rühren zugegeben. Sobald die Lösung trübe wird, erhöht man die Temperatur, bis sich das ausgefallene Polymere löst. Anschließend kühlt man die Lösung auf die ursprüngliche Temperatur wieder ab, läßt das Polymere absitzen und trennt es ab. Bei dieser Arbeitsweise ist sichergestellt, daß die ausgefällte Fraktion nicht durch niedermolekulare Anteile verunreinigt ist, die bei der Zugabe des Nichtlösungsmittels mit ausfallen könnten. Die weitere Zugabe von Nichtlösungsmittel ermöglicht die Abtrennung einer Reihe von Fraktionen mit stetig fallender Molmasse.

Bei der zweiten Methode wird χ_1 durch Temperaturänderung variiert, wobei man ein ähnliches Ergebnis wie in dem zuvor beschriebenen Experiment erzielt. Bei beiden Methoden empfiehlt es sich, das Polymere am Anfang in einem schlechten Lösungsmittel mit großem χ_1-Wert zu lösen. Dadurch ist gewährleistet, daß bei der ersten Methode nur geringe Mengen des Nichtlösungsmittels zum Ausfällen des Polymeren benötigt werden und bei der zweiten Methode die Temperatur nur geringfügig geändert werden muß.

Bei der Säulenchromatographie wird das Polymere auf einem inerten Trägermaterial in eine Kolonne gefüllt, die über ihre Länge einem Temperaturgradienten unterliegt. Üblicherweise besteht die Packung aus Glaskugeln mit einem Durchmeser von 0,1 bis 0,3 mm. Zur Elution der Probe setzt man eine Mischung bestehend aus Lösungsmittel und Nichtlösungsmittel ein; eine Fraktionierung erreicht man mit Hilfe eines Lösungsmittelgradienten. Dieser wird durch ein Mischsystem oberhalb der Kolonne hergestellt, indem das

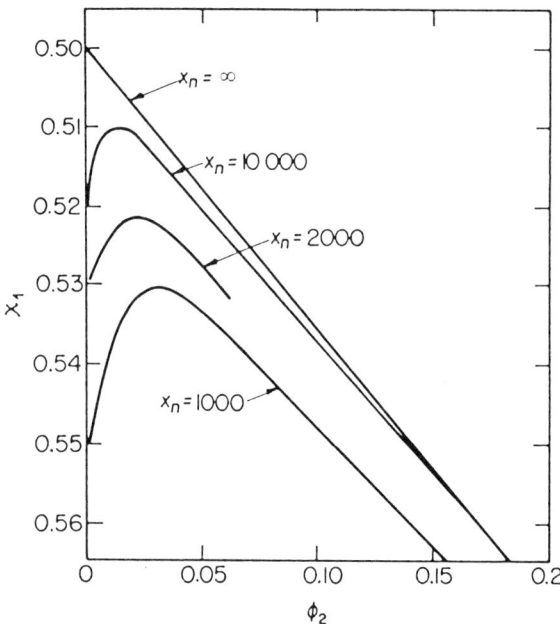

Bld 8.3: χ_1 in Abhängigkeit vom Volumenbruch ϕ_2 eines Polymeren in Lösung für verschiedene Polymerisationsgrade x_n.

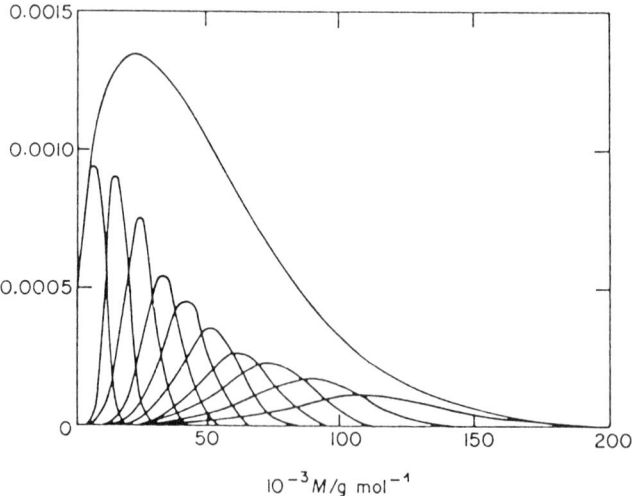

Bld 8.4: Schematische Darstellung der überlappenden Molmassenverteilungen der Fraktionen f aus der ursprünglichen Probe.

Verhältnis von Lösungsmittel zu Nichtlösungsmittel kontinuierlich vergrößert wird. Da zu Beginn die verwendete Mischung ein schlechtes Lösungsmittel ist, das allmählich mit gutem Lösungsmittel angereichert wird, werden die Fraktionen mit den niedrigen Molmassen zuerst eluiert.

Bei jeder der vorgestellten Techniken wird die Menge sowie die Molmasse der einzelnen Fraktionen aufgezeichnet, so daß sich anhand der Daten eine Verteilungskurve rekonstruieren läßt. Da jedoch eine jede Fraktion ebenfalls eine Molmassenverteilung aufweist, tritt eine starke Überlappung der einzelnen Fraktionen auf, was schematisch in Bild 8.4 dargestellt ist. Aus diesem Grund ist ein einfaches Histogramm aus Menge und Molmasse jeder Fraktion keine günstige Darstellung für die Verteilung, und es muß daher eine Methode gefunden werden, bei der die Überlappung kompensiert wird.

Eine sehr brauchbare Näherung stützt sich auf die Arbeiten von G. V. Schulz, der vorschlug, die integrale Verteilung gegen die Molmasse aufzutragen. Die integrale Verteilung $C(M_i)$ kann auf folgende Weise berechnet werden: Die Hälfte des Massenbruches w_i der i-ten Fraktion wird zur Summe der Massenbrüche aller vorhergehenden Fraktionen addiert, d.h.

$$C(M_i) = (w_i/2) + \sum_{j=1}^{i-1} w_j \tag{8.47}$$

Die Werte von $C(M_i)$ werden gegen die korrespondierenden M_i aufgetragen und durch eine stetige Kurve, die integrale Verteilungskurve, verbunden (vergleiche Bild 8.5). Die differentielle Kurve läßt sich hieraus ermitteln, indem man bei bestimmten Molmassen die Steigungen der Kurve berechnet und diese gegen die entsprechenden Molmassen aufträgt.

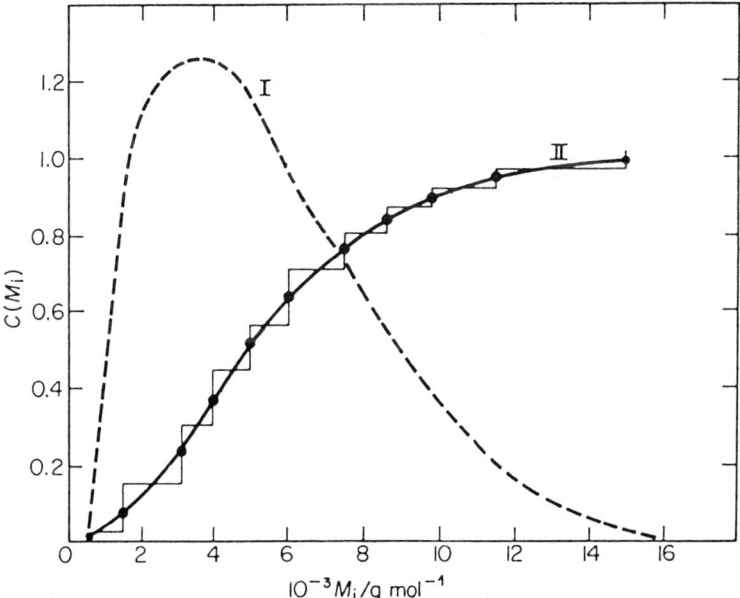

Bild 8.5:   Differentielle (I) und integrale (II) Verteilung bestimmt nach Gleichung (8.47).

8.11 Die Flory-Krigbaum-Theorie

Um die Einschränkungen der Gittertheorie zu umgehen, die auf der diskontinuierlichen Natur von Polymerlösungen beruhen, verwarfen Flory und Krigbaum die Idee einer einheitlichen Verteilung der Kettensegmente in der Flüssigkeit. Stattdessen gingen sie von der Überlegung aus, daß die Lösung sich aus einzelnen Regionen, die Polymere enthalten, zusammensetzt, und daß diese Regionen durch das Lösungsmittel voneinander getrennt sind. Es wird angenommen, daß die Polymersegmente in diesen Regionen eine Gauß-Verteilung um das Massenzentrum einnehmen, daß aber auch bei dieser Verteilung die Kettensegmente immer noch ein begrenztes Volumen innehaben, von dem alle anderen Kettensegmente ausgeschlossen sind. Innerhalb dieses Bereiches entstehen die Fernordnungswechselwirkungen, die in Kapitel 10 ausführlich besprochen werden.

Flory und Krigbaum definierten einen Enthalpie-Parameter (κ_1) sowie einen Verdünnungs-Entropie-Parameter (ψ_1), so daß die thermodynamische Funktion zur Beschreibung dieser Fernordnungswechselwirkungen in Form von partiellen molaren Exzeßgrößen angegeben werden konnte:

$$\Delta H_1^E = RT\kappa_1\phi_2^2 \tag{8.48}$$

$$\Delta S_1^E = R\psi_1\phi_2^2 . \tag{8.49}$$

Gemäß Gleichung (8.33) ist uns bekannt, daß die überschüssige Freie Energie der Verdünnung gegeben ist durch

$$\left(\mu_1 - \mu_1^0\right)^E = \Delta G_1^E = -RT\left(\frac{1}{2} - \chi_1\right)\phi_2^2 . \tag{8.50}$$

Eine Kombination dieser beiden nicht-idealen Terme ergibt

$$\left(\frac{1}{2} - \chi_1\right) = \left(\psi_1 - \kappa_1\right) . \tag{8.51}$$

Wie wir bereits in Gleichung (8.40) gesehen haben, verhält sich die Lösung, wenn $B = 0$ und $x_1 = 1/2$ ist, als wäre sie ideal. Der Punkt, an dem dies auftritt, wird als FLORY- oder THETA-Punkt bezeichnet und ist dem Boyle-Punkt für nicht-ideale Gase analog. Unter diesen Bedingungen ist:

$$\psi_1 = \kappa \quad \text{d.h.} \quad \Delta H_1^E = T\Delta S_1^E .$$

Die Temperatur, bei der diese Bedingungen erfüllt sind, wird FLORY- oder THETA-Temperatur Θ genannt und üblicherweise definiert als $\Theta = T\kappa_1/\psi_1$. Das bedeutet, daß Θ nur dann sinnvolle Werte annimmt, wenn ψ_1 und κ_1 die gleichen Vorzeichen haben.

Einsetzen in (8.50) und Umformen liefert

$$\left(\mu_1 - \mu_1^0\right)^E = -RT\psi_1\left(1 - \frac{\Theta}{T}\right)\phi_2^2 \tag{8.52}$$

und zeigt, daß Abweichungen vom idealen Verhalten verschwinden, wenn $T = \Theta$ ist.

Die Theta-Temperatur ist ein wohldefinierter Zustand der Polymerlösung, bei dem die ausgeschlossenen Volumeneffekte eliminiert sind und das Polymerknäuel in einem ungestörten Zustand vorliegt (siehe Kapitel 10). Oberhalb der Theta-Temperatur weitet sich das Knäuel infolge der Wechselwirkungen mit dem Lösungsmittel auf, während sich unterhalb von Θ die Polymersegmente gegenseitig anziehen, das ausgeschlossene Volumen negativ ist und schließlich Phasentrennung auftritt.

8.12 Die Bestimmung der Theta-Temperatur

Die Theta-Temperatur eines Polymer-Lösungsmittel-Systems läßt sich anhand von Untersuchungen der Phasentrennung bestimmen. Der Wert von $\chi_{1,c}$ bei der kritischen Konzentration ist mit der Kettenlänge des Polymeren durch Gleichung (8.46) korreliert. Einsetzen dieser Gleichung in (8.52) liefert

$$\psi_1 \left(\Theta/T_c - 1 \right) = 1 \big/ x_n^{1/2} + 1/2 x_n , \qquad (8.53)$$

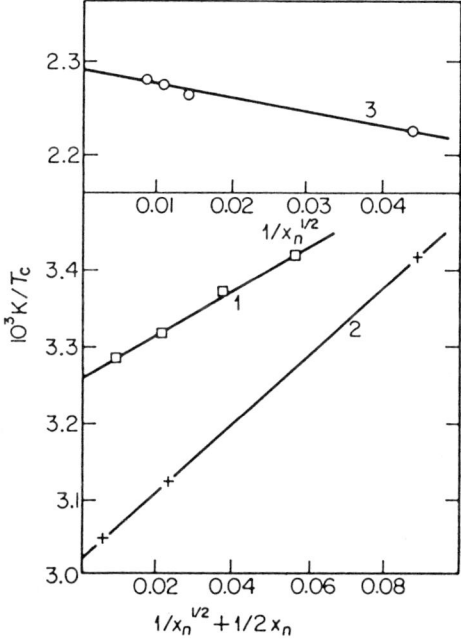

Bild 8.6:   Abhängigkeit der oberen kritischen Lösungstemperatur T_c vom Polymerisationsgrad x_n für (1) Polystyrol in Cyclohexan und (2) Polyisobutylen in Diisobutylketon (nach Daten von Shultz und Flory); (3) Abhängigkeit der unteren kritischen Lösungstemperatur vom Polymerisationsgrad für Polyocten-1 in n-Pentan (nach Daten von Kissinger und Ballard).

Tabelle 8.1:   Theta-Temperaturen und Entropieparameter für einige Polymer-Lösungsmittel-Systeme berechnet nach Gleichung (8.54).

Polymer	Lösungsmittel	Θ / K	ψ_1
1. Polystyrol	Cyclohexan	307,2	1,056
2. Polyethylen	Nitrobenzol	503	1,090
3. Polyisobuten	Diisobutylketon	333,1	0,650
4. Poly(methylmethacrylat)	4-Heptanon	305	0,610
5. Poly(acrylsäure)	Dioxan	302,2	-0,310
6. Polymethacrylnitril	Butanon	279	-0,630

wobei r durch den Polymerisationsgrad x_n ersetzt wurde. Durch Umformen erhält man

$$1\big/ T_c = \left(1/\Theta\right)\left\{1+\left(1/\psi_1\right)\left(1/x_n^{1/2}+1/2x_n\right)\right\} . \tag{8.54}$$

Unter Berücksichtigung von $x_n = (M\bar{v}_2/V_1)$, wobei M und $\bar{v}_2$ Molmasse und partielles
Molvolumen des Polymeren sind und V_1 das molare Volumen des Lösungsmittels, legt
diese Gleichung fest, daß die kritische Temperatur eine Funktion von M ist und daß T_c bei
unendlich großem M die Theta-Temperatur für das System ist.

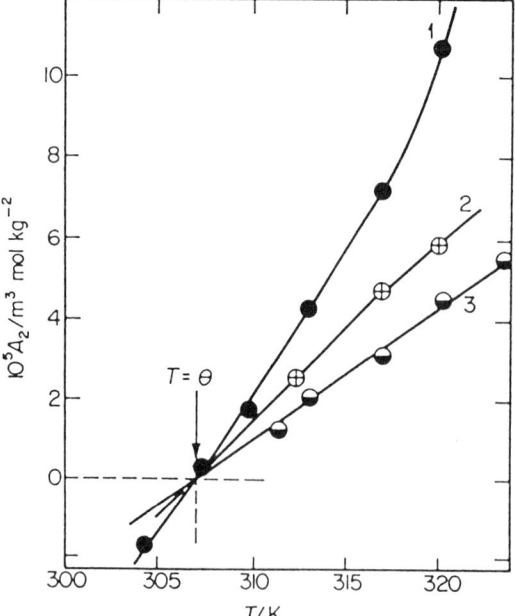

Bild 8.7:   Bestimmung der Theta-Temperatur Θ für Poly(α-methylstyrol) in Cyclohexan. Die
Werte von A_2 wurden für die Molmassen (1) $M_n = 8,6 \times 10^4$ g mol^{-1}, (2) $M_n = 3,8 \times$
10^5 g mol^{-1} und (3) $M_n = 1,5 \times 10^6$ g mol^{-1} gemessen.

Anhand von Fällungsdaten für verschiedene Systeme ließ sich die Gültigkeit von Gleichung (8.54) beweisen. Man erhält lineare Auftragungen mit positiver Steigung, aus der der Entropieparameter ψ_1, wie in Bild 8.6 dargestellt, berechnet werden kann. Typische Werte sind in Tabelle 8.1 zusammengestellt, aber es wurde auch gefunden, daß die Werte für Systeme wie Polystyrol und Cyclohexan etwa 10mal größer sind als die, welche mit Hilfe anderer Meßverfahren ermittelt wurden. Dies ist möglicherweise auf die Annahme bei der Flory-Huggins-Theorie zurückzuführen, daß χ_1 konzentrationsunabhängig ist. Berücksichtigt man dies, so erhält man verbesserte Werte für ψ_1.

Die Theta-Temperatur, die gemäß Gleichung (8.54) für jedes System berechnet wurde, steht in guter Übereinstimmung mit der aus der Temperaturabhängigkeit von A_2 (= B/RT; vergleiche Kapitel 9) gemessenen. Werte für A_2, die bei verschiedenen Temperaturen in der Nähe von Θ gemessen wurden, werden als Funktion der Temperatur für eine oder mehrere Molmassen, wie in Bild 8.7 gezeigt, aufgetragen. Am Schnittpunkt der Kurve mit der Temperaturachse ist $A_2 = 0$ und $T = \Theta$. Die Kurven für verschiedene Molmassen eines bestimmten Polymeren sollten sich alle bei $T = \Theta$ schneiden.

8.13 Untere kritische Lösungstemperaturen

Bislang haben wir ausschließlich unpolare Lösungen amorpher Polymerer betrachtet, deren Löslichkeit sich mit steigender Temperatur erhöhte, da die zusätzliche thermische Bewegung die Anziehungskräfte zwischen ähnlichen Molekülen herabsetzt und energetisch weniger bevorzugte Kontakte begünstigt. Das Phasendiagramm für solche Systeme mit schlechten Lösungsmitteln wird durch das Gebiet A in Bild 8.8 dargestellt. Die kritische Temperatur T_c befindet sich sehr nahe beim Maximum der Trübungspunktkurve und wird sehr häufig als *obere kritische Lösungstemperatur* (UCST, upper critical solution temperature) bezeichnet. Dieses Verhalten folgt aus dem in Bild 8.2 dargestellten.

Für unpolare Systeme ist ΔS^M üblicherweise positiv, allerdings stark von der Temperatur T beeinflußt, und so hängt die Löslichkeit hauptsächlich von der Größe von ΔH^M ab, welche normalerweise endotherm, also positiv, ist. Als Konsequenz daraus wird ΔG^M mit fallender Temperatur schließlich positiv und eine Phasentrennung findet statt.

Die Werte für Θ und ψ_1 in Tabelle 8.1 zeigen, daß der Entropieparameter - wie erwartet - für die Systeme 1 bis 4 positiv ist, für Poly(acrylsäure) in Dioxan und Polymethacrylnitril in Butanon ψ_1, aber bei der Theta-Temperatur negativ ist. Sobald $T = \Theta$ ist $\psi_1 = \kappa_1$, so daß die Enthalpie für diese Systeme ebenfalls negativ ist. Das bedeutet, daß bei den beiden Systemen 5 und 6 eine ungewöhnliche Abnahme der Löslichkeit mit steigender Temperatur zu beobachten ist; die Trübungspunktkurve weist dann die umgekehrte Form auf (Region B, Bild 8.8). Die entsprechende kritische Temperatur liegt in diesem Fall beim Minimum der Kurve und wird als *untere kritische Lösungstemperatur* (LCST, lower critical solution temperature) bezeichnet.

Bei den Systemen 5 und 6 ist das beobachtete Phänomen auf die Wasserstoffbrückenbindungen zwischen dem Polymeren umd dem Lösungsmittel zurückzuführen, welche die Löslichkeit steigern. Da Wasserstoffbrückenbindungen jedoch thermisch instabil sind, verringert sich ihre Stärke mit steigender Temperatur, was unter Umständen eine Phasen-

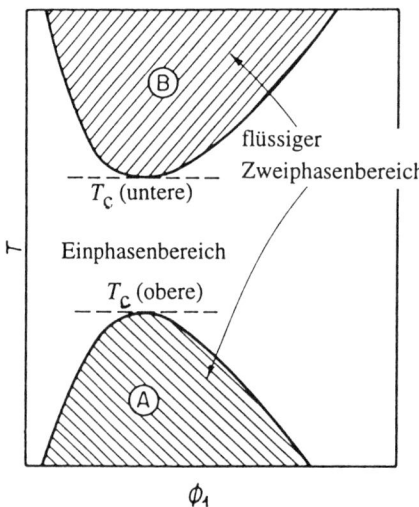

Bild 8.8:   Schematische Darstellung der zwei Phasendiagrammtypen, die üblicherweise bei
                 Polymerlösungen anzutreffen sind; A) Zweiphasengebiet, das zur oberen kritischen
                 Lösungstemperatur, und B) Zweiphasengebiet, das zur unteren kritischen Lösungs-
                 temperatur führt; zwischen diesen beiden Regionen befindet sich ein Einphasen-
                 bereich.

trennung nach sich zieht. In Lösungen, die auf diese Art durch Nebenvalenzkräfte stabilisiert sind, liegt die LCST gewöhnlich unterhalb der Siedetemperatur des Lösungsmittels,
allerdings wurde experimentell belegt, daß in unpolaren Systemen eine LCST auftreten
kann, wenn diese bei Temperaturen in der Nähe der kritischen Temperatur des Lösungsmittels untersucht werden. Polyisobutylen in einer Reihe von *n*-Alkanen, Polystyrol in
Methylacetat oder Cyclohexan und Celluloseacetat in Aceton weisen alle eine LCST auf.

Die LCST wird durch Erhitzen der Lösungen in abgeschmolzenen Rohren auf Temperaturen nahe dem kritischen Punkt (Gas-Flüssigkeit) des Lösungsmittels bestimmt. Mit steigender Temperatur dehnt sich die Flüssigkeit schneller aus als das Polymere, welches
durch die kovalenten Bindungen zwischen seinen Segmenten behindert ist. Bei hohen Temperaturen müssen die Zwischenräume zwischen den Lösungsmittelmolekülen verkleinert
werden, wenn eine Vermischung stattfinden soll. Wird dieser Effekt zu stark, so resultiert
dies in einem zu großen Entropieverlust und es tritt eine Phasentrennung auf.

Die Trennung von Polymer-Lösungsmittel-Systemen in zwei Phasen mit steigender
Temperatur ist mittlerweile als ein charakteristisches Merkmal aller Polymerlösungen anerkannt. Innerhalb des Rahmens der Theorie regulärer Lösungen bedeutet dies ein Interpre-
tationsproblem. Zum einen, weil die in der Theorie für χ_1 angenommene Form eine mono-
tone Änderung mit der Temperatur vorhersagt, und zum anderen, weil die Theorie nicht in
der Lage ist, zwei kritische Punkte vollständiger Mischbarkeit zu behandeln.

Das bestehende Problem ist, in einem theoretischen Rahmen die Existenz zweier Misch-
barkeitslücken aufeinander abzustimmen; dies erfordert eine neue Betrachtungsweise. Eine
sehr gut durchdachte Behandlung durch Prigogine und Mitarbeiter schließt die Größenunterschiede der Komponenten einer Mischung ein, was für Polymerlösungen nicht mehr

ignoriert werden durfte. Sie ersetzten das starre Gittermodell von Flory und Huggins, welches nur am absoluten Nullpunkt gültig ist, durch ein flexibles Gitter, dessen Zellen ihr Volumen mit dem Druck und der Temperatur änderten. Dieser Schritt ermöglichte ihnen in ihrer Theorie, Abweichungen im Freien Volumen zwischen Polymerem und Lösungsmittel gemeinsam mit den zugehörigen Wechselwirkungen zu betrachten. Der gleiche Zugang wurde sowohl von Patterson als auch Flory unter besonderer Behandlung von Polymersystemen erweitert.

Der wichtigste der neuen Parameter ist der sogenannte „strukturelle Effekt", der korreliert ist mit der Zahl der Freiheitsgrade „3c", die ein Molekül besitzt, dividiert durch die Anzahl externer Kontakte q. Dieser strukturelle Faktor (c/q) ist ein Maß für die Anzahl externer Freiheitsgrade pro Segment und ändert sich mit der Länge der Komponente. Somit nimmt das Verhältnis ab, wenn eine Flüssigkeit zunehmend polymerähnlich wird.

Die Aufweitung und das Freie Volumen können über das Verhältnis der thermischen Energie, die aus den der Komponente zur Verfügung stehenden externen Freiheitsgraden hervorgeht, ($U_{thermisch}$) und der Wechselwirkungsenergie zwischen benachbarten, nichtgebundenen Segmenten ($U_{kohäsiv}$) charakterisiert werden

$$\frac{U_{thermisch}}{U_{kohäsiv}} = \left(\frac{ckT}{q}\right) \cdot \frac{1}{\varepsilon^*}, \tag{8.55}$$

wobei ε^* die charakteristische kohäsive Energie pro Kontakt ist.

Zur Vereinfachung kann q durch die Anzahl an Kettensegmenten r ersetzt werden, obwohl q in Wirklichkeit kleiner als r ist, da einige der externen Kontakte zur Bildung der kovalenten Bindungen in der Kette genutzt werden.

Unterschiede im Freien Volumen nehmen an Wichtigkeit zu, wenn die Größe einer der beiden Komponenten im Vergleich zur anderen Komponente zunimmt, wie man es im Fall von Polymerlösungen antrifft. Sind die Ungleichheiten ausreichend groß, so beobachtet man bei der LCST eine Phasenseparation. Den Unterschieden in der Ausdehnung kann Rechnung getragen werden, indem man den Wechselwirkungsparameter nun in der Form

$$\chi = -\left(U_1/RT\right)\bar{v}^2 + \left(C_{p1}/2R\right)\tau^2 \tag{8.56}$$

ausdrückt, wobei der erste Term die Austauschenergie bei der Bildung von Kontakten verschiedenartiger Struktur widerspiegelt und Größenunterschiede der Segmente berücksichtigt, während der zweite Term der neue „strukturelle" Beitrag ist, der aus den Änderungen im Freien Volumen beim Mischen eines dichten Polymeren mit einem aufgeweiteten Lösungsmittel resultiert. Schematisch ist dies in Bild 8.9 dargestellt.

Der erste Term in Gleichung (8.56), dargestellt durch Kurve 1, ist nur ein Ausdruck der Flory-Huggins-Theorie, wobei χ mit steigender Temperatur abnimmt. Die Berücksichtigung eines neuen Ausdruckes für das Freie Volumen, gezeigt durch Kurve 2, verändert das Verhalten von χ. Der zweite Term gewinnt an Bedeutung, wenn die Aufweitungen der beiden Komponenten mit der Temperatur zunehmend unterschiedlich werden und der

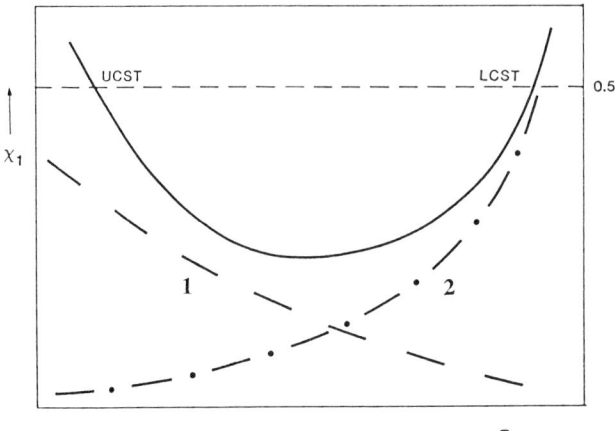

Bild 8.9:   Schematische Darstellung von χ_1 als Funktion der Temperatur; das Diagramm zeigt
die Zusammensetzungskurve von 1 (--), dem ersten Term in Gleichung (8.56,) und 2
(-·-), dem Beitrag des Freien Volumens aus dem zweiten Term in Gleichung (8.56),
der in der Beobachtung einer LCST mündet.

Endeffekt ist, χ zu erhöhen, bis es wiederum seinen kritischen Wert bei hoher Temperatur
erreicht. Die daraus resultierende LCST ist eine Konsequenz dieser Unterschiede des
Freien Volumens und ein entropisch kontrolliertes Phänomen.

Dies kann in der folgende Art und Weise veranschaulicht werden: Im Sinne des flexiblen Gittermodells kann man sich vorstellen, daß sich die Polymer- bzw. Flüssigkeitsgitter
mit unterschiedlichen Geschwindigkeiten erweitern, bis eine Temperatur erreicht ist, bei
der das sehr stark erweiterte Flüssigkeitsgitter nicht mehr ausreichend verzerrt werden
kann, um sich dem weniger erweiterten Polymergitter anzupassen und so eine Lösung zu
bilden; d.h., daß der Entropieverlust während der Verformung so groß und ungünstig wird,
daß eine Phasenseparation (LCST) auftritt. Alternativ kann man sich die Lösung eines
Polymeren als ein System vorstellen, welches durch Kondensation des Lösungsmittels in
das Polymere gebildet wird. Steigt die Temperatur, so wird der durch die Kondensation
herbeigeführte Entropieverlust immer größer, bis er schließlich derart ungünstig ist, daß
eine Kondensation in das Polymere unmöglich wird; eine Phasenseparation läuft ab. Keine
der beiden Vorstellungen ist wirklich exakt, doch unterstreichen sie die Tatsache, daß es
sich bei der LCST um ein entropisch gesteuertes Phänomen handelt.

8.14 Löslichkeit und Kohäsionsenergiedichte

Probleme der Verträglichkeit zwischen Polymeren und Lösungsmittel treten in der Indu-
strie häufig auf. Beispielsweise ist die sorgfältige Wahl eines geeigneten Elastomeren für
Schlauchleitungen oder Dichtungen von übergeordneter Bedeutung, da Elastomere beim
Kontakt mit gut verträglichen Flüssigkeiten stark quellen, was auf die Funktionstüchtigkeit

Tabelle 8.2: Mittlere Löslichkeitsparameter für einige gängige Polymere

Polymer	$\delta / (\text{J cm}^{-3})^{1/2}$	Polymer	$\delta / (\text{J cm}^{-3})^{1/2}$
Polytetrafluorethylen	12,7	Polystyrol	18,7
Polyisobutylen	16,3	Poly(methylmethacrylat)	19,0
Polyethylen	16,4	Poly(vinylacetat)	19,2
Polyisopren	16,7	Poly(vinylchlorid)	20,7
Polybutadien	17,1	Nylon-6,6	27,8
Polypropylen	17,8	Poly(acrylnitril)	28,8

des Systems einen Einfluß nimmt. Eine falsche Wahl kann sehr weitreichende Konsequenzen nach sich ziehen. Das zunächst ausgewählte Elastomere für die Dichtungen des Fahrgestells für ein Flugzeug vom Typ DC-8 verursachte eine schwere Blockade des Fahrgestells, da die Dichtungen beim Kontakt mit der Hydraulikflüssigkeit quollen. Dies führte beinahe zu einem Flugverbot für diesen Flugzeugtyp, doch durch den Ersatz eines unverträglichen Elastomeren, einem Ethylen-Propylen-Copolymeren, ließ sich das Problem beheben.

Um solche Probleme zu vermeiden, braucht ein Technologe grobe Richtlinien, die ihn bei der Wahl eines geeigneten Lösungsmittels für ein Polymeres unterstützen bzw. eine Abschätzung der Lösungsmittel-Polymer-Wechselwirkungen für neue, nicht bekannte Polymere ermöglichen. Hierbei kann man von einem halbempirischen Ansatz von Hildebrand Gebrauch machen, der auf dem Prinzip „Gleiches löst Gleiches" basiert. Bei dieser Betrachtung wird die Mischungsenthalpie mit der Kohäsionsenergiedichte (E/V) korreliert und ein Löslichkeitsparameter $\delta = (E/V)^{1/2}$ definiert, bei dem E die molare Verdampfungsenergie und V das Molvolumen der Komponenten ist. Die vorgeschlagene Beziehung für die Mischungswärme zweier unpolarer Komponenten

$$\Delta H^{M} = V_{M}\left(\delta_1 - \delta_2\right)^2 \phi_1\phi_2 \tag{8.57}$$

zeigt, daß ΔH^M für Mischungen mit ähnlichen Löslichkeitsparametern klein ist, was auf Verträglichkeit hindeutet.

Die Werte für die Löslichkeitsparameter einfacher Flüssigkeiten lassen sich rasch aus der Verdampfungsenthalpie berechnen. Für ein Polymeres ist das allerdings nicht so einfach, weshalb man hier auf vergleichende Techniken zurückgreifen muß. Normalerweise wird δ für ein Polymeres so abgeschätzt, daß man das Lösungsmittel ausfindig macht, in dem die größtmögliche Quellung eines Netzwerks oder die höchste Grenzviskosität beobachtet wird, da beides Kriterien für eine optimale Verträglichkeit sind. Dem Polymeren wird dann ein vergleichbarer Wert für δ zugewiesen. Alternativ dazu haben Small und Hoy eine Reihe molarer Anziehungskonstanten für unterschiedliche Molekülgruppen tabelliert, anhand derer eine gute Abschätzung von δ möglich ist.

Die vorgeschlagenen Inkremente der verschiedenen Molekülgruppen sind in Tabelle 8.3 zusammengestellt. Der Löslichkeitsparameter für ein bestimmtes Polymeres läßt sich

Tabelle 8.3:   Inkremente verschiedener Molekülgruppen zu F^*.

Gruppe	Small	Hoy
-CH$_3$	438	303,4
-CH$_2$	272	269,0
$-\overset{\displaystyle H}{\underset{\displaystyle \mid}{\overset{\displaystyle \mid}{C}}}-$	57	176,0
$-\overset{\displaystyle \mid}{\underset{\displaystyle \mid}{C}}-$	-190	65,5
-CH(CH$_3$)	495	(479,4)
-C(CH$_3$)$_2$	686	(672,3)
$-\overset{\displaystyle H}{\underset{}{\overset{\mid}{C}}}=\overset{\displaystyle H}{\underset{}{\overset{\mid}{C}}}-$	454	497,4
$-\overset{\displaystyle \mid}{C}=\overset{\displaystyle H}{\underset{}{\overset{\mid}{C}}}-$	266	421,5
—C(CH$_3$)=CH—	(704)	(724,9)
Cyclopentyl	-	1295,1
Cyclohexyl	-	1473,3
Phenyl	1504	1398,4
p-Phenylen	1346	1442,2
-F	(250)	84,5
-Cl	552	419,6
-Br	696	527,7
-I	870	-
-CN	839	725,5
-CHCN-	(896)	(901,5)
-OH	-	462,0
-O-	143	235,3
-CO-	563	538,1
-COOH	-	(1000,1)
-COO-	634	668,2

---

* Anm. der Übersetzerin: Bei diesen Angaben ist zu beachten, daß die Löslichkeitsparameter sowohl von der Temperatur als auch von der Mikrostruktur (also Taktizität, *cis-trans*-Gehalt, Kristallinitäts-grad, usw.) der Polymeren abhängen. Auf eine umfangreiche Liste von Löslichkeitsparametern im *Polymer Handbook* (Hrsg. J. Bandrup, E. H. Immergut), Wiley, New York, 3. Aufl. (1989), S. VII, 551 ff sei hingewiesen. Lösungsmittel und Nichtlöser für eine große Zahl von Polymeren sind an gleicher Stelle auf den Seiten VII/379 - 402 zusammengestellt.

Tabelle 8.3:   Inkremente verschiedener Molekülgruppen zu F (Fortsetzung)

Gruppe	Small	Hoy
$-O-\overset{\overset{\displaystyle O}{\|\|}}{C}-O-$	-	(903,5)
$-\overset{\overset{\displaystyle O}{\|\|}}{C}-O-\overset{\overset{\displaystyle O}{\|\|}}{C}-$	-	1160,7
$-\overset{\overset{\displaystyle O}{\|\|}}{C}-\overset{\overset{\displaystyle H}{\|}}{N}-$	-	(906,4)
$-O-\overset{\overset{\displaystyle O}{\|\|}}{C}-\overset{\overset{\displaystyle H}{\|}}{N}-$	-	(1036,5)
-S	460	428,4

aus der Summe der verschiedenen molaren Anziehungskonstanten F für die Gruppen einer Wiederholungseinheit abschätzen, d.h. es gilt

$$\delta = \left(\sum F/V\right) = \left(\sum F\right)\rho/M_0 .$$

Hier steht V für das Molvolumen der Wiederholungseinheit, deren Molmasse M_0 ist und ρ für die Dichte des Polymeren.

Somit können wir für Poly(methylmethacrylat), mit $M_0 = 100,1$ und $\rho = 1,19$ g cm^{-3}, die Werte von Hoy einsetzen:

	Gruppe	F
	2(-CH$_3$)	2(303,4)
$+\text{CH}_2-\overset{\overset{\displaystyle \text{CH}_3}{\|}}{\underset{\underset{\displaystyle \text{COOCH}_3}{\|}}{C}}+_n$	>CH$_2$	269,0
	-COO-	668,2
	$-C-$	65,5
	Σ 1609,5	

Daraus ergibt sich: $\delta = (1609,5)(1,19)/100,1$
$= 19,13$ (J cm^{-3})$^{1/2}$.

Im Falle einer komplexeren Struktur, einem Polyhydroxyether vom Bisphenol-A-Typ, mit $\rho = 1,15$ g cm^{-3} ergibt sich

$$M_0 = 268$$

Gruppe	F
2(p-Phenylen)	2(1442,2)
2(-CH$_3$)	2 (303,4)
2(>CH$_2$)	2 (269,0)
2(-O-)	2 (235,3)
—OH	462,0
—CH	176,0
—C—	65,5
Σ	5203,3

$\delta = (5203,3)(1,15)/268 = 22,32$ (J cm^{-3})$^{1/2}$

Beide Abschätzungen liegen innerhalb einer Fehlergrenze von 10% der experimentell bestimmten Werte.

Versuche, δ mit χ_1 aus der Flory-Huggins-Theorie zu korrelieren, hatten wegen der bei der Ableitung gemachten unzulässigen Annahmen nur einen begrenzten Erfolg. Man nimmt mittlerweile an, daß χ_1 kein Enthalpieparameter, sondern ein Freier Energieparameter ist, und eine Beziehung vergleichbar mit der Form aus Abschnitt 8.8 hat zu einer besseren Korrelation geführt:

$$\chi_1 = 1/z + (V_1/RT)(\delta_1 - \delta_2)^2. \tag{8.58}$$

Es wird angenommen, daß $1/z = \chi_s$ das Fehlen des nichtkombinatorischen Entropieanteils in der Flory-Huggins-Gleichung kompensiert.

Leider handelt es sich bei der Löslichkeit nicht um einen einfachen Prozeß, so spielen sekundäre Bindungen eine sehr wichtige Rolle bei der Bestimmung der Wechselwirkungen der Komponenten.

Eine weitaus umfassendere Näherung wurde bereits vorgeschlagen, bei der ein dreidimensionales δ eingeführt wurde, welches sich aus den Beiträgen der van-der-Waals-schen-Dispersionskräfte, der Dipol-Dipol-Wechselwirkungen und der Wasserstoffbrückenbindungen zusammensetzt.

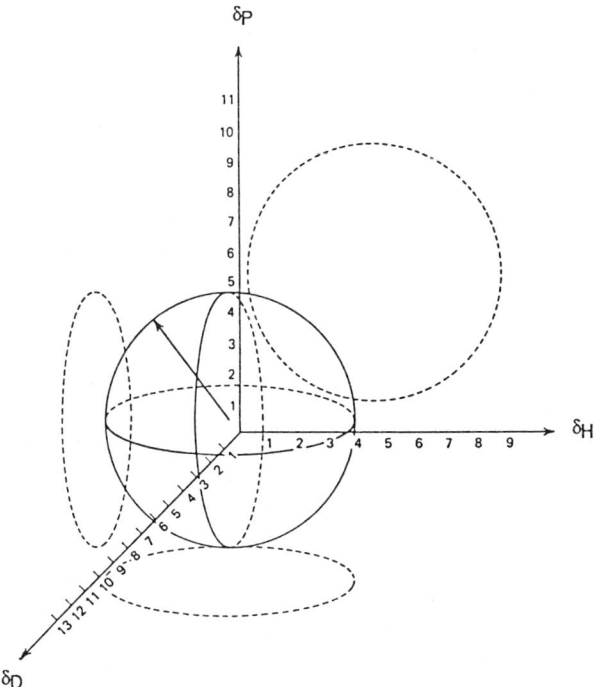

Bild 8.10:   Schematische Darstellung des „dreidimensionalen Löslichkeitsvolumens" berechnet aus den Einzelbeiträgen zum Löslichkeitsparameter: δ_H = Wasserstoffbrückenbindungen, δ_P = Dipol-Dipol-Wechselwirkungen und δ_D = Dispersionskräfte.

Der Gesamtlöslichkeitsparameter ist dann die Summe der verschiedenen Beiträge

$$\delta = \left(\delta_D^2 + \delta_P^2 + \delta_H^2 \right)^{1/2} .$$

Üblicherweise werden zunächst zweidimensionale Auftragungen konstruiert, bevor, wie in Bild 8.10 gezeigt, das dreidimensionale „Löslichkeitsvolumen" eingeführt wird. Es handelt sich hierbei um eine sehr unbequeme Form der Auftragung, weswegen meist eine Auftragung von $\delta_V = (\delta_D^2 + \delta_P^2)^{1/2}$ gegen δ_H als ausreichend genau angesehen wird, da die Beiträge δ_D und δ_P in den meisten Fällen gleich sind und der polare Hauptbeitrag durch den Wasserstoffbrückenbindungsfaktor δ_H verursacht wird.

8.15 Polymer-Polymer-Mischungen

Bei der weiterhin andauernden Suche nach neuen Materialien mit verbesserter Funktionalität besitzt die Idee, zwei oder auch mehr Polymere zu mischen, um hierbei eine neue Substanz zu erhalten, welche die Eigenschaften der Komponenten vereint, eine trügerische

Attraktivität. Trügerisch deshalb, weil dies in der Praxis kaum beobachtet wird, weswegen bislang nur sehr wenige Polymerblends oder -mischungen den industriellen Anforderungen gerecht wurden. Der Hauptgrund ist, daß sich die meisten gängigen Polymere nicht unter Ausbildung homogener, einphasiger Lösungen oder Mischungen mischen lassen. Eine Erklärung für dieses Verhalten ist in der Thermodynamik der Lösungen zu finden, was in den vorangegangenen Kapiteln ausführlich besprochen wurde.

Wie wir bereits gesehen haben, wird die Bildung einer homogenen, einphasigen Lösung beim Mischen von zwei Flüssigkeiten oder einer Flüssigkeit und einem Polymeren hauptsächlich durch einen großen positiven Gewinn an kombinatorischer Entropie unterstützt. Der entropische Beitrag reduziert sich zunehmend, wenn eine oder beide Komponenten an Größe zunehmen, wobei die Gründe hierfür bei einer Betrachtung von Gleichung (8.24) offensichtlich werden. Nehmen r_1 und r_2 beide zu, so wird ΔS^M kleiner; folglich erfahren Versuche, zwei hochmolekulare Polymerproben zu mischen, nur wenig Unterstützung von diesem Parameter, weswegen eine starke Abhängigkeit von einer günstigen (negativen) Mischungswärme, in Form des Parameters χ, besteht. Der Entropieverlust läßt sich mit dem in Bild 8.11 gezeigten Gittermodell anschaulich illustrieren. Auf einem Gitter mit 10x10 Gitterplätzen wurden 50 weiße und 50 schwarze Scheiben willkürlich verteilt (a); beim Mischen resultieren daraus etwa 10^{30} verschiedene mögliche Anordnungen. Werden nun zunächst die weißen Einheiten miteinander verbunden und anschließend die schwarzen (b), so daß fünf äquivalente Ketten einer jeden Farbe mit $r_1 = r_2 = 10$ vorliegen, so reduziert sich die Anzahl möglicher Anordnungen dieser Ketten auf 10^3. Nähern sich r_1 und r_2 unendlich, so wird ΔS^M vernachlässigbar klein; die Freie Mischungsenergie hängt dann im wesentlichen von ΔH^M ab, welches entweder sehr klein oder auch negativ sein kann.

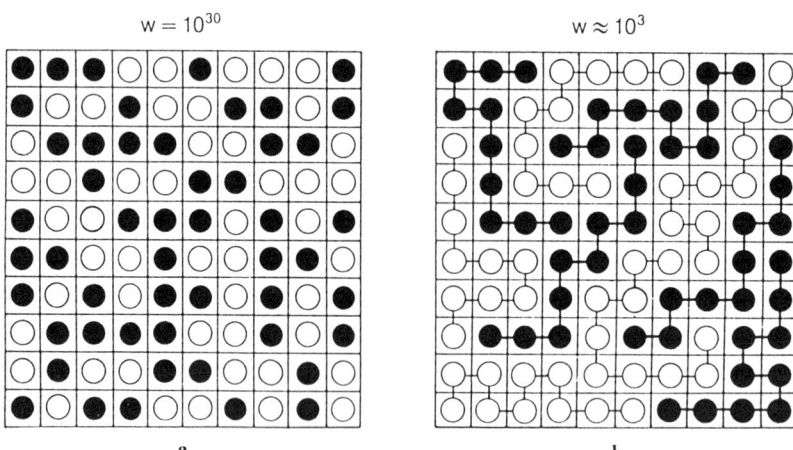

Bild 8.11:   (a) Auf einem Gitter mit 10 x 10 Gitterplätzen wurden 50 schwarze und 50 weiße Scheiben willkürlich verteilt. (b) Auf dem gleichen Gitter wurden 5 weiße und 5 schwarze Polymerketten mit jeweils 10 Kettengliedern ($r_1 = r_2 = 10$) plaziert. Die Anzahl der möglichen Anordnungen reduziert sich von $W = 10^{30}$ für den Fall (a) auf $W \approx 10^3$ und für den Fall (b). Die Entropie $S = k \ln W$ sinkt ebenfalls drastisch.

Für den Hauptteil der Polymer (1)-Polymer (2)-Paare ist die Mischungswärme endotherm, und durch Bezug auf die Löslichkeitsparameter unter Verwendung von Gleichung (8.57) läßt sie sich in einer Näherung in der Form

$$\chi_{12} = \frac{V_0}{RT}(\delta_1 - \delta_2)^2 \tag{8.59}$$

schreiben, wobei man als Standardvolumen üblicherweise einen Wert von 100 cm^3 mol^{-1} annimmt. Der kritische Wert für χ_{12} läßt sich aus der Beziehung

$$(\chi_{12})_c = \frac{1}{2}\left[\frac{1}{x_1^{1/2}} + \frac{1}{x_2^{1/2}}\right]^2 \tag{8.60}$$

abschätzen, wobei x_i für den Polymerisationsgrad steht. Dieser ist mit dem tatsächlichen Polymerisationsgrad x_n und dem Standardvolumen über den Zusammenhang

$$x_i = x_n(V_R/V_0)$$

verknüpft, wobei V_R das Molvolumen der Wiederholungseinheit ist. Die kritischen Werte für χ_{12}, oberhalb derer eine Phasenseparation in einer Mischung aus zwei Polymeren auftritt, wurden für verschiedene Mischungen mit $x_1 = x_2$ berechnet; sie sind in Tabelle 8.4 gemeinsam mit den zugehörigen Unterschieden für δ dargestellt. Dabei zeigt sich, daß eine Mischung von hochmolekularen Verbindungen nur dann auftritt, wenn die Löslichkeitsparameter nahezu identisch sind. Dadurch reduziert sich die Anzahl möglicher Kombinationen drastisch, so daß lediglich einige wenige Beispiele in dieser Kategorie existieren. Dazu zählen die Mischungen von Polystyrol mit Poly(α-methylstyrol) unterhalb $M \approx$ 70 000, sowie die von Polyacrylaten mit den jeweiligen Polyvinylestern, also

$$-\!\!\left(CH_2\!-\!CH\right)\!\!- \quad\text{und}\quad -\!\!\left(CH_2\!-\!CH\right)\!\!-$$

Tabelle 8.4: Kritische Werte für χ_{12} für verschiedene Kettenlängen; die Tabelle zeigt auch die erforderlichen Unterschiede in den Löslichkeitsparametern

$x_1 = x_2$	$(\chi_{12})_c$	$(\delta_1-\delta_2)_c$
50	0,0400	0,49
100	0,0200	0,35
200	0,0100	0,25
500	0,0040	0,15
700	0,0028	0,13
1000	0,0020	0,11
2000	0,0010	0,08
5000	0,0005	0,05

Tabelle 8.5: Komplementäre Gruppen und Wiederholungseinheiten in mischbaren binären Polymerblends

Gruppe 1	Gruppe 2
1. $-(CH_2-CH)-$ mit Phenylgruppe	$-(CH_2-CH)-$ mit $O-CH_3$
2. $-(CH_2-CH)-$ mit Phenylgruppe	$-(\bigcirc-O)-$ mit R in ortho-Positionen
3. $-(CH_2-CR)-$ mit $O=C-OCH_3$	$-(CH_2-CF_2)-$
4. $-(CH_2-CR)-$ mit $O=C-OCH_3$	$-(CH_2-CH)-$ mit Cl
5. $-(R_1-O-\underset{O}{\overset{\parallel}{C}}-R_2-\underset{O}{\overset{\parallel}{C}}-O)-$	$-(CH_2-CH)-$ mit Cl
6. $-(CH_2-CH)-$ mit $O-\underset{O}{\overset{\parallel}{C}}-CH_3$	$\sim\sim\sim$ ONO_2
7. $-(CH_2-CH)-$ mit $O=C-O-CH_3$	$\sim\sim\sim$ ONO_2
8. $-\bigcirc-O-\bigcirc-\underset{O}{\overset{O}{\underset{\parallel}{\overset{\parallel}{S}}}}-$	$-(CH_2-CH_2-O)-$

Anders verhält sich die Situation, wenn ΔH^M negativ ist, da dies den Mischungsprozeß unterstützt, und die Suche nach mischbaren binären Polymer-Blends konzentrierte sich auf Kombinationen, bei denen spezifische intermolekulare Wechselwirkungen, wie Wasserstoffbrücken-Bindungen, Dipol-Dipol-Wechselwirkungen, Ion-Dipol-Wechselwirkungen oder Charge-Transfer-Komplexbildung, zwischen den beiden Komponenten auftreten. Eine umfangreiche Anzahl mischbarer Blends wurde mit Hilfe dieses Prinzips bereits entdeckt. Darüber hinaus war es möglich, bestimmte Gruppen oder Wiederholungseinheiten zu bestimmen, die, wenn sie in eine Polymerkette eingebracht wurden, in der Lage waren, Einfluß auf die intermolekularen Wechselwirkungen zu nehmen und somit die Mischbarkeit zu verbessern.

Eine kurze Auswahl dieser komplementären Gruppen ist in Tabelle 8.5 wiedergegeben. Ein Polymeres, welches Gruppen trägt oder aus vollständigen Einheiten besteht, die in Kolonne 1 stehen, neigt zur Bildung von Blends mit einem Polymeren, welches Gruppen trägt bzw. aus vollständigen Einheiten ausgebaut ist, die in Kolonne 2 aufgeführt sind. Somit nimmt man an, daß Polystyrol Polymerblends mit Poly(vinylmethylether) und Poly-(phenylenoxiden) (Beispiele 1 und 2), aufgrund von Wechselwirkungen der π-Elektronen der Phenylringe und den einsamen Elektronenpaaren des Ether-Sauerstoffs, bildet. In gleicher Weise wurde vorgeschlagen, daß eine schwache Wasserstoffbrücke zwischen der Carbonyleinheit in Poly(methylmethacrylat) und dem α-Wasserstoff in Poly(vinylchlorid) (Beispiel 3 mit R = CH$_3$) für die Mischbarkeit der beiden verantwortlich ist.

$$> C{=}O \cdots H{-}C{-}Cl.$$

Wesentlich stärker sind Wasserstoffbrücken-Bindungen, die bei Einsatz von Einheiten wie

beobachtet werden, oder Zentren für Ion-Dipol-Wechselwirkungen, wie etwa

können in die Kette eingebaut werden; selbst wenn solche Einheiten nur in geringen Mengen vorhanden sind, können sie vollkommen unverträgliche Paare in mischbare Polymerblends überführen.

Viele dieser Blends entmischen sich mit steigender Temperatur rasch, und eine LCST-Phasengrenze läßt sich oberhalb der Glasübergangstemperatur des Blends lokalisieren. Die Ursachen dieses unteren kritischen Phasenseparations-Phänomens sind bislang noch nicht vollständig verstanden; drei mögliche Gründe wurden formuliert:

1) Ungleichheiten im Freien Volumen werden bei Temperaturerhöhung für die Mischung ungünstig.

2) Es existieren ungünstige Entropiebeiträge, die aus einer nicht-statistischen Mischung herrühren.

3) Eine temperaturabhängige Mischungswärme resultiert, wenn durch Dissoziation spezifische intermolekulare Wechselwirkungen reduziert werden, die für die Mischbarkeit bei niedrigeren Temperaturen verantwortlich sind.

Während der zuletzt genannte Grund für die meisten Blends, bei denen spezifische Wechselwirkungen gefunden wurden, sehr wahrscheinlich ist, beobachtet man die Bildung mischbarer Blends, wenn bestimmte statistische Copolymere entweder mit einem Homopolymeren oder mit einem anderen Copolymeren gemischt werden, in denen keine derartigen Wechselwirkungen auftreten. So bildet Poly(styrol-*stat*-acrylnitril) mischbare Blends mit Poly(methylmethacrylat), wenn der Acrylnitrilgehalt im Copolymeren in einem Bereich von 10 bis 39 Gew.% liegt. Dieser Zusammensetzungsbereich wird als das „Mischbarkeits-Fenster" bezeichnet und wurde auch für andere Systeme in der Literatur beschrieben. Man nimmt an, daß in diesen Fällen die Triebkraft aufgrund bestehender starker Abstoßungskräfte zwischen den Monomereinheiten (A) und (B) gegenüber dem Copolymeren zustande kommt; beim Mischen mit einem Polymeren (C) wird die Anzahl an ungünstigen (A-B)-Kontakten zugunsten von (A-C)- oder (B-C)-Kontakten mit geringerer Abstoßung reduziert, wobei ein Blend entsteht. Viele dieser Blends zeigen eine untere kritische Lösungstemperatur. Somit ist die treibende Kräft einer unteren kritischen Phasenseparation in Polymer-Polymer-Lösungen abhängig vom jeweiligen System oder auch eine Kombination aus den Effekten (i) bis (iii).

Allgemeine Literatur

G. Allen und J. C. Bevington (Hrsg.), *Comprehensive Polymer Science*, Bd. 2, Pergamon Press (1989).

F. W. Billmeyer, *Textbook of Polymer Science*, John Wiley and Sons Ltd (1985).

P.J. Flory, *Principles of Polymer Chemistry*, Kap. 12 und 13, Cornell University Press, Ithaca, N. Y. (1953).

H. Fujita, *Polymer Solutions*, Elsevier, Amsterdam (1990).

H. Hildebrand und R. L. Scott, *Regular Solutions*, Prentice-Hall (1962).

G. Jannink, J. des Cloizeux, *Polymers in Solutions*, Oxford University Press, Oxford (1990).

R. Koningsveld, M. H. Onclin, L. A. Kleintjens, in *Polymer Compatibility and Incompatibility*, Harwood Academic Publishers (1982).

D. W. Van Krevelen und P. J. Hoftyzer, *Properties of Polymers*, Elsevier Scientific Publishing Co. (1976).

M. Kurata, *Thermodynamics of Polymer Solutions*, Gordon and Breach (1982).

H. Morawetz, *Macromolecules in Solution*, 2. Aufl., John Wiley and Sons Ltd (1975).

O. Olabisi, L. M. Robeson und M. T. Shaw, *Polymer-Polymer Miscibility*, Academic Press, N. Y. (1969).

D. R. Paul und S. Newman (Hrsg.), *Polymer Blends*, Bde. 1 und 2, Academic Press Inc. (1978).

H. Tompa, *Polymer Solutions*, Butterworths (1956).

L. H. Tung (Hrsg.), *Fractionation of Synthetic Polymers*, Marcel Dekker Inc. (1977).

H. Yamakawa, *Modern Theory of Polymer Solutions*, Gordon and Breach (1982).

Spezielle Literatur

1. J. B. Kinsinger, L. E. Ballard, *Polymer Letters*, **2**, 879 (1964).

2. A. R. Shultz, P. J. Flory, *J. Am. Chem. Soc.*, **74**, 4760 (1952).

3. T. H. Mourey, S. R. Turner, M. Rubinstein, J. M. J. Fréchet, C. J. Hawker, K. L. Wooley, *Macromol.*, **25**, 2401 (1992).

9 Die Charakterisierung von Polymeren - Molmassen

9.1 Einleitung

Viele der charakteristischen Eigenschaften von Polymeren resultieren aus der Länge der Ketten, die sich in den hohen Molmassen der Verbindungen widerspiegeln. Diese hohen Molmassen gelten heutzutage als gesichert, wohingegen es um 1920 herum kaum begreifbar war, daß sich diese Werte nicht aus der Aggregation vieler kleiner Moleküle ergaben. Molmassen in der Größenordnung von 10^6 g mol^{-1} stehen heute außer Zweifel, allerdings ist die Meßgenauigkeit schlechter als bei niedermolekularen Verbindungen. Dies ist nicht sonderlich überraschend, insbesondere dann nicht, wenn die Polymerprobe polydispers ist. Die ermittelte Molmasse ist bestenfalls ein Durchschnittswert, der zudem von der eingesetzten Meßmethode abhängt. Die Abschätzung der Molmasse eines Polymeren ist von beträchtlichem Interesse, da die Kettenlänge das steuernde Element bei der Löslichkeit, der Elastizität, den faserbildenden Eigenschaften, der Reißfestigkeit und der Schlagzähigkeit in etlichen Polymeren ist.

Zur Bestimmung der Molmasse M benutzt man sowohl relative als auch absolute Methoden. Die relativen Meßverfahren erfordern eine Eichung mit Proben bekannter Molmasse. Zu diesen Methoden zählt man die Viskosimetrie und die Dampfdruckosmometrie. Die Absolutmethoden werden zumeist danach klassifiziert, welchen Durchschnittswert sie liefern. So erhält man beispielsweise mit den kolligativen Methoden zahlenmittlere Molmassen und mit Lichtstreuung oder Ultrazentrifuge gewichts- bzw. z-mittlere Molmassen.

9.2 Molmassen, Molekulargewichte und SI-Einheiten

Die dimensionslose Größe *relative Molmasse* (Molekulargewicht) ist definiert als die Durchschnittsmasse des Moleküls dividiert durch 1/12 der Masse eines C^{12}-Atoms und wird in der Polymerchemie häufig verwendet. In diesem Buch wird die Größe *Molmasse* verwendet und die entsprechenden SI-Einheiten werden angegeben.

9.3 Zahlenmittlere Molmassen M_n

Die Abschätzung der zahlenmittleren Molmasse M_n basiert auf einer Zählung aller vorhandenen Moleküle in einer Einheitsmenge des Polymeren, ungeachtet ihrer Form oder Größe. Die Methoden werden üblicherweise in drei Gruppen unterteilt: Endgruppenanalyse, thermodynamische und Transportmethoden.

9.4 Endgruppenanalyse

Diese Technik besitzt nur begrenzte Einsatzmöglichkeiten und läßt sich nur dann anwenden, wenn das Polymere eine für eine Analyse geeignete Endgruppe trägt. Sie läßt sich zur Verfolgung des Umsatzes in einer linearen Polykondensationsreaktion, wenn beispielsweise eine titrierbare Carboxylendgruppe vorhanden ist, einsetzen. Weiterhin wird das Verfahren zur Bestimmung von Aminoendgruppen in Polyamiden, die in *m*-Kresol gelöst sind, genutzt. Zur Titration verwendet man hier methanolische Perchlorsäure, ein Verfahren, welches sich auch bei Vinylpolymeren anwenden läßt, vorausgesetzt, daß Katalysatorfragmente, die bisweilen auch Halogene tragen, am Kettenende gebunden sind.

Die Genauigkeit der Methode nimmt mit zunehmender Kettenlänge und damit einhergehender Abnahme an Endgruppen rasch ab. Die obere Grenze liegt etwa bei einem M_n von 15 000 g mol^{-1}.

9.5 Kolligative Eigenschaften von Lösungen: Thermodynamische Überlegungen

Chemische Methoden zur Bestimmung der Molmasse eines Polymeren sind nur begrenzt einsatzfähig, weswegen die zumeist verwendeten Techniken physikalischer Natur sind. Unter den üblicherweise eingesetzten Verfahren befinden sich einige, die auf den kolligativen Eigenschaften verdünnter Lösungen beruhen. Dazu zählen (a) die Dampfdruckerniedrigung, (b) die Siedepunktserhöhung, (c) die Gefrierpunktserniedrigung und (d) der osmotische Druck. Eine kolligative Eigenschaft ist definiert als eine Funktion der Anzahl gelöster Moleküle in einer Volumeneinheit eines Lösungsmittels und ist von der chemischen Natur des Gelösten unabhängig. Wenn Y für eine der oben aufgeführten kolligativen Eigenschaften steht, dann gilt die Gleichung:

$$Y = K \frac{\sum N_i}{V},\tag{9.1}$$

wobei N_i der Anzahl an Teilchen einer jeden gelösten Komponente i entspricht und K eine Proportionalitätskonstante ist. Die Konzentration einer Lösung pro Volumeneinheit der Lösung V ist gegeben mit

$$c = \frac{\sum w_i}{V} = \frac{\sum N_i M_i}{N_A V}.\tag{9.2}$$

Hierbei ist w_i die Masse der Komponente und N_A die Avogadro-Konstante. Die kolligative Eigenschaft läßt sich in der reduzierten Form Y/c ausdrücken und man erhält:

$$\frac{Y}{c} = K \frac{\sum N_i}{V} \cdot \frac{N_A V}{\sum N_i M_i} = \frac{K N_A}{M_n}.\tag{9.3}$$

Folglich liefert jede kolligative Methode die mittlere Molmasse M_n eines polydispersen Polymeren.

Liegt eine Substanz, oder auch ein Polymeres (Komponente 2), in einem Lösungsmittel (Komponente 1) im gelösten Zustand vor und bildet eine homogene Lösung aus, so resultiert daraus eine Änderung des chemischen Potentials. Dieses ist mit der Lösungsmittelaktivität a_1 durch die Gleichung

$$\left(\mu_1 - \mu_1^0\right) = RT \ln a_1 \tag{9.4}$$

verknüpft. Während der Molmassenbestimmung eines Polymeren mit Hilfe einer kolligativen Methode, stellt sich dann ein Gleichgewicht ein, wenn das chemische Potential des Lösungsmittels in der Lösung (μ_1) gleich dem des reinen Lösungsmittels (μ_1^0) ist, wobei sich das reine Lösungsmittel entweder in einer anderen Phase befindet oder durch eine halbdurchlässige Membran von der Lösung getrennt ist. Der Verlauf der Einstellung des Gleichgewichtes läßt sich durch eine Temperaturänderung oder am Druck des Systems verfolgen, und die Größe dieser Änderung gibt ein Maß für die Lösungsmittelaktivität in der Lösung. Dies sagt uns noch nichts über den gelösten Stoff wenn jedoch in sehr verdünnten Lösungen gearbeitet wird, sind einige der folgenden Näherungen erlaubt.

Man kann die Lösungsmittelaktivität mit der Molfraktion des Lösungsmittel x_1 gleichsetzen und erhält:

$$\ln a_1 = \ln x_1 = \ln\left(1 - x_2\right). \tag{9.5}$$

Durch Ausmultiplizieren des logarithmischen Terms unter der Voraussetzung, daß in verdünnten Lösungen die Betrachtung auf den ersten Erweiterungsterm beschränkt ist, läßt sich $\ln a_1$ mit der Molfraktion der Lösung x_2 in Beziehung setzen.

$$\ln\left(1 - x_2\right) \approx -x_2 \tag{9.6}$$

Im folgenden wollen wir diese Näherungen zur Berechnung von M_n nutzen.

9.6 Ebullioskopie und Kryoskopie

Prinzipiell lassen sich diese beiden Methoden gemeinsam behandeln. Der grundlegende mathematische Zusammenhang für beide leitet sich von der Clausius-Clapeyronschen-Gleichung ab, welche die Temperaturabhängigkeit des Dampfdruckes einer Flüssigkeit beschreibt:

$$dP / dT = P\Delta H_1 / RT^2 , \tag{9.7}$$

wobei ΔH_1 für die latente Verdampfungswärme steht. Ist P der Dampfdruck einer Lösung, bei dem der Dampfdruck des reinen Lösungsmittels P_0 beträgt, dann gilt für Lösungen in denen ein nicht-flüchtiger Stoff gelöst ist

$$\int_{P_0}^{P} \frac{dP}{P} = \frac{\Delta H_1}{R} \int_{T_1}^{T_2} \frac{dT}{T^2} \qquad (9.8)$$

und man erhält

$$\ln\left(P / P_0\right) = \ln a_1 = -\frac{\Delta H_1}{R} \cdot \frac{T_2 - T_1}{T_1 T_2} . \qquad (9.9)$$

Im Falle einer sehr stark verdünnten Lösung läßt sich die Temperaturänderung ΔT mit der Molfraktion des gelösten Stoffes durch die Gleichung

$$\Delta T = \frac{RT^2}{\Delta H_1} \cdot x_2 \qquad (9.10)$$

korrelieren. Die Substitution von $x_2 = (n_2 V_1/V) = (c_2 V_1/M_2)$ liefert

$$\Delta T = \frac{RT^2 V_1}{\Delta H_1} \cdot \frac{c_2}{M_2} , \qquad (9.11)$$

wobei c_2 für die Konzentration an gelöstem Stoff (Masse pro Volumeneinheit Lösung) steht.

Selbst für hochverdünnte Polymerlösungen beobachtet man kein solches ideales Verhalten, weswegen für exakte Bestimmungen der Molmassen Abweichungen von der Idealität ausgeschlossen werden müssen. Die Verhaltensweise einer Polymerlösung wird weitaus besser durch Gleichung (8.35) ausgedrückt.

$$\frac{\left(\mu_1 - \mu_1^0\right)}{RT} = \ln a_1 = -\left[\frac{c_2 V_1}{M_2} + \bar{v}_2^2\left(\tfrac{1}{2} - \chi\right)c_2^2 + \bar{v}_2^3 c_2^3\right] \qquad (9.12)$$

Einsetzen in Gleichung (9.9) liefert

$$\Delta T = \frac{RT^2}{\Delta H_1}\left[\frac{c_2 V_1}{M_2} + \bar{v}_2^2\left(\tfrac{1}{2} - \chi\right)c_2^2 + \bar{v}_2^3 c_2^3\right] \qquad (9.13)$$

und nach Umformung und Elimination höherer Terme erhält man

$$\frac{\Delta T}{c_2} = \frac{RT^2 V_1}{\Delta H_1} \cdot \frac{1}{M_2} + \frac{RT^2 \bar{v}_2^2}{\Delta H_1}\left(\tfrac{1}{2} - \chi\right)c_2 . \qquad (9.14)$$

Das nichtideale Verhalten läßt sich durch eine Extrapolation der experimentell ermittelten Daten von $(\Delta T/c)$ für $c_2 \to 0$ ausschließen, wobei sich Gleichung (9.14) zu (9.11) reduziert und somit eine Berechnung von $M_2 = M_n$ ermöglicht. Bei der Ebullioskopie sind T, ΔH und ΔT Siedetemperatur und Verdampfungsenthalpie des Lösungsmittels sowie Siedepunktserhöhung, während diese Größen bei der Kryoskopie für Gefrierpunkt und Schmelzenthalpie des Lösungsmittels sowie Gefrierpunktserniedrigung stehen. Die Gleichung gilt für den Grenzfall unendlicher Verdünnung, weshalb für die Bestimmung von M_n eine Extrapolation von $(\Delta T/c)$ für eine Reihe von Lösungen nach $c = 0$ nötig ist.

Die Genauigkeit der Messungen ist abhängig von der exakten Temperaturnahme und somit von der Empfindlichkeit des Thermometers bei der Bestimmung von ΔT. Gegenwärtig lassen sich Temperaturdifferenzen von weniger als 1×10^{-3} K nicht mehr genau bestimmen, so daß der Bereich für exakte Messungen von M_n auf 25 000 bis 30 000 g mol^{-1} limitiert ist.

9.7 Der osmotische Druck

Messungen des osmotischen Drucks π einer Polymerlösung können in dem in Bild 9.1 schematisch dargestellten Zellentyp ausgeführt werden. Die Polymerlösung ist von dem reinen Lösungsmittel durch eine Membran abgetrennt, die nur für Lösungsmittelmoleküle durchlässig ist. Zu Beginn ist das chemische Potential μ_1 des Lösungsmittels in der Lösung kleiner als das des reinen Lösungsmittels μ_1^0. Daher wandern die Lösungsmittelmoleküle durch die Membran in die Lösung, um einen Gleichgewichtszustand zu erreichen. Als Fol-

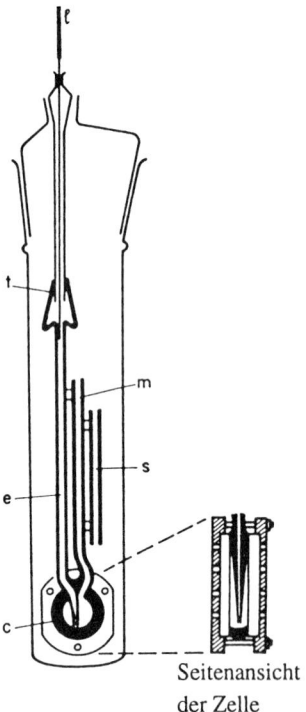

Seitenansicht
der Zelle

Bild 9.1:   Pinner-Stabin-Osmometer, bestehend aus einer Glaszelle c, einer Meßkapillaren m, einer Referenzkapillare s, einem Einfüllrohr e, einem Ausgleichsrohr l und einem Quecksilbergefäß t.

ge davon baut sich in der Lösungskammer so lange ein Druck auf, bis dieser nach Erreichen des Gleichgewichtes einer weiteren Lösungsmittelwanderung entgegenwirkt. Dieser Druck ist der osmotische Druck.

Der Ausdruck für den reduzierten osmotischen Druck (π/c_2) in der Form

$$\frac{\pi}{c_2} = \frac{RT}{M_2} + \frac{RT^2 \bar{v}_2^2}{V_1} \left(\frac{1}{2} - \chi_1\right) c_2 + RT \bar{v}_2^3 c_2^2 \dots \tag{9.15}$$

wurde bereits in Abschnitt 8.7 hergeleitet. Die reduzierte Form ist nur für unendliche Verdünnung gültig und lautet:

$$\left(\pi/c_2\right)_{c \to 0} = RT/M_n \; . \tag{9.16}$$

Nur unter bestimmten Bedingungen, wenn das Polymere in einem Theta-Lösungsmittel gelöst ist, ist (π/c) von der Konzentration unabhängig. Im praktischen Fall untersucht man eine Reihe von Konzentrationen, und die Meßergebnisse werden nach einem der folgenden Mechanismen ausgewertet, bei denen die Gleichung in einer Potenzreihe entwickelt wird. Nach einem Vorschlag von McMillan und Meyer gilt:

$$\pi / c = RT / M_n + Bc + B_3 c^2 + \dots, \tag{9.17}$$

doch es lassen sich auch die alternativen Formen

$$\pi / c = RT(1 / M_n + A_2 c + A_3 c^2 + \dots) \tag{9.18}$$

und

$$\pi / c = \left(\pi / c\right)_0 \left(1 + \Gamma_2 c + \Gamma_3 c^2 + \dots\right) \tag{9.19}$$

anwenden. Die Koeffizienten B, A_2, Γ_2 und B_3, A_3, Γ_3 sind die zweiten und dritten Virialkoeffizienten. Sind die Lösungen genügend verdünnt, so ist eine Auftragung von (π/c) gegen c linear und die dritten Virialkoeffizienten (B_3, A_3, Γ_3) sind vernachlässigbar. Die verschiedenen Formen der zweiten Virialkoeffizienten stehen durch die Gleichung

$$B = RTA_2 = RT \Gamma_2 / M_n \tag{9.20}$$

miteinander in Beziehung.

Obwohl er normalerweise nicht bestimmt wird, trägt der dritte Virialkoeffizient doch gelegentlich zum nichtidealen Verhalten in verdünnten Lösungen bei, und man erhält bei der Auftragung von (π/c) gegen c eine Kurve (siehe Bild 9.2(a)). Dies erhöht zwar die Ungenauigkeit der Extrapolation, doch durch Umformung von Gleichung (9.19) und Einführung eines Polymer-Wechselwirkungsparameters g, läßt sich dies umgehen:

$$\pi/c = \left(RT/M_n\right)\left(1 + \Gamma_2 c + g\Gamma_2^2 c^2\right). \tag{9.21}$$

Für gute Lösungsmittel beträgt $g = 0{,}25$ und aus Gleichung (9.21) wird

$$\pi/c = \left(RT/M_n\right)\left(1 + \tfrac{1}{2}\Gamma_2 c\right)^2 . \tag{9.22}$$

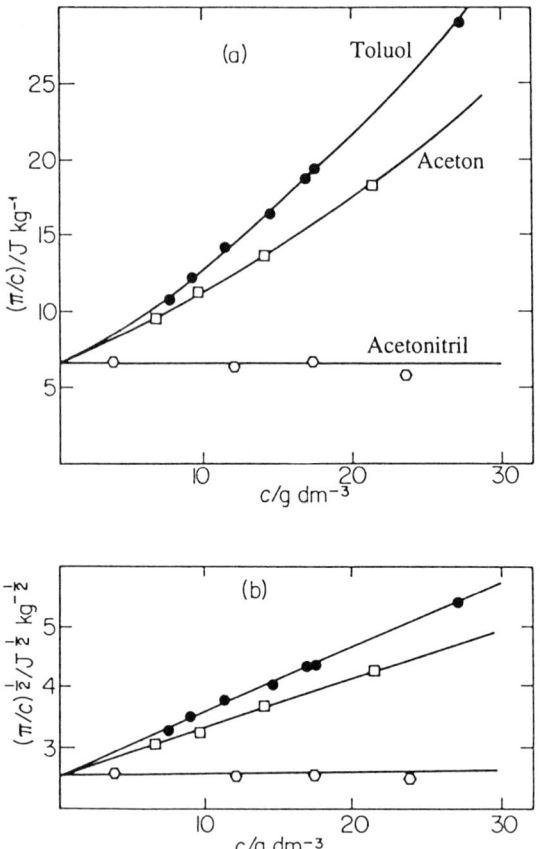

Bild 9.2:   (a) Auftragung von (π/c) gegen c für eine Probe von Poly(methylmethacrylat) (M_n = 382 000 g mol^{-1}) in drei Lösungsmitteln; (b) Auftragung von (π/c)$^{1/2}$ gegen c für die gleichen Daten wie in (a) (nach Fox et al., 1962).

Die Auftragung von (π/c)$^{1/2}$ gegen c ist nun linear; dieser Fall ist in Bild 9.2(b) gezeigt.

Das Beispiel aus Bild 9.2 dokumentiert die unterschiedliche Löslichkeit von Poly-(methylmethacrylat) in den drei Lösungsmitteln. In dem guten Lösungsmittel Toluol ist die Steigung bzw. A_2 groß, während sie mit der Verschlechterung des Lösungsmittels (Aceton) abnimmt, bis sie schließlich in dem Theta-Lösungsmittel Acetonitril Null wird. Somit liefert A_2 ein brauchbares Maß über die thermodynamische Qualität eines Lösungsmittels und gibt die Abweichung einer Polymerlösung von der Idealität an.

Der Wert von M_n wird aus dem Achsenabschnitt, der in Bild 9.2 (π/c)$_0$ = 6,4 J kg^{-1} beträgt, unter Zuhilfenahme der Gleichung (9.16)

$$M_n = RT / (\pi / c)_0 = 8,314 \text{ J K}^{-1}\text{mol}^{-1} \times 303 \text{ K} / 6,4 \text{ J kg}^{-1} = 393,62 \text{ kg mol}^{-1}$$

berechnet. Die entsprechenden Werte des zweiten Virialkoeffizienten lassen sich aus der Steigung der Geraden ablesen (siehe Tabelle 9.1).

Tabelle 9.1:   Werte für B, A_2 und Γ_2 für Polymethylmethacrylat in drei Lösungsmitteln

Lösungsmittel	$B/J\ m^3 kg^{-2}$	$A_2/m^3\ mol\ kg^{-2}$	$\Gamma_2/m^3\ kg^{-1}$
Toluol	0,525	$2,08 \times 10^{-4}$	$8,2 \times 10^{-2}$
Aceton	0,410	$1,63 \times 10^{-4}$	$6,4 \times 10^{-2}$
Acetonitril	0	0	0

Praxis der Osmometrie

Die statische Methode zur Bestimmung des osmotischen Drucks einer Polymerlösung, von der für die Messung etwa 3 bis 20 cm³ benötigt werden, ist ein relativ langsamer Prozeß, und es dauert etwa 24 Stunden bis sich das Gleichgewicht für jede Konzentration eingestellt hat. Typisch für verschiedene Apparate, die für derartige Messungen geeignet sind, ist das Pinner-Stabin-Osmometer, welches schematisch in Bild 9.1 widergegeben ist. Das Osmometer ist so konstruiert, daß sich auf jeder Seite der Glaszelle c zwei Membranen befinden, die permanent mit Lösungsmittel feucht gehalten werden müssen. Diese Membranen werden durch zwei Metallplatten gehalten, die perforiert und mit Rillen versehen sind und somit einen Kontakt zwischen Membran und Lösungsmittel, welches sich im äußeren Behälter befindet, gewährleisten.

Die Beschaffenheit der Membranen ist von äußerster Wichtigkeit, und die Herstellung muß mit großer Sorgfalt erfolgen. Üblicherweise bestehen sie aus Cellulose oder Cellulosederivaten, und sie dürfen nur sehr langsam durch Flüssigkeitszugabe konditioniert werden. Praktisch geschieht dies durch Überführung der Membranen aus ihrer Lagerflüssigkeit in Lösungsmittelmischungen, die sukzessive reicher an dem zu verwendenden Lösungsmittel werden, bis sie letztendlich in dieses überführt werden. Zur Einstellung des Gleichgewichtes in einer jeden Mischung benötigt man jeweils einige Stunden.

Nachdem das Osmometer (siehe Bild 9.2) zusammengebaut ist, überführt man es in ein Mantelgefäß, welches genügend Lösungsmittel enthält, um den unteren Teil der Referenzkapillare s zu bedecken. Nun wird das Lösungsmittel aus der Zelle c entfernt und die Polymerlösung mit Hilfe einer Spritze eingefüllt. Dabei muß sorgfältig gearbeitet werden, damit keine Luftblasen in die Zelle gelangen. Die Höhe der Lösung in der Kapillare wird mit dem Ausgleichsrohr l so eingestellt, daß sie ein paar Zentimeter über der des Lösungsmittels in s steht. Im nächsten Schritt wird Quecksilber in das Gefäß t eingefüllt, um ein vollkommen abgedichtetes System zu gewährleisten, und das ganze Osmometer wird zur Einstellung des Gleichgewichtes in einen Thermostaten mit einer Temperaturkonstanz von ±0,01 K gestellt.

Der osmotische Druck läßt sich aus der Höhendifferenz h zwischen Lösungsmittel und Lösung in s und m mit der Beziehung $\pi = h\rho g$ für jede Konzentration berechnen, wobei ρ die Dichte der Lösung und g die Erdbeschleunigung ist. Die Ergebnisse (π/c) werden, wie bereits beschrieben, gegen c aufgetragen und M_n wird aus dem Achsenabschnitt ermittelt. Ein sehr großer Nachteil dieser Methode beruht darauf, daß sie langsam ist und infolge-

dessen die Diffusion niedermolekularer Anteile so stark werden kann, daß diese die Ergebnisse gravierend verfälschen.

Mittlerweile wurden zwei oder drei Hochgeschwindigkeitsosmometer konstruiert bei
denen diese Probleme nicht mehr auftreten. Eines ist das Mechrolab-Osmometer (siehe
Bild 9.3), welches aus einer Lösungs- und einer Lösungsmittelzelle mit etwa 1 cm³
Volumen besteht. Dabei ist die Lösungsmittelseite mit einem Reservegefäß verbunden, das
an einem servogelenkten Aufzug befestigt ist. Wird Lösung in die obere Hälfte der Zelle
eingefüllt, so versucht das Lösungsmittel aus der unteren Hälfte in die obere zu diffundieren, um die chemischen Potentiale auszugleichen. Die Überwachung dieses Diffusions-
vorganges geschieht optisch durch Bewegung einer Luftblase in einer Kapillare unterhalb
der Zelle. Diese Bewegung aktiviert den Servomotor, der die Höhe des Vorratsgefäßes so
ändert, daß der osmotische Druck ausgeglichen wird und kein Lösungsmittel mehr durch
die Membran diffundiert. Die Einstellung des Gleichgewichtes erfolgt sehr schnell (etwa 5
bis 30 min), und auf einem Schreiber wird die Änderung der Höhe als Funktion der Zeit
aufgezeichnet. Ein echter Lösungsmittelfluß findet in dem Mechrolab-Osmometer also
nicht statt.

Auf einem etwas anderen Prinzip, bei dem ein Lösungsmittelfluß abläuft, beruhen die
Modelle von Melab bzw. Knauer. Das Melab-Osmometer ist aus einer Zelle aus rostfreiem
Stahl (Volumen 0,5 cm³) aufgebaut, in der die Lösungs- und Lösungsmittelkompartimente
durch eine Membran getrennt sind. Eine Wand der Zelle besteht aus einem flexiblen Dia-
phragma aus rostfreiem Stahl, welches über ein Druckgefäß mit einem Schreiber verbun-

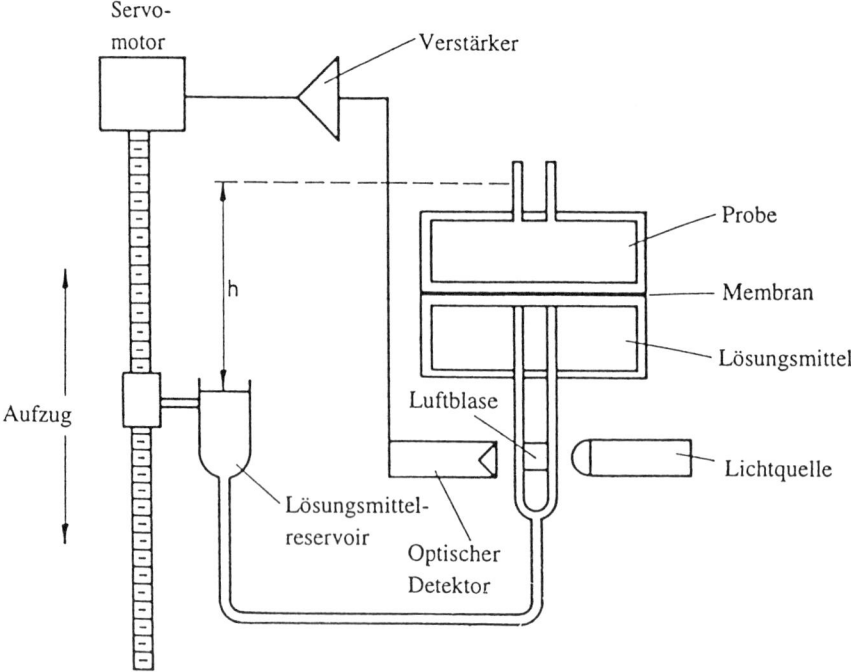

Bild 9.3:   Schematische Darstellung des Mechrolab-Membranosmometers.

den ist. Diffundiert Lösungsmittel durch die Membran, bewirkt die Zunahme des Volumens eine Bewegung des Diaphragmas. Diese Bewegung wird von dem Meßgerät registriert und in einen Druck umgesetzt. Der Aufbau des Gerätes besitzt den Vorteil, daß sowohl das Lösungsmittel- als auch das Lösungskompartiment der Zelle leicht auszuspülen sind und daß die Zelle nicht ausgebaut werden muß, wenn niedermolekulare Anteile des Polymeren in die Lösungsmittelseite eingedrungen sind.

Alle Messungen des osmotischen Druckes sind extrem temperaturempfindlich und müssen daher unter exakter Einhaltung der Meßtemperatur ausgeführt werden. Bei jedem der hier beschriebenen Geräte ist dies gewährleistet; darüber hinaus sind Messungen in einem Bereich von 278 bis 373 K durchführbar. Die eingesetzten Lösungsmittel müssen chemisch stabil sein und bei der Arbeitstemperatur einen geringen Dampfdruck besitzen, um einer möglichen Blasenbildung in der Meßkammer vorzubeugen.

9.8 Transportmethoden – Dampfdruckosmometer

Bei der herkömmlichen Osmometrie setzt die Permeabilität der Membran der Molmassen-bestimmung eine untere Grenze von ungefähr M_n = 15 000 g mol^{-1}. Ein Verfahren, welches auf der Herabsetzung des Dampfdruckes basiert, ist die Dampfdruckosmometrie, welche für die Bestimmung von Molmassen im Bereich von 50 bis 20 000 g mol^{-1} eine geeignete Methode ist. Es handelt sich hier um eine relative Methode, wobei die Eichung gegen niedermolekulare Verbindungen wie Benzil, Methylstearat oder Glucosepentaacetat erfolgt.

Die Apparatur (siehe Bild 9.4) besteht aus einer thermostatisierten Meßkammer, die bei der Meßtemperatur mit Lösungsmitteldampf gesättigt ist und zwei Transistoren enthält, mit denen Temperaturdifferenzen bis hinab zu 10^{-4} K registriert werden können. Mit Hilfe von zwei Spritzen, eine für das Lösungsmittel und eine weitere für die Polymerlösung, wird an die Thermistoren jeweils ein Tropfen Lösungsmittel bzw. Lösung appliziert. Da zwischen

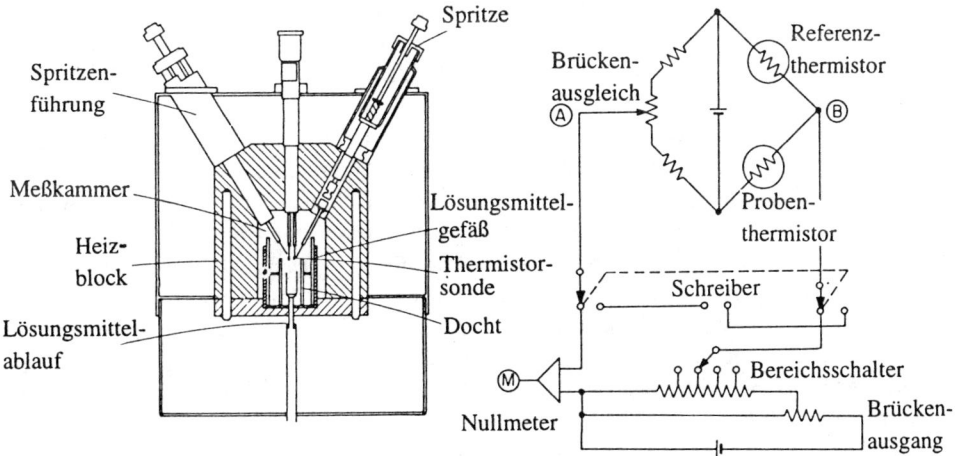

Bild 9.4:   Probenkammer und Schaltbild eines gängigen Dampfdruckosmometers.

der Lösung und dem Lösungsmittel ein Unterschied im Dampfdruck besteht, wird Lösungsmittel aus der Dampfphase auf den Lösungstropfen kondensieren und so dessen Temperatur erhöhen. Aufgrund des großen Überschusses an Lösungsmittel kann man das Verdunsten und damit einhergehend das Abkühlen des Tropfens vernachlässigen. Wenn sich das Gleichgewicht eingestellt hat, ist die Temperaturdifferenz ΔT zwischen den beiden Tropfen ein Maß für die Dampfdruckerniedrigung durch die gelöste Substanz. Die Thermistoren sind Teil einer Wheatstoneschen Brücke, und ΔT wird somit als eine Änderung des Widerstandes ΔR aufgezeichnet. Die Molmasse läßt sich dann nach der Gleichung

$$\Delta R / K^* c = \left(1 / M_n \right) \left(1 + \tfrac{1}{2} \Gamma_2 c \right)^2 \tag{9.23}$$

bestimmen, wobei K^* für die Eichkonstante steht. Wie bei anderen Methoden auch, wird M_n durch eine Extrapolation der Meßdaten auf eine Konzentration $c = 0$ erhalten. Die Eichkonstante ermittelt man aus Messungen von ΔR für Lösungen von Standardsubstanzen mit bekannter Konzentration sowie bekannter Molmasse M_k mit der Gleichung

$$K^* = M_k \left(\Delta R / c \right)_{c \to 0} . \tag{9.24}$$

In einigen Fällen kann eine zusätzliche Korrektur für die Verdünnung des Lösungstropfens nötig sein.

9.9 Lichtstreuung

Die Lichtstreuung ist die beliebteste Methode zur Bestimmung der gewichtsmittleren Molmasse M_w. Das Phänomen der Lichtstreuung durch kleine Teilchen ist uns allen wohl vertraut. Die blaue Farbe des Himmels oder die verschiedenen Farben beim Sonnenuntergang, die schlechte Durchdringung von Nebel durch das Licht von Autoscheinwerfern bedingt durch die Streuung des Lichtes durch die feinen Wassertröpfchen, die offensichtliche Anwesenheit von Staub in einem Sonnenstrahl oder auch der Tyndall-Effekt in einer bestrahlten kolloidalen Lösung sind einige Beispiele für diesen Effekt.

Die Grundlagen der Lichtstreuung wurden im Jahre 1871 von Lord Rayleigh bei seinen Untersuchungen über die Ausbreitung von Gasen ausgearbeitet, bei denen die Teilchen im Vergleich zur Wellenlänge des einfallenden Lichtes klein sind. Licht ist eine elektromagnetische Welle, die durch die Wechselwirkung eines magnetischen und eines elektrischen Feldes, die beide im rechten Winkel in der Fortpflanzungsrichtung oszillieren, erzeugt wird. Wenn ein Lichtstrahl die Atome oder Moleküle eines Mediums trifft, werden die Elektronen gestört oder abgelenkt und oszillieren um ihre Gleichgewichtslagen mit der gleichen Frequenz wie der Erregerstrahl. In den Molekülen oder Atomen erzeugt dies die Bildung temporärer Dipole, welche als sekundäre Streuzentren wirken, indem sie die absorbierte Strahlung in alle Raumrichtungen wieder emittieren, d.h. die Streuung findet statt.

Rayleigh zeigte für Gase, daß die reduzierte Intensität des gestreuten Lichtes R_θ bei jedem Winkel θ des einfallenden Strahls mit der Wellenlänge λ mit der Molmasse des

Gases M, seiner Konzentration c und dem Brechungsinkrement $(\mathrm{d}\tilde{n}/\mathrm{d}c)$ durch die Beziehung

$$R_\theta = \left(2\pi^2 / N_A \lambda^4\right)(\mathrm{d}\tilde{n}/\mathrm{d}c)^2\left(1+\cos^2\theta\right)M_c \tag{9.25}$$

korreliert werden kann. Die Größe R_θ wird häufig als das Rayleigh-Verhältnis bezeichnet und ist äquivalent zu $(i_\theta r^2/I_0)$, wobei I_0 die Intensität des einfallenden Lichtstrahles, i_θ ein Maß für die Lichtmenge des pro Volumeneinheit von einem Zentrum in einem Winkel θ zum einfallenden Strahl gestreuten Lichtes und r der Abstand zwischen dem Streuzentrum und dem Beobachter ist. Das Gesetz ist für ein Gas gültig, bei dem alle Teilchen als unabhängige Streuzentren betrachtet werden und die Zugabe von mehr Zentren, wodurch $\tilde{n}$ erhöht wird, steigert die Streuung. Diese Situation verändert sich bei Verwendung einer Flüssigkeit, da das Verhältnis $(\mathrm{d}\tilde{n}/\mathrm{d}c)$ von der Zugabe weiterer Moleküle unberührt bleibt und somit ungefähr Null ist. Dieses Problem wurde in den Fluktuationstheorien von Smoluchowski und Einstein umgangen. Sie postulierten, daß in Flüssigkeiten optische Diskontinuitäten, die aus der Bildung und Zerstörung von Hohlräumen bei der Brownschen Bewegung entstehen, vorliegen. Die Streuung geht von diesen Zentren aus, erzeugt durch lokale Dichtefluktuationen, die Änderungen im Verhältnis $(\mathrm{d}\tilde{n}/\mathrm{d}c)$ in jedem Volumenelement hervorrufen.

Löst man einen Feststoff in einer Flüssigkeit, so rührt die Streuung von einem Volumenelement wiederum von Lösungsmittelinhomogenitäten her, jedoch fällt hier ein zusätzlicher Beitrag durch Schwankungen der Konzentration an gelöster Substanz ins Gewicht. Im Falle von Polymerlösungen besteht also das Problem, diesen zusätzlichen Beitrag zu isolieren und zu messen. Dies gelang im Jahre 1944 Debye, der zeigen konnte, daß für eine gelöste Substanz, deren Moleküle im Vergleich zur Wellenlänge des verwendeten Lichtes klein sind, die reduzierte Streuintensität mit der Beziehung

$$R_\theta = R_\theta(\text{Lösung}) - R_\theta(\text{Lösungsmittel}) \tag{9.26}$$

gegeben ist und daß diese wiederum in Relation mit der Änderung der Gibbsschen Freien Energie mit der Konzentration des gelösten Stoffes steht. Setzt man ΔG in Beziehung zum osmotischen Druck π, so erhalten wir

$$R_\theta = \left(2\pi^2 \tilde{n}_0^2 / \lambda^4\right)\left(1+\cos^2\theta\right)\left(\mathrm{d}\tilde{n}/\mathrm{d}c\right)^2\left(NM/N_A\right)\left\{RT\big/\left(\mathrm{d}\pi/\mathrm{d}c\right)_T\right\}. \tag{9.27}$$

In dieser Gleichung stehen $\tilde{n}_0$ und $\tilde{n}$ für die jeweiligen Brechungsindices von Lösungsmittel bzw. Lösung und N für die Anzahl an Polymermolekülen. Differenziert man π nach c, so erhält man nach Substitution in Gleichung (9.27) und Umformung

$$K'\left(1+\cos^2\theta\right)c\big/R_\theta = 1/M_w + 2A_2 c, \tag{9.28}$$

wobei

$$K' = \left\{2\pi^2 \tilde{n}_0^2 \left(\mathrm{d}\tilde{n}/\mathrm{d}c\right)^2\big/\lambda^4 N_A\right\}. \tag{9.29}$$

Alternativ hierzu läßt sich die Streuung auch als Trübung τ ausdrücken:

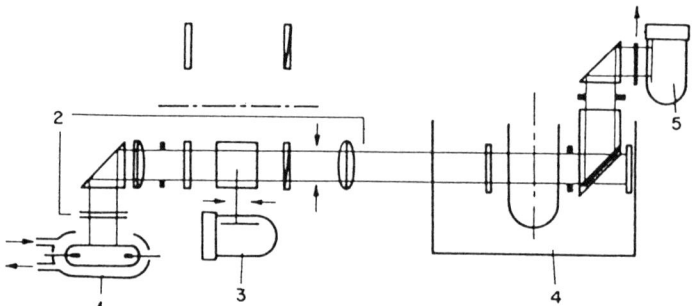

Bild 9.5: Schematische Darstellung des optischen Teils eines SOFICA-Lichtstreuungsgerätes: 1. Lichtquelle; wassergekühlte Quecksilberdampflampe; 2. Weg des einfallenden Strahls durch ein System von Filtern, Polarisatoren und einem variablen Spalt; 3. Referenzphotomultiplier; 4. Thermostat; 5. Photomultiplier.

$$\tau = \left(16\pi/3\right)R_\theta \tag{9.30}$$

und die Gleichung wird dann zu

$$H\,c/\tau = 1/M_w + 2A_2c + \dots. \tag{9.31}$$

Die neue Konstante ist $H = \{(16\pi\,/\,3)K'\,(1 + \cos^2\theta)\}$. Beide Gleichungen besitzen Gültigkeit für Moleküle, die kleiner als $(\lambda'/20)$ sind und bei denen die Streustrahlung symmetrisch ist. Hier ist λ' die Wellenlänge des Lichtes in der Lösung und es gilt $\lambda' = (\lambda/\tilde{n}_0)$.

Für kleine Teilchen läßt sich M_W sowohl aus Gleichung (9.28) als auch (9.31) berechnen. Ein sehr wichtiger Punkt, der bei der Durchführung des Experimentes immer bedacht werden muß, ist, daß auch Staubpartikel das Licht streuen und somit zur Streuintensität beitragen. Es muß aus diesem Grund beim Reinigen der Lösungsmittel mit größter Sorgfalt vorgegangen werden. Die Polymerlösungen werden in einer Konzentrationsreihe hergestellt und durch mehrstündiges Zentrifugieren bei etwa 25 000 g oder durch Filtration durch sehr feine Glasfilter gereinigt. Alternativ lassen sich auch Millipore-Filter der Porosität 0,45 μm verwenden.

Eine ganze Reihe von Meßgeräten sind kommerziell erhältlich. In Bild 9.5 werden allerdings nur die Hauptbestandteile eines Gerätes stellvertretend für alle anderen vorgestellt. Als Lichtquelle verwendet man eine wassergekühlte Quecksilberdampflampe, und mit Hilfe geeigneter Filter kann man aus drei Wellenlängen mit 365, 436 oder 546 nm auswählen. Da die Streuintensität eine Funktion von λ^{-4} ist, verstärkt die Verwendung niedriger Wellenlängen den Streueffekt, doch bleibt dem Benutzer immer die Möglichkeit der optimalen Abstimmung. Der Lichtstrahl, welcher polarisiert wird oder unpolarisiert verbleiben soll, wird vor dem Durchlaufen der Zelle kollimiert. Die Meßzelle ist in ein Flüssigkeitsbad eingetaucht, üblicherweise verwendet man Benzol oder Xylol, das sich auf Temperaturen von 273 bis 400 K thermostatisieren läßt. Die Streuung wird durch einen Photomultiplier, der um die Zelle drehbar ist, erfaßt und die Intensität wird mit einem Galvanometer aufgezeichnet. Die Streuung bei 90° (R_{90}) wird als ($K'c/R_{90}$) gegen c aufge-

Tabelle 9.2:   Polystyrol in Benzol bei 298 K

c / g dm^{-3}	$10^3 \, R_{90}$ / m^{-1}	$(K'c/R_{90})$ / mol g^{-1}
1,760	5,31	8,56
3,708	8,43	11,36
6,244	11,24	14,35
7,736	12,43	16,07
10,230	13,80	19,15

tragen und eine lineare Extrapolation liefert den Wert für M_w als Achsenabschnitt bei $c = 0$.

Typische Ergebnisse sind in Tabelle 9.2 für eine Polystyrolprobe in Benzol zusammengestellt. Die entsprechenden Konstanten sind: $(\mathrm{d}\tilde{n} / \mathrm{d}c) = 0{,}112 \times 10^{-3}$ m^3 kg^{-1}, $K' = 2{,}5888 \times 10^{-5}$ m^2 mol kg^{-2}, der Achsenabschnitt $(K'c/R_{90})_{c=0} = 6{,}9 \times 10^{-3}$ mol kg^{-1} und $M_w = 148$ kg mol^{-1}.

Streuung an großen Teilchen

Sind die Dimensionen des Polymeren größer als $\lambda'/20$, können von zwei oder mehreren möglichen Streuzentren ausgehende Strahlen interferieren und am Beobachtungspunkt mit verschiedenen Phasen eintreffen. Das Streuverhalten besitzt nun eine Abhängigkeit von der Form des Moleküls. Diese Abschwächung des Strahls, die aus der Interferenz resultiert, ist in Richtung des einfallenden Lichtes Null, nimmt aber mit steigendem θ zu, da der Gangunterschied $\Delta\lambda_f$ in Vorwärtsrichtung kleiner ist als der in der Rückwärtsrichtung $\Delta\lambda_b$ (siehe Bild 9.6). Dieser Unterschied läßt sich mit Hilfe des Dissymmetriekoeffizienten

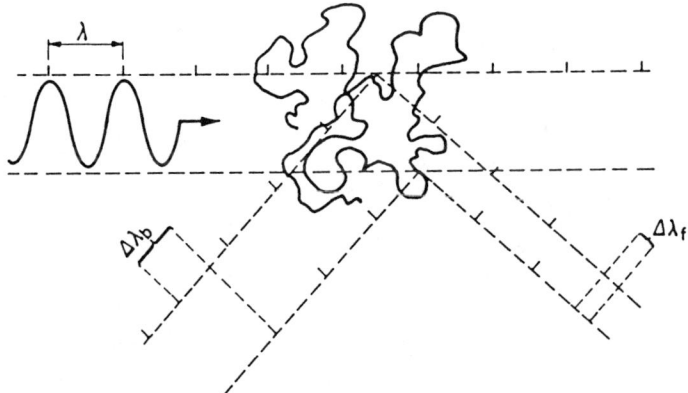

Bild 9.6:   Interferenz von an großen Teilchen gestreutem Licht. Wellen, die an dem vorderen Beobachtungspunkt antreffen, besitzen eine Phasenverschiebung von $\Delta\lambda_f$, während sie am hinteren Beobachtungspunkt eine von $\Delta\lambda_b$ aufweisen. Für große Moleküle gilt $\Delta\lambda_f < \Delta\lambda_b$, wie auch in Bild 9.7 gezeigt wird.

Z berechnen und es gilt

$$Z = R_\theta / R_{\pi-\theta} .\tag{9.32}$$

Für kleine Teilchen ist er eins und für große Partikel größer als eins. Das Streuverhalten spiegelt die Streuschwächung wider und wird in Bild 9.7 mit dem Verhalten kleiner Teilchen verglichen. Die winkelabhängige Abschwächung der Streuung wird durch den Streufaktor des Teilchens $P(\theta)$ gegeben, welcher einfach das Verhältnis der Streuintensität zu der Streuintensität in Abwesenheit von Interferenzen bei gleichem Winkel θ ist.

Gunier konnte zeigen, daß man aus der Streuung großer Partikel eine charakteristische, formunabhängige geometrische Funktion, welcher als der Trägheitsradius $\langle \bar{S}^2 \rangle^{1/2}$ bezeichnet wird, bestimmen kann. Der Trägheitsradius ist definiert als der mittlere Abstand zwischen dem Schwerpunkt eines Polymerknäuels und dem Kettenende.

Die Funktion $P(\theta)$ ist abhängig von der Größe des Polymerknäuels und läßt sich mit ihr durch

$$P(\theta) = \left(2/u^2\right)\left\{e^{-u} - (1-u)\right\}\tag{9.33}$$

in Beziehung setzen, wobei $u = \{(4\pi/\lambda)\sin(\theta/2)\}^2 \langle \bar{S}^2 \rangle$ für monodisperse, statistisch geknäuelte Polymere ist. Im Grenzbereich kleiner Winkel θ kann man dafür die Reihenentwicklung

$$P(\theta)^{-1} = 1 + u/3 - \ldots\tag{9.34}$$

verwenden und die Knäuelgröße läßt sich aus $P(\theta)$, ohne daß ein spezielles Modell herangezogen werden muß, bestimmen. Spezielle Formen lassen sich, wenn nötig, zu $P(\theta)$ in Beziehung setzen, wie in Bild 9.8(a) und (b) gezeigt.

Für die Berechnung von M_W und die Teilchengröße großer Moleküle lassen sich zwei Methoden verwenden.

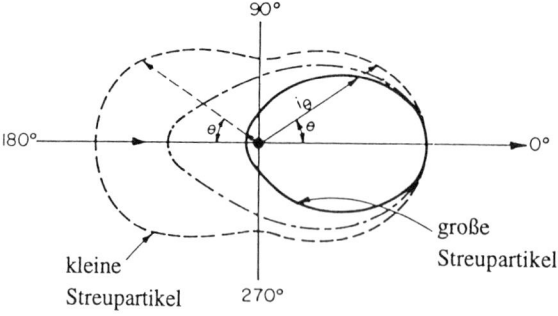

Bild 9.7:   Intensitätsverteilung von gestreutem Licht bei verschiedenen Winkeln. Die symmetrische Umhüllende beobachtet man für kleine isotrope Streuzentren in verdünnter Lösung, die zwei asymmetrischen für viel größere Streupartikel. Die durchgezogene Linie stellt die Streuung von Kugeln dar, deren Durchmesser etwa der Hälfte der Wellenlänge des einfallenden Lichtes entspricht.

(1) Die *Dissymmetriemethode*. Wenn $Z = \{P(\theta) \,/\, P(\pi - \theta)\}$ nicht sehr groß ist, muß man lediglich die Streuintensität bei 90° und zweier dazu symmetrischer Winkel, üblicherweise 45° und 135°, messen. Da Z normalerweise konzentrationsabhängig ist, erhält man den Wert bei $c = 0$ aus einer Auftragung von $(Z-1)^{-1}$ gegen c. Unter Zuhilfenahme von Tabellenwerten läßt sich $Z_{C=0}$ mit $P(90)$ korrelieren und M_W wird aus der Streuung bei 90°, korrigiert durch die Multiplikation mit $P(90)$, berechnet. Ebenfalls aus Tabellen ist das Verhältnis $(\langle \bar{r}^{\,2} \rangle^{1/2}/\lambda')$ zugänglich; es ist dargestellt als eine Funktion von Z, wobei $\langle \bar{r}^{\,2} \rangle^{1/2}$ die Wurzel aus dem mittleren Abstand zwischen den Enden des Polymerknäuels ist. Die dazugehörigen Funktionen für eine Kugel oder ein Stäbchen besitzen unterschiedliche Formen (vergleiche Bild 9.8(b)). Die Polymerdimensionen lassen sich berechnen, wenn man Annahmen über das am besten passende Modell macht. Eine wesentlich zufriedenstellendere Behandlung der Meßdaten ist durch doppelte Extrapolation gemäß dem Verfahren von Zimm, mit dem man den von der Form unabhängigen Parameter $\langle \bar{S}^{\,2} \rangle^{1/2}$ ermittelt, möglich.

(2) Die *Zimm-Diagramme*. Dieses Verfahren basiert auf der Kenntnis, daß die Streuung beim Winkel Null unabhängig von der Größe ist, d.h. $P(\theta) = 1$ für $\theta = 0$. Experimentell ist dies schwierig zu messen, weswegen ein Extrapolationsverfahren erarbeitet wurde, dem eine modifizierte Form von Gleichung (9.28) für große Teilchen zugrunde liegt:

$$Kc/R_\theta = 1/M_w P(\theta) + 2A_2 c + \ldots \tag{9.35}$$

Die Substitution von $P(\theta)$ führt zu

$$Kc/R_\theta = 1/M_w + \left(1/M_w\right)\left\{\left(16\pi^2/3\lambda'^2\right)\sin^2\left(\theta/2\right)\langle \bar{S}\rangle_z^2\right\} + 2A_2 c + \ldots \tag{9.36}$$

Wird die Streuintensität einer jeden Konzentration einer Verdünnungsreihe über einen Winkelbereich von 35° bis 145° gemessen, können die Meßdaten als (Kc/R_θ) gegen $\{\sin^2 (\theta/2) + k'c\}$ aufgetragen werden, wobei k' eine willkürlich gewählte Konstante ist,

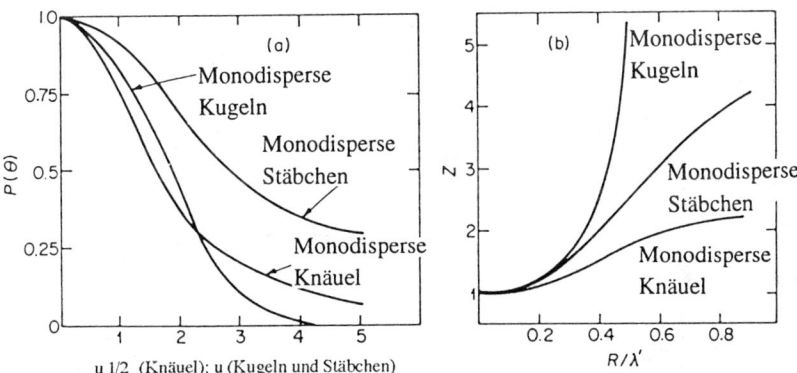

Bild 9.8: (a) $P(\theta)$ als Funktion von u für drei Modellformen; Knäuel, Kugeln und Stäbchen. (b) Der Dissymmetriefaktor Z als Funktion von R/λ', wobei R die charakteristische, lineare Dimension von sowohl Stäbchen, Kugel oder Knäuel ist.

mit deren Hilfe die Abszissendaten beliebig gespreizt werden können. Im nächsten Schritt erfolgt eine doppelte Extrapolation, wie in Bild 9.9 gezeigt, bei der alle Punkte gleicher Konzentration miteinander verbunden und auf den Winkel Null extrapoliert werden, sowie alle Punkte, die bei gleichem Winkel ermittelt wurden, verbunden und auf die Konzentration Null extrapoliert werden. So sind beispielsweise im Diagramm alle Punkte, die zur Konzentration c_3 gehören, miteinander verbunden und so extrapoliert, daß sich die resultierende Gerade mit einer imaginären Gerade schneidet, die dem Wert $k'c_3$ auf der Abszisse entspricht. In gleicher Weise werden alle Punkte, die bei einem Winkel von 90° ermittelt wurden, miteinander verbunden und bis auf den Punkt $\sin^2 (90/2)$ extrapoliert. Dies führt man für jede Konzentration und für jeden Winkel durch, und die extrapolierten Punkte ergeben dann eine Gerade für $\theta = 0$ und für $c = 0$. Beide Linien sollten sich bei der Extrapolation im selben Ordinatenpunkt schneiden. Der Achsenabschnitt ist dann $(M_w)^{-1}$, die Steigung der $\theta = 0$-Linie gibt den Wert von A_2, während $\langle \overline{S}^2 \rangle$ aus der Anfangssteigung s_i der Geraden $c = 0$ nach der Gleichung

$$\langle \overline{S}^2 \rangle_z = s_i M_w \left(3\lambda'^2 / 16\pi^2 \right) \tag{9.37}$$

erhalten wird. Der Trägheitsradius, der in dieser Weise für eine polydisperse Probe berechnet wird, ist ein z- Durchschnitt.

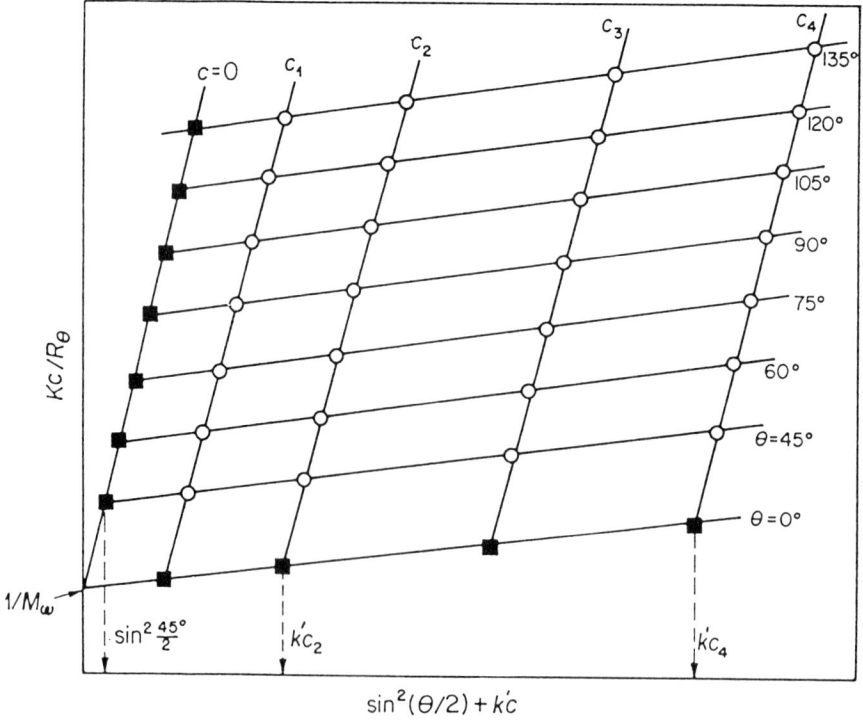

Bild 9.9:   Typisches Zimm-Diagramm, in welchem die zweifache Extrapolationstechnik verdeutlicht wird; O experimentell ermittelte Punkte, ■ extrapolierte Punkte.

9.10 Brechungsindexinkrement

Vor der Berechnung von M_w aus Lichtstreuexperimenten muß das spezifische Brechungsindexinkrement ($d\tilde{n}/dc$) für das zu untersuchende Polymer-Lösungsmittel-System ermittelt
werden. Das Brechungsindexinkrement ist definiert als $(\tilde{n}-\tilde{n}_0)/c$, wobei $\tilde{n}$ und $\tilde{n}_0$ die
Brechungsindices von Lösung bzw. Lösungsmittel und c die Konzentration ist. Messungen
von $\Delta\tilde{n}=(\tilde{n}-\tilde{n}_0)$ werden in einem Differentialrefraktometer unter Verwendung der
gleichen Wellenlänge wie im Lichtstreuexperiment durchgeführt.

Der monochromatische Lichtstrahl (durch Einsatz von Filtern) einer Quecksilberdampflampe wird durch eine unterteilte Zelle geleitet, bei der die Lösungs- bzw. Lösungs-
mittelkammern durch eine diagonale Glaswand voneinander getrennt sind. Die Ablenkung
des Lichtstrahles wird zunächst mit dem Lösungsmittel in der vorderen und der Lösung in
der hinteren Kammer gemessen und man erhält so den Wert der Ablenkung d_1. Im
folgenden Schritt wird die Anordnung um 180° gedreht und der Wert d_2 wird bestimmt.
Werden für das Lösungsmittel allein ähnliche Werte d_1^0 und d_2^0 ermittelt, so ergibt sich der
Wert für die gesamte Verschiebung Δd als

$$\Delta d = \left(d_1 - d_2\right) - \left(d_1^0 - d_2^0\right). \tag{9.38}$$

Eicht man das Instrument auf eine wässrige KCl-Lösung mit bekanntem $\Delta\tilde{n}$, so ist eine
Berechnung mit der Beziehung

$$\Delta\tilde{n} = c'\Delta d \tag{9.39}$$

durchführbar, wobei c' eine Eichkonstante ist. Durch die Messung von Δd für zahlreiche
Polymerkonzentrationen, erhält man $\Delta\tilde{n}$ bei bekanntem c' und das Verhältnis ($d\tilde{n}/dc$) aus
der Steigung der Auftragung $\Delta\tilde{n}$ gegen c.

9.11 Röntgenkleinwinkelstreuung

Die durchgeführte theoretische Abhandlung für Lichtstreuexperimente gilt nur für elektromagnetische Strahlen des gesamten Wellenlängenbereichs. Im Falle von Röntgenstrahlung
liegt der Wert von λ in einer Größenordnung von 0,154 nm, und da dieser Wert die
typischen Abmessungen eines Polymeren deutlich unterschreitet, sollten strukturelle
Informationen über kleine Abstände aus Röntgenstreuexperimenten ableitbar sein. Die
Intensität der Streuung ist eine Funktion der Elektronendichte und somit des Brechungsindexes. Die Molmasse läßt sich mit der Exzeß-Elektronendichte $\Delta\rho_e$ des gelösten Stoffes
gegenüber dem Lösungsmittel bei einer Wellenlänge $\lambda = 0,154$ nm durch die Beziehung

$$R_0 = \left(4{,}8 \text{ cm}^{-1}\right) M_w \left(\Delta\rho_e\right)^2 c \tag{9.40}$$

korrelieren. Dabei steht R_0 für das Rayleigh-Verhältnis bei $\theta = 0$. Die experimentelle
Durchführung ist aufgrund der sehr schwachen Streuung ausgesprochen schwierig, da
dieses Verfahren jedoch sehr nützliche Informationen über Makromoleküle mit Ab-

messungen in einem Bereich von 1 bis 100 nm liefert, stellt es eine wertvolle Ergänzung zur Lichtstreuung dar.

9.12 Ultrazentrifuge

Läßt man makroskopische Teilchen in einer Flüssigkeit unter Schwerkraft sedimentieren, so besteht die Möglichkeit, Größe und Gewicht dieser Teilchen zu bestimmen. Makromoleküle in einer Lösung sind üblicherweise sehr viel kleiner, und es würde etliche Jahre in Anspruch nehmen, bis sie die Brownsche Bewegung überwinden und einen Bodensatz bilden. Diese Problematik umgeht man durch Anlegen einer äußeren Krafteinwirkung, die stark genug ist, um die räumliche Verteilung in kurzer Zeit wesentlich zu ändern. Erstmals gelang dies 1925 Svedberg, der Polymerlösungen hohen Feldkräften unterwarf, die er bei hohen Rotationsgeschwindigkeiten erzeugte.

Dieses Verfahren ist zur Bestimmung von M_z und M_W für synthetische wie auch biologische Makromoleküle wohl anerkannt und besitzt zudem den Vorteil, daß zur Durchführung der Messung nur geringe Substanzmengen benötigt werden. Die verdünnte Polymerlösung wird in eine Zelle mit einem kreisförmigen Mittelstück in Form eines Kegelstumpfes gefüllt, dessen Spitze im Rotationszentrum angeordnet ist. Diese Form gewähr-

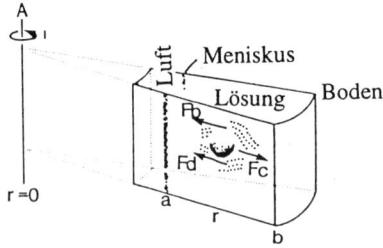

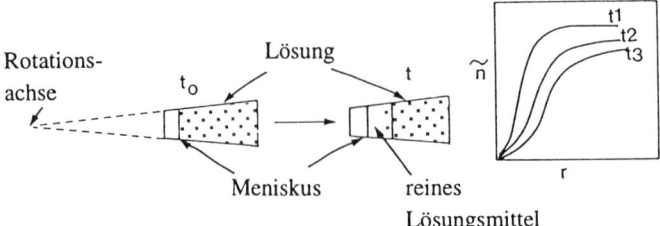

Bild 9.10:   Schematische Darstellung einer Ultrazentrifugenzelle in der die Bewegung der Grenzschicht während eines Sedimentationslaufs gezeigt ist. Die Bewegung der Grenzschicht läßt sich durch Messung der schnellen Änderung des Brechungsindexes $\tilde{n}$ beim Übergang von Lösungsmittel zur Lösung verfolgen.

leistet, daß konvektive Störungen während der Wanderung der Moleküle zum Zellboden minimal sind. Die Zellen werden von einem Rotator, bestehend aus Titan- oder Aluminiumlegierung, getragen, der durch einen feinen Stahldraht mit dem Antriebsmotor verbunden ist, wodurch eine begrenzte selbständige Tarierung des Gleichgewichts stattfinden kann. Der Rotor wird zur Vermeidung von Reibungswärme während der Hochgeschwindigkeitsrotation in einer Vakuumkammer beschleunigt, da Geschwindigkeiten von bis zu 68 000 Umdrehungen pro Minute erreicht werden, die ausreichen um etwa 372 000 g zu erzeugen. Während der Rotation durchläuft die Zelle den gebündelten Lichtstrahl einer Quecksilberhochdrucklampe. Der austretende Strahl passiert das optische System und wird photographisch aufgezeichnet. Drei verschiedene optische Systeme sind erhältlich: Schlieren, Interferenz und UV-Absorption. Man wählt Lösungsmittel, deren Dichten sowie Brechungsindizes deutlich von denen des Polymeren abweichen und die eine Bewegung der Polymerketten in dem Medium als auch den optischen Nachweis dieser Bewegungen gewährleisten.

Die meisten kommerziell erhältlichen Geräte sind sehr vielseitig und besitzen eine große Auswahl an Rotationsgeschwindigkeiten und speziellen Temperaturkontrollsystemen. Es lassen sich Molmassen von 10^2 bis 10^6 g mol^{-1} bestimmen. Dieser Molmassenbereich ist sehr viel umfangreicher als bei allen anderen zur Verfügung stehenden Meßverfahren.

Zur Messung von M werden zwei verschiedene Meßverfahren eingesetzt, nämlich (1) die Sedimentationsgeschwindigkeit und (2) das Sedimentationsgleichgewicht.

Die Sedimentationsgeschwindigkeit

Die Zentrifuge arbeitet mit hohen Geschwindigkeiten, um die Polymermoleküle durch das Lösungsmittel zum Gefäßboden zu transportieren, vorausgesetzt, daß die Dichte des Lösungsmittels kleiner ist als die des Polymeren, bzw. im umgekehrten Fall (Flotation), wenn die Polymermoleküle nach oben wandern. Die Geschwindigkeit dieser Bewegung läßt sich durch Verfolgung der Änderung des Brechungsindexes $\tilde{n}$ in einem Grenzbereich bestimmen. Da die Moleküle auf den Boden herabsinken, bleibt eine Schicht reinen Lösungsmittels zurück, dessen Brechungsindex von dem der Lösung abweicht. Die Grenzlinie läßt sich durch eine sehr scharfe Änderung im Brechungsindex $\tilde{n}$ eindeutig identifizieren, und die Verfolgung ihrer Bewegung mit der Zeit geschieht mit Hilfe einer gängigen optischen Methode.

Während der Bewegung durch die Lösung erfährt das Polymere eine Zentrifugalkraft, die sich zusammensetzt aus $F' = \omega^2 rm$. Da das Molekül jedoch Lösungsmittel der Masse $m_0 = m \bar{v}_2 \rho$ verdrängt, ist es ebenfalls Reibungskräften und sowie einer Gegenkraft $F'' = -\omega^2 rm \bar{v}_2 \rho$ unterworfen. Die gesamte Kraft setzt sich dann zusammen aus

$$F = m\omega^2 r - m\omega^2 r\bar{v}_2\rho = m\left(1 - \bar{v}_2\rho\right)r\omega^2 ,\tag{9.41}$$

wobei r der Abstand zwischen der Grenzlinie und dem Rotationszentrum ist, $\bar{v}_2$ das partielle spezifische Volumen des Polymeren, ω die Winkelgeschwindigkeit, $m = M/N_A$ die Masse des Moleküls und ρ ist die Dichte der Lösung. Diese Kraft wird durch die Reibungskraft F des Mediums bei einer bestimmten Geschwindigkeit (dr/dt) ausgeglichen und es gilt

$$F = 6\pi\eta R_\text{s}\left(\mathrm{d}r/\mathrm{d}t\right) . \tag{9.42}$$

Hierbei steht R_S für den Kugelradius der Polymerpartikel und η für die Viskosität des Mediums. Diese beiden Kräfte stehen dann miteinander im Gleichgewicht, wenn eine einheitliche Partikelgeschwindigkeit erreicht ist und man erhält

$$\left(M/N_\text{A}\right)\left(1-\bar{v}_2\rho\right)r\omega^2 = 6\pi\eta R_\text{s}\left(\mathrm{d}r/\mathrm{d}t\right) . \tag{9.43}$$

Die Geschwindigkeit im stationären Zustand in einem Einheitsgravitationsfeld wird als die Sedimentationskonstante S definiert,

$$S = \left(1/\omega^2 r\right)\left(\mathrm{d}r/\mathrm{d}t\right) \tag{9.44}$$

und

$$S = \left(M/N_\text{A}\right)\left(1-\bar{v}_2\rho\right)/6\pi\eta R_\text{s} = \left(M/N_\text{A}\right)\left(1-\bar{v}_2\rho\right)/f , \tag{9.45}$$

wobei f der Reibungskoeffizient des Moleküls ist und mit der Diffusionskonstante D durch die Gleichung

$$D = kT/f \tag{9.46}$$

korreliert ist. Durch Einsetzen erhält man die Svedberg-Gleichung:

$$M_{SD} = \left\{RT/\left(1-\bar{v}_2\rho\right)\right\}\left(S/D\right) . \tag{9.47}$$

Bei bekanntem S und D läßt sich hieraus die Molmasse M_{SD} berechnen. Dieser Durchschnittswert liegt sehr nahe bei M_W, ist jedoch zumeist etwas kleiner und zudem abhängig von der Methode, nach der D ermittelt wurde.

Der Term $(1-\bar{v}_2\rho)$ wird üblicherweise als Auftriebsfaktor bezeichnet und bestimmt die Richtung des Transports der Makromoleküle in der Zelle. Ist dieser Faktor positiv, sedimentieren die Polymerketten vom Rotationszentrum weg zum Gefäßboden. Bei einem negativen Zahlenwert bewegen sie sich in die entgegengesetzte Richtung und fließen nach oben. Die Bestimmung von M ist absolut, wenn S und D bekannt sind, doch häufig wird eine Gleichung der Form

$$S = K_s M^b \tag{9.48}$$

verwendet, für die man Polymerfraktionen mit bekanntem M für ein gegebenes Lösungsmittel-Polymer-System benutzt. Diese Näherung ist ähnlich der, die bei der Viskosität, einer Relativmethode, genutzt wird.

Sedimentationsgleichgewicht

Das Sedimentationsgleichgewichts-Experiment erfordert für die Einstellung des Gleichgewichtes, daß das gesamte Potential $\tilde{\mu}$ in allen Bereichen des Systems konstant ist. Ein Polymeres der Masse M_2, welches in einem Lösungsmittel (1) gelöst ist und einem Zentrifugalfeld mit der Winkelgeschwindigkeit ω unterworfen wird, besitzt im Abstand r vom Rotationszentrum eine potentielle Energie von $(-M_2\omega^2 r^2/2)$ und sein chemisches Potential ist μ. Das gesamte Potential $\tilde{\mu}$ wird dann $\mu - (M_2\omega^2 r^2/2)$ und die Gleichgewichtsbedingung ist

$$\frac{\partial \tilde{\mu}}{\partial r} = \left[\left(\frac{\partial \mu}{\partial r} \right) - M_2 \omega^2 r \right] = 0 .$$

Betrachten wir jetzt den Transport von J mol des Polymeren durch den Einheitsquerschnitt in der Einheitszeit. Die Transportgleichung hierfür ist

$$J = -L \left[\left(\frac{\partial \mu}{\partial r} \right) - M\omega^2 r \right] ; \tag{9.49}$$

dabei ist $L = c_2 / N_A f$, also proportional zur Substanzkonzentration und umgekehrt proportional zum Transportwiderstand des Mediums (dem Reibungskoeffizienten pro mol f).

Nun ist μ eine Funktion von T, P und c_2, doch bei konstantem T erhält man

$$\left(\frac{\partial \mu}{\partial r} \right) = \left(\frac{\partial \mu}{\partial P} \right)_{T,C} \cdot \left(\frac{\partial P}{\partial r} \right) + \left(\frac{\partial \mu}{\partial c_2} \right)_{T,P} \cdot \left(\frac{\partial c_2}{\partial r} \right)$$

und da

$$\left(\frac{\partial \mu}{\partial P} \right) = \bar{V}_2 = \bar{v}_2 M_2 ; \left(\frac{\partial P}{\partial r} \right) = \rho \omega^2 r ;$$

$$\left(\frac{\partial \mu}{\partial c_2} \right) = \frac{RT}{c_2} \left[1 + c_2 \left(\frac{\partial \gamma_2}{\partial c_2} \right) \right]$$

wobei γ_2 der Aktivitätskoeffizient ist. Für eine ideale Lösung gilt

$$\left(\frac{\partial \mu}{\partial r} \right) = M_2 \bar{v}_2 \rho \omega^2 r + \frac{RT}{c_2} \left(\frac{\partial c_2}{\partial r} \right) .$$

Setzen wir nun in Gleichung (9.49) ein, so erhalten wir

$$J = -L \left[M_2 \bar{v}_2 \rho \omega^2 r - M_2 \omega^2 r + \frac{RT}{c_2} \left(\frac{\partial c_2}{\partial r} \right) \right]$$

oder

$$J = L \left[M_2 \omega^2 r \left(1 - \bar{v}_2 \rho \right) - \frac{RT}{c_2} \left(\frac{\partial c_2}{\partial r} \right) \right] . \tag{9.50}$$

Unter Verwendung der Gleichungen (9.45), (9.46) und der Definition von L läßt sich Gleichung (9.50) in der Form

$$J = S\omega^2 r c_2 - D \left(\partial c_2 / \partial r \right)$$

schreiben. Dies zeigt, daß der Fluß J ein Nettoergebnis aus der Sedimentationsrate und der Rückdiffusion der Moleküle ist. Im Gleichgewicht heben sie sich einander auf und der Fluß verschwindet, so daß $J = 0$ wird. Daraus folgt, daß

$$\frac{1}{c_2}\left(\frac{dc_2}{dr}\right) = \frac{\omega^2 r M_2\left(1-\bar{v}_2\rho\right)}{RT} . \tag{9.51}$$

Diese Gleichung beschreibt den Konzentrationsgradienten im Gleichgewicht für einen einzigen gelösten Stoff unter idealen Lösungsbedingungen, und eine Integration zwischen dem Meniskus r'_m und einem beliebigen Punkt r in der Zelle ergibt

$$\ln\frac{c(r)}{c(r_m)} = \frac{\omega^2 M_2\left(1-\bar{v}_2\rho\right)\left(r^2 - r_m^2\right)}{2RT} . \tag{9.52}$$

Durch die Messung der Konzentration an verschiedenen Punkten in der Zelle läßt sich eine Auftragung von $\ln c(r)$ gegen r^2 konstruieren, und die Berechnung von M_2 erfolgt aus der Steigung. Das größte experimentelle Problem beruht auf der Bestimmung der Konzentration an jedem Punkt in der Zelle. Eine sehr gängige Methode ist daher die Bestimmung der Konzentrationsdifferenz zwischen dem Meniskus ($c(m)$) und am Zellenboden ($c(b)$). Umformung und Integration von Gleichung (9.51) liefert

$$\int_{r_m}^{r_b}\frac{dc}{dr}\cdot dr == \frac{M_2\left(1-\bar{v}_2\rho\right)\omega^2}{RT}\int_{r_m}^{r_b} rc(r)dr ,$$

und das Integral auf der rechten Seite der Gleichung läßt sich berechnen unter der Annahme der Erhaltung der Masse in dem Zellenausschnitt, so daß

$$c(b) - c(m) = \frac{M_2\left(1-\bar{v}_2\rho\right)\omega^2}{RT}\frac{\left(r_b^2 - r_m^2\right)c_0}{2} , \tag{9.53}$$

wobei c_0 die Anfangskonzentration ist.

Für ein polydisperes Polymeres ergibt sich hieraus die gewichtsmittlere Molmasse M_W, und das z-Mittel läßt sich aus dem Konzentrationsgradienten zwischen oben und am Boden der Zelle nach

$$M_z = RT\left\{\frac{1}{r_b}\frac{dc}{dr_b} - \frac{1}{r_m}\frac{dc}{dr_m}\right\}\Bigg/\left(c(b) - c(m)\right)\left(1-\bar{v}_2\rho\right)\omega^2 \tag{9.54}$$

berechnen.

Der größte Nachteil der Methode beruht auf der Tatsache, daß zur Einstellung des Gleichgewichtes ein sehr langer Zeitraum benötigt wird. Es wurden einige Variationen erarbeitet, die diese Zeitdauer verkürzen. So kann beispielsweise die Annäherung an das Gleichgewicht untersucht werden, es besteht die Möglichkeit kurze Säulen einzusetzen oder man geht nach der Archibald-Technik vor, bei der der Meniskus verfolgt wird. Diese Methoden können im Rahmen dieses Buches nicht weiter beschrieben werden, daher sei an dieser Stelle auf die Literatur verwiesen.

Der aus Gleichung (9.53) berechnete Wert für M_W ist natürlich ein scheinbarer Wert, der sich auf die Anfangskonzentration der Lösung bezieht, weswegen eine Extrapolation auf die Konzentration Null notwendig ist.

9.13 Viskosität

Wird ein Polymeres in einer Flüssigkeit gelöst, bewirkt die Wechselwirkung zwischen den beiden Komponenten eine Aufweitung der Polymerdimensionen verglichen mit dem un- solvatisierten Zustand. Da zwischen dem Lösungsmittel und dem gelösten Stoff imense Größenunterschiede bestehen, werden die Reibungseigenschaften des Lösungsmittels in der Mischung drastisch verändert und eine Zunahme der Viskosität, welche die Größe und die Form des Gelösten widerspiegelt, ist beobachtbar. Diesen Effekt findet man auch bei verdünnten Lösungen. Erstmals beschrieben wurde der Viskositätsanstieg von Staudinger im Jahre 1930. Er erkannte, daß eine empirische Beziehung zwischen der relativen Größe der Viskositätserhöhung und der Molmasse des Polymeren existiert.

Eine der einfachsten Methoden zur Überprüfung dieses Effektes ist die Kapillar- viskosimetrie. Es konnte gezeigt werden, daß das Verhältnis der Durchflußzeiten einer Polymerlösung t und der des reinen Lösungsmittels t_0 gleich dem Verhältnis ihrer Viskositäten (η/η_0) sind, wenn die Dichten gleich sind. Diese letzte Näherung ist für ver- dünnte Lösungen erfüllt und ermöglicht die Messung der relativen Viskosität η_r

$$\eta_r = \left(t / t_0 \right) = \left(\eta/\eta_0 \right). \tag{9.55}$$

Da diese einen Grenzwert von eins besitzt, ist mit der spezifischen Viskosität

$$\eta_{sp} = \eta_r - 1 = \left(t - t_0 \right)/t_0 \tag{9.56}$$

eine nützlichere Größe eingeführt. Sogar in verdünnten Lösungen treten molekulare Wech- selwirkungen auf, weswegen man η_{sp} auf die Konzentration Null extrapoliert, um ein Maß für den Einfluß eines isolierten Polymerknäuels zu erhalten. Dies läßt sich gemäß zweier verschiedener Methoden durchführen. Zum einen läßt sich η_{sp} als die reduzierte Größe (η_{sp}/c) ausdrücken und gemäß der Beziehung

$$\left(\eta_{sp}/c \right) = [\eta] + k'[\eta]^2 c \tag{9.57}$$

nach $c = 0$ extrapolieren. Der Achsenabschnitt gibt den Wert für die Grenzviskosität $[\eta]$, die ein charakteristischer Parameter für ein Polymeres in einem bestimmten Lösungsmittel ist. k' ist ein formabhängiger Faktor, der als Huggins-Konstante bezeichnet wird und Werte im Bereich von 0,3 bis 0,9 für statistisch gekäuelte Vinylpolymere einnimmt. In einer alternativen Extrapolationsmethode betrachtet man die vorhandene Viskosität gemäß der Gleichung

$$\left(\log \eta_r \right)/c = [\eta] + k''[\eta]^2 c, \tag{9.58}$$

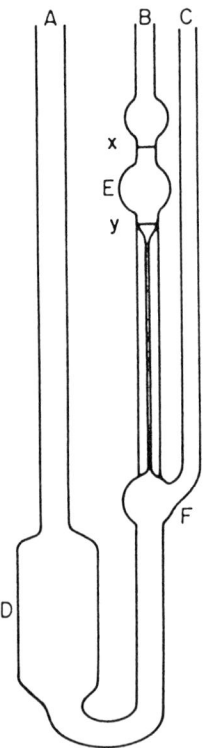

Bild 9.11:   Ubbelohde-Viskosimeter

wobei es sich bei k'' ebenfalls um einen formabhängigen Faktor handelt. Die Dimensionen von $[\eta]$ sind die einer reziproken Konzentration.

Zur Bestimmung von $[\eta]$ werden die Lösungen zur Entfernung unerwünschter Teilchen, wie etwa Staub, filtriert und dann die Durchflußzeiten für Lösungsmittel und Lösungen in einem U-Rohr-förmigen Viskosimeter, wie etwa einem Oswald- oder einem Ubbelohde-Viskosimeter (siehe Bild 9.11), gemessen. Verdünnungsviskosimeter sind für die Messung von Konzentrationsreihen besonders geeignet. Bei diesen können die Konzentrationen *in situ* geändert werden, wogegen bei den anderen Viskosimetern für jede Konzentrationsmessung frische Lösungen von exakt gleichem Volumen eingefüllt werden müssen.

Bei dem Ubbelohde-Viskosimeter wird eine bekannte Menge Lösung durch A nach D einpippetiert. Durch einen Druck auf A bei geschlossenem C wird die Lösung dann nach E gepumpt. Nach dem Entfernen des Druckes und dem Öffnen von C kann überschüssige Lösung nach D zurückfließen. Das Kapillarende bleibt somit offen, es handelt sich um ein sog. hängendes Niveau. Die Lösung fließt dann durch die Kapillare und an den Seitenwänden entlang nach D zurück; da kein Rückstau durch überflüssige Lösung auftreten kann, spielt das Volumen in D keine Rolle für die Bestimmung der Durchlaufzeit t. Dieses hängende Niveau ist eine Voraussetzung dafür, daß eine Verdünnung in D vorgenommen werden kann, ohne t zu beeinflussen. Daher kann man durch Zugabe einer bekannten Menge Lösungsmittel zur

Lösung in D und anschließendes Mischen die nächste Konzentration der Reihe herstellen. Die Durchflußzeit *t* ist die Zeit, die die Lösung benötigt, um zwischen den Markierungen x und y im Teil E durchzulaufen.

Für ein bestimmtes Polymer-Lösungsmittel-System läßt sich $[\eta]$ bei einer gegebenen Temperatur mit *M* durch die Mark-Houwink-Gleichung

$$[\eta] = K_v M^v \tag{9.59}$$

korrelieren. K_v und *v* können durch Eichung mit Polymerfraktionen bekannter Molmassen ermittelt werden. Sind sie für ein System erst einmal bestimmt, kann man allein aus $[\eta]$ den Wert von *M* für eine unbekannte Fraktion berechnen. Im allgemeinen geschieht dies durch eine graphische Auftragung von log $[\eta]$ gegen log *M*, wobei die Extrapolation eine Gerade liefert. Die Werte für *v* liegen zwischen 0,5 für ein Polymeres in einem Theta-Lösungsmittel und 0,8 für lineare statistisch geknäuelte Vinylpolymere in sehr guten Lösungsmitteln. Einige typische Werte für Polymer-Lösungsmittel-Systeme, die mit Viskositäts- und Sedimentationsmessungen untersucht wurden, sind in Tabelle 9.3 zusammengestellt. Die Exponenten *v* und *b* sind ein Zeichen für die Lösungsmittelqualität. Ist das Lösungsmittel ideal, also bei Verwendung eines Theta-Lösungsmittels, haben *v* und *b* den Wert 0,5. Sobald das Lösungsmittel thermodynamisch besser wird und somit von der Idealität abweicht, nimmt *v* zu und *b* ab.

Viskositätsmittel-Molekulargewicht

Im allgemeinen liegen Polymerproben polydispers vor und es ist wichtig, daß man aus der Messung von $[\eta]$ eine Aussage über die mittlere Molmasse treffen kann. Da die spezifische Viskosität von den Beiträgen eines jeden einzelnen Polymermoleküls in der Probe abhängt, können wir

Tabelle 9.3: Vergleich von Viskositäts- und Sedimentationskonstanten für verschiedene Polymer-Lösungsmittel-Systeme gemäß den Gleichungen (9.59) und (9.48).

Polymeres	Lösungsmittel	T	$10^2 K_v$		$10^5 K_S$	
		K	cm^3 g^{-1}	v	s^{-1}	b
	Cyclohexen	298	1,63	0,68	3,85	0,42
Polystyrol	Chloroform	298	0,716	0,76	8,36	0,415
	Cyclohexan $\theta =$	308	8,6	0,50	1,50	0,502
Poly(α-methylstyrol)	Cyclohexan $\theta =$	310	7,8	0,50	1,86	0,50
	Toluol	310	1,0	0,72	4,02	0,43
Poly(vinylacetat)	Butanon	298	4,2	0,62	9,8	0,38
Cellulosenitrat	Ethylacetat	303	0,25	1,01	0,304	0,29
Cellulose	Cadoxen	298	250	0,75	19	0,40

$$\eta_{sp} = K \sum c_i M_i^{v} \tag{9.60}$$

schreiben. Wenn wir nun durch die Gesamtkonzentration $c = \Sigma c_i$ dividieren und für $c_i = N_i M_i / N_A V$ setzen, dann erhalten wir

$$\frac{\eta_{sp}}{c} = \frac{K \sum N_i M_i}{N_A V} \frac{N_A V}{\sum N_i M_i} \cdot \sum M_i^{v}$$

bzw.

$$[\eta] = \frac{\eta_{sp}}{c_{c \to 0}} = \frac{K \sum N_i M_i^{1+v}}{\sum N_i M_i} . \tag{9.61}$$

Ein Vergleich mit Gleichung (9.59) liefert das Viskositätsmittel M_v als

$$M_v = \left[\frac{\sum N_i M_i^{1+v}}{\sum N_i M_i} \right]^{1/v} \tag{9.62}$$

welches im großen und ganzen zwischen M_n und M_w, jedoch meist näher an M_w, liegt.

9.14 Gelpermeationschromatographie

Die Molmassenverteilung (MMV) einer Polymerprobe hat einen sehr starken Einfluß auf seine Eigenschaften, und eine Bestimmung der Verteilungsform ist grundlegend für eine genaue Charakterisierung eines Polymeren. Die Bestimmung der MMV nach konventionellen Fraktionierungstechniken ist sehr zeitaufwendig. Deshalb wurde eine schnelle, wirksame und zuverläßliche Methode entwickelt, bei der die MMV innerhalb von wenigen Stunden bestimmt werden kann. Bei diesem Verfahren handelt es sich um die Gelpermeationschromatographie (GPC). Die Methode ist ebenfalls unter dem anschaulicheren Namen Größenausschluß-Chromatographie (size exclusion chromatography, SEC) bekannt, und anhand dieser Bezeichnung erkennt man bereits, daß das Verfahren auf einer Trennung der Polymerprobe durch eine Art Siebeffekt nach ihren molekularen Größen in Fraktionen beruht.

Die Trennung läßt sich durch eine nichtionische stationäre Phase gepackter Kugeln (meist sind dies vernetzte Polystyrolperlen oder makroporöse Kieselgelpartikel) erreichen, deren Porengrößenverteilung kontrolliert werden kann und die im Trägerlösungsmittel keine merkliche Quellung aufweisen. Die Auftrennung nach verschiedenen Größen kann nach zwei Verfahren erfolgen, (a) die wichtigste Anwendung, nämlich die ausschließliche Trennung nach der Größe und (b) ein Dispersionsprozeß, welcher durch die molekulare Diffusion gesteuert wird und zu einer unnatürlichen Verbreiterung der MMV führen kann.

Betrachten wir zunächst einmal den Mechanismus des Trennprozesses (a). In einfachen Worten gesprochen werden die großen Moleküle, die in der Lösung den größten Raum einnehmen, von den viel kleineren Poren im Gel ausgeschlossen und wandern somit sehr viel schneller durch die größeren Kanäle zwischen den Gelpartikeln. Sie werden somit als erstes eluiert. Mit abnehmender Molekülgröße nimmt die Fähigkeit der Moleküle zu, durch die Poren und Kanäle des Gels zu diffundieren. Dadurch wird die Verweilzeit der Moleküle auf der Säule verlängert und die Moleküle werden dementsprechend verzögert eluiert. Durch die Auswahl zwischen verschiedenen Säulen, die mit Material geeigneter Porengröße gepackt sind, läßt sich eine effektive Trennung nach der Molekülgröße für fast jede Polymermischung erreichen.

Die Effizienz der Trennung ist somit als eine Funktion gegeben, die die Abhängigkeit des Retentions- bzw. Elutionsvolumens V_R von der Molmasse M beschreibt und es ist notwendig zwischen diesen beiden Parameteren eine Beziehung aufzustellen. Der Wert von V_R ist abhängig vom Totvolumen der Zwischenräume V_0 und dem durchgängigen Porenvolumen im Gel;

$$V_R = V_0 + K_D V_i, \tag{9.63}$$

dabei ist V_i das gesamte innere Porenvolumen und K_D der Verteilungskoeffizient zwischen V_i und dem Teil, der einem gelösten Stoff zugänglich ist. Für sehr große Moleküle ist $K_D = 0$ ($V_R = V_0$) und es findet eine rasche Elution statt, während bei kleinen Molekülen $K_D = 1$, da diese Teilchen durch alle zur Verfügung stehenden Poren penetrieren können. Schematisch ist dies in Bild 9.12 dargestellt. Man erkennt deutlich, daß die Methode im Falle von $V_R \leq V_0$ und $V_R \geq V_0 + V_i$ zwischen den verschiedenen Molekulargrößen nicht mehr unterscheiden kann. Für Proben, die in diesen Bereich fallen, wurde vorgeschlagen, eine universelle Eichkurve zur Korrelation von V_R und M zu erstellen. Hierzu nimmt man an, daß das hydrodynamische Volumen eines Makromoleküls in Beziehung zu dem Produkt $[\eta] \cdot M$ steht, wobei $[\eta]$ die intrinsische Viskosität des Polymeren im verwendeten Solvens bei der gegebenen Meßtemperatur ist. Eine allgemeine Eichkurve erhält man dann durch Auftragung von $\log [\eta] \cdot M$ gegen V_R für eine bestimmte mobile Phase bei einer festen Temperatur. Eine experimentelle Bestätigung hiervon ist in Bild 9.13 für eine Auswahl verschiedener Polymere gezeigt und kann in der folgenden Art und Weise ausgewertet werden.

Um die MMV zu erhalten, muß die Masse des eluierten Polymeren bestimmt werden. Mit Hilfe des Brechungsindexes oder IR- bzw. UV-Detektoren läßt sich die Massenverteilung als Funktion von V_R kontinuierlich erfassen. Selbstverständlich muß die Masse einer jeden Fraktion bestimmt werden, um die MMV zu erstellen. Wenn die allgemeine Eichkurve für das System Gültigkeit besitzt, dann gilt

$$\log[\eta]_s M_s = \log[\eta]_u M_u, \tag{9.64}$$

wobei die Indizes s und u zum einen die Standardkalibrierung und zum anderen das zu untersuchende Polymere markieren. Während der Messung besteht immer die Möglichkeit, daß das Polymere in dem Lösungsmittel quillt und somit eine andere Raumerfüllung aufweist als die Probe mit gleicher Masse des Standards. Andererseits können auch die hydrodynamischen Volumina voneinander abweichen. Dies läßt sich durch eine Korrektur, die auf der Kenntnis der angepaßten Mark-Houwink-Gleichungen für sowohl den Standard als auch die Unbekannte in demselben Lösungsmittel basiert, kompensieren (d. h. $[\eta]_s = K_s M^{v_s}_s$ und $[\eta]_u = K_u M^{v_u}_u$. Die Molmasse M_u erhält man dann aus

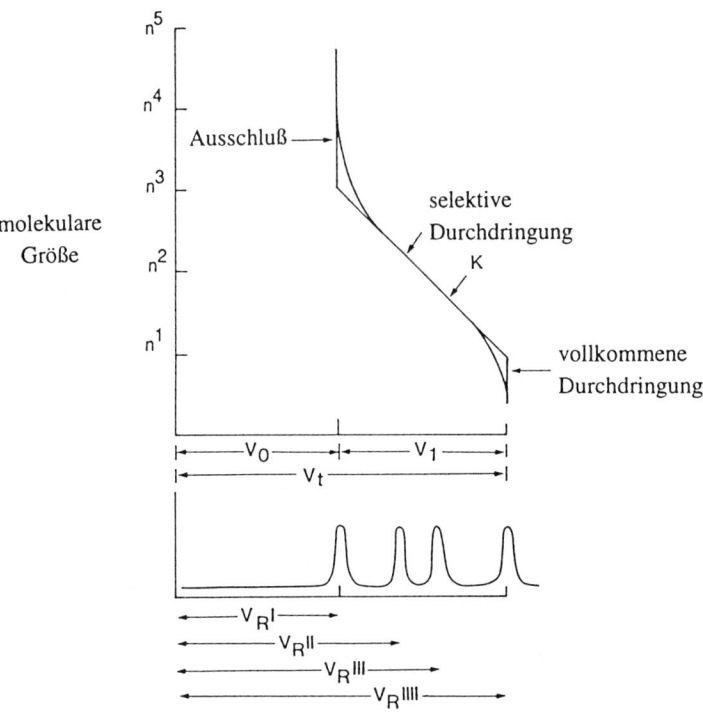

Bild 9.12:   Eine Elutionskurve die schematisch den Bereich der Elutionsvolumina darstellt, die
               für verschiedene Säulen gültig sind. In diesem Beispiel werden Moleküle mit einer
               molekularen Größe $> n^3$ vollkommen ausgeschlossen und ohne Unterscheidung
               eluiert, während solche, die kleiner als n^1 sind, zur Absorption neigen oder getrennt
               werden, wenn ein Lösungsmittelgemisch verwendet wird und $K_D = 1$ ist.

$$\log M_u = \frac{1}{1+v_u} \cdot \log\left[\frac{K_s}{K_u}\right] + \frac{1+v_s}{1+v_u} \cdot \log M_s \qquad (9.65)$$

Daher läßt sich eine Eichkurve, die aus Standardproben von Polystyrol erstellt wurde, zur
Bestimmung der Molmasse anderer Polymerer verwenden, wenn die Mark-Houwink-
Beziehungen bekannt sind. Man kann dies umgehen, indem man an das Ende der Säule
eine Kombination aus einem Differentialrefraktometer und einem Viskosimeter befestigt
und so gleichzeitig die Konzentration und η_{SP} einer jeden Fraktion bestimmt. Setzt man
voraus, daß in verdünnten Lösungen $\eta_{SP}/c \approx [\eta]$ gilt, so erhält man die Molmasse aus der
Mark-Houwink-Gleichung. Alternativ kann an das Säulenende auch ein Kleinwinkellaser
in einer Reihe mit einem Konzentrationsdetektor montiert werden. Dieser Aufbau liefert
eine direkte Bestimmung von M_w mit Hilfe der Gleichung (9.28), vorausgesetzt, daß alle
Parameter der Gleichung bekannt sind.

       Bei der Durchführung der Messung ist darauf zu achten, daß die Säulen nicht überladen
werden. Daraus resultiert eine Verschlechterung der Auflösung und der Effizienz der

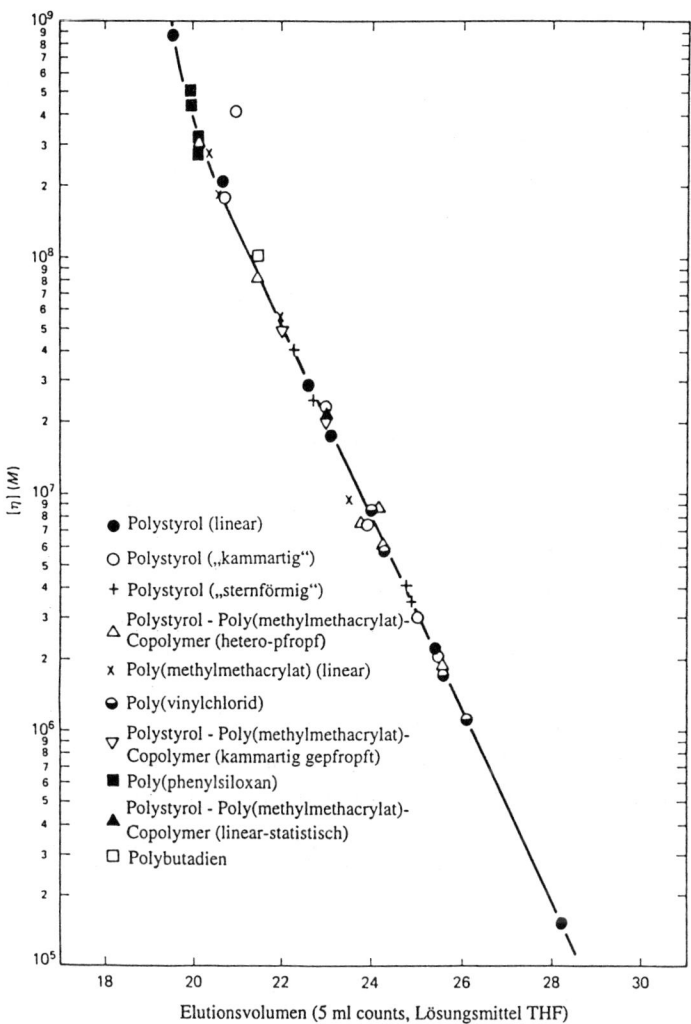

Bild 9.13:   Universelle Eichkurve für verschiedene Polymere in Tetrahydrofuran (Reproduziert aus: Z. Grubisic, P. Rempp, H. Benoit, *Polymer Lett.* **5**, 753 (1967). © John Wiley and Sons Inc., N.Y.).

Säulen. Auch läßt sich die Linienverbreiterung, die bereits an früherer Stelle erwähnt wurde, durch den Einsatz langer, effizienter Säulen minimieren, jedoch nie vollständig ausschließen. Die MMV läßt sich mit Hilfe geeigneter Korrekturen verbessern. Allerdings ist die exakte Berechnung dieser Korrekturen ausgesprochen schwierig, obwohl Tung zeigen konnte, daß der durch die Verbreiterung erzeugte Fehler im Falle von $M_W/M_n > 2$ vernachlässigbar ist.

Allgemeine Literatur

G. Allen und J. C. Bevington, (Hrsg.), *Comprehensive Polymer Science*, Bd. 1, Pergamon Press (1989).

N. M. Bikales, *Characterization of Polymers*, Wiley Interscience (1971).

N. C. Billingham, *Molar Mass Measurements in Polymer Science*, Kogan Page (1977).

F. W. Billmeyer, *Textbook of Polymer Science*, 3. Aufl., John Wiley and Sons (1979).

M. Bohdanecky und J. Kovar, *Viscosity of Polymer Solutions*, Elsevier (1982).

T. J. Bowen, *An Introduction to Ultracentrifugation*, Wiley Interscience (1970).

B. Carroll, *Physical Methods in Macromolecular Chemistry*, Bd. 2, Marcel Dekker (1972).

H. G. Elias, *Makromoleküle*, Bd. 1, Kap. 3, Hüthig und Wepf, Basel, 5. Aufl. (1990).

H. G. Elias, *Introduction to Polymer Science*, VCH, Weinheim (1997).

E. W. Fischer, R. C. Schulz, H. Sillescu (Hrsg.), *Chemistry and Physics of Macromolecules*, Final Report of the Sonderforschungsbereich „Chemie und Physik der Makromoleküle", VCH, Weinheim (1991).

H. Fujita, *Foundations of Ultracentrifugal Analysis*, John Wiley and Sons Ltd., N.Y. (1975).

M. B. Huglin, *Light Scattering from Polymer Solutions*, Academic Press (1972).

D. O. Hummel, F. Scholl (Hrsg.), *Atlas der Polymer- und Kunststoffanalyse*, VCH, Weinheim, 3. Aufl. (1991).

J. F. Johnson, R. F. Porter, *Analytical Gel Permeation Chromatography*, John Wiley and Sons (1968).

P. Kratochvil, *Classical Light Scattering from Polymer Solutions*, Elsevier (1987).

H. Morawetz, *Macromolecules in Solution*, 2. Aufl., John Wiley and Sons Ltd. (1975).

J. F. Rabek, *Experimental Methods in Polymer Chemistry*, John Wiley and Sons Ltd. (1980).

W. W. Yau, J. J. Kirkland, D. D. Bly, *Modern Size-Exclusion Liquid Chromatography. Practice of Gel Permeation and Gel Filtration Chromatography*, John Wiley and Sons Inc. N.Y. (1979).

Spezielle Literatur

1. T. G. Fox, J. B. Kinsinger, H. F. Mason, E. M. Schuele, *Polymer*, **3**, 71 (1962).

2. Z. Grubisic, P. Rempp, H. Benoit, *Polymer Letters*, **5**, 753 (1967).

10 Die Charakterisierung von Polymeren - Kettendimensionen und Strukturen

Die Größe wie auch die Form einer Polymerkette sind für einen Polymerchemiker von großem Interesse, weswegen eine Abschätzung dieser beiden Faktoren ausgesprochen wichtig ist. Sehr viel Information liefern Untersuchungen an verdünnten Lösungen, während eine absolute Meßmethode zur Bestimmung der Größe eines Polymeren durch Lichtstreuung gegeben ist. Dieses Verfahren gelingt allerdings nur, wenn der Polymerstrang im Vergleich zur Wellenlänge des einfallenden Lichts groß genug ist. Läßt sich diese absolute Meßmethode nicht anwenden, so ist ein Rückschluß auf die Größe indirekt durch Viskositätsmessungen möglich, die Aussagen über das von der Kette in Lösung beanspruchte Volumen gestatten. Damit diese Information wirklich Bedeutung besitzt, ist zusätzlich eine Kenntnis der Faktoren erforderlich, welche die räumliche Anordnung bestimmen. Wir können uns auf das Modell des statistischen Knäuels, welches im allgemeinen für synthetische Polymere am geeignetsten ist, beschränken. Andere Modelle, wie Stäbchen, Kugeln oder Sphäroide, sind ebenfalls postuliert worden, sollen jedoch an dieser Stelle nicht näher diskutiert werden.

10.1 Durchschnittliche Kettendimensionen

Eine Polymerkette in verdünnter Lösung läßt sich als ein Knäuel verstehen, welches seine Form unter dem Einfluß statistischer Bewegungen kontinuierlich verändert. Dies bedeutet, daß zu jedem Zeitpunkt das Volumen, welches eine Kette in Lösung einnimmt, von dem durch die Nachbarkette eingenommenen Volumen abweichen kann. Diese Unterschiede werden weiterhin durch die Tatsache verstärkt, daß jede Probe aus einer Vielzahl von Ketten mit unterschiedlicher Länge besteht. Unter Berücksichtigung dieser beiden Aspekte kommt man zu dem Schluß, daß eine gesicherte Aussage über die Kettendimensionen nur durch eine Mittelung über viele der vermuteten Konformationen möglich ist. Zwei solcher Mittelwerte sind definiert: (a) der mittlere Fadenendenabstand, welcher als die Wurzel aus dem quadrierten Abstand zwischen den Kettenenden als $\langle \bar{r}^2 \rangle^{1/2}$ definiert ist und (b) der Trägheitsradius $\langle \bar{S}^2 \rangle^{1/2}$, der ein Maß für den mittleren Abstand eines Kettengliedes vom Schwerpunkt des Knäuels ist. Die eckigen Klammern zeigen die Mittelung über die Polydispersität der Ketten in der Probe an, während der Querstrich die Mittelung über die vielen möglichen Konformationen, die die Ketten mit der gleichen Molmasse einnehmen können, markiert.

Die beiden Meßgrößen sind, bei Nichtberücksichtigung des „ausgeschlossenen Volumens", für einfache Ketten durch die Beziehung

$$\langle \bar{r}^2 \rangle^{1/2} = \langle 6\bar{S}^2 \rangle^{1/2} \tag{10.1}$$

miteinander verknüpft, wobei die tatsächlich vorliegenden Dimensionen auch von den Meßbedingungen abhängen können, so daß auch andere Faktoren zu berücksichtigen sind.

10.2 Das Segmentmodell

Die grundlegenden Versuche für eine theoretische Beschreibung der Größe linearer Ketten behandeln das Molekül als ein Ensemble von n Kettenelementen, die durch Bindungen der Länge l miteinander verknüpft sind. Unter der Annahme, daß sich die Bindungen wie universelle Verbindungsstellen verhalten, kann man eine vollständige Rotationsfreiheit annehmen. Ein solches Modell erlaubt die Beschreibung der Kette wie in Bild 10.1(a) gezeigt, wobei die Darstellung dem Weg eines diffundierenden Gasmoleküls gleicht. Da sich in derartigen Fällen Irrflugstatistiken als sehr hilfreich erwiesen haben, wird auch hier ein vergleichbarer Zugang gewählt; die zweidimensionale Darstellung des Problems wird im Englischen sehr anschaulich als „drunkard's walk" bezeichnet. Zunächst erfolgt eine Abschätzung des End-End-Abstandes r_f durch Betrachtung des einfachsten Falls von nur zwei Verbindungsstellen; dieser folgt aus dem Cosinussatz wie in Bild 10.1(b) gezeigt

$$OB^2 = OA^2 + AB^2 - 2(OA)(AB)\cos\theta \tag{10.2}$$

oder auch durch

$$r_f^2 = 2l^2 - 2l^2\cos\theta. \tag{10.3}$$

Ist die Anzahl n an Bindungen groß, so variiert der Winkel θ über eine große Anzahl möglicher Werte. Somit wird die Summe all dieser Terme Null und, da $\cos\theta = -\cos(\theta+\pi)$, reduziert sich Gleichung (10.3) zu

$$r_f^2 = nl^2. \tag{10.4}$$

Daraus folgt, daß entsprechend diesem Modell der Abstand zwischen den Kettenenden proportional zur Wurzel aus der Anzahl der Bindungen und somit erheblich kürzer als bei einer gestreckten Kette ist.

Dieses Ergebnis erhält man auch unter der Annahme, daß das Molekül einen dreidimensionalen Raum einnimmt, da die positiven und negativen Beiträge nach Einbringen des Moleküls in ein Koordinatensystem mit gleichen Wahrscheinlichkeiten auftreten. Man gibt

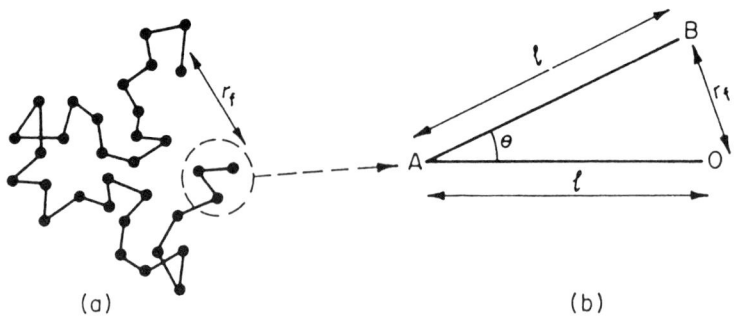

(a)   (b)

Bild 10.1:   (a) Irrflugkette bestehend aus 32 Intervallen mit der Länge l und (b) Cosinussatz für zwei Bindungen.

daher immer die Quadrate der Dimensionen an, um negative Vorzeichen zu umgehen.

Dennoch ist dieses Modell unrealistisch. Polymerketten nehmen im Raum ein bestimmtes Volumen ein, und die Dimensionen eines jeden Makromoleküls werden durch die Bindungswinkel und die Wechselwirkungen zwischen den einzelnen Kettenelementen bestimmt. Diese Wechselwirkungen lassen sich in zwei Gruppen unterscheiden: (i) *Nahordnungswechselwirkungen* die zwischen benachbarten Atomen oder Gruppen auftreten und üblicherweise durch sterische Abstoßungskräfte infolge der Überlappung von Elektronenwolken hervorgerufen werden; (ii) *Fernordnungswechselwirkungen*; diese umfassen die Anziehungs- und Abstoßungskräfte von Kettensegmenten, die innerhalb der Kette weit voneinander entfernt sind und sich aufgrund der Molekularbewegung bisweilen annähern, aber auch von Segmenten und Lösungmittelmolekülen. Man bezeichnet diese häufig als *ausgeschlossene Volumeneffekte*.

10.3 Nahordnungseffekte

Die Ausdehnung einer Polymerkette mit kovalent gebundenen Kettengliedern erfährt durch den Valenzwinkel zwischen jedem Atom der Kette eine Einschränkung. Im allgemeinen bezeichnet man in einer homoatomaren Kette diesen Winkel mit θ. Modifiziert man nun Gleichung (10.4), so lassen sich Nahordnungswechselwirkungen berücksichtigen und man erhält:

$$\left\langle \bar{r}^2 \right\rangle_{of} = nl^2 \left(1 - \cos\theta\right) / \left(1 + \cos\theta\right) \tag{10.5}$$

Im einfachsten Fall einer reinen Kohlenstoffhauptkette (z.B. Polyethylen) beträgt $\theta \approx 109°$ und $\cos\theta = -1/3$. Dadurch vereinfacht sich Gleichung (10.5) zu:

$$\left\langle \bar{r}^2 \right\rangle_{of} = 2nl^2 . \tag{10.6}$$

Daraus resultiert, daß bei Berücksichtigung der Nahordnungseffekte eine Polyethylenkette vergleichsweise doppelt so stark gestreckt ist wie bei einer Betrachtung gemäß dem Segmentmodell.

10.4 Kettensteifigkeit

Wir haben bereits in Kapitel 1 am Beispiel von Butan und Polyethylen gesehen, daß sterisch bedingte Abstoßungseffekte die Rotation um die Bindungen einschränken, was in Gleichung (10.5) zu berücksichtigen ist. Man erhält den Ausdruck

$$\left\langle \bar{r}^2 \right\rangle_0 = nl^2 \frac{\left(1 - \cos\theta\right)}{\left(1 + \cos\theta\right)} \cdot \frac{\left(1 - \left\langle \cos\phi \right\rangle\right)}{\left(1 + \left\langle \cos\phi \right\rangle\right)} , \tag{10.7}$$

wobei $\langle\cos\phi\rangle$ der mittlere Cosinuswert des Rotationswinkels um die Bindung im Polymer-rückgrat ist. Der Parameter $\langle\bar{r}^2\rangle_0$ beschreibt das Quadrat der durchschnittlichen *ungestörten Dimension* und ist eine charakteristische Größe für eine beliebige Polymerkette.

Die Dimensionen frei verknüpfter Ketten sind dann realistisch, wenn sie durch den Gerüstfaktor ζ eingeschränkt werden. ζ setzt sich aus den beiden Termen

$$\zeta = \sigma^2 (1 - \cos\theta) / (1 + \cos\theta) \qquad (10.8)$$

zusammen, wobei σ als der Behinderungsparameter bekannt ist, der im Fall einfacher Ketten $(1-\langle\cos\phi\rangle)/(1+\langle\cos\phi\rangle)$ beträgt. Bei komplizierten Ketten, die Ringe oder Hetero-atome enthalten (z.B. Polydiene, Polyether, Polysaccharide und Proteine), wird σ nach der Gleichung

$$\sigma^2 = \langle\bar{r}^2\rangle_0 / \langle\bar{r}^2\rangle_{of} \qquad (10.9)$$

abgeschätzt.

Werte für die ungestörten Dimensionen lassen sich experimentell durch Messungen an verdünnten Lösungen erhalten, die entweder direkt in einem Theta-Lösungsmittel (siehe Abschnitt 9.9) durchgeführt werden oder indirekt durch Messung in einem nichtidealen Lösungsmittel mit abschließender Extrapolation. Die Geometrie einer jeden Kette erlaubt die Berechnung von $\langle\bar{r}^2\rangle_{of}$, und die Ergebnisse werden entweder in Form von σ oder durch das charakteristische Verhältnis $[\langle\bar{r}^2\rangle_0 / nl^2]$ angegeben. Beide Meßgrößen geben ein Maß für die Kettensteifigkeit in einer verdünnten Lösung. Typischerweise liegen die Werte von σ, wie in Tabelle 10.1 dargestellt, im Bereich von 1,5 bis 2,5.

Tabelle 10.1: Parameter für die Kettensteifigkeit und charakteristische Dimensionen

Polymeres	T/K	σ	$\left[\langle\bar{r}^2\rangle_0 / nl^2\right]$
Polypropylen (isotaktisch)	408	1,53	4,67
Polypropylen (ataktisch)	408	1,65	5,44
Naturkautschuk	293	1,67	4,70
Guttapercha	333	1,38	7,35
Polystyrol	308	2,23	10,00
Poly(methylmethacrylat)			
(isotaktisch)	298	2,28	10,40
(ataktisch)	298	2,01	8,10
(syndiotaktisch)	308	1,94	7,50

10.5 Behandlung von Daten verdünnter Lösungen

Wir werden uns jetzt mit einigen Methoden zur Berechnung von Polymerdimensionen aus experimentellen Ergebnissen beschäftigen.

Der zweite Virialkoeffizient

Eine Untersuchung des Verhaltens von Polymeren in verdünnter Lösung liefert sehr nützliche Informationen bezüglich der Größe und der Gestalt des Knäuels, über das Ausmaß von Polymer-Lösungsmittel-Wechselwirkungen und die Molmasse. Abweichungen von der Idealität, wie wir sie in Abschnitt 9.7 gesehen haben, werden üblicherweise durch Terme mit Virialkoeffizienten ausgedrückt. Sind die Polymerlösungen ausreichend verdünnt, lassen sich die Resultate hinreichend durch Terme bis zum zweiten Virialkoeffizienten A_2 unter Vernachlässigung der höheren Terme beschreiben. Die Größe von A_2 ist ein Maß für die Lösungsmittel-Polymer-Verträglichkeit, da dieser Parameter die Bereitschaft einzelner Polymerabschnitte widerspiegelt, Nachbarn vom eigenen Volumen auszuschließen. Ein großer, positiver Wert für A_2 markiert ein gutes Lösungsmittel, während ein niedriger Wert, der sogar negativ sein kann, ein relativ schlechtes Lösungsmittel anzeigt. Der Virialkoeffizient läßt sich mit den Floryschen Parametern für verdünnte Lösungen durch die Gleichung

$$A_2 = \psi_1(1 - \Theta / T)\left(\bar{\upsilon}_2^2 / V_1\right)F(x) \tag{10.10}$$

korrelieren, wobei $F(x)$ für eine von der Molmasse abhängige Funktion des ausgeschlossenen Volumens steht. Der vollständige Ausdruck für $F(x)$ kann mit Hilfe verschiedener Theorien definiert werden. Da jedoch jede der einzelnen Theorien eine leicht voneinander abweichende Form liefert, gilt als Grundlage aller, daß $F(x)$ gleich eins im Falle von Theta-Bedingungen ist und daß der Effekt des ausgeschlossenen Volumens verschwindet. Gleichung (10.10) läßt sich zur Analyse von Meßdaten, wie sie in Bild 8.7 gezeigt wurden, heranziehen. Ist Θ erst einmal bestimmt, läßt sich der Entropie-Parameter ψ_1 durch Auftragung der Daten für $\psi_1 F(x)$ gegen T berechnen. Eine Extrapolation nach $T = \Theta$, mit $F(x) = 1$, erlaubt eine Abschätzung von ψ_1 unter Theta-Bedingungen. Diese Bestimmung von Θ und ψ_1 ist nur dann richtig, wenn das Lösungsmittel schlecht ist und die Extrapolationen klein sind. Die Relation von A_2 und M läßt sich sehr oft für gute Lösungsmittel anhand des einfachen Zusammenhangs

$$A_2 = kM^{-\gamma} \tag{10.11}$$

voraussagen, wobei γ in einem Bereich von 0,15 bis 0,4, in Abhängigkeit vom System, variiert und es sich bei k um eine Konstante handelt.

Der Aufweitungsfaktor α

Der Wert von A_2 teilt uns mit, ob die Größe des Polymerknäuels, welches sich in einem bestimmten Lösungsmittel befindet, über den ungestörten Zustand hinaus gestört oder aufgeweitet wird. Durch die Bestimmung des Aufweitungsfaktors α wird das Maß der Aufweitung am besten ausgedrückt.

Fällt die Temperatur eines Systems, welches ein Polymeres mit einer endlichen Molmasse M enthält, stark unter Θ ab, so steigt die Anzahl von Polymer-Polymer-Kontakten solange an, bis das Polymere ausfällt. Oberhalb dieser Temperatur werden die Ketten aus ihrem Gleichgewichtszustand, den sie unter pseudoidealen Bedingungen innehaben, durch Fernordnungswechselwirkungen gestört oder aufgeweitet. Die Knäuelaufweitung wird durch zwei Formen der Fernordnungswechselwirkungen beeinflußt. Die erste ergibt sich durch den Ausschluß eines Polymersegments von einem hypothetischen Gitterplatz durch ein anderes Segment, wodurch die Anzahl möglicher Konformationen für die Kette eine Einschränkung erfährt. Dies bewirkt eine Minderung der Wahrscheinlichkeit, daß eng geknäuelte Konformationen eingenommen werden. Die zweite Form der Wechselwirkung wird in sehr guten Lösungsmitteln beobachtet, da hier Polymer-Lösungsmittel-Wechselwirkungen überwiegen, was zu stärker aufgeweiteten Konformationen führt. In einem gegebenen Lösungsmittel wird eine Gleichgewichtskonformation eingenommen, bei der die Aufweitungskräfte durch die im Molekül vorliegenden Kontraktionskräfte ausgeglichen werden. Die Tendenz zur Kontraktion resultiert sowohl aus den Polymer-Polymer-Wechselwirkungen wie auch aus einer Gegenkraft der Ketten gegen eine zu starke Aufweitung, da dies mit der Einnahme energetisch ungünstiger Konformationen verbunden wäre.

Das Ausmaß der Kettenstörung durch Fernordnungseffekte erfolgt durch die Messung des von Flory eingeführten Aufweitungsfaktors α, der die ungestörten und gestörten Dimensionen über die Gleichung

$$\left\langle \overline{S}^2 \right\rangle^{1/2} = \alpha \left\langle \overline{S}^2 \right\rangle_0^{1/2} \tag{10.12}$$

verknüpft. In guten Lösungsmitteln (großes, positives A_2) ist das Knäuel sehr viel stärker aufgeweitet als in schlechten Lösungsmitteln (niedriges A_2) und damit einhergehend nimmt α einen entsprechend größeren Wert an. Da α sowohl eine lösungsmittel- als auch temperaturabhängige Größe ist, verwendet man meist die für das Polymere charakteristische Größe $\left\langle \overline{S}^2 \right\rangle_0^{1/2}$. Sie läßt sich anhand von Lichtstreuungsmessungen in Theta-Lösungsmitteln direkt oder indirekt mathematisch, wie im nächsten Abschnitt beschrieben, bestimmen.

Die Flory-Fox-Theorie

Die molekularen Dimensionen einer Polymerkette in einem beliebigen Solvens lassen sich direkt aus Lichtstreuungsexperimenten mit Hilfe von Gleichung (9.36) berechnen und zwar unter der Voraussetzung, daß das Knäuel groß genug ist, um das Licht asymmetrisch zu streuen. Ist die Polymerkette für diese Methode zu kurz, so findet ein alternatives Meßverfahren Verwendung.

Flory und Fox schlugen in ihren Arbeiten vor, die Knäuelgröße mit $[\eta]$ in Korrelation zu setzen, da die Viskosität einer Polymerlösung von dem Volumen, welches die Polymerkette einnimmt, abhängt. Sie nahmen an, daß das ungestörte Polymere als hydrodynamische Kugel zu verstehen ist, und setzten $[\eta]_\theta$, die Grenzviskosität in einem Theta-Lösungsmittel, zu der Wurzel aus der Molmasse mit der Gleichung

$$[\eta]_\theta = K_\theta M^{1/2} \tag{10.13}$$

in Beziehung, wobei

$$K_\theta = \Phi\left(\bar{r}_0^2 \,/\, M\right)^{3/2}. \tag{10.14}$$

Die Gleichungen (10.13) und (10.14) sind eigentlich für monodisperse Proben abgeleitet. Im Falle von Messungen an heterodispersen Polymeren müssen die besser geeigneten Mittelwerte M_n und $\langle \bar{r}^2 \rangle_{on}$ eingesetzt werden. Ursprünglich wurde der Parameter Φ als universelle Konstante eingesetzt, jedoch deuteten experimentelle Ergebnisse darauf hin, daß eine Abhängigkeit vom Lösungsmittel, der Molmasse und der Heterogenität besteht. Die Werte können von einem experimentell ermittelten Wert von $2,1 \times 10^{23}$ bis hin zu einem theoretischen Grenzwert von $2,84 \times 10^{23}$ variieren, wobei für $[\eta]$ als Einheit cm^3 g^{-1} verwendet wird. Im allgemeinen hat man für die meisten flexiblen, heterodispersen Polymeren in guten Lösungsmitteln einen Wert von $2,5 \times 10^{23}$ ermittelt.

Im Falle von nicht-idealen Lösungsmitteln wird Gleichung (10.13) zu

$$[\eta] = K_\theta M^{1/2} \alpha_\eta^3 \tag{10.15}$$

erweitert, wobei $\alpha_\eta^3 = [\eta]/[\eta]_\theta$ für den linearen Aufweitungsfaktor steht, welcher ein wesentlicher Bestandteil der Viskositätsmessungen ist und ein Maß für die Fernordnungswechselwirkungen darstellt. Da die Herleitung auf einer wenig realistischen Gaußschen Verteilung der Segmente in guten Lösungsmitteln basiert, wurde vorgeschlagen, α_η mit α aus Beziehung (10.12) zu korrelieren, da dieser Wert aus direkten Messungen erhältlich ist und es gilt:

$$\alpha_\eta^3 = \alpha^{2,43}. \tag{10.16}$$

Dieser Rückschluß wird durch zahlreiche experimentelle Befunde unterstützt.

Die indirekte Abschätzung von $\langle \bar{r}^2 \rangle_0^{1/2}$

Nicht immer ist es möglich, für ein Polymeres ein geeignetes Theta-Lösungsmittel zu finden. Daher wurden Methoden entwickelt, die eine Abschätzung der ungestörten Dimensionen in nicht-idealen (guten) Solventien gestatten.

Verschiedene Extrapolationsverfahren zur Bestimmung von $[\eta]$ wurden bereits vorgeschlagen. Die praktikabelste Methode ist die von Stockmayer und Fixman unter Verwendung der Gleichung:

$$[\eta]M^{-1/2} = K_\theta + 0,51\Phi B' M^{1/2}, \tag{10.17}$$

wobei für Φ der theoretische Grenzwert eingesetzt und B' mit dem thermodynamischen Wechselwirkungsparameter χ_1 durch die Beziehung

$$B' = \bar{v}_2^2\left(1 - 2\chi_1\right)/V_1 N_A \tag{10.18}$$

korreliert wird und, wie ein Vergleich mit Gleichung (10.10) zeigt, zu A_2 proportional ist. Die ungestörte Dimension erhält man durch Auftragung von $[\eta]M^{1/2}$ gegen $M^{1/2}$. Aus dem Achsenabschnitt ermittelt man K_θ und $\langle \bar{r}^2 \rangle_0$ wird gemäß Gleichung (10.14) berechnet.

Cowie und Bywater entwickelten ein ähnliches Verfahren. Hierbei wurde der intrinsische Reibungskoeffizient $[f]$ durch Sedimentationsmessungen oder durch Diffusionsexperimente bestimmt und gemäß der Gleichung

$$[f]M^{-1/2} = K_f + 0,201 K_f^{-2} P_0^3 B' M^{1/2} \dots, \tag{10.19}$$

wobei

$$K_f = P_0 \left[\left\langle \bar{r}_0^2 \right\rangle / M \right]^{1/2},$$

die gleiche Information liefert, wenn P_0 eine „Konstante" mit einem Grenzwert von 5,2 ist.

Alle diese Extrapolationsverfahren sind abhängig von der Gültigkeit der theoretischen Behandlung, wobei die Zuverlässigkeit immer in diesem Zusammenhang zu bewerten ist. Glücklicherweise ließ sich zeigen, daß die meisten nicht-polaren Polymere in dieser Art und Weise zu behandeln sind und daß die Ergebnisse in gutem Einklang mit den direkten Messungen von $\left\langle \bar{r}^2 \right\rangle_0^{1/2}$ stehen. Im Falle von stärker polaren Polymeren erhalten spezielle Lösungsmitteleffekte ein stärkeres Gewicht, weshalb die Extrapolationen mit entsprechender Vorsicht zu betrachten sind.

Der Einfluß der Taktizität auf die Kettendimensionen

Untersuchungen des Verhaltens von Polymeren mit einer festgelegten Stereostruktur in verdünnter Lösung haben eine mögliche Abhängigkeit der ungestörten Dimensionen von der Kettenkonfiguration gezeigt. Dies läßt sich aus Tabelle 10.1 entnehmen, da für isotaktisches, syndiotaktisches und ataktisches Poly(methylmethacrylat) unterschiedliche Werte für α aufgeführt sind. Wird die Größe einer Polymerkette durch ihre Konfiguration beeinflußt, so muß die Mikrostruktur exakt aufgeklärt sein, bevor eine korrekte Abschätzung der experimentellen Daten durchführbar ist. Die üblichen Hilfsmittel zur Aufklärung der Mikrostruktur sind die NMR- und die Infrarot-Spektroskopie.

10.6 Die Kernmagnetische Resonanz (NMR)

Die hochauflösende NMR-Spektroskopie hat sich als ein sehr nützliches Instrument für die Untersuchung der Mikrostruktur eines Polymeren in Lösung erwiesen, wobei die starken molekularen Bewegungen den Effekt der Fernordnungswechselwirkungen abschwächen und somit die Nahordnungseffekte überwiegen. Eine Interpretation der Taktizität der Kette, basierend auf den Arbeiten von Bovey und Tiers, läßt sich am Beispiel von Poly(methylmethacrylat) verdeutlichen. Wie in Bild 10.2 gezeigt, sind drei räumliche Anordnungen möglich.

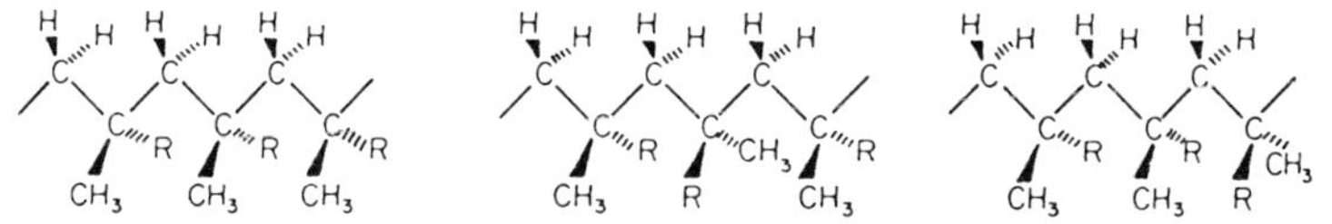

Isotaktisch   Syndiotaktisch   Heterotaktisch

Bild 10.2:   Stereoreguläre Triaden bei Poly(methylmethacrylat) mit R = -COOCH$_3$.

In der NMR-Spektroskopie werden immer drei aufeinanderfolgende Monomereinheiten, sog. Triaden, die die Konfiguration bestimmen, in einer Kette betrachtet. Der Ausdruck heterotaktisch wird zur Beschreibung von Triaden verwendet, die weder isotaktisch,
noch syndiotaktisch sind. In den gezeigten Strukturen absorbieren die drei äquivalenten
Protonen der α-Methylgruppe die Strahlung bei einer einzigen Frequenz. Allerdings ist
diese Frequenz für jede der drei möglichen Triaden verschieden, da sich die Umgebung der
α-Methylgruppe jeweils unterscheidet. Für Poly(methylmethacrylat)-Proben, die unter verschiedenen Bedingungen hergestellt wurden und welche die drei gezeigten Untereinheiten
aufweisen, beobachtet man Resonanzen bei $\tau = 8{,}78$, $8{,}95$ und $9{,}09$, welche jeweils den
isotaktischen, heterotaktischen und syndiotaktischen Triaden zuzuordnen sind. Dagegen
erhält man für eine Probe mit einer Mischung der verschiedenen Konfigurationen ein
Triplett. Die Fläche unter jedem Peak dieses Tripletts entspricht dem Gehalt der jeweiligen
Triade in der Polymerkette. In Bild 10.3 ist das Spektrum einer Probe gezeigt, die hauptsächlich isotaktisch vorliegt, aber auch einen geringen Prozentsatz an heterotaktischen und
syndiotaktischen Bereichen aufweist.

Eine weitere Analyse ist durchführbar. Der Anteil einer jeden Konfiguration, P_i, P_h und
P_s, der aus den einzelnen Flächen unter einem jeden Peak bestimmt wird, läßt sich mit der
Wahrscheinlichkeit ρ_m korrelieren. ρ_m gibt Auskunft darüber, mit welcher Wahrscheinlichkeit ein Monomeres, das an das Ende einer Polymerkette addiert wird, letztendlich die gleiche Konfiguration aufweist wie die Einheit, an der es angreift. Dies führt zu den Beziehungen:

$$P_i = \rho_m^2, \quad P_s = \left(1 - \rho_m\right)^2 \quad \text{und} \quad P_h = 2\rho_m\left(1 - \rho_m\right).$$

Eine Auftragung gemäß dieses einfachen Zusammenhangs ist in Bild 10.4 dargestellt,
wobei dort ein Vergleich mit experimentellen Daten für verschiedene Taktizitätsformen bei
Poly(methylmethacrylat) erfolgt.

Unterschiede in der Mikrostruktur von Polydienen oder Copolymeren lassen sich ebenfalls mit Hilfe der Kernresonanzspektroskopie nachweisen. Im Falle der Polydiene läßt sich
der Unterschied zwischen der 1,2- und der 1,4-Addition durch Analyse der Resonanzen,
die den endständigen olefinischen Protonen im Bereich von $\tau = 4{,}9$ bis $5{,}0$ und den nicht-
endständigen olefinischen Protonen bei $\tau = 4{,}6$ bis $4{,}7$ zuzuordnen sind, ermitteln.

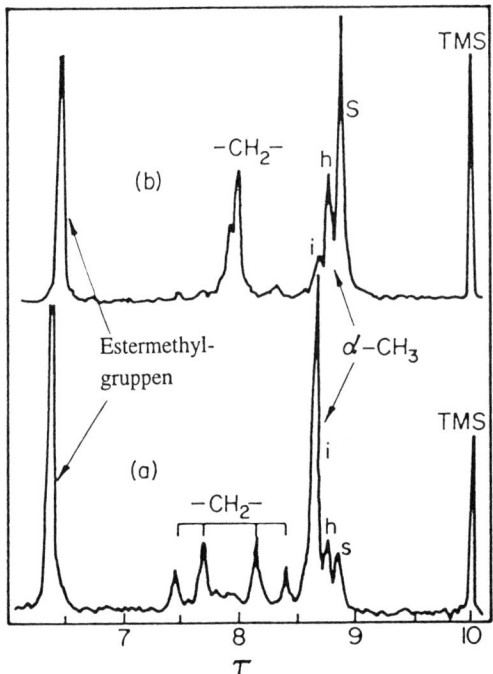

Bild 10.3:   NMR-Spektren einer (a) isotaktischen Probe und (b) einer vorwiegend syndiotaktischen Probe von Poly(methylmethacrylat).

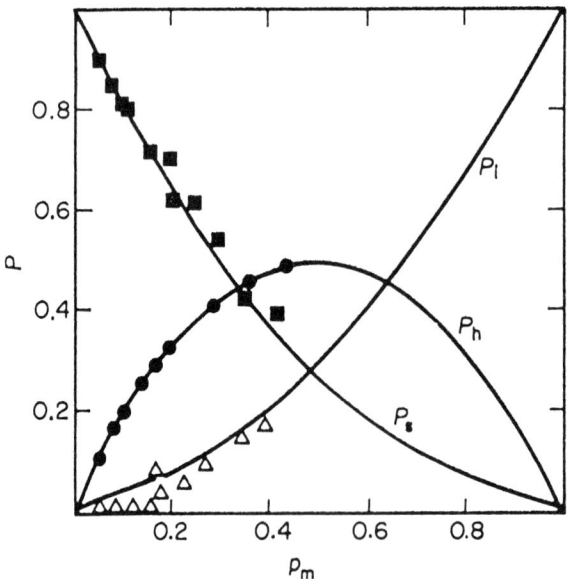

Bild 10.4:   Theoretische Kurven für P als Funktion von ρ_m für jede der drei möglichen Konfigurationen. Die eingezeichneten Punkte stellen die experimentell ermittelten Werte für Poly(α-methylstyrol) dar und dokumentieren die Gültigkeit der Analyse (nach Brownstein, Bywater und Worsfold (1961)).

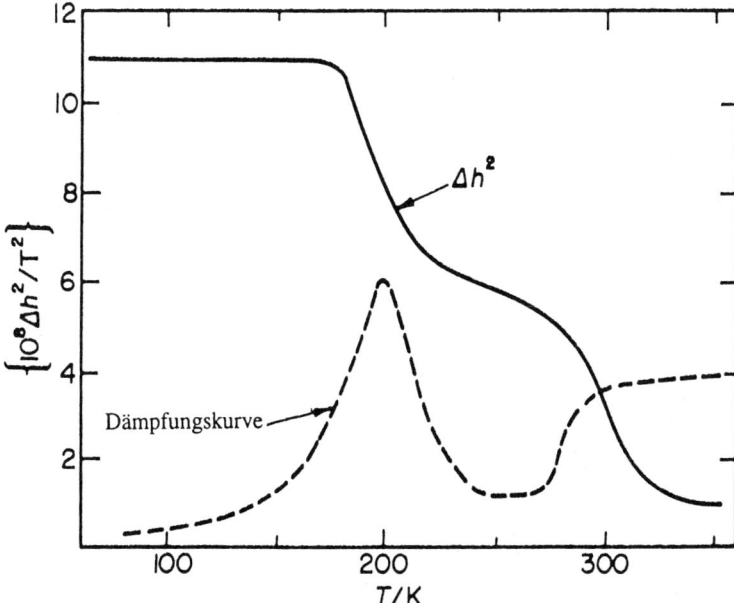

Bild 10.5: NMR-spektroskopische Linienbreite Δh (Einheit Tesla T) als Funktion der Temperatur für Poly(tetrafluorethylen). Zum Vergleich ist die mechanische Dämpfungskurve (gestrichelte Linie) mit eingezeichnet (übernommen von Sauer und Woodward, 1960).

Das lokale Feld, welches auf den Kern wirkt, wird nicht nur durch die Umgebung, sondern auch durch die molekulare Bewegung beeinflußt. Eine Verschmälerung der Resonanzlinien wurde mit zunehmender molekularer Bewegung in der Probe beobachtet. Die Bestimmung der Linienbreite bzw. des zweiten Moments stellt somit ein empfindliches Maß für interne Bewegungen mit niedriger Frequenz in festen Polymeren dar und läßt sich zum Studium von Übergängen und Segmentrotationen in einer Polymerprobe nutzen.

Die Linienbreite verändert sich weiterhin mit der Kristallinität des Polymeren. Teilkristalline Polymere liefern komplexe Spektren, da es sich hierbei um mehrphasige Materialien handelt, in denen molekulare Bewegungen stärker eingeschränkt werden als in der amorphen Phase. Allerdings waren Versuche zur Bestimmung des Kristallinitätsgrades von Polymerproben mit Hilfe der NMR-Spektroskopie bislang nicht erfolgreich. Am Beispiel von Poly(tetrafluorethylen) ist die Methode in Bild 10.5 dargestellt; die Glas- und anderen Übergänge sind sehr einfach zu erkennen. Unterhalb 200 K sind die Ketten nahezu unbeweglich. Erst oberhalb dieser Temperatur werden die Linien aufgrund der beginnenden CF_2-Rotation schärfer. Dies ist verbunden mit einem Glasübergang, jedoch die Art der Linienverbreiterung wird in diesem Bereich durch die Kristallinität der Probe bestimmt.

10.7 Die Infrarotspektroskopie

Die Infrarot-(IR)-spektroskopie kann zur Charakterisierung langkettiger Polymerer herangezogen werden, da die IR-aktiven Gruppen in der Polymerkette in ihrem Absorptionsverhalten genauso reagieren wie niedermolekulare Verbindungen. Die Charakterisierung des Polymeren erfolgt durch eine Analyse des „finger-print"-Bereichs, da sich hier die größten Abweichungen zwischen verschiedenen Polymeren finden lassen. Dieser Bereich liegt zwischen 6,67 und 12,50 μm.

Zusätzlich zur Identifizierung von Polymeren wird diese Methode zur Aufklärung verschiedener Aspekte der Polymermikrostruktur, wie Verzweigung, Kristallinität, Taktizität und *cis-trans*-Isomerie eingesetzt. Die relativen Anteile der *cis*-1,4-, *trans*-1,4- und 1,2-Addition bei Polybutadienen lassen sich aufgrund der Unterschiede bei der CH-Absorption der out-of-plane-Schwingungen, die vom Substitutionstyp an der olefinischen Bindung abhängen, bestimmen. End- und kettenständige Gruppen lassen sich ebenfalls unterscheiden. Eine Absorptionsbande bei etwa 11,0 μm ist für eine Vinylgruppe charakteristisch und markiert somit eine 1,2-Addition. Eine *cis*-1,4-Addition wird durch eine Bande bei etwa 13,6 μm angezeigt, wohingegen die *trans*-1,4-Konfiguration für das Auftreten einer Bande bei 10,4 μm sorgt. Zur Abschätzung der *cis-trans*-Isomerie wird die Absorption A einer jeden Bande bestimmt. Dabei gilt $A = \log_{10}(I_0/I)$, wobei I_0 und I die Intensitäten des einfallenden bzw. des durch Absorption geschwächten Strahls sind. Eine Berechnung erfolgt, indem man durch die Minima auf beiden Seiten einer Absorptionsbande eine Grundlinie legt und senkrecht dazu die Peakhöhe bestimmt. Die Auswertung erfolgt dann gemäß

$$P_{cis} = 3{,}65\,A_{cis} \, / \left(3{,}65\,A_{cis} + A_{trans} \right),$$

wobei P_{cis} der Anteil der *cis*-Konfiguration, A_{cis} die Absorption bei 13,6 μm und A_{trans} die Absorption bei 10,4 μm ist, unter der Voraussetzung eines vernachlässigbar kleinen Anteils an 1,2-Produkt. Auch bei Polyisoprenen ist eine Auswertung entsprechend diesem Verfahren möglich. Hier werden die Banden bei 11,0 und 11,25 μm verwendet, um den Anteil an 1,2- und 3,4-Angriffen zu bestimmen, während eine Bande bei 8,7 μm der *trans*-1,4-Verknüpfung entspricht.

Die IR-Spektren von stereoregulären Polymeren lassen sich von solchen mit geringerer Regelmäßigkeit unterscheiden, jedoch sind viele dieser Unterschiede auf die Kristallinität und nicht die Taktizität zurückzuführen. Die Bestimmung der Stereostruktur von Polymeren mit Hilfe der IR-Spektroskopie ist weniger verläßlich als mit der NMR-Spektroskopie, jedoch ließen sich für Poly(methylmethacrylat) und Polypropylen durchaus Erfolge erzielen. Bei Poly(methylmethacrylat) erfährt die Methyldeformationsschwingung bei 7,25 μm durch die Mikrostruktur keine Beeinflussung. Vergleicht man diese Bande mit der bei 9,40 μm, welche ausschließlich in ataktischen oder syndiotaktischen Polymeren zu beobachten ist, so gelingt eine Abschätzung der Syndiotaktizität aus dem Verhältnis $\{A(9{,}40\ \mu m)/A(7{,}25\ \mu m)\}$. Das Verhältnis $\{A(6{,}75\ \mu m)/A(7{,}25\ \mu m)\}$ liefert in gleicher Weise den isotaktischen Anteil. Alternativ dazu ist eine Berechnung der Größe J als Mittelwert aus den beiden Gleichungen

$$J_1 = 179\{A(9,40\,\mu\mathrm{m}) \,/\, A(10,10\,\mu\mathrm{m})\} + 27$$

$$J_2 = 81,4\{A(6,75\,\mu\mathrm{m}) \,/\, A(7,25\,\mu\mathrm{m})\} - 43$$

durchführbar, wobei hier die Absorptionsbande bei 10,10 μm verwendet wird. Liegt der Wert von J zwischen 100 und 115, so liegt ein hoch syndiotaktisches Polymeres vor, während ein Wert zwischen 25 und 30 auf eine stark isotaktische Substanz hinweist. Bei Polypropylen tritt die charakteristische Bande für ein syndiotaktisches Polymer bei 11,53 μm auf und der Syndiotaktizitätsindex I_S beträgt $2A(11,53\ \mu\mathrm{m})/\{A(2,32\ \mu\mathrm{m})+A(2,35\ \mu\mathrm{m})\}$. Werte für I_S im Bereich von 0,8 weisen auf eine hoch syndiotaktische Probe hin. Die Spektren lassen sich mit verschiedenen Methoden aufnehmen. Bei löslichen Polymeren lassen sich Filme, bisweilen auch auf einer NaCl-Platte, gießen und können direkt vermessen werden. Auch Messungen in Lösung sind durchführbar, vorausgesetzt, daß die Absorptionen des Lösungsmittels in wichtigen Bereichen gering sind, oder man behilft sich mit Differenzmessungen.

10.8 Die Röntgenbeugung

Der Kristallinitätsgrad kann das Verhalten einer Polymerprobe stark beeinflussen. Eine sehr wirksame Methode zur Untersuchung teilkristalliner Polymerer ist mit der Röntgenbeugung gegeben. Die in einer gepulverten oder nichtorientierten Probe vorliegenden Kristallite streuen die Röntgenstrahlen an den parallelen Ebenen mit dem Einfallswinkel θ, der durch die Braggsche Gleichung

$$n\lambda = 2d \sin\theta \qquad\qquad (10.21)$$

festgelegt ist, wobei λ die Wellenlänge der Strahlung, d der Abstand zwischen den parallelen Ebenen in den Kristalliten und n eine ganze Zahl sind. Die verstärkten Wellen,

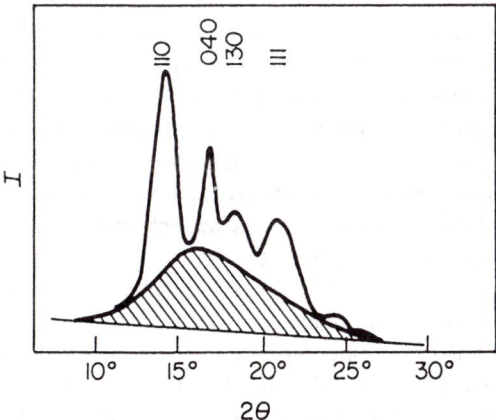

Bild 10.6:   Röntgenbeugungskurven; die Intensität I als Funktion des Winkels für vollständig amorphes Poly-propylen und für eine Probe mit 50%igem kristallinen Anteil.

welche von allen kleinen Kristalliten reflektiert werden, erzeugen Beugungsringe, sog. Halos, die für hochkristalline Materialien sehr scharf sind und mit zunehmendem amorphen Anteil diffuser werden.

Ist die Polymerprobe orientiert, beispielsweise durch Verstrecken einer Faser oder durch Anlegen einer Spannung an einen Film, so ordnen sich die Kristallite in die Richtung der Belastung an und die Auflösung des Röntgenmusters wird verbessert. In einigen Proben stereoregulärer oder symmetrischer Polymerer kann der Grad der dreidimensionalen Ordnung der Ketten hoch genug sein, um eine Strukturanalyse des Polymeren erfolgreich durchzuführen.

Die Kristallinität einer Probe läßt sich aus den Röntgenbeugungsmustern durch Auftragung der Dichten des gestreuten Strahls gegen den Einfallswinkel abschätzen. Ist eine solche Auftragung für eine amorphe Probe und eine entsprechende kristalline Probe durchgeführt, so ist eine Ermittlung der Kristallinität weiterer Proben desselben Polymeren möglich. Bild 10.6 zeigt in dem schraffierten Bereich das Verhalten von amorphem Polypropylen, während die Maxima der Kurve von den Kristalliten herrühren.

10.9 Die Thermoanalyse

Durchläuft eine Substanz eine chemische oder physikalische Änderung, so ist dies immer mit einer Enthalpieänderung verbunden. Dieses Verhalten ist die Grundlage für eine Meßtechnik, die als Differentialthermoanalyse (DTA) bekannt ist und bei der die Änderung durch Messung des Enthalpieunterschiedes zwischen dem zu untersuchenden Material und einem internen Standard ermittelt wird.

Zur Durchführung der Messung wird die Probe auf einem Heizblock mit gleichmäßiger Geschwindigkeit erhitzt. Die Probentemperatur erfaßt man mit Hilfe eines Thermoelements und vergleicht diese mit der Temperatur einer internen Referenzsubstanz, wie etwa Aluminiumoxid-Pulver oder, noch einfacher, mit einem leeren Probenpfännchen, welches dem gleichen linearen Heizprogramm unterworfen wurde. Da die Temperatur des Heizblocks mit konstanter Geschwindigkeit (5 bis 20 K min^{-1}) erhöht wird, sind die Probentemperatur (T_s) und die Referenztemperatur (T_r) solange gleich groß, bis eine Zustandsänderung in der Probe abläuft. Ist diese Änderung exotherm, so überschreitet T_s die Temperatur T_r für kurze Zeit. Bei einer endothermen Änderung bleibt dagegen T_s kurzzeitig hinter T_r zurück. Diese Temperaturdifferenz ΔT wird aufgezeichnet und auf einen Schreiber übertragen, auf dem die Zustandsänderungen wie beispielsweise Schmelzen oder Kristallisation in Form von Peaks aufgezeichnet werden. Ein dritter Typ von Zustandsänderungen wird ebenfalls registriert. Da die Wärmekapazitäten von Probe und Referenz unterschiedlich sind, beträgt ΔT niemals Null. Eine Änderung in der Wärmekapazität, wie etwa bei einem Glasübergang, führt somit zu einer Verschiebung der Grundlinie. Alle drei Möglichkeiten sind in Bild 10.7 für ein abgeschrecktes Polyethylenterephthalat gezeigt.

Weitere Änderungen in der Probe, wie etwa Zersetzung, Vernetzung und die Existenz polymorpher Formen, lassen sich ebenfalls ermitteln. Die in der DTA gemessene Temperaturdifferenz ΔT ist weder quantitativ, noch besitzt sie große Aussagekraft, da ΔT

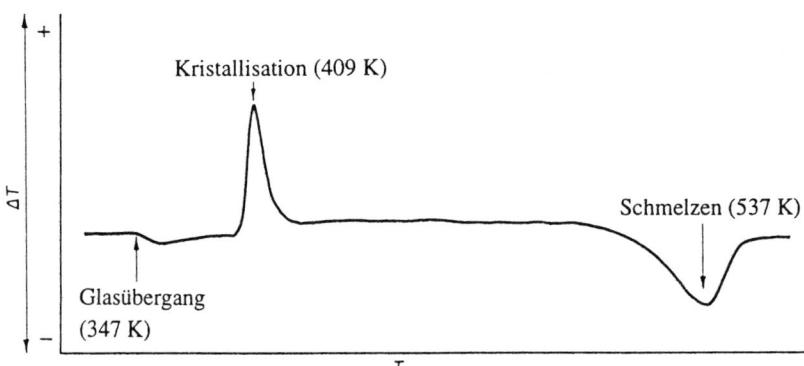

Bild 10.7:   Die DTA-Kurve für ein abgeschrecktes Polyethylenterephthalat zeigt den Glasübergang und den Schmelzvorgang als endothermen sowie die Kristallisation als exothermen Peak.

auch eine Funktion der thermischen Leitfähigkeit und der Dichte der Probe ist. Zur Überwindung dieser Probleme bedient man sich häufig einer alternativen Meßmethode, die
unter der Bezeichnung Differentialkalorimetrie (Differential-Scanning-Calorimetrie, DSC)
bekannt ist. Auch bei diesem Verfahren werden die Proben gleichmäßig erhitzt, doch mißt
man nicht die Temperaturdifferenz während einer Zustandsänderung, sondern führt über
ein Servo-System der Probe, bzw. der Referenz, so viel Energie zu, daß beide immer die
gleiche Temperatur aufweisen. Die hierbei erhaltenen Thermogramme sind denen aus der
DTA sehr ähnlich, jedoch geben sie die tatsächliche Menge an elektrischer Energie, die
dem System zugeführt wurde, und nicht ΔT wieder. Daher sind die Flächen unter den Peaks
direkt proportional zu den abgelaufenen Enthalpieänderungen. Zumeist kann in der Praxis
auf eine Referenzprobe verzichtet werden; diese Funktion erfüllt ein leeres Probenpfännchen. Eine Eichung des Geräts ermöglicht eine quantitative Bestimmung der Wärmekapazität der Probe. Diese Information erhält man zusätzlich zu denjenigen, die man über
Kristallisation, Schmelzen, Glasübergang und Zersetzung gewinnt.

Allgemeine Literatur

G. Allen und J. C. Bevington (Hrsg.), *Comprehensive Polymer Science*, Bde. 1 und 2, Pergamon Press (1989).

F. J. Balta-Calleja und C. G. Vonk, *X-ray Scattering of Synthetic Polymers*, Elsevier Science Publishers (1989).

N. M. Bikales, *Characterization of Polymers*, Wiley-Interscience (1971).

F. A. Bovey, *Polymer Conformation and Configuration*, Academic Press (1969).

B. Carroll, *Physical Methods in Macromolecular Chemistry*, Bd. 2, Marcel Dekker (1972).

C. D. Craver (Hrsg.), *Polymer Characterization: Spectroscopic Chromatographic and Physical Instrumental Methods*, Advances in Chemistry, Series 203 (193).

A. Elliott, *Infrared Spectra and Structure of Organic Long Chain Polymers*, Edward Arnold (1969).

P. J. Flory, *Principles of Polymer Chemistry*, Kap. 10 und 14, Cornell Univ. Press, Ithaca, N. Y. (1953).

P. J. Flory, *Statistical Mechanics of Chain Molecules*, Interscience Publishers Inc. (1969).

W. C. Forsman (Hrsg.), *Polymers in Solution. Theoretical Considerations and New Methods of Characterization*, Plenum Press (1986).

P. G. de Gennes, *Scaling Concepts in Polymer Physics*, Cornell University Press (1979).

J. F. Johnson und R. F. Porter, *Analytical Calorimetry*, Plenum Press (1968).

B. Ke, *Newer Methods of Polymer Characterization*, Interscience Publishers Inc. (1964).

C. P. Kratochvil, *Classical Light Scattering from Polymer Solutions*, Elsevier, Amsterdam (1987).

J. L. Koenig, *Chemical Microstructure of Polymer Chains*, John Wiley and Sons Ltd (1980).

J. Mitchell (Hrsg.), *Applied Polymer Analysis and Characterization: Recent Developments in Techniques, Instrumentation and Problem Solving*, Hanser Verlag (1987).

P. C. Painter, M. M. Coleman und J. Koenig, *The Theory of Vibrational Spectroscopy and its Application to Polymeric Materials*, John Wiley and Sons Ltd (1982).

J. C. Rabek, *Experimental Methods in Polymer Chemistry*, John Wiley and Sons Ltd (1980).

A. V. Tobolsky und H. Mark, *Polymer Science and Materials*, Kap. 3, Wiley-Interscience (1971).

E. A. Turi, *Thermal Characterization of Polymeric Materials*, Academic Press (1981).

Spezielle Literatur

1. S. Browstein, S. Bywater, D. J. Worsfold, *Makromol. Chem.* **58**, 127 (1961).

2. J. A. Sauer, A. E. Woodward, *Reviews in Modern Physics*, **32**, 88 (1960).

11 Der kristalline Zustand

11.1 Einführung

Bei Strukturuntersuchungen von Polymeren mit Hilfe von Röntgenstrahlen beobachtet man bei einigen Polymeren lediglich diffuse Halos auf dem Röntgenfilm, während bei anderen zusätzlich eine Serie von scharf abgegrenzten Ringen gefunden wird. Der zuerst beschriebene Effekt ist typisch für amorphe Polymere und verdeutlicht, daß in den meisten festen Polymeren nur eine begrenzte Nahordnung besteht. Scharf abgegrenzte Ringe vor einem diffusen Hintergrund weisen dagegen auf eine beträchtliche dreidimensionale Ordnung hin und sind charakteristisch für polykristalline Proben, in denen eine große Anzahl nicht-orientierter Kristallite neben amorphen Bereichen enthalten sind. Man kann beobachten, daß sich die Ringe bei Dehnung oder Streckung des Polymeren zu Bögen oder diskreten Punkten verformen, da durch die Beanspruchung eine Orientierung der Kristallitachsen in eine Richtung auftritt.

Das Vorkommen einer deutlichen Kristallinität in einer Polymerprobe ist für den Materialwissenschaftler von entscheidender Bedeutung. Die Eigenschaften der Probe, wie die Dichte, die Transparenz, der Elastizitätsmodul und ganz allgemein das mechanische Verhalten, verändern sich dramatisch mit dem Auftreten von Kristalliten, und das Polymere unterliegt nicht mehr den Gesetzen der Viskoelastizität, die für amorphe Polymere Geltung besitzen und in Kapitel 13 ausführlich beschrieben werden. Allerdings liegt eine Polymerprobe in den seltensten Fällen kristallin vor, und daher sind die Eigenschaften vom Ausmaß der kristallinen Bereiche abhängig.

Es ist somit ausgesprochen wichtig, die Kristallisation in Polymeren zu untersuchen und die Faktoren, die das Ausmaß der Kristallinität regulieren, zu bestimmen.

11.2 Mechanismus der Kristallisation

In einer hochverdünnten Lösung läßt sich ein Polymeres am geeignetsten als eine isolierte Kette, deren Form durch inter- und intramolekulare Nah- und Fernordnungswechselwirkungen bestimmt wird, betrachten. Dies gilt im festen Zustand nicht mehr. Das Verhalten der Kette wird nun größtenteils durch die Nähe der Nachbarketten und der Nebenvalenzkräfte, die zwischen ihnen auftreten, beeinflußt. Diese Faktoren bestimmen im nicht verdünnten Zustand die Orientierung der Ketten zueinander. Der sich einstellende Ordnungszustand resultiert letztendlich aus dem Wechselspiel zwischen der Entropie und der Inneren Energie des Systems, die üblicherweise in der thermodynamischen Gleichung

$$G = (U + pV) - TS$$

ausgedrückt wird. In der Schmelze besitzen Polymere normalerweise einen Zustand maximaler Entropie, was einem stabilen Zustand mit minimaler Freier Energie gleichbedeutend ist. Bei der Kristallisation handelt es sich um einen Prozeß, der eine gleichmäßige Anordnung der Ketten bewirkt und infolgedessen mit einer hohen negativen Aktivierungsentropie verbunden ist. Wenn eine günstige Änderung der Freien Energie bei der Kristallitbildung erreicht werden soll, muß der Entropieterm durch einen großen, negativen Energiebeitrag ausgeglichen werden.

Die Anordnung von Polymerketten in bestimmten Abständen zueinander zur Ausbildung von Kristallisationskeimen wird durch starke zwischenmolekulare Kräfte unterstützt. Je größer die Wechselwirkung zwischen den Ketten ist, desto günstiger wird der Energieparameter sein, und dies liefert Hinweise auf die Kettentypen, die möglicherweise aus der Schmelze kristallisiert werden können:

1) Symmetrische Ketten, die eine regelmäßige dichte Packung, die für die Kristallitbildung benötigt wird, ermöglichen.
2) Ketten mit Gruppen, die eine starke intermolekulare Anziehung ermöglichen und dadurch diese Anordnung stabilisieren.

Zusätzlich zu den thermodynamischen Voraussetzungen müssen kinetische Faktoren, die mit der Flexibilität und der Beweglichkeit der Kette in der Schmelze korreliert sind, bedacht werden. So läßt sich erwarten, daß Polyisobutylen $-(CH_2C(CH_3)_2)_n-$ kristallisiert, da die Kette symmetrisch ist. In der Praxis gelingt dies jedoch nur, wenn man eine optimal gewählte Kristallisationstemperatur über mehrere Monate konstant hält. Dies ist vermutlich eine Folge der Flexibilität der Kette, die eine ausgeprägte Verknäuelung ermöglicht und damit die Stabilisierung der benötigten Fernordnung behindert.

Die Bildung einer dreidimensionalen geordneten Phase aus einem ungeordneten Zustand ist ein Zweistufenprozeß. Direkt oberhalb seiner Schmelztemperatur verhält sich ein Polymeres wie eine hochviskose Flüssigkeit, in welcher die Ketten miteinander verschlungen sind. Jede Kette füllt ein bestimmtes Volumen in der Probe aus, jedoch nimmt mit fallender Temperatur das Volumen, welches einem Molekül zur Verfügung steht, ab. Dies schränkt wiederum die Anzahl der für die Kette verfügbaren Konformationen als Folge der intramolekularen Wechselwirkungen mit den Nachbarketten ein. Somit ergibt sich eine wachsende Tendenz des Polymeren, eine geordnete Konformation einzunehmen, in welcher sich die Bindungen der Kette in einem Rotationszustand minimaler Energie befinden. Etliche andere Faktoren wirken jedoch der Kristallisation entgegen. Die Verschlingung der Ketten behindert die Diffusion der Ketten in eine geeignete Orientierung. Befindet sich zudem die Temperatur oberhalb der Schmelztemperatur, so zerstört die thermische Bewegung die Kristallisationskeime bevor ein merkliches Wachstum überhaupt stattfinden kann. Dieser Effekt beschränkt die Kristallisation auf den Temperaturbereich zwischen T_g und T_m.

Der erste Schritt bei der Bildung von Kristalliten ist die Entstehung stabiler Keime durch eine Orientierung von Ketten, die durch intramolekulare Kräfte stimuliert wird. Dem folgt eine Stabilisierung der Fernordnung durch die Nebenvalenzkräfte, die eine Packung der Moleküle in eine dreidimensionale geordnete Struktur unterstützen.

Im zweiten Schritt findet das Wachstum des kristallinen Bereichs statt, dessen Größe von der Geschwindigkeit der Anlagerung anderer Ketten an den Keim abhängt. Diesem Wachstum wirkt eine thermische Bewegung der Ketten an der Grenzfläche zwischen Kristall und Schmelze entgegen, weswegen die Temperatur tief genug sein muß, um diesen, die Ordnung zerstörenden Prozeß, zu minimieren.

11.3 Temperatur und Wachstumsrate

Meßbare Kristallisationsgeschwindigkeiten treten in einem Temperaturbereich zwischen $(T_m -10 \text{ K})$ und $(T_g + 30 \text{ K})$ auf, also einem Bereich, in dem die thermische Bewegung der Polymerketten die Ausbildung stabiler geordneter Bereiche fördert. Die Wachstumsgeschwindigkeit kristalliner Bereiche durchläuft ein Maximum in dem angegebenen Temperaturbereich, was in Bild 11.1 für isotaktisches Polystyrol gezeigt wird. In der Nähe von T_m ist die Bewegung einzelner Segmente zu groß, um die Ausbildung von stabilen Keimen zu ermöglichen, während bei Temperaturen um T_g die Schmelze so viskos ist, daß die molekulare Bewegung extrem langsam wird.

Wenn die Temperatur ausgehend von T_m abfällt, nimmt die Schmelzviskosität, welche eine Funktion der Molmasse ist, zu und die Diffussionsrate ab. Dadurch steigt für die Ketten die Wahrscheinlichkeit, sich so anzuordnen, daß Keime gebildet werden. Dies bedeutet, daß für die Kristallisation eine optimale Temperatur existiert, die stark vom Temperaturintervall zwischen T_m und T_g, aber auch von der Molmasse abhängt.

Die Schmelze muß üblicherweise etwa 5 bis 20 K unterkühlt werden, bevor eine genügend große Anzahl von Keimen entsteht, welche die für eine ausreichende Stabilität

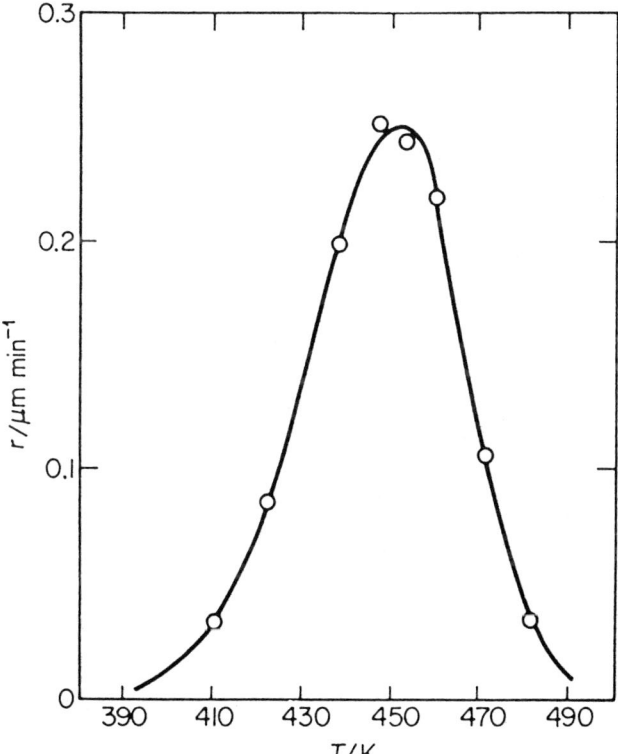

Bild 11.1:   Radiale Wachstumsgeschwindigkeit r von Sphärolithen aus isotaktischem Polystyrol als Funktion der Kristallisationstemperatur.

und weiteres Wachstum benötigten Dimensionen besitzen. Wird ein Keimbildner zugesetzt, läßt sich eine Kristallisation auch bei höheren Temperaturen erwirken. Dieses Verfahren ist als heterogene Keimbildung bekannt und beeinflußt nur die Kristallisationsgeschwindigkeit, aber nicht die Wachstumsrate der Sphärolithe bei einer vorgegebenen Temperatur.

11.4 Schmelzen

Das Schmelzen einer völlig kristallinen Substanz ist ein Gleichgewichtsprozeß, der durch eine deutliche Änderung im Volumen und eine feste Schmelztemperatur charakterisiert ist. Polymere sind niemals vollkommen kristallin, sie enthalten vielmehr ungeordnete Bereiche und Kristallite unterschiedlicher Größe nebeneinander. Üblicherweise verläuft die Kristallisation unvollständig, da der Prozeß dann stattfindet, wenn das Polymere als viskose Flüssigkeit vorliegt. In diesem Zustand sind die Ketten ausgesprochen stark miteinander verschlungen, und es muß genügend Zeit vorhanden sein, damit die Ketten in eine für die Kristallitbildung notwendige dreidimensionale Ordnung diffundieren können. Somit wird das Ausmaß der Kristallisation der Probe auch von der thermischen Vorgeschichte beeinflußt. Ein sehr schnelles Abkühlen aus der Schmelze verhindert die Bildung ausgeprägter kristalliner Bereiche. Die Folge davon ist, daß sich der Schmelzvorgang über

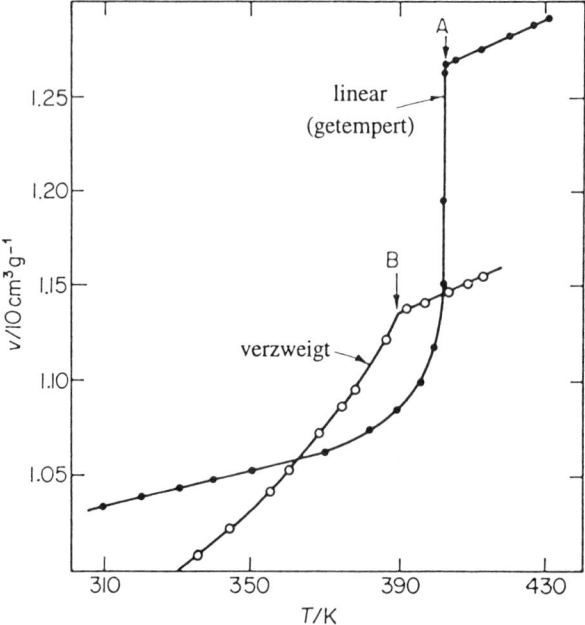

Bild 11.2:   Spezifisches Volumen v aufgetragen gegen die Temperatur T einer Probe von linearem Polyethylen, welches 40 Tage getempert wurde, und einer verzweigten Probe. Die Punkte A und B markieren die jeweiligen Schmelztemperaturen (nach Mandelkern).

einen ganzen Temperaturbereich erstreckt. Dieser Bereich ist ein sehr hilfreicher Hinweis auf die Kristallinität in der Probe.

Einfluß der Kristallitgröße auf das Schmelzen. Der Temperaturbereich, in welchem ein Polymeres schmilzt, besitzt für die Größe sowie die Vollkommenheit der Kristallite in der Probe eine Aussagekraft. In einer Untersuchung über das Schmelzverhalten von Naturkautschuk ließ sich zeigen, daß der Schmelzbereich eine Funktion der Kristallisationstemperatur ist. Bei niedrigen Kristallisationstemperaturen ist die Dichte von Kristallisationskeimen in der Kautschukschmelze hoch, die Diffusionsraten der Segmente sind gering und kleine, unvollkommene kristalline Regionen werden aufgebaut. Daher werden für Proben, die bei diesen niedrigen Temperaturen kristallisieren, breitere Schmelzbereiche ermittelt. Diese verengen sich mit zunehmender Kristallisationstemperatur.

Dies erweckt die Vorstellung, daß sich durch extrem sorgfältiges Tempern bei geeigneter Temperatur Proben mit einem sehr hohen Kristallinitätsgrad gewinnen lassen. Solche Proben müßten dann einen nahezu reinen Phasenübergang 1. Ordnung bei der Schmelztemperatur zeigen. Eine sehr gute Annäherung an diese Bedingungen erreichte Mandelkern, der lineares Polyethylen über einen Zeitraum von 40 Tagen temperte. Verdeutlicht wird die Verbesserung der kristallinen Anordnung durch eine Untersuchung der erhaltenen Schmelzkurven, die in Bild 11.2 wiedergegeben sind und in denen die Abhängigkeit des spezifischen Volumens einer getemperten Probe der eines verzweigten Polyethylens mit niedriger Kristallinität gegenübergestellt ist. Die Verzweigung verur-

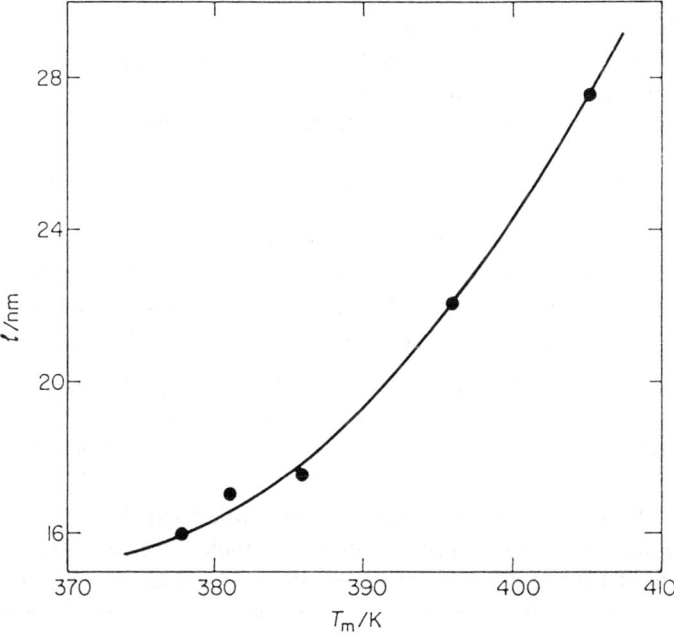

Bild 11.3:   Abhängigkeit der Schmelztemperatur T_m von der Länge l der Kristallite.

sacht eine Abnahme des prozentualen Anteils an kristallinen Bereichen, eine Verbreiterung des Schmelzbereichs und eine Reduzierung der mittleren Schmelztemperatur. Die Punkte A und B in dem Diagramm geben die Temperaturen wieder, bei denen die größten Kristallite verschwinden; sie werden als die Schmelztemperaturen T_m der Proben betrachtet.

Der Einfluß der Kristallitgröße auf T_m läßt sich aus Bild 11.3 entnehmen. Die kleineren Kristalle schmelzen etwa 30 K tiefer die größeren; dies ist eine Folge des größeren Beitrages zur Freien Energie der Grenzfläche in den kleineren Kristalliten. Das heißt, daß ein Überschuß an Freier Energie mit den ungeordneten Ketten, die aus den Enden der geordneten Kristallite herausragen, verbunden ist. Relativ betrachtet ist dieser Überschuß bei den kleinen Kristalliten größer, was niedrigere Schmelztemperaturen zur Folge hat.

11.5 Thermodynamische Parameter

Selbst für sehr sorgfältig getemperte Proben ist anzunehmen, daß die Gleichgewichtsschmelztemperatur eines vollkommen kristallinen Polymeren, T_m^0, niemals erreicht wird. Die Temperatur T_m^0 ist durch Gleichung (11.1) mit der Enthalpieänderung ΔH_u und der Entropieänderung ΔS_u im Falle eines Schmelzübergangs erster Ordnung von einem reinen Kristallit in eine reine amorphe Schmelze korreliert:

$$T_m^0 = \Delta H_u / \Delta S_u .$$ (11.1)

Die Enthalpieänderung läßt sich durch die Zugabe verschiedener Mengen eines Verdünnungsmittels, welches die Schmelztemperatur herabsetzt, zum Polymeren abschätzen, was wiederum durch Bestimmung der Schmelztemperaturen T_m für jede Polymer-Verdünnungsmischung geschieht. Die Ergebnisse werden nach der Flory-Gleichung

$$\left(1 / \phi_1\right)\left(1 / T_m - 1 / T_m^0\right) = \left(R / \Delta H_u\right)\left(V_u / V_1\right)\left(1 - B V_1 \phi_1 / R T_m\right)$$ (11.2)

aufgetragen. Dabei sind der Quotient (V_u / V_1) das Verhältnis des molaren Volumens der Wiederholungseinheit in der Kette zum Verdünnungsmittel und ϕ_1 der Volumenbruch des Verdünnungsmittels. Der Faktor $(B V_1 / R T_m)$ ist äquivalent zum Floryschen Wechselwirkungsparameter χ_1 und zeigt, daß die Gleichung (11.2) von der Polymer-Verdünnungsmittel-Wechselwirkung abhängt. Im Anwendungsfall setzt man für T_m^0 die Schmelztemperatur des unverdünnten Polymeren ohne Berücksichtigung des kristallinen Anteils. Typische Werte, die entsprechend diesem Verfahren bestimmt wurden, sind in Tabelle 11.1 zusammengestellt.

In vielen Fällen besitzt die Entropieänderung den größten Einfluß auf die Höhe der Schmelztemperatur eines Polymeren. Ein großer Teil dieser Entropie ist eine Folge der zusätzlichen Freiheit, welche der Kette die ablaufenden Konformationsänderungen in der Schmelze erlaubt, nachdem sie im Kristallgitter starken Einschränkungen unterworfen war. In der kristallinen Phase nehmen die Bindungen der Kette ihren niedrigsten Energiezustand

Tabelle 11.1: Aus dem Schmelzverhalten abgeleitete thermodynamische Parameter; die Größen beziehen sich auf gleiche Mengen der angegebenen Strukturelemente

Polymeres	T_m	ΔH_u	ΔS_u	Strukturelement
	K	J mol⁻¹	J K⁻¹ mol⁻¹	
Polyethylen	410	3 970	9,70	$+CH_2+$
Poly(tetrafluorethylen)	645	2 860	4,76	$+CF_2+$
cis-1,4-Polyisopren	301	4 400	14,60	$+CH_2-C=CH-CH_2+$ with CH_3
trans-1,4-Polyisopren	347	12 700	36,90	
Polypropylen	447	10 880	24,40	$+CH_2-CH+$ with CH_3
Poly(decamethylen-terephthalat)	411	46 000	114,00	$+(CH_2)_{10}-O-C(=O)-\phi-C(=O)-O+$

ein. Ist die Energiedifferenz $\Delta\varepsilon$ zwischen den Rotationszuständen gering, so steigt die Besetzung der höheren Energiezustände in der Schmelze an und eine deutliche Faltung der Ketten wird beobachtet. Der Beitrag zu ΔS_u ist in diesem Fall hoch. Wenn $\Delta\varepsilon$ jedoch groß ist, ist die Tendenz zur Besetzung der hohen Energiezustände gering und demzufolge ist die Kette weniger flexibel, weswegen ΔS_u klein ist. Zwei Polymere, die in ihrem all-*trans* Zustand im Kristall vorliegen, sind Polyethylen und Poly(tetrafluorethylen). Für Polyethylen beträgt $\Delta\varepsilon$ etwa 3,0 kJ mol^{-1}, während sie für Poly(tetrafluorethylen) bei einem Wert von 18,0 kJ mol^{-1} liegt. Aus diesem Grund ist die Polyethylenkette in der Schmelze weitaus flexibler und gewinnt beim Schmelzen deutlich mehr Entropie, so daß T_m entsprechend niedriger ist.

11.6 Der kristalline Aufbau von Polymeren

Die Ausbildung stabiler kristalliner Bereiche in einem Polymeren erfordert, daß (i) eine ökonomisch dicht gepackte Anordnung der Ketten in drei Dimensionen erreicht werden kann und daß (ii) eine günstige Änderung der Inneren Energie während dieses Prozesses erhalten wird. Dies führt zu Einschränkungen der Kettentypen, die sich leicht kristallisieren lassen und, wie bereits früher erwähnt wurde, sollte man erwarten, daß symmetrische, lineare Ketten, wie Polyester, Polyamide und Polyethylen besonders leicht kristallisieren.

Kristallinität und T_m beeinflussende Faktoren

Diese lassen sich unter den Schlagworten Symmetrie, intermolekulare Bindungen, Taktizität, Verzweigung und Molmasse behandeln.

Symmetrie. Die Symmetrie der Kettenform beeinflußt sowohl T_m als auch die Fähigkeit zur Ausbildung von Kristalliten. Polyethylen und Polytetrafluorethylen sind beide ausreichend symmetrisch, um als glatte, steife, zylindrische Stäbchen betrachtet zu werden. In einem Kristall neigen diese Stäbchen bei thermischer Anregung dazu, sich aneinander vorbei zu bewegen und ihre Positionen zu wechseln. Diese Bewegung innerhalb des Kristallgitters, welche als das sogenannte „Vorschmelzen" bezeichnet wird, erhöht die Entropie des Kristalls und stabilisiert ihn. Als Konsequenz davon wird mehr thermische Energie benötigt, bis der Kristall instabil wird und T_m ansteigt. Flache oder unregelmäßig geformte Polymere mit Schlaufen und Ausbuchtungen in der Kette können sich in einer solchen Weise nur unter Zerstörung des Kristallgitters bewegen und weisen daher niedrigere Werte für T_m auf. Doch dies ist nur ein Aspekt.

Die Ausbildung von Kristalliten in einem Polymeren erfordert eine einfache Anordnung der Ketten in einer regulären, dichten, dreidimensionalen Packung. Auch hier sind die linearen symmetrischen Moleküle im Vorteil. Polyethylen, Polytetrafluorethylen und andere Ketten mit komplexeren Rückgraten, die -(O)-, -(COO)- und -(CONH)-Gruppen enthalten, weisen alle eine brauchbare Symmetrie im Hinblick auf die Kristallitbildung auf und nehmen üblicherweise in einem Kristallgitter gedehnte Zick-Zack-Konformationen ein.

Ketten, die unregelmäßige Einheiten beinhalten und somit von der linearen Geometrie abweichen, verringern die Bereitschaft eines Polymeren zur Kristallisation. Daher begünstigen cisoide Doppelbindungen (I), o- und m-Phenylengruppen (II) oder cis-orientierte sesselförmige Ringe (III) Verschlingungen und Verdrehungen in den Ketten und eine er-

$$\text{H}\diagdown\text{C}=\text{C}\diagdown\text{H} \qquad \text{I} \qquad\qquad \text{II} \qquad\qquad \text{III}$$

schweren reguläre dichte Packung. Sind die Phenylenringe in p-Position verknüpft, bewahren die Ketten ihre axiale Symmetrie und kristallisieren weitaus leichter. Genauso verbessert der Einbau transoider Doppelbindungen die Symmetrie der Kette. Dies läßt sich durch einen Vergleich des amorphen Elastomeren cis-Polyisopren (Kautschuk) mit dem hochkristallinen trans-Polyisopren (Guttapercha), welches keine elastomeren Eigenschaften besitzt, verdeutlichen. Auch bei cis-Poly(1,3-butadien) (T_m = 262 K) und trans-Poly(1,3-butadien) (T_m = 421 K) handelt es sich um ähnliche Fälle.

Intermolekulare Bindungen. In Polyethylenkristalliten bewirkt die dichte Packung, die durch die Ketten erzeugt wurde, eine kooperative Wirkung der van-der-Waals-Kräfte und stabilisiert somit zusätzlich den Kristallit. Eine jede Wechselwirkung zwischen den Ketten im Kristallgitter trägt zum Zusammenhalt der Struktur bei und erhöht die Schmelztemperatur. Polymere mit polaren Gruppen, wie z.B. Cl, CN oder OH, behalten in einer Polymermatrix aufgrund der starken Wechselwirkungen zwischen den Substituenten eine starre und orientierte Anordnung. Dieser Effekt ist bei symmetrischen Polyamiden besonders stark ausgeprägt. Verbindungen dieses Polymertyps können intermolekulare Wasserstoffbrückenbindungen ausbilden, welche die Stabilität des Kristalls enorm steigern. In Bild 11.4 ist dies für Nylon-6,6 gezeigt, in dem die gestreckte Zick-Zack-Konformation hervorragend für die Ausbildung regulärer intermolekularer Wasserstoffbrückenbindungen ist. Die gesteigerte Stabilität spiegelt sich in T_m wider, welcher für Nylon-6,6 540 K beträgt, während im Vergleich dazu Polyethylen einen T_m von 410 K besitzt.

Die Strukturen verwandter Polyamide zeigen nicht unbedingt diese günstige Bildung der intermolekularen Bindungen. So ermöglicht beispielsweise die Geometrie einer gestreckten Nylon-7,7-Kette nur die Ausbildung einer jeden zweiten theoretisch möglichen Wasserstoffbrücke, wenn die Ketten zueinander angeordnet und voll gestreckt sind. Allerdings ist dieser Prozeß aus energetischen Gesichtspunkten derart begünstigt, daß eine hinreichende Deformation der Kette auftritt, um die Formation aller nur möglichen Wasserstoffbrücken zu gewährleisten. Diese zusätzliche Stabilität der Kristalle überwiegt bei weitem den geringen Energieverlust, der durch die Faltung der Ketten verursacht wird.

Nebenvalenzbindungen können daher den Kristallisationsprozeß geeigneter Polymerer begünstigen.

Taktizität. Die Symmetrie und die Flexibilität einer Kette beeinflussen beide die Kristallinität einer Polymerprobe. Trägt eine Kette sperrige Seitengruppen, so erhöht dies zwar die Steifigkeit doch auch die Schwierigkeiten bei der Einnahme einer dichten Packung,

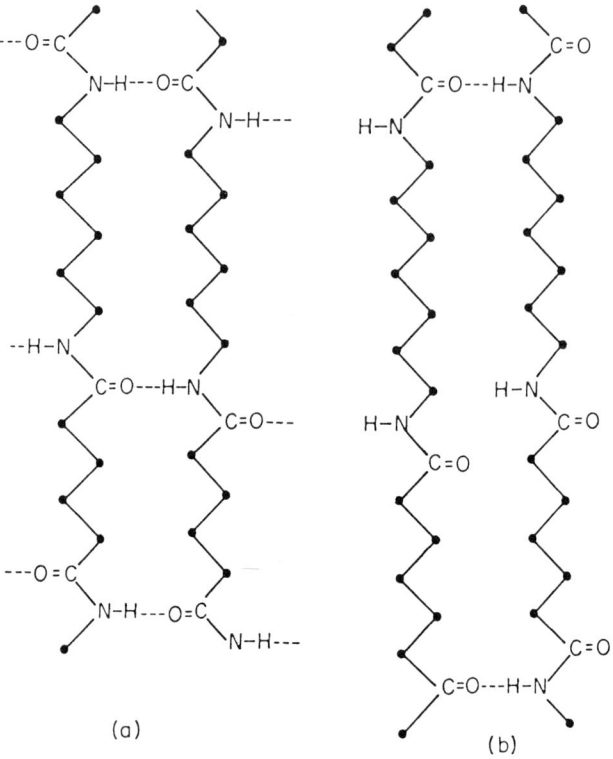

Bild 11.4:   Gestreckte Zick-Zack-Strukturen von (a) Nylon-6,6 und (b) Nylon-7,7; eingezeichnet sind die erlaubten Wasserstoffbrücken.

die für die kristalline Anordnung notwendig ist. Dieses letztgenannte Problem läßt sich lösen, indem die Gruppen in einer regelmäßigen Form in der Kette angeordnet werden. Isotaktische Polymere neigen zur Ausbildung von Helices, um die Substituenten in die sterisch stabilsten Positionen auszurichten. Diese Helices sind aufgrund ihrer regelmäßigen Formen für den Aufbau einer regulären Anordnung geeignet. Daher liegt ataktisches Polystyrol amorph vor, während isotaktisches Polystyrol (T_m = 513 K) semikristallin ist.

Syndiotaktische Polymere weisen ebenfalls eine hinreichende reguläre Struktur auf und sind daher in der Lage zu kristallisieren. Allerdings geschieht dies nicht in Form von Helices, sondern vielmehr in Gleitebenen.

Verzweigungen in den Seitengruppen bewirken eine Versteifung der Kette und erhöhen T_m, was sich sehr anschaulich durch die Reihe Poly(buten-1) (T_m = 399 K), Poly(3-methylbuten-1) (T_m = 418 K) und Poly(3,3'-dimethylbuten-1) (T_m > 593 K) verdeutlichen läßt. Ist dagegen die Seitengruppe sehr beweglich und unpolar, so wird T_m abgesenkt.

Verzweigung und Molmasse. Bei starker Verzweigung der Kette verschlechtert sich die Effizienz der dichtesten Packung und der kristalline Anteil wird abgesenkt. Ein anschauliches Beispiel hierfür liefert Polyethylen (Bild 11.2), in dem ein hoher Grad an Vernetzung sowohl die Dichte als auch T_m absenkt.

Auch die Molmasse kann T_m verändern, da die Kettenenden relativ frei beweglich sind. Wenn durch eine Abnahme der Molmasse die Zahl der Kettenenden relativ erhöht wird, resultiert hieraus eine Abnahme von T_m, da zur Bewegung der Ketten wie auch dem Schmelzen weniger Energie erforderlich ist. So besitzt beispielsweise Polypropylen mit $M = 2000$ g mol^{-1} ein T_m von 387 K, während eine Probe mit $M = 30\,000$ g mol^{-1} ein T_m von 443 K aufweist.

11.7 Morphologie und Kinetik

Nachdem bekannt war, daß einige Polymere zur Kristallisation befähigt sind, wurden sehr grundlegende Untersuchungen durchgeführt mit den beiden Zielsetzungen, (a) die Art und Kinetik der Kristallisation kennenzulernen und (b) die Morphologie der Probe bei Beendigung des Prozesses zu analysieren. Obwohl die Morphologie stark von den Kristallisationsbedingungen abhängt, sollten wir zunächst die makro- und mikroskopische Struktur betrachten, bevor wir uns mit der Kinetik der Bildung beschäftigen.

11.8 Morphologie

Eine ganze Anzahl verschiedener morphologischer Arten, die bei der Kristallisation eines Polymeren aus der Schmelze entstehen, ließen sich bislang identifizieren und trugen zur Aufklärung des Mechanismus der Kristallisation bei. Im folgenden werden diese Arten beschrieben.

Kristallite. In den Röntgenmustern eines teilkristallinen Polymeren bewirkt die Streuung an den kleinen Bereichen dreidimensionaler Ordnung, die sogenannten Kristallite, das Auftreten diskreter Maxima. Diese Kristallite bilden sich in der Schmelze durch die Diffusion von Molekülen oder auch nur Molekülbereichen in dicht gepackte Anordnungen, die dann kristallisieren. Die Größe der Kristallite ist im Vergleich zu einer vollkommen gestreckten Polymerkette relativ klein. Sie ist zudem abhängig von der Molmasse und überschreitet selten den Wert von 1 bis 100 nm. Als Folge davon können verschiedene Abschnitte einer Kette während des Wachstums in mehr als nur einen Kristallit eingebaut werden, wodurch eine Spannung auf die Polymerkette ausgeübt wird, welche die Kristallitbildung verzögert. Weiterhin führt dies zum Auftreten von Unregelmäßigkeiten in den Kristalliten, die solange ihr Wachstum fortsetzen, bis die von den umgebenden Kristalliten ausgeübte Spannung ein weiteres Wachstum einschränken. Somit wird eine Matrix geordneter Strukturen mit ungeordneten Zwischenräumen aufgebaut. Im Gegensatz zu niedermolekularen Verbindungen handelt es sich bei den geordneten und ungeordneten Bereichen nicht um diskrete Einheiten, die durch fraktioniertes Lösen aufgetrennt werden können (außer wenn das Lösungsmittel eine selektive Spaltung der Hauptvalenzen in den amorphen Bereichen bewirkt).

Beispielsweise ließen sich Cellulosekristallite aus einem Holzbrei durch Säurebehandlung zur Hydrolyse und Entfernung der amorphen Bereiche isolieren. Die erhaltenen Kristallite besaßen typischerweise eine Länge von 46 nm und eine Breite von 7,3 nm, was einem Bündel von 100 bis 150 Ketten pro Kristallit entspricht.

Die ersten Interpretationen der Kristallitstruktur einer Polymerprobe basierten auf dem Fransenmicelle-Modell. Man stellte sich vor, daß sich die Kette durch das System schlängelt und dabei mit ihrer ganzen Länge verschiedene geordnete Bereiche betritt und auch wieder verläßt. Die gesamte Struktur bestand somit aus kristallinen Bereichen, die statistisch in eine durchgehende amorphe Matrix eingebettet waren. Dieses Modell ließ sich jedoch mit neueren Forschungsergebnissen nicht mehr in Einklang bringen, da etliche Diskrepanzen zwischen der Theorie und den Meßergebnissen auftraten.

Einkristalle. Während der Kristallisation eines Polymeren aus der Schmelze bilden sich unvollkommene polykristalline Ansammlungen in Verbindung mit einem beträchtlichen amorphen Anteil. Dies ist eine Folge der Verschlingung der Ketten untereinander und der hohen Viskosität der Schmelze. Beide Faktoren behindern die Diffusion der Ketten in das für die Kristallitbildung notwendige geordnete Gefüge.

Werden diese Einschränkungen der freien Beweglichkeit reduziert und läßt man das Polymere aus einer verdünnten Lösung heraus kristallisieren, so ist es möglich, wohldefinierte Einkristalle zu erhalten. Arbeitet man mit Lösungen, deren Polymergehalt deutlich unter 0,1% liegt, verringert sich die Möglichkeit, daß eine Kette in mehr als einen Kristall eingebaut wird, womit die Wahrscheinlichkeit zur Ausbildung isolierter Einkristalle steigt.

Diese Kristalle sind üblicherweise sehr klein, aber sie wurden bereits für ganze Gruppen von Polymeren, wie Polyester, Polyamide, Polyethylen, Celluloseacetat und Poly(4-methylpenten-1), beschrieben. Obwohl diese Einkristalle sehr klein sind, lassen sie sich unter Verwendung eines Elektronenmikroskops untersuchen. Dabei zeigte sich, daß sie aus dünnen Lamellen aufgebaut sind, die häufig rautenförmig, bisweilen aber auch oval sind und eine Dicke von etwa 10 bis 20 nm aufweisen, je nachdem bei welcher Temperatur sie kristallisiert wurden. Das wohl überraschenste Merkmal dieser Lamellen ist, obwohl die Molekülkette eine Länge von bis zu 1000 nm besitzen kann, daß die Richtung der Kettenachse senkrecht zur Oberfläche des Plättchens liegt. Für die Kette bedeutet dies, daß sie mehrfach, wie bei einem Akkordeon, gefaltet sein muß, um in den Kristall eingefügt zu werden.

Im Falle von Polyethylen ist die Faltung der Kette durch 3 oder 4 Monomereinheiten mit Bindungen in der *gauche*-Konformation abgeschlossen. Die gestreckten Abschnitte dazwischen umfassen etwa 40 Monomereinheiten, die in der *trans*-Konformation vorliegen.

Die hierbei geformten Kristalle besitzen das Aussehen einer hohlen Pyramide. Dies ist eine Folge davon, daß die Faltung eine Staffelung der Ketten mit sich bringt, damit die wirkungsvollste Packung erreicht wird. Man beobachtet auch eine bemerkenswerte Gleichmäßigkeit bezüglich der Dicke der Lamellen, wobei diese mit zunehmender Temperatur steigt. Während die Meinungen für diese Konstanz der Dicke geteilt sind und zwischen thermodynamischen bzw. kinetischen Gründen schwanken, nimmt man im allgemeinen an, daß die gefaltete Struktur eine maximale Kristallisation des Moleküls über eine Länge, die ein Minimum an freier Energie erzielt, ermöglicht. Eine Theorie besagt, daß durch die Faltung die zugehörige Bewegungseinheit der Kette bei jeder Temperatur aufrecht erhalten wird. Da man anzunehmen hat, daß sich die jeweilige Bewegungseinheit mit steigender Temperatur verlängert, ist dies eine mögliche Erklärung für die beobachtete Zunahme der Lamellendicke.

Hedrite. Wird die Polymerkonzentration in einer Lösung erhöht, so entsteht eine kristalline, polyedrische Struktur, die aus Lamellen aufgebaut ist, welche miteinander entlang einer gemeinsamen Ebene verbunden sind. Auch aus der Schmelze wurde das Wachsen von Hedriten beobachtet, woraus sich schließen läßt, daß das lamellare Wachstum in der Schmelze stattfinden kann und somit eine Untereinheit der Sphärolithe ist.

Kristallisation aus der Schmelze. Während bei der Kristallisation aus verdünnter Lösung oftmals die Bildung polymerer Einkristalle beobachtet wird, erreicht man beim Abkühlen eines Polymeren aus der Schmelze keine solche Vollkommenheit. Das charakteristische Merkmal ist weiterhin der lamellar-ähnliche Kristallit mit einer amorphen Oberfläche oder Zwischenraum, aber die Art und Weise, wie diese aufgebaut werden ist unterschiedlich. Die Kenntnis der Struktur dieser Kristallite, die aus der Polymerschmelze erhalten wurden basiert auf sehr aufwendigen Untersuchungen mit Hilfe von Neutronenstreuexperimenten. Die zwei Modelle, die zur Beschreibung der Feinstruktur dieser Lamellen und ihrer Oberflächeneigenschaften herangezogen werden, unterscheiden sich gravierend in der Vorstellung, in welcher Weise die Ketten in die geordneten Strukturen eintreten und diese wieder verlassen. Die beiden Modelle sind:

a) die *regulär gefaltete Anordnung* mit benachbartem Wiedereintritt der Ketten, jedoch mit lockeren Schleifen und hervorstehenden Kettenenden oder Zilien, die zur ungeordneten Oberfläche beitragen, oder

b) das *„Switchboard-Modell"* (*„Schaltbrett-Modell"*), mit einer gewissen Faltung der Ketten, jedoch mit statistischem Wiedereintritt der Ketten .

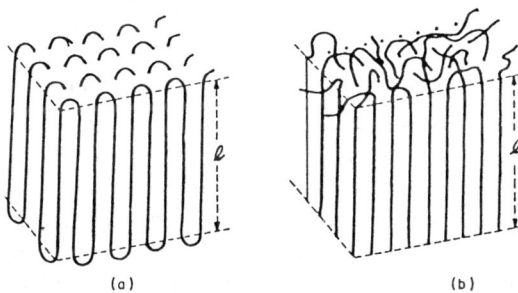

Bild 11.5:   Schematische Darstellung möglicher Kettenmorphologien in polymeren Einkristallen, (a) reguläre Faltung mit benachbartem Wiedereintritt, (b) „Switchboard-Modell" mit statistischem Wiedereintritt der Ketten.

Tabelle 11.2: Vergleich der Trägheitsradien, gegeben durch das Verhältnis $(\langle S^2 \rangle / M_W)^{1/2}$, in der Schmelze und im teilkristallinen Zustand

Polymeres	$M_W \cdot 10^{-3}$	$\left[\dfrac{\langle S^2 \rangle}{M_w} \right]^{1/2}$ [Å (Mol / g) $^{1/2}$]	
		kristallisiert	geschmolzen
Polyethylen, abgeschreckt	140	$0,46 \pm 0,05$	$0,46 \pm 0,05$
		0,45	0,45
Polyethylenoxid, kristallisiert durch langsames Abkühlen	150	0,52	0,46
Isotaktisches Polypropylen, isotherm kristallisiert	340	0,37	0,34

Beide sind schematisch in Bild 11.5 dargestellt, doch war die exakte Natur der Struktur Gegenstand heftiger Diskussionen. Während die Morphologie des Wachstums eines Einkristalls aus verdünnten Lösungen sehr regulär ist und dem ersten Modell ähnelt, neigt die Mehrheit der Beweise bei Polymeren, die aus der Schmelze kristallisiert wurden (und dabei handelt es sich um die technisch wichtigste Methode), die Form des Switchboard-Modells zu bevorzugen.

Dichtemessungen an verschiedenen teilkristallinen Polymeren deuten darauf hin, daß sich ein bedeutender Anteil der Ketteneinheiten in einer nicht-kristallinen Umgebung befindet. Dies steht nicht im Einklang mit der regulär gefalteten Form der Kristallite, bei denen der amorphe Bereich mit einer losen Faltung der Ketten und Zilien verbunden ist. Wesentlich überzeugender sind Neutronenkleinwinkelmessungen. Anhand dieser Messungen läßt sich zeigen, daß die Trägheitsradien verschiedener teilkristalliner Polymerer beim Übergang von der Schmelze in die halbkristalline Phase im wesentlichen unverändert bleiben (siehe Tabelle 11.2). Es läuft also keine signifikante Umorientierung der Kettenkonformation bei einer Kristallisation durch Abkühlen aus der Schmelze ab, was im Fall, daß eine regulär gefaltete Kettenstruktur in den Lamellen aufgebaut werden soll, jedoch notwendig wäre. Um diese Beobachtungen zu erklären, schlug Fischer das sogenannte Erstarrungsmodell (*Solidification model*) vor. In diesem Modell wird angenommen, daß die Kristallisation durch Ausrichtung von Bereichen des Polymerknäuels abläuft, gefolgt von einer Orientierung dieser Sequenzen in einer regulären Anordnung, wodurch die lamellare Struktur gebildet wird. Dies schließt die Notwendigkeit einer weitreichenden Fernordnungs-Diffusion der Kette durch ein hochviskoses Medium aus, was zum Aufbau einer regulär gefalteten Kettenstruktur notwendig gewesen wäre. Der Prozeß ist schematisch in Bild 11.6 dargestellt; bei der erhaltenen Struktur handelt es sich um eine Variation des

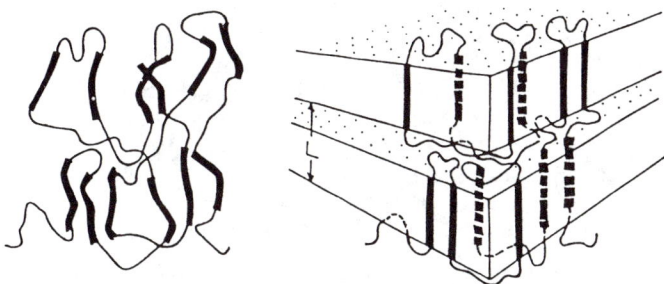

Bild 11.6:   Verdeutlichung der Kristallisation aus der Schmelze anhand des Erstarrungsmodells (übernommen von M. Dettenmeier, E. W. Fischer und M. Stamm (1980) mit Genehmigung des Dr. Dietrich Steinkopff Verlages, Darmstadt).

Switchboard-Modells. Diese Hypothese gilt für den Fall, daß beim Abkühlen ein rasches Kristallwachstum auftritt, was mit der Notwendigkeit einer Fernordnungs-Diffusion bei der Bildung regulär gebildeter Lamellen unvereinbar ist. Das Erstarrungsmodell zeigt, daß die Ketten mit einem Minimum an Bewegung in die lamellare Form eingebaut werden können und daß ein umfangreiches Geschlängel der Ketten zwischen den Lamellen für die Bildung der amorphen Grenzflächenregionen verantwortlich ist.

Sphärolithe. Die Untersuchungen von Dünnschnitten teilkristalliner Polymerer ergaben, daß die Kristallite nicht wahllos angeordnet sind, sondern reguläre, doppelbrechende Strukturen mit kreisförmiger Symmetrie ausbilden. Solche Strukturen, die ein charakteristisches Malteserkreuz als optisches Extinktionsmuster zeigen, bezeichnet man als Sphärolithe. Das Auftreten von Sphärolithen ist typisch für kristalline Polymere, doch wurde es auch bei niedermolekularen Verbindungen beobachtet, die aus hochviskosen Medien kristallisiert wurden.

Jeder Sphärolith wächst radial ausgehend von einem Keim, der sich entweder durch die Dichteschwankungen, die sich aus dem anfänglichen Kettenordnungsprozeß ergeben, oder durch eine Verunreinigung im System gebildet hat. Da diese Struktur kein Einkristall ist, variieren die gefundenen Durchmesser von etwas größer als ein Kristallit bis hin zu wenigen Millimetern. Anzahl, Größe und Feinstruktur hängen von der Temperatur während der Kristallisation ab, da diese die kritische Größe des Kernzentrums festlegt. Das heißt, daß sich große, fibrilläre Strukturen bei Temperaturen nahe T_m bilden, während bei niedrigeren Temperaturen eine große Anzahl kleiner Sphärolithe wächst. Wenn die Keimdichte größer ist, geht die sphärische Symmetrie verloren, da die Sphärolithkanten mit ihren Nachbarn zusammenstoßen und eine Ordnung wie in Bild 11.7 eingehen.

Eine Untersuchung der Feinstruktur eines Sphärolithen ergab, daß er aus fibrillären Untereinheiten besteht. Das Wachstum verläuft über die Bildung von Fibrillen, die sich vom Keim nach außen in Bündeln in die umgebende amorphe Phase ausbreiten. Schreitet dieses fibrilläre Wachstum fort, so tritt Verzweigung auf und im Zwischenstadium der Entwicklung gleicht der Sphärolith einem Getreidebündel. Dies wird dann gebildet, wenn

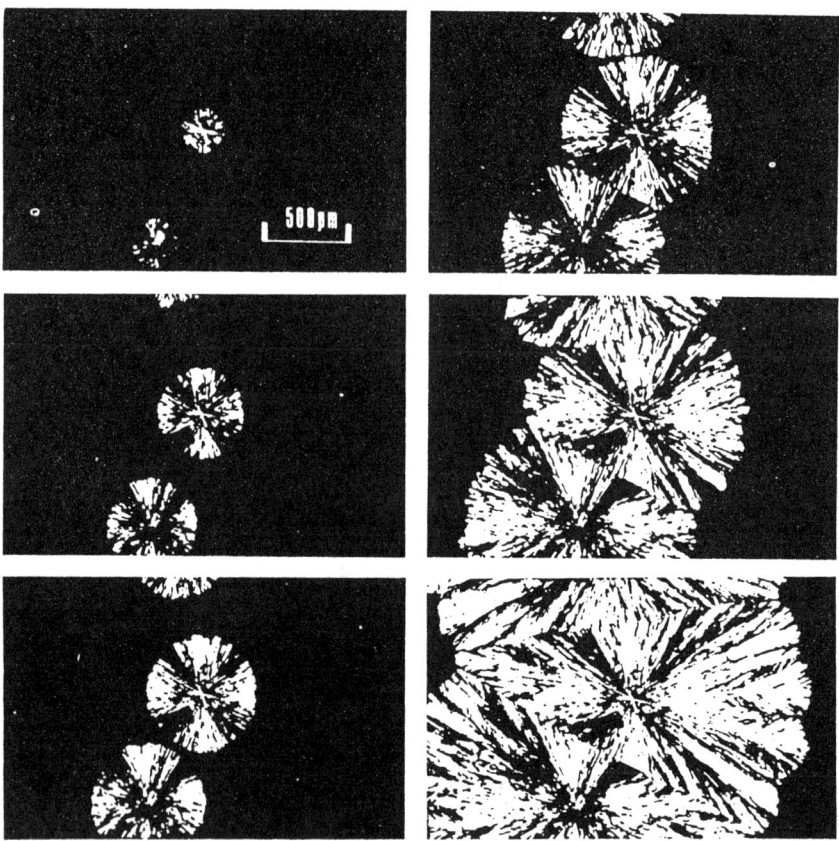

Bild 11.7:   Eine Serie von Photographien, die unter polarisiertem Licht in einem Zeitraum von
einer Minute aufgenommen wurde, zeigt das Wachstum von Poly(ethylenoxid)-
Sphärolithen aus der Schmelze. Von links oben nach rechts unten beobachtet man
anfänglich diskrete Sphärolithe mit sphärischer Symmetrie. Durch Zusammenstöße
der Sphärolithfronten infolge des Wachstums kommt es jedoch zur Ausbildung einer
irregulären Matrix (Photos von R. B. Stewart).

die Fibrillen auffächern und den sphärischen Umriß bilden. Obwohl die Fibrillen radial
angeordnet sind, liegen die Molekülketten im rechten Winkel zu den Fibrillenachsen. Dies
führte zu der Vorstellung, daß die Feinstruktur aus einer Reihe lamellarer Kristallite
resultiert, die sich helixartig um den Sphärolithradius winden. Das Wachstum erfolgt
ausgehend von einem kleinen Kristallkeim, der sich in einen Fibrill weiterentwickelt. Ein
geringes Maß an Verzweigung und Verdrillung führt zur Bildung von Bündeln sich
ausbreitender und auseinanderlaufender Fibrillen, welche in einigen Fällen die charakteristische sphärische Struktur ausbilden. Zwischen den Verzweigungen der Fibrillen befinden sich amorphe Bereiche. Diese machen gemeinsam mit den amorphen Zwischenräumen zwischen den Lamellen den ungeordneten Anteil eines teilkristallinen Polymeren
aus (vergl. Bild 11.8).

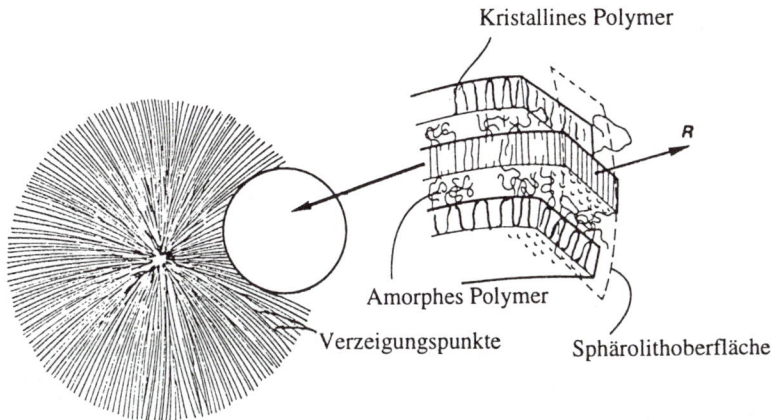

Kristallines Polymer

R

Amorphes Polymer

Verzeigungspunkte

Sphärolithoberfläche

Bild 11.8: Ein aus der Schmelze gewachsener, fertig entwickelter Sphärolith besteht aus Lamellen mit gefalteten Ketten (vergrößerter Ausschnitt) und Verzweigungsstellen, die die Ausbildung der sphärischen Form der Struktur unterstützen. Das größte Wachstum findet in Richtung des Sphärolithradius *R* statt. (Übernommen von McCrum et al. (1988) mit freundlicher Genehmigung der Oxford University Press)

Sphärolithe werden als positiv bezeichnet, wenn der Brechungsindex der Polymerkette quer zur Kette größer ist als entlang der Achse. Als negativ klassifiziert man solche, bei denen der Brechungsindex entlang der Kette der größte ist. Sie besitzen zudem etliche andere Merkmale, wie Zick-Zack-Muster, konzentrische Ringe und dentritische Strukturen.

11.9 Die Kinetik der Kristallisation

Der kristalline Anteil in einem Polymermaterial trägt ganz entscheidend zu dessen Eigenschaften bei, und es ist daher insbesondere während der Herstellung und Verarbeitung von Kunststoffen von großer Bedeutung, inwieweit die Kristallisationsgeschwindigkeit mit der Temperatur variiert. Die chemische Struktur des Polymeren ist eines der wesentlichen Merkmale bei der Kristallisation. So kristallisiert beispielsweise Polyethylen sofort, und es ist nicht möglich, es in irgend einem Verfahren derart abzuschrecken, daß es weitgehend als amorphe Probe vorliegt, wohingegen dieses bei isotaktischem Polystyrol ausgesprochen einfach durchführbar ist. Diese Aspekte sollen etwas später noch ausführlich diskutiert werden.

Isotherme Kristallisation. Zwei Hauptfaktoren beeinflussen die Geschwindigkeit der Kristallisation bei einer gegebenen Temperatur, nämlich (1) die Geschwindigkeit der Keimbildung und (2) mit welcher Geschwindigkeit das sich hieran anschließende Wachstum der Keime zu makroskopischen Dimensionen abläuft.

Die kinetische Behandlung der Kristallisation aus der Schmelze gründet auf dem radialen Wachstum einer Front durch den Raum und dies ist vergleichbar damit, daß jemand eine Handvoll Kieselsteine auf die Oberfläche eines Teiches geworfen hat. Ein jeder Stein entspricht einem Keim. Berührt dieser die Wasseroberfläche, so bildet er sich ausbreitende Kreise, die den Sphärolithen in zwei Dimensionen sehr ähnlich sind. Diese pflanzen sich für eine ganze Weile ungehindert fort, bis die äußeren Ränder im Laufe der Zeit mit anderen zusammenstoßen, wodurch sich die Wachstumsgeschwindigkeit verändert. Soll eine vergleichbare Vorstellung für die Kristallisation eines Polymeren gelten, so müssen zunächst einige grundlegende Annahmen aufgestellt werden.

Die Bildung geordneter Wachstumszentren aus der Schmelze durch die Parallelisierung von Kettenstücken bezeichnet man als *spontane (thermische) Keimbildung*. Liegt die Temperatur bei der Kristallisation sehr nahe an der Schmelztemperatur, so tritt die Keimbildung nur vereinzelt auf und nur sehr wenige, große Sphärolithe wachsen unter diesen Bedingungen. Bei niedrigeren Temperaturen verläuft die Keimbildung sehr schnell, und es wird eine sehr große Anzahl kleiner Sphärolithe gebildet. Das Wachstum der Sphärolithe kann in einer, zwei oder auch drei Dimensionen ablaufen und die Geschwindigkeit des radialen Wachstums wird bei jeder Temperatur als linear angenommen. Letztendlich betrachtet man die Dichte ρ_C der kristallinen Phase als durchgehend einheitlich, jedoch abweichend von der Dichte der Schmelze ρ_L. Unter Berücksichtigung all dieser Punkte wurde eine kinetische Behandlung entwickelt.

Die Avrami-Gleichung. Ausgangspunkt für die näherungsweise Beschreibung der Kristallisationskinetik ist die Herstellung einer Beziehung zwischen der Dichte der kristallinen und geschmolzenen Phase sowie der Zeit. Diese liefert ein Maß der Bruttokristallisationsgeschwindigkeit. Es wird vorausgesetzt, daß die Sphärolithe ausgehend von Keimen wachsen, die ihre relative Lage in der Schmelze nicht ändern. Ein eventueller Zusammenstoß zweier wachsender Scheiben wird jedoch berücksichtigt. Die letztendlich erhaltene Gleichung, die diesen Prozeß beschreibt, ist unter dem Namen Avrami-Gleichung bekannt und lautet

$$w_L / w_0 = \exp\left(- kt^n\right). \tag{11.3}$$

Dabei ist k die Geschwindigkeitskonstante, w_0 und w_L sind die Massen der Schmelze zum Zeitpunkt Null bzw. nach Ablauf der Zeit t. Der Exponent n ist der Avrami-Exponent, welcher immer eine ganze Zahl ist und Informationen über die geometrische Form des Wachstums liefert.

Man betrachtet die sporadische Keimbildung als einen Prozeß erster Ordnung und, wenn wir uns vor Augen halten, daß eine zweidimensionale Scheibe gebildet wird, ist $n = 2 + 1 = 3$. Bei der schnellen Keimbildung handelt es sich um einen Prozeß nullter Ordnung, in welchem alle Wachstumszentren zur gleichen Zeit gebildet werden und für jede Wachstumseinheit aus Tabelle 11.3 würden die entsprechenden Werte für den Exponenten (n-1) betragen. Somit ist der Avrami-Exponent die Summe aus der Ordnung des Geschwindigkeitsprozesses und der Anzahl an Dimensionen, welche die morphologische Einheit inne hat.

Dilatometrie. Da die Kristallisation die Einnahme einer dichten Packung der Ketten in reguläre dreidimensionale Strukturen mit sich bringt, ist diese ökonomische Ausnutzung des Raumes mit einer Zunahme der Dichte begleitet. Daher ist es möglich, die Kristallisa-

Tabelle 11.3: Beziehungen zwischen den Avrami-Exponenten und der morphologischen Einheit bei vereinzelter Keimbildung

Wachstumseinheit	Keimbildung	Avrami-Exponent n
Fibrille	sporadisch	2
Scheibe	sporadisch	3
Sphärolith	sporadisch	4
Bündel	sporadisch	6

tionsgeschwindigkeit durch eine Messung der Dichteänderung in einem Dilatometer zu verfolgen. Zur Durchführung wird das Polymer in ein Dilatometer gebracht und mit einer Flüssigkeit bedeckt, die sich scharf abgrenzt, wie etwa Quecksilber. Eine jede Änderung im Volumen läßt sich somit in einer Bewegung des Flüssigkeitsmeniskus in der Kapillare detektieren. Ein typischer Aufbau ist in Bild 11.9 gezeigt.

Die Polymerprobe wird zwischen dem Punkt A und der Kapillare in das Dilatometer gegeben. Anschließend wird unter Vakuum am Punkt A abgeschmolzen. Eine ausreichende Menge Quecksilber zur Bedeckung des Polymeren bis hinauf in die Kapillare wird hinzugefügt und am Punkt B abgeschmolzen. Das Rohr gibt man nun in einen Thermostaten dessen Temperatur sich oberhalb der Schmelztemperatur des Polymeren befindet. Nachdem die Probe voll-

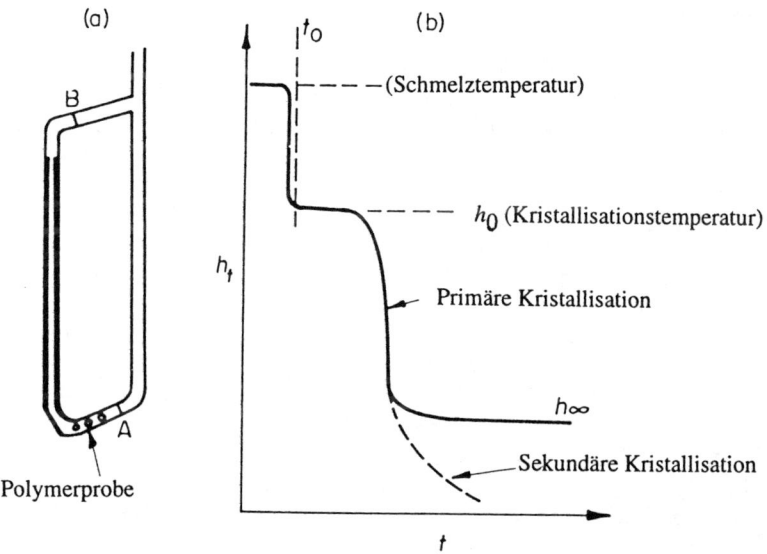

Bild 11.9: (a) Typisches Dilatometer zur Verfolgung von Kristallisationskinetiken; (b) allgemeine Darstellung eines Diagramms aus Kristallisationsversuchen, in dem die Höhe h im Dilatometer als Funktion der Zeit t aufgetragen wird.

ständig geschmolzen ist, überführt man das Dilatometer in einen zweiten Thermostaten, dessen Temperatur für den Ablauf der Kristallisation optimiert wurde und wartet die Einstellung des Gleichgewichts ab. Da sich das System zunächst auf die neue Temperatur einstellen muß, gestaltet es sich als ausgesprochen schwierig, die Anfangshöhe h_0 zu bestimmen, doch im allgemeinen erhält man ein Diagramm, wie es in Bild 11.9 (b) dargestellt ist. Tritt gegen Ende sekundäre Kristallisation auf, so weist die Kurve in diesem Bereich ein gewisses Tailing auf und es wird schwieriger, h_∞ zu ermitteln.

Der Gewichtsbruch des nicht-kristallinen Polymeren (w_L/w_0) läßt sich mit der Volumenänderung und der im Dilatometer gemessenen Höhendifferenz durch die Beziehung

$$w_L / w_0 = \left(V_t - V_\infty\right) / \left(V_0 - V_\infty\right) = \left(h_t - h_\infty\right) / \left(h_0 - h_\infty\right) = \exp\left(-kt^n\right) \tag{11.4}$$

korrelieren. Dabei stehen h_t, h_0 und h_∞ für die entsprechenden Höhen zur Zeit t am Anfang und am Ende des Prozesses sowie V_0, V_t und V_∞ für die jeweiligen Volumina. Trägt man $\ln[-\ln\{(h_t - h_\infty)/(h_0 - h_\infty)\}]$ gegen t auf, so erhält man aus der Steigung der Geraden den Avrami-Exponenten und aus dem Achsenabschnitt die Geschwindigkeitskonstante k.

Abweichungen von der Avrami-Gleichung. Die Avrami-Gleichung läßt sich zur Beschreibung einiger, aber nicht aller bisher untersuchten Systeme verwenden. Die Kristallisationsisothermen von Poly(ethylenterephthalat) lassen sich mit Gleichung (11.4) nur dann beschreiben, wenn man $n = 4$ für Temperaturen oberhalb 473 K und $n = 2$ bei 383 K einsetzt. Die Gleichung sollte jedoch mit Vorsicht verwendet werden, zumal in der Literatur bereits von gebrochenen Zahlen für n berichtet wurde, und die geometrische Form der morphologischen Einheit nicht immer die ist, für welche der Wert von n aus experimentellen Daten bestimmt wurde

Sekundäre Kristallisation. Abweichungen vom Avrami-Verhalten treten häufig auch gegen Ende des Kristallisationsprozesses auf, und die Werte für h_∞ lassen sich häufig nur sehr ungenau bestimmen, wie dies die Kurve in Bild 11.9 demonstriert. Der weitere Ausfall der Kurve ist eine Folge eines sekundären Kristallisationsprozesses. Bei diesem handelt es sich um eine langsame Umorientierung der kristallinen Bereiche, die zur Ausbildung wesentlich vollkommenerer Kristallite führt.

Allgemeine Literatur

G. Allen und J. C. Bevington (Hrsg.), *Comprehensive Polymer Science*, Bd. 2, Pergamon Press (1989).

D. C. Bassett, *Principles of Polymer Morphology*, Cambridge University Press (1981).

P. Geil, *Polymer Single Crystals*, Interscience Publishers Inc. (1963).

M. Gordon, *High Polymers*, Iliffe Books (1963).

I. H. Hall (Hrsg.), *Structure of Crystalline Polymers*, Elsevier (1984).

L. Mandelkern, *Crystallization of Polymers*, McGraw-Hill (1964).

N. B. McCrum, C. P. Buckley und C. B. Bucknall, *Principles of Polymer Engineering*, Oxford University Press (1988).

D. M. Sadler, in *Static and Dynamic Properties of the Polymeric Solid State*, Hrsg.: R. A. Pethrick und R. W. Richards, D. Reidel Publishing Co. (1982).

A. Sharples, *Introduction to Polymer Crystallization*, Edward Arnold (1966).

A. V. Tobolsky und H. Mark, *Polymer Science and Materials*, Kap. 8, Wiley-Interscience (1971).

Spezielle Literatur

1. M. Dettenmeier, E. W. Fischer, M. Stamm, *Colloid and Polymer Science*, **228**, 343 (1980).
2. L. Mandelkern, *Rubber Chem. Technol.*, **32**, 1392 (1949).
3. L. Marker, R. Early, S. L. Aggarwal, *J. Polym. Sci.*, **38**, 369 (1959).

12 Der amorphe Zustand

12.1 Molekulare Bewegung

Eine lineare Polymerkette kann als ein „eindimensionales kooperatives System" behandelt werden, in welchem die Rotation eines Kettensegments durch das Nachbarsegment eingeschränkt oder unterstützt wird. Im Falle von sehr langen Ketten ist nicht zu erwarten, daß sich diese kooperative Bewegung über die gesamte Kette erstreckt. Somit verhält sich das Polymere, als wäre es aus einer Serie miteinander verbundener, jedoch voneinander unabhängiger Bewegungseinheiten, zusammengesetzt. Jede merkliche Bewegung einer solchen Kette wird durch eine Rotation um die Einfachbindungen, welche die Atome der Kette miteinander verbinden, hervorgerufen. Sie ist abhängig von der Leichtigkeit des Austauschs eines jeden Elements von einem Rotationszustand in einen anderen. Die Höhe der Barriere an potentieller Energie ΔE (vergleiche Bild 1.3) bestimmt die Geschwindigkeit der Konformationsänderung bei jeder gegebenen Temperatur. Somit wird bei Erhöhung der Temperatur infolge der zusätzlichen thermischen Energie die Schwelle ΔE häufiger überwunden. Dies unterstützt eine Zunahme der molekularen Bewegung, bis sich das Polymere letztendlich wie eine viskose Flüssigkeit verhält, vorausgesetzt, es tritt kein thermischer Abbau auf.

Im amorphen Zustand liegt eine vollkommen statistische Verteilung der Polymerketten in der Matrix vor, ohne eine der Einschränkungen, die durch die Ordnung der Kristallite in teilkristallinen Polymeren auftritt. In amorphen Polymeren ermöglicht dies das Auftreten molekularer Bewegungen unterhalb des Schmelzpunktes derartiger Kristallite. Als Folge davon geht die Probe eines amorphen Polymeren mit steigender Molekularbewegung von einem glasartigen in einen kautschukelastischen Zustand über, bevor sie letztendlich schmilzt. Diese Übergänge bewirken Änderungen in den physikalischen Eigenschaften eines Polymeren und haben großen Einfluß auf die Anwendbarkeit des Materials. Es ist somit ausgesprochen wichtig, die physikalischen Änderungen eines amorphen Polymeren als eine Folge der veränderten molekularen Bewegung zu untersuchen.

12.2 Die fünf Bereiche des viskoelastischen Zustandes

Die physikalische Natur eines amorphen Polymeren läßt sich mit dem Ausmaß der molekularen Bewegung in der Probe, die ihrerseits eine Folge der Kettenflexibilität und der Temperatur des Systems ist, in Beziehung setzen. Eine Untersuchung des mechanischen Verhaltens zeigt, daß fünf verschiedene Zustände existieren, in denen ein lineares, amorphes Polymeres vorliegen kann. Diese Zustände lassen sich einfach ermitteln, indem man einen Parameter, wie beispielsweise den Elastizitätsmodul, über einen ganzen Temperaturbereich verfolgt.

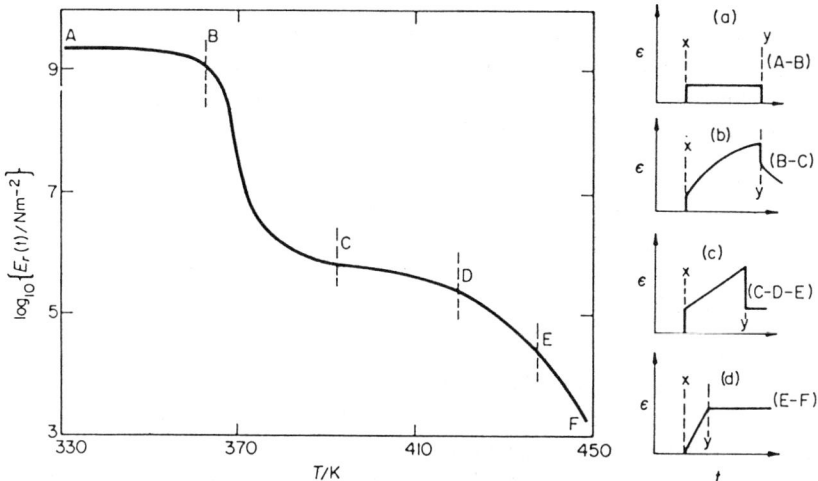

Bild 12.1: Fünf Viskoelastizitätsbereiche, dargestellt an einer Polystyrolprobe. Weiterhin sind die Dehnungs-Zeit-Kurven, bei denen die Spannung beim Punkt x angelegt und beim Punkt y entfernt wurde, gezeigt: (a) Glaszustand; (b) Lederzustand; (c) kautschukelastischer Zustand; (d) viskoser Zustand.

Das allgemeine Verhalten eines Polymeren läßt sich anschaulich mit Hilfe der Ergebnisse aus Messungen an einer amorphen, ataktischen Polystyrolprobe demonstrieren. Der Relaxationsmodul E_r wurde in festen Zeitintervallen von 10 s gemessen und in Form von $\log_{10} E_r$ als Funktion der Temperatur, wie in Bild 12.1 gezeigt, aufgetragen. Es lassen sich in dieser Kurve fünf verschiedene Bereiche unterscheiden.

(a) *Der Glaszustand.* Dieser liegt im Bereich zwischen A und B bei Temperaturen unter 363 K und wird durch einen Modul zwischen $10^{9,5}$ und 10^9 N m^{-2} charakterisiert. In diesem Zustand ist die kooperative molekulare Bewegung entlang der Kette eingefroren. Daher reagiert das Material auf die Dehnung wie ein elastischer Feststoff; die Dehnungs-Zeit-Kurve entspricht der in Bild 12.1a gezeigten.

(b) *Der leder- oder retardierte hochelastische Zustand.* Dieser Zustand liegt im Übergangsbereich zwischen B und C, in welchem der Modul in einem Temperaturbereich von 363 bis 393 K deutlich von etwa 10^9 auf einen Wert von ca. $10^{5,7}$ N m^{-2} absinkt. Die Glastemperatur T_g befindet sich in diesem Bereich, und die rasche Änderung des Moduls spiegelt die gleichmäßige Zunahme der Molekularbewegung bei der Temperaturerhöhung von T_g bis auf eine Temperatur von $(T_g+30$ K) wider. Direkt oberhalb von T_g ist die Bewegung der einzelnen Kettenabschnitte noch sehr langsam, was dem Material ein Verhalten beschert, welches sich sehr anschaulich als lederartig beschreiben läßt. Die entsprechende Dehnungs-Zeit-Kurve ist in Bild 12.1b dargestellt.

(c) *Der kautschukelastische Zustand.* Bei einer Temperatur etwa 30 K oberhalb des Glasübergangs flacht die Kurve zu einem Plateau im Intervall $10^{5,7}$ bis $10^{5,4}$ N m^{-2} (im Bereich C bis D) ab. Dieser Bereich erstreckt sich bis zu einer Temperatur von etwa 420 K.

(d) *Das kautschukelastische Fließen.* Nach dem Plateau des kautschukelastischen Zustands nimmt der Modul im Bereich von D nach E von $10^{5,4}$ auf $10^{4,5}$ N m^{-2} ab. Die Wirkung einer angelegten Spannung auf ein Polymeres im Zustand (c) und (d) ist in Bild 12.1c gezeigt, wo einem momentanen elastischen Verhalten ein Fließbereich folgt.

(e) *Der viskose Zustand.* Oberhalb einer Temperatur von 450 K, im Bereich E bis F, gibt es nur wenige Hinweise auf ein elastisches Verhalten im Polymeren. Stattdessen treten alle charakteristischen Anzeichen für eine viskose Flüssigkeit in Erscheinung (Bild 12.1d). In diesem Zustand nimmt der Modul ausgehend von $10^{4,5}$ N m^{-2} mit steigender Temperatur beständig ab.

Die gesamte Form der Kurve aus Bild 12.1 ist für lineare amorphe Polymere typisch, allerdings sind die angegebenen Temperaturen nur für Polystyrol gültig und weichen bei anderen Verbindungen davon ab. Eine Abweichung von der Kurvenform beobachtet man bei verschiedenen Molmassen und wenn die Polymerprobe vernetzt oder teilweise kristallin vorliegt. Der Wert des Moduls ist ein guter Hinweis darauf, in welchem Zustand sich ein Polymeres befindet und kann der Kurve entnommen werden.

12.3 Der viskose Bereich

Bevor wir uns mit dem Fließverhalten von Polymerschmelzen beschäftigen, wollen wir zunächst das viskose Verhalten einfacher Flüssigkeiten betrachten.

Die Anwendung einer Kraft auf eine einfache Flüssigkeit mit niedrigem Molekulargewicht bewirkt eine Ausweichreaktion, indem die Moleküle sich aneinander vorbeischieben und neue Positionen im System einnehmen. Wird eine Flüssigkeit auf diese Art durch eine Scherkraft σ zum Fließen gezwungen, so übt sie einen viskosen Widerstand aus, der sich durch die Beziehung

$$\eta = \sigma (dv/dx)^{-1} \tag{12.1}$$

beschreiben läßt. Dabei steht v für die Fließgeschwindigkeit in einem Rohr mit dem Durchmesser x, (dv/dx) ist der Geschwindigkeitsgradient bzw. die Schergeschwindigkeit $\dot{\gamma}$ und η ist die Viskosität der Flüssigkeit. Eine Flüssigkeit wird als Newtonsche Flüssigkeit bezeichnet, wenn η von $\dot{\gamma}$ unabhängig ist, während Substanzen, bei denen ein zu- oder abnehmendes $(\sigma / \dot{\gamma})$-Verhältnis vorliegt, Nicht-Newtonsche Flüssigkeiten genannt werden (siehe Bild 12.2). Die meisten Polymeren fallen unter die letztgenannte Kategorie, bei denen η mit steigender Schergeschwindigkeit abnimmt.

Die Temperaturabhängigkeit von η läßt sich normalerweise in der Form

$$\eta = A \exp(\Delta E_{\mathrm{D}} / RT) \tag{12.2}$$

ausdrücken, wobei A eine Konstante und ΔE_{D} die Aktivierungsenergie ist, welche benötigt wird, um ein Loch zu schaffen, welches groß genug ist, daß ein Molekül während des

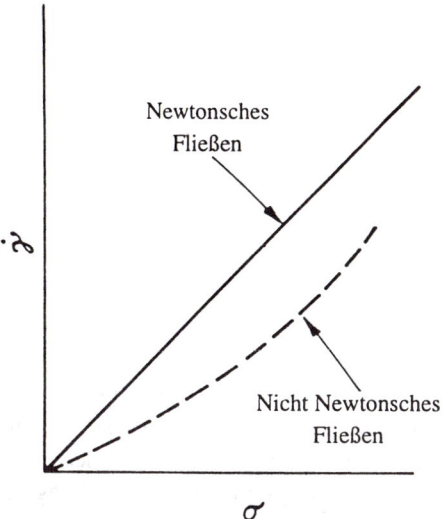

Bild 12.2: Newtonsche und Nicht-Newtonsche Fließkurven.

Fließens hindurch kann. In Flüssigkeiten mit größeren oder unregelmäßig geformten Molekülen läuft die Deformation langsamer ab, da die Moleküle ein einfaches aneinander Vorbeigleiten verhindern. Das Resultat ist ein hoher Wert für η.

12.4 Bewegungseinheiten in Polymerketten

Der Fließwiderstand in Polymersystemen ist noch größer, da die Moleküle kovalent zu langen Ketten, die verknäuelt und ineinander verschlungen vorliegen, gebunden sind. Die Translationsbewegung muß aber notwendigerweise ein kooperativer Prozeß sein. Entlang der gesamten Polymerkette kann man keine einfache kooperative Bewegung erwarten, da aber normalerweise ein gewisser Grad an Kettenflexibilität vorliegt, ist das Auftreten lokaler Bewegungen einzelner Kettenabschnitte eher möglich. Man kann ein Polymeres somit als eine Reihe von Bewegungseinheiten betrachten. Eine jede solche Einheit bewegt sich unabhängig von den anderen und bewirkt eine kooperative Bewegung von Kettenatomen, die an sie geknüpft sind.

Kurbelwellenbewegung. Wenn wir uns nun eine Bewegungseinheit willkürlich auswählen, die infolge der Rotation um zwei Bindungen die Bewegung von sechs Atomen einschließt, so läßt sich dies, wie in Bild 12.3 gezeigt, anschaulich verdeutlichen. Das amorphe oder auch geschmolzene Polymere ist eine Anhäufung schlecht gepackter, verschlungener Ketten, und der zusätzliche freie Raum, der aus dieser statistischen Verteilung der Moleküle resultiert, wird als das *freie Volumen* bezeichnet, welches sich hauptsächlich aus allen Leerstellen in der Matrix zusammensetzt. Ist in dem System ausreichende thermische Energie vorhanden, kann aufgrund der Vibration ein Segment durch die kooperative Bindungsrotation in eine Leerstelle springen. Eine ganze Abfolge derartiger Sprünge führt zu einer

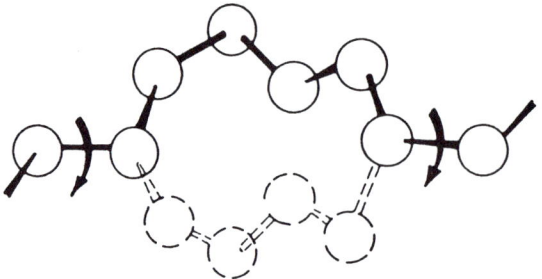

Bild 12.3:   Kurbelwellenbewegung in einer Polymerkette.

Änderung der Lage dieser Polymerkette. Das Aufheizen einer Polymerprobe bewirkt eine Expansion, wobei für die Bewegung einer jeden Einheit neuer Raum geschaffen wird. Unter Krafteinwirkung wird dann das Fließen durch die Bewegung einzelner Abschnitte in Richtung der Kraft unterstützt. Diese segmentartige Umbesetzung unter Einbeziehung von sechs Kohlenstoffatomen wird als Kurbelwellenbewegung bezeichnet, und man nimmt an, daß die Aktivierungsenergie etwa 25 kJ mol^{-1} beträgt.

12.5 Der Einfluß der Kettenlänge

Obwohl man annimmt, daß die Translation einer Polymerkette durch eine Abfolge von Segmentbewegungen einzelner kurzer Einheiten, die sich aus etwa 15 bis 30 Kettenatomen zusammensetzen, zustande kommt, ist die Gesamtbewegung einer Kette von den Nachbarketten beeinflußt. Wie wir bereits früher gesehen haben, liegt in der Schmelze eine deutliche Verhakung der Ketten vor, so daß eine jede Bewegung durch andere Ketten verzögert wird.

Gemäß den Arbeiten von Bueche soll sich ein Polymermolekül während des Fließens an verschiedenen anderen Molekülen vorbeischieben, und die Energiedissipation setzt sich zusammen aus der Energie, die zum Lösen der Verhakungen und derjenigen, die zum Aneinandervorbeigleiten benachbarter Ketten benötigt wird. Daraus kann man schließen, daß die Kettenlänge der Probe eine bedeutende Rolle bei der Bestimmung des Fließwiderstandes spielen muß; um Newtonsches Verhalten zu gewährleisten, wird der Einfluß der Kettenlänge auf log η bei niedrigen Schergeschwindigkeiten gemessen, wie in Bild 12.4 dargestellt. Man erkennt zwei lineare Äste, die sich bei einer kritischen Kettenlänge Z_c schneiden. Oberhalb von Z_c beschreibt die Beziehung

$$\log \eta = 3,4 \log Z + \log K_2 \tag{12.3}$$

das Fließverhalten, wobei η proportional zu $Z^{3,4}$ ist. Unterhalb von Z_c ist η direkt proportional zu Z, und die Gleichung lautet

$$\log \eta = \log Z + \log K_1, \tag{12.4}$$

wobei K_1 und K_2 temperaturabhängige Konstanten sind.

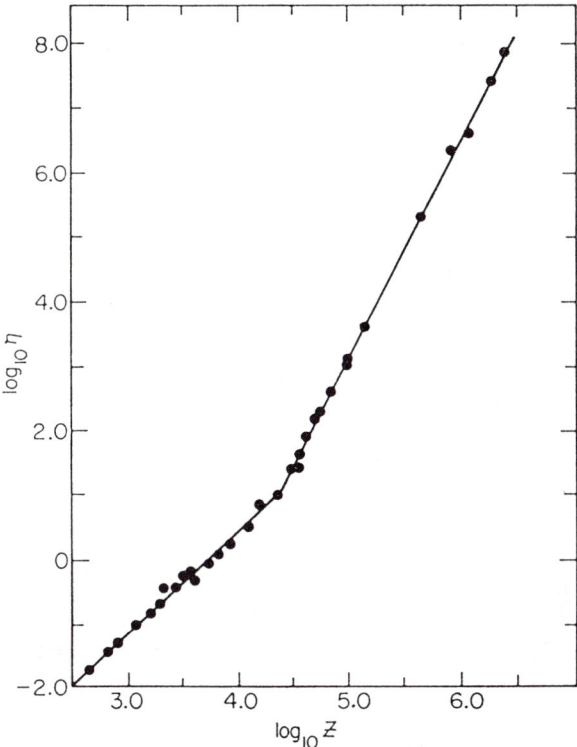

Bild 12.4:   Abhängigkeit der Schmelzviskosität von der Kettenlänge Z für Poly(isobutylen)frak-
tionen, gemessen bei niedrigen Schergeschwindigkeiten und bei 490 K (nach Fox und
Flory, 1951).

Die kritische Kettenlänge Z_c wird als der Punkt interpretiert, an dem die Unterteilung
getroffen wird zwischen Ketten, die zu kurz sind, um durch Verhakungseffekte einen
bedeutenden Beitrag zu η liefern zu können, und solchen, die lang genug sind, um durch
Verhakungen mit ihren Nachbarketten eine Verzögerung des Fließens zu verursachen.
Wenn man Z als die Zahl der Atome im Polymerrückgrat definiert, sind typische Werte für
Z_c 610 für Polyisobutylen, 730 für Polystyrol und 208 für Poly(methylmethacrylat). Im
allgemeinen ist Z_c für polare Polymere niedriger als für unpolare.

12.6 Das Modell der Reptation

Die von Bueche vorgeschlagene Theorie läßt auf eine klare Unterscheidung schließen zwischen der Bewegung von Ketten, die kleiner sind als Z_c, und der relativen Unbeweglichkeit
von verhakten Ketten, die länger sind als Z_c. Da eine unabhängige Kettenbeweglichkeit
nach Einsetzen der Verhakung dieser längeren Ketten nicht vorstellbar ist, bedarf es eines
modifizierten Modells, welches der Translation und Diffusion der langen Ketten durch die
Polymermatrix Rechnung trägt, d.h. das verhakte Netzwerk muß als vorübergehend ange-

sehen werden. Ein solches Konzept wird durch das von de Gennes vorgeschlagene Modell der „Reptation" verkörpert. Bei dieser Betrachtung nimmt man an, daß sich die Kette in einer hypothetischen Röhre befindet, die man anfänglich in einem dreidimensionalen Netzwerk, welches von den anderen verhakten Ketten aufgebaut wird, plaziert. Zur Vereinfachung betrachtet man diese „Netzwerkknoten" als fixierte Hindernisse, um die sich die isolierte Kette unter Umständen während der Translation herumwinden muß. In der Realität sind die „Knotenpunkte" des Netzwerks ebenfalls in Bewegung. Die Konturen der Röhre werden durch die Positionen der Verhakungspunkte im Netzwerk definiert.

Dabei können zwei Arten von Kettenbewegung ins Auge gefaßt werden; eine konformative Änderung, die innerhalb der Begrenzungen der Röhre abläuft, und wesentlich wichtiger die Reptation. Unter der letztgenannten stellt man sich eine schlangenartige Bewegung vor, die die Kette durch die Röhre hindurch befördert und es ihr somit ermöglicht, die Röhre an einem Ende zu verlassen. Mechanistisch gesehen, kann man den Vorgang als die Bewegung einer Schlaufe in der Kette über ihre Gesamtlänge (siehe Bild 12.5) bis zum Kettenende, wo die Schlaufe „hinausläuft", verstehen. Eine Bewegung in dieser Form befördert die Kette durch die Röhre, so wie eine Schlange sich durch das Gras bewegt, und aufeinanderfolgende Defekte, die die Kette auf diese Weise bewegen, befördern sie vollständig aus der hypothetischen Röhre heraus.

Die Bewegung wird durch die Reptationszeit oder exakter durch die Relaxationszeit τ charakterisiert, die ein Maß für die Zeit ist, die die Kette benötigt, um die Röhre vollständig zu verlassen. Definiert man die Röhre so, daß sie die gleiche Länge nl_0 aufweist wie die ungestörte Kette, wobei l_0 die Bindungslänge unter θ-Bedingungen ist (korrigiert für Nahordnungs-Wechselwirkungen), dann ist die Zeit, die die Kette benötigt, um aus der Röhre zu „reptieren", proportional zur zurückgelegten Strecke, also

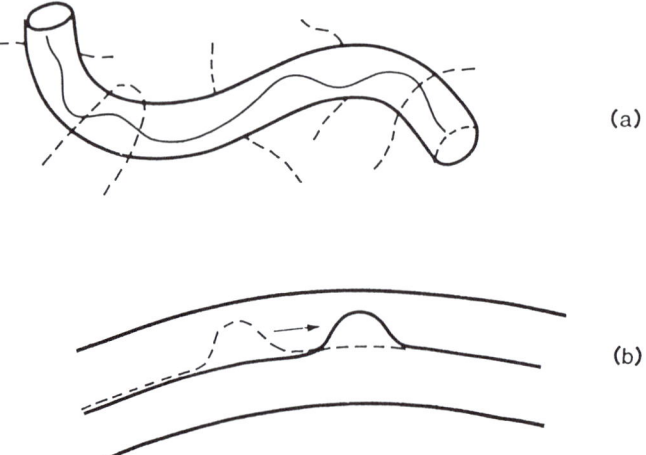

(a)

(b)

Bild 12.5:   (a) Schematische Darstellung einer Polymerkette in einer hypothetischen Röhre; (b) Bewegung einer „Schlaufe" entlang der Kette.

$$\tau = \frac{(nl_0)^2}{2D_t} .$$ (12.5)

Dabei ist D_t die Diffusionskonstante innerhalb der Röhre, die sich von der Translation außerhalb der Röhre, die langsamer verläuft und schwieriger ist, unterscheidet. Beschreiben läßt sich dies mit Hilfe des Reibungskoeffizienten der Kette innerhalb der Röhre ($D_t = kT/f$). Da die Reptation auf der Wanderung einzelner Schlaufen entlang der Kette beruht, entspricht sie der aufgewendeten Kraft auf ein Segment pro Zeit, weswegen man einen Reibungsfaktor pro Segment ζ verwendet und erhält:

$$\tau = (nl_0)^2 (n\zeta/2kT)$$ (12.6a)

oder

$$\tau = \left(\frac{l_0^2 \zeta}{2kT}\right)n^3 = \tau_0 n^3 .$$ (12.6b)

Gleichung (12.6b) zeigt, daß die Relaxationszeit proportional zur dritten Potenz der Kettenlänge ist. Dies ist das grundlegende Resultat des Modells der Reptation. Die Abhängigkeit zur dritten Potenz ist kein genaues Gegenstück zum Exponenten 3,4, der anhand von Viskositätsmessung ermittelt wurde. Er ist jedoch akzeptabel, wenn man bedenkt, daß das Modell ein befriedigendes Bild darüber vermittelt, wie die Polymerkette den einschränkenden Einfluß der Verhakung überwindet und sich innerhalb der Matrix bewegt.

Typischerweise liegt τ_0 in einer Größenordnung von 10^{-10} s für $n = 1$, und somit ergibt sich für die Relaxationszeit τ einer Polymerkette mit $n = 10^4$ etwa 100 Sekunden.

Die Theorie der Reptation wurde von Doi und Edwards weiterentwickelt und wurde sowohl für viskoelastisches als auch für Lösungsverhalten angewendet. Es konnte gezeigt werden, daß für eine Kette, die sich über Zeiträume, die die Lebensdauer der Röhre τ überschreiten, in der Schmelze bewegt, ein Selbstdiffusionskoeffizient der Reptation D_{rept} bestimmt werden, der umgekehrt proportional zu n^2 ist, d.h. das Diffusionsgesetz lautet

$$D_{rept} \sim 1/n^2 .$$ (12.7)

Dieses Gesetz gilt für das „Verschmelzen" von Polymeren an einer Grenzfläche, was sich über die Reptation erklären läßt. Bringt man zwei Blöcke vom gleichen Polymeren zusammen und hält sie für eine Zeit t bei einer Temperatur gerade oberhalb von T_g, so findet eine Interdiffusion der Ketten beider Blöcke über die Grenzfläche statt (siehe Bild 12.6), wobei die Blöcke miteinander verbunden werden. Die Stärke der gebildeten Vereinigung ist abhängig von der Zeit t, die kürzer als die Reptationszeit τ sein sollte, d.h. die durchmischte Schicht sollte kleiner sein als die Größe des Knäuels, wenn eine Verbindung durch die Grenzfläche ausgebildet werden soll.

Eine andere Situation liegt vor, wenn die Blöcke aus zwei verschiedenen Polymeren zusammengesetzt sind, die als Paar einen Blend bilden. Obwohl auch hier ein Verschmelzen möglich ist, verändert sich das Diffusionsgesetz (Gleichung 12.7). Wird ein Poly-

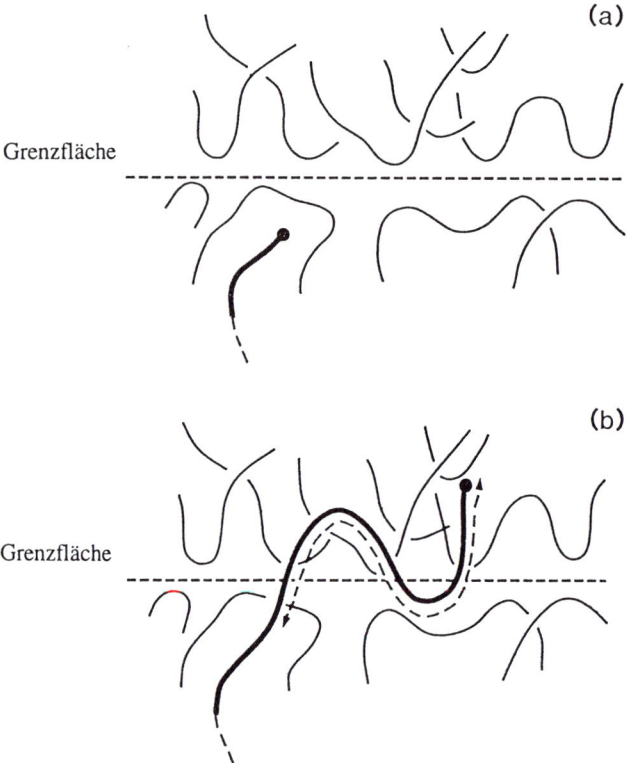

Bild 12.6:   Schematische Darstellung der Bewegung einer Kette durch eine Grenzfläche: (a) erster Kontakt und (b) nach längerer Kontaktzeit mit einer Kette aus der einen Oberfläche, die durch die Grenzfläche in den benachbarten Polymerblock *reptadiert* ist.

(vinylchlorid)block mit einem Block aus Polycaprolacton bei Temperaturen oberhalb von T_g in Kontakt gebracht, so findet man, daß D_{rept} größer ist als erwartet und proportional zu $(1/n)$ ist. Dies läßt sich als eine Folge der negativen Mischungsenthalpie im System verstehen, die als zusätzliche treibende Kraft auf die Ketten einer jeden Seite der Grenzfläche wirkt. Diese treibende Kraft ist proportional zur Anzahl der Monomeren in der Kette, und somit ergibt sich die Änderung im Diffusionsgesetz. Die Theorie der Reptation läßt sich auch auf polymere Entmischungsprozesse anwenden.

12.7 Die Temperaturabhängigkeit von η

Kann ein Polymeres, ohne abzubauen, geschmolzen werden und ist es selbst bei höheren Temperaturen noch stabil, dann beobachtet man, daß η mit steigender Temperatur abnimmt. Ist es selbst bei Temperaturen über $(T_g + 100\ K)$ noch stabil, dann kann die Temperaturabhängigkeit in Form der Exponentialgleichung

$$\eta = B \exp(\Delta H / RT) \tag{12.8}$$

ausgedrückt werden, wobei entsprechend der Eyringschen Geschwindigkeitstheorie ΔH die Aktivierungsenthalpie des viskosen Fließens und damit ein repräsentativerer Parameter als die Energie ist. Die Werte für ΔH liegen zwischen 20 und 120 kJ mol^{-1}. Bei Temperaturerniedrigung in den Bereich von T_g ändert sich ΔH drastisch, und die einfache Gleichung (12.8) ist nicht länger gültig. Der Anstieg in ΔH, der bei einer Temperaturerniedrigung beobachtet wird, kann durch den schnellen Verlust an freiem Volumen bei Annäherung an T_g erklärt werden. Folglich wird ΔH abhängig vom Vorhandensein einer geeigneten Leerstelle, in die das Segment hineingleiten kann, und ist nicht so sehr typisch für die potentielle Energieschwelle der Rotation. Diese Näherung beinhaltet, daß die Platzwechselfrequenz abnimmt, wenn innerhalb der Ketten die kooperative Bewegung zunimmt, was für die Bildung von Leerstellen nötig ist.

12.8 Der kautschukelastische Zustand

Mit sinkender Temperatur wird das Fließen einer Polymerschmelze zunehmend träger, weil die Kettenbewegung zu langsam wird, um eine vollständige Entwirrung des Polymerknäuels zu bewirken. Sobald man sich T_g nähert, erreicht die Viskosität schnell einen Wert von ungefähr 10^{12} Pa s; beim Übergang von der Schmelze zum Glas wird allerdings ein Bereich kautschukelastischen Fließens und der Elastizität durchlaufen. In diesem Stadium zeigt das Polymere einige außerordentliche Eigenschaften, auf die in Kapitel 14 näher eingegangen werden soll. An dieser Stelle sei nur eine kurze Beschreibung des Kettenverhaltens in diesem Bereich gegeben.

Entropie-Elastizität. Der kautschukelastische Bereich, der oberhalb T_g liegt, tritt dann auf, wenn die Rotation um die Segmentbindungen relativ unbehindert ist, so daß die Ketten eine der unzähligen möglichen, energetisch gleichen Konformationen annehmen können, ohne daß sie sich wesentlich entwirren. Der Großteil der Moleküle wird als kompakte Knäuel vorliegen, da diese Konformation viel wahrscheinlicher ist als eine aufgeweitete.

Befindet sich ein Polymeres, das nicht zu sehr kristallin ist und eine genügend hohe Molmasse (> 20 000 g mol^{-1}) besitzt, in diesem elastischen Zustand, wird es sich sehr leicht in Richtung einer Krafteinwirkung dehnen; so dehnt sich z.B. Naturkautschuk bei Zugbelastung aus. Läßt man die Kraft nur für eine kurze Zeit einwirken, nimmt die Probe wieder ihre ursprüngliche Länge an und zeigt so, daß sie ein gewisses „Erinnerungsvermögen" (memory effect) an ihren ungestreckten Zustand hat. Die Fähigkeit eines Elastomeren, seine frühere Größe selbst nach Dehnung bis zu 400% wieder anzunehmen, hängt mit dem Langkettencharakter des Materials zusammen. Dieses Rückbildungsvermögen linearer unvernetzter Polymerer kann beobachtet werden, wenn das Zeitintervall zwischen Dehnung und Entlastung kurz ist; wird die Zugbelastung über einige Zeit aufrechterhalten, findet ein Relaxationsprozeß statt, bei dem die Spannung schließlich auf Null absinken kann.

Die Erklärung hierfür ist ziemlich einfach. Am Anfang sind die Moleküle stark verknäuelt, eine Krafteinwirkung verursacht aber eine Rotation um die Kettenbindungen, die in einer Dehnung der Moleküle in Richtung der Kraft resultiert. Dies bewirkt eine Verteilung der Kettenkonformationen, die stark von der wahrscheinlichsten Verteilung abweicht; da dies ein instabiler Zustand ist, werden sich die Ketten nach dem Entlasten wieder verknäueln und versuchen, ihre ursprüngliche Form wieder anzunehmen. Bei kurzen Zugbelastungen verhindert das Verschlingen und Verhaken der Ketten mit ihren Nachbarn bei einem amorphen Elastomeren physikalisch eine starke Kettenbewegung, und das Elastomere nimmt bei Entlastung seine ursprüngliche Länge wieder ein. Wird die Belastung jedoch lange genug aufrechterhalten, tendieren die Ketten im allgemeinen dazu, sich zu entwirren und aneinander vorbei in neue Positionen zu gleiten, in denen die Segmente relaxieren und eine stabile Knäuelform bilden können. Durch das sich daraus ergebende Fließen wird die Spannung aufgehoben und der beobachtete Spannungsabfall hervorgerufen. Der Vorgang ist in Bild 12.7 schematisch dargestellt. Ist die Molmasse für eine ausreichende Verschlingung zu gering, fließt das Material leichter und verhält sich wie eine viskose Flüssigkeit. Ähnlich erleichtert bei Temperaturerhöhungen über die Glastemperatur hinaus die verstärkte Segmentbewegung einen Spannungsabfall, da sich die Ketten leichter entwirren.

12.9 Der Glasübergangsbereich

Bei Temperaturen unterhalb seiner Glastemperatur ist die Kettenbeweglichkeit eines Polymeren eingefroren. Das Polymere verhält sich dann wie eine steife Feder und speichert, wenn eine Kraft auf es ausgeübt wird, die ganze Energie als potentielle Energie. Wird dem System genügend thermische Energie zugeführt, damit sich die Kettensegmente kooperativ bewegen können, wird ein Übergang vom Glas- in den kautschukelastischen Zustand stattfinden. Die Beweglichkeit ist in diesem Stadium immer noch eingeschränkt, aber bei wieterer Temperaturerhöhung können sich immer mehr Ketten ungehindert bewegen. Dieser Übergang kann verglichen werden mit der Umwandlung einer steifen in eine weiche Feder. Da weiche Federn nur einen Bruchteil der potentiellen Energie von starken Federn speichern können, wird der Rest in Form von Wärme abgegeben. Wenn diese Änderung von einer starken zu einer weichen Feder über einen längeren Zeitraum stattfindet, der in

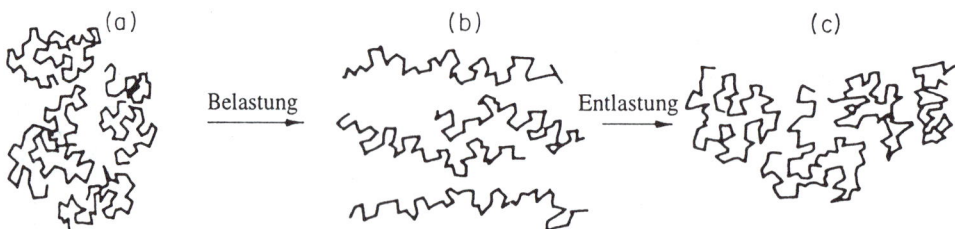

Bild 12.7:   Schematische Darstellung eines Elastomeren (a) unter Zugbelastung, (b) Ausrichtung der Ketten unter Zugbelastung und (c) Entlastung infolge des Aneinandervorbeigleitens der Ketten in andere Positionen und erneutes Verknäueln.

etwa der Beobachtungszeit entspricht, wird der Energieverlust als mechanische Dämpfung betrachtet. Wenn schließlich die Molekularbewegung genügend groß ist, verhalten sich alle Ketten die ganze Zeit über wie weiche Federn. Das bedeutet, daß der Modul viel geringer ist, das gleiche gilt aber auch für die Dämpfung, die in der Gegend von T_g durch ein Maximum läuft. Dieses Maximum tritt auf, weil das Polymere vom Glaszustand mit niedriger Dämpfung über den Übergangszustand mit hoher Dämpfung in den kautschukelastischen Zustand übergeht.

Treloar hat einen sehr geeigneten Versuch für den Übergang beschrieben. Ein dünnes Gummibändchen wird um einen Zylinder gewickelt, um die Form einer Feder zu simulieren, und dann mit flüssigem Stickstoff in dieser Form eingefroren. Der Zylinder (vorzugsweise aus Papier) wird dann herausgezogen, und die Gummifeder bleibt zurück. Sie befindet sich im Glaszustand und verhält sich wie eine steife Metallfeder, d.h. nach einer Dehnung nimmt sie ihre alte Form schnell wieder an. Bei Temperaturerhöhung beobachtet man nach jeder Krafteinwirkung einen allmählichen Verlust des elastischen Erinnerungsvermögens, bis schließlich ein Stadium erreicht ist, in dem keine Rückbildung mehr möglich ist und der Gummi in seiner deformierten Gestalt verbleibt. Bei einer weiteren Temperatursteigerung richtet sich das Bändchen unter seinem Eigengewicht aus und erreicht schließlich bei geringfügig höheren Temperaturen seine Kautschukelastizität.

Die Glasübergangstemperatur T_g

Der Übergang vom Glas- in den kautschukelastischen Zustand ist ein wichtiges Merkmal des Polymerverhaltens und markiert einen Bereich, in dem sich die physikalischen Eigenschaften, wie Härte und Elastizität, drastisch ändern. Die Änderungen sind absolut reversibel, und der Übergang von einem Glas- in den kautschukelastischen Zustand ist eine Funktion der Molekularbewegungen, nicht aber der Polymerstruktur. Im kautschukelastischen Zustand oder in der Schmelze bewegen sich die Ketten ziemlich schnell, doch wird diese Bewegung bei Temperaturerniedrigung zunehmend langsamer, bis schließlich die verfügbare thermische Energie nicht mehr ausreicht, um die Rotationsenergieschwellen in den Ketten zu überwinden. Bei dieser Temperatur, die als die Glastemperatur bekannt ist, werden die Ketten in der Konformation einfroren, die sie bei Erreichen von T_g innehatten. Unterhalb von T_g befindet sich das Polymere im Glaszustand, und es ist tatsächlich eine gefrorene Flüssigkeit mit einer völlig statistischen Struktur.

Obwohl der Glas-Kautschuk-Übergang selbst nicht von der Polymerprobe abhängt, ist doch die Temperatur, bei der T_g beobachtet wird, stark von der chemischen Struktur der Polymerkette abhängig und liegt für die gängigen synthetischen Polymeren zwischen 170 und 500 K. Es ist ganz offensichtlich, daß T_g ein wichtiges charakteristisches Merkmal eines jeden Polymeren ist, und daß diese Temperatur einen wesentlichen Einfluß auf die mögliche Anwendung eines Polymeren hat. So ist für eine flexible Polymerkette, wie beispielsweise Polyisopren, die thermische Energie groß genug, um mehrere 1000 mal pro s eine Konformationsänderung der Kette zu bewirken. Der Wert von T_g für dieses Polymere liegt bei 200 K. Andererseits kann bei einem ataktischen Poly(methylmethacrylat) bei 300 K keine Bewegung detektiert werden, während sich die Ketten bei 450 K schnell bewegen. In diesem Fall ist T_g = 378 K. Das bedeutet, daß Polyisopren bei 300 K ein kautschukelastisches Verhalten zeigt und aus diesem Grund als Elastomeres eingesetzt werden kann, während Poly(methylmethacrylat) bei dieser Temperatur ein glasartiges Material sein wird. Würde man die Arbeitstemperatur um 100 K herabsetzen, wären beide Materialien Gläser.

Experimentelle Demonstration von T_g

Der Glasübergang ist nicht charakteristisch für langkettige Polymere. Jede Substanz, die, ohne zu kristallisieren, genügend unter ihren Schmelzpunkt abgekühlt werden kann, bildet ein Glas. Dieses Phänomen läßt sich sehr gut am Beispiel von Glucosepentaacetat (GPA) illustrieren. Eine kristalline Probe von GPA wird aufgeschmolzen und dann in Eiswasser abgeschreckt, wobei sich eine spröde, amorphe Masse bildet. Knetet man das harte Material zwischen Fingern, kann man den Übergang vom Glas zum Kautschuk sofort nach Erwärmen der Probe spüren. Setzt man das Kneten noch für eine kurze Zeit fort, kristallisiert die kautschukartige Phase schließlich und zerfällt zu einem Pulver.

Bestimmung von T_g

Der Übergang vom Glas- in den kautschukelastischen Zustand ist begleitet von einer deutlichen Änderung des spezifischen Volumens, des Moduls, der Wärmekapazität, des Brechungsindexes und anderer physikalischer Eigenschaften des Polymeren. Der Glasübergang ist, thermodynamisch betrachtet, kein Übergang erster Ordnung, da keinerlei Unstetigkeiten beobachtet werden, wenn die Entropie oder das Volumen des Polymeren als Funktion der Temperatur gemessen werden. Wird die erste Ableitung der Eigenschafts-Temperatur-Kurve gemessen, findet man in der Nähe von T_g eine Änderung; aus diesem Grund wird manchmal von einem Übergang zweiter Ordnung gesprochen. Obwohl man also die Änderung einer physikalischen Eigenschaft zur Bestimmung von T_g benutzen kann, zeigt doch der Übergang viele charakteristische Züge eines Relaxationsprozesses, und der genaue Wert von T_g kann daher von der verwendeten Meßmethode und der -geschwindigkeit abhängen.

Die Methoden zur Bestimmung von T_g können in zwei Gruppen unterteilt werden, in dynamische und statische. Bei den statischen Methoden mißt man die Änderungen der Temperaturabhängigkeit einer intensiven Eigenschaft, wie beispielsweise Dichte oder Wärmekapazität, wobei man sehr langsam vorgeht, um der Probe die Möglichkeit zu geben, bei jeder Beobachtungstemperatur einen Gleichgewichtszustand zu erreichen und zu relaxieren. Bei den dynamisch mechanischen Methoden zeigt eine schnelle Änderung des Moduls den Glasübergang an, hier ist der Übergangsbereich aber abhängig von der Frequenz der einwirkenden Kraft. Nimmt man an, daß es im Übergangsbereich die noch vorhandene Behinderung der Bewegung in der Probe nur wenigen Segmenten erlaubt, sich in einem Zeitintervall, z.B. 10 s, zu bewegen, dann werden sich noch weniger Segmente bewegt haben, wenn die Beobachtungszeit kleiner als 10 s ist. Das bedeutet, daß die Bestimmung des Übergangsbereiches und von T_g von der Versuchsdurchführung abhängt; als Zeitregel gilt, daß T_g um 5 bis 7 K zunimmt, wenn man die Meßfrequenz um das Zehnfache steigert. Diese Zeitabhängigkeit der Segmentbewegung entspricht dem Übergang von einer starken zu einer weichen Feder und führt zu der hohen Dämpfung, die dem Polymeren in diesem Bereich die lederartige Konsistenz verleiht. Die Temperatur der maximalen

Dämpfung steht gewöhnlich mit T_g in Beziehung, und bei niedrigen Frequenzen liegt der Wert für T_g nur wenige Kelvin von dem Wert entfernt, den man mit statischen Methoden erhält. Da die statischen Methoden zu besser übereinstimmenden Werten führen, sollen einige dieser Meßverfahren beschrieben werden.

Bestimmung von T_g aus V-T-Kurven. Eine der am häufigsten benutzten Methoden zur Bestimmung von T_g ist die Verfolgung der Volumenänderung des Polymeren als Funktion der Temperatur. Die Polymerprobe wird in ein Dilatometergefäß eingebracht, entgast und eine Sperrflüssigkeit, z.B. Quecksilber, zugefügt. Wird das Dilatometergefäß mit einer Kapillare verbunden, kann man die Änderung im Polymerverhalten an der Bewegung des Quecksilbermeniskus in der Kapillare verfolgen. Eine Variation dieser Methode macht von einem Dichtegradientenrohr Gebrauch. Eine kleine Menge einer Polymerprobe, die in diesem Rohr suspendiert ist, liefert direkt die Polymerdichte, die leicht in Abhängigkeit von der Temperatur gemessen werden kann.

Typische Kurven für die Abhängigkeit des spezifischen Volumens von der Temperatur sind in Bild 12.8 für Poly(vinylacetat) dargestellt. Sie bestehen aus zwei linearen Ästen, deren Steigungen unterschiedlich sind. Eine nähere Beschreibung ergibt, daß sich innerhalb des engen Temperaturbereiches zwischen 2 und 5 K die Steigung kontinuierlich ändert. Zur Bestimmung von T_g extrapoliert man die linearen Äste; der Schnittpunkt liefert die charakteristische Übergangstemperatur des Materials. Normalerweise wird jeder Punkt der Kurve dann gemessen, wenn das Polymere sich bei der gewählten Temperatur im Gleichgewichts-

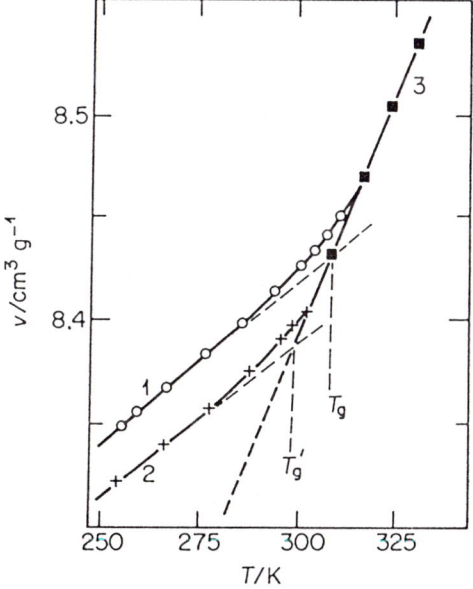

Bild 12.8:   Spezifisches Volumen v als Funktion der Temperatur für Poly(vinylacetat), gemessen nach schnellem Abkühlen von einer Temperatur oberhalb der Glastemperatur T_g, 1.) 0,02 h und 2.) 100 h Abkühlen. T_g und T_g' sind die Glastemperaturen für die verschiedenen Zeiten zur Erreichung des Gleichgewichts (nach Kovacs, 1958).

zustand befindet; da die Meßgeschwindigkeit den Wert von T_g ganz beachtlich beeinflußt, sollte die Zeit für die Einstellung des Gleichgewichts mindestens einige Stunden betragen. Der Einfluß der Meßgeschwindigkeit auf T_g wurde von Kovacs demonstriert, der das Volumen eines Polymeren bei jeder Temperatur über einen Bereich, der auch den Übergangszustand einschloß, registrierte, wobei er zwei Abkühlgeschwindigkeiten benutzte. Wurde die Probe schnell (0,02 h) auf jede Temperatur abgekühlt, war der aus der aufgenommenen Kurve resultierende Wert für T_g um 8 K höher als derjenige, der bei langsamen Abkühlen erhalten wurde.

Brechungsindexmessungen. Die Änderung des Brechungsindexes eines Polymeren mit der Temperatur wurde von verschiedenen Autoren zur Bestimmung von T_g benutzt. Man beobachtet eine lineare Abnahme des Brechungsindexes bei steigender Temperatur; sobald der Übergangszustand durchlaufen ist, nimmt der Brechungsindex schneller ab. T_g wird ebenfalls aus dem Schnittpunkt der linearen Extrapolationen erhalten.

Wärmekapazität und andere Methoden. Die Glasübergangstemperatur kann kalorimetrisch durch Verfolgung der Wärmekapazitätsänderung mit der Temperatur bestimmt werden. Die Kurve für ataktisches Polypropylen ist in Bild 12.9 dargestellt, wo eine abrupte Zunahme von c_p bei etwa 260 K dem Glasübergang entspricht.

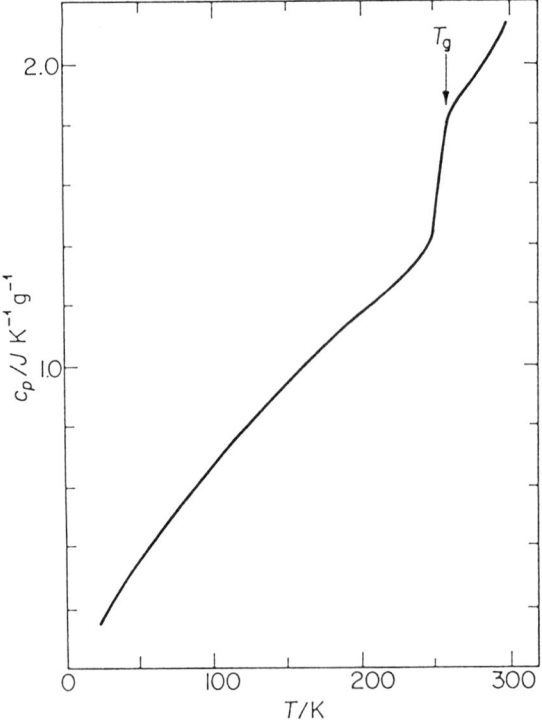

Bild 12.9:   Die spezifische Wärmekapazität cp als Funktion der Temperatur für ataktisches Polypropylen mit dem Glasübergang im Bereich von 260 K (nach O'Reilly und Karasz, 1966).

Tabelle 12.1: Einfluß der Bindungsbeweglichkeit auf T_g ~~Flexible Einheiten~~

Polymeres	Wiederholungseinheit	T_g/K
Poly(dimethylsiloxan)	$CH_3 \quad CH_3$ $\mid \quad\quad \mid$ $+Si-O-Si+$ $\mid \quad\quad \mid$ $CH_3 \quad CH_3$	150
Polyethylen	$+CH_2-CH_2+$	180
cis-Polybutadien	$+CH_2-CH=CH-CH_2+$	188
Poly(oxyethylen)	$+CH_2-CH_2-O+$	206
Poly(phenylenoxid)	$+(\bigcirc)-O+$	356
Poly(arylensulfon)	$+(\bigcirc)-O-(\bigcirc)-SO_2+$	523
Poly(p-xylylen)	$+(\bigcirc)-CH_2-CH_2+$	etwa 553

Daneben sind die am häufigsten angewandten Methoden die Differentialthermoanalyse, dielektrische Verlustmessungen, Röntgen- und Elektronenstrahlabsorptionen und Gasdurchlässigkeitsuntersuchungen. Alle bedienen sich des Phänomens des Glasübergangs.

12.10 Faktoren, die T_g beeinflussen

Wir haben gesehen, daß der Wert von T_g für verschiedene Polymere über einen breiten Temperaturbereich streut. Da T_g hauptsächlich von der thermischen Energie abhängig ist, die zur Aufrechterhaltung der Polymerkettenbewegung nötig ist, wirken sich eine ganze Reihe von Faktoren, die die Rotation um die Kettenbindungen beeinflussen, auch auf T_g aus. Dazu gehören 1. die Kettenbeweglichkeit, 2. der molekulare Aufbau (sterische Faktoren), 3. die Molmasse (siehe Abschnitt 12.12) und 4. Verzweigungen und Vernetzungen.

Kettenbeweglichkeit. Die Kettenbeweglichkeit beeinflußt T_g zweifellos am stärksten. Sie ist ein Maß für die Fähigkeit einer Kette, um ihre Bindungen zu rotieren, und infolgedessen hat eine flexible Kette eine niedrige, eine steife Kette aber eine hohe Einfriertemperatur. Bei symmetrischen Polymeren ist die chemische Natur des Polymerrückgrats entscheidend. Ketten sind dann flexibel, wenn sie aus Bindungssequenzen aufgebaut sind, die leicht rotieren können, weswegen Polymere mit -(-CH_2-CH_2-)-, -(CH_2-O-CH_2-)- oder -(-Si-O-Si-)-- Bindungen entsprechend niedrigere Glastemperaturen aufweisen. Bei der Einführung von Gruppen, die die Kette durch eine Behinderung der Rotation versteifen, so daß eine höhere

Tabelle 12.2: Glastemperaturen von ataktischen Polymeren des allgemeinen Typs -(-CH$_2$-CXY-)$_n$-

Polymeres	T_g/K	V_x/cm^3 mol^{-1} [a)]	Gruppe X
Typ -(-CH$_2$CHX-)$_n$-			—H
			—CH$_3$
			—C$_2$H$_5$
Polyethylen	188	3,7	—C$_3$H$_7$
Polypropylen	253	25,9	—C$_4$H$_9$
Poly(buten-1)	249	48,1	—CH$_2$—CH(CH$_3$)$_2$
Poly(penten-1)	233	70,3	—OH
Poly(hexen-1)	223	92,5	—Cl
Poly(4-methylpenten-1)	302	92,5	—CN
Poly(vinylalkohol)	358	11,1	—O·C—CH$_3$
Poly(vinylchlorid)	354	22,1	$\quad\parallel$
Polyacrylnitril	378	30,0	$\quad$O
Poly(vinylacetat)	301	60,1	—C—O—CH$_3$
Poly(methylacrylat)	279	60,1	$\parallel$
Poly(ethylacrylat)	249	82,3	O
Poly(propylacrylat)	225	104,5	—COOC$_2$H$_5$
Poly(butylacrylat)	218	126,7	—COOC$_3$H$_7$
Polystyrol	373	92,3	—COOC$_4$H$_9$
Poly(α-vinylnaphthalin)	408	143,9	
Poly(vinylbiphenyl)	418	184,0	

Typ -(-CH$_2$C(CH$_3$)X-)$_n$-	T_g/K	V(X+Y) cm^3 mol^{-1} [a)]
Poly(methylmethacrylat)	378	86,0
Poly(ethylmethacrylat)	338	108,2
Poly(propylmethacrylat)	308	130,4
Polymethylacrylanitril	393	55,9
Poly(α-methylstyrol)	445	118,2

[a)] Berechnet unter Verwendung der LeBas-Volumenäquivalente. (vergl. Glasstone „Textbook of Physical Chemistry" Macmillan, 1951, Kap. 8.)

thermische Energie erforderlich ist, um die Ketten in Bewegung zu bringen, steigen diese Werte deutlich an. Der p-Phenylenring ist in diesem Zusammenhang besonders wirksam und führt im Extremfall des Poly-p-Phenylens

zu einer vollkommen starren Struktur ohne Erweichungspunkt. Diese Grundstruktur kann durch die Einführung flexibler Gruppen in der Kette modifiziert werden, in Tabelle 12.1 sind einige solcher Beispiele zusammengestellt.

Sterische Effekte. Sind die Polymerketten unsymmetrisch mit sich wiederholenden Einheiten des Typs -(-CH$_2$-CHX-)-, erfährt die Rotation durch sterische Effekte eine zusätzliche Einschränkung. Diese sterischen Effekte treten auf, wenn voluminöse Substituenten die Rotation um das Rückgrat der Kette verhindern, und sie verursachen daher eine Erhöhung von T_g. Dieser Effekt wird durch eine Vergrößerung der Seitengruppen noch verstärkt, und es gibt einige Hinweise auf eine Korrelation zwischen T_g und dem Molvolumen V_x des Substituenten. Aus Tabelle 12.2 ist ersichtlich, daß T_g mit V_x in der Reihe Polyethylen, Polypropylen, Polystyrol und Poly(vinylnaphthalin) zunimmt. Diesem Größenfaktor überlagert sind die Effekte der Polarität und der inneren Flexibilität der Substituenten selbst. Eine Zunahme der seitlichen Kräfte im festen Zustand wird die molekulare Bewegung verhindern und T_g erhöhen. So führen polare Gruppen eher zu einem höheren T_g-Wert als unpolare Gruppen ähnlicher Größe, wie man erkennen kann, wenn man Polypropylen, Poly(vinylchlorid) und Polyacrylnitril miteinander vergleicht. Der Einfluß der Flexibilität der Seitenketten wird bei der Betrachtung der Polyacrylatreihe vom Methyl- zum Butylester deutlich und ebenso in der Reihe von Polypropylen bis zum Poly(hexen-1).

Eine weitere Erhöhung der sterischen Hinderung wird durch den Einbau einer α-Methylgruppe erreicht, welche die Rotation noch stärker einschränkt und zu höheren Werten von T_g führt. Für das Paar Polystyrol/Poly(α-methylstyrol) beträgt die Zunahme von T_g 70 K, während der Unterschied zwischen Poly(methylacrylat) und Poly(methylmethacrylat) 100 K beträgt.

Diese sterischen Faktoren beeinflussen alle die Kettenbeweglichkeit und sind letzten Endes zusätzliche Faktoren, die Einfluß auf die Hauptkette haben.

Einflüsse der Konfiguration. Cis-trans-Isomerien bei Polydienen und Veränderungen der Taktizität bei bestimmten α-methylsubstituierten Polymeren ändern die Beweglichkeit der Kette und wirken somit auf T_g. Einige Beispiele dafür sind in Tabelle 12.3 zusammengestellt. Dabei ist es interessant festzustellen, daß bei Abwesenheit von Methylgruppen im Polymeren die Taktizität nur einen geringen Einfluß auf T_g hat.

Tabelle 12.3: Einfluß der Mikrostruktur auf T_g

Polymeres	Stereostruktur	T_g/K
Poly(methylmethacrylat)	isotaktisch	318
	ataktisch	378
	syndiotaktisch	388
Polybutadien	*cis*	165
	trans	255
Polyisopren	*cis*	200
	trans	220

Einfluß der Vernetzung auf T_g. Wird ein Polymeres vernetzt, nimmt die Dichte der Probe proportional zu. Da die Dichte zunimmt, wird die Molekularbewegung in der Probe eingeschränkt und T_g erhöht. Bei hoher Netzwerkdichte ist der Übergang breit und schlecht definiert, bei niedriger Dichte steigt dagegen T_g linear mit der Zahl der Vernetzungsstellen an.

12.11 Theoretische Betrachtungen

Vor einer kurzen Interpretation der Theorie des Glasübergangs soll noch folgendes erwähnt werden: In den vorangegangenen Abschnitten wurde darauf hingewiesen, daß in der Nähe von T_g die Geschwindigkeitseinflüsse eng mit Änderungen bestimmter thermodynamischer Eigenschaften verknüpft sind. Dafür gibt es zwei Interpretationsmöglichkeiten. Da es sich hier um eine Einführung handeln soll, wird auf eine detaillierte, kritische Diskussion der verschiedenen Vorzüge der einzelnen Betrachtungsweisen verzichtet. Um eine Vorwegnahme strittiger Fragen durch einen persönlichen Kommentar zu vermeiden, werden die grundlegenden Theorien zusammen mit einer aktuelleren und möglicherweise zu Vereinheitlichungen führenden Näherung dargestellt.

Die Theorie des freien Volumens

Verschiedene Aspekte der Theorie des freien Volumens sind schon früher zur Sprache gekommen. Das freie Volumen ist der unbesetzte Raum in einer Probe, der durch die unzulängliche Packung ungeordneter Ketten in den amorphen Bereichen eines Polymeren zustande kommt. Die Existenz dieser Leerstellen kann durch die beobachtete Volumenkontraktion beim Auflösen eines Polystyrols im Glaszustand in Benzol verdeutlicht werden. Dies deutet darauf hin, daß das Polymere ein geringeres Volumen einnimmt, wenn es ausreichend mit Benzolmolekülen umgeben ist und daß im unverdünnten Glaszustand des Polymeren ein freies Volumen existiert.

Auf der Basis setzt sich das beobachtete spezifische Volumen einer Probe (V) zusammen aus dem Volumen, welches derzeit durch die Polymermoleküle besetzt ist (V_0) und dem freien Volumen des Systems, also

$$V = V_0 + V_\mathrm{f}\,. \tag{12.9}$$

Natürlich ist jeder Term von der Temperatur abhängig. Das freie Volumen ist ein Maß für den Raum, der dem Polymeren für Rotation und Translation zur Verfügung steht; befindet sich das Polymere im flüssigen oder kautschukähnlichen Zustand, so nimmt die Größe des freien Volumens mit der Temperatur und der damit einhergehenden Zunahme an molekularer Beweglichkeit zu. Wird die Temperatur herabgesetzt, so kontrahiert sich das freie Volumen. Dieser Vorgang verläuft bisweilen bis zu einem kritischen Wert, bei welchem der freie Raum ungenügend ist, damit eine Bewegung der Segmente in größerem Ausmaß überhaupt noch stattfinden kann. Die Temperatur, bei der dieser kritische Wert erreicht wird, ist die Glasübergangstemperatur. Unterhalb von T_g bleibt das freie Volumen mit weiter abnehmender Temperatur weitgehend konstant, da die Ketten nun immobilisiert und in ihren Positionen eingefroren sind. Im Gegensatz dazu variiert das besetzte Volumen, da sich die Amplitude der thermischen Schwingungen in den Ketten ändert. In einer ersten Näherung ist die Temperaturabhängigkeit linear, ungeachtet dessen, ob sich das Polymere im flüssigen oder glasartigen Zustand befindet.

Somit kann man sich den Glasübergang als den Beginn von koordinierten Bewegungen der Segmente vorstellen, die durch die Zunahme an Leerstellen in der Polymermatrix auf eine Größe, die für das Auftreten der Bewegung ausreicht, ermöglicht wurde. Dies offenbart sich in einer Änderung des spezifischen Volumens, die lediglich auf eine Zunahme des freien Volumens zurückzuführen ist, wie es in Bild 12.10 durch die schraffierte Fläche angedeutet ist, während die gestrichelte Linie die Temperaturabhängigkeit von V_0 anzeigt.

Eine präzise Definition der durchschnittlichen Größe des freien Volumens in einem vollkommen amorphen Polymeren ist bislang noch nicht eindeutig geklärt, doch besteht ein Zusammenhang mit der bisherigen thermischen Behandlung der Probe. Eine Reihe von Vorschlägen wurden hierzu gemacht.

Simha und Boyer beobachteten, daß zwischen T_g und dem Unterschied in den Aufwietungskoeffizienten des flüssigen und des glasartigen Zustandes ein allgemeiner empirischer Zusammenhang besteht. Aus den Untersuchungen an einer großen Palette von Polymeren schlossen sie, daß

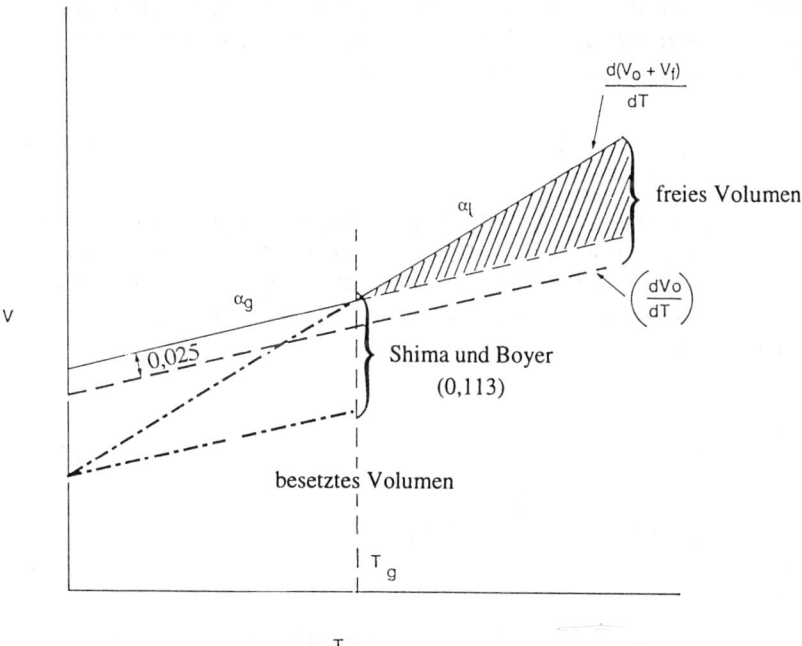

Bild 12.10:   Schematische Darstellung des freien Volumens nach der Definition von Flory und Fox (0,025) und Simha und Boyer (0,113).

$$\left(\alpha_1 - \alpha_g\right)T_g = K_1 ,\tag{12.10}$$

wobei K_1 eine Konstante mit dem Wert 0,113 ist. Dies bedeutet, daß der freie Volumenbruch für alle Polymeren gleich ist, d.h. 11,3% des Gesamtvolumens im Glaszustand. Die Definition des freien Volumens nach Simha und Boyer entnimmt man Bild 12.10, sie beträgt

$$V_f = V - V_{0l}\left(1 + \alpha_g T\right),\tag{12.11}$$

wobei V_{0l} das hypothetische flüssige Volumen am absoluten Nullpunkt ist. Diese Definition ist möglicherweise zu streng und vernachlässigt verschiedenartige Kettenbeweglichkeiten, so daß eine exaktere Darstellung gegeben wird durch

$$\Delta\alpha \cdot T_g = 0,07 + 10^{-4} T_g .\tag{12.12}$$

Die erhaltenen Werte sind immer noch etwas höher als die Schätzungen aus der Williams-Landel-Ferry-(WLF)-Gleichung. Dabei handelt es sich um eine empirische Gleichung, die sich jedoch auch aus Überlegungen zum freien Volumen ableiten läßt, indem man mit einer Beschreibung der Viskosität des Systems beginnt. In Abschnitt 12.7 wurde die Arrhenius-Gleichung benutzt, um die Temperaturabhängigkeit des viskosen Fließens zu beschreiben, doch die empirische Gleichung von Doolittle gibt eine weitaus bessere Beschreibung des viskosen Fließens und hat eine ähnliche Form

$$\ln \eta = \ln A + B\left\{\frac{V - V_f}{V_f}\right\},\tag{12.13}$$

wobei A und B Konstanten sind und $(V - V_f) = V_0$. Auf molekularer Ebene ist das Verhältnis $(V - V_f)$ ein Maß für das mittlere Volumen des Polymeren im Vergleich zu dem der Leerstellen. Wenn $V_0 > V_f$, d.h. für den Fall, daß die Polymerkette größer ist als die mittlere Größe der Leerstellen, ist die Viskosität entsprechend hoch, während für den Fall, daß $V_0 < V_f$ die Viskosität niedrig ist.

Wir können nun mit

$$f = \left[\frac{V_f}{V_0 + V_f}\right] \approx \left[\frac{V_f}{V_0}\right]\tag{12.14}$$

den freien Volumenbruch f einführen; einsetzen in Gleichung (12.13) ergibt

$$\ln \eta = \ln A + B/f .\tag{12.15}$$

Als nächstes führen wir einen Vergleich zwischen der Viskosität eines Polymeren, das bei einer Temperatur $T(\eta_T)$ schmilzt, und einem, das bei einer Referenztemperatur $T_g(\eta_g)$ schmilzt, durch; wir erhalten

$$\ln\left(\frac{\eta_T}{\eta_g}\right) = B\left[\frac{1}{f_T} - \frac{1}{f_g}\right].\tag{12.16}$$

Hierbei sind f_T und f_g die freien Volumenbrüche bei T bzw. T_g. Aus Bild 12.10 kann man entnehmen, daß V_f während der Ausdehnung des Polymeren im Glaszustand als konstant anzunehmen ist, doch oberhalb von T_g beobachtet man einen gleichmäßigen Anstieg mit steigender Temperatur. Wenn α_f der freie Volumenausdehnungskoeffizient oberhalb von T_g ist, läßt sich die Temperaturabhängigkeit von f_T schreiben als

$$f_T = f_g + \alpha_f \left(T - T_g \right). \tag{12.17}$$

Einsetzen von Gleichung (12.17) in Gleichung (12.16) ergibt

$$\ln\left(\frac{\eta_T}{\eta_g}\right) = B\left[\frac{1}{f_g + \alpha_f\left(T - T_g\right)} - \frac{1}{f_g}\right] \tag{12.18a}$$

$$= B\left[\frac{f_g - \left\{f_g + \alpha_f\left(T - T_g\right)\right\}}{f_g\left\{f_g + \alpha_f\left(T - T_g\right)\right\}}\right] \tag{12.18b}$$

$$= -\frac{B\alpha_f\left(T - T_g\right)}{f_g\left\{f_g + \alpha_f\left(T - T_g\right)\right\}}. \tag{12.18c}$$

Umformen und Division durch α_f führt zu

$$\ln\left(\frac{\eta_T}{\eta_g}\right) = -\frac{\left(B/f_g\right)\left(T - T_g\right)}{\left(f_g/\alpha_f\right) + \left(T - T_g\right)}. \tag{12.19}$$

Gleichung (12.19) ist eine Form der WLF-Gleichung, da aber die Viskosität eine zeitabhängige Größe ist, die proportional zur Fließzeit t und Dichte ρ ist, wird

$$\left(\frac{\eta_T}{\eta_g}\right) = \left(\frac{\rho_T}{\rho_g} \cdot \frac{t_T}{t_g}\right) \tag{12.20}$$

und

$$\log_{10}\left(\frac{t_T}{t_g}\right) \approx \frac{-\left(B/2{,}303\,f_g\right)\left(T - T_g\right)}{\left(f_g/\alpha_f\right) + \left(T - T_g\right)}, \tag{12.21}$$

wobei kleine Unterschiede in der Dichte vernachlässigt wurden. Diese läßt sich nun mit der Form der WLF-Gleichung

$$\log_{10} a_T = \frac{-C_1\left(T - T_g\right)}{C_2 + \left(T - T_g\right)} \qquad (12.22)$$

vergleichen, in der a_T der reduzierte, veränderliche Verschiebungsfaktor ist; C_1 und C_2 sind Konstanten, die aus experimentellen Daten ermittelt wurden, und für T_g als Referenz-temperatur erhielt man $C_1 = 17{,}44$ und $C_2 = 51{,}6$. Die allgemeinere Beschreibung in der Form

$$\log_{10} a_T = \frac{-8{,}86 \left(T - T_s\right)}{101{,}6 + \left(T - T_s\right)} \qquad (12.23)$$

läßt sich verwenden, bei der T_s eine willkürliche Referenztemperatur ist, die üblicherweise etwa 50 K über T_g liegt. C_1 und C_2 nehmen nun verschiedene Werte an, und der Ver-schiebungsfaktor wird als das Verhältnis der Relaxationszeiten τ bei T und T_s durch

$$a_T = \tau(T) \big/ \tau\left(T_s\right) \qquad (12.24)$$

ausgedrückt. Wie wir in Kapitel 13 sehen werden, ist die Relaxationszeit abhängig von der Viskosität und dem Modul (G) des Polymeren, und entsprechend dem Maxwellschen Modell gilt $\tau = (\eta/G)$. Der Modul ist weit weniger von der Temperatur abhängig als die Viskosität, weswegen wir $a_T = (\eta_T/\eta_S)$ setzen können. Hierdurch zeigt sich die Äquivalenz zwischen der empirischen Gleichung (12.22) und denen, die aus der Theorie des freien Volumens abgeleitet wurden, nämlich Gleichung (12.19) und (12.21).

Die WLF-Gleichung läßt sich zur Beschreibung der Temperaturabhängigkeit des dynamisch-mechanischen und des dielektrischen Relaxationsverhaltens von Polymeren in der Nähe des Glasüberganges verwenden, da hier die Beschreibung durch die Arrhenius-Beziehung keine Gültigkeit mehr besitzt. Diese Aspekte werden in Kapitel 13 behandelt.

Die Gleichungen (12.19) und (12.22) lassen sich zur Ermittlung von f_g heranziehen und wir sehen, daß $(B/2{,}303f_g) = 17{,}44$ und $(f_g/\alpha_f) = 51{,}6$. Auf der Basis von Viskositätsdaten kann man B einen Wert von eins zuweisen; somit wird $f_g = 0{,}025$ und für α_f erhalten wir $4{,}8 \times 10^{-4}$ K^{-1}. Nimmt man an, daß α_f äquivalent zu $(\alpha_l - \alpha_g)$ ist, so läßt sich dieser Wert mit dem mittleren Wert von $\Delta\alpha = 3{,}6 \times 10^{-4}$ K^{-1} gleichsetzen, der für 18 Polymere, die einen weiten T_g-Bereich abdecken, bestimmt wurde.

Der freie Volumenbruch von 2,5% ist gering im Vergleich mit der Bestimmung von Simha und Boyer, doch vergleichbar mit der von Gibbs-DiMarzio. Andere Werte, wie die 8% von Hirai und Eyring aus der „Loch"-Theorie, sowie die von Miller aus Ver-dampfungswärmen berechneten 12% verdeutlichen die Ungewißheit, von der die Größe dieses freien Volumenparameters umgeben ist. Die Theorie des freien Volumens arbeitet mit dem Bedarf an Raum, der vorhanden sein muß, damit kooperative Bewegung, die für den Glasübergang charakteristisch ist, einsetzen kann.

Allerdings sagt uns diese Theorie über die Bewegung als solche nur wenig. Andere Erklärungen basieren auf einer thermodynamischen Analyse des Glasübergangs.

Thermodynamische Theorie von Gibbs-DiMarzio

Kommentare zu den thermodynamischen Theorien werden sich hier auf die Vorschläge von Gibbs und DiMarzio (G-D) beschränken, die, obwohl sie anerkennen, daß bei der Messung von T_g unvermeidlich kinetische Effekte mitspielen, den grundlegenden Übergang als echtes Gleichgewicht betrachten. Die in Abschnitt 12.9 aufgeführten Daten von Kovacs deuten an, daß T_g bei genügend langer Meßzeit noch weiter abnehmen würde. Dieser Aspekt wird in G-D-Theorie berücksichtigt, indem eine neue Übergangstemperatur T_2 definiert wird, bei der die Konfigurationsentropie des Systems Null ist. Diese Temperatur kann in der Tat als die Grenztemperatur von T_g betrachtet werden, die diese in einem hypothetischen Experiment nach unendlich langer Zeit annehmen würde. Auf dieser Grundlage ist die experimentell bestimmte Temperatur T_g ein zeitabhängiger Relaxationsprozeß. Der beobachtete Wert ist daher eine Funktion der Meßgeschwindigkeit der Untersuchungsmethode. Die theoretische Ableitung beruht auf der Gittertheorie. Die Konfigurationsentropie findet man durch die Berechnung der Möglichkeiten, die n_x lineare Ketten, von denen jede x Segmente lang ist und n_0 Leerstellen besitzt, sich in einem Diamantgitter mit der Koordinationszahl $z = 4$ anzuordnen. Die Einschränkungen, die der Plazierung einer Kette im Gitter auferlegt sind, drücken sich in der behinderten Rotation aus, die als Konformationsenergie bezeichnet wird ($\Delta\varepsilon$); ε_h ist die Energie zur Bildung einer Leerstelle. Die Konformationsenergie ist die Energiedifferenz zwischen dem Minimum der potentiellen Energie für eine lokalisierte Bindung und den potentiellen Minima der übrigen (z - 2) möglichen Orientierungen, die im Gitter besetzt werden können. Daher wird die *trans*-Anordnung für Polyethylen als die stabilste betrachtet; die *gauche*-Positionen sind die mit der Energiedifferenz $\Delta\varepsilon$, zwischen dem Grund- und den flexibelen Zuständen. Dies ändert sich natürlich mit der Natur des Polymeren. Die Größe ε_h ist ein Maß für die Kohäsionsenergie. Die Konfigurationsentropie S_{conf} wird aus der Verteilungsfunktion abgeleitet, die über die Plazierung von Leerstellen und Polymermolekülen Auskunft gibt.

Sinkt die Temperatur auf T_2, nehmen die zur Verfügung stehenden Konfigurationszustände im System ab, bis es genau bei T_2 nur noch einen Freiheitsgrad besitzt. Dies führt zu

$$\frac{S_{conf}(T_2)}{n_x k T_2} = 0 = \phi\left(\frac{\varepsilon_h}{kT_2}\right) + \lambda\left(\frac{\Delta\varepsilon}{kT_2}\right) + \frac{1}{x}\ln\left[\{(z-2)x + 2\}\frac{(z-1)}{2}\right], \quad (12.25)$$

wobei $\phi\left(\varepsilon_h/kT\right) = \ln\left(\varepsilon_h/S_0\right)^{z/2-1} + f_0/f_x \ln\left(f_0/S_0\right)$
gilt und

$$\lambda\left(\frac{\Delta\varepsilon}{kT}\right) = \frac{x-3}{x}\ln\left\{1 + (z-2)\exp\left(-\Delta\varepsilon/kT\right) + (\Delta\varepsilon/kT)\cdot\left[\frac{(z-2)\exp(-\Delta\varepsilon/kT)}{1 + (z-2)\exp(-\Delta\varepsilon/kT)}\right]\right\}.$$

Die Bruchteile unbesetzter und besetzter Stellen sind f_0 bzw. f_x, während S_0 eine Funktion von f_0, f_x und z ist. Die wesentlichen Schwächen dieser Theorie sind, (a) daß eine Kette ohne Steifigkeit ein T_g von 0 K haben würde und (b) daß T_g im wesentlichen von jeglichen intermolekularen Wechselwirkungen unabhängig sein würde. Trotz dieser Einschränkungen können verschiedene Aspekte des Verhaltens von Copolymeren, weichgemachten

Polymeren und der Kettenlängenabhängigkeit von T_g in einer recht zufriedenstellenden Weise vorhergesagt werden. Die Temperatur T_2 ist natürlich keine experimentell meßbare Größe, liegt aber nach Berechnungen schätzungsweise 50 K unterhalb des experimentellen Wertes von T_g und kann auf dieser Grundlage mit T_g korreliert werden.

Adam-Gibbs-Theorie

Während die kinetische Behandlung der WLF-Gleichung und die Gleichgewichtsbehandlung der G-D-Theorie beide für sich mit Erfolg angewendet werden können, verursacht eine allzu einseitige Betrachtungsweise jeder einzelnen Theorie, daß dieselben nicht vollständig miteinander in Einklang zu bringen sind. Ein Versuch, beide Gedankengänge miteinander zu vereinen, wurde von Adam und Gibbs unternommen, woraus eine molekularkinetische Theorie resultierte. Dabei setzen sie die Temperaturabhängigkeit des Relaxationsprozesses mit der Temperaturabhängigkeit der Größe eines Bereiches in Beziehung, der definiert ist als ein Volumen, groß genug, um kooperative Umlagerungen ohne Beeinflussung der Nachbarbereiche vonstatten gehen zu lassen. Dieser „kooperative Umlagerungsbereich" ist groß genug, einen Übergang in eine neue Konformation zu erlauben, und wird daher durch die Konformation der Kette bestimmt; per Definition entspricht seine Größe bei T_2 der Probengröße, wo für jedes Molekül nur eine einzige Konformation möglich ist. Die Abschätzung der Temperaturabhängigkeit der Größe eines solchen Bereichs führt zu einem Ausdruck für die kooperative Übergangswahrscheinlichkeit $W(T)$, die einfach der Reziprokwert der Relaxationszeit ist.

Die Polymerprobe wird als ein Ensemble von kooperativen Regionen oder Subsystemen beschrieben, bei dem jedes Z monomere Segmente enthält. Die Übergangswahrscheinlichkeit eines solchen kooperativen Bereichs wird als Funktion seiner Größe berechnet und beträgt

$$W(T) = A \exp\left(-Z\Delta\mu/kT\right), \tag{12.26}$$

wobei $\Delta\mu$ die Aktivierungsenergie für eine kooperative Umlagerung pro Monomersegment ist. Eine untere Grenze für Z ist somit definiert; es ist die kleinste Größe Z^*, die imstande ist zwei Konfigurationen zur Verfügung zu stellen und zwar mit der kritischen Konfigurationsentropie S_c^*, die aufgrund der Definition in einer Näherung $k \ln 2$ beträgt. Somit erhält man

$$Z^* = N_A S_c^* / S_c, \tag{12.27}$$

wobei S_c für die makroskopische Konfigurationsentropie des Ensembles steht. Einsetzen ergibt

$$W(T) = A \exp\left(-\Delta\mu S_c^* / kTS_c\right) \tag{12.28}$$

und Darstellung in der WLF-Form führt zu

$$-\log_{10} a_T = \log\left[W(T_s)\Big/W(T)\right] \tag{12.29a}$$

$$= 2{,}303 \left\{ \frac{\Delta \mu S_c^*}{k} \left(\frac{1}{T_s S_c(T_s)} - \frac{1}{T S_c(T)} \right) \right\}. \tag{12.29b}$$

Für S_c kann man die folgenden Näherungen verwenden

$$S_c(T) - S_c(T_s) = \Delta c_p \left(\ln \left[T/T_s \right] \right) \tag{12.30}$$

und, wenn wir uns in Erinnerung rufen, daß $S_c(T_2) = 0$, dann gilt

$$S_c(T_s) = \Delta c_p \left(\ln \left[T_s/T_2 \right] \right). \tag{12.31}$$

Einsetzen in Gleichung (12.29b) ergibt die WLF-Gleichung

$$- \log_{10} a_T = C_1 \left(T - T_s \right) / C_2 + \left(T - T_s \right),$$

wobei

$$C_1 = \left\{ \frac{2{,}303\,\Delta \mu S_c^*}{k \Delta C_p T_s \ln \left(T_s/T_2 \right)} \right\} \tag{12.32a}$$

$$C_2 = \frac{T_s \ln \left(T_s/T_2 \right)}{1 + \ln \left(T_s/T_2 \right)}. \tag{12.32b}$$

Die entsprechend der WLF-Gleichungen aufgetragenen Ergebnisse könnten auch auf Grund der molekularkinetischen Gleichungen ermittelt werden und zeigen so, daß die beiden Betrachtungen miteinander vereinbar sind. Die Adam-Gibbs-Gleichungen führen ebenfalls zu einem Wert von $(T_g - T_2) = 55$ K; es sieht daher so aus, daß diese Theorie die meisten Differenzen zwischen den kinetischen und den thermodynamischen Interpretationen des Glasübergang beseitigen kann.

Diese Theorien weisen auf die grundlegende Bedeutung von T_2 als einer echten Übergangstemperatur zweiter Ordnung hin und zeigen, daß der experimentelle Wert von T_g eine Temperatur ist, die von der Zeitskala der jeweiligen Untersuchungsmethode bestimmt wird. Letzterer Wert hat jedoch große praktische Bedeutung und stellt einen Parameter dar, der für das Verständnis des physikalischen Verhaltens eines Polymeren wesentlich ist.

12.12 Die Abhängigkeit von T_g von der Molmasse

Der Wert von T_g hängt von der Meßmethode ab; er ist aber darüber hinaus auch eine Funktion der Kettenlänge des Polymeren. Bei hohen Molmassen ist die Glastemperatur im wesentlichen konstant, gleichgültig mit welcher der verschiedenen Methoden sie bestimmt wird, allerdings nimmt sie mit der Molmasse der Probe ab. Gemäß dem einfachen Konzept des freien Volumens benötigt jedes Kettenende mehr freies Volumen, in dem es sich bewegen kann, als ein Segment innerhalb der Kette. Mit zunehmender thermischer Energie sind die Kettenenden eher in der Lage zu rotieren als der Rest der Kette; je mehr Kettenenden eine Probe enthält, um so größer wird der Beitrag zum freien Volumen sein, wenn diese sich zu bewegen beginnen. Infolgedessen wird die Glastemperatur erniedrigt. Bueche hat dies folgendermaßen ausgedrückt

$$T_g(\infty) = T_g + K/M = T_g + \left(2\rho N_A \theta/\alpha_f M_n\right).$$ (12.33)

Hier ist $T_g(\infty)$ die Glastemperatur eines Polymeren mit einer sehr hohen Molmasse, θ ist der Beitrag eines Kettenendes zum freien Volumen und ist bei einem linearen Polymeren 2θ, ρ die Dichte des Polymeren, N_A die Avogadro-Konstante und α der Ausdehnungskoeffizient des freien Volumens, der definiert ist als

$$\alpha_f = \left(\alpha_L - \alpha_G\right).$$ (12.34)

Der lineare Ausdruck aus Gleichung (12.33) wurde am meisten benutzt und beschreibt das Verhalten vieler Polymersysteme in einem vernünftigen Molmassenbereich (> 5000). Für kurze Ketten besitzt der Zusammenhang keine Gültigkeit mehr, und es konnte gezeigt werden, daß bei einer Auftragung von T_g gegen log x, wobei x für die Anzahl an Atomen oder Bindungen im Polymerrückgrat steht, für ein gängiges, amorphes Polymeres drei Bereiche identifiziert werden können (Bild 12.11). Region I kennzeichnet den Kettenlängenbereich bei dem T_g seinen asymptotischen Wert $T_g(\infty)$ erreicht; der kritische Wert

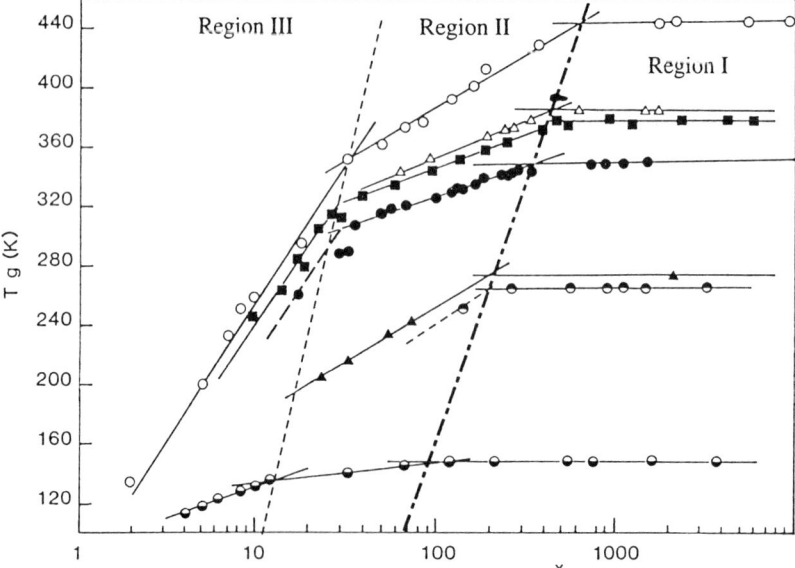

Bild 12.11:   Auftragung der Glasübergangstemperatur gegen log x, wobei x die Anzahl an Atomen oder Bindungen im Polymerrückgrat ist. Die Daten für die folgenden Verbindungen wurden aufgetragen: (-○-) Poly($\underline{a}$-methylstyrol); (-△-) Poly(methylmethacrylat); (-■-) Polystyrol; (-●-) Poly(vinylchlorid); (-▲-) isotaktisches Polypropylen; (-◓-) ataktisches Polypropylen; (-◑-) Poly(dimethylsiloxan) (Reproduziert von J. M. G. Cowie, *Europ. Polym. J.* **11**, 297 (1975) mit Erlaubnis der Pergamon Press PLC.).

x_c, bei dem dies auftritt, nimmt mit zunehmender Starrheit der Kette zu. Somit beträgt x_c für ein flexibles Polymeres, wie beispielsweise Poly(dimethylsiloxan), ungefähr 90, aber im Fall des wesentlich starreren Poly(α-methylstyrol)s wird der Wert etwa 600.

Der Zusammenhang zwischen $T_g(\infty)$ und x_c ist somit

$$T_g(\infty) = 372,6 \ \log x_c - 595 . \tag{12.35}$$

Im Bereich II ist T_g von der Molmasse abhängig und kann durch Gleichung (12.35) beschrieben werden, doch beim Eintritt in den Bereich III, in dem die Abnahme von T_g schneller verläuft, gilt der Zusammenhang nicht mehr. Die letztgenannte Region beinhaltet das oligomere Material und die Trennungslinie zwischen den Bereichen II und III repräsentiert den Oligomer-Polymer-Übergang, bei dem die Ketten lang genug werden, um eine Gaußsche Knäuel-Konformation einzunehmen

12.13 Der Glaszustand

Befindet sich ein lineares amorphes Polymeres im Glaszustand, ist das Material spröde und brüchig, da die Ketteneinheiten in ihren Positionen eingefroren sind und sich daher nicht bewegen können. Ferner ist die Polymerprobe optisch transparent, da die Ketten statistisch angeordnet sind und keine definierten Grenzen oder Diskontinuitäten aufweisen, an denen das Licht reflektiert werden kann. (Ein amorphes Polymeres in diesem Zustand ist einmal mit einem Teller gefrorener Spaghetti verglichen worden.) Wird auf ein polymeres Glas ein leichter Zug ausgeübt, besitzt es aufgrund der rein lokalen Deformation der Bindungswinkel eine schnelle elastische Rückstellkraft. Trotz des hohen Moduls ist die Deformation der Probe wegen des Mangels an Gleitebenen in der ungeordneten Masse auf etwa 1% begrenzt. Das bedeutet, daß die Probe keine Möglichkeit hat, hohe Zugkräfte außer durch Kettenbrüche auszugleichen. Daher ist ein Polymeres im Glaszustand für einen Sprödbruch anfällig.

12.14 Relaxationsprozesse im Glaszustand

Polymere bilden keine völlig elastischen Festkörper, da im Glas eine begrenzte Rotation um die Bindungen auftreten kann, die eine schwache plastische Deformation ermöglicht. Dies macht polymere organische Gläser etwas zäher als anorganische Gläser.

Es existieren genügend Hinweise, die den Vorschlag unterstützen, daß Relaxationsprozesse in polymeren Gläsern weit unterhalb von T_g stattfinden. Während die kooperative Fernordnungs-Kettenbewegung, die beim Übergang vom Glas- in den kautschukelastischen Zustand abläuft, aber bei Temperaturen unter T_g nicht möglich ist, können andere Relaxationen ablaufen. Viele dieser Prozesse lassen sich in Form von sekundären Verlustsignalen in dynamisch, mechanischen oder dielektrischen Messungen identifizieren, wie wir in Kapitel 13 noch sehen werden. Häufig haben sie ihren Ursprung in der Bewegung von Gruppen, die seitlich an die Hauptkette angebunden sind, doch läßt sich auch die Relaxation begrenzter Abschnitte der Hauptkette nachweisen.

Die molekularen Mechanismen für eine ganze Reihe dieser Sub-Glasübergangs-Relaxationen sind mittlerweile bewiesen, und an dieser Stelle sollen einige Beispiele von Gruppenbewegungen, die in einer Serie von Poly(alkylmethacrylat)en gefunden wurden, dargestellt werden.

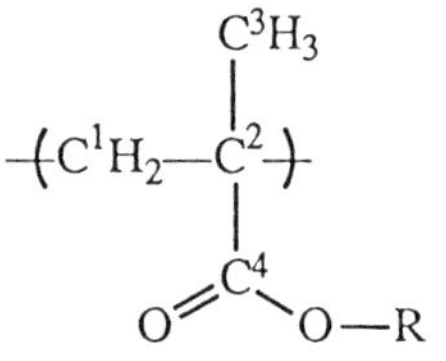

Für die Methyl-, Ethyl- und Propylderivate beobachtet man einen breiten, mechanisch aktiven Dämpfungspeak bei 280 K (1 Hz), also einer Temperatur, die für jedes der Polymeren unterhalb von T_g liegt. Als Grund wurde eine Rotation der Oxycarbonylgruppe um (C^2-C^4) identifiziert. Handelt es sich bei R um eine Alkyl- oder Cycloalkyleinheit, so relaxieren diese auch bei niedrigeren Temperaturen. Ist R eine Methyleinheit, so ist eine Rotation im Glas bei Temperaturen unterhalb von 100 K möglich; auch die α-Methyleinheit ist in der Lage bei tiefen Temperaturen zu rotieren. Wird R größer, -$(CH_2)_n$-CH_3, so findet man einen weiteren Relaxationsprozeß bei etwa 120 K, der für alle Polymeren dieser Reihe für n = 3 bis 11 typisch ist. Man nimmt an, daß es sich hierbei um die Relaxation einer Einheit bestehend aus vier Atomen, entweder (-O-C-C-C-) oder (-C-C-C-C-) handelt; die Erklärungen basieren auf oder ähneln den Schatzki oder Boyerschen Kurbelwellenbewegungen, die schematisch in den Bildern 12.3 und 12.12 dargestellt sind. Der letztgenannte Mechanismus wurde ebenfalls verwendet, um begrenzte, segmentale Relaxationen im Rückgrat bei einsträngigen, aus Kohlenstoffatomen aufgebauten Polymeren zu erklären. Selbst größere Einheiten können relaxieren und Heijbor wies für den Fall, daß R ein Cyclo-

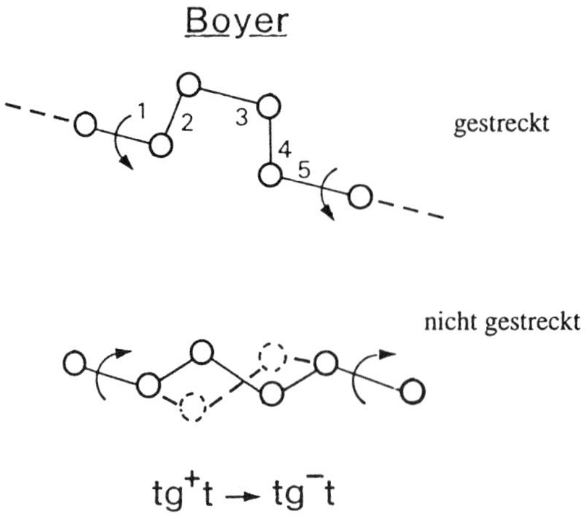

Bild 12.12:   Schematische Darstellung der Boyerschen Kurbelwellenbewegung.

hexylring ist, eine Relaxation bei 180 K (1 Hz) im Glas nach. Diese läßt sich einem inter-molekularen Sessel-Sessel-Übergang des Ringes zuweisen.

Da diese Relaxationen Energie benötigen und von einer charakteristischen Akti-vierungsenergie begleitet sind, wurde vorgeschlagen, daß sie möglicherweise die Schlag-festigkeit einiger Materialien verbessern. Dieser Punkt erfordert noch immer die Konfor-mation als allgemeines Phänomen, doch bestehen gewisse Bedenken, daß Polymermole-küle im Glaszustand nicht vollständig eingefroren oder immobilisiert sind und daß kleine Untereinheiten in der Kette unterhalb von T_g mechanisch und dielektrisch aktiv bleiben.

Allgemeine Literatur

G. Allen und J. C. Bevington (Hrsg.), *Comprehensive Polymer Science*, Bd. 2, Pergamon Press (1989).

F. Bueche, *Physical Properties of Polymers*, Interscience Publishers Inc. (1962).

M. Doi und S. F. Edwards, *The Theory of Polymer Dynamics*, Oxford University Press (1986).

J. D. Ferry, *Viscoelastic Properties of Polymers*, 3. Aufl., John Wiley and Sons Ltd (1979).

P. G. de Gennes, *Scaling Concepts in Polymer Physics*, Cornell University Press (1979).

M. Gordon, *High Polymers*, Iliffe (1963).

J. E. Mark, A. Eisenberg, W. W. Graessley, L. Mandelkern und J. L. Koenig, *Physical Properties of Polymers*, American Chemical Society (1984).

P. Meares, *Polymers: Structures and Bulk Properties*, Kap. 10, Van Nostrand (1965).

R. A. Pethrick und R. W. Richards (Hrsg.), *Static and Dynamic Properties of the Polymeric Solid State*, D. Reidel Publishing Co. (1982).

L. H. Sperling; *Introduction to Physical Polymer Science*, John Wiley and Sons Ltd (1986).

A. V. Tobolsky und H. Mark, *Polymer Science and Materials*, Kap. 6, Wiley Interscience (1971).

I. M. Ward, *Mechanical Properties of Solid Polymers*, 2. Aufl., John Wiley and Sons Ltd (1983).

Spezielle Literatur

1. R. F. Boyer, *Rubber Chem. Technol.*, **36**, 1303 (1963).

2. R. B. Beevers, E. F. T. White, *Trans. Farad. Soc.*, **56**, 744 (1960).

3. J. M. G. Cowie, *Europ. Polym. J.*, **11**, 297 (1975).

4. T. G. Fox, P. J. Flory, *J. Phys. Chem.*, **55**, 221 (1951).

5. P. G. de Gennes, *Physics Today*, **33** (1983).

6. A. J. Kovacs, *J. Polym. Sci.*, **30**, 131 (1958).

7. J. M. O'Reilly, F. E. Karasz, *J. Polym. Sci.*, **C, No. 14**, 49 (1966).

13 Mechanische Eigenschaften

13.1 Der viskoelastische Zustand

Die Herstellung eines Gebrauchsgegenstandes aus einem Polymeren, sei es das Formen eines duroplastischen Kunststoffs oder das Verspinnen einer Faser aus der Schmelze, beinhaltet die Deformation des Materials durch äußere Kräfte. Danach wird das fertige Produkt unvermeidlich Spannungen unterworfen, und es ist daher wichtig, sich die mechanischen und rheologischen Eigenschaften eines jeden Materials bewußt zu machen. Ebenso ist es notwendig, die grundlegenden Prinzipien zu verstehen, die sein Verhalten gegenüber diesen Kräften prägen. Klassisch betrachtet können die mechanischen Eigenschaften elastischer Festkörper durch das Hookesche Gesetz beschrieben werden, welches postuliert, daß die Spannung der resultierenden Dehnung proportional zur Verformung, aber unabhängig von der Verformungsgeschwindigkeit ist. Bei Flüssigkeiten ist das Analogon bekannt als das Newtonsche Gesetz, wobei hier die Spannung unabhängig von der Dehnung, aber proportional zu der Dehnungsgeschwindigkeit ist. Beides sind Grenzbedingungen, die nur für kleine Verformungen gültig sind; es ist daher wichtig, daß die Bedingungen, bei denen große Spannung auftreten und die u.U. zu einem mechanischen Versagen führen, untersucht werden. Ebenso wichtig ist es aber, das Verhalten gegenüber geringer mechanischer Beanspruchung zu prüfen. Beide Gesetze können sich unter diesen Umständen als nützlich erweisen.

In vielen Fällen kann ein Material die Charakteristika sowohl einer Flüssigkeit als auch eines Feststoffs aufweisen, und keines der Grenzgesetze wird dann sein Verhalten geeignet beschreiben. Das System befindet sich dann in einem *viskoelastischen Zustand*. Ein besonders zutreffendes Beispiel für ein viskoelastisches Material ist ein Silikonpolymeres, das als „Springkitt" (bouncing putty) bekannt ist. Wird eine Probe davon zu einer Kugel geformt, kann sie wie ein Gummiball aufgeprellt werden, d.h., die schnelle Einwirkung der Kraft und die schnelle Entlastung verursacht, daß sich das Material wie ein elastischer Körper verhält. Läßt man andererseits die Kraft über einen längeren Zeitraum einwirken, so fließt das Material wie eine viskose Flüssigkeit, so daß die Kugelgestalt bald verloren geht, wenn die Probe einige Zeit steht. Ähnlich verhält sich Pech, allerdings nicht so spektakulär. Bevor das viskoelastische Verhalten amorpher Polymerer näher zu untersuchen ist, sollen zunächst einige grundlegenden Begriffe definiert werden.

13.2 Mechanische Eigenschaften

Homogene, isotrope, elastische Materialien besitzen die einfachsten mechanischen Eigenschaften, und es lassen sich drei Grundtypen elastischer Deformationen beobachten, wenn ein solcher Körper 1. einachsiger Zugbeanspruchung, 2. Scherbeanspruchung und 3. gleichförmiger Druckbeanspruchung unterworfen wird.

Einachsige Zugbeanspruchung. Betrachtet wird ein Prisma der Länge x_0 und der Querschnittsfläche $A_0 = y_0 z_0$. Wird dieses Prisma einem ausgewogenen Paar von Zugkräften F unterworfen, ändert sich seine Lage und sein Inkrement dx, so daß $x_0 + dx = x$ wird (siehe Bild 13.1a). Ist dx klein, ist gemäß dem Hookeschen Gesetz die Zug*spannung* σ proportional der *Dehnung* ε. Die Proportionalitätskonstante ist als der *Elastizitätsmodul* bekannt und für elastische Körper gilt

$$\sigma = E\varepsilon\,, \tag{13.1}$$

wobei E für den Elastizitätsmodul steht, der bisweilen auch als Young-Modul bezeichnet wird.

Die Spannung σ ist ein Maß für die Kraft pro Einheitsfläche (F/A), und die Dehnung ist definiert als die Verlängerung pro Einheitslänge, d.h., $\varepsilon = (dx/x_0)$. Es sollte jedoch besonders hervorgehoben werden, daß man in der Literatur auch andere Definitionen antrifft, am häufigsten wohl $\varepsilon = \ln(x/x_0)$, die als die wahre Dehnung bezeichnet wird, während ein Ausdruck, der sich aus der kinetischen Elastizitätstheorie ableitet, die Form

$$\varepsilon = (1/3)\left\{(x/x_0) - (x_0/x)^2\right\}$$

besitzt. Natürlich wird die Verlängerung dx von Querkontraktionen dy und dz begleitet sein, diese können aber, obwohl sie normalerweise negativ und gleich groß sind, gewöhnlich Null gesetzt werden.

Bei einem isotropen Körper kann man die Längenänderung pro Einheitslänge mit der Breitenänderung pro Einheitslänge nach

$$v_P = (dy/y_0)/(dx/x_0) \tag{13.2}$$

in Beziehung setzen, wobei v_P als die Querkontraktionszahl (Poisson-Verhältnis) bekannt ist und sich zwischen 0,5 - wenn keine Volumenänderung auftritt - und 0,2 bewegt.

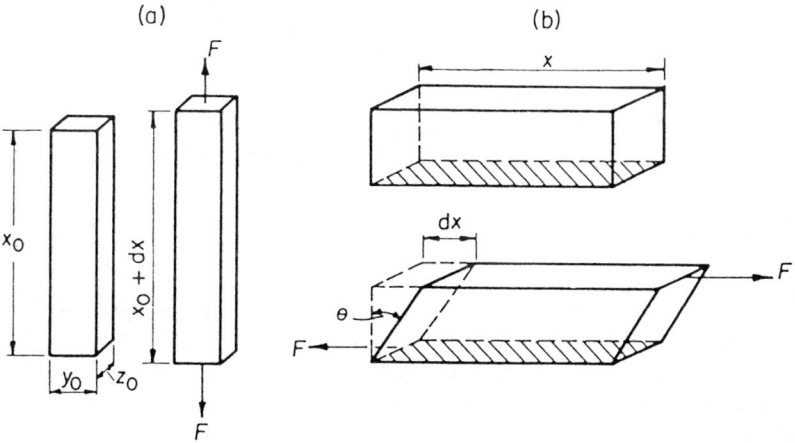

Bild 13.1: (a) Zugbeanspruchung eines Stabes; (b) Scherung eines rechteckigen Blockes mit einem im Gleichgewicht stehenden Kräftepaar F.

Scherbeanspruchung. Bei Scherbeanspruchung ist die Formänderung nicht von einer Volumenänderung begleitet. Ist die Grundfläche des Körpers, die in Bild 13.1b schraffiert ist, fest fixiert, verursacht eine Querkraft F, die auf die gegenüberliegende Seite ausgeübt wird, eine Deformation dx unter dem Winkel θ. Der Schubmodul G ist dann gegeben durch den Quotienten aus der Scherkraft pro Einheitsfläche und der Scherkraft pro Einheitsabstand zwischen den Scheroberflächen. Dies führt zu

$$G = \sigma_s / \varepsilon_s = \left(F/yz\right) / \left(\mathrm{d}x/y\right) = F/A \tan \theta \, .$$

Bei sehr kleinen Schubspannungen wird $\tan \theta \approx \theta$ und

$$G = F/A\theta \, . \tag{13.3}$$

Sowohl E als auch G hängen von der Form des Probenkörpers ab, und es ist im allgemeinen nötig, die Form bei jeder Messung sorgfältig zu definieren.

Gleichförmige Druckbeanspruchung. Wenn ein hydrostatischer Druck p auf einen Körper des Volumens V_0 ausgeübt und dadurch eine Volumenänderung ΔV verursacht wird, kann ein Kompressionsmodul B definiert werden als

$$B = -p / \left(\Delta V / V_0\right) \, . \tag{13.4}$$

Die Größe B wird oft als Kompressibilität ausgedrückt, die der Kehrwert des Kompressionsmoduls ist. Ähnlich sind E^{-1} und G^{-1} bekannt als Zug- und Schernachgiebigkeit und werden mit den Symbolen D und J bezeichnet.

13.3 Wechselbeziehungen zwischen den Moduln

Die oben angegebenen Beziehungen gelten für isotrope Körper, für anisotrope Körper sind die Gleichungen sehr viel komplexer. Polymere Werkstoffe sind normalerweise entweder amorph oder teilkristallin mit statistisch orientierten Kristalliten, die in einer ungeordneten Matrix eingelagert sind. Dennoch kann jegliche Symmetrie, die der Kristallit besitzt, vernachlässigt und der Körper im gesamten als isotrop behandelt werden.

Die verschiedenen Moduln können auf einfache Weise miteinander korreliert werden, da ein isotroper Körper so betrachtet wird, als ob er nur zwei unabhängige elastische Konstanten besäße, so daß gilt

$$E = 3B \left(1 - 2v_p\right) = 2 \left(1 + v_p\right) G \, . \tag{13.5}$$

Das bedeutet, daß für einen inkompressiblen elastischen Festkörper, d.h. einen Stoff mit einer Querkontraktionszahl von 0,5, der Elastizitätsmodul dreimal so groß ist wie der Schubmodul. Diese Moduln haben die Dimension einer Spannung; zum Vergleich sind in Tabelle 13.1 typische Werte für verschiedene polymere und nichtpolymere Werkstoffe bei Raumtemperatur aufgeführt.

Das Verhalten von Polymeren gegenüber mechanischer Beanspruchung kann stark variieren und hängt von dem Zustand ab, in dem sich das Polymere bei gegebener Temperatur befindet.

Tabelle 13.1: Vergleich verschiedener Moduln für einige gebräuchliche Werkstoffe

Material	E / GN m^{-2}	v_p	G / GN m^{-2}
Stahl	220	0,28	85,9
Kupfer	120	0,35	44,4
Glas	60	0,23	24,4
Granit	30	0,30	15,5
Polystyrol	34	0,33	1,28
Nylon-6,6	20	--	--
Polyethylen	24	0,38	0,087
Naturkautschuk	0,02	0,49	0,00067

13.4 Mechanische Modelle zur Beschreibung der Viskoelastizität

Ein vollkommen elastischer Werkstoff, der dem Hookeschen Gesetz gehorcht, verhält sich wie eine ideale Feder. Das Spannungs-Dehnungs-Diagramm ist in Bild 13.2a zu sehen und läßt sich mit dem mechanischen Modul einer gewichtlosen *Feder* darstellen, deren Steifigkeit dem Elastizitätsmodul des Stoffes entspricht.

Wird andererseits eine viskose Flüssigkeit einer Scherbeanspruchung ausgesetzt, weicht sie dieser durch viskoses Fließen aus, und bei kleinen Werten von σ_s kann dies durch das Newtonsche Gesetz

$$\sigma_s = \eta \mathrm{d}\varepsilon_s / \mathrm{d}t \tag{13.6}$$

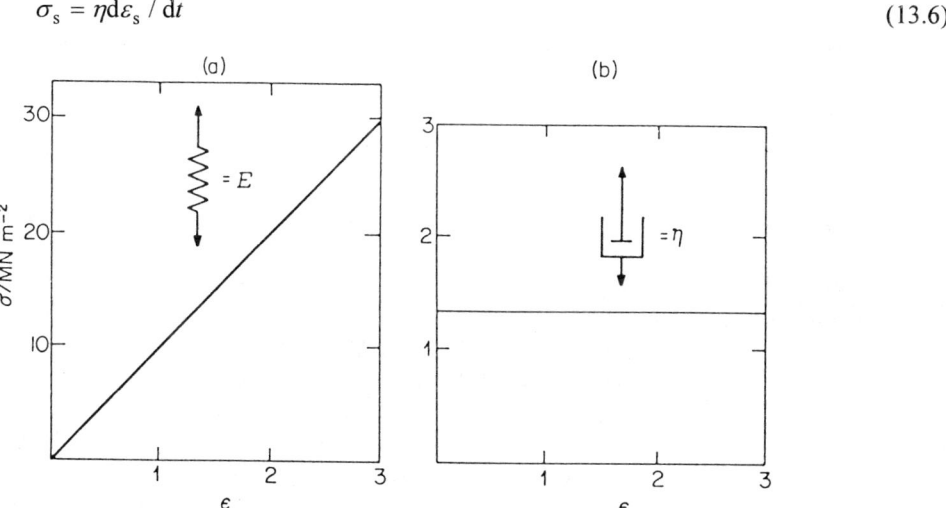

Bild 13.2: Spannungs-Dehnungs(σ-ε)-Verhalten (a) einer Feder mit dem Modul E und (b) eines Dämpfers der Viskosität η.

beschrieben werden, in dem η die Viskosität ist und das Verhältnis (dε_s/dt) die Scherge-schwindigkeit, manchmal auch als $\dot{\gamma}$ geschrieben. Da die Spannung nun unabhängig von der Verformung ist, ändert sich die Form des Diagramms. Es kann durch einen Dämpfer dargestellt werden, der ein leicht sitzender Stempel in einem Zylinder mit einer Flüssigkeit der Viskosität η ist (siehe Bild 13.2b).

Ein Vergleich der beiden Modelle zeigt, daß die Feder ein System darstellt, bei dem die gespeicherte Energie zurückgewonnen werden kann, während bei dem Dämpfer die Ener-gie in Form von Wärme durch ein viskoses Material, das man einer Deformationskraft unterwirft, dissipiert wird. Der Dämpfer dient zur Verdeutlichung der verzögerten Reaktio-nen eines Stoffes gegenüber jeder Art von Spannung.

Wegen ihrer kettenähnlichen Struktur sind Polymere nicht vollkommen elastische Kör-per, und eine Deformation ist mit einer komplexen Reihe gegenseitiger molekularer Um-wandlungen im Nah- und Fernbereich verknüpft. Infolgedessen wird das mechanische Ver-halten wesentlich von viskoelastischen Phänomenen beeinflußt im Gegensatz zu Stoffen wie Metall und Glas, bei denen die atomaren Anordnungen unter Spannung stärker lokali-siert und eingeschränkt sind.

Das Maxwell-Modell. Eine der ersten Versuche zur Deutung des mechanischen Verhaltens von Stoffen wie Pech und Teer wurde von James Clark Maxwell unternommen. Nach seinen Vorstellungen sollte man ein Material, das einerseits viskoses Fließen zeigt, anderer-seits aber auch elastisch auf eine Belastung reagieren kann, durch eine Kombination des Newtonschen und des Hookschen Gesetzes beschreiben. Das setzt voraus, daß beide Beiträge zur Dehnung additiv sind, so daß $\varepsilon = \varepsilon_{\text{elast}} + \varepsilon_{\text{visc}}$ gilt. Drückt man dies in Form einer Differentialgleichung aus, erhält man die Gleichung für die Bewegung einer Max-well-Einheit:

$$\mathrm{d}\varepsilon / \mathrm{d}t = (1 / G)\,(\mathrm{d}\sigma / \mathrm{d}t) + \sigma / \eta\,. \tag{13.7}$$

Unter den Bedingungen einer konstanten Scherbeanspruchung (dε/dt = 0) wird daraus

$$\mathrm{d}\sigma / \mathrm{d}t + G\sigma / \eta = 0\,. \tag{13.8}$$

Nimmt man als Grenzbedingung an, daß beim Zeitpunkt Null $\sigma = \sigma_0$, lautet die Lösung dieser Gleichung

$$\sigma = \sigma_0 \exp(- tG / \eta)\,, \tag{13.9}$$

wobei σ_0 die Anfangsbelastung sofort nach der Dehnung des Polymeren ist. Aus dieser Gleichung folgt, daß die Schubspannung exponentiell mit der Zeit relaxiert, wenn ein Max-well-Element bei konstanter Scherbeanspruchung gehalten wird. Zur Zeit $t = (\eta/G)$ ist die Spannung bis auf $1/e$ ihres ursprünglichen Wertes zurückgegangen und diese charak-teristische Zeit wird als die *Relaxationszeit* τ bezeichnet. Die Gleichungen können für Scherung und Zug verallgemeinert und G kann durch E ersetzt werden. Als mechanisches Analogon für eine Maxwell-Einheit kann die Kombination einer Feder mit einem Dämpfer betrachtet werden, die so hintereinandergeschaltet sind, daß die Spannung in beiden Elementen gleich groß ist. Das bedeutet, daß die Gesamtdehnung die Summe der Deh-nungen jedes Elementes ist, wie es durch Gleichung (13.7) beschrieben wird. Eine ty-

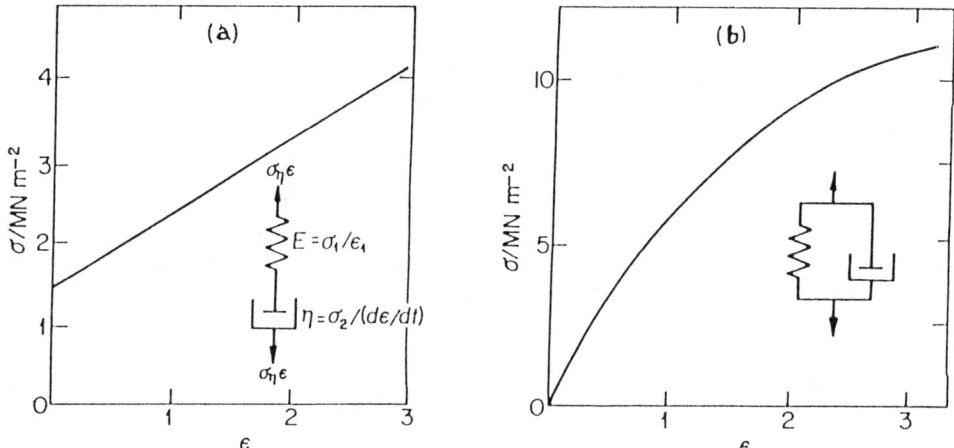

Bild 13.3: Spannungs-Dehnungs(σ-ε)-Kurven zweier einfacher mechanischer Modelle, (a) das Maxwell-Modell und (b) das Voigt-Kelvin-Modell.

pische Spannungs-Dehnungs-Kurve, wie sie sich aufgrund des Maxwell-Modells ergibt, ist in Bild 13.3a dargestellt. Unter konstanter Dehnung zeigt ein Maxwell-Körper als erstes eine sofortige elastische Deformation, der ein viskoses Fließen folgt.

Das Voigt-Kelvin-Modell. Ein zweites einfaches mechanisches Modell kann aus den idealen Elementen durch Parallelschaltung von Feder und Dämpfer konstruiert werden. Dieses Modell ist als das sogenannte Voigt-Kelvin-Modell bekannt. Jede angelegte Spannung ist jetzt zwischen den Elementen aufgeteilt, und jedes Element ist der gleichen Verformung unterworfen. Der entsprechende Ausdruck für die Dehnung ist

$$\varepsilon(t) = \sigma_0 J \left\{ 1 - \exp\left(t / \tau_R \right) \right\} . \tag{13.10}$$

$\tau_R = (\eta/G)$, bekannt als die *Retardationszeit*, ist ein Maß für die zeitliche Verzögerung der Dehnung nach dem Aufgeben der Spannung. Bei hohen Viskositäten ist die Retardationszeit lang und gibt die Zeitspanne wieder, die das Modell benötigt, um $(1 - 1/e)$ oder 0,632 der Gleichgewichtsdehnung zu erreichen.

Derartige Modelle sind viel zu einfach, um das komplexe viskoelastische Verhalten eines Polymeren zu beschreiben; auch erlauben sie keinen wirklichen Einblick in die molekularen Mechanismen des Prozesses. Allerdings können sie sich bei bestimmten Beispielen als nützlich für das Verständnis des viskoelastischen Prozesses erweisen.

13.5 Lineares viskoelastisches Verhalten amorpher Polymerer

Ein Polymeres kann einen weiteren Bereich von Materialeigenschaften aufweisen, von denen Härte, Verformbarkeit, Zähigkeit und Festigkeit zu den wichtigsten gehören. Bestimmte Eigenschaften, wie hohe Steifigkeit, vereint mit niedrigen Kriechcharakteristika, sind bei Polymeren, die einer Belastung unterworfen werden sollen, wünschenswert. Unglücklicherweise schließen diese Eigenschaften einander aus, denn ein Polymeres mit einem hohen Modul und niedrigem Kriechverhalten kann Energie nicht leicht unter Verformung absorbieren, und besitzt daher eine schlechte Schlagzähigkeit. Das bedeutet, daß man einen Kompromiß suchen muß, der davon abhängt, welchem Zweck das Polymere dienen soll. Dies erfordert eine detaillierte Kenntnis des mechanischen Verhaltens.

Die ersten Arbeiten über die Viskoelastizität wurden mit Seide, Kautschuk und Glas durchgeführt, und man nahm an, daß diese Stoffe eine „verzögerte Elastizität" zeigen, die sich darin äußert, daß eine angelegte Spannung spontan eine mit der Zeit langsam zunehmende Dehnung verursacht. Jene Verzögerung zwischen Ursache und Wirkung ist für das beobachtete viskoelastische Verhalten verantwortlich. Die drei Hauptbeispiele für diesen Hystereseeffekt sind: 1. *Kriechen*, wobei eine verzögerte Dehnung bei schneller Zugbeanspruchung auftritt; 2. *Spannungsrelaxation* (siehe Abschnitt 13.7), bei der ein Stoff schnell gedehnt und nachfolgend ein Abfall der Spannung beobachtet wird; 3. *Dynamisches Verhalten* (siehe Abschnitt 13.9) eines Körpers gegenüber einer stetigen sinusförmigen Spannung. Diese ruft eine Dehnung hervor, die mit der gleichen Frequenz wie die Spannung, allerdings außer Phase, oszilliert. Um optimale Ergebnisse zu erhalten, müssen diese Messungen über einen weiten Temperaturbereich ausgeführt werden.

Kriechen

Um von praktischem Nutzen zu sein, muß ein Gegenstand aus Kunststoff seine Form behalten, wenn er über längere Zeit geringen Zug- oder Druckbeanspruchungen ausgesetzt wird. Diese Dimensionsstabilität ist ein wesentlicher Gesichtspunkt bei der Auswahl eines Kunststoffes für die Fabrikation von Gebrauchsgegenständen. Niemand möchte gerne, daß sein Telefonhörer, nachdem er einige Wochen auf der Gabel gelegen hat, an beiden Seiten herunterhängt, daß ein Autoreifen, der nach zu langem Parken flach wird oder daß gar Kleidung aus Synthesefasern nach kurzem Tragen ausgebeult und formlos ist. Kriechtests geben einen Eindruck über diese Verformungstendenz und sind relativ einfach durchzuführen.

Kriechen (kalter Fluß) kann definiert werden als fortwährender Anstieg der Dehnung, die in einem Polymeren, das konstanter Spannung ausgesetzt ist, über einen längeren Zeitraum beobachtet wird. Die Messungen werden an einer Probe ausgeführt, die in einem Thermostaten eingespannt ist. An das eine Ende wird eine konstante Belastung gehängt und die Dehnung durch Messung der relativen Bewegung zweier vorher angebrachter Markierungen als Funktion der Zeit verfolgt. Um übermäßige Veränderungen des Probenquerschnitts zu vermeiden, werden die Dehnungen auf nur wenige Prozent beschränkt und über annähernd drei Zeitdekaden verfolgt.

Die anfängliche, beinahe sofortige Dehnung, hervorgerufen durch die Einwirkung der Zugspannung, ist umgekehrt proportional zu der Steifigkeit oder dem Modul des Stoffes, d.h., ein Elastomeres mit einem niedrigen Modul dehnt sich beträchtlich mehr als ein Stoff im Glaszustand mit einem hohen Modul. Die anfängliche Deformation entspricht dem Bereich zwischen 0 und A der Kurve in Bild 13.4, d.h., dem Abschnitt *a*. Dieser schnellen Reaktion folgt ein Kriechbereich A bis B, der anfänglich schnell ist, aber sich schließlich auf eine konstante Geschwindigkeit verlangsamt, die durch den Abschnitt B

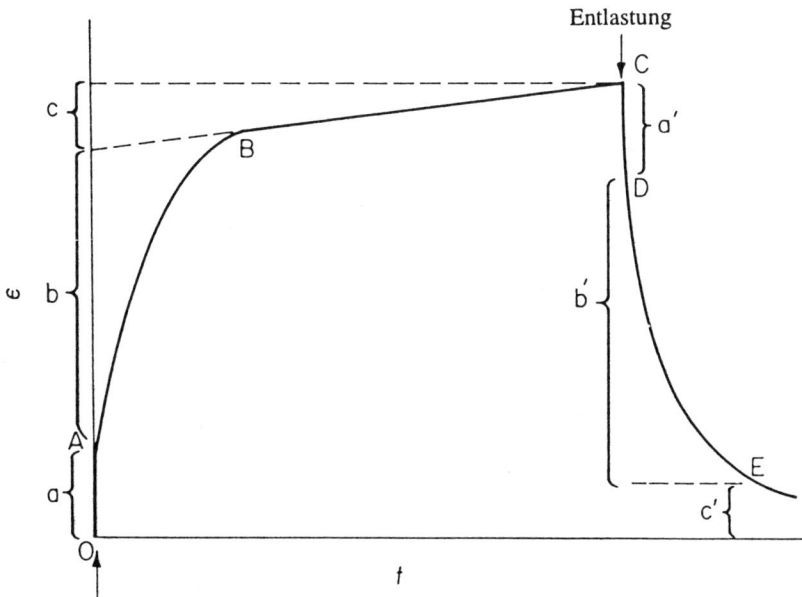

Bild 13.4: Schematische Darstellung einer Kriechkurve; (a) anfängliches elastisches Verhalten, (b) Kriechbereich, (c) irreversibles viskoses Fließen. Diese Kurve läßt sich durch das Vierelementmodell in Bild 13.5 darstellen.

bis C dargestellt wird. Bei Entlastung der Probe wird das spontane elastische Verhalten 0A völlig wiederhergestellt, und die Kurve fällt von C nach D ab, was dem Abstand $a' = a$ entspricht. Danach folgt ein langsamer Rückgang im Bereich D bis E, der nie ganz vollständig ist und das Anfangsstadium bis auf das Inkrement $c' = c$ wieder erreicht. Dies ist ein Maß für das viskose Fließen der Probe, und es ist eine nicht vollständig reversible Dehnung. Wird die Zugbeanspruchung vergrößert, werden auch Dehnung und Zugbeanspruchung größer; daher werden die Ergebnisse gewöhnlich als *Kriechnachgiebigkeit J(t)* aufgezeichnet, die definiert ist als das Verhältnis der relativen Dehnung y zum Zeitpunkt t zur Spannung, so daß

$$J(t) = yE / \sigma \tag{13.11}$$

gilt. Bei niedrigen Belastungen ist $J(t)$ unabhängig von der Belastung.

Dieses idealisierte Bild des Kriechverhaltens in einem Polymeren hat sein mechanisches Äquivalent in den früher beschriebenen Federn und Dämpfern. Die Änderungen a und a' entsprechen dem elastischen Verhalten des Polymeren. Aus diesem Grund kann in ersten Berechnungen mit einer Hookeschen Feder begonnen werden. Das Voigt-Kelvin-Modell ist in Gleichung (13.11) enthalten, welche die Änderungen b und b' wiedergibt. Die endgültigen Änderungen c und c' bezeichnen das viskose Fließen und können durch einen Dämpfer dargestellt werden, so daß das ganze ein Vierelementmodell ist (siehe Bild 13.5).

Das Verhalten kann durch die folgenden Schritte beschrieben werden. Im Diagramm (i) befindet sich das System im Ruhezustand. Die Spannung σ wird auf die Feder E_1 und den Dämpfer η_3 aufgebracht; sie wird auch auf E_2 und η_2 übertragen, allerdings mit der Zeit variierend. Im Diagramm (ii), $t = 0$, ist die Feder E_1 um den Betrag $(\sigma/E_1) = a$ gedehnt. Dem folgt eine abnehmende Kriechgeschwindigkeit mit einer fortwährend steigenden Spannung, die von E_2 getragen wird, bis schließlich η_2 überhaupt nicht beansprucht und E_2 voll gestreckt ist (Diagramm (iii)). Ein solches Verhalten läßt sich beschreiben durch

$$\varepsilon(t) = \left(\sigma_0 \, / \, E_2\right) \left\{1 - \exp\left(-t \, / \, \tau_R\right)\right\}, \tag{13.12}$$

wobei τ_R die Retardationszeit, d.h. ein Maß für die Zeit ist, die E_2 und η_2 benötigen, um 0,632 ihrer Gesamtdeformation zu erreichen. Eine beträchtlich längere Zeit erfordert die vollständige Deformation. Ist die Feder E_2 vollständig gestreckt, erfolgt das Kriechen mit einer konstanten Geschwindigkeit entsprechend der Bewegung im Dämpfer η_3. Das viskose Fließen dauert fort und der Dämpfer η_3 wird deformiert, bis die Spannung aufgehoben wird. Zu diesem Zeitpunkt zieht sich E_1 schnell um den Bereich a' zurück und es erfolgt eine Erholungsphase b'. Während dieser Zeit zwingt die Feder E_2 den Kolben im Dämpfer η_2 in seinen ursprünglichen Zustand zurück. Da auf η_3 keine Kraft einwirkt, bleibt er im gestreckten Zustand und entspricht dem irreversiblen viskosen Fließen, d.h. dem Bereich $c' = \sigma t/\eta_3$. Das System befindet sich dann in dem in Diagramm (v) gezeigten Zustand. In der Praxis besitzt eine Substanz eine Vielzahl von Retardationszeiten, die als Verteilungsfunktion $L_1(\tau)$ ausgedrückt werden können:

$$L_1(\tau) = \mathrm{d}\left\{J(t) - \left(t \, / \, \eta\right)\right\} \, / \, \mathrm{d}\ln t \,. \tag{13.13}$$

In erster Näherung kann man diese Verteilung aus einem Diagramm der Kriechnachgiebigkeit gegen $\log_e t$ abschätzen; (t/η) ist die Verteilung aus dem viskosen Fließen.

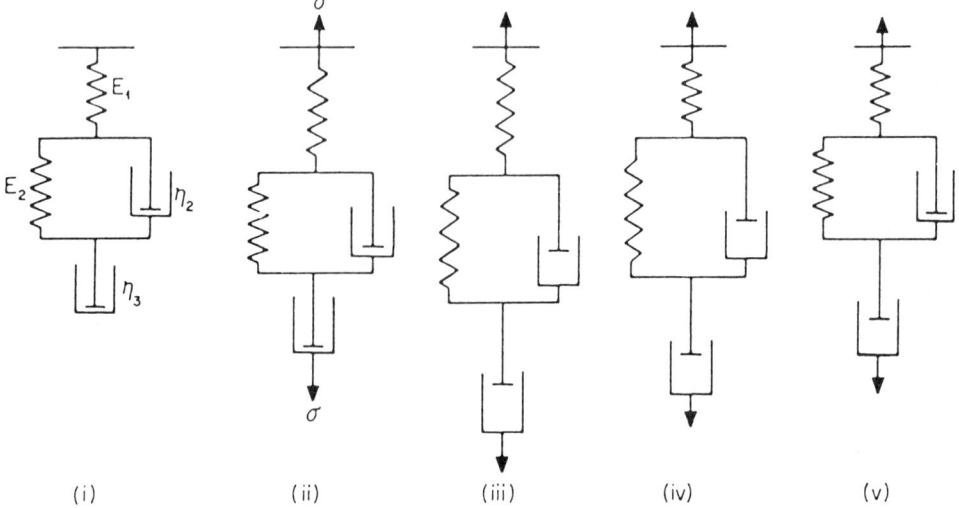

Bild 13.5:   Mechanische Modelle zur Beschreibung des Kriechverhaltens eines polymeren Stoffes.

Spannungs-Dehnungs-Messungen

Daten aus Spannungs-Dehnungs-Messungen an Thermoplasten sind von praktischer Bedeutung, da sie Informationen über den Modul, die Sprödigkeit und Zugfestigkeit sowie die Streckgrenze des Polymeren liefern. Unterwirft man die Probe einer Zugkraft mit gleichmäßiger Geschwindigkeit und mißt die resultierende Verformung, so erhält man eine Kurve, wie sie in Bild 13.6 gezeigt ist.

Die Form einer solchen Kurve ist abhängig von der Prüfgeschwindigkeit, die aus diesem Grund immer angegeben werden muß, wenn ein vernünftiger Vergleich zwischen verschiedenen Meßdaten möglich sein soll. Der Anfangsbereich der Kurve ist linear, und der Anfangstangentenmodul E wird aus dieser Steigung ermittelt. Am Punkt L ist die Spannung erreicht, bei der ein sprödes Material bricht; die Fläche unter der Kurve bis zu diesem Punkt ist proportional der Energie, die für den Sprödbruch benötigt wird. Ein zähes Material wird nicht brechen, hier durchläuft die Kurve ein Maximum oder einen Sattelpunkt Y, bekannt als die Streckgrenze. Jenseits dieses Punktes wird schließlich die äußerste Dehnung u.U. erreicht, und das Polymer bricht am Punkt B. Die Fläche unter diesem Kurventeil entspricht der Energie, die für den Zähbruch benötigt wird.

Einfluß der Temperatur auf das Spannungs-Dehnungs-Verhalten

Polymere mit einem hohen Elastizitätsmodul bei Raumtemperatur, wie Polystyrol und Poly(methylmethacrylat), fallen in die Kategorie der harten, spröden Materialien, die bereits brechen, bevor der Punkt Y erreicht ist. Ein Beispiel für ein hartes, zähes Polymer ist Celluloseacetat; verschiedene Spannungs-Dehnungs-Kurven bei unterschiedlichen

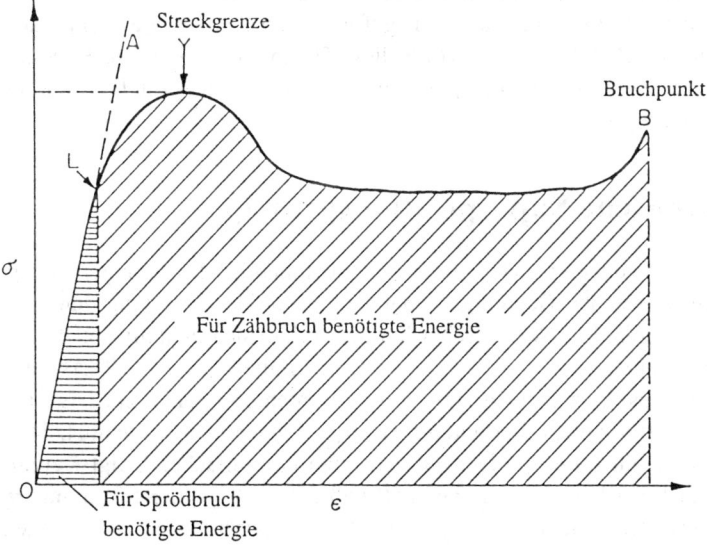

Bild 13.6:   Idealisierte Spannungs-Dehnungs-Kurve; die Steigung 0A ist ein Maß für den Tangentenmodul.

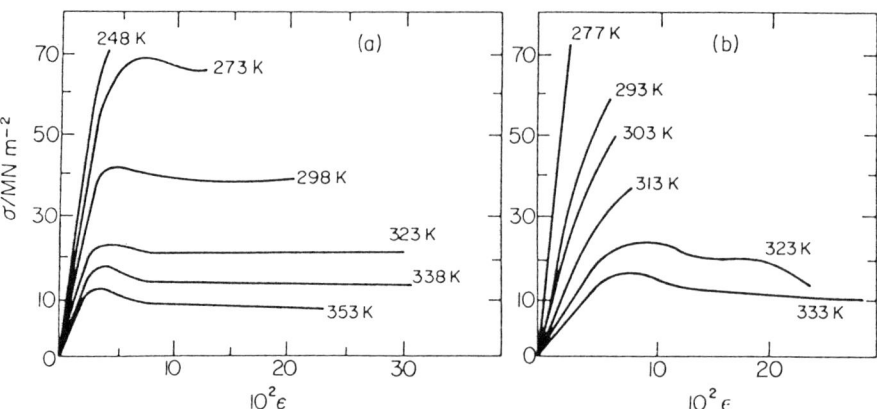

Bild 13.7:   Einfluß der Temperatur auf das Spannungs-Dehnungs-Verhalten von (a) Celluloseacetat und (b) Poly(methylmethacrylat) (nach Daten von Carswell und Nason).

Temperaturen sind in Bild 13.7a dargestellt. Als Vergleich sind diesen Kurven entsprechende Spannungs-Dehnungs-Kurven für Poly(methylmethacrylat) gegenübergestellt.

Man erkennt, daß die Temperatur die Kurvenform charakteristisch beeinflußt. Mit steigender Temperatur nehmen sowohl Steifigkeit als auch Streckgrenze ab, während die
Dehnung im allgemeinen zunimmt. Beim Celluloseacetat findet man einen Übergang aus
dem harten, spröden Zustand unterhalb 273 K in ein weicheres, aber auch zäheres Polymeres bei Temperaturen oberhalb 273 K. Bei Poly(methylmethacrylat) bleiben die harten,
spröden Charakteristika bis zu viel höheren Temperaturen erhalten, aber auch dieses Polymere geht schließlich bei ungefähr 320 K in einen weichen, zähen Zustand über. Wenn also
für einen Werkstoff hohe Steifigkeit und Zähigkeit gefordert sind, spielt die Temperatur
eine ausschlaggebende Rolle. Celluloseacetat erfüllt diese Bedingungen bei 298 K besser
als bei 350 K, wo der Modul und die Fähigkeit zur Energieabsorption, dargestellt durch die
Fläche unter der Kurve, kleiner sind.

13.6 Das Boltzmannsche Superpositionsprinzip

Wird eine Hookesche Feder zu verschiedenen Zeiten zunehmenden Spannungen unterworfen, so werden die resultierenden Dehnungen unabhängig von der Belastung oder von
der Vorgeschichte der Feder sein. Ein Newtonscher Körper verhält sich in ähnlicher Weise.
Bei viskoelastischen Materialien ist das Verhalten gegenüber mechanischen Tests zeit-
abhängig, allerdings kann das Verhalten zu jedem bestimmten Zeitpunkt vorhergesagt
werden, wenn man ein von Boltzmann erarbeitetes Superpositionsprinzip anwendet. Dies
kann durch einen Kriechtest illustriert werden, bei dem man ein einfaches Voigt-Kelvin-
Modell mit einer einzigen Retardationszeit τ_R benutzt, daß zur Zeit t_0 einer Spannung σ_0
ausgesetzt wird. Wird nach den Zeiten t_1, t_2, t_3, ... das System zusätzlichen Spannungen
σ_1, σ_2, σ_3, ... unterworfen, so besagt das Prinzip, daß das Kriechverhalten des Systems einfach durch Aufaddieren der einzelnen Beiträge jedes Spannungsinkrementes vorhergesagt
werden kann. Wenn sich also die Spannung kontinuierlich ändert, kann die Addition

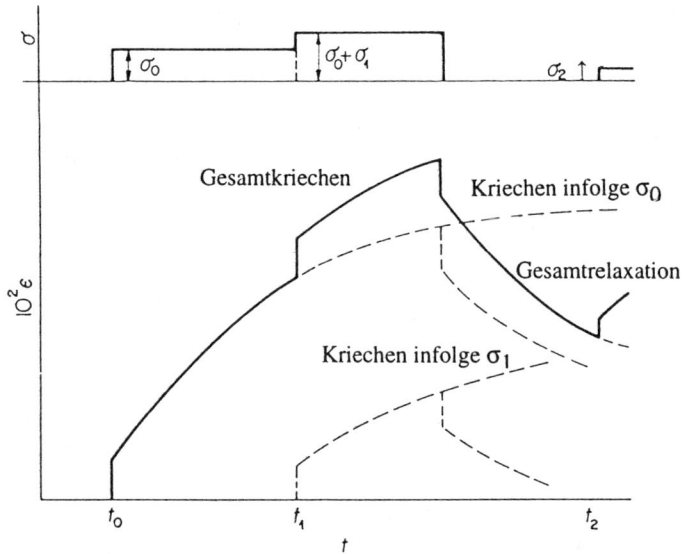

Bild 13.8: Anwendung des Boltzmannschen Superpositionsprinzips auf ein Kriechexperiment.

durch ein Integral ersetzt werden und σ_n durch eine sich kontinuierlich ändernde Funktion, so daß zur Zeit t^*, bei der die Spannung $\sigma(t^*)$ existiert, die Dehnung gegeben ist durch

$$\varepsilon\left(t^*\right) = \int_0^{t^*} \frac{\mathrm{d}\sigma\left(t^*\right)}{\mathrm{d}t^*}\, \phi\left(t^*-t_n\right)\mathrm{d}t .$$

(13.14)

Das Prinzip konnte erfolgreich auf das Kriechen (infolge Zugbeanspruchung) amorpher und kautschukelastischer Polymerer angewendet werden, wohingegen es bei merklicher Kristallinität der Probe allerdings nicht so günstig ist. Eine graphische Darstellung dafür wird in Bild 13.8 gegeben.

13.7 Spannungsrelaxation

Bei Spannungsrelaxationsexperimenten mißt man als Funktion der Zeit, die zur Aufrechterhaltung der Deformation benötigte Kraft, welche zu Beginn durch eine aufgebrachte Spannung hervorgerufen wird. Spannungsrelaxationstests werden weitaus seltener durchgeführt als Kriechtests, da bei vielen Fachleuten die Meinung vorherrscht, sie ließen sich schwieriger interpretieren. Dieser Standpunkt ist anfechtbar, denn der tatsächliche Grund scheint offensichtlich in der einfacheren Durchführbarkeit von Kriechtests zu liegen. Wie später noch gezeigt wird, lassen sich in der Theorie alle mechanischen Parameter austauschen, und daher basieren solche Messungen alle auf dem Verständnis der viskoelastischen Theorie. Während Spannungsrelaxationsmessungen für die allgemeine Untersuchung des Polymerverhaltens nützlich sind, haben sie ganz besonderen Wert bei der Bestimmung von Antioxidantien in Polymeren – besonders in Elastomeren – gefunden, da

Messungen an solchen Systemen relativ leicht durchzuführen sind und empfindlich gegenüber Kettenbrüchen in Netzwerken sind.

Experimentelle Spannungs-Relaxationsmethoden. Bei einem Spannungsrelaxationsexperiment wird die zu untersuchende Probe rasch belastet. Da die Spannung normalerweise ihr
Maximum dann erreicht, wenn sich die Probe deformiert, und danach wieder abnimmt, ist
es nötig, sie kontinuierlich zu ändern, um eine konstante Verformung aufrechtzuerhalten
oder die Spannung zu messen, die zur Vollendung dieser Operation benötigt wird.

Die Komplexität der benutzten Apparatur hängt von der physikalischen Natur der Probe
ab; so ist sie für ein Elastomeres relativ einfach, wird aber immer anspruchsvoller beim
Übergang zu steifen Polymeren. Ein Apparatetyp ist in Bild 13.9 dargestellt. Die Probe
wird mit Klammern in einer bestimmten Position fixiert; nach oben ist sie mit einem Feder-
balken, nach unten mit einem verstellbaren Stab R verbunden. Die Probe wird einer Spannung unterworfen, indem der Stab R schnell nach unten gezogen und dort fixiert wird. Dadurch muß sich der obere Balken je nach Verhalten der Probe biegen, und seine Auslen-
kung wird mit einem Dehnmeßstreifen gemessen und auf einen Schreiber übertragen, wo
man dann eine Kurve für die Spannung als Funktion der Zeit erhält.

Die Ergebnisse werden als Relaxationsmodul $E_r(t)$, der eine Funktion der Beobachtungszeit ist, ausgedrückt. In Abschnitt 13.14 sind in Bild 13.21 typische Daten für Polyisobutylen dargestellt, wobei der Logarithmus des Relaxationsmoduls $E_r(t)$ gegen $\log t$ aufgetragen ist. Aus den Kurven läßt sich ablesen, daß sich in einem engen Temperaturbereich,
der dem Glasübergang entspricht, $\log E_r(t)$ rasch ändert.

Auch in diesem Fall ist ein einfaches Modell mit einer einzelnen Relaxationszeit zu
grob. Besser wird der Spannungsrelaxationsmodul $E_r(t)$ durch

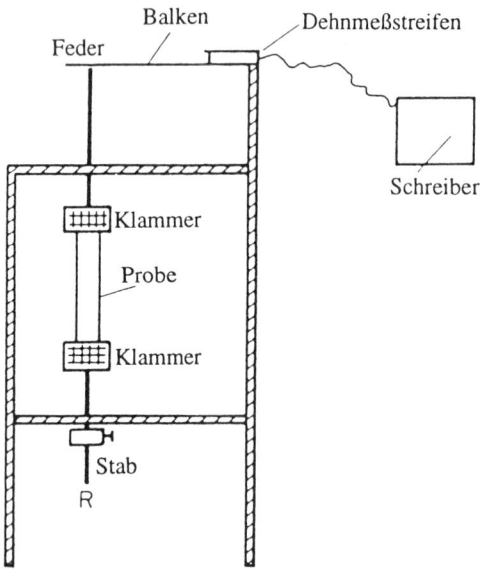

Bild 13.9:   Einfache Apparatur zur Messung der Spannungsrelaxation eines Polymeren.

$$E_r(t) = \int_0^\infty H(\tau) \exp\left(-t / \tau\right) d\left(\ln \tau\right) \tag{13.15}$$

dargestellt, wobei $H(\tau)$ die Verteilungsfunktion der Relaxationszeiten ist. Die Beziehung ist gültig für lineare Polymere, bei vernetzten Stoffen muß ein zusätzlicher Term E_∞ eingeführt werden.

13.8 Dynamisch mechanische und dielektrische Thermoanalyse

Zur Bestimmung physikalischer Eigenschaften eines Polymeren sind besonders Testverfahren geeignet, bei denen das Substrat nicht zerstört wird, insbesondere dann, wenn ein Verständnis der Leistungsfähigkeit auf molekularer Ebene erforderlich ist. Die bisher erwähnten Techniken zur Messung mechanischer Eigenschaften verbrauchen das Material oder sind nicht periodische Methoden und erstrecken sich typischerweise über Zeitintervalle von bis zu 10^6 s. Für Informationen aus Kurzzeit-Messungen haben zwei Verfahren, die dynamisch-mechanische Thermoanalyse (DMTA) und die dielektrische Thermoanalyse (DETA) eine weite Verbreitung gefunden. Dabei handelt es sich um zwei spezielle Vertreter der Relaxationsspektroskopie, bei denen die Probe durch eine sinusförmige Kraft (sowohl mechanisch als auch elektrisch) gestört wird und das Antwortverhalten des Materials über einen ganzen Temperaturbereich sowie bei unterschiedlichen Frequenzen gemessen wird. Aus einer Analyse der Reaktion des Materials ist es möglich, Informationen über die molekularen Bewegungen in der Probe zu erhalten und in wieweit diese den Modul, die Dämpfungscharakteristika und die strukturellen Übergänge beeinflussen. Beide Techniken lassen sich zur Überprüfung von molekularen Bewegungen in flüssigen oder festen Polymeren verwenden, doch bedarf es in der Relaxationsspektroskopie bei der Relaxation oder dem Übergang der Bewegung eines Dipols oder einer Ladungsverschiebung, um sie detektieren zu können. Da sowohl die DMTA als auch die DETA ähnliche Informationen über eine Probe liefern, lassen sie sich ergänzend einsetzen, insbesondere beim Versuch, den molekularen Mechanismus eines speziellen Prozesses zu identifizieren und beim Nachweis, ob eine Gruppe polar ist oder nicht.

13.9 Dynamisch mechanische Thermoanalyse (DMTA)

Bei der DMTA wird eine kleine sinusförmige Spannung mit der Kreisfrequenz ω in Form eines Drehmomentes, Schub-Dehnungs- oder Biegemodus auf die Probe aufgebracht. Wird das Polymere als klassischer gedämpfter harmonischer Oszillator behandelt, können daraus Elastizitätsmodul und Dämpfungscharakteristika erhalten werden. Elastische Stoffe wandeln mechanische Arbeit in wiedergewinnbare potentielle Energie um; wenn beispielsweise eine ideale Feder durch eine Spannung verformt wird, speichert sie die Energie und benutzt sie nach ihrer Entlastung, um ihre ursprüngliche Form wiederzuerlangen. Während dieses Cyclus wird keine Energie in Wärme umgewandelt und daher tritt auch keine Dämpfung auf.

Flüssigkeiten fließen, wenn sie einer Spannung unterworfen werden; sie speichern die Energie nicht, sondern wandeln sie fast vollständig in Wärme um und besitzen daher hohe Dämpfungswerte. Viskoelastische Polymere zeigen sowohl elastisches als auch Dämpfungsverhalten. Wenn daher eine sinusförmige Spannung auf einen linearen viskoelastischen Stoff ausgeübt wird, wird die resultierende Spannung ebenfalls sinusförmig – allerdings phasenverschoben – sein, wenn das Polymere eine Energiedissipation oder eine Dämpfung zeigt.

Harmonische Bewegung eines Maxwell-Elements. Die Anwendung einer sinusförmigen Spannung auf ein Maxwell-Element ruft eine Dehnung derselben Frequenz wie die Spannung, allerdings phasenverschoben, hervor. Dies ist schematisch in Bild 13.10 dargestellt, wo δ der Phasenwinkel zwischen Spannung und Dehnung ist. Die resultierende Dehnung kann mit ihrer Kreisfrequenz ω und dem Amplitudenmaximum ε_0 in komplexer Schreibweise durch

$$\varepsilon^* = \varepsilon_0 \exp\ (i\omega t) \qquad\qquad (13.16)$$

beschrieben werden, wobei $\omega = 2\pi v$, v die Frequenz und $i = -1^{1/2}$. Die Beziehung zwischen alternierender Spannung und Dehnung wird ausgedrückt durch

$$\sigma^* = \varepsilon^* E^*(\omega), \qquad\qquad (13.17)$$

wobei $E^*(\omega)$ der frequenzabhängige komplexe dynamische Modul ist, definiert durch

$$E^*(\omega) = E'(\omega) + iE''(\omega). \qquad\qquad (13.18)$$

Man sieht aus Gleichung (13.18), daß $E^*(\omega)$ aus zwei frequenzabhängigen Komponenten zusammengesetzt ist; $E'(\omega)$ ist der mit der Dehnung in Phase laufende Realteil, *Speichermodul* genannt, und $E''(\omega)$ ist der *Verlustmodul*, definiert als das Verhältnis der gegenüber der Spannung phasenverschobenen 90°-Komponente zu der Spannung selbst. Daher mißt $E'(\omega)$ die gespeicherte Energie und $E''(\omega)$, manchmal als Imaginärteil bezeichnet, ist tatsächlich eine echte Größe zur Ermittlung der vom Stoff dissipierten Energie.

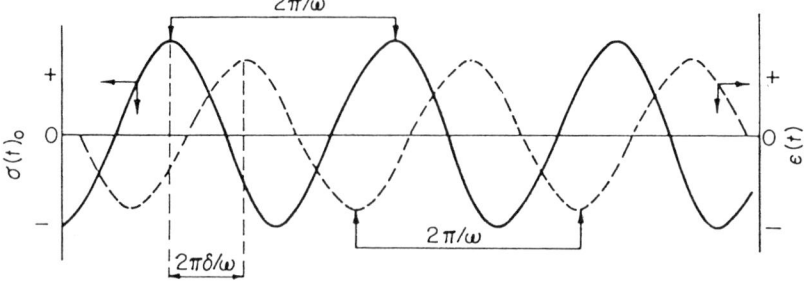

Bild 13.10: Harmonisches Oszillieren eines Maxwell-Elements; die durchgezogene Linie stellt die Spannungs- und die gestrichelte Linie die Dehnungskurve dar. Man erkennt daraus die zeitverschobene Reaktion gegenüber einer aufgebrachten Spannung.

Das Verhalten wird oft als komplexe dynamische Nachgiebigkeit

$$J*(\omega) = J'(\omega) + iJ''(\omega) \tag{13.19}$$

bezeichnet, besonders dann, wenn ein verallgemeinertes Voigt-Kelvin-Modell benutzt wird. Für das Maxwell-Modell gilt

$$\sigma*/\varepsilon* = E'\omega^2\tau^2 / (1+\omega^2\tau^2) + iE''\omega\tau / (1+\omega^2\tau^2). \tag{13.20}$$

Etwas realistischer betrachtet gibt es also eine Relaxationszeitverteilung und, wenn nötig, kann eine kontinuierliche Verteilungsfunktion abgeleitet werden.

Die Dämpfung im System oder der Energieverlust pro Cyclus kann über den Verlustwinkel tan δ gemessen werden. Er ist ein Maß für die innere Reibung und steht mit den komplexen Moduln durch

$$\tan\delta = 1/\omega\tau = E''(\omega)/E'(\omega) = J''(\omega)/J'(\omega) \tag{13.21}$$

in Beziehung.

Das Einsetzen der molekularen Bewegung in der Polymerprobe spiegelt sich im Verhalten von E' und E'' wider. Eine schematische Darstellung (siehe Bild 13.11) der Änderung von E' und E'' mit ω unter der Annahme nur eines einzigen τ-Wertes für das Modell zeigt, daß bei $\omega = 1/\tau$ ein Maximum im Verlustwinkel auftritt. Dieses stellt einen Übergangspunkt dar, wie z.B. T_g oder T_m oder irgendein anderer Bereich, in dem eine bedeutende molekulare Bewegung in der Probe auftritt. Das Maximum ist charakteristisch für die dynamische Methode, da die Kriech- und Relaxationsverfahren kaum eine Änderung in der Modulgröße zeigen.

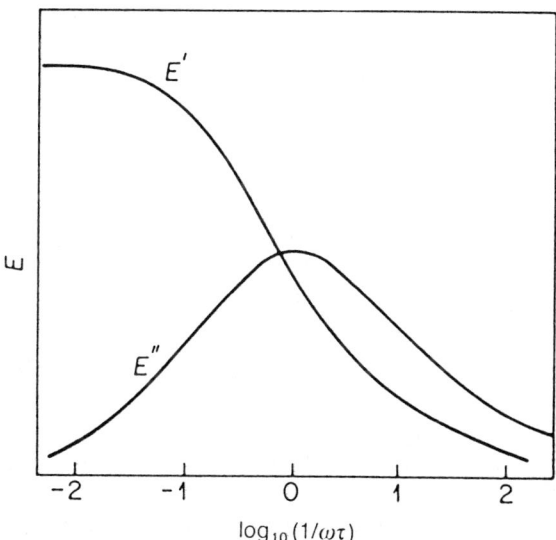

$$\log_{10}(1/\omega\tau)$$

Bild 13.11: Verhalten von E' und E'' als Funktion der Kreisfrequenz für ein System mit einer einzigen Relaxationszeit.

13.10 Experimentelle Methoden

Im wesentlichen gibt es drei experimentelle Wege zur Messung der dynamisch-mechanischen Eigenschaften einer Probe; (a) Freie Schwingung, (b) erzwungene Schwingung – mit Resonanz – und (c) erzwungene Schwingung - ohne Resonanz. Das mechanische Verhalten wird gewöhnlich bei niedrigen Frequenzen und über einen größtmöglichen Temperaturbereich bestimmt. Beispiele für jede Methode werden im folgenden Abschnitt beschrieben.

Torsionsschwingungsapparatur - freie Schwingung

Eine Untersuchung des mechanischen Dämpfungs- und Schubmoduls unter freier Schwingung kann mit einem Torsionspendel erfolgen. Die Probe wird an einem Ende fest eingespannt und am anderen Ende an einer Scheibe mit einem großen Trägheitsmoment befestigt, die sich frei bewegen kann. Da die Polymerprobe nicht unter einer Zugspannung stehen sollte, wird der Draht, der die Scheibe trägt, über Rollen geleitet und das Gewicht von Scheibe und Probe wird durch entsprechende Gewichte an den Drahtenden ausgeglichen (siehe Bild 13.12a). Verdreht man die Scheibe und läßt sie dann wieder in ihren Ausgangszustand zurückschwingen, so wird sich auch die Probe um ihre vertikale Achse verdrehen. Die dadurch in der Probe hervorgerufenen Oszillationen werden von einem am fixierten Ende der Probe befestigten und im Torsionsbalken gehaltenen Arm aufgenommen und durch einen linearen variablen Differentialtransformator auf einen Schreiber übertragen.

Die Bewegungen der Probe werden als eine Reihe von Oszillationen registriert, deren Frequenz eine Funktion des physikalischen Zustandes der Probe ist (siehe Bild 13.12b). Als Schwingungsperiode P nimmt man den Abstand zwischen zwei benachbarten Maxima oder Minima und als Amplitude die Höhendifferenz von einem Minimum zum folgenden Maximum. Der exponentielle Abfall der Amplitude entlang der Achse ist ein Zeichen für die mechanische Dämpfung. Bei einer Temperatur $T_1 > T_g$ absorbiert die Probe den größten Teil der Energie, und die Dämpfung ist hoch, während bei einer viel tieferen Temperatur $T_2 < T_g$ die Probe die Energie zu speichern trachtet und die Dämpfung daher viel niedriger wird.

Ein quantitatives Maß für die Dämpfung liefert das logarithmische Dekrement Δ, das definiert ist als der Logarithmus der Amplitudenabnahme pro Cyclus. Man berechnet es aus den Amplituden zweier aufeinanderfolgender Oszillationen nach der Gleichung

$$\Delta = \ln\left(A_1 / A_2\right) = \ln\left(A_2 / A_3\right) = \ldots\ldots = \ln\left(A_n / A_{n+1}\right). \tag{13.22}$$

Aus diesen Daten läßt sich auch der Schubmodul $G = KI/P^2$ ableiten, der umgekehrt proportional zum Quadrat der Meßperiode ist. Der Faktor K hängt von der Form und der Größe der Probe ab, I ist das polare Trägheitsmoment.

Die Methode kann den gesamten Modulbereich überstreichen, der bei Polymersystemen auftreten kann, ist aber auf einen relativ engen Frequenzbereich von 0,01 bis 10 Hz beschränkt.

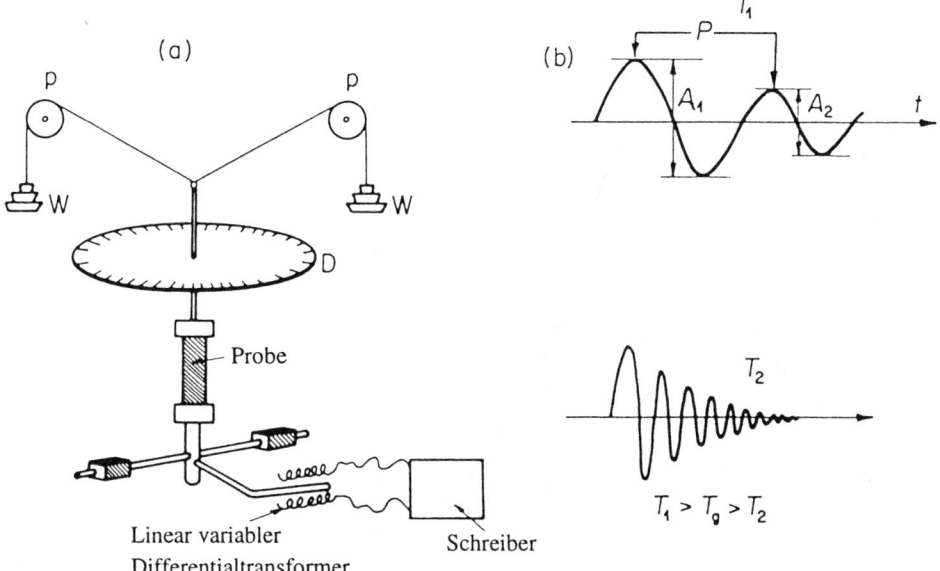

Bild 13.12: (a) Schematische Darstellung eines Torsionspendels, bei dem das Gewicht der Scheibe D durch die Gewichte W, die über den Rollen p hängen, kompensiert wird. (b) Typische Kurven für eine Probe bei T_2 unterhalb und T_1 oberhalb ihrer Glastemperatur.

Erzwungene Schwingung – mit Resonanz

Für erzwungene Schwingungsmessungen mit Resonanz wird eine Probe in Form eines dünnen Streifens an einem Ende fest eingespannt, während das andere Ende frei bleibt. Das eingespannte Ende wird dann mit einer gegebenen Frequenz v in Querschwingung versetzt und die Amplitude der am freien Ende auftretenden Schwingung registriert. Dann wird ein Frequenzbereich untersucht, der breit genug sein muß, um die Resonanzfrequenz der Probe v_r einzuschließen, die aus dem Maximum einer Auftragung von Amplitude gegen Frequenz ermittelt wird (siehe Bild 13.13). Ihr Wert liefert Aufschluß über den Elastizitätsmodul E, der nach der Gleichung

$$E = cL^4 \rho v_r^2 / D^2 \tag{13.23}$$

mit dem Quadrat der Resonanzfrequenz in Beziehung steht. c ist hier eine numerische Konstante, L die freie Länge der Probe, D ihre Dicke und ρ ihre Dichte.

Werden die Amplituden als das Verhältnis der einen Amplitude zur maximalen Amplitude ausgedrückt, kann man die Dämpfung aus der Halbwertsbreite h der Kurve berechnen:

$$h = \left(v_2 - v_1\right) / v_r . \tag{13.24}$$

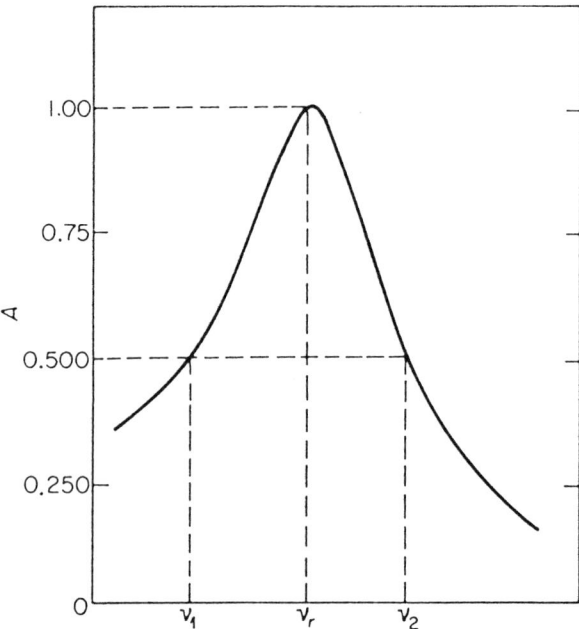

Bild 13.13:   Typische Kurve für einen Schwingungsblattversuch.

Diese Technik ist nicht so günstig wie das Torsionspendel, kann aber über den größeren Frequenzbereich von 10 bis 10^3 Hz eingesetzt werden.

Erzwungene Schwingung - ohne Resonanz

Für diese Untersuchungen stehen verschiedene Apparatetypen zur Verfügung, die aber gewöhnlich nur für die Messung von starren Polymeren oder Kautschuken eingesetzt werden können. Ein derartiges Instrument ist in Bild 13.14 schematisch dargestellt. Die Probe C wird an beiden Enden fest eingespannt; die eine Seite besteht aus einem Kraftumwandler D, der die angewendete sinusförmige Kraft mißt, und die andere Seite, B, registriert die Verformung der Probe. In dem Vibrator A kann eine sinusförmige Zugspannung gegebener Frequenz erzeugt werden; stellt man die elektrischen Vektoren von Kraft und Verschiebung durch $\overline{\alpha}_1$ und $\overline{\alpha}_2$ dar, kann bei Erfüllung der Bedingung $|\overline{\alpha}_1| = |\overline{\alpha}_2| = 1$ der Tangens des Phasenwinkels δ zwischen Spannung und Dehnung nach

$$\overline{\alpha}_1 - \overline{\alpha}_2 = 2\sin(\delta/2) \approx \tan\delta \tag{13.25}$$

berechnet werden. Diese Eichoperation, gefolgt von der Subtraktion der elektrischen Vektoren, wird direkt in der Registriereinheit ausgeführt.

Der komplexe Elastizitätsmodul E^* ist gegeben durch

$$E^* = FL/\Delta LA, \tag{13.26}$$

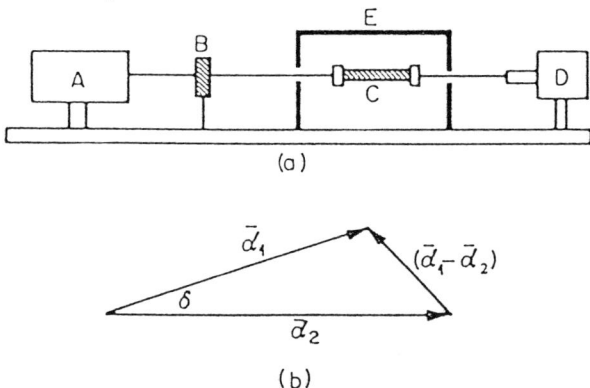

(a)

(b)

Bild 13.14: (a) Schematisches Diagramm eines Apparates zur Messung des dynamisch-mechanischen Verhaltens nach einer Nicht-Resonanz-Methode. (b) Vektordiagramm für die Beziehungen zwischen α und δ.

wobei F die Amplitude der Zugkraft ist, A die Querschnittsfläche der Probe, L ihre Länge und ΔL die Amplitude der Verlängerung. Speicher- und Verlustmodul E' und E'' folgen aus $E' = E^* \cos \delta$ und $E'' = E^* \sin \delta$.

Einen breiten Anwendungsbereich hat mittlerweile eine Laborversion eines DMTA-Gerätes gefunden; eine schematische Darstellung des Probenkopfes ist in Bild 13.15 gezeigt. Auf die Probe können verschiedene Dämpfungen angewendet werden, so daß Messungen nach der Biege-, Scher- oder Zugmethode durchführbar sind.

Bei einer Messung im Biegemodus wird die Probe in Form eines kleinen Streifens an beiden Enden sorgfältig festgeklammert und der Mittelpunkt mit Hilfe einer keramischen Antriebswelle in Vibration versetzt. Diese läßt sich mit zuvor ausgewählten Frequenzen in einem Bereich von 0,01 bis 200 Hz betreiben. Die angelegte Spannung ist proportional dem Wechselstrom, der der Antriebswelle zugeführt wird, und die Dehnung wird mit Hilfe eines Energieumwandlers, der die Verschiebung der Antriebsklemme mißt, aufgezeichnet.

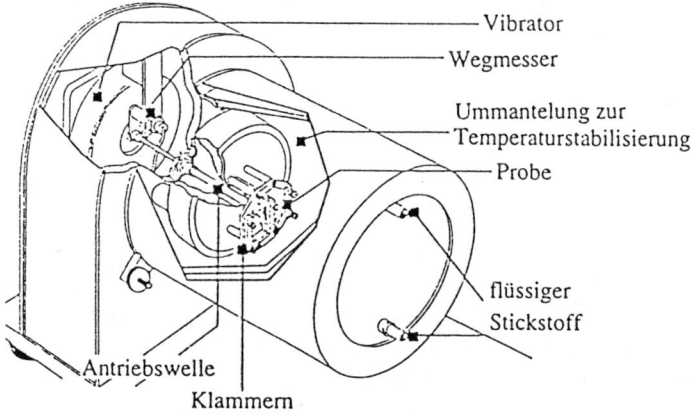

Bild 13.15: Schematische Darstellung des Probenkopfes für eine DMTA.

Die Temperatur kann über einen Bereich von 120 bis 770 K kontrolliert werden; sowohl isotherme Messungen als auch Temperaturgradienten nach oben und nach unten mit beliebigen Geschwindigkeiten sind durchführbar.

13.11 Korrelation mechanischer Dämpfungsterme

Die verschiedenen beschriebenen praktischen Methoden liefern geringfügig voneinander abweichende Ausdrücke für die Dämpfung und die Moduln, die aber alle sehr einfach miteinander korreliert werden können. Im allgemeinen kann man einen Dissipationsfaktor oder einen Verlustwinkel (G''/G') oder (E''/E') ableiten, der den Energieumsatz pro Cyclus wiedergibt. Dies führt zu den äquivalenten Gleichungen

$$G'' / G' = \Delta / \pi = (1/\pi n)\ \ln\left(A_1 / A_n\right) \tag{13.27}$$

$$E'' / E' = \left(1/\sqrt{3}\right)\left(\nu_2 - \nu_1\right) / \nu_r \tag{13.28}$$

und

$$E'' / E' = \tan\delta. \tag{13.29}$$

In erster Näherung kann man schreiben

$$\left(E'' / E'\right) = \left(G'' / G'\right),$$

wobei die Daten aus allen Meßtypen zur Charakterisierung der Probe benutzt werden können. Es sollte auch noch angemerkt werden, daß bei Verwendung komplexer Moduln die entsprechenden komplexen Nachgiebigkeiten durch (G''/G') = (J''/J') gegeben sind. Die Moduln können auch durch $G' = \omega\eta''$ und $G'' = \omega\eta'$ mit der Viskosität korreliert werden, wobei η als dynamische Viskosität bekannt ist.
Die Näherungen $G \approx G'$ und $E \approx E'$ sind bei niedrigen Dämpfungen erlaubt, der absolute Wert für den Modul $|G|$ oder $|E|$ kann mit den komplexen Komponenten nach $|E| = \{(E')^2 + (E'')^2\}^{1/2}$ in Beziehung gesetzt werden. Für $|G|$ gilt ein ähnlicher Ausdruck.

13.12 Dielektrische Thermoanalyse

Trockene Polymere leiten elektrischen Strom nur sehr schlecht und können daher als Isolatoren angesehen werden. Das Anlegen eines elektrischen Feldes an ein Polymeres kann eine Polarisation der Probe bewirken, wobei es sich um einen Oberflächeneffekt handelt; enthält das Polymeres jedoch Gruppen, die sich wie permanente Dipole verhalten können, so bewirkt das Anlegen eines Feldes eine Ausrichtung der Dipole in Feldrichtung. Nach Ausschalten des elektrischen Feldes können die Dipole in eine statistische Anordnung relaxieren, allerdings geschieht dies aufgrund des Reibungswiderstandes, der durch die Gruppen im Polymeren ausgeübt wird, nicht augenblicklich. Dieser Unordnungsprozeß wird durch eine Relaxationszeit charakterisiert, die allerdings schwer zu messen ist. Es ist daher sehr viel einfacher, eine sich sinusförmig ändernde Spannung an die Probe anzulegen und so die Polarisation der Dipole unter stationären Bedingungen zu untersuchen.

Bei der DETA wird ein schwaches, veränderliches elektrisches Feld an die Probe angelegt und die elektrische Ladungsverschiebung Q durch Verfolgung des Stromes i (= dQ/dt) gemessen. Die komplexe Permittivität ε^* läßt sich aus der Änderung der Amplitude bestimmen und, wenn man die Phasenverschiebung zwischen der angelegten Spannung und dem austretenden Strom ermittelt (siehe Bild 13.16), so läßt sich ε^* in die zwei Komponenten ε', die Speicherung (dielektrische Konstante), und ε'', den Verlust (dielektrischer Verlust), zerlegen. Die bei den Messungen verwendeten Frequenzen müssen in einem Bereich liegen, in dem eine Orientierungspolarisation der Dipole im Polymeren aktiv ist. Diese Frequenzen liegen höher als jene, die bei der DMTA genutzt werden, und liegen typischerweise in einem Bereich von 20 Hz bis 100 kHz.

Während die Hauptvariable die Temperatur ist, kann man die Faktoren ε' und ε'' in Abhängigkeit von der Winkelfrequenz ω untersuchen und in dem Frequenzbereich, in welchem Relaxation auftritt, nimmt ε' wie in Bild 13.17 gezeigt ab. Die Größe der

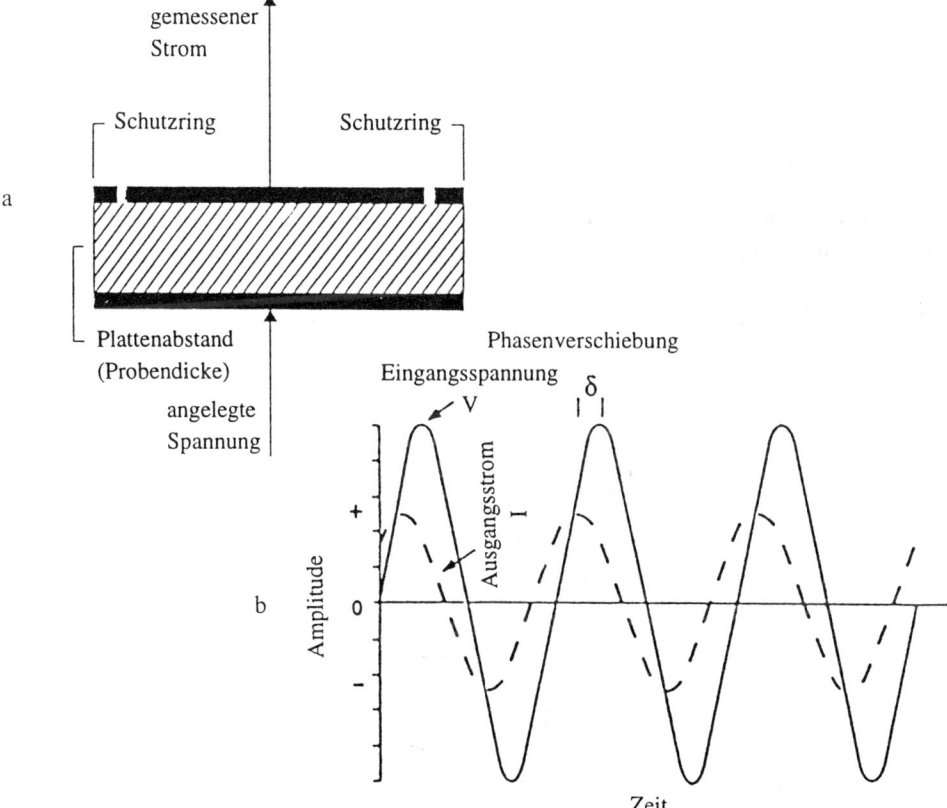

Bild 13.16: Schematische Darstellung (a) der Meßzelle und (b) des Verhaltens der zugeführten Spannung und des austretenden Stroms bei der DETA (übernommen von T. Grentzer und J. Leckenby, *International Laboratory*, 19(6), 34-38, Juli/August (1989); Copyright 1989 by International Scientific Communications Inc.).

Abnahme ($\varepsilon_0 - \varepsilon_\infty$) ist ein Maß für die Stärke des bei der Relaxation beteiligten molekularen Dipols. Dabei steht ε_0 für die statistische dielektrische Konstante, die mit dem aktuellen Dipolmoment des Polymeren korreliert ist; ε_∞ ist die bei hohen Frequenzen bestimmte dielektrische Konstante. Wird der dielektrische Verlustfaktor bei der charakteristischen Frequenz ω_{max} und einer gegeben Temperatur bestimmt, so läuft er durch ein Maximum, wenn eine Relaxation auftritt und die Relaxationszeit des Dipols $\tau = 1/\omega_{max}$ wird beobachtet. Bei Frequenzen oberhalb von ω_{max} vermögen die Dipole dem veränderlichen Feld nicht mehr zu folgen und somit sind sowohl ε' als auch ε'' niedrig. Sind die Frequenzen kleiner als ω_{max} sind die permanenten Dipole in der Lage, dem Feld eng zu folgen, weswegen ε' groß ist, da sich die Dipole mit einer jeden Polaritätsänderung anordnen können. Auf der anderen Seite ist ε'' wiederum klein, da nun Spannung und Strom ungefähr um 90° phasenverschoben sind.

Formell lassen sich dielektrische Relaxationsprozesse durch die folgenden Gleichungen beschreiben

$$\varepsilon' = \varepsilon_0 + \frac{\left(\varepsilon_0 - \varepsilon_\infty\right)}{\left(1 + \omega^2 \tau^2\right)} \tag{13.30}$$

und

$$\varepsilon'' = \omega\tau + \frac{\left(\varepsilon_0 - \varepsilon_\infty\right)}{\left(1 + \omega^2 \tau^2\right)}. \tag{13.31}$$

Eine sehr hilfreiche Art der Datenuntersuchung ist die Bestimmung des Verhältnisses der beiden Faktoren, welches die dielektrische Verlusttangente ergibt

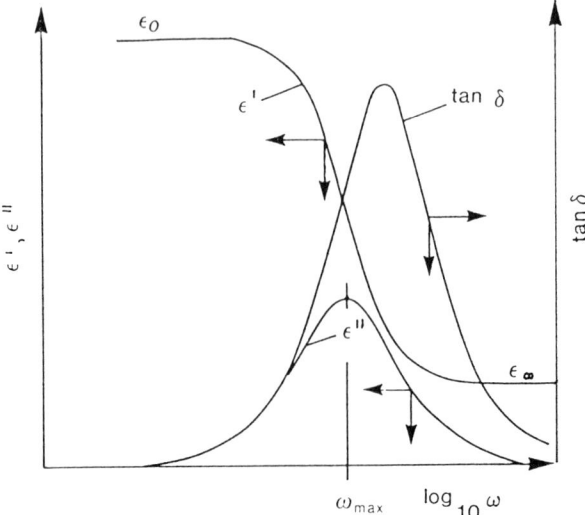

Bild 13.17:   Schematische Darstellung des Verhaltens der Speicher- und der Verlustfaktoren ε' bzw. ε'' in Abhängigkeit des Logarithmus der Winkelfrequenz ω. Desweiteren ist die dielektrische Verlusttangente als Funktion von ω gezeigt.

$$\tan \delta_{\mathrm{D}} = \left(\varepsilon'' / \varepsilon' \right).$$ (13.32)

Aufgrund der verschiedenartigen sterischen Einschränkungen, denen dipolare Gruppen gemäß ihrer Umgebung unterliegen, sind sie in einem Polymerknäuel möglicherweise nicht in der Lage, mit der gleichen Geschwindigkeit zu relaxieren. Hervorgerufen wird dies durch eine ungeordnete Packung der Ketten in der amorphen, glasartigen Phase und einer statistischen Verteilung des freien Volumens oder eventuell auch durch die statistische Knäuelstruktur der Kette, die somit lokale Änderungen der Umgebung schafft. Man erwartet somit für einen vorgegebenen Prozeß eine Verteilung von Relaxationszeiten, woraus eine Verbreiterung des dielektrischen Verlustsignals resultiert. Daraus folgt, daß je mobiler eine dipolare Gruppe ist, desto einfacher ist es für sie, dem Feld bis zu hohen Frequenzen zu folgen, während die weniger beweglichen Gruppen sich nur bei niedrigeren Frequenzen orientieren können.

13.13 Vergleich zwischen DMTA und DETA

Die Daten aus den mechanischen und dielektrischen Messungen lassen sich korrelieren; zweifellos immer auf eine qualitative, aber nicht immer auf eine quantitative Art. Formell läßt sich die dielektrische Konstante (ε') eher als der Modul als ein Äquivalent der mechanischen Nachgiebigkeit (J') betrachten. Dies unterstreicht die Tatsache, daß mechanische Techniken die Fähigkeit des Systems messen, einer Bewegung standzuhalten, wohingegen der dielektrische Zugang eine Meßmethode für die Fähigkeit des Systems ist, sich zu be-

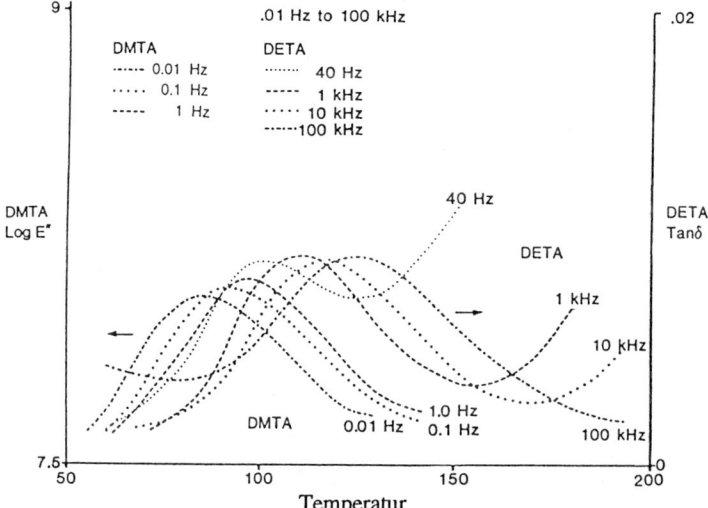

Bild 13.18: Vergleich des Verlustsignals für den Glasübergang in Poly(ethylenterephthalat) gemessen bei verschiedenen Frequenzen aufgenommen mit dynamisch-mechanischen und dielektrischen Methoden. Die Darstellung zeigt die Verschiebung des Temperaturmaximums der Relaxation (T_{max}) zu höheren Temperaturen mit zunehmender Frequenz der Messung (reproduziert von R. E. Wetton, M. R. Morton und A. M. Rowe, *International Laboratory*, March (1986) (Bild 7, S. 80) mit Erlaubnis von International Laboratories).

wegen. Dies wird dadurch gegeben, daß die beteiligten Gruppen auch dipolar sein müssen. Interessanterweise scheint der dielektrische Verlust (ε'') dem Verlustmodul (E'' oder G'') wesentlich stärker zu entsprechen als der Verlust der Nachgiebigkeit, wenn man die Daten für das gleiche System vergleicht. Beide Techniken reagieren in ähnlicher Weise auf eine Frequenzänderung der Messung. Fällt die Frequenz ab, so verlaufen die Übergänge und Relaxationen, die man in einer Probe beobachtet, bei höheren Temperaturen. Mit Hilfe von Untersuchungen an Poly(ethylenterephthalat) läßt sich dies verdeutlichen. Das Verlustsignal, welches dem Glasübergang entspricht, wurde sowohl anhand von DMTA als auch DETA bei verschiedenen Frequenzen in einem Bereich von 0,01 Hz bis 100 kHz (Bild 13.18) ermittelt. Für das Maximum dieses Verlustsignals (T_{max}) beobachtet man eine Verschiebung der Temperatur von etwa 360 K (0,01 Hz) auf etwa 400 K (100 Hz), was einer Abnahme von 40 K über eine Frequenzänderung von sieben Größenordnungen entspricht. Dies liegt im Bereich der Daumenregel, die besagt, daß sich das Temperaturmaximum eines Verlustsignals (T_{max}) (bzw. eines Relaxationsprozesses) um etwa 7 K bei einer Frequenzänderung um eine Dekade ändert.

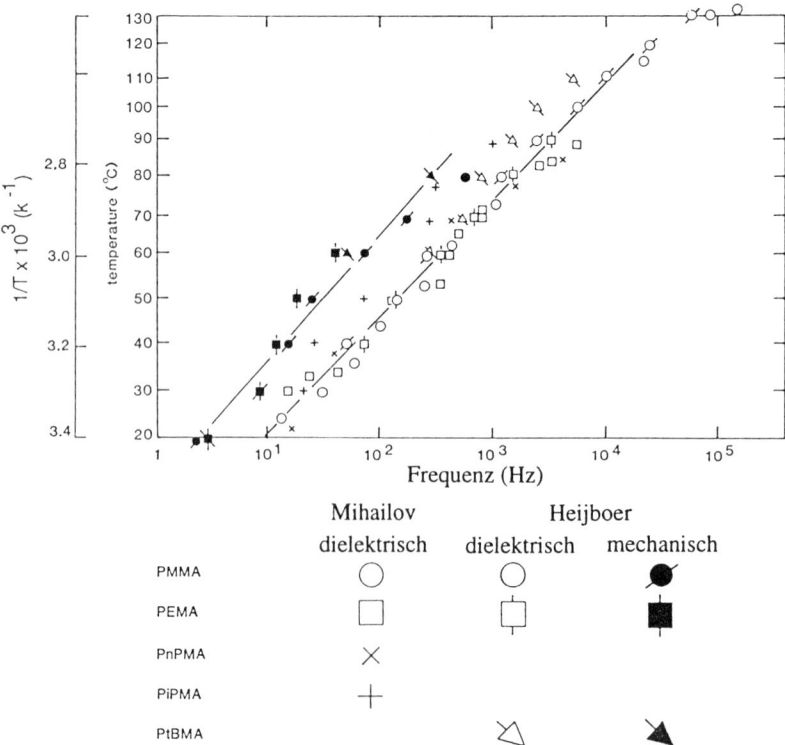

Bild 13.19:   Auftragung der Frequenz gegen den Reziprokwert der Temperatur von T_{max} für den β-Relaxationsprozeß in Poly(methylmethacrylat) PMMA; Poly(ethylmethacrylat) PEMA; Poly(*n*-propylmethacrylat) PnPMA, Poly(*iso*-propylmethacrylat) PiPMA; und Poly(*t*-butylmethacrylat) PtBMA. Die Daten wurden sowohl mit dielektrischen (offene Zeichen) als auch dynamisch-mechanischen Methoden (ausgefüllte Zeichen) aufgenommen, liegen jedoch nicht auf einer gemeinsamen Linie (Reproduziert von N. G. McCrum, B. E. Read und G. Williams, *Anelastic and Dielectric Effects in Polymeric Solids*, © John Wiley and Sons Inc., N.Y. (1976)).

Dieses Meßverfahren läßt sich zur Bestimmung der Aktivierungsenergie (ΔE^*) eines Überganges oder eines Relaxationsprozesses heranziehen, wenn die Frequenz ν bei T_{max} als Funktion des Reziprokwertes der Temperatur gemäß der Beziehung

$$\Delta E^* = d\left(\log \nu\right) / d\left(1 / T_{max}\right) \tag{13.33}$$

ausgedrückt wird. Die Auftragung der Daten unter Verwendung von Gleichung (13.33) ist für den β-Relaxationsprozeß in einer Poly(alkylmethacrylat)reihe in Bild 13.19 gezeigt. Beide Techniken wurden verwendet und ergeben, jede für sich betrachtet, ordentliche Geraden mit der gleichen Steigung. Aber die Tatsache, daß sich die beiden Geraden nicht präzise überlappen, zeigt an, daß die Messungen nicht exakt äquivalent sind.

Die Ergebnisse aus der DMTA und der DETA lassen sich in einer ergänzenden Art und Weise verwenden, um in dem polymeren System zwischen Relaxationen, bei denen

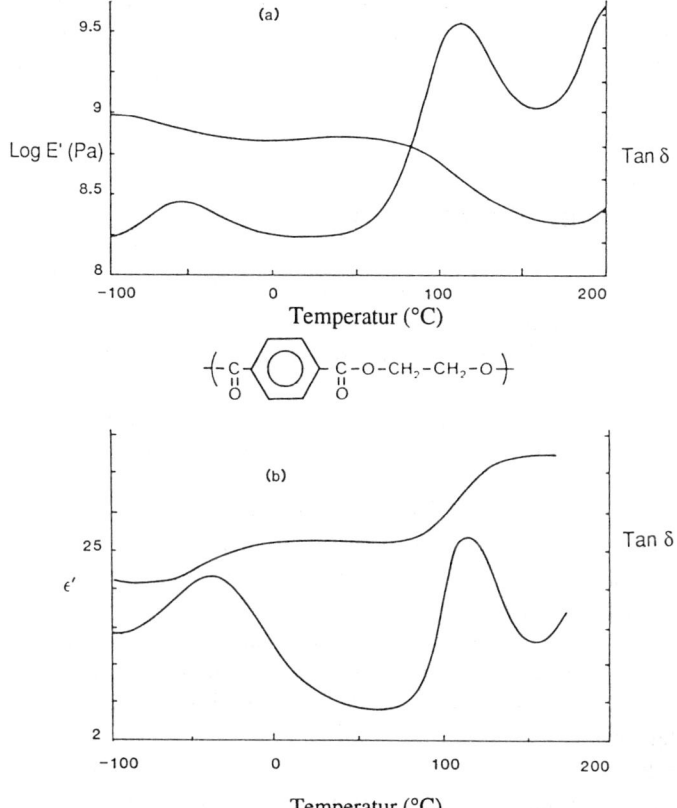

Bild 13.20:   (a) Das dynamisch-mechanische Spektrum von Poly(ethylenterephthalat) PET zeigt den Speichermodul und tan δ als Funktion der Temperatur. (b) Das dielektrische (Speicherung und tan δ) Verhalten von PET im Vergleich mit dem mechanischen Verhalten (Reproduziert von R. E. Wetton, M. R. Morton und A. M. Rowe, *International Laboratory*, März (1986) (Bild 13(a) und (b), S. 60, mit Genehmigung von International Laboratory).

polare und nicht-polare Einheiten beteiligt sind, zu unterscheiden. Untersucht man das Verhalten von Poly(ethylenterephthalat) sowohl in der DMTA als auch in der DETA, so lassen sich in jedem der Spektren zwei Hauptverlustsignale identifizieren, wie man Bild 13.20 entnimmt. Das Verlustsignal bei hoher Temperatur (α-Peak) kann dem Glasübergang zugewiesen werden; eine Bestätigung erfolgt mit Hilfe von DSC-Messungen. Bei niedrigerer Temperatur beobachtet man ein zweites Verlustsignal (β-Peak), woraus zu schließen ist, daß im Glaszustand ein Relaxationsprozeß abläuft. Es ist nicht direkt ersichtlich, welche der Gruppen für diesen Prozeß verantwortlich ist, doch ist diese sowohl mechanisch als auch dielektrisch aktiv. Eine Betrachtung der Polymerstruktur läßt vermuten, daß die Relaxation im Glaszustand eine Schwingung des Phenylringes, eine Bewegung der Oxycarbonyleinheit oder eine Umordnung der (-O-C-C-O-)-Einheit einschließt. Dem Spektrum kann man entnehmen, daß die Intensität des β-Peaks gegenüber dem α-Peak im dielektrischen Verhalten sehr viel stärker ist als im Vergleich zu den mechanischen Messungen. Die Relaxation ist mit einem Dipolmoment verknüpft, was darauf hinweist, daß die Schwingung des Phenylringes als in Frage kommenden Prozeß ausschließt. Zwar ist dies kein unwiderlegbarer Beweis für eine Beteiligung der Oxycarbonyleinheit, doch deutet alles in diese Richtung.

13.14 Das Zeit-Temperatur-Superpositionsprinzip

Die Abhängigkeit des logarithmischen Moduls von der Zeit und der Temperatur, wie in Bild 13.21 gezeigt, liefert besonders brauchbare Hinweise über das Verhalten eines Polymeren und erlaubt unter anderem eine Abschätzung des Relaxations- oder Retardationsspektrums.

Bei den meisten Spannungsrelaxationsmessungen liegt die praktische Zeitskala zwischen 10^1 und 10^6 s, für die Temperatur ist allerdings ein größerer Bereich wünschenswert. Ein solcher Bereich kann relativ leicht überstrichen werden, wenn man von der zuerst von Leaderman gemachten Beobachtung ausgeht, daß für viskoelastische Stoffe Zeit und Temperatur äquivalent sind. Danach kann man aus Daten, die bei verschiedenen Temperaturen gewonnen wurden, eine zusammengesetzte isotherme Kurve konstruieren, die die benötigte Zeitskala überstreicht. Man erreicht dies, indem man die kleinen Kurven entlang der log t-Achse so verschiebt, bis sie sich unter Bildung einer großen zusammengesetzten Kurve überlagern. Diese Technik kann mit Hilfe von Daten von Polyisobutylen bei verschiedenen Temperaturen dargestellt werden. Zunächst wird eine willkürliche Referenztemperatur gewählt, die im hier dargestellten Fall 298 K beträgt. Da die Relaxationsmodul $E_r(t)$ bei sehr verschiedenen Temperaturen gemessen wurden, müssen sie zunächst wegen der Änderung der Probendichte mit der Temperatur korrigiert werden. Diese Korrektur liefert reduzierte Moduln, wobei ρ und ρ_0 die Polymerdichten bei T bzw. T_0 sind und ist oft so gering, daß sie vernachlässigt werden kann.

$$\left[E_r(t)\right]_{red} = \left(T_0\rho_0 \, / \, T_r\right) E_r(t) \tag{13.34}$$

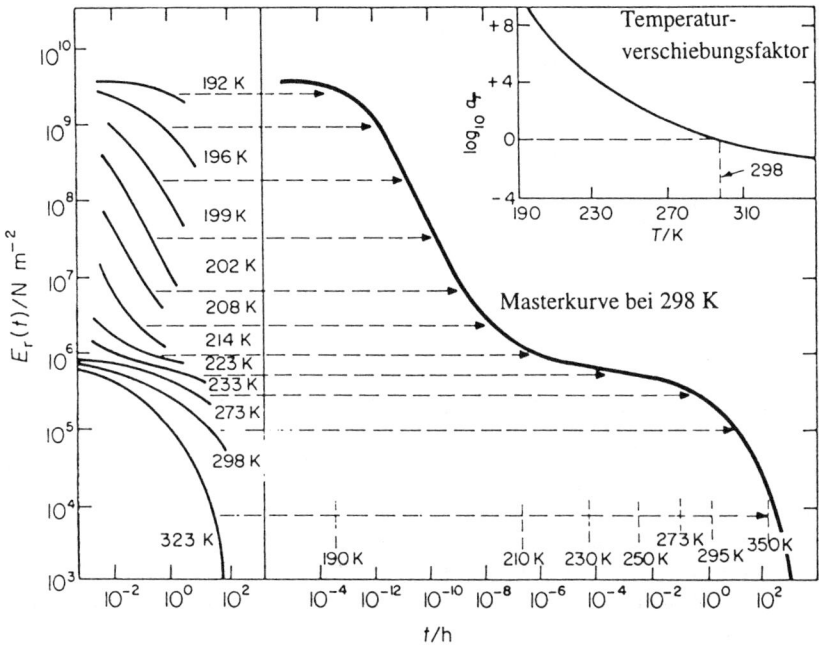

Bild 13.21:   Darstellung des Zeit-Temperatur-Superpositionsprinzips anhand von Spannungsre-laxationsdaten von Polyisobutylen. Die Kurven sind, wie im Einschub rechts oben gezeigt, um einen Betrag a_T entlang der Achse verschoben. Die Referenztemperatur beträgt 298 K (übernommen von Castiff und Tobolsky).

Jede Kurve des reduzierten Moduls wird entsprechend der Kurve T_0 so verschoben, bis sie alle zusammenpassen und eine Masterkurve ergeben. Die Verschiebung der Kurven bei den verschiedenen Temperaturen erfolgt um den Betrag

$$\left(\log t - \log t_0\right) = \log\!\left(t \,/\, t_0\right) = \log a_T . \tag{13.35}$$

Der Parameter a_T ist der Verschiebungsfaktor; er ist positiv, wenn die Kurve gegenüber der Referenzkurve nach links, und negativ, wenn sie nach rechts verschoben wird. Der Verschiebungsfaktor ist nur eine Funktion der Temperatur, er nimmt mit steigender Temperatur ab und ist natürlich bei T_0 gleich 1. Das Superpositionsprinzip kann auch auf Kriechwerte angewendet werden. Kurven des Kriechverhaltens von Polymeren bei verschiedenen Temperaturen können verglichen werden, indem man $J(t)T$ gegen $\log t$ aufträgt. Dadurch werden alle Kurven bei verschiedenen Temperaturen auf eine einzige Form reduziert, allerdings verschoben entlang der $\log t$-Achse. Eine Überlagerung zu einer Masterkurve kann einfach durch Verschiebung entlang der $\log t$-Achse erreicht werden, wobei der Verschiebungsfaktor a_T dieselben Charakteristika aufweist wie bei den Relaxationsdaten. Er wurde ebenso definiert als das Verhältnis der Relaxations- oder Retardationszeiten bei den Temperaturen T und T_0 und ist zu den Viskositäten in Beziehung gesetzt durch

$$a_T = \tau \,/\, \tau_0 = \left(\eta \,/\, \eta_0\right)\left(T_0\rho_0 \,/\, T\rho\right). \tag{13.36}$$

Gehorchen die Viskositäten der Arrhenius-Gleichung, kann man bei Vernachlässigung des Korrekturgliedes a_T in exponentieller Form ausdrücken

$$a_T = \exp b\left(1 / T - 1 / T_0\right) \tag{13.37}$$

oder

$$\log_{10} a_T = -b\left(T - T_0\right) / 2{,}303 T\, T_0 , \tag{13.38}$$

wobei b eine Konstante ist.

Diese Beziehung ähnelt in ihrer Form der WLF-Gleichung

$$\log_{10} a_T = -a_1\left(T - T_0\right) / \left(a_2 + T - T_0\right) . \tag{13.39}$$

Mit Hilfe der Gleichung $T_0 = (T_g + 45\ \text{K})$ und $a_1 = 8{,}86$ und $a_2 = 101{,}6\ \text{K}$ kann man für Polyisobutylen den Verschiebungsfaktor vorhersagen. Wie in Kapitel 12 bereits dargelegt, wird als Referenztemperatur oft T_g gewählt mit $a_1 = 17{,}44$ und $a_2 = 51{,}6\ \text{K}$. Daraus läßt sich a_T für verschiedene amorphe Polymere berechnen.

Das Superpositionsprinzip kann zur Vorhersage des Kriech- und Relaxationsverhaltens bei jeder Temperatur herangezogen werden, wenn bereits Ergebnisse vorliegen, allerdings unter dem Vorbehalt, daß man die besten Ergebnisse mit interpolierten Temperaturen und nicht mit langen Extrapolationen erhält.

Das Prinzip läßt sich auch auf dielektrische Daten anwenden, wobei die Kurve sowohl gegen die Temperatur- als auch die Frequenzachse verschoben sein kann. Ein Beispiel für den letztgenannten Verschiebungstyp ist in Bild 13.22 gegeben. Anstelle von zeitabhängigen Messungen wurde die Abhängigkeit der β-Relaxation von Poly(vinylacetat) bei festen Temperaturen im Bereich von 212 bis 266 K untersucht. Durch Auftragung von $(\varepsilon' / \varepsilon''_{\max})$ gegen $\log_{10}(\omega/\omega_{\max})$, wobei sich der Index auf das jeweilige Peakmaximum bei einer jeden Temperatur bezieht, läßt sich eine Masterkurve für den Relaxationsbereich erstellen.

13.15 Molekulare Theorie der Viskoelastizität

Bis hierher waren die Interpretationen des viskoelastischen Verhaltens weitgehend phänomenologisch und beruhen auf der Anwendung mechanischer Modelle zur Aufklärung der beobachteten Phänomene. Sie sind bestenfalls nicht mehr als nützliche physikalische Hilfsmittel zur Illustration des mechanischen Verhaltens und haben den Nachteil, daß ein gegebener Vorgang auf diese Art mit mehr als einer Anordnung von Hookeschen oder Newtonschen Körpern beschrieben werden kann. Beim Versuch, zu einem besseren Verständnis auf molekularer Ebene zu gelangen, haben Rouse, Zimm und Bueche eine Theorie der Viskoelastizität von Polymeren formuliert, die auf einem Kettenmodell beruht, das aus einer Reihe von Untereinheiten besteht. Jede dieser Untereinheiten soll sich wie eine Entropiefeder verhalten und groß genug sein, um eine Gaußsche Segmentverteilung zu gewährleisten (d.h. > 50 Kohlenstoffatome). Obwohl diese Behandlung noch etwas einschränkend ist, hat sie doch zu vernünftigen Voraussagen über Relaxationszeiten und Retardationsspektren geführt.

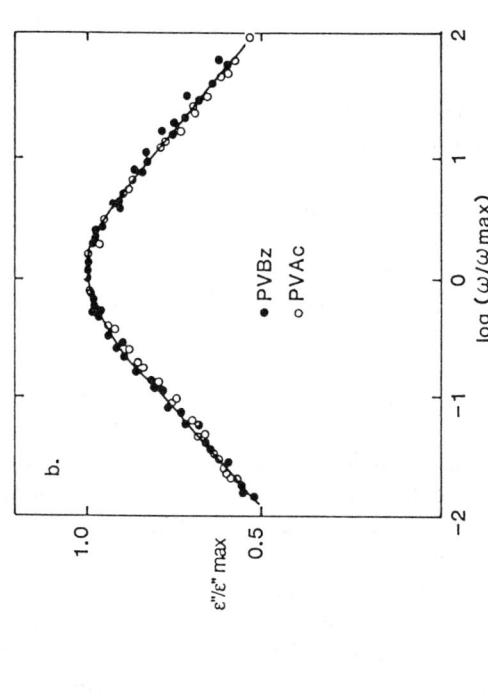

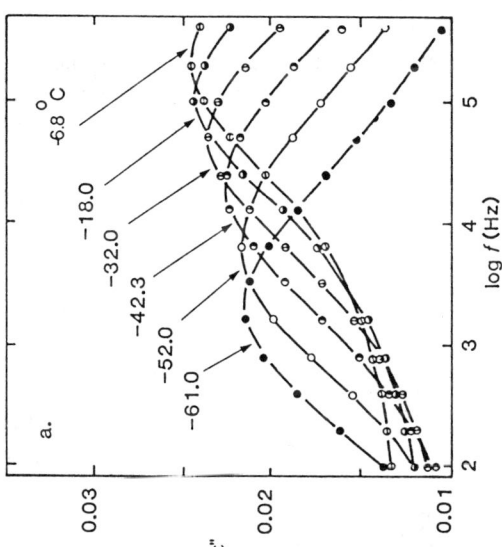

Bild 13.22: (a) Frequenzabhängigkeit von ε″ der β-Relaxation von Poly(vinylacetat) bei verschiedenen Temperaturen. (b) Masterkurve für den Datensatz aus (a) verglichen mit vergleichbaren Daten für die β-Relaxation von Poly(vinylbenzoat) (reproduziert von Y. Ishida, M. Matsuo, K. Yamafuji, *Koll. Z.* **180**, 108 (1962) mit Genehmigung des Dr. Dietrich Steinkopff Verlages, Darmstadt).

Ausgangspunkt ist eine einzelne isolierte Kette und die Annahme, daß sie sich sowohl viskos als auch elastisch verhält. Bleibt die Kette ungestört, wird sie auch die günstigste Konformation oder Segmentverteilung einnehmen, so daß, mit Ausnahme hoher Frequenzen, eine Entropieelastizität beobachtet wird. Daher wird die Einwirkung einer Spannung das Molekül verdrehen, indem es aus seiner Gleichgewichtskonformation in eine weniger Wahrscheinliche übergeht, was in einer Entropieabnahme und einer entsprechenden Zunahme der Freien Energie des Systems resultiert. Wird die Probe entlastet, diffundieren die Kettensegmente in ihre ungespannte Lage zurück, sogar dann, wenn das gesamte Molekül in der Zwischenzeit seine räumliche Anordnung geändert hat. Wird andererseits die Spannung aufrechterhalten, so nimmt man an, daß die Entlastung durch Umwandlung der überschüssigen Freien Energie in Wärme vonstatten geht, wodurch die thermische Bewegung der Segmente zurück in ihre ursprünglichen Positionen angeregt wird. Man sagt dann, daß eine *Spannungsrelaxation* stattgefunden hat. Bei einem Kettenmolekül, das aus einer großen Zahl von Segmenten besteht, setzt sich die Gesamtbewegung des Moleküls aus der kooperativen Bewegung der einzelnen Segmente zusammen. Da die Spannungsrelaxation von den möglichen Wegen abhängt, auf denen das Molekül seine wahrscheinlichste Konformation wiedergewinnen kann, wird jede mögliche koordinierte Bewegung als Bewegungsart mit einer charakteristischen Relaxationszeit behandelt. Der Einfachheit halber kann man das Polymere wie in Bild 13.23 darstellen.

Die erste Art, $p = 1$, stellt die Translation des gesamten Moleküls dar, sie hat die längste Relaxationszeit τ_1, weil hier ein Maximum an koordinierter Segmentbewegung stattfinden muß. Die zweite Art, $p = 2$, entspricht einer Bewegung beider Kettenenden in entgegengesetzte Richtungen; bei $p = 3$ bewegen sich beide Kettenenden in dieselbe, der Mittelpunkt aber in die entgegengesetzte Richtung. Es folgen die höheren Arten 4, 5, ...m, bei denen die Kooperation und damit auch die Relaxationszeit τ_p fortlaufend geringer wird. Das heißt also, daß eine einzelne Polymerkette eine breite Relaxationsverteilung besitzt. Mit diesem Konzept leitete Rouse für ein Molekül in verdünnter Lösung unter sinusförmiger Scherung folgende Gleichungen ab:

$$\eta' = (G' / \omega) = (nkT / \omega) \sum_{p=1}^{m} \omega^2 \tau_p^2 / \left(1 + \omega^2 \tau_p^2\right) \tag{13.40}$$

$$\eta'' = (G'' / \omega) = (nkT / \omega) \sum_{p=1}^{m} \omega \tau_p / \left(1 + \omega^2 \tau_p^2\right) \tag{13.41}$$

$$\tau_p = 6(\eta - \eta_s) / \left(\pi^2 p^2 nkT\right). \tag{13.42}$$

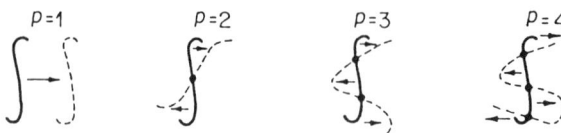

Bild 13.23:   Die ersten vier normalen Bewegungen eines Polymerknäuels.

Hierbei sind η und η_s die Viskositäten von Lösung bzw. Lösungsmittel, n die Zahl der Moleküle pro Einheitsvolumen, k die Boltzmann-Konstante und ω die Kreisfrequenz der aufgebrachten Spannung, die für Scherfließen Null ist. Diese Gleichungen lassen sich strikt nur auf verdünnte Lösungen nicht ausgetrockneter monodisperser Knäuel anwenden, können aber für unverdünnte Polymere oberhalb ihrer Glastemperatur unter entsprechenden Modifizierungen erweitert werden. Dies wird dann nötig, wenn Kettenverschlingungen einen bedeutenden Einfluß auf die Relaxationszeit auszuüben beginnen. Das unverdünnte System läßt sich darstellen als eine Sammlung von Polymersegmenten, die in einer flüssigen Matrix aus anderen Polymersegmenten aufgelöst sind, und η_s kann durch einen monomeren Reibungskoeffizienten ζ_0 ersetzt werden. Er liefert ein Maß für den Viskositätswiderstand einer Kette und ist charakteristisch für ein bestimmtes Polymeres bei gegebener Temperatur. Die kontinuierlichen Relaxations- und Retardationsspektren, berechnet nach der Gleichung von Rouse, sind

$$H(\tau) = \left(\rho N_A / 2\pi M\right)\left(r_0^2 NkT\zeta_0 / 6\tau\right)^{1/2} \tag{13.43}$$

und

$$L(\tau) = \left(2M / \pi\rho N_A\right)\left(6\tau_R / r_0^2 NkT\zeta_0\right)^{1/2}, \tag{13.44}$$

wobei r_0^2 das Quadrat des ungestörten End-End-Abstandes einer Kette der Molmasse M und der Dichte ρ mit N Monomereinheiten ist. Diesen Gleichungen nach sollten Auftragungen von $\log H(\tau)$ und $\log L(\tau_R)$ gegen $\log \tau$ linear sein mit Steigungen von - 1/2 bzw. + 1/2. Ein Vergleich mit den experimentellen Werten für Poly(methylmethacrylat) zeigt, daß dies nur bei höheren Werten der Relaxations- und Retardationszeit zutrifft.

Das Rouse-Modell beschreibt nur den Bereich mittlerer τ-Werte. Der Grund dafür liegt im Verhalten eines Polymeren gegenüber einer sich ändernden Spannung. Bei niedrigen Frequenzen kann die Brownsche Bewegung die durch die Spannung verursachte Verformung vermindern, bevor der nächste Cyclus stattfindet. Bei höheren Frequenzen beginnt jedoch die Konformationsänderung hinter der Spannung herzuhinken, und die Energie wird nicht nur dissipiert, sondern auch gespeichert. Bei sehr hohen Frequenzen schließlich reicht die Zeit nur noch für Bindungsdeformationen aus. Da gefordert war, jedes Segment müsse lange genug sein, um einer Gaußschen Statistik zu gehorchen, lassen kurze Relaxationszeiten einem Segment nicht genügend Zeit, sich umzuordnen und diese Verteilung wieder einzunehmen. Daher scheint der Anteil der kurzen Segmente zu den Verteilungsfunktionen verlorenzugehen, und Abweichungen von der Theorie stellen Abweichungen vom idealen Gaußschen Verhalten dar.

Diese Behandlung der viskoelastischen Theorie kann in den Bereichen niedriger Moduln recht erfolgreich angewendet werden, sie erfordert allerdings eine beträchtliche Modifizierung, wenn hohe Modul- und Kautschukplateaubereiche beschrieben werden sollen.

Allgemeine Literatur

J. J. Aklonis und W. J. MacKnight, *Introduction to Polymer Viscoelasticity*, John Wiley and Sons Ltd (1983).

G. Allen und J. C. Bevington (Hrsg.), *Comprehensive Polymer Science*, Bd. 2, Pergamon Press (1989).

R. T. Bailey, A. M. North und R. A. Pethrick, *Molecular Motion in High Polymers*, Oxford University Press (1981).

F. Bueche, *Physical Properties of Polymers*, Interscience Publishers Inc. (1962).

M. Doi und S. F. Edwards, *The Theory of Polymer Dynamics*, Oxford University Press (1986).

J. D. Ferry, *Viscoelastic Properties of Polymers*, John Wiley and Sons (1979).

P. Hedvig, *Dielectric Spectroscopy of Polymers*, Adam Hilger Ltd. (1977).

J. E. Mark, A. Eisenberg, W. W. Graessley, L. Mandelkern und J. L. Koenig, *Physical Properties of Polymers*, American Chemical Society (1984).

N. G. McCrum, B. E. Read und G. Williams, *Anelastic and Dielectric Effects in Polymeric Solids*, John Wiley and Sons Ltd. (1967).

P. Meares, *Polymers: Structure and Bulk Properties*, Kap. 9 und 11, Van Nostrand (1965).

L. E. Nielsen, *Mechanical Properties of Polymers*, Reinhold Publishing Corp. (1962).

L. E. Nielsen, *Mechanical Properties of Polymers and Composites*, Bde. 1 und 2, Marcel Dekker Inc. (1974).

L. H. Sperling, *Introduction to Physical Polymer Science*, John Wiley and Sons Ltd. (1986).

A. V. Tobolsky, *Properties and Structure of Polymers*, Interscience Publishers Inc. (1960).

14 Der elastomere Zustand

14.1 Allgemeine Einführung

Die meisten Materialien besitzen, wenn sie gedehnt werden, einen begrenzten elastischen Bereich, innerhalb dessen sie ihre ursprünglichen Dimensionen annehmen, sobald die Dehnung aufgehoben wird. Da die resultierende Spannung mit dem Ausmaß der Beweglichkeit der Atome aus ihren Gleichgewichtsbedingungen heraus korreliert ist, haben Substanzen wie Metalle oder Glas begrenzte elastische Bereiche, die kaum die Größenordnung von 1% überschreiten, da die Atomanordnung festgelegt ist. Im Falle von sehr langen Polymerketten ist die Situation unter bestimmten Bedingungen eine andere. Die vielen kovalenten Bindungen zwischen den Atomen, aus denen die Kette aufgebaut ist, erlaubt beträchtliche Deformationen, die von kooperativen Nah- und Fernumlagerungen begleitet sind, die ihrerseits wiederum aus den Rotationen um die Kettenbindungen resultieren.

Eines der ersten Materialien, bei dem man einen beträchtlichen elastischen Bereich beobachtete, war ein Naturprodukt aus dem Baum *Hevea brasiliensis*, welches unter den Bezeichnungen *cis*-Polyisopren oder Kautschuk mittlerweile besser bekannt ist. Heutzutage ist eine große Anzahl von Polymeren erhältlich, die bei Raumtemperatur kauschukähnliche Eigenschaften besitzen, und man spricht allgemein bei dieser Gruppe von Elastomeren. Elastomere besitzen einige ganz typische Charakteristika:

(1) Die Materialien befinden sich oberhalb ihrer Glastemperatur.
(2) Sie besitzen die Fähigkeit zur Dehnung und zur raschen Kontraktion.
(3) Bei Dehnung besitzen sie hohe Moduln und Festigkeit.
(4) Die Polymere haben einen niedrigen oder vernachlässigbar kleinen kristallinen Gehalt.
(5) Die Molmassen sind zur Ausbildung von Netzwerken hoch genug oder die Substanzen sind bereits vernetzt.

Natürlich ist T_g der wichtigste Faktor, da dieser die untere Grenze des Temperaturbereichs festlegt, in dem elastomeres Verhalten beobachtet werden kann. Daher können überwiegend amorphe Polymere mit einem T_g unter Raumtemperatur nützliche Elastomere sein, während das bei Polymeren mit einem T_g über 400 K unwahrscheinlich ist. Die Umgebungstemperatur ist natürlich ein wichtiger Faktor; auf anderen Planeten, die viel kälter als unser eigener sind, würde sich Kautschuk als gutes glasartiges Material bewähren, während auf wärmeren Planeten Plexiglas gut als Elastomeres verwendet werden könnte.

Eines der Merkmale eines Elastomeren ist seine Fähigkeit, sich elastisch zu verformen, wenn es bis zu mehreren hundert Prozent gedehnt wird. Wie allerdings in Kapitel 12 gezeigt wurde, kann bei lang anhaltender Dehnung ein Aneinandervorbeigleiten der Ketten auftreten, wobei sich die Probe verformt. Dieses Fließen unter Spannung kann fast vollständig durch Einführung von Vernetzungsstellen zwischen den Ketten aufgehoben werden. Tatsächlich wirken diese Vernetzungsstellen als Verankerungen oder permanente Verschlingungen und verhindern das Aneinandervorbeigleiten der Ketten. Der Vernetzungsprozeß wird im allgemeinen als Vulkanisation bezeichnet, und das resultierende Polymere ist ein Netzwerk verknüpfter Moleküle, das nun fähig ist, eine Gleichgewichtsspannung aufrechtzuerhalten. Dies ist äußerst wichtig, da es die Elastomereigenschaften deutlich ändert und die Gebrauchsfähigkeit des Polymeren als Werkstoff erweitert.

Naturkautschuk (NR)

Natürlich vorkommender Kautschuk ist ein lineares Polymeres aus Isopren-Einheiten mit 1,4-Verknüpfung.

$$-(CH_2-CH=C-CH_2)_n-$$
$$|$$
$$CH_3$$

Da diese Kette ungesättigt ist, sind zwei Formen möglich. Naturkautschuk liegt in der *cis*-Form vor, er besitzt nur eine geringe Kristallinität, einen T_g von 200 K und einen T_m von 301 K,

während die *trans*-Form, auch Guttapercha oder Balata genannt, mittlere Kristallinität mit $T_g = 200$ K und $T_m = 347$ K aufweist.

Der bemerkenswerteste Einfluß der *cis-trans*-Isomerie auf die Eigenschaften läßt sich am Beispiel der Polyisoprene anschaulich illustrieren. Infolge der gestreckteren reinen *trans*-Form des Balatas neigt dieses Polymere zu einem höheren Kristallinitäts- und Ordnungsgrad. Dies zeigt sich in seiner harten, zähen Konsistenz, durch die es - im vulkanisierten Zustand - beispielsweise für die Beschichtung von Golfbällen geeignet ist. Für Guttapercha deutet die Röntgenstreuung auf die Existenz zweier Formen hin: eine α-Form mit einem Abstand von 0,88 nm zwischen den einzelnen Grundbausteinen, der nur geringfügig größer als eine *cis*-Einheit ist

und eine kompaktere β-Form mit einem Abstand von 0,47 nm.

Die *cis*-Polyisoprenketten können viel leichter rotieren als ihre *trans*-Analoga, und daher knäueln sich die Moleküle bevorzugt zu kompakten Konformationen zusammen. Das viskoelastische Verhalten und die Entropieelastizität rühren von dieser statistischen Anordnung langer, sich frei bewegender Ketten her; es können daher reversible Verformungen bis zu 1000 Prozent beobachtet werden. Im Rohzustand ist Naturkautschuk eine klebrige, schlecht zu handhabende Substanz mit einer unbefriedigenden Abriebsfestigkeit, die empfindlich gegenüber oxidativem Abbau ist; man kann ihn zur Herstellung von Kreppsohlen oder Klebstoffen verwenden, doch werden seine Eigenschaften durch Vulkanisation stark verbessert. Die Vulkanisation erhöht die Widerstandsfähigkeit gegenüber Abbaureaktionen und zugleich auch die Zugfestigkeit sowie die Elastizität.

14.2 Experimentelle Durchführung einer Vulkanisation

Der Prozeß der Vulkanisation wurde unabhängig voneinander von Goodyear 1839 in den USA und von Hancock 1843 in England entdeckt. Beide fanden, daß durch Erhitzen von Naturkautschuk mit Schwefel die unerwünschten Eigenschaften der Oberflächenklebrigkeit und des Fließens unter Belastung ausgeschaltet werden konnten. Durch chemische Reaktionen werden zwischen ungesättigten Stellen in benachbarten Ketten Bindungen aus zwei, drei oder vier Schwefelatomen gebildet. Es hat sich gezeigt, daß aus ungefähr 3 Teilen Schwefel auf 100 Teile Naturkautschuk ein brauchbares Elastomeres entsteht, das reversiblen Dehnungen bis zu etwa 700% unterworfen werden kann. Bei Erhöhung des Schwefelgehalts auf 30% ändert sich das Material drastisch; es wird eine harte, stark vernetzte Substanz, die Hartgummi (Ebonit) genannt wird. Der tatsächliche Vernetzungsmechanismus ist noch nicht ganz aufgeklärt, man nimmt jedoch an, daß er ionischen Charakter hat.

Vernetzungsstellen mit Schwefel quantitativ einzuführen ist schwierig. Ein anderes Verfahren ist die peroxidische Vernetzung mit Dicumylperoxid oder Di-*tert*-butylperoxid, die sowohl für Polydiene als auch für Elastomere ohne ungesättigte Stellen in der Kette anwendbar ist, z.B. bei Ethylen/Propylen-Copolymeren oder Siloxanen. Das Peroxidradikal abstrahiert aus der Polymerkette ein Wasserstoffatom und so entsteht eine Radikalstelle. Zwei derartige Stellen können miteinander reagieren und eine Vernetzungsstelle bilden. Auf diese Weise sollte ein Peroxidmolekül zu einer Vernetzungsstelle führen, allerdings kann durch Nebenreaktionen die Ausbeute verschlechtert werden. Ein wesentlicher Nachteil dieser Technik liegt in der kommerziellen Unbrauchbarkeit; bessere Resultate können mit der Synthese von Vorläufern erhalten werden, die für die Vernetzung günstiger sind, wie z.B. im Falle der Ethylen/Propylen/Dien-Terpolymeren. In neuerer Zeit wurden Vulkanisationsverfahren bei Raumtemperatur für Silikonelastomere entwickelt. Die Elastomeren basieren auf linearen Polydimethylsiloxanketten mit Hydroxylendgruppen. Die Härtung kann durch Zugabe eines Vernetzungsagens und eines Metallkatalysators, z.B. Tri- oder Tetraalkoxysilan mit Zinnoctoat, erfolgen oder durch Zugabe eines Vernetzungsagens, welches gegenüber Luftfeuchtigkeit empfindlich ist und so die Vulkanisation auslöst.

Eine Vernetzungstechnik, die ebenfalls in neuerer Zeit entwickelt wurde, macht von den reaktiven Nitrenzwischenstufen Gebrauch. Diese werden aus Verbindungen des Typs $N_3COO(CH_2)_nOOCN_3$ gebildet. Bei Erhitzen dieser Substanzen in Gegenwart von linearen Polymeren, z.B. Polyethylen oder Polypropylen, wird Stickstoff abgespalten und das entstehende Dinitren reagiert mit den Polymerketten unter Vernetzung. Diese Reaktion ist dann besonders nützlich, wenn keine ungesättigten Stellen in der Kette vorhanden sind. Die Vernetzung dient auch zur Verbesserung der Rückprallelastizität von Polyethylen und anderen verwandten Polymeren.

14.3 Eigenschaften von Elastomeren

Elastomere weisen verschiedene andere ungewöhnliche Eigenschaften auf, die auf ihre Kettenstruktur zurückzuführen sind. Es wurde festgestellt, daß (a) bei einer Temperaturerhöhung sich auch der Elastizitätsmodul eines Elastomeren erhöht, (b) ein Elastomeres bei Dehnung warm wird und (c) der Ausdehnungskoeffizient für eine unbelastete Probe positiv, für eine Probe unter Dehnung aber negativ ist. Da sich diese Eigenschaften stark von denen anderer Materialien unterscheiden, sollen sie an dieser Stelle näher betrachtet werden. Einfach ausgedrückt handelt es sich bei dem Elastizitätsmodul um die Widerstandskraft gegen das Entknäulen statistisch orientierter Ketten in einer unter Spannung stehenden Elastomerprobe. Unter der Einwirkung einer Kraft entschlingen sich die Ketten schließlich und ordnen sich in Richtung der Kraft an, allerdings wird bei einer Temperatursteigerung ihre thermische Bewegung ebenfalls zunehmen und daher eine Orientierung erschweren. Dies führt zu einem erhöhten Elastizitätsmodul. Bei konstanter Kraft kann eine gewisse Orientierung der Ketten stattfinden, eine Temperatursteigerung wird aber eine Rückführung in eine statistisch geknäuelte Konformation bewirken, so daß das Elastomere kontrahiert. Während dies ein befriedigendes Bild zur Beschreibung der Eigenschaften (a) und (c) ist, erfolgt doch eine genauere thermodynamische Erklärung im nächsten Abschnitt.

14.4 Thermodynamische Aspekte der Kautschukelastizität

Bereits im Jahr 1806 machte John Gough bei der Untersuchung von Naturkautschuk zwei interessante Entdeckungen. Er fand, daß sich 1. die Temperatur des Kautschuks bei einer schnellen Dehnung der Probe änderte und 2. eine Kautschukprobe unter konstanter Spannung ihre Länge mit der Temperatur änderte. Dies entspricht den Beobachtungen (b) und (c) aus dem vorangegangenen Abschnitt.

Den ersten Befund kann man leicht mit einem Gummiband demonstrieren. Wenn man die Mitte dieses Bandes leicht mit den Lippen berührt und dann schnell an beiden Enden zieht, kann man ein Gefühl der Wärme spüren, da sich die Temperatur des Gummis erhöht.

Thermodynamisch betrachtet ist der Prozeß (1) analog der Temperaturänderung eines Gases, das einer schnellen Volumenänderung unterworfen wird, und kann daher formell in ähnlicher Weise behandelt werden. Ein ideales Gas kann Energie nur in Form kinetischer Energie speichern. Wenn auf ein Gas während der Kompression eine Kraft ausgeübt wird, tritt die Energie in Form kinetischer Energie oder Wärme auf und erhöht so die Temperatur. Bei der Dehnung eines Elastomeren wird aus ähnlichen Gründen Wärme frei.

Dieser Effekt kann weiterhin durch die Untersuchung der *reversiblen adiabatischen Dehnung* eines Elastomeren überprüft werden. Obwohl dieses Experiment leichter unter konstantem Druck als unter konstantem Volumen durchgeführt werden kann, ist es doch besser, die wesentlichen Geichungen für konstantes Volumen abzuleiten. Aus diesem Grund wird zunächst die Helmholtz-Funktion für dieses System betrachtet:

$$A = U - TS \, . \tag{14.1}$$

Sind f die angewendete Kraft und l^0 bzw. l die Längen der Probe im ungestreckten bzw. gestreckten Zustand, so ergibt die Differentation von Gleichung (14.1) nach l bei konstanter Temperatur

$$(\partial A / \partial l)_T = (\partial U / \partial l)_T - T(\partial S / \partial l)_T \, . \tag{14.2}$$

Die Arbeit, die von dem System während einer reversiblen Dehnung um den Betrag dl gegenüber einer Rückstellkraft f verrichtet wird, ist gegeben durch d$A = -f$dl, und so wird

$$f = (\partial U / \partial l)_T - T(\partial S / \partial l)_T = f_U + f_S \, . \tag{14.3}$$

Die Kraft f besteht aus zwei Anteilen, der Energie f_U und der Entropie f_S. Bei einem idealen Elastomeren ist der Beitrag von f_U zur Gesamtkraft vernachlässigbar, weil während der Dehnung keine Energieänderung auftritt, und damit wird

$$f = -T(\partial S / \partial l)_T \, . \tag{14.4}$$

Dies ist der Ausdruck für eine Entropiefeder; er zeigt, daß die Spannung in einem gedehnten Elastomeren durch einen Rückgang der Konformationsentropie (siehe Abschnitt 8.1) der unter Spannung stehenden Ketten verursacht wird. Wenn man nun die gegenseitige Abhängigkeit von Länge und Temperatur überprüft, ist die interessante Größe $(\partial T / \partial l)$ und

$$(\partial T / \partial l)_{S,p} = -(\partial T / \partial S)_{l,p} (\partial S / \partial l)_{T,p} \, . \tag{14.5}$$

Jeder Faktor kann nun, wie folgt, getrennt bestimmt werden

$$(\partial T / \partial S)_{l,p} = (\partial T / \partial H)_{l,p} (\partial H / \partial S)_{l,p} = T / C_{p,l} \, . \tag{14.6}$$

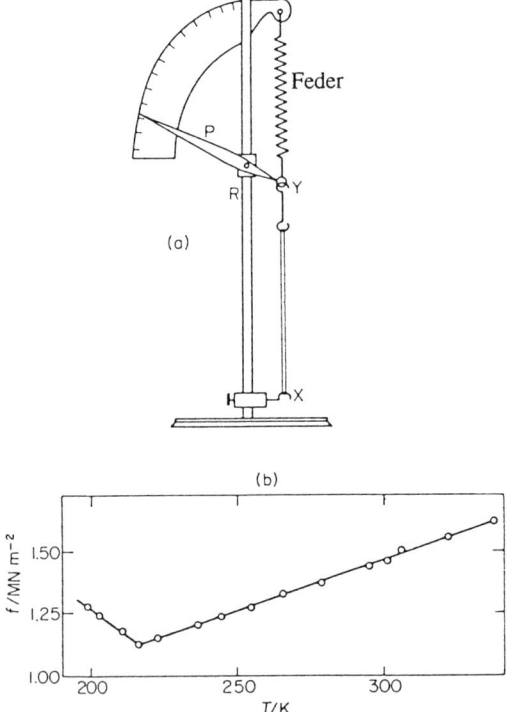

Bild 14.1:   (a) Apparatur zur Demonstration thermoelastischer Effekte in Elastomeren; (b) Die Zugkraft f als Funktion der Temperatur für Kautschuk. Das Minimum tritt in der Nähe der Glastemperatur auf (nach Meyer und Ferri, 1935).

Geht man dagegen von der Maxwell-Gleichung $(\partial A/\partial T)_v = -S$ aus und differenziert beide Seiten nach l, so erhält man

$$\left(\partial / \partial l\right)\left(\partial A / \partial T\right) = \left(\partial / \partial T\right)\left(\partial A / \partial l\right) = \left(\partial f / \partial T\right)_l = -\left(\partial S / \partial l\right)_T . \tag{14.7}$$

Aus den Gleichungen (14.5), (14.6) und (14.7) folgt dann

$$\left(\partial T / \partial l\right)_{S,p} = \left(T / C_{p,l}\right)\left(\partial f / \partial T\right)_{l,p} . \tag{14.8}$$

Daraus erkennt man, daß, wenn bei einer schnellen adiabatischen Dehnung $(df/dT)_{l,\,n}$ positiv ist, sich die Temperatur des Elastomeren erhöht. Gleichzeitig zeigt diese Gleichung an, daß das Elastomere beim Erwärmen kontrahiert und nicht expandiert.

Demonstration des Gough-Effektes. Dieser thermodynamische Effekt kann am günstigsten mit einer Apparatur, wie sie in Bild 14.1(a) dargestellt ist, gezeigt werden. Eine Feder, deren eines Ende frei und das andere an einem Rahmen befestigt ist, wird an einen Zeiger P gehängt, der sich um eine Achse R dreht. Ein Gummiband wird an einem festen Haken X und dem Punkt Y der Feder-Zeiger-Anordnung eingespannt. Ist das Band mit einem Glasrohr umgeben, so kann es mit einem Bunsenbrenner erwärmt werden; die daraus resultierende Kontraktion wird durch die Dehnung des Zeigers markiert. In Bild 14.1(b) ist das temperaturabhängige Verhalten eines Elastomeren, das unter konstanter Spannung gehalten wird, dargestellt. Zwischen 210 und 330 K nimmt die Zugkraft mit der Temperatur zu und zeigt somit eine Kontraktion des Elastomeren an. Unterhalb von 210 K ist das Verhalten aber gerade umgekehrt, da das Material hier den Glasübergang durchläuft und das Polymere wie ein normales Glas reagiert.

14.5 Nichtideale Elastomere

Das Verhalten der meisten Elastomeren unter Spannung ist weit von einem idealen Verhalten entfernt, und man findet einen beträchtlichen Beitrag von f_U. Dies kann auf verschiedene Arten, ausgehend von den Gleichungen (14.3) und (14.7) ausgedrückt werden

$$f_S = T\left(\partial f / \partial T\right)_{V,l}, \tag{14.9}$$

$$\left(f_U / f\right) = \left(1 - f_S / f\right) = 1 - \left(T / f\right)\left(\partial f / \partial T\right)_{V,l} \tag{14.10}$$

oder

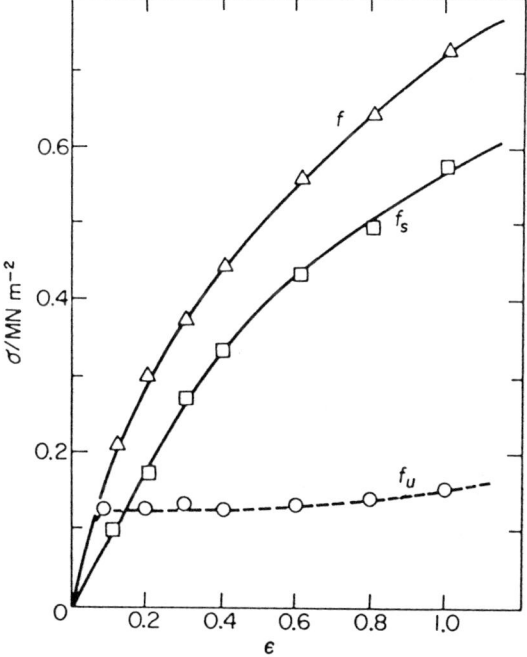

Bild 14.2: Spannungs-Dehnungskurven (σ-ε) gemäß den Daten aus Bild 14.3 mit den Anteilen von f_U und f_S (nach Beevers, *Eperiments in Fibre Physics*).

$$\left(f_U \,/\, f\right) = -\left\{\partial \ln\!\left(f \,/\, T\right) \,/\, \partial \ln T\right\}_{V,l}. \tag{14.11}$$

Die experimentelle Bestimmung der Größe von $(\partial f/\partial T)_{V,\,l}$ bei konstantem Volumen ist äußerst schwierig, weshalb es günstiger ist, bei konstantem Druck zu arbeiten. Näherungsbeziehungen für diese Größen wurden von Flory vorgeschlagen, der die Gleichung (14.11) durch einen zusätzlichen Term modifizierte

$$f_U \,/\, f = -\left\{\partial \ln\!\left(f \,/\, T\right) \,/\, \partial \ln T\right\}_{p,l} - \left(\alpha T \,/\, \lambda^3 - 1\right), \tag{14.12}$$

wobei λ hier das Dehnungsverhältnis (l/l^0) und α der Ausdehnungskoeffizient ist. Der Modifikationsfaktor ist der Unterschied zwischen den Werten von $(\partial f/\partial T)$ bei konstantem Volumen und konstantem Druck.

In Bild 14.2 sind die relativen Anteile von f_U und f_S dargestellt. Man kann daraus erkennen, daß f_V bei niedrigen Dehnungen konstant bleibt, aber mit steigender Dehnung wächst.

Experimentelle Bestimmung von f_U und f_S. Die Kurven in Bild 14.2 lassen sich aus einem Spannungsrelaxationsexperiment ableiten (siehe Kapitel 13). Ein Gummiband wird zwischen zwei Haken gespannt und bei verschiedenen Temperaturen die Kraft gemessen, die aufgewendet werden muß, um eine konstante Verformung aufrechtzuerhalten. Hat man

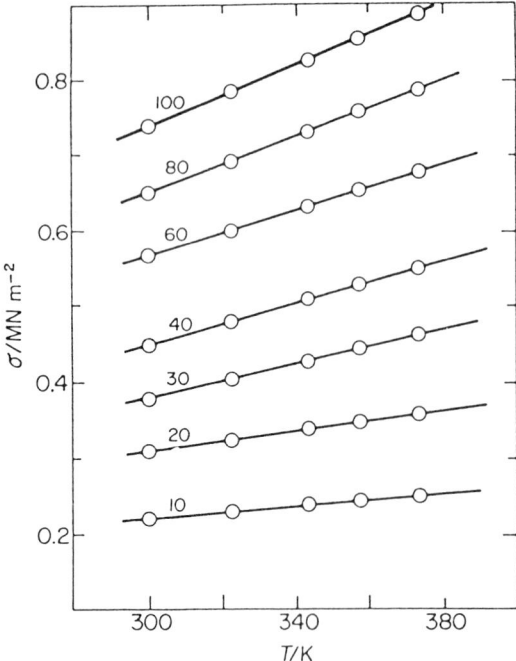

Bild 14.3:   Thermoelastisches Verhalten einer Kautschukprobe. Spannungs-Temperatur (σ-T)-Kurve für eine Reihe von Dehnungswerten. Der Prozentsatz der Dehnung ist an jeder Kurve angegeben (nach Beevers).

eine Reihe von Dehnungen überprüft, kann eine Kurvenschar (siehe Bild 14.3) konstruiert werden, indem man bei jeder Spannung mit der höchsten Temperatur beginnt. Wenn die Temperatur stetig reduziert wird, muß die Belastung entsprechend ausgeglichen werden. Die Spannung wird hier als das Verhältnis der Belastung zum ungedehnten Querschnitt des Elastomeren genommen (der am besten mit einem genauen Lineal gemessen wird), während die Dehnung gerade der Verlängerung der Probe entspricht. Die Werte für f_U und f_S bei jeder Spannung werden aus der Steigung bzw. dem Achsenabschnitt bei 0 K berechnet. In dem Diagramm wurde $f_S = -(T\partial S/\partial l)$ für $T = 298$ K berechnet.

14.6 Verteilungsfunktion für Polymerkonformationen

Die Rückstellkraft in einem kautschukartigen Material ist eine direkte Folge des Bestrebens der gedehnten Kette, ihre wahrscheinlichste, stark geknäuelte Konformation wieder einzunehmen. Daher ist es besonders interessant, neben den mittleren Dimensionen der Polymerkette auch die Verteilung aller möglichen Formen zu berechnen, die das Molekül bei thermischen Schwingungen annehmen kann.

Man kann dies erreichen, wenn man das Molekül zunächst in einem dreidimensionalen Raum betrachtet und das eine Ende in den Ursprung eines kartesischen Koordinatensystems legt (siehe Bild 14.4). Die Wahrscheinlichkeit, das andere Ende in einem Volumenelement (dx, dy, dz) am Punkt (x, y, z) zu finden, ist durch $p(x, y, z)$ dx, dy, dz gegeben, wobei $p(x, y, z)$ die Zahl der möglichen Konformationen ist, welche die Kette im Bereich (x + dx), (y + dy) und (z + dz) annehmen kann. Dies ist als die *Wahrscheinlichkeitsdichte* bekannt und kann mit Hilfe des Parameters $\beta = (3/2nl^2)^{1/2}$ folgendermaßen ausgedrückt werden:

$$\left(\mathrm{d}x, \mathrm{d}y, \mathrm{d}z\right) p\left(x, y, z\right) = \left(\beta^2 / \pi^{3/2}\right) \exp\left\{-\beta^2\left(x^2 + y^2 + z^2\right)\right\} \mathrm{d}x, \mathrm{d}y, \mathrm{d}z . \tag{14.13}$$

(a)   (b)

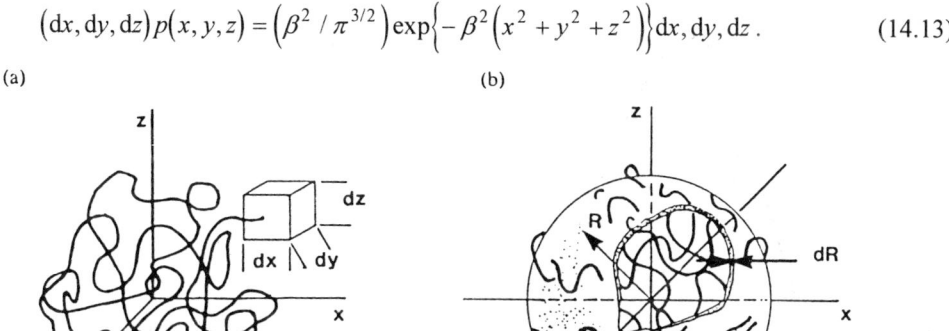

Bild 14.4:   (a) Schematische Darstellung eines flexiblen Polymerknäuels, bei dem ein Ende in dem kleinen Volumenelement (dx, dy, dz) und das andere im Ursprung des Koordinatensystems liegt. (b) Hypothetische Kugel, die das Knäuel beinhaltet.

Nun fehlt noch die Berechnung der Wahrscheinlichkeit $p(r)$, mit der sich die Kette in einer Kugelschale der Dicke dr mit dem Abstand r vom Ursprung aufhält. Sie ist gegeben durch

$$p(r)\mathrm{d}r = 4\pi r^2 \mathrm{d}r \left\{ \left(\beta^3 / \pi^{3/2} \right) \exp\left(-\beta^2 r^2 \right) \right\},$$ (14.14)

wobei $4\pi r^2 \mathrm{d}r$ das Volumen der Schale ist. Diese Funktion hat die in Bild 14.5 gezeigte Form, bei der das Maximum dem wahrscheinlichsten Abstand der Kettenenden entspricht und durch die Gleichung

$$r^2 = \int_0^\infty r^2 p(r)\mathrm{d}r = 3/2\beta^2 = l^2 n$$ (14.15)

ausgedrückt wird.

Es wurde bereits darauf hingewiesen, daß eine stark geknäuelte Konformation zwar die wahrscheinlichste für ein Elastomeres ist, daß die Energie eines idealen Elastomeren im gedehnten Zustand aber der im geknäuelten Zustand entspricht. Die elastische Rückstellkraft beruht auf der Entropie und nicht auf der Energie und hängt davon ab, ob die Möglichkeiten für ein Polymerknäuel, in sehr kompakter Form zu existieren, sehr viel größer sind als die möglichen Anordnungen der Kettensegmente in einem gestreckten, geordneten Zustand. Das bedeutet, daß die Wahrscheinlichkeit, eine Kette geknäuelt vorzufinden, groß ist; da Wahrscheinlichkeit und Entropie über die Boltzmann-Gleichung

$$S = k \ln p$$ (14.16)

in Beziehung stehen, ist der wahrscheinlichste Zustand für die Kette derjenige maximaler Entropie. Substitution von Gleichung (14.16) in (14.14) führt zu

$$S = C - k\beta^2 r^2,$$ (14.17)

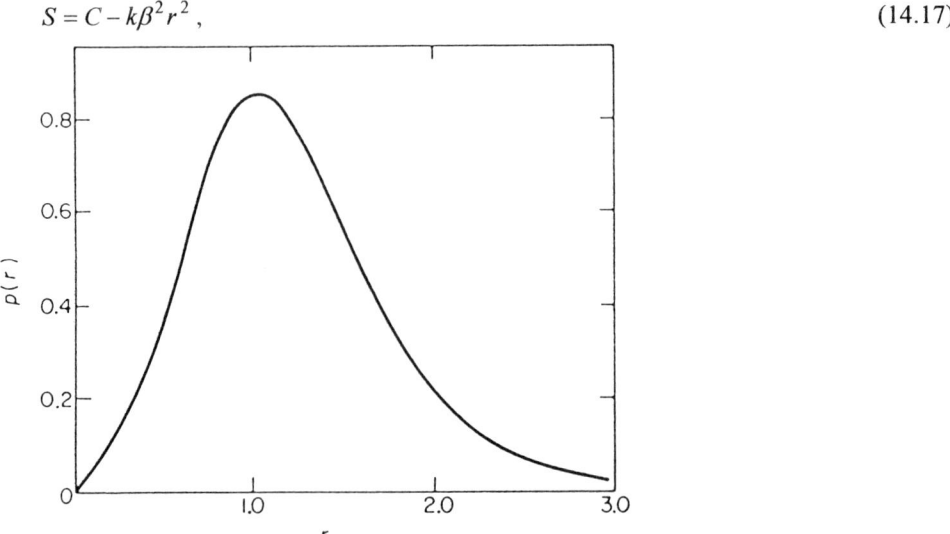

Bild 14.5:   Verteilungsfunktion $p(r)$ für die End-End-Abstände r, berechnet nach Gleichung (14.14). Das Maximum liegt bei $r = 1/\beta$.

worin C eine Konstante ist. Diese Beziehung liefert ein Maß für die Entropie einer idealen Kette, deren Enden einen Abstand r voneinander haben.

Obwohl ein Elastomeres als reine Entropiefeder betrachtet wird, ist es niemals ganz ideal, und man beobachtet geringe Änderungen der inneren Energie, wenn es unter Spannung steht.

14.7 Statistische Näherung

Nach der thermodynamischen Betrachtung soll nun kurz das Spannungs-Dehnungs-Verhalten eines Elastomeren aus der Sicht der Kettenkonformationen behandelt werden. Wir betrachten ein nur schwach vernetztes Polymeres, bei dem die Verknüpfungsstellen genügend weit voneinander entfernt sind, um die Beweglichkeit eines jeden Kettensegmentes nicht zu behindern. Beträgt der Abstand zwischen zwei Verknüpfungspunkten gerade r, dann kann die Wahrscheinlichkeitsverteilung, die im vorhergehenden Abschnitt abgeleitet wurde, auf die Netzwerkstruktur angewendet werden. Die Entropie einer einzelnen Kette, beschrieben durch Gleichung (14.17), kann zur Berechnung von S für eine Kette im Netzwerk benutzt werden. Wenn aber Spannungs-Dehnungs-Beziehungen benötigt werden, muß S für Ketten im deformierten und nicht-deformierten Zustand berechnet werden, und für das vollständige Netzwerk sollte eine Integration über alle Ketten in der Probe durchgeführt werden. Wird ein Einheitsvolumen eines Elastomeren gestreckt, beträgt die resultierende Entropieänderung

$$\Delta S = -\frac{1}{2} Nk\left(\lambda_1^2 + \lambda_2^2 + \lambda_3^2 - 3\right),\tag{14.18}$$

wobei N die Anzahl der einzelnen Kettensegmente zwischen den Verknüpfungsstellen pro Einheitsvolumen ist und λ_1, λ_2 und λ_3 die Dehnungsverhältnisse sind. Bei einem idealen Elastomeren tritt keine Änderung der Inneren Energie auf und die Verformungsarbeit kann daher allein aus der Beziehung $w = -T\Delta S$ berechnet werden, so daß

$$w = \frac{1}{2} NkT\left(\lambda_1^2 + \lambda_2^2 + \lambda_3^2 - 3\right).\tag{14.19}$$

Experimentelle Spannungs-Dehnungs-Ergebnisse

Die Behandlung der mechanischen Deformation in Elastomeren wird einfacher, wenn man berücksichtigt, daß die Querkontraktionszahl (siehe Tabelle 13.1) beinahe 0,5 beträgt. Das bedeutet, daß das Volumen eines Elastomeren bei der Verformung nahezu konstant bleibt. Nimmt man weiterhin an, daß es im wesentlichen inkompressibel ist, ($\lambda_1\lambda_2\lambda_3 = 1$), können die Spannungs-Dehnungs-Beziehungen für einachsige Dehnung und Druckbeanspruchung aus der Energiefunktion w abgeleitet werden.

Einachsige Dehnung. Die geforderten Bedingungen lauten $\lambda = \lambda_1$ und $\lambda_2 = \lambda_3 = \lambda^{-1/2}$. Eliminieren von λ_3 und Substitution von λ liefert

$$w = \frac{1}{2} NkT\left(\lambda^2 + 2/\lambda - 3\right). \tag{14.20}$$

Da die Kraft f einfach $(dw/d\lambda)$ ist, liefert eine Differentation nach λ einen Zusammenhang zwischen f und λ

$$f = G\left(\lambda - \lambda^{-2}\right), \tag{14.21}$$

in der der Modulfaktor $G = NkT$ ist, welcher von der Zahl der Vernetzungsstellen in der Probe abhängt. Vernachlässigt man die Tatsache, daß die Ketten eines Netzwerks freie Enden besitzen, und nimmt man statt dessen an, daß jede Kette in einem Verknüpfungspunkt endet, wird

$$G = RT\rho M_S^{-1}, \tag{14.22}$$

worin R die Gaskonstante, ρ die Polymerdichte und M_s die zahlenmittlere Molmasse eines Kettensegments zwischen zwei Verknüpfungsstellen ist. Das Produkt (ρM_s^{-1}) ist dann ein Maß für die Netzwerkdichte einer Probe. Weiterhin zeigt die Gleichung, daß der Modul mit der Temperatur ansteigt. Die statistisch abgeleitete Gleichung (14.21) wurde von Treloar als erstem für Dehnung und Druckbeanspruchung eines vulkanisierten Kautschuks überprüft. Zur Anpassung der Daten bei niedrigen Dehnungen, bei denen man eine Gaußsche Statistik für die Kette als gültig betrachten kann, wählte man einen Wert für G mit 0,392 MN m^{-2}. Die experimentellen Punkte (vergleiche Bild 14.6) liegen ab $\lambda \approx 2$ unterhalb der theoretischen Kurve, steigen aber oberhalb $\lambda = 6$ sehr steil an. Ursprünglich wurde dieser steile Anstieg einer Kristallisation des Polymeren unter Spannung zugeschrieben, heute

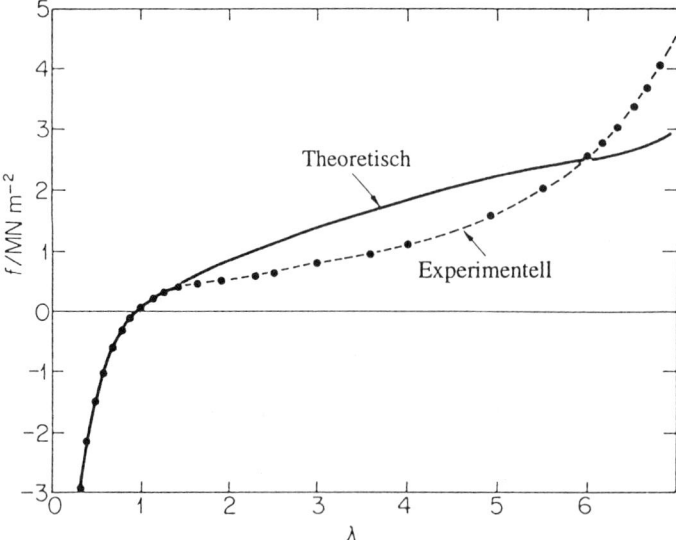

Bild 14.6:   Zug- oder Kompressionskraft f als Funktion des Dehnungs- oder Kompressionsverhälnisses λ für einen vulkanisierten Kautschuk. Die theoretische Kurve wurde mit Hilfe von Gleichung (14.21) mit dem Wert $G = 0,392$ MN m^{-2} berechnet (nach Daten von Treloar, 1944).

nimmt man allerdings an, daß er von der Abweichung des Netzwerks von der Gaußschen Verteilung herrührt.

Einachsige Druckbeanspruchung. Die Übereinstimmung zwischen Theorie und Praxis für die einachsige Druckbeanspruchung ist etwas besser. Eine experimentelle Bestimmung der Kompression ist ziemlich schwierig, eine zweidimensionale Dehnung mit $\lambda_2 = \lambda_3$ liefert aber dieselbe Information. Dazu wird ein rundes Kautschukplättchen am Rand eingespannt und dann aufgeblasen, so daß eine Spannung entsteht. Die Korrelation zwischen Ergebnissen und der nach Gleichung (14.21) mit dem bereits verwendeten G-Wert berechneten Kurve ist gut.

Die statistische Näherung, die auf einer Gaußschen Verteilung beruht, scheint also die Spannungs-Dehnungs-Reaktion außer bei ziemlich hohen Dehnungen vorherzusagen.

Reine Scherung. Die entsprechende Gleichung zur Beschreibung des Verhaltens eines Elastomeren unter Scherung ist $f = G(\lambda - \lambda^{-3})$, aber auch hier ist die Übereinstimmung nur bei niedrigem λ gut.

Starke elastische Deformation. Bei hohen Dehnungen treten beträchtliche Abweichungen von der Gaußschen Verteilung auf; dies führte zur Aufstellung einer allgemeineren, aber halbempirischen Theorie, die sich auf experimentelle Beobachtungen stützt. Es handelt sich hierbei um die Mooney-Rivlin-Saunders-Gleichung (die MRS-Gleichung)

$$\frac{1}{2} f\left(\lambda - \lambda^{-2}\right)^{-1} = C_1 + C_2 \lambda^{-1}, \tag{14.23}$$

in der C_1 und C_2 Konstanten sind. Leider ist diese einfache Form nur dazu geeignet, Daten in einem Bereich kleiner bis mittlerer Dehnungen, nicht aber für Proben unter Kompression, vorherzuberechnen.

14.8 Quellung elastomerer Netzwerke

Ein vernetztes Elastomeres ist unlöslich, weil die Vernetzungsstellen die Beweglichkeit und die vollständige Trennung der Ketten voneinander behindern; allerdings quellen Elastomere, wenn die Lösungsmittelmoleküle in das Netzwerk eindringen und es aufweiten. Dieser Expansion arbeitet der Knäuelungstendenz der Ketten entgegen, und schließlich wird sich ein Gleichgewichtsquellungsgrad einstellen, der von Lösungsmittel und der Vernetzungsdichte abhängt, d.h. je höher die Netzwerkdichte, um so geringer ist die Quellung.

Dieses Verhalten wurde als die Flory-Huggins-Theorie der Quellung beschrieben. Sie führt zu einer Beziehung zwischen dem Quellungsgrad Q für ein bestimmtes Lösungsmittel und dem Schubmodul G des ungequollenen Kautschuks

$$G = RTA / V_1 Q^{5/3} ; \tag{14.24}$$

A ist eine Konstante. Die Gültigkeit dieses Ausdrucks wurde von Flory - wie in Bild 14.7

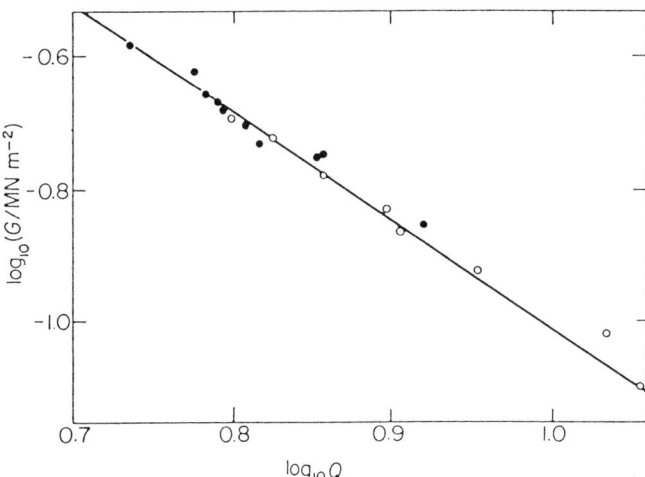

Bild 14.7: Quellverhalten vulkanisierter Butylkautschuke in Cyclohexan als Funktion des Schubmoduls gemäß Gleichung (14.23) (nach Flory, 1946).

gezeigt – überprüft und bestätigt, da die Steigung, wie erwartet, -5/3 betrug. Diese Theorie besagt außerdem, daß die Gleichgewichtsquellung eines Elastomeren unter Zugbeanspruchung zunimmt.

Die statistische Theorie kann auch das Verhalten gequollener Elastomerer unter Spannung beschreiben; im allgemeinen findet man, daß mit steigendem Quellungsgrad Theorie und Experiment besser übereinstimmen. Die für die Behandlung gequollener Netzwerke nötigen Modifikationen sind relativ einfach und die Funktion zur Beschreibung der gespeicherten Energie wird

$$w = \frac{1}{2} N k T \phi_{re}^{1/3} \left(\lambda_1'^2 + \lambda_2'^2 + \lambda_3'^2 - 3 \right), \tag{14.25}$$

wobei ϕ_{re} der Volumenbruch des Elastomeren ist und der Hochstrich den gequollenen, ungedehnten Zustand des Netzwerks symbolisiert. Ähnlich wird für einachsige Dehnungen $\phi_{re}^{1/3}$ in die rechte Seite von Gleichung (14.21) eingesetzt.

14.9 Netzwerkdefekte

Die zahlenmittlere Molmasse M_s eines Kettensegments zwischen zwei Verknüpfungsstellen im Netzwerk ist ein wesentlicher Faktor für das elastomere Verhalten. Ist M_s klein, so ist das Netzwerk starr und neigt nur zu einer begrenzten Quellbarkeit, während bei großem M_s das Netzwerk elastischer ist und beim Kontakt mit einer verträglichen Flüssigkeit sofort zu quellen beginnt. Die Werte für M_s können aus dem Quellverhalten des Netzwerks abgeschätzt werden, welches als ideal angesehen wird, es in den seltensten Fällen aber tatsächlich ist. Die Interpretation der Daten wird durch die Anwesenheit von Netzwerk-

defekten erschwert. Ein reales Elastomeres wird nie aus Ketten aufgebaut sein, die nur über
tetrafunktionelle Verknüpfungspunkte miteinander verbunden sind, sondern es wird unwei-
gerlich Fehler enthalten, wie (a) lose Kettenenden, (b) intramolckulare Kettenschlaufen und
(c) miteinander verhakte Kettenschlaufen (siehe Bild 14.8).

Sowohl M_s als auch der Wechselwirkungsparameter χ_1 lassen sich aus dem Quellverhalten eines Netzwerkes nach dem Kontakt mit einem geeigneten Lösungsmittel berechnen.
Wir können annehmen, daß sich die Änderung der Freien Energie zusammensetzt aus

$$\Delta G = \Delta G^{el} + \Delta G^{M}, \tag{14.26}$$

wobei ΔG^{M}, die freie Energieänderung beim Mischen der Ketten des Elastomeren mit dem
Lösungsmittel durch die Flory-Huggins-Gleichung (8.32) gegeben ist, mit $N_2 = 1$ im Fall
von Vernetzung und ΔG^{el} als Änderung der elastischen Freien Energie. Der letztgenannte
Parameter läßt sich aus der einfachen statistischen Theorie ableiten, doch haben wir jetzt
die Wahl zwischen zwei Netzwerk-Modellen. Das Florysche *Modell der affinen Netzstellen-Deformation* setzt voraus, daß die Knotenpunkte in das Netzwerk eingebunden sind
und somit bedeutet affine Deformation, daß jede Bewegung der Netzwerkketten proportional zu den makroskopischen Dimensionen der Probe ist. Dagegen besagt das *Phan-
tom-Netzwerk-Modell* von James und Guth, daß die Netzstellen unabhängig von der makroskopischen Deformation fluktuieren.

Für beide Theorien ist die Ableitung der allgemeinen Form von ΔG^{el} gleich, sie ist
durch die Gleichung (14.19) gegeben, wobei N durch den Faktor F ersetzt wird, dessen
Wert vom jeweils verwendeten Model abhängt. Experimentelle Studien haben gezeigt, daß
das Verhalten eines gequollenen Netzwerkes am besten durch das Phantom-Netzwerk-
Modell beschrieben wird, so daß die weiteren Gleichung auf diesem Modell basieren.

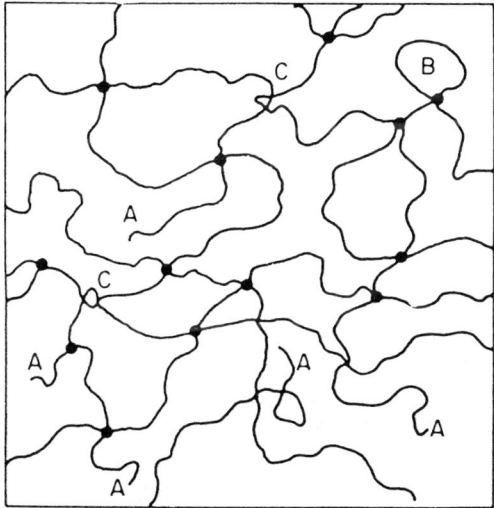

Bild 14.8:   Defekte in elastomeren Netzwerken; a) lose Kettenenden, b) intramolekulare Kettenschlaufen und c) miteinander verhakte Kettenschlaufen.

Im Fall von isotroper Aufquellung gilt $\lambda_1 = \lambda_2 = \lambda_3 = (\phi_r/\phi_{re})^{1/3}$, wobei ϕ_r der Volumenbruch des trockenen Elastomeren ist und im ungequollen Zustand einen Wert von eins annimmt; ϕ_{re} ist der Volumenbruch des Elastomeren im Quellungsgleichgewicht, wenn das Netzwerk mit einem Überschuß an Lösungsmittel in Kontakt steht. Für ein Phantom-Netzwerk gilt

$$\Delta G^{el} = \frac{3}{2} kT\gamma \left[\frac{\phi_r^{2/3}}{\phi_{re}} - 1 \right],$$
(14.27)

wobei

$$\gamma = \frac{V_0 \rho N_A}{M_s} (1 - 2/f).$$
(14.28)

Dabei sind f die Funktionalität der Verknüpfung im Netzwerk, ρ die Netzwerkdichte und V_0 das Volumen von Lösungsmittel plus Polymer. Differenziert man Gleichung (14.27) nach N_1 und kombiniert mit Gleichung (8.33), dem zugehörigen Mischungsterm, so erhält man für den Gleichgewichtszustand

$$\ln\left(1 - \phi_{re}\right) + \chi_1 \phi_{re}^2 + \phi_{re} + B\left(\phi_{re}/\phi_r\right)^{1/3} = 0,$$
(14.29)

wobei $B = (V_1/RT)(\gamma k T V_0)$ und V_1 das Molvolumen des Lösungsmittels ist. Daraus folgt, daß

$$M_s = \frac{-\rho \left(1 - 2/f\right) V_1 \phi_r^{2/3} \phi_{re}^{1/3}}{\ln \left(1 - \phi_{re}\right) + \chi_1 \phi_{re}^2 + \phi_{re}}$$
(14.30)

oder alternativ

$$\chi_1 = \frac{\ln \left(1 - \phi_{re}\right) + \phi_{re} - B \phi_r^{2/3} \phi_{re}^{1/3}}{\phi_{re}^2}.$$
(14.31)

14.10 Rückprallelastizität von Elastomeren

Läßt man ein Elastomeres in Form eines Balles aus einer bestimmten Höhe auf eine harte Oberfläche fallen, so ist die Höhe des Zurückspringens ein Maß für die Rückprallelastizität eines Elastomeren. Ein Satz elastomerer Bälle, hergestellt von der Polysar Corporation in Kanada, erlaubt eine ausgezeichnete Vorführung dieses Effektes und wurde dazu genutzt, die Rückprallhöhe verschiedener Elastomerer zu messen. Dies ist schematisch in Bild 14.10 dargestellt. Ist h_0 die Ausgangshöhe und h die Rückprallhöhe, dann ist die Rückprallelastizität definiert als (h/h_0) und der relative Energieverlust pro halbem Cyclus $(1 - h/h_0)$.

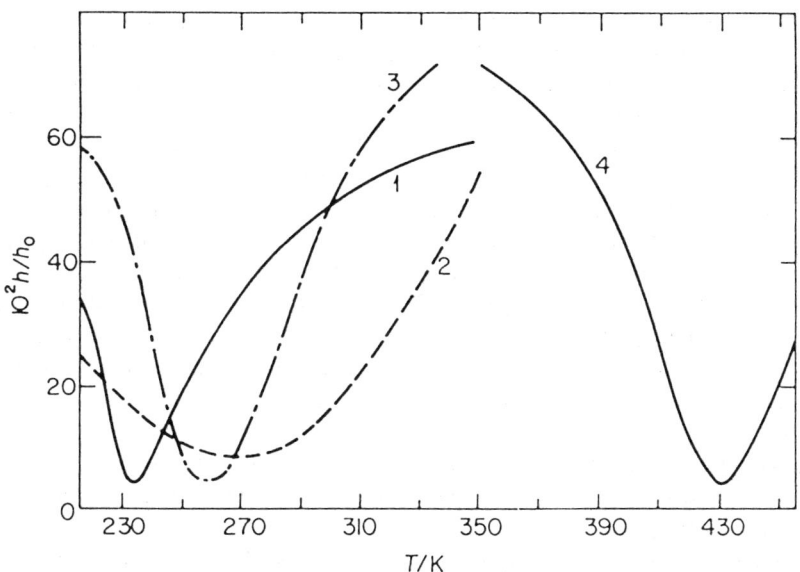

Bild 14.9: Rückprallelastizität (h/h_0) als Funktion der Temperatur T für 1. Naturkautschuk, 2. Butylkautschuk, 3. Neopren, 4. Poly(methylmethacrylat); (nach Mullins, 1947 und Gordon, 1957).

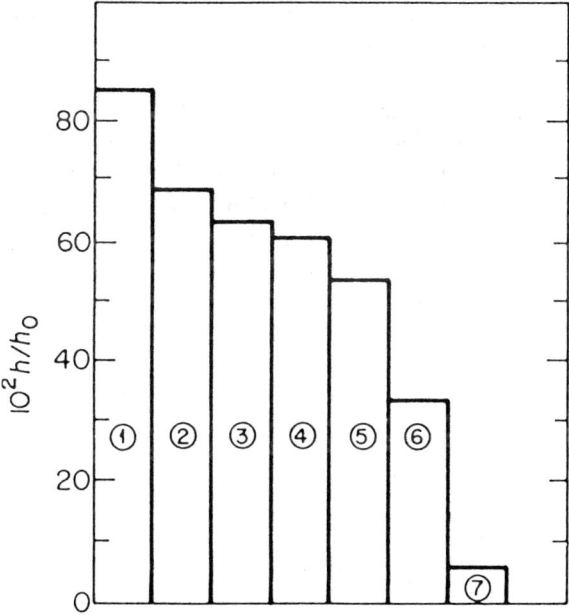

Bild 14.10: Rückprallelastizität gemessen bei 298 K, für Bälle aus 1. *cis*-Polybutadien, 2. Synthetischem *cis*-Polyisopren, 3. natürlichem *cis*-Polyisopren, 4. Ethylen/Propylen-Copolymeren, 5. Styrol/Butadien-Kautschuk, 6. *trans*-Polyisopren und 7. Butylkautschuk.

Es soll an dieser Stelle daran erinnert werden, daß ein Elastomeres mit guten elastischen Eigenschaften unter geringer Deformation keine gute Rückprallelastizität mehr besitzen kann; die relativen Rückfederungen von Natur- und Butylkautschuk sind dafür ein gutes Beispiel. Durch die Rückprallelastizität, welche die Fähigkeit eines Elastomeren beschreibt, Energie zu speichern und wieder abzugeben, wenn es einer raschen Deformation ausgesetzt wird, kann gezeigt werden, daß auch die Temperatur bei der Bestimmung der Rückprall-elastizität eine entscheidende Rolle spielt. Erwärmt man Butyl- und Naturkautschukbälle auf über 373 K, so werden beide bis zur selben Höhe zurückspringen. Die Bedeutung der beiden Variablen Zeit und Temperatur wird in einem Diagramm illustriert, in dem die Rückprallelastizität als Funktion der Temperatur für drei Elastomere und einen Kunststoff dargestellt ist (siehe Bild 14.9). Die ausgeprägten Minima sind für solche Kurven charakteristisch, während die breite Kurve des Butylkautschuks anomal ist. Obwohl das Minimum erst bei 238 K auftritt, steht es in Kurve 1 in enger Beziehung zum Verlust der Entropie-elastizität bei der Glastemperatur T_g = 218 K. Ähnlich ist die Situation bei Neopren und Poly(methylmethacrylat). Man kann daraus schließen, daß die Rückprallelastizität eng mit der molekularen Struktur und den intermolekularen Kräften verknüpft ist, die die Rotationsfähigkeit einer Kette beeinflussen.

Werden die Ketten während eines Aufpralls verformt, so wird eine Spannung auf sie ausgeübt und sofort wieder aufgehoben. Die Zeit, die die Ketten zur Wiedererlangung ihrer ursprünglichen Lage benötigen, wird durch die Relaxationszeit, die in Abschnitt 13.4 definiert ist, gemessen. Die Relaxationszeiten sind daher ein Maß für die Rotationsfähigkeit der Ketten. Bei Raumtemperatur wird der Butylkautschuk mit seinen voluminösen Methyl-gruppen nicht so leicht rotieren wie cis-Polyisopren. Butylkautschukketten werden daher bei einer Verformung nicht so schnell in ihre Gleichgewichtslage zurückkehren wie Natur-kautschuk, weil τ länger ist.

Das Polymere, das bei Raumtemperatur eine ausgezeichnete Rückprallelastizität besitzt, ist cis-Polybutadien. Diese Probe ist nicht kristallin und hat keine Substituenten, die die freie Segmentrotation behindern könnten, so daß die Relaxationszeit entsprechend kürzer ist als bei anderen Elastomeren. Das Zurückfedern des Butylkautschuks verbessert sich mit steigender Temperatur, da nun mehr thermische Energie zur Erhöhung der Rotationsfähig-keit verfügbar ist. Dementsprechend sinkt auch die Relaxationszeit ab. Dies führt zu einer verbesserten Rückprallelastizität, und das Rückprallpotential entspricht dann in etwa dem des Naturkautschuks, bei dem τ in diesem Bereich nicht so empfindlich gegenüber Tempe-raturänderungen ist.

Allgemeine Literatur

G. Allen und J. C. Bevington (Hrsg.), *Comprehensive Polymer Science*, Bd. 2, Pergamon Press (1989).

R. B. Beevers, *Experiments in Fibre Physics*, Butterworths (1970).

D. C. Blackley, *Synthetic Rubbers: Their Chemistry and Technology*, Elsevier (1983).

F. Bueche, *Physical Properties of Polymers*, Kap. 1, Interscience Publishers Inc. (1962).

P. J. Flory, *Principle of Polymer Chemistry*Kap. 11, Cornell Univ. Press, Ithaca, N.Y. (1953).

J. E. Mark, A. Eisenberg, W. W. Graessley, L. Mandelkern und J. L. Koenig, *Physical Properties of Polymers*, American Chemical Society (1984).

L. Koenig, *Physical Properties of Polymers*, American Chemical Society (1984).

J. E. Mark und B. Erman, *Rubberlike Elasticity - A Molecular Primer*, John Wiley and Sons (1988).

L. H. Sperling, *Introduction to Physical Polymer Science*, John Wiley and Sons Ltd (1986).

A. V. Tobolsky und H. Mark, *Polymer Science and Materials*, Kap. 9, Wiley-Interscience (1971).

L. R. G. Treloar, *Physics of Rubber Elasticity*, Clarendon Press (1958).

Spezielle Literatur

1. P. J. Flory, *Ind. Eng. Chem.*, **38**, 417 (1946).

2. K. H. Meyer, C. Ferri, *Helv. Chim. Acta*, **18**, 570 (1935).

3. L. Mullins, *I.R.I. Trans.*, **22**, 235 (1947).

4. L. R. G. Treloar, *Trans. Farad. Soc.*, **40**, 59 (1944).

15 Beziehungen zwischen Struktur und Eigenschaften

15.1 Allgemeine Überlegungen

Der Ersatz traditioneller Werkstoffe wie Holz, Metall, Keramik oder Naturfasern durch synthetische Polymere führte zu einem stark wachsenden Bedarf an neuen Materialien und stimulierte die Suche nach noch vielseitigeren Polymerstrukturen, die einen großen Eigenschaftsbereich abdecken. Nur durch die fundierte Kenntnis der Struktur-Eigenschafts-Beziehungen kann bei der Suche nach neuen Werkstoffen wirklich effizient vorgegangen werden. Grundsätzlich läßt sich das Problem in zwei Bereiche unterteilen:

(a) *Der chemische Standpunkt.* Hier dreht sich alles um die Information über die Mikrostruktur, genauer gesagt, aus welchem Monomertyp die Kette aufgebaut ist und ob mehrere Monomere beteiligt sind (Copolymere). Man beschäftigt sich mit den Parametern, die letztendlich zur Verknüpfung der dreidimensionalen Struktur beitragen und somit die Kristallinität und die physikalischen Eigenschaften der Probe beeinflussen.

(b) *Der strukturelle Aspekt.* Dies betrifft die Kette als Ganzes und wir müssen uns mit Fragen beschäftigen, wie: ist das Polymere linear, verzweigt oder vernetzt; welche Kettenverteilung existiert; in welcher Konformation liegt die Kette vor und wie starr ist sie?

Nach der Prüfung dieser generellen Aspekte muß die Anwendbarkeit des Polymeren für einen bestimmten Nutzen untersucht werden. Sie hängt im wesentlichen davon ab, ob die Substanz glasartig, kautschukelastisch oder faserbildend ist. Diese Charakteristika sind eng verknüpft mit der Flexibilität des Polymerstranges, der Kettensymmetrie, den intermolekularen Wechselwirkungen und den Einflüssen durch die Umgebung. Schließt man die äußeren Einflüsse aus, so reduziert sich das Problem auf die anschaulicheren Größen T_m, T_g, Modul und Kristallinität, die, da sie einfach zu ermitteln sind, zur Charakterisierung eines Polymeren herangezogen werden und somit die potentielle Anwendbarkeit einer Substanz bestimmen. Da die relativen Werte von T_g und T_m eine wesentliche Rolle bei der endgültigen Ermittlung der Anwendbarkeit des Polymeren spielen, beginnen wir unsere Betrachtung über Struktur und Eigenschaften mit den Möglichkeiten zur Beeinflussung dieser beiden Parameter.

15.2 Die Steuerung von T_g und T_m

In früheren Kapiteln haben wir bereits gesehen, wie Kettensymmetrie, -beweglichkeit und -taktizität die Werte von T_g und T_m beeinflussen. So besitzt ein Polymerstrang mit hoher Beweglichkeit einen niedrigen T_g, wobei dieser Wert mit zunehmender Kettensteifigkeit steigt. In gleicher Weise bewirken intermolekulare Kräfte ein Ansteigen von T_g und der

Kristallinität; ebenso spielen sterische Faktoren eine wichtige Rolle. Hohe Werte für T_g lassen sich dann beobachten, wenn große Seitengruppen in die Polymerkette eingebaut sind, welche die innere Rotation einschränken. Sperrige Substituenten bewirken eine Behinderung der Kristallisation, es sei denn, sie sind regelmäßig in einer isotaktischen oder syndiotaktischen Kette angeordnet.

Die Kettenbeweglichkeit ist ohne Frage der regulierende Faktor beim Einstellen von T_g; darüber hinaus übt sie aber auch einen starken Einfluß auf T_m aus. Es ist daher notwendig, beide Parameter gemeinsam zu behandeln und nach Möglichkeiten zu suchen, durch die beide gleichermaßen gesteuert werden.

Die Kettensteifigkeit

Ein wesentlicher Punkt ist die Regulation der Kettensteifigkeit, da starre Ketten für die Faserbildung bevorzugt werden, während sich flexible Ketten für Elastomere eignen. Die Flexibilität eines Polymeren ist abhängig von der Leichtigkeit, mit der eine Rotation um die Polymerrückgratbindungen eingegangen wird. Hoch bewegliche Ketten gelangen sehr leicht durch Rotation in die verschiedenen Konformationen, während die Bindungsrotation in einer steifen Kette behindert oder gar unterdrückt wird.

Durch den Einbau verschiedener Untereinheiten kann man eine Veränderung in der Steifigkeit linearer Kette bewirken; in einer Serie verschiedener Polymere läßt sich das Ergebnis durch Ermittlung der Änderung von T_m und T_g beobachten. Eine Bewertung ist durch Bezug auf eine Eichsubstanz möglich. Dabei greift man auf das einfachste synthetische, organische Polymer, das Polyethylen mit $T_m \approx 400$ K und $T_g \approx 188$ K, zurück.

Betrachten wir zunächst die allgemeine Struktur $[(CH_2)_m\text{-X}]_n$ mit den Variablen m und X. Der Effekt, den der Einbau verschiedener Segmente X in die Kohlenstoffkette auf T_m ausübt, ist in Tabelle 15.1 dargestellt.

Die Kettenbeweglichkeit wird durch den Einbau von Gruppen wie -(O)-, -(CO·O)- und -(O-CO·O)- sowie durch längere -(CH₂)-Abschnitte erhöht. Dies dokumentiert sich in einer

Tabelle 15.1:   Einfluß verschiedener, in eine Kohlenstoffkette eingebauter Gruppen auf T_m

			T_m/K				
Polymersubstanz	Wiederholungseinheit	m	2	3	4	5	6
Polyethylen	-[-(CH₂)$_m$-]-		400	-	-	-	-
Polyester	-[-(CH₂)$_m$CO·O]-		395	335	329	335	325
Polycarbonat	-[-(CH₂)$_m$O·CO·O-]-		312	320	330	318	320
Polyether	-[-(CH₂)$_m$-CH₂-O-]-		308	333	-	-	-
Polyamid	-[-(CH₂)$_m$-CO·NH-]-		598	538	532	496	506
Polysulfon	-[-(CH₂)$_m$CH₂·SO₂-]-		573	544	516	493	-

Absenkung von T_m im Vergleich zu Polyethylen. Der Einbau polarer Gruppen wie -(SO_2)- und -(CONH)- führt zu einem Anwachsen von T_m, da nun intermolekulare Bindungen eine Stabilisierung der gestreckten Formen in den Kristalliten unterstützen.

Die Kettensteifigkeit nimmt bei Einbau eines Rings in die Hauptkette ebenfalls zu, da dieser die Rotation im Polymerrückgrat behindert und die Anzahl möglicher Konformationen einschränkt. Dies ist ein sehr wichtiger Aspekt, da Fasereigenschaften durch eine Versteifung der Kette verbessert werden. Der Einfluß der aromatischen Ringe auf T_m und T_g ist in Tabelle 15.2 gezeigt.

Die p-Phenylengruppe in Struktur 3 verursacht einen starken Anstieg von T_m. Den umgekehrten Effekt beobachtet man nach Einführung einer flexiblen Gruppe wie in Poly-(ethylenterephthalat) (Trevira, Struktur 4). Es zeigt sich, daß die sinnvolle Kombination von Strukturelementen zu einer großen Vielfalt von Ketten mit unterschiedlichen Beweglichkeiten und unterschiedlichen physikalischen Eigenschaften führt.

Der Einfluß eines aromatischen Rings wird ebenfalls bei einem Vergleich der Strukturen 5 bis 8 deutlich. Auch der Effekt der Kettensymmetrie ist auffällig, wenn man die Abbautemperaturen der symmetrischen Kette 8 und der unsymmetrischen Kette 7 vergleicht. Letztere besitzt eine ungünstigere dicht gepackte Struktur, so daß genügend Unregelmäßigkeiten für das Auftreten eines Glasüberganges vorhanden sind.

Intermolekulare Bindungen

Das Ansteigen der Gitterenergie eines Kristalls ist dann zu beobachten, wenn die dreidimensionale Ordnung durch intermolekulare Bindungen stabilisiert wird. In der Reihe der Polyamide und der Polyurethane stärkt die zusätzliche kohäsive Energie der Wasserstoffbrückenbindungen (etwa 24 kJ mol^{-1}) die kristallinen Bereiche und bewirkt einen Anstieg von T_m. Der Effekt ist am stärksten, wenn regelmäßig angeordnete Gruppen in der Kette existieren, wie etwa im Nylon-6,6 (siehe Bild 15.1).

Die Wichtigkeit der sekundären Bindungen bei den Polyamiden wird verdeutlicht, wenn das entscheidende Wasserstoffatom der Amidgruppe durch eine Methylolgruppe ersetzt wird. Der Verlust der Fähigkeit zur Ausbildung von Wasserstoffbrückenbindungen verschlechtert die Tendenz zur regelmäßigen Anordnung und der Charakter des Polyamids ändert sich deutlich. Bei geringfügiger Substitution erhält man geeignete Fasern, jedoch mit steigendem Ersatz des Wasserstoffatoms werden die Substanzen zunächst elastisch, anschließend balsamähnlich und letztendlich flüssig.

Eine alternative Methode, das Wasserstoffbrücken-Bindungspotential und damit auch T_m bei Polyamiden zu reduzieren, liegt in der Verlängerung der -(CH_2)$_n$- Sequenzen zwischen den einzelnen Bindungsstellen. Dies führt zu Polyamiden mit einer breiten Vielfalt von Eigenschaften. So besitzt beispielsweise Nylon-12 Charakteristika, die zwischen denen von Nylon-6 und Polyethylen liegen. Diese Einflüsse sind in Tabelle 15.3 zusammengefaßt.

Tabelle 15.2: Einfluß eines aromatischen Rings auf die Kettensteifigkeit, dargestellt durch die Werte von T_m und T_g.

Struktur	T_g/K	T_g/K
1. $+CH_2-CH_2+_n$	188	400
2. $+CH_2-CH_2-O+_n$	206	339
3. $+CH_2-\bigcirc-CH_2+_n$	-	ca. 653
4. $\left[+CH_2)_2-O\cdot CO-\bigcirc-CO\ O\right]_n$	342	538
5. $+NH(CH_2)_6NHCO\cdot(CH_2)_4CO+_n$	320	538
6. $\left[+NH-\bigcirc-NHCO(CH_2)_4-CO\right]_n$	-	613
7. $\left[+NH\diagdown\bigcirc\diagup NHCO\diagdown\bigcirc\diagup CO\right]_n$	546	ca. 635 (Abbau)
8. $\left[+NH-\bigcirc-NHCO-\bigcirc-CO\right]_n$	-	ca. 773

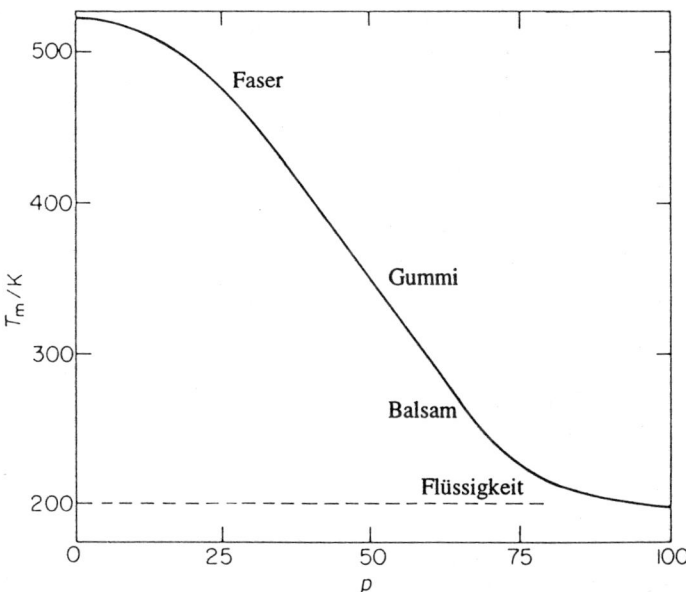

Bild 15.1: Änderung der Eigenschaften und der Schmelztemperatur T_m von Nylon-6,6 durch Verringerung der Wasserstoffbrückenbindungen durch Änderung des Anteils an Amidgruppen (in Prozent p); (nach R. Hill, *Fibres from Synthetic Polymers*).

Tabelle 15.3: Schmelztemperaturen T_m linearer aliphatischer Polyamide

Nylon	T_m/K	Nylon	T_m/K
4	533	4,6	581
6	496	5,6	496
7	506	6,6	538
8	473	4,10	509
9	482	5,10	459
10	461	6,10	495
11	463	6,12	482
12	452		

15.3 Der Zusammenhang zwischen T_m und T_g

Viele der bislang diskutierten Faktoren beeinflussen T_g und T_m in der gleichen Art und Weise. Dennoch ist ein einfacher Zusammenhang zwischen diesen beiden Meßgrößen auszuschließen, da es sich bei T_m um einen thermodynamischen Prozeß erster Ordnung handelt und bei T_g nicht.

Es existiert jedoch eine grobe Korrelation zwischen beiden; dies wird durch Bild 15.2 verdeutlicht. Dabei liegen die Ergebnisse der meisten linearen Homopolymeren in einem

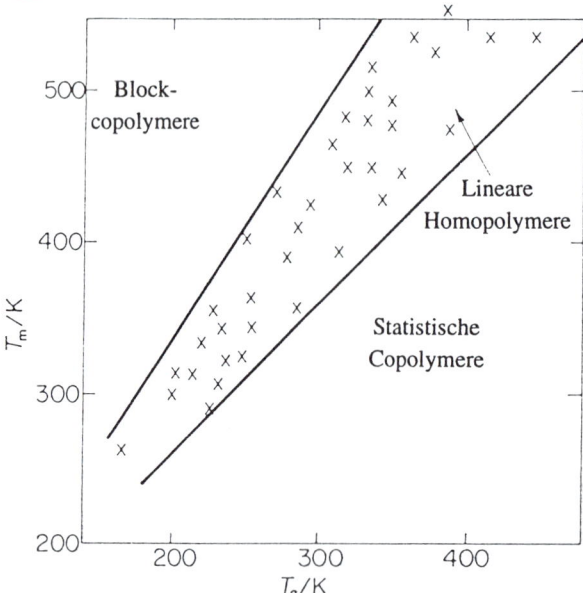

Bild 15.2: Lineare Auftragung der Schmelztemperatur T_m gegen die Glastemperatur T_g für lineare Homopolymere mit (T_g/T_m) im Bereich von 0,5 bis 0,8.

breiten Bereich, und das Verhältnis (T_g/T_m) befindet sich für etwa 80% der betrachteten Systeme zwischen 0,5 und 0,8. Es zeigt sich also, daß die Steuerung von T_g und T_m bei einfachen Kettenstrukturen durch Variation von Kettenbeweglichkeit, -symmetrie und Taktizität nur zu Strukturen führt, die entweder hohe Werte für T_m und T_g oder niedrige Werte für beide Meßgrößen aufweisen. T_g und T_m sind auf diesem Weg nicht unabhängig voneinander variierbar. Um eine zusätzliche Kontrolle zu erhalten, bedarf es einer neuen Modifikation der Kette, was durch den Einsatz von Copolymeren erreicht wird.

15.4 Statistische Copolymere

Die axiale Symmetrie in der Kette ist der Hauptfaktor für die Kristallisationsfähigkeit einer Substanz, und somit ist der Einbau struktureller Irregularitäten eine Methode zur Variation des Kristallinitätsgrades. Der kontrollierte Einbau von linearen symmetrischen Homopolymeren -$(A)_n$- in ein Kristallgitter kann durch Copolymerisation von A mit veränderlichen Anteilen eines Monomeren B erreicht werden, mit dem Ziel, die Regelmäßigkeit der Struktur zu stören.

Wie in Bild 15.3 schematisch dargestellt führt dies zu einer allmählichen Abnahme von T_m. Die gestrichelte Linie beschreibt die Möglichkeit, daß im mittleren Zusammensetzungsbereich die Störung der Regelmäßigkeit derart stark ist, daß das Material amorph vorliegt, eine Situation die bei der Darstellung von Terpolymeren bisweilen beobachtet wird.

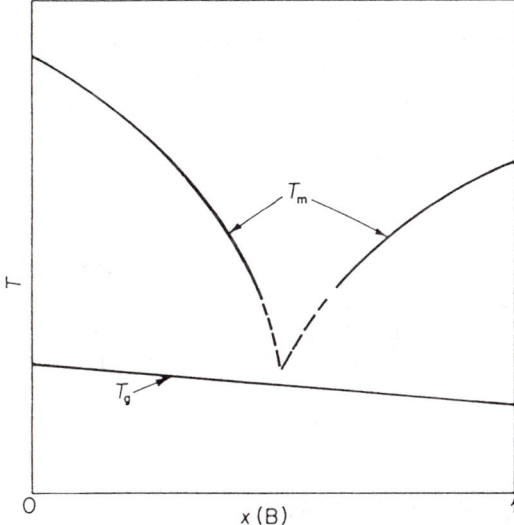

Bild 15.3: Schematische Darstellung von T_m und T_g aufgetragen als Funktion der Copolymerzusammensetzung; die Auftragung erfolgte gegen den Molenbruch $X(B)$ von B. Die gestrichelte Linie gibt die Möglichkeit wieder, daß strukturelle Irregularitäten häufig genug sind, um eine Kristallisation des Polymeren zu verhindern.

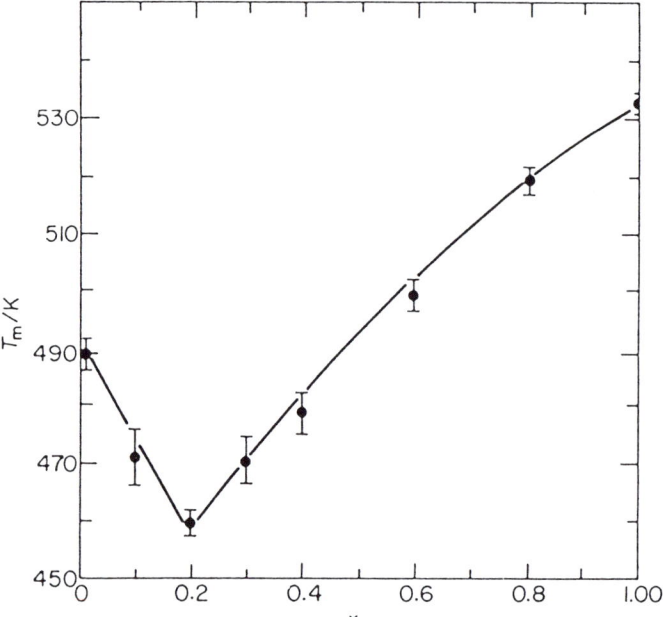

Bild 15.4:   Schmelztemperaturen von statistischen Copolymeren aus Nylon-6,6 und Nylon-6,10 als Funktion des Molenbruchs an Adipinsäureamid im Copolymeren (nach Cowie und Mudie).

Eine praktische Anwendung findet man bei den Polyamiden. Eine Verbesserung des elastischen Charakters der Polyamidfasern wird durch eine Verringerung des Moduls bewirkt. Da die Faktoren, die die Schmelztemperatur beeinflussen, auch auf den Modul einwirken, erreicht man eine Abnahme, indem man mit Nylon-6,6 oder Nylon-6,10 beginnt und Copolymere der Form (66/610) bildet. Der statistische Einbau beider Einheiten in die Kette stört sowohl die Symmetrie als auch die regelmäßige Anordnung der Wasserstoffbrücken-Bindungsstellen, was zu einer Abnahme von T_m führt (siehe Bild 15.4). Die Glastemperatur T_g wird nicht in der gleichen Weise wie T_m beeinflußt, da sie eher eine Funktion der Unterschiede in der Kettenbeweglichkeit als der Packungsdichte ist. Das bedeutet, daß die Glastemperatur auf eine Änderung in der Copolymerenzusammensetzung ganz anders reagiert als T_m, und wir haben somit eine Möglichkeit gefunden die beiden Meßgrößen T_g und T_m unabhängig voneinander zu variieren, was mit Hilfe der anderen Methoden bislang nicht erfolgreich war.

15.5 Die Abhängigkeit von T_m und T_g von der Copolymerzusammensetzung

Ein quantitativer Ausdruck für die Abnahme der Schmelztemperatur läßt sich thermodynamisch herleiten. Eine mathematische Beschreibung zwischen der Zusammensetzung und der Schmelzenthalpie ΔH_u eines Polymeren A erhält man mit

$$1/T_m^{AB} - 1/T_m^A = -\left(R/\Delta H_u\right)\ln x_A \,, \tag{15.1}$$

wobei T_m^A und T_m^{AB} jeweils die Schmelztemperaturen des reinen Polymeren A bzw. des Copolymeren AB sind und x_A für den Molenbruch von A steht.

Der einfache lineare Zusammenhang, wie in Bild 15.3 gezeigt, wird jedoch nur bei sehr wenigen Copolymeren gefunden, die aus miteinander verträglichen Monomerenpaaren aufgebaut sind, wie z.B. die Copolymerisation von Styrol mit Methylacrylat oder Butadien. Für diese Systeme läßt sich eine einfache, ideale Mischungsregel anwenden; unterscheiden sich die Eigenschaften der Comonomere deutlich, so geht die lineare Abhängigkeit verloren und eine nichtlineare Gleichung muß aufgestellt werden.

Ein einfacher Zusammenhang, der in nützlicher Weise das Verhalten vieler Vinylpaare beschreibt, ist mit

$$1/T_g^{AB} = w_A/T_g^A + w_B/T_g^B \tag{15.2}$$

gegeben, wobei w_A und w_B die Massenbrüche der Monomeren A und B sind. Erfüllt ein System die Bedingung $T_B^A < T_g^{AB} < T_g^B$, läßt sich das Konzept des freien Volumens zur Formulierung eines Zusammenhangs zwischen T_g und w heranziehen, wobei Gordon und Taylor die Gleichung

$$\left(T_g^{AB} - T_g^A\right)w_A + K\left(T_g^{AB} - T_g^B\right)w_B = 0 \tag{15.3}$$

vorschlugen. In diesem Ausdruck wird vorausgesetzt, daß der Betrag des freien Volumens eines Monomeren sowohl bei Homo- als auch Copolymeren gleich ist. Für ein gegebenes Monomerenpaar läßt sich die Konstante K aus den jeweiligen Ausdehnungskoeffizienten der Homopolymeren nach der Gleichung

$$K = \left(\alpha_1^B - \alpha_g^B\right)/\left(\alpha_1^A - \alpha_g^A\right) \tag{15.4}$$

berechnen. Ein ähnlicher Zusammenhang wurde von Gibbs und Di Marzio vorgeschlagen

$$\left(T_g^{AB} - T_g^A\right)n_0^A + \left(T_g^{AB} - T_g^B\right)n_0^B = 0 \,, \tag{15.5}$$

wobei hier der Anteil der rotierenden Bindungen anstelle des Terms für die Zusammensetzung eingeführt wird.

15.6 Blockcopolymere

Die Darstellung statistischer Copolymerer ermöglicht die Verkleinerung der Differenz zwischen T_m und T_g in einer Probe, und es läßt sich darüber eine Varianz erreichen, die durch Homopolymere nur in unbefriedigender Weise abgedeckt wird.

Wird zwischen T_m und T_g ein breites Intervall benötigt, so muß eine weitere Klasse von Copolymeren, die sogenannten Blockcopolymere, herangezogen werden. Hierbei handelt es sich üblicherweise um {AB}- oder {ABA}-Einheiten. Durch die Synthese von Sequenzen, die lang genug sind, um unabhängig voneinander zu kristallisieren, liefert die Kombination eines hochschmelzenden Blockes A mit einem niedrig schmelzenden Block B ein Material, in dem der T_m von A und der niedrige T_g von B vereint sind. Bisweilen beobachtet man eine leichte Schmelzpunkterniedrigung infolge der Gegenwart der B-Einheiten. Die Kombination ermöglicht dem Forscher eine Abdeckung der verbleibenden Eigenschaftsvarianten aus Bild 15.2.

Die Änderung von T_g in Blockcopolymeren ist ausgesprochen variabel, und einige Monomerenpaare bilden Copolymere, die zwei Glasübergänge aufweisen. Interessante Modifikationen in den mechanischen Eigenschaften lassen sich bei der Synthese von SBR-Blockcopolymeren unter Verwendung eines Lithiumkatalysators bewirken. Das erhaltene Material verhält sich bei Zimmertemperatur, als ob es vollkommen vernetzt wäre. Dies ist eine Folge der beiden Glasübergänge, die jeweils einem Block zuzuschreiben sind. Der Butadienblock besitzt einen Übergang bei 210 K und der Styrolblock ein T_g von 373 K. Oberhalb 373 K beobachtet man plastisches Fließen, aber zwischen 210 K und 373 K fungieren die glasartigen Polystyrolblöcke als Vernetzungsstellen für das elastomere Polybutadien. Dadurch weist das Copolymere eine hohe Rückprallelastizität und niedrige Kriechcharakteristika auf.

Die Anordnung der einzelnen Blöcke ist sehr wichtig. Sehr zugfeste Materialien, die elastomere Eigenschaften ähnlich denen eines füllstoffverstärkten Vulkanisats besitzen, erhält man nur dann, wenn das Copolymere mehr als zwei Polystyrolblöcke {S} pro Molekül enthält. Daher sind Copolymere der Struktur {S.B}- oder {B.S.B}, wobei B ein Butadienblock ist, so spröde wie Polystyrol selbst, während {S.B.S}- und {S.B.S.B.}-Copolymere wesentlich zäher sind. Bei Raumtemperatur verhalten sich diese wie konventionell vernetzte Kunststoffe, allerdings besitzen sie den zusätzlichen Vorteil der Reproduzierbarkeit ihres thermischen Verhaltens.

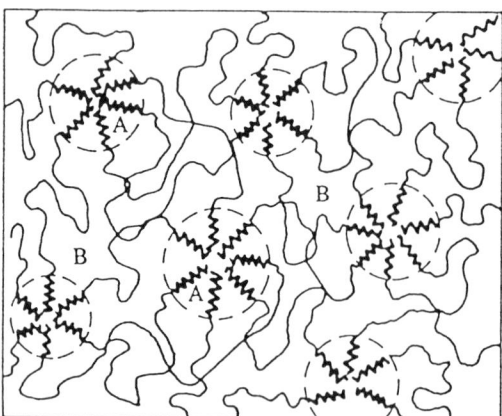

Bild 15.5:   Schematische Darstellung eines Blockcopolymeren mit den Bereichen aggregierter glasartiger {A}-Blöcke, die mit den amorphen kautschukelastischen Ketten von {B} verknüpft sind.

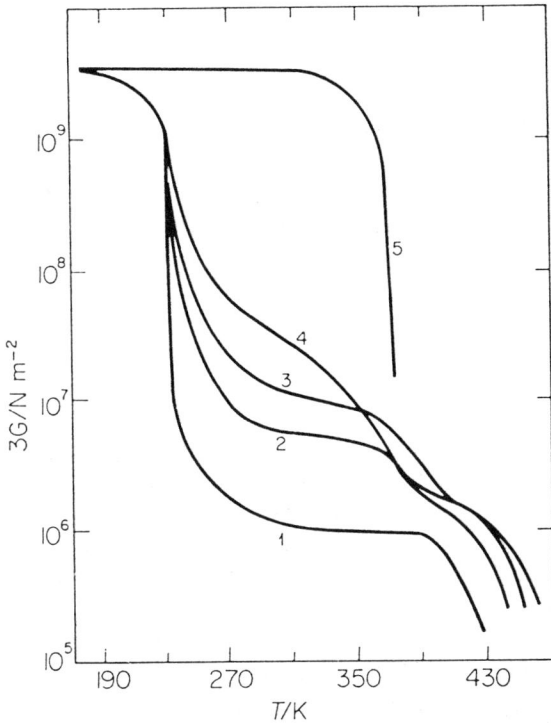

Bild 15.6:   Modul-Temperatur-Verhalten von Polyester-Polystyrol-Blockcopolymeren: 1. Polyester; 2. Polyester mit 20%igem Anteil Polystrol; 3. mit 45%igem Anteil Polystryol; 4. mit 60%igem Anteil Polystrol; 5. reines Polystrol.

Die Verbesserung der Eigenschaften wird üblicherweise mit dem folgenden Modell erklärt. Die glasartigen Polystyroleinheiten tendieren zu einer Aggregation in gewissen Bereichen, sog. Domänen (vergl. Bild 15.5), welche sowohl als Vernetzungspunkte als auch als Füllstoffteilchen wirken. Die glasartigen Regionen dienen zur sicheren Verankerung beider Enden der zentralen elastomeren Polydieneinheiten und sind daher effektive Vernetzungspunkte, weswegen eine Vulkanisation des Materials unnötig ist.

Eine unerwartete Anwendungsmöglichkeit ergab sich aus der Beobachtung, daß der Gehalt von mehr als 10% Blockcopolymere in Naturkautschuk einem Bakterienwachstum auf der Polymeroberfläche vorbeugt. Daher führt der Einbau des Copolymeren in Hackklötze von Metzgern zu wesentlich hygienischeren Arbeitsbedingungen bei der Verarbeitung von Fleisch.

Die Synthese von {ABA}-Einheiten, die aus einem glasartigen Thermoplasten {A} und einem Elastomeren {B} bestehen, liefert noch weitere „Elastoplaste" mit attraktiven Eigenschaften. Polyesterketten lassen sich mit Diisocyanaten verlängern, welches im nächsten Schritt mit Cumolhydroperoxid behandelt wird, und man erhält auf diese Weise eine Peroxidgruppe an beiden Kettenenden. Erwärmt man nun in Gegenwart von Styrol, so wird eine Vinylpolymerisation initiiert und ein {ABA}-Block geschaffen. Die Modul-Temperatur-Kurven zeigen wie die mechanischen Eigenschaften hierdurch verändert werden können (siehe Bild 15.6). Derartige Blockcopolymere sind als *thermoplastische Elastomere* bekannt.

15.7 Weichmacher

Eine Polymerprobe kann durch Erniedrigung ihrer Glastemperatur formbar gemacht werden. Dies läßt sich durch das Einbringen hochsiedender, niedermolekularer Verbindungen in das Polymermaterial erzielen. Derartige Verbindungen werden als Weichmacher bezeichnet, und eine der wichtigsten Voraussetzungen ist die Verträglichkeit von Polymerem und Weichmacher. Das Ausmaß der Herabsetzung von T_g hängt von der vorhandenen Menge an Weichmacher ab und läßt sich mit Hilfe der Beziehung

$$1 \big/ T_g^M = w \big/ T_g + w_l \big/ T_g^l \tag{15.6}$$

voraussagen, wobei T_g^M und T_g^l jeweils der Mischung bzw. der Flüssigkeit zuzuordnen sind, während w und w_l den Massenbrüchen von Polymerem und Weichmacher im System entsprechen. Die Wirkungsweise eines Weichmachers ähnelt der eines Schmiermittels, wo die kleinen Moleküle die Bewegungen der Polymerketten erleichtern, indem sie sie auseinanderschieben. Da hierdurch sowohl T_g als auch der Modul abgesenkt werden, verwendet man sie meistens zur Erhöhung der Flexibilität eines Polymeren, beispielsweise bei der Herstellung von Schläuchen oder Filmen.

Poly(vinylchlorid), dessen T_g bei 354 K liegt, enthält üblicherweise 30 bis 40 Massenprozent an Weichmachern, wie etwa Dioctyl- oder Dinonylphthalat, zur Steigerung von Zähigkeit und Flexibilität bei Raumtemperatur. Daraus resultiert eine Absenkung von T_g auf etwa 270 K, und das führt zu einer Nutzung der Substanz bei der Herstellung von Regenmänteln, Vorhängen und „Lederkleidung". Besitzen die Weichmacher nur eine geringe Flüchtigkeit, so läßt sich ein Verdunsten aus dem Polymeren vermeiden. In den Nachkriegsjahren wurde dies zunächst nicht beachtet, was in einigen Fällen zu spröden, brüchigen Produkten und verärgerten Kunden führte. In der Kautschukindustrie bezeichnet man Weichmacher meist als Extender. In der Fasertechnologie spielt die Absorption von Wasser eine sehr wichtige Rolle, da auch das Wasser als Weichmacher wirken kann und somit die mechanische Beständigkeit der Produkte beeinflußt. Sobald der Feuchtigkeitsgehalt steigt, sinkt der Modul ab und man registriert eine hiermit einhergehende Verbesserung der Schlagzähigkeit.

In Fasern, wie etwa dem Nylon-6,6, wirkt Wasser wie ein Weichmacher und senkt T_g unter Raumtemperatur ab. Wenn also Nylonhemden gewaschen und naß zum Trocknen aufgehängt werden, befindet sich das Polymer oberhalb von T_g. Dadurch werden Knitterfalten geglättet, und es entsteht ein gebügelter Eindruck.

15.8 Kristallinität und mechanisches Verhalten

Die mechanischen Eigenschaften eines Polymeren sind sowohl von chemischen als auch physikalischen Aspekten sowie von den Einflüssen der Umgebung abhängig. Bei amorphen Polymeren gelten die Grundlagen der linearen Viskoelastizität, was jedoch bei teilkristallinen Polymeren nicht mehr zutrifft.

Das mechanische Verhalten eines Polymeren wird grundlegend vom Kristallinitätsgrad der Probe beeinflußt. Die Bedeutung von Kristallinität und Molekulargewicht auf die Spannbreite von Eigenschaften wird in Bild 15.7 am Beispiel von Polyethylen demonstriert, und man erhält einen Eindruck für den Einfluß dieser Variablen.

Durch die Anwesenheit von Gleitebenen und Unregelmäßigkeiten, die plastische Deformationen verursachen, wird eine Interpretation des mechanischen Verhaltens weiter erschwert. Umgekehrt führt dies zu einer größeren Vielfalt von Eigenschaftskombinationen, eine Tatsache die für einen Materialwissenschaftler große Bedeutung besitzt.

Der Haupteffekt der Kristallite in der Probe beruht auf ihrer Wirkung als Vernetzungsstellen in der Polymermatrix. Das Polymere verhält sich dadurch so stabil wie ein Netzwerk. Doch aufgrund der Tatsache, daß die Verankerungspunkte der Kristallite thermisch labil sind, brechen sie, sobald die Temperatur sich der Schmelztemperatur annähert, zusammen, und das Material durchläuft eine fortschreitende strukturelle Änderung, bis es nach Überschreiten von T_m schmilzt. Kristallinität wurde daher von Bawn als eine „thermoreversible Vernetzung" beschrieben.

Der hemmende Einfluß der Kristallite bewirkt eine Veränderung des mechanischen Verhaltens durch eine Erhöhung der Relaxationszeit τ und eine Änderung der Relaxationsverteilung sowie der Verzögerungszeiten in der Probe. Als Konsequenz davon gehen kurze Relaxationszeiten verloren, wodurch sowohl der Modul als auch die Streckgrenze erhöht werden. Das Kriechverhalten wird ebenso geschmälert, und die Spannungsrelaxation verläuft über einen deutlich längeren Zeitraum. Auch bei halbkristallinen Polymeren beobachtet man über einen breiteren Temperaturbereich als bei amorphen Proben einen verhältnismäßig höheren Modul.

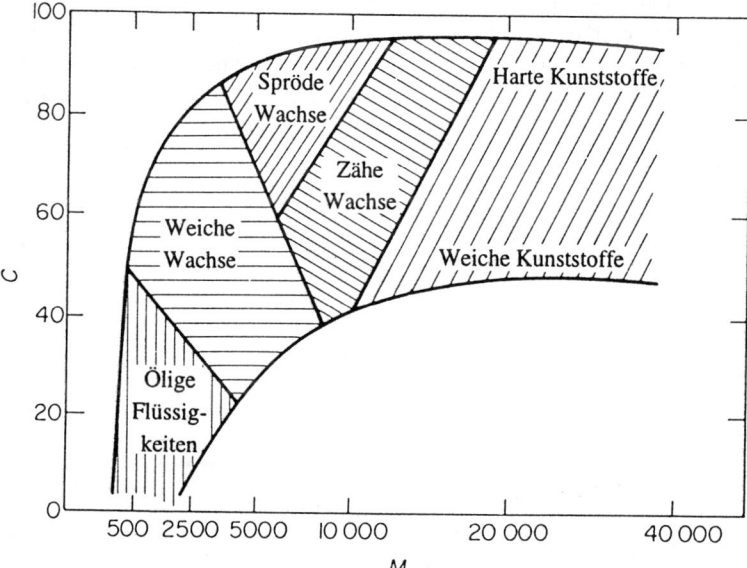

Bild 15.7:   Einfluß der Kristallinität und der Kettenlänge auf die physikalischen Eigenschaften von Polyethylen (nach Richards, *J. Appl. Chem.*, 1951); der prozentuale Kristallinitätsgrad c wurde gegen die Molmasse M aufgetragen.

Durch einen Vergleich des elastischen Relaxationsmoduls $E_r(t)$ von kristallinen (iso-taktischen), amorphen und chemisch vernetzten Polystyrolproben lassen sich diese Punkte verdeutlichen, wie in Bild 15.8 gezeigt. Unterhalb von T_g besitzt die Kristallinität nur einen kleinen Effekt, steigt die Molekularbewegung jedoch oberhalb von T_g an, so fällt der Modul des amorphen Polymeren stark ab. Der Wert von $E_r(t)$ bleibt bei kristallinen Polymeren in diesem Bereich hoch, bis eine rasche Abnahme bei Erreichen der Schmelztemperatur eintritt. Die vernetzte Probe hält bei dieser Temperatur ihren Modullevel, da die Vernet-zungsstellen thermisch nicht stabil sind und nicht schmelzen.

Ein schnelles Abschrecken eines isotaktischen Polymeren zerstört die Kristallinität und bewirkt ein Verhalten, wie es bei einem ataktischen Material beobachtet wird. Die Größe der Sphärolithe beeinflußt auch das Verhalten; ein langsames Abkühlen aus der Schmelze fördert die Bildung großer Sphärolithe, und es bildet sich ein Polymeres mit einer gerin-geren Schlagzähigkeit als bei einem Polymeren, welches rasch aus der Schmelze ab-geschieden wurde und dessen Sphärolithe viel kleiner und zahlreicher sind. Dieser Effekt läßt sich in Form einer Verschiebung des Dämpfungsmaximums registrieren.

Der Einsatz von Poly(vinylchlorid) bei der Produktion von Plastik-Regenmänteln liefert eine gute Veranschaulichung des Effekts der Kristallitvernetzung. Das Polymere wird solange weichgemacht, wie T_g unterhalb der Raumtemperatur liegt, um das Material flexi-bel zu machen, und man könnte erwarten, wenn der Regenmantel am Haken hängt, also einer Zugbeanspruchung unterworfen wird, daß er nach längerem Hängen eigentlich auf den Boden fließen müßte. Dies ist jedoch nicht der Fall. Das Material verhält sich wie ein chemisch vernetztes Elastomeres, da es eine genügende Anzahl von Kristalliten enthält, die dem Effekt entgegen wirken und so ein Zerfließen verhindern.

Wahrscheinlich ganz ähnlich würde sich bei Raumtemperatur ein amorphes Polyethy-len, dessen Glasübergang unterhalb dieser Temperatur liegt, wahrscheinlich wie eine visko-se Flüssigkeit verhalten. In Wirklichkeit handelt es sich um einen zähen lederartigen oder halbsteifen Kunststoff. Er ist hochkristallin, und die Kristallitvernetzungen verleihen dem

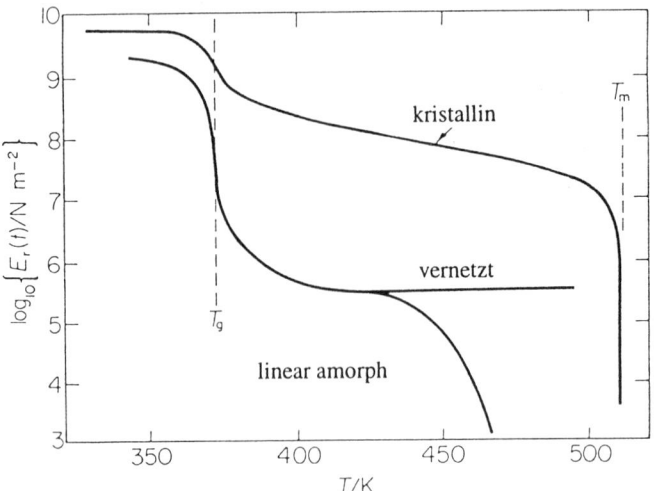

Bild 15.8:   Darstellung der Veränderung in den Modul-Temperatur-Kurven für drei Typen von Polystyrol.

Polymeren zwischen 188 und 409 K, einem sehr gängigen Temperaturbereich, einen hohen Modul und verbesserte Festigkeit.

Die wichtigsten Punkte werden hier noch einmal kurz zusammengestellt:

(1) Die Kristallinität beeinflußt das mechanische Verhalten nur im Temperaturbereich zwischen T_g und T_m; unterhalb von T_g ist der Effekt auf den Modul nur gering.

(2) Der Modul eines teilkristallinen Polymeren ist direkt proportional zum Kristallinitätsgrad und verbleibt unabhängig von der Temperatur, wenn sich der Anteil an kristalliner Ordnung nicht ändert.

15.9 Anwendung auf Fasern, Elastomere und Kunststoffe

Wir haben gesehen, wie verschiedene Parameter geändert und kombiniert werden können, um ein Material mit einem speziellen Eigenschaftsprofil zu produzieren, wobei eine klare Abtrennung zwischen den drei Hauptanwendungsbereichen von Polymeren – den Fasern, den Elastomeren und den Kunststoffen – per Definition nicht vollziehbar ist. Es ist daher ausgesprochen wichtig, Kriterien zu formulieren, die die Unterscheidung eines Polymeren zwischen einer hervorragenden Faser, einem ausgezeichneten Elastomeren und einem speziell geeigneten Kunststoff erlauben, bevor wir uns allzu sehr mit den ausgesprochen interessanten Bereichen von molekularem Design und molekularem Aufbau beschäftigen.

15.10 Fasern

Oberflächlich betrachtet ist eine Faser ein Polymeres mit einem sehr großen Verhältnis von Länge gegenüber dem Durchmesser (mindestens 100:1), wobei sich jedoch die meisten Polymeren, die schmelzbar bzw. löslich sind, zu feinen Fasern verstrecken lassen. Derartige Fasern besitzen nur dann eine technische Anwendbarkeit, wenn sie Ansprüchen, die an die Fasern gestellt werden, erfüllen. Diese sind hohe Zugfestigkeit, Biegsamkeit und Abriebfestigkeit. Zusätzlich sollte bei Fasern, die im textilen Bereich eingesetzt werden sollen, einerseits $T_m > 470$ K liegen, um ein Bügeln ohne Beschädigung zu gewährleisten. Andererseits sollte T_m auch 570 K nicht überschreiten, damit ein Verspinnen der Faser aus der Schmelze durchführbar ist. Außerdem darf T_g nicht zu hoch liegen, da sonst das Bügeln unwirksam ist. Einige typische Fasern, deren Temperaturbereich eine Anwendung zuläßt, sind in Tabelle 15.4 zusammengestellt. Alle besitzen einen T_g unterhalb von 380 K, aber oberhalb der Raumtemperatur, sodaß Bekleidung aus diesen Fasern bei 420 K durch Bügeln hervorragend zu glätten ist. Damit ist sowohl ein Entfernen von Knittern als auch eine Erzeugung von Plisseefalten, die beim Abkühlen bestehen bleiben, realisierbar. Normalerweise erfolgt der Waschgang bei Temperaturen, die zu niedrig liegen, um das Polymere wieder deutlich zu erweichen und die Falten zu zerstören. Ein solcher permanenter „Knitterlook" ist bei einigen Kleidungsstücken das gewünschte Merkmal.

Tabelle 15.4: Werte für T_m und T_g einiger typischer Fasern

Polymeres	Struktur	T_g / K	T_m / K
Poly(ethylenterephthalat)	$-[(CH_2)_2 O \cdot OC - \langle\bigcirc\rangle - CO \cdot O]-$	343	538
Nylon-6,6	$-[NH(CH_2)_6 NHCO(CH_2)_4 CO]-$	333	538
Polyacrylnitril	$-[CH_2 - CH]-$ $\qquad\quad CN$	378	590
Polypropylen (isotaktisch)	$-[CH_2 - CH]-$ $\qquad\quad CH_3$	268	435

Das Hauptmerkmal einer Faser ist, daß es sich um ein orientiertes Polymeres handelt, welches anisotrop vorliegt, und zwar in Richtung der Faserachse stärker als senkrecht dazu. Daher ist die wichtigste technische Anforderung für eine Faserbildung eine Verstreck- bzw. Orientierbarkeit in Richtung der Faserachse sowie eine Aufrechterhaltung der Verstreckung nach Entfernung der Belastung. Für die Qualität einer Faser sind Faktoren, die eine Orientierungsbeständigkeit unterstützen, eine Grundvoraussetzung. Sie beinhalten alle strukturellen Merkmale, die zur intermolekularen Bindung einen Beitrag liefern.

Ein Polymeres sollte aus diesem Grund symmetrisch und unverzweigt sein, um einen hohen Grad an Kristallinität zu begünstigen. Es sollte eine hohe Kohäsionsenergie und im voll gestreckten Zustand eine durchschnittliche Länge von 100 nm aufweisen. Diese Merkmale lassen sich am geeignetsten unter zwei Gesichtspunkten, den chemischen Anforderungen und dem mechanischen Verhalten, untersuchen. Dabei sind als wichtigste Faktoren 1. die Schmelz- und Glastemperatur, 2. der Modul, 3. die Elastizität, 4. die Zugfestigkeit und 5. die Feuchtigkeitsaufnahme und Färbbarkeit zu überprüfen.

Chemische Anforderungen

Sind die Polymerketten sehr kurz, weisen sie im Festkörper nur ein geringes Maß an Verschlingung auf und besitzen eine relativ hohe Beweglichkeit zueinander, weswegen sie zur Faserfestigkeit nicht beitragen. Mit zunehmender Kettenlänge, und damit einhergehender zunehmender Verflechtung, verbessert sich die Faserstärke. Der optimale Molmassenbereich einer guten Faser liegt zwischen 10 000 bis 50 000 g mol^{-1}. Man hat herausgefunden, daß sich die Fasereigenschaften außerhalb dieser Grenzwerte verschlechtern. Wie wir später noch sehen werden, kann die Verflechtung der Ketten von der Zugfestigkeit und dem Modul beeinträchtigt werden, weswegen eine Ausrichtung langer Ketten ein wichtiges und erstrebenswertes Merkmal ist.

Wir haben bereits den Einfluß von T_g und T_m erwähnt und wissen, daß diese durch die Kettensymmetrie und -steifigkeit sowie die intermolekulare Bindungsbildung beeinflußt werden. Es wurde beobachtet, daß die Zugfestigkeit einer Faser mit der Kristallinität ansteigt, weshalb dies eine erwünschte Eigenschaft ist und lineare Ketten somit für die

Faserbildung bevorzugt werden. Da die Form und die Symmetrie einer linearen Kette ihre Fähigkeit zur Kristallisation bestimmt, sollten Ketten mit unregelmäßigen Abschnitten, die eine lineare Anordnung verhindern, beim Aufbau von Polymeren mit Fasereigenschaften gemieden werden. Dies wird sehr deutlich, wenn man Poly(ethylenterephthalat) (Trevira, Struktur I), welches eine ausgezeichnete Faser ist, mit seinem Isomeren II, hergestellt aus o-Phthalsäure, vergleicht.

$$\sim\!\!\!\sim\!\!\!\left[(CH_2)_2\cdot O\cdot OC\!\!-\!\!\bigcirc\!\!-\!\!CO\cdot O\right]_n\!\!\!\sim\!\!\!\sim$$

I

$$\sim\!\!\!\sim\!\!\!\left[(CH_2)_2\cdot O\cdot OC\diagdown\ \diagup CO\cdot O\right]_n$$

II

Struktur II zeigt einen Verlust an Regularität, es ist weniger kristallin, hat eine niedrigere Glastemperatur und liefert wesentlich schlechtere Fasern. Gleiches findet man in der Reihe der Polyamide. Das reguläre Polymere III besitzt ein T_m von 643 K und ein T_g von 453 K, während die unregelmäßige Form IV ein T_m von 516 K und ein T_g von 363 K hat.

$$\left[NH(CH_2)_6NH\cdot CO\bigcirc CO\right]_n$$

III

$$\left[NH\cdot CH_2\diagdown\ \diagup CH_2NH\cdot CO\cdot(CH_2)_4CO\right]_n$$

IV

Stereoreguläre Polymere haben ebenfalls symmetrische Strukturen, und die Helices eines isotaktischen Polymeren können so dicht gepackt sein, daß auch hier hochkristallines Material erhältlich ist. Isotaktisches Polypropylen ist kristallin und ein sehr wichtiges faserbildendes Polymeres, während die ataktische Form im Grunde genommen keine kristallinen Anteile aufweist und somit als Faser nur einen geringen Wert besitzt. Tatsächlich besitzt es bemerkenswerte elastomere Eigenschaften.

Obgleich Kristallinität und Strereoregularität wichtige Regulatoren bei der Bildung von Fasern sind, können sich ataktische amorphe Polymere, durch das Vorliegen intermolekularer Kräfte, ebenfalls als nützlich erweisen. Dipolare Wechselwirkungen zwischen den Seitengruppen, wie z.B. -(CN), dessen Wechselwirkungsenergie bei etwa 36 kJ mol^{-1} liegt, sind sehr viel stärker als Wasserstoffbrückenbindungen oder van-der-Waals-Kräfte und liefern so einen immensen Beitrag zur Verbesserung der molekularen Anordnung. Diese

Wechselwirkung stabilisiert die Orientierung während der Faserherstellung und erhöht das faserbildende Potential von Polymeren, wie etwa Polyacrylnitril oder Poly(vinylchlorid), die überwiegend amorph und ataktisch vorliegen. Dieser Punkt verdeutlicht, daß die molekulare Anordnung und nicht die Kristallinität, welche nur eine Methode zur Erhaltung einer stabilen Orientierung von Ketten darstellt, der entscheidende Faktor bei der Bildung von Fasern ist.

Die Bedeutung der Wasserstoffbrückenbindung wurde bereits behandelt und soll daher an dieser Stelle nicht weiter betrachtet werden.

Lineare Polyester. Etliche der allgemein betrachteten Diskussionspunkte lassen sich sehr anschaulich unter Zuhilfenahme der zahlreichen bisher dargestellten linearen Polyester, die in Tabelle 15.5 zusammengefaßt sind, erklären.

Ein Vergleich von Struktur 1 mit 2(i) und 2(ii) zeigt eine Abnahme für den Wert von T_m, was durch Zunahme an Kettenflexibilität, infolge des Einbaus von Ethylen- bzw. Ethylendioxygruppen zwischen die Phenyleinheiten, verursacht wurde. Noch drastischer wird diese Änderung bei einem Vergleich der Strukturen 1 und 6, wenn an Stelle der -$(CH_2)_4$- Sequenz zwei Phenylringe verwendet werden. Die Differenz zwischen den Werten für T_m beträgt hier 205 K.

Den Einfluß der Symmetrie verdeutlichen die Terephthal- (3) und die Isophthalreihe (4). Die unsymmetrische Anordnung der Ringe in den Strukturen 4(i) und 4(ii) senken T_m um 25 K bzw. 77 K im Vergleich zu ihren strukturisomeren Partnern 3(i) und 3(ii) ab. Voluminöse Seitengruppen beeinträchtigen die dichten Packungsmöglichkeiten einer Kette, was durch den Einfluß der Methylgruppen in 3(iii), 3(iv) und 5 auf T_m, im Vergleich zu 3(i) und 3(ii) bewiesen wird. Das zusätzliche Auftreten von Asymmetrie in 3(iv) wirkt ebenfalls einer Kristallisation entgegen. Eine zusätzliche Stabilität durch Nebenvalenzbindungen im Kristallit führt zu einem Anstieg von T_m wie man es der Reihe 2(i) bis 2(iii) entnehmen kann. Man hat es hier mit einem Übergang von zunächst einfachen van-der-Waals-Kräften bis hin zu Wasserstoffbrückenbindungs-Wechselwirkungen zu tun. Die Wasserstoffbrückenbindung ist auch verantwortlich für den Anstieg von T_m des Polymeren 2(iii) über den Wert von Substanz 3(i), trotz des Vorhandenseins flexibler Untereinheiten in der Kette von 2(iii).

Die hier diskutierten Punkte decken den größten Teil der chemischen Anforderungen ab, so daß wir nun zu den mechanischen Eigenschaften übergehen können.

Mechanische Anforderungen an Fasern

Fasern sind sehr verschiedenartigen mechanischen Verformungen unterworfen, so z.B. elastischer Dehnung, Abrieb, Biegung, Windung und Scherung. Die wichtigsten Eigenschaften sind daher: (i) die Zugfestigkeit, welche die Spannung zum Zeitpunkt des Bruches eines Materials ist, (ii) die Zähigkeit, welche als die zugeführte Gesamtenergie am Bruchpunkt definiert ist, (iii) der Anfangsmodul, der ein Maß für die Beständigkeit gegenüber Dehnung ist (siehe auch Teil A-B der Spannungs-Dehnungskurve in Bild 15.9) und (iv) das Ausmaß an bleibender Verformung.

Die Textilindustrie erkennt die folgenden Qualitäten als für Fasern geeignet an: (a) Reißfestigkeit: 1 bis 10 g denier^{-1} (etwa 5 g denier^{-1} sind optimal für Bekleidung);

Tabelle 15.5: T_m- und T_g-Werte für lineare Polyester

Struktur	Substituent R		T_m/K	T_g/K
1. $\left[-OC-\bigcirc-\bigcirc-CO\cdot O(CH_2)_2O-\right]_n$			528	–
2. $\left[-OC-\bigcirc-R-\bigcirc-CO\cdot O(CH_2)_2O-\right]_n$	(i)	$-(CH_2)_4-$	443	–
	(ii)	$-O-(CH_2)_2-O-$	513	–
	(iii)	$-NH-(CH_2)_2-NH-$	546	–
3. $\left[-OC-\bigcirc-CO\cdot O\cdot R\cdot O-\right]_n$	(i)	$-(CH_2)_2-$	538	342
	(ii)	$-(CH_2)_4-$	503	353
	(iii)	$-CH_2-C\underset{CH_3}{\overset{CH_3}{|}}-CH_2-$	413	–
	(iv)	$-CH_2-CH\underset{CH_3}{|}-$	nicht-kristallin	341
4. $\left[-OC-\bigcirc-CO\cdot O\cdot R\cdot O-\right]_n$ (meta)	(i)	$+CH_2+_2$	513	324
	(ii)	$+CH_2+_4$	426	–
5. $\left[-OC-\underset{CH_3}{\bigcirc}-CO\cdot O(CH_2)_2\cdot O-\right]_n$			343	–
6. $\left[-OC\cdot(CH_2)_4CO\cdot O\cdot(CH_2)_2\cdot O-\right]_n$			323	–

(b) Elastizitätsmodul: 20 bis 200 g denier^{-1} und (c) Dehnbarkeit: 2 bis 50%. Ein „denier" entspricht der Masse in Gramm von 9000 m eines Garns.

Aufgrund der bestehenden Abhängigkeit des mechanischen Verhaltens einer Faser vom Spinnprozeß soll dieser nun kurz beschrieben werden.

Spinntechniken. Der Umwandlungsprozeß einer großen Menge einer Polymerprobe in einen Faden oder ein Garn ist das *Spinnen*, und es lassen sich je nach Art des Polymeren verschiedene Techniken verwenden.

Das *Schmelzspinnen* wird dann eingesetzt, wenn die Polymerverbindungen leicht und ohne thermischen Abbau schmelzbar sind. Das geschmolzene Polymere wird dann durch eine Spinndüse mit 50 bis zu 1000 feinen Löchern gepreßt. Beim Austritt aus den Löchern verfestigen sich die Fäden, meist in einem glasartigen amorphen Zustand, und werden als Garn aufgespult. Orientierung und Kristallinität sind wichtige Voraussetzungen für Fasern. Daher wird das Garn einem Streckverfahren, welches eine Orientierung der Ketten und eine Stärkung der Fasern bewirkt, unterworfen. Diese Technik wird bei Polyestern, Polyamiden und Polyolefinen angewendet.

Das *Naß- und Trockenspinnen.* Acrylpolymere lassen sich aufgrund ihrer thermischen Labilität nicht im geschmolzenen Zustand verspinnen, weshalb diese aus konzentrierten Lösungen des Polymeren heraus verarbeitet werden. Das Lösungsmittel wird verdampft und zurück bleibt ein amorpher Faden, der als „trocken gesponnen" bezeichnet wird. Preßt man die Polymerlösung in ein Fällungsbad, fällt das Polymere in Form von Fäden aus und man nennt eine solche Faser „naß gesponnen".

Verstreckung, Orientierung und Kristallinität. In ihrem amorphen Zustand läßt sich eine Faser durch Verstrecken stärken. Durch ein solches Verfahren wird die Faser um ein Mehrfaches ihrer ursprünglichen Länge gestreckt, und die Ketten der Probe werden zueinander angeordnet. Der Prozeß ist irreversibel und entspricht den Bereichen C und D der Spannungs-Dehnungs-Kurve in Bild 15.9. Die Verformung ist bis zum Streckpunkt C elastisch, oberhalb dieses Punktes erfolgt eine irreversible Deformation.

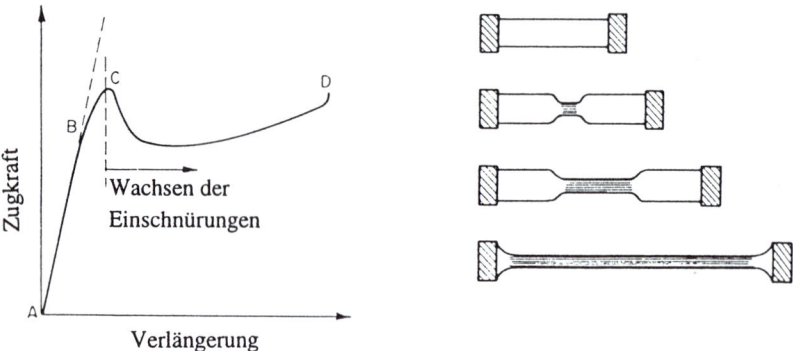

Bild 15.9:   Verschiedene Stadien bei der Verstreckung eines Polymeren unter Bildung einer Einschnürung und späterer Vergrößerung mit einhergehender Ausrichtung der Ketten.

Am Punkt C wird das Polymere plötzlich dünner, bzw. es wird an dieser Stelle eingeschnürt. Weiterlaufendes Verstrecken erweitert die Länge des verengten Bereichs auf Kosten der nicht verstreckten Region solange, bis der Prozeß vollständig ist. Ein weiteres Verstrecken bewirkt einen Bruch am Punkt D, dem sogenannten Bruchpunkt.

Der Einfluß der molekularen Ordnung ist bei der Faserherstellung weitaus wichtiger als auf anderen Gebieten der Polymeranwendung. Die Verstreckbarkeit ist daher eine sehr grundlegende Voraussetzung für gute faserbildende Materialien. Es muß an dieser Stelle noch einmal darauf hingewiesen werden, daß die Kristallinität und die Orientierung nicht zwangsläufig synchron verlaufen, und es existiert ein Unterschied zwischen der Kristallitorientierung und der Orientierung der Ketten in den amorphen Bereichen eines Polymeren. Es ist der amorphe Teil einer Faser, welcher unter der Belastung verdreht und verlängert wird, und dies sind auch die Bereiche, die zur Verbesserung der intermolekularen Anziehung orientiert werden, falls der Modul der Faser verbessert werden soll. Verstrecken verbessert nur in geringem Maß die Eigenschaften einer hochkristallinen Faser durch eine Orientierung der Kristallite, während bei einer amorphen Faser der Effekt sehr viel ausgeprägter auftritt.

Das Verstrecken beeinflußt das mechanische Verhalten einer Faser in verschiedener Art und Weise. Es macht die Faser zäh und fest, es kann den Modul und die Dichte erhöhen und den T_g durch die Orientierung in den amorphen Bereichen ändern. So wird beispielsweise die -(O-(CH$_2$)$_2$-O)-Gruppe in Poly(ethylenterephthalat), welche eine *gauche*-Konformation in der amorphen Phase einnimmt, durch Verstrecken in die *trans*-Konformation überführt. Dies verbessert die Kristallinität der Probe, und der T_g steigt ebenfalls um 10 bis 15 K.

Zähigkeit wie auch die physikalischen Eigenschaften einer Faser lassen sich ebenfalls über das Ausmaß der Verstreckung regulieren. Eine eingeschränkte Orientierung, verursacht durch niedrige Streckspannungen, führt zu einem Nylongarn mit mittlerer Festigkeit und niedriger Zugfestigkeit, niedrigem Modul sowie hoher Dehnbarkeit, also Eigenschaften, die ein flexibles, weiches Material charakterisieren, welches für Bekleidung ideal ist. Bei höherer Beanspruchung während der Verstreckung erhält man Garne von hoher Festigkeit, die bei der Herstellung von Reifencord eingesetzt werden. Somit hängen die Eigenschaften einer Faser auch von den Fähigkeiten des Spinners ab.

Sowohl Festigkeit als auch Modul lassen sich über die Kristallinität der Faser steuern. Niederdruckpolyethylen ist hochkristallin und weist eine Faserfestigkeit von etwa 6 g denier^{-1} auf, während das Produkt aus dem Hochdruckverfahren stärker verzweigt und somit weniger kristallin vorliegt; es besitzt eine Faserfestigkeit von nur 1,2 g denier^{-1}. Wir haben bereits gesehen, daß die Umwandlung einer Amidfunktion in eine Gruppe, die nicht zur Ausbildung von Wasserstoffbrückenbindungen befähigt ist, wie etwa eine Methylolgruppe -CON(CH$_2$OH)- aus der Umsetzung mit Formaldehyd, die intermolekularen Bindungen bei den Polyamiden einschränkt. Damit einhergehend steigt die Hydrophilie und das Polymere wird besser wasserlöslich, während sich der hydrophobe Charakter durch eine Methylierung der Gruppe zu -CON(CH$_2$OCH$_3$)- wieder herstellen läßt. Bei niedrigen Substitutionsgraden wird der Modul verringert, und man erhält eine wesentlich elastischere Faser. Mit zunehmendem Substitutionsgrad wird die Kristallinität vollständig zerstört, und die faserbildenden Eigenschaften gehen verloren.

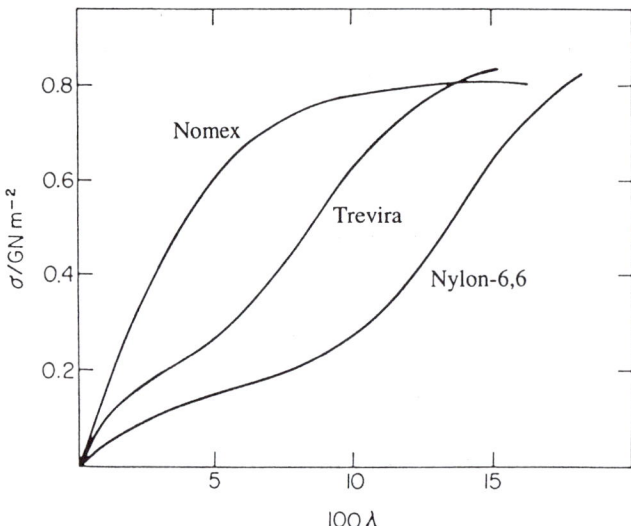

Bild 15.10:   Die Spannungs-Dehnungskurven für drei Fasern reflektieren die Änderung die durch
Einführung von zunächst einer (Trevira) und dann zwei (Poly-(m-phenylenisophthal-
imid), Nomex) Phenylengruppen in die Wiederholungseinheit der Kette hervorgerufen werden. Die Spannung σ ist aufgetragen gegen 100 λ der prozentualen Streckung.

Modul und Kettensteifigkeit. Neben der Orientierung und der Kristallinität läßt sich der
Modul einer Faser auch über einen dritten Parameter, die Steifigkeit der Kette, steuern, falls
eine zusätzliche Kontrolle notwendig wird.

Der Einfluß der Kettensteifigkeit auf den Anfangsmodul läßt sich aus Bild 15.10
entnehmen. Die Zunahme der Starrheit der Kette in der Reihe von Nylon-6,6
-[NH(CH$_2$)$_6$NHCO(CH$_2$)$_4$CO]$_n$- über Trevira

$$\left[-O(CH_2)_2\,O.C-\bigcirc-\underset{\underset{O}{\|}}{C}-\right]_n$$

bis zu Poly-(m-phenylenisophthalimid) (Nomex)

$$\left[-NH-\bigcirc-NH-\underset{\underset{O}{\|}}{C}-\bigcirc-\underset{\underset{O}{\|}}{C}-\right]_n$$

zeigt sich in einem ==Anstieg des Anfangsmoduls mit zunehmendem Einbau aromatischer
Ringe in die Kette.== Dieses Verhalten wird noch ausführlich in Abschnitt 15.11 diskutiert
werden.

Weitere Faktoren. Die Feuchtigkeitsaufnahme einer Faser ist im Hinblick auf den Trage-
komfort eines Kleidungsstückes ausgesprochen wichtig. Die Fähigkeit der Bekleidung, bei
hohen Außentemperaturen Schweiß zu absorbieren, erhöht die Bequemlichkeit, wobei
polare Polymere für diesen Zweck am besten geeignet sind. Eine hohe Feuchtigkeitsaufnahme senkt auch den spezifischen Widerstand der Faser und mindert die Tendenz einer

statischen Aufladung, welche eine Anziehung von Schmutzpartikeln zur Folge hat und ein Unbehagen des Konsumenten bewirkt. Die meisten synthetischen Fasern besitzen nur eine geringe Fähigkeit zur Aufnahme von Feuchtigkeit und müssen daher modifiziert werden. Aufpfropfen von Polyethylenoxid oder Acrylsäure auf Nylon verbessert die Feuchtigkeitsaufnahme erheblich, ohne die mechanischen Eigenschaften zu beeinträchtigen.

Ebenfalls problematisch gestaltet sich das Einfärben, so daß oft eine Modifikation der Faser notwendig ist. Um für die Färbung Angriffspunkte zu schaffen, bedarf es des Einbaus einiger -SO$_3$H-Gruppen in die Phenylringe des Poly(ethylenterephthalat)s oder der Copolymerisation von Acrylnitril mit einer kleinen Menge von Vinylsulfonsäure. Diese Modifikation steigert auch die Wasseraufnahme.

Bei der Auswahl einer Faser für Textilien sollte man Materialien mit einer hohen „bleibenden Verformung" vermeiden. Dieser Ausdruck gibt ein Maß für den Anteil des irreversiblen Fließens (siehe Bild 15.9, C-D), der im Polymeren zurückbleibt und sich in einem Verlängern der Faser nach Einwirkung eines Zuges widerspiegelt. Ganz deutlich wird dies bei Kleidung, bei der die Knie- oder Ellenbogenpartie besonders stark strapaziert wird; hier ist ein hohes Maß an bleibender Verformung für sackartige Hosen und „ausgebeulte Bekleidung" verantwortlich. Dies läßt sich teilweise, manchmal sogar vollständig durch das Verstrecken vermeiden, jedoch machen zu hohe Streckbeanspruchungen die Faser hart. Während also ein schlechtes Kriechverhalten bei dem einen Artikel einen Formverlust zur Folge hat, kann sich seine Kapazität zur Energieaufnahme vermindern. Eine Überkompensation kann dann in einem Materialbruch resultieren.

Es ist nicht ungewöhnlich, daß das Aufeinandertreffen zweier unverträglicher Eigenschaften einen Kompromiß zwischen beiden erzwingt.

15.11 Aromatische Polyamide

Synthetische faserbildende Polymere, die die Eigenschaften Hitzebeständigkeit und Steifheit vereinen, um vergleichbare Ersatzstoffe für Stahldrähte oder Glasfasern zu erhalten, sind sehr gefragt als verstärkende Materialien in Verbundwerkstoffen oder bei der Produktion von Seilen, Kabeln, Schläuchen und vergüteten Textilien. Eine der erfolgreichsten Substanzklassen die für diese Zweck entwickelt wurden, sind die aromatischen Polyamide oder auch Aramide, die definiert sind als faserbildende Substanzen, die aus langkettigen Polyamiden bestehen, wobei > 85% der Amidgruppen direkt an aromatische Ringe gebunden sind.

Die Strukturen verschiedener kommerziell wichtiger Aramide sind in Tabelle 15.6 zusammengestellt; eine Beschreibung des lyotropen, flüssigkristallinen Verhaltens der ersten drei Vertreter erfolgt in Abschnitt 16.4. Die wichtigste Substanz von diesen dreien ist Poly(p-phenylenterephthalamid) PPD-T; sie besitzt herausragende Eigenschaften und dient als Modell für die anderen. Die Darstellung des Polymeren gelingt über eine Kondensationsreaktion von p-Phenylendiamin und Terephthaloylchlorid in einem Lösungsmittel bestehend aus N-Methylpyrrolidon (NMP) und CaCl$_2$. Diese Lösungsmittelkombination bewirkt, daß das wachsende Polymere länger in Lösung bleibt, wobei die Molmasse

Tabelle 15.6: Kommerziell wichtige, faserbildende aromatische Polyamide (Aramide)

Polymeres		Hersteller	Handelsname
I [—NH—⬡—NH—CO—⬡—CO—]	MPD-1	DuPont DuPont Teijin UDSSR DuPont Monsanto Firesafe	Nomex Nomex II Conex Phenylon HT-4 Durette Durette
II [—NH—⬡—CO—]	PPB	DuPont UDSSR	Faser B Terlon
III [—NH—⬡—NH—CO—⬡—CO—]	PPD-1	DuPont Enka UDSSR Akzo	Kevlar Arenka Viniivlon Twaron
IV [—NH—⬡—NH—CO—⬡—CO—/—NH—⬡—O—⬡—NH—CO—⬡—CO—]		Teijin	HM-50
V [—NH—⬡—SO₂—⬡—NH—CO—⬡—CO—]		UDSSR	Sulfon-1
VI [—NH—⬡—SO₂—⬡—NH—CO—⬡—CO—]		UDSSR	Sulfon-T
[—NH—(benzazol, X)—⬡—NH—CO—⬡—CO—]		UDSSR	SVM
X = -O-, -S-, -NH-; Copolymere auch mit p-Phenylendiamin			
[—NH—CO—(phthalimid)—N—⬡—X—⬡—]		Rhone-Poulenc	Kermel (X = CH₂ oder O)

Tabelle 15.6: Kommerziell wichtige, faserbildende aromatische Polyamide (Aramide) (Fortsetzung)

Polymeres	Hersteller	Handelsname
[Struktur: Chinazolindion-haltiges Aramid] —NH—CO—[Ring]—CO—	Bayer	AFT-2000
[[NH—[Ring]—CO—NH—NH]CO—[Ring]—CO] ungeordnete Sruktur	Monsanto	X-500-Serie
[NH—[Ring]—CO—NH—NH—CO—[Ring]—CO—NH—NH—CO—[Ring]—NH—CO—[Ring]—CO] geordnete Struktur	Goodyear	Flexten

des Produkts in Bereiche angehoben wird, die es für die Faserbildung geeignet machen. Man erreicht dies durch eine Herabsetzung der intermolekularen Wasserstoffbindungen, da das Salz die Ausbildung von Wasserstoffbrücken unterbindet, während NMP als Säureakzeptor und gutes Lösungsmittel für die Polymerkette agiert. Rühren bei Hochgeschwindigkeit ist ebenfalls erforderlich. Das Endprodukt ist verhältnismäßig unlöslich, kann aber in 98%iger Schwefelsäure wieder in Lösung gebracht werden; Lösungen von PPD-T mit mehr als 6 bis 7% Feststoff bilden anisotrope Flüssigkeiten mit den Charakteristika von lyotropen flüssigkristallinen Polymeren, vergleiche Abschnitt 16.4.

Wird ein flexibles, nicht-aromatisches Polyamid, wie etwa Nylon-6,6, in einem Lösungsmittel aufgelöst, so verhalten sich die Ketten wie statistische Knäuele, die sich mit steigender Polymerkonzentration verhaken. Die Abfolge von Verspinnen und Verstrecken liefert eine Faser, bei der die Ketten diesen verhakte Zustand bewahren und nur teilweise gestreckt vorliegen, wobei Modul und Zähigkeit reduziert werden. In den Lösungen der starren, stäbchenförmigen Aramide bilden sich keine statistischen Knäuele aus, stattdessen werden die starren Ketten mit steigender Polymerkonzentration in der Lösung in quasi-parallelen Bündeln gepackt. Erfolgt das Verspinnen aus solchen Lösungen, orientieren die Scherkräfte diese Bündel in die Richtung der angelegten Kraft. Die dabei erhaltenen Fasern sind aus hoch geordneten, voll gestreckten Ketten aufgebaut, die leicht kristallisieren können. Somit erhält man ein Produkt mit einem hohen Modul.

Die Fasern müssen aus Lösungen von PPD-T in Schwefelsäure hergestellt werden, wobei sich die bisher gängigen Spinnverfahren als ungeeignet erwiesen haben. Zwei Neuerungen halfen dieses Problem zu lösen. Zunächst stellte man fest, daß PPD-T beim Erhitzen mit H_2SO_4 einen stabilen Komplex bildet, der bei etwa 343 K schmilzt und eine (1:10)-Zusammensetzung von PPD-T:H_2SO_4 besitzt. Verwendet man diesen Komplex, so kann man beim Verspinnen mit einer höheren Konzentration als zuvor arbeiten. Die zweite Neuerung war die Entwicklung des sogenannten „dry-jet-wet"-Spinnverfahrens, bei dem sich zwischen der Öffnung der Spinndüse und dem Fällbad mit kaltem Wasser ein Zwischenraum mit Luft befindet. Diese Anordnung gibt den Ketten Zeit, sich in der Lösung zu orientieren, nachdem sie durch das Loch der Spinndüse gepreßt wurden und bevor sie endgültig im Fällbad in der Faserform abgefangen werden. Ein Verspinnen von PPD-T auf diese Weise liefert ein Material mit ausgezeichneten Eigenschaften.

Dieses von DuPont entwickelte Material trägt den Handelsnamen Kevlar. Stellt man es wie oben beschrieben her, so erhält man Kevlar 29. Eine verbesserte Form, Kevlar 49, wird durch heißes Verstrecken der Faser in einer Inertgasatmosphäre bei Temperaturen oberhalb von 520 K hergestellt; eine dritte Qualität, Kevlar „Hp", besitzt Eigenschaften, die zwischen denen der zuerst genannten liegen.

Eine Gegenüberstellung der Spannungs-Dehnungs-Kurven für diese Aramide und andere faserbildende Materialien findet man in Bild 15.11(a) und (b); die Auftragung verdeutlicht die herausragenden Eigenschaften von PPD-T. Man nimmt an, daß die Ursache für die hohe Festigkeit ($\approx 2,6$ G Pa) und dem Modul (60 bis 120 G Pa) in der dreidimensionalen Ordnung, die eine Folge von sowohl longitudinaler als auch radialer Orientierung ist, begründet liegt. Die PPD-T-Faser läßt sich, wie in Bild 15.12 gezeigt, in Form geordneter Schichten gestreckter Ketten mit Wasserstoffbrücken, die sich aus dem Faserkern strahlenförmig ausbreiten, darstellen.

Die Aramide sind ausgesprochen hitzebeständig; erst bei Temperaturen von über 670 K beginnen sie abzubauen und zu verkohlen. Kevlar wird oftmals mit Kohlenstoff-Fasern kombiniert oder in Epoxidharze eingebettet unter Bildung von Hybrid-Verbundwerkstoffen, die die Fähigkeit besitzen, katastrophale Stöße zu überstehen und werden deswegen zum Aufbau von Flugzeugen und Tragflächen eingesetzt. Im Vergleich zu Stahl besitzt Kevlar eine wesentlich höhere Bruchfestigkeit, ist aber sechsmal leichter und ermöglicht damit eine ungeheure Einsparung an Gewicht. Dies macht die Handhabung sehr einfach und man verwendet es daher für Haltetaue von Bohrinseln auf hoher See, für Leinen von Fallschirmen und Angeln, für Seile von Bergsteigern und Flaschenzügen. Andere Einsatzmöglichkeiten sind die Verstärkung von Reifencord, Schutzkleidung und kugelsichere Westen.

15.12 Polyethylen

Der Einfluß der Verzweigung der Ketten auf die Materialeigenschaften eines Polymeren lassen sich ausgezeichnet am Beispiel von Polyethylen verdeutlichen. Chemisch betrachtet handelt es sich bei dieser Substanz um eines der einfachsten synthetischen Polymeren mit der Wiederholungseinheit -(-CH$_2$-CH$_2$-)-, doch ist die Darstellung auf verschiedenen Routen, die das Ausmaß der Verzweigung der Ketten stark beeinflussen, möglich.

Polyethylen wird in drei unterschiedlichen Qualitäten vermarktet; Polyethylen mit hoher (high density polyethylen, HDPE), „lineares" Polyethylen mit niedriger (linear low density polyethylen, LLDPE oder 1-LDPE) und Polyethylen mit niedriger Dichte (low

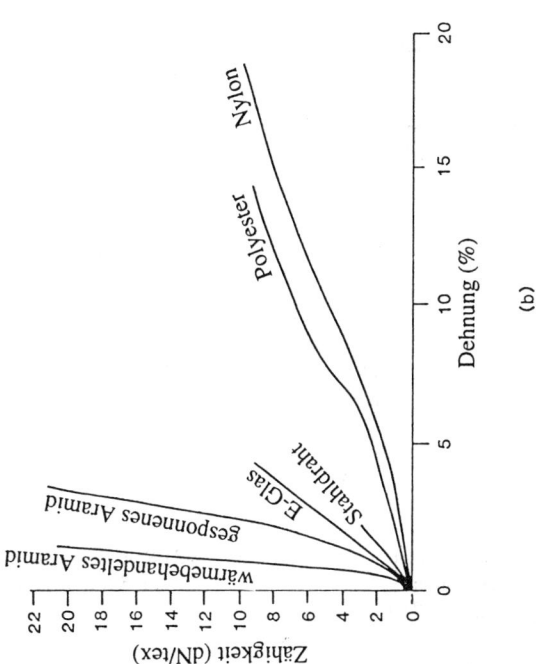

(b)

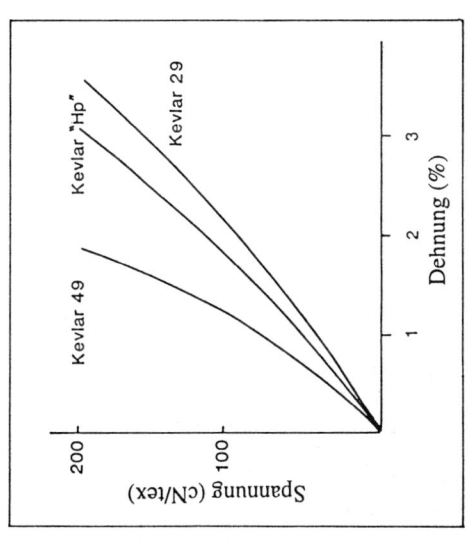

(a)

Bild 15.11: (a) Vergleich des Spannungs-Dehnungs-Verhaltens von drei verschiedenen Kevlar-Qualitäten. (b) Gegenüberstellung der Schlagzähig-keiten von Kevlarfasern mit denen von Glas, Stahl, Polyester und Nylon als Funktion der prozentualen Dehnung. (Reproduziert von D. Tanner, J. A. Fitzgerald und B. R. Phillips (1989) mit Erlaubnis des *VCH Verlages*).

über Wasserstoffbrücken gebundene Schicht   zusammengefügte Schichten

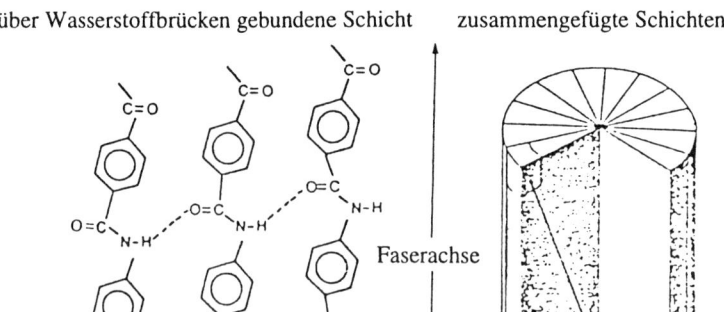

Faserachse

Bild 15.12: Darstellung der Anordnung von Poly(*p*-phenylenterephthalamid)-Schichten unter Bildung einer Faserstruktur (Übernommen von D. Tanner, J. A. Fitzgerald und B. R. Phillips (1989) mit Genehmigung des *VCH-Verlages*).

HDPE

LLDPE

LDPE

density Polyethylen, LDPE). Die strukturellen Unterschiede der Substanzen sind auf Seite 386 gegenübergestellt.

Bei HDPE, das unter Verwendung von Organometall-Katalysatoren hergestellt wird, handelt es sich um ein Material mit einer strukturell regulären Kette, die nur wenige Verzweigungspunkte aufweist (weniger als 7 auf 1000 Kohlenstoffatome). Aufgrund seiner regulären Struktur können sich die Polymerketten sehr effizient anordnen; daraus resultiert ein hoch kristallines Material und, damit einhergehend, eine hohen Dichte. Das Polymer wird zur Herstellung von Flaschen, Kisten und Fässern verwendet.

LDPE wird in einem radikalisch initiierten Polymerisationsprozeß unter Hochdruck dargestellt und ist ein hoch verzweigtes Polymeres mit etwa 60 Verzweigungspunkten auf 1000 Kohlenstoffatome. Es besitzt einen wesentlich niedrigeren kristallinen Anteil und eine geringere Dichte. Dafür besitzt die Substanz gute filmbildende Eigenschaften, weswegen die wichtigste Anwendung im Film auf dem Gebiet der Ummantelung von Verpackungsmaterialien und Kabeln ist. Zudem weist es für Gase (CO_2, O_2, N_2) eine höhere Permeabilität als HDPE auf.

Die Eigenschaftslücke, die zwischen HDPE und LDPE bestand, wurde durch LLDPE gestopft. Dieses Polymere läßt sich sowohl durch Polymerisation in Lösung als auch in der Gasphase darstellen und ist in Wirklichkeit ein Copolymeres aus Ethylen und 8 bis 10% eines α-Olefins, wie Buten-1, Penten-1, Hexen-1 oder Octen-1. Dabei bildet sich eine Polymerkette mit einer kontrollierten Anzahl an kurzkettigen Verzweigungen und Dichten, die zwischen denen von HDPE und LDPE angesiedelt sind. Mit Hilfe des Comonomeren sind verschiedene Qualitäten darstellbar.

Bei Verwendung von Octen-1 erhält man ein Produkt mit einer niedrigeren Dichte als jenes, daß man bei Einbau von Buten-1 in die Kette gewinnt. Dies ist eine Folge davon, daß im zuerst genannten Polymeren die längeren (Hexyl-) Verzweigungen die einzelnen Ketten weiter voneinander wegschieben als die Ethylverzweigungen bei der anderen Verbindung und somit die Packungseffizienz der Ketten herabgesetzt wird.

Mittlerweile konkurriert LLDPE mit LDPE auf vielen Anwendungsgebieten im Film, bei denen eine gute Widerstandsfähigkeit gegenüber Einschlägen harter Teilchen erforderlich ist. Zudem ist es härter und weist niedrigere Sprödigkeitstemperaturen als LDPE auf; daher ersetzt man Blends aus HDPE und LDPE nun durch LLDPE.

In Tabelle 15.7 sind eine Reihe wichtiger Eigenschaften gegenübergestellt; sie weist darauf hin, wie groß der Einfluß der Verzweigungen auf das Eigenschaftsprofil und somit der letztendlichen Anwendung der drei Polymeren ist.

Tabelle 15.7: Vergleich zwischen verschiedenen Polyethylenqualitäten

Eigenschaft	LDPE	LLDPE	HDPE
Schmelzpunkt (K)	383	393-403	> 403
Dichte (g/cm³)	0,92	0,92-0,94	0,94-0,97
Zugfestigkeit des Films (MPa)	24	37	43

15.13 Elastomere und Netzwerke

Kautschukelastizität und damit einhergehende Eigenschaften wurden bereits detailliert besprochen (siehe Abschnitt 12.8 sowie Kapitel 14), weswegen an dieser Stelle nur eine kurze Zusammenfassung der wesentlichen Merkmale zu finden ist.

Die grundlegenden Anforderungen an jedes potentielle Elastomere sind der amorphe Charakter des Polymeren einhergehend mit einer geringen Kohäsionsenergie und die Verwendung bei Temperaturen oberhalb seines Glasübergangs. Im elastischen Bereich zeichnet sich das Polymer durch einen niedrigen Modul (etwa 10^5 N m^{-2}) und, insbesondere für anwendungsorientierte Polymere, durch hohe reversible Dehnungen aus. Diese Reversibilität des Gleitens von Fließeinheiten erfordert eine Kette mit lokalisierter Segmentbeweglichkeit oder einer geringen Gesamtbeweglichkeit der Ketten relativ zueinander. Der ersten Anforderung wird durch flexible Ketten mit niedriger Kohäsionsenergie Rechnung getragen, die nicht zur Kristallisation neigen, obwohl die Entstehung einer gewissen kristallinen Ordnung beim Strecken durchaus vorteilhaft sein kann. Die zweite Anforderung, die Vermeidung des Kettengleitens, wird durch Vernetzung der Ketten unter Ausbildung dreidimensionaler Netzwerke erfüllt.

Vernetzung. Die Vernetzung liefert Haftstellen für die Ketten, wodurch eine übermäßige Beweglichkeit eingeschränkt und die Position einer jeden Kette im Netzwerk aufrechterhalten wird. Dies ist nicht nur auf Elastomere beschränkt, vielmehr findet man die resultierenden verbesserten Materialeigenschaften auch bei vernetzten Phenol-Formaldehyd-, Melamin- und Epoxidharzen.

Liegt eine Probe vernetzt vor, so wird (1) die Formstabilität verbessert, (2) die Kriechgeschwindigkeit herabgesetzt, (3) die Lösungsmittelbeständigkeit erhöht und (4) die An-

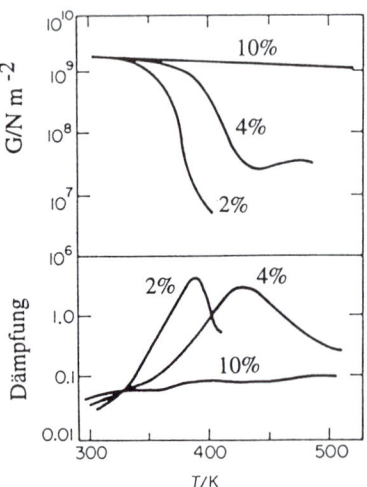

Bild 15.13:   Einfluß der Vernetzung auf das dynamisch-mechanische Verhalten eines Phenol-Formaldehyd-Harzes. Die Konzentrationen an Vernetzungsagens Hexamethylentetramin sind bei den entsprechenden Kurven aufgeführt (nach Nielsen).

fälligkeit gegenüber einer thermisch bedingten Verformung aufgrund der Erhöhung von T_g herabgesetzt. Alle diese Effekte scheinen sich bei einer Erhöhung der Vernetzungsdichte zu verstärken und lassen sich über den Vernetzungsgrad kontrollieren.

Kriechen in vernetzten Polymeren. Das Kriechverhalten ist hauptsächlich von der Temperatur und der Vernetzungsdichte abhängig. Bei Temperaturen unterhalb von T_g ist der Einfluß der Vernetzung auf die Materialeigenschaften gering. Erst oberhalb von T_g wird das sekundäre Kriechen, verursacht durch irreversibles viskoses Fließen, durch die Vernetzung herabgesetzt oder vollständig unterdrückt.

Das Kriechen ist eine Funktion des Elastizitätsmoduls, der mechanischen Dämpfung und der Differenz zwischen der Raumtemperatur und T_g. Die duroplastischen Harze besitzen im allgemeinen einen hohen Modul, schlechte Dämpfungscharakteristika und einen T_g deutlich oberhalb der Raumtemperatur. Als Konsequenz daraus ist ihre Kriechgeschwindigkeit gering und ihre Formstabilität gut.

Der Einfluß einer zunehmenden Vernetzungsdichte auf diese Parameter ist für ein Phenol-Formaldehyd-Harz in Bild 15.13 dargestellt.

Oberhalb von T_g ist der Modul eine Funktion des Vernetzungsgrades. Die Dämpfungspeaks verschieben sich mit steigendem T_g zu höheren Temperaturen und lassen sich oft nur sehr schwer aufzeichnen.

Dies ist ein Maß für die Beeinflussung des physikalischen Verhaltens durch die Vernetzungsdichte.

Additive. Einige Elastomere unterliegen einem oxidativen Abbau und können bis zu einem gewissen Grad durch den Zusatz von Antioxidantien, wie Aminen oder Hydrochinonen, geschützt werden.

Durch Zugabe eines Füllstoffes zur Verstärkung des Elastomeren läßt sich die Abriebfestigkeit verbessern, meistens wird hierzu Ruß eingesetzt. Als Füllstoffe werden zur Verstärkung von Duroplasten auch Glasfasern, Glimmer und Sägespäne verwendet.

15.14 Kunststoffe

Bislang lag der Schwerpunkt unserer Betrachtungen überwiegend auf den Anforderungen, die an Fasern und Elastomere gestellt werden. Es ist natürlich weitaus schwieriger, gewünschte Eigenschaften zu spezifizieren, die für Kunststoffmaterialien gültig sind, da diese einen wesentlich größeren Anwendungsbereich abdecken. Die allgemeinen Grundlagen über die Steuerung von T_g, T_m, Modul usw. lassen sich alle auf die Bildung eines spezifischen Kunststofftyps ausweiten. An dieser Stelle soll in aller Kürze die Vielseitigkeit der Probleme auf dem Gebiet der Kunststoffanwendung veranschaulicht werden.

Der Konflikt zwischen geringem Kriechen und hoher Schlagzähigkeit, der bereits besprochen wurde, ist nicht auf Fasern beschränkt, sondern tritt auch bei der Auswahl geeigneter Kunststoffe in Erscheinung. Dies ist ein wesentlicher Gesichtspunkt, der bei den technischen Anforderungen des Materials berücksichtigt werden muß, insbesondere, wenn die Fähigkeit zur Energieabsorption erwünscht ist und dies sich mit den gleichfalls erwünschten Eigenschaften hoher Steifigkeit und geringen Kriechens nicht verträgt. Das Problem, mit dem man konfrontiert wird, ist ein sprödes, glasartiges Polymeres zäher zu machen, oder in anderen Worten ausgedrückt, wie man den Modul oder die Zugfestigkeit begrenzt. Im allgemeinen macht eine Erhöhung der Kristallinität und somit des Moduls einen Kunststoff spröder. Die Kristallinität läßt sich durch Copolymerisation oder Verzweigung steuern und die Sprödigkeit durch die eine oder andere Modifikation abschwächen. Alternativ kann eine elastomere Komponente eingebaut werden, die die Schlagzähigkeit infolge reduzierter Steifigkeit und Fließspannung erhöht. Hiervon macht man bei der Herstellung von schlagfestem Polystyrol oder bei Acrylnitril-Butadien-Styrol-(ABS)-Co-polymeren Gebrauch. Bei diesen Verbindungen befindet sich die elastomere Komponente unter den allgemeinen Umgebungstemperaturen oberhalb ihres T_g und verhält sich wie eine zweite Phase. Daraus resultiert eine verbesserte Dämpfungswirksamkeit, die sich im Erscheinen eines zweiten Temperaturdämpfungsmaximums in der Dämpfungskurve ausdrückt. Dargestellt ist dies in Bild 15.14 am Beispiel eines schlagzähen Polystyrol-Butadien-Copolymeren (SBR), dessen T_g bei 213 K liegt. Das Phänomen ist ähnlich dem des Zäherwerdens bei teilkristallinen Polymeren, hervorgerufen durch die Verstärkung der amorphen Bereiche mit kristallinen Vernetzungsstellen, wobei im letztgenannten Fall der Zweiphaseneindruck von der Existenz kristalliner und amorpher Bereiche herrührt.

Während die Orientierung für die Faserbildung ausgesprochen wichtig ist, kann sie andererseits auch das Verhalten eines spröden Polymeren verbessern und seine Dehnbarkeit erhöhen. Besonders zutreffend ist dies bei der Herstellung von Filmen und Preßteilen, wo das viskose Fließen ein gewisses Maß an Kettenausrichtung in einigen Prozeßstufen hervorrufen kann.

Wechselwirkungen zwischen den einzelnen Ketten beeinflussen ebenfalls die Erscheinungsform. So hat Poly(oxymethylen) im Glaszustand einen höheren Modul als Polyethylen aufgrund der polaren Anziehungskräfte zwischen den Ketten.

Wenn man mit dem Problem konfrontiert wird, für einen ganz bestimmten Zweck einen Kunststoff auszuwählen, so muß man immer die Eigenschaften des Materials, die unproblematische Verarbeitung und Herstellung, das Verhalten bei unterschiedlichen Umweltbedingungen (z.B. der Temperaturbereich) und selbstverständlich auch ökonomische Faktoren in Betracht ziehen. Jedes Problem muß für sich selbst betrachtet werden, und eine gewisse Vertrautheit mit den Struktur-Eigenschafts-Beziehungen hilft bei der Auswahl. Die genaueren Ausführungen sollen an dieser Stelle auf zwei unterschiedliche Aspekte begrenzt werden.

Kunststoffauswahl für die Herstellung von Flaschenkästen. Die Schwierigkeiten bei der Auswahl eines geeigneten Kunststoffs für einen bestimmten Zweck rühren hauptsächlich daher, daß für einen jeden einzelnen Fall eine einmalige Kombination von Eigenschaften benötigt wird. Ein sehr anschauliches Beispiel ist das von Wilbourn zitierte über die Herstellung von Flaschenkästen.

Zur Herstellung von Bierkästen wurde in Westdeutschland Polyethylen mit hoher Dichte (HDPE) gewählt, weil dies der kostengünstigste Kunststoff mit der für diesen Zweck ausreichensten Zähigkeit und Festigkeit war. Es hatte sich darüber hinaus herausgestellt, daß er ein zuverlässiges Kriechverhalten und eine gute Schlagzähigkeit bis hinunter zu 253 K aufweist, was in etwa kontinentalen Wintertemperaturen entspricht. Dieser Kunststoff sowie die Form der Kästen waren in Westdeutschland geeignet, wo die Kästen in der Regel zu Stapeln von jeweils 12 aufeinandergesetzt werden.

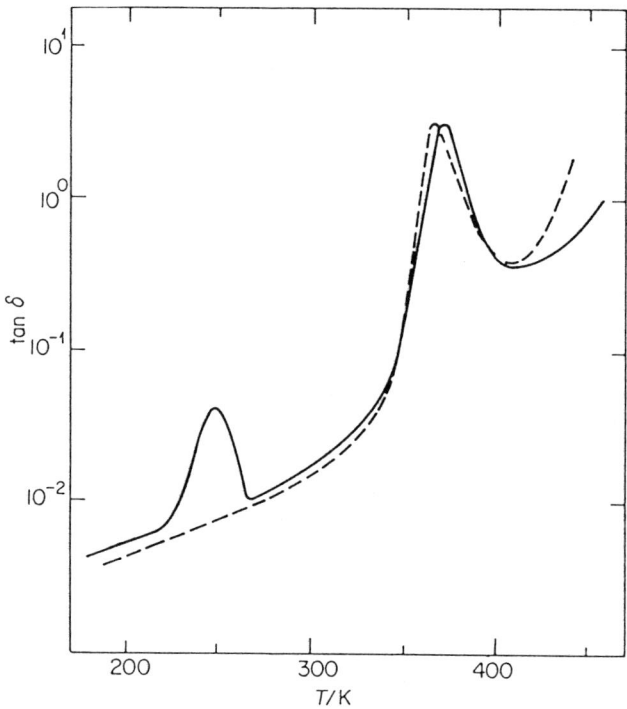

Bild 15.14: Dämpfungskurven von (---) Polystyrol und (—) schlagzähem Polystyrol. Die letztere Kurve zeigt einen internen Reibungspeak unterhalb der Raumtemperatur. Der Tangens des Dämpfungswinkels δ ist aufgetragen gegen die Temperatur.

Würde man diese Kästen in Großbritannien einsetzen, wo üblicherweise 20 bis 36 Kästen bei viel längeren Lagerzeiten übereinandergestapelt werden, würde man ein sehr rasches Versagen der Kästen beobachten. Somit erfordern die veränderten Bedingungen einen anderen Kunststoff. Dieser muß bessere Kriecheigenschaften und eine höhere Härte aufweisen, muß aber diese guten Eigenschaften aufgrund des milderen Winters in Großbritannien nicht mehr bei Temperaturen unterhalb von 263 K besitzen. Poly(vinylchlorid) wurde in Betracht gezogen, jedoch ist es zu schwer verformbar. Polystyrol und Polypropylen haben gute Kriechcharakteristika, die sich aber bei niedrigeren Temperaturen verschlechtern. Die Problematik wurde mit Blockcopolymeren aus Polypropylen und Polyethylen gelöst, die im geforderten Temperaturbereich gute Zähigkeit und mechanisches Verhalten aufweisen. In Bild 15.15 ist dies noch einmal dargestellt. HDPE versagte bei einer Belastung von 1000 kg bereits nach 29 Stunden, während das Copolymere der Belastung über zwei Monate standhielt.

In diesem Fall waren also die Umweltbedingungen als auch die industrielle Praxis die wesentlichen Faktoren.

Anwendungen in der Medizin. Die Anwendung von Polymermaterialien auf dem medizinischen Sektor ist ein rasch anwachsendes Gebiet, und aufgrund der sehr speziellen Art der Anwendung ergeben sich hier etliche Problemstellungen. Eine der Hauptinteressen liegt auf dem Gebiet der Prothesen; Ersatzstücke aus Kunststoff werden heute relativ

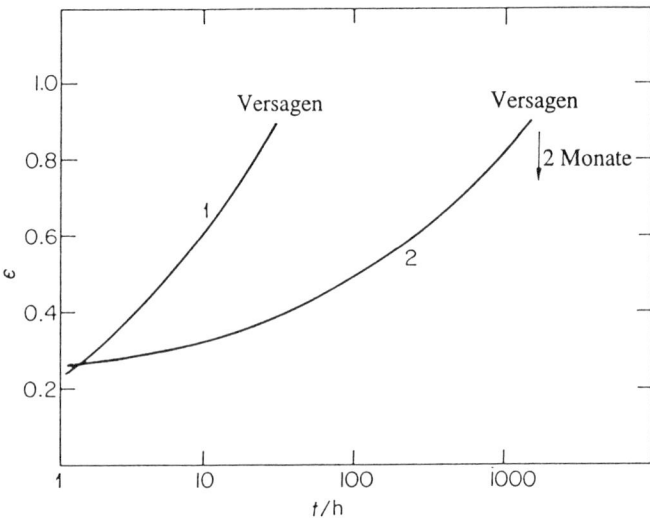

Bild 15.15:   Vergleichender Belastungstest (1000 kg) von Bierkästen aus (1) HDPE und (2) einem
Blockcopolymeren aus Ethylen und Propylen. Aufgetragen ist die Druckbeanspruchung ε gegen die Zeit t (nach Wilbourn, *Plastics and Polymers*, 1969).

häufig verwendet. Polyethylen mit hoher Dichte ist ein sehr erfolgreich eingesetztes Ersatz-
stück für Hüftgelenke und wird als Pfanne eingesetzt, in der sich eine Stahlkugel bewegt,
die mit Hilfe von Poly(methylmethacrylat) in das Femur einzementiert wird. Aus Poly-
(metylmethacrylat) stellt man auch künstliche Hornhaut her, während Aterienteile durch
gewobene Nylon- oder Treviraschläuche ersetzt werden. Herzklappen stellt man aus Poly-
carbonaten her und auch künstliche Herzen aus Silikonkautschuk zeigten einen begrenzten
Erfolg. Kunststoffersatzteile für Nasen- und Ohrknorpel, resorbierbare Fäden und Membranen für die Dialyse in künstlichen Nieren sind nur einige wenige Beispiele für die stetig
wachsende Liste der Einsatzmöglichkeiten.

Bei der Auswahl eines geeigneten Polymeren für medizinische Zwecke konzentriert
sich die Aufmerksamkeit auf das inerte Verhalten des Polymeren, seine mechanischen
Eigenschaften und seine Biostabilität. Es wäre unsinnig, ein Material einzusetzen, welches
entweder vom Körper abgestoßen oder unter Bildung toxischer Metabolite abgebaut wird.
Die Verbindung sollte darüber hinaus sauber und frei von Weichmachern sein, da diese
auswandern und schädliche Nebenwirkungen hervorrufen könnten. Gegenüber mechani-
schem Abbau muß das Polymere beständig sein, da die abgeriebenen Partikel als Reizstoffe
wirken könnten. Die aufgeführten Bedingungen schränken die Auswahl stark ein.

Der Einsatz von Polymeren als medizinische Klebstoffe ist von besonderem Interesse.
Ein Grund für die Anwendung von α-Cyanacrylatestern als Gewebeklebstoff liegt in der
Beobachtung, daß durch den Körper eine progressive, nicht toxische Absorption dieser
Substanzen stattfindet. Heutzutage sind auch Polymere von Interesse, die als Reagentien
aktiv an den Körperfunktionen teilnehmen.

Außerhalb des Körpers werden „Hydrogele" als Kontaktlinsen genutzt, ihre Anwendung kann noch auf Implantationen erweitert werden. Derartige Materialien bestehen aus
vernetzten Hydroxymethacrylat-Copolymeren, die bei Kontakt mit Wasser quellen.

Des weiteren werden Folien und Membranen eingesetzt. Ein Patient kann unter ein Poly(vinylchlorid)-Zelt gelegt werden, durch das keimfreie Luft geblasen wird. Es wurde auch schon angeregt, Folien als Sauerstoffzelte zu verwenden, durch die selektiv nur Sauerstoff diffundieren kann. Diese wären den Silikonmembranen ähnlich, die vorwiegend Sauerstoff aus dem Wasser in die Luft diffundieren lassen, was zur Herstellung eines Käfigs benutzt wird, in dem man unter Wasser, aber vom Wasser abgetrennt, in einer Luftatmosphäre Pflanzen oder Tiere am Leben erhalten kann.

Dieses weite Feld wird ohne Zweifel neue Polymere mit spezifischen Anwendungen erfordern.

15.15 Spezielle hochtemperaturbeständige Polymere

Während die meisten der gängigen Polymere gegenüber chemischen Einflüssen ausgesprochen stabil und auch bei mechanischer Beanspruchung nur wenig deformierbar sind, so existieren nur einige wenige Verbindungen, die dem zerstörerischen Effekt großer Hitze standhalten. Um diese geringe thermische Stabilität zu verbessern, wurden Ketten konzipiert, welche (i) thermisch nicht reaktive aromatische Ringe, (ii) resonanzstabilisierte Systeme, (iii) vernetzte Leiterstrukturen und (iv) schützende Seitengruppen beinhalten. Etliche dieser neuen Strukturen waren verhältnismäßig erfolgreich, und einige der aromatischen Amide aus Abschnitt 15.11 sind in der Lage, ihre Zugfestigkeit bei Raumtemperatur auch bei Temperaturen oberhalb von 550 K zu 50% zu bewahren. Sie sind weiterhin sehr schwer entzündlich, und man kann sie daher zur Herstellung von feuerbeständiger Bekleidung nutzen. In diesem Zusammenhang sind die Poly(benzimidazol)e, die durch die Anwesenheit der Einheit

in der Kette charakterisiert sind, besonders nützlich. Bereits 1961 synthetisierten Marvel und Vogel erstmals Verbindungen dieser Klasse, doch nur ein einziger Vertreter erreichte kommerzielle Berühmtheit. Dabei handelt es sich um das Material, welches in einem Zweistufenprozeß gebildet wird, der zunächst über eine Kondensationsreaktion in der Schmelze von Tetraaminobiphenyl und Diphenylisophthalat unter Bildung eines Präpolymeren verläuft. Dieses wird zerstoßen und in einer Stickstoffatmosphäre bei Temperaturen von 530 bis 700 K erhitzt, wobei eine Ringschlußreaktion abläuft und somit die Poly(benzimidazol)struktur (PBI) generiert wird (siehe Schema auf der nächsten Seite). Die Polymerverbindung ist löslich und kann in einem Trockenspinnverfahren aus Lösungen von Dimethylacetamid und LiCl versponnen werden, wobei man eine Faser mit einer ausgezeichneten Hitzebeständigkeit erhält. Bei Temperaturen bis zu 830 K an der Luft kann weder schmelzen noch Entzündung beobachtet werden; oberhalb dieser Temperatur erfolgt ein Abbau ohne Rauchentwicklung und es verkohlt. Kurzzeitiges Erhitzen auf Tempera-

PBI

turen von 670 K bewirkt keine Veränderung der Zugfestigkeit, und die mechanischen Eigenschaften bleiben bis hinunter auf 150 K erhalten.

Die PBI-Faser besitzt sehr gute Feuchtigkeitsabsorptions-Charakteristika (15% bei Raumtemperatur und 65% in Bezug auf die Luftfeuchtigkeit), die es gegenüber Baumwolle auszeichnet und ist darüber hinaus angenehm zu tragen. Die Mischung mit Aramiden liefert herausragende hitzebeständige Kleidung. PBI läßt sich zur Darstellung von Gußformen verwenden, die über einen Temperaturbereich von 110 bis 700 K ausgezeichnete Leistungseigenschaften besitzen.

Andere Beispiele für derartige Polymere sind die

Poly(benzoxazol)e

Poly(phenylen-1,3,4-oxadiazol)e

Tabelle 15.8: Strukturen einiger Polymerer mit extremer Hochtemperatur-Leistungsfähigkeit

Polymeres		obere Einsatz-temperatur [K]
	Polyimid	570-620
	aromatisches Polyamid (Aramid)	470-520
	Polybenzimidazol	520-570
	Polyetheretherketon	510-530
	Polyamid-imid	490-510
	Polychinoxalin	670-720
	Poly(p-phenylen-benzobisoxazol)	600-800
	Poly(oxadiazol)e	480-600

Poly(chinoxalin)e und Poly(s-triazin)e. Die Hochtemperaturbeständigkeiten dieser und anderer diskutierter Strukturen sind in Tabelle 15.8 gezeigt.

Größere Stabilität erreicht man, indem man die empfindlichen Einfachbindungen, die für den Abbau unter Kettenspaltung anfällig sind, eliminiert. Der Aufbau von Leiterstrukturen führt hierbei zum Ziel; ein typisches Beispiel ist Poly(imidazopyrrolon). Man erkennt leicht, daß ein Bruch der Einfachbindungen an den Punkten A entlang der Kette nicht zu einer vollständigen Spaltung der Kette führt. Dies gelingt erst, wenn zwei Einfachbindungen an den Punkten B geöffnet werden, d.h. zwei gegenüberliegende Bindungen in der Kette und innerhalb derselben „Leitersprosse". Da ein solcher Prozeß nur eine geringe Wahrscheinlichkeit besitzt, verkraften viele dieser Polymere Temperaturen über 850 K und können daher mit einigen Metallen konkurrieren.

Während der 70er Jahre wurde eine ganze Anzahl von Spezialpolymeren entwickelt, die eine herausragende Hitzebeständigkeit, große Schlagzähigkeit, hohe Zugfestigkeit und Steifigkeit zeigten. Sie wurden entweder als einziges Material oder auch als verstärkende Komponente in Verbundwerkstoffen, Blends oder Legierungen verwendet. Einige der bekannteren Gruppen, die als Konstruktionskunststoffe klassifiziert werden, sind gemeinsam mit ihren Anwendungsgebieten in Tabelle 15.9 aufgelistet.

Polyacetal ist eigentlich Poly(oxymethylen) $-(-O-CH_2-)_n-$, ein hoch kristallines Polymeres ($T_g \approx 450$ K), das aus Formaldehyd synthetisiert wird. Um einem Abbau des Polymeren vorzubeugen, erfolgt eine Stabilisierung durch Endcapping mit Essigsäureanhydrid unter Acetylierung der endständigen Hydroxylgruppen. Das Material besitzt eine gute Abriebfestigkeit, eine einigermaßen hohe Formbeständigkeitstemperatur (383 K) und ist nicht durch polare Lösungsmittel angreifbar. (In diesem Zusammenhang sei erwähnt, daß der Formbeständigkeits- oder Abweichungstest die Temperatur definiert, bei der sich

Tabelle 15.9: Technokunststoffe, die im allgemeinen unter Bedingungen wie großer Hitze, Stößen oder Feuchtigkeit verwendet werden

	Typische Anwendungen
Polyacetal	Spültische, Wasserhähne, elektrische Schalter, Werkzeuge, Aerosol Flaschen, Fleischerhaken, Rasensprenger, Schwimmerventile, Rasiererpatronen, Reißverschlüsse, Telefontastaturen
Polycarbonat	Helme, Gehäuse von Hochspannungsgeräten, Batteriegehäuse, Sicherheitsglas, Automobilscheinwerfer
Polyphenylensulfid	Elektrostecker, Spiralformen, Lampengehäuse
Polysulfon	Elektrostecker, Gehäuse von Meßgeräten, Kaffeemaschinen, Kameragehäuse, Schalter und Relaissockel in Automobilen, einfache Steckverbindungen, Brennstoffelemente, Batteriebehälter, medizinische Ausstattungen
modifiziertes Polyphenylenoxid	Armaturenbretter in Automobilen, Pumpen, Duschköpfe, Beschichtungen für Kühlergrills und Blendringe an Kraftfahrzeugen, Gerätegehäuse, Bauelemente für Verbindungsstellen in Schaltungen, Schutzschilder
Polyimid	Radarkuppeln, Leiterplatten, Turbinenschaufeln
Polyamid-imid	Ventile, Werkzeuge, Pumpen, Kabelbeschichtungen für Hochtemperaturmagneten

Quelle: Society of the Plastics Industry

eine Polymerprobe mit Standardgröße (5 x 1/2 x 1/8 inches[*]) durch eine Biegungsbelastung von 66 oder 264 psi, die am Zentrum angelegt wurde, verformt. Meist liegt diese Temperatur bei amorphen Polymeren 10 bis 20 K niedriger als T_g, kann jedoch im Fall kristalliner Polymerer auch sehr viel näher an T_g liegen). Polyacetal wird häufig als Verbundwerkstoff mit einem Glasfüllstoff verwendet, wobei die Formbeständigkeitstemperatur auf 423 K ansteigt.

In der Gruppe der Polycarbonate ist das am meisten verbreitete Produkt Poly(bisphenol-A-carbonat).

$$\left[O-\!\!\bigcirc\!\!-\overset{\overset{\displaystyle CH_3}{|}}{\underset{\underset{\displaystyle CH_3}{|}}{C}}-\!\!\bigcirc\!\!-O-\overset{}{\underset{\underset{\displaystyle O}{\|}}{C}}\right]_n$$

Dieses Polymere läßt sich in einer Grenzflächenkondensation aus dem Alkalisalz von Bisphenol A in der wäßrigen Phase und Phosgen ($COCl_2$), welches in Methylenchlorid gelöst ist, darstellen.

Das Material wird sowohl in Reinsubstanz als auch in Form von Blends, hauptsächlich mit Acrylnitril-Butadien-Styrol-Copolymeren (ABS), genutzt. Auch in anderen Kombinationen tritt die Bisphenol-A-Struktur auf; so zum Beispiel in Polysulfoncopolymeren (siehe Tabelle 15.10), in aromatischen Polyestern mit Phthalsäuregruppen

$$\left[O-\overset{}{\underset{\underset{\displaystyle O}{\|}}{C}}-\!\!\bigcirc\!\!-\overset{}{\underset{\underset{\displaystyle O}{\|}}{C}}-O-\!\!\bigcirc\!\!-\overset{\overset{\displaystyle CH_3}{|}}{\underset{\underset{\displaystyle CH_3}{|}}{C}}-\!\!\bigcirc\!\!\right]$$

oder in Poly(etherimid)en.

Poly(estercarbonat)e der allgemeinen Struktur

$$\left[O-\!\!\bigcirc\!\!-X-\!\!\bigcirc\!\!-O-\overset{}{\underset{\underset{\displaystyle O}{\|}}{C}}\right]$$

lassen sich ebenfalls darstellen, wobei die Gruppe X eine Alkylen-, Ether-, Sulfid- oder Sulfongruppe sein kann.

Die Polysulfone bilden eine weitere große Gruppe; einige der kommerziell wichtigen Strukturen sind in Tabelle 15.10 gezeigt.

Poly(phenylensulfon) ist für eine einfache Verarbeitung ungeeignet, wohingegen die Copolymerstrukturen wesentlich brauchbarer sind. Diese sind üblicherweise amorphe Materialien mit hohen T_g-Werten, die typischerweise in einem Bereich von 465 bis 560 K angesiedelt sind. Sie sind thermisch stabil, weisen gute mechanische Eigenschaften auf (insbesondere der Kriechwiderstand) und sind gegenüber verdünnten Laugen und Säuren resistent. In polaren Lösungsmitteln sind sie löslich, wobei unter Umständen der Angriff durch das Lösungsmittel einen Belastungsbruch bewirken kann.

---

[*] 1 inch = 2,54 cm

Tabelle 15.10: Kommerziell wichtige aromatische Polysulfone

Struktur	Bezeichnung
$-SO_2-\langle\bigcirc\rangle-O-\langle\bigcirc\rangle-$	Poyethersulfon 200 P (*ICI*)
$-SO_2-\langle\bigcirc\rangle-O-\langle\bigcirc\rangle-$ $\rangle$ $-SO_2-\langle\bigcirc\rangle\langle\bigcirc\rangle-$	Polyethersulfon 720 P (*ICI*)
$-SO_2-\langle\bigcirc\rangle-O-\langle\bigcirc\rangle-SO_2-\langle\bigcirc\rangle\langle\bigcirc\rangle-$	Polyarylsulfon ^{R}*Radel (Union Carbide)*
$-SO_2-\langle\bigcirc\rangle-O-$ $\langle$ $-SO_2-\langle\bigcirc\rangle\langle\bigcirc\rangle-$	Polyarylsulfon ^{R}*Astrel (Carborundum)*
$-SO_2-\langle\bigcirc\rangle-O-\langle\bigcirc\rangle-\overset{\text{CH}_3}{\underset{\text{CH}_3}{\text{C}}}-\langle\bigcirc\rangle-O-\langle\bigcirc\rangle-$	Polysulfon ^{R}*Udel (Union Carbide)*

Die Polyarylensulfone sind unter Einsatz einer elektrophilen Substitutionsreaktion darstellbar,

$$\langle\bigcirc\rangle-O-\langle\bigcirc\rangle-SO_2Cl \longrightarrow \left(\!\langle\bigcirc\rangle-O-\langle\bigcirc\rangle-\overset{O}{\underset{O}{S}}\!\right)_{\!n}$$

$$+ \ HCl \tag{15.7}$$

wobei ein *para*-substituiertes Produkt entsteht. Obwohl bei dieser Methode sehr teure Ausgangsmaterialien benötigt werden, wurde sie bevorzugt, da andere Syntheserouten eine Mischung aus *ortho*- und *para*-substituierten Produkten liefern. Da die Sprödigkeit des Produkts mit zunehmendem Maß an *ortho*-Substitution steigt, wurden auf der Basis des ersten Verfahrens neuere, ökonomischere Methoden entwickelt. Diese sind in den Gleichungen (15.8) und (15.9) (siehe Seite 399) umrissen.

Ein anderes schwefelhaltiges Material, das Poly(phenylensulfid),

$$\left(\!\langle\bigcirc\rangle-S\!\right)_{\!n}$$

ist hoch kristallin (T_m = 563 K, $T_g \approx$ 470 K). Es besitzt eine gute thermo-oxidative Stabilität, ist widerstandsfähig gegenüber Lösungsmitteln und, bei Verwendung als Verbundwerkstoff mit Glasfasern, hat es eine Formbeständigkeitstemperatur von 520 K.

$$\text{Cl}-\bigcirc-\underset{\underset{O}{\|}}{\overset{\overset{O}{\|}}{S}}-\bigcirc-\text{OM} \longrightarrow \left[\bigcirc-\underset{\underset{O}{\|}}{\overset{\overset{O}{\|}}{S}}-\bigcirc-\text{O}\right]_n$$

M = Metall

(15.8)

$$\text{Cl}-\bigcirc-\underset{\underset{O}{\|}}{\overset{\overset{O}{\|}}{S}}-\bigcirc-\text{Cl} \quad + \quad \text{MO—Ar—OM}$$

$$\downarrow$$

$$\left[\bigcirc-\underset{\underset{O}{\|}}{\overset{\overset{O}{\|}}{S}}-\bigcirc-\text{O—Ar—O}\right]_n$$

(15.9)

Poly(oxy-2,6-dimethyl-1,4-phenylen) (PPO)

$$-\left[\bigcirc\overset{\text{CH}_3}{\underset{\text{CH}_3}{}}-\text{O}\right]_n-$$

wird in einer oxidativen Kupplung von 2,6-Dimethylphenol hergestellt; während der Synthese ist auch die Darstellung eines Copolymeren mit Styrol als Pfropf möglich. PPO als solches kristallisiert aus der Schmelze in keinem größeren Ausmaß, doch weist es eine gute Formbeständigkeitstemperatur (> 370 K) auf, zeigt gute selbstschmierende Eigenschaften und ist ein ausgezeichneter elektrischer Isolator. Als Blend mit Polystyrol oder einem Polyamid, unter Bildung eines Materials der NORYL-Reihe, ist es sehr weit verbreitet.

Polyimide stellen die wichtigste Gruppe innerhalb der thermisch stabilen Polymere dar und sind durch die Anwesenheit der

$$\left(-\text{N}\underset{\underset{O}{\|}}{\overset{\overset{O}{\|}}{\underset{C}{\overset{C}{}}}}\right)_n$$

Gruppe in der Struktur charakterisiert. Verschiedene unterschiedliche Syntheserouten wurden bereits entwickelt und eine große Palette verschiedener Materialien dargestellt. Der Standardzugang beinhaltet die Kondensation von Pyromellithsäureanhydrid mit einem Diamin wie 4,4'-Diaminodiphenylether, wobei in diesem Fall ein Polyamid, welches unter dem Namen KAPTON verkauft wird, entsteht.

Bei der Synthese handelt es sich um eine Zweistufenreaktion, wobei in der ersten Sequenz intermediär eine Poly(amidsäure) entsteht, die in polaren Lösungsmitteln löslich

ist. Im zweiten Schritt erfolgt der Ringschluß durch Erhitzen des Polymeren auf Temperaturen von etwa 570 K unter Bildung des unlöslichen, widerstandsfähigen Polyimids.

(15.10)

Kapton weist eine extrem hohe Formbeständigkeitstemperatur von 630 K auf und zeigt
eine außergewöhnliche thermo-oxidative Stabilität. Ein wesentlich direkterer Zugang, bei
dem die Ringschlußreaktion umgangen wird, basiert auf der Verwendung von Diisocyanaten.

(15.11)

Die Reaktion verläuft in aprotischen Lösungsmitteln bei Temperaturen unterhalb von
370 K in Gegenwart einer Spur Wasser und einem starken alkalischen Katalysator, wie
Triethylamin.

Von der NASA wurde das Polyimid LARC-TPI (Struktur V) entwickelt.

(V)

Wenn X = (C=O), handelt es sich um ein teilkristallines Material mit einem T_m = 623 K und einem T_g = 519 K. Beim Erhitzen über T_m wird die Kristallinität zerstört und ein vollkommen amorphes Polymeres gebildet. Die Zugfestigkeit des Films und der Modul bei 298 K betragen 135,8 M Pa bzw. 3,72 G Pa. Ist die Gruppe X in Struktur V eine -(-SO$_2$-)-Einheit, so erhält man ein vollkommen amorphes Material mit einem höheren Wert für T_g von 546 K, einer Zugfestigkeit des Films von 62,7 M Pa und einem Modul von 4,96 G Pa bei 298 K.

Diese hohen Werte für T_g und T_m machen das Polymere sehr schwer handhabbar; eine verbesserte Verarbeitbarkeit erreicht man durch Einbau flexibler Gruppen in die Kette. Handelt es sich bei der Gruppe X um einen etherischen Sauerstoff, so wird T_g herabgesetzt und die Kristallinität reduziert. Der Einbau von -[-O-(-CH$_2$-CH$_2$-)$_2$O-]- für X führt in gleicher Weise zu einem Material, welches gut zu verarbeiten ist, einen T_g von 428 K aufweist und bei 298 K eine Zugfestigkeit im Film und einen Modul von 86,2 M Pa bzw. 2,7 G Pa besitzt.

Durch Copolymerisation werden die Polyimide leichter bearbeitbar. So lassen sich beispielsweise Polyamid-imide gemäß Struktur VI (KERMEL) darstellen.

(5.12)

(VI)

Ein anderes Beispiel in dieser Gruppe, welches unter dem Handelsnamen TORLON verkauft wird, besitzt die Struktur mit einer Zugfestigkeit im Film (298 K) von 186 M Pa, einem Modul von 4,6 G Pa und einer Formbeständigkeitstemperatur von 555 K.

Ebenfalls zugänglich sind Polyether-imide, die für eine Verarbeitung in Schmelze sehr geeignet sind, doch weisen sie bei einem Vergleich mit den vorangegangenen Beispielen wesentlich schlechtere mechanische Eigenschaften bei hohen Temperaturen auf. Ein typischer Vertreter in dieser Gruppe ist Struktur VII.

(VII)

Diese Substanz ist unter dem Namen ULTEM bekannt, doch weist sie niedrigere Werte für die Formbeständigkeitstemperatur (473 K), die Zugfestigkeit (9 M Pa) und den Modul (3,2 G Pa) bei 298 K auf.

Die aromatischen Polyetherketone bilden eine wichtige Gruppe von Hochleistungs-Kunststoffen, da sie bei hohen Temperaturen eine extrem gute Widerstandsfähigkeit aufweisen; zudem lassen sie sich in der Schmelze verarbeiten. Eine Reihe von Beispielen in dieser Verbindungsklasse sind in Tabelle 15.11 aufgeführt, wobei der wohl bekannteste Vertreter das Poly(etheretherketon) (PEEK), Struktur X, ist. Dabei handelt es sich um ein kristallines Polymer (T_m = 607 K, T_g = 416 K) mit einer Formbeständigkeitstemperatur von 433 K. Die letztgenannte Temperatur läßt sich in PEEK-Glasfaser-Verbundwerkstoffen auf 588 K erhöhen. Das Material ist hydrolyseunempfindlich und insbesondere auch für längere Zeiträume in heißem Wasser stabil. Dies unterscheidet es von den Polyimiden, die gegenüber einem hydrolytisch Abbau sehr empfindlich sind. PEEK hat eine sehr spezielle

Tabelle 15.11: Typische aromatische Poly(etherketon)e

	(VIII)	T_g 154°C T_m 367°C
	(IX)	T_m 384°C
	(X)	T_g 144°C T_m 335°C
	(XI)	T_m 416°C

Anwendung in der Atomindustrie gefunden, wo man es zur Ummantelung von Drähten und Kabeln sowie als blasgeformte Behälter verwendet. Zu einem anderen Anwendungsgebiet gehören die Verbundwerkstoffe mit Kohlenstoff-Fasern, die in der Raumfahrtindustrie eingesetzt werden.

15.16 Kohlenstoff-Fasern

Obwohl ursprünglich wegen ihrer Hochtemperatureigenschaften untersucht, wird die Kohlenstoff-Faser heute hauptsächlich im Tieftemperaturbereich eingesetzt.

Die Fasern werden in einem Zweistufenprozeß durch Umwandlung orientierter Acrylfasern in ausgerichtete Graphitkristallfasern hergestellt. Im ersten Schritt wird die Acrylfaser durch mehrstündiges Erhitzen in einem Luftstrom bei 490 K unter Dehnung oxidiert, um einer Entorientierung der Ketten vorzubeugen. Es wird angenommen, daß hierbei eine Cyclisierung unter Ausbildung eines Leiterpolymeren stattfindet.

idealisierte Struktur

In der zweiten Stufe wird die Faser für einige Zeit auf 1770 K erhitzt, um alle Elemente außer Kohlenstoff zu entfernen. Man glaubt, daß bei dieser *Carbonisierung* eine Vernetzung der Ketten abläuft, die im Endeffekt zu der hexagonalen Graphitstruktur führt. Diese abschließende Hitzebehandlung kann die mechanischen Eigenschaften ganz gravierend beeinflussen, wie in Bild 15.16 dargestellt. Das bisherige Haupteinsatzgebiet liegt bei den Verbundwerkstoffen, wo sie als äußerst wirksame Verstärkungsfasern wirken. Derartige verstärkte Kunststoffverbundwerkstoffe finden in der Luftfahrtindustrie, im Bootsbau und als wärmeableitende Verbundstoffe Verwendung.

15.17 Abschließende Bemerkungen

Die systematische Untersuchung von Struktur-Eigenschaftsbeziehungen liefert das Verständnis für viele Grundlagen auf diesem Gebiet und kann zu schnellen Erfolgen führen, wie das folgende Beispiel über die fortgeschrittene Kunst der Fasertechnologie verdeutlicht.

Ein Schaffell besteht aus Wollfasern, die im trockenen Zustand gekräuselt sind und für das Tier eine dicke, isolierende Schicht darstellen. Wenn es regnet, wird das Fell naß, die Wolle entkräuselt sich und hängt gerade herunter, wobei sie eine dichte, regenfeste Decke ausbildet, die den Verlust an Körperwärme bei feuchter Witterung verhindert. Diese

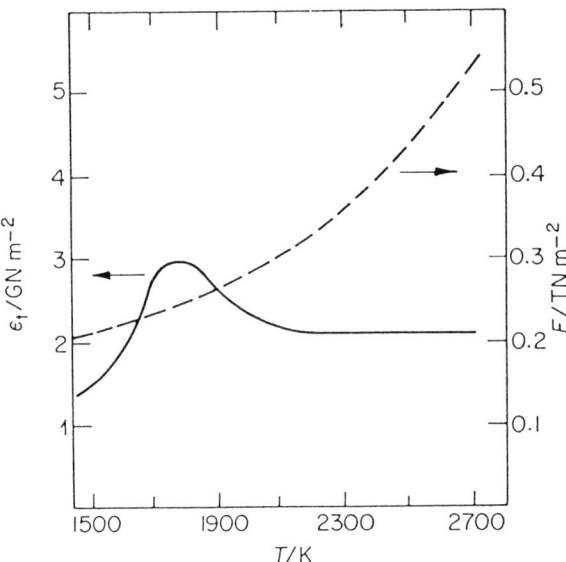

Bild 15.16: Mechanische Eigenschaften von Kohlenstoff-Fasern. Zugfestigkeit ε und Elastizitäts-modul E sind aufgetragen als Funktion der Graphitisierungstemperatur T (nach Bailey und Clarke, *Chem. in Brit.*, 1970).

evolutionäre Wollfaser, deren Eigenschaftsprofil von der Zweikomponentennatur herrührt, wurde synthetisch durch eine Zweikomponentenacrylfaser nachgeahmt, in der jede Komponente eine unterschiedliche Hydrophilie besitzt. Diese Leistung wurde von den Faserwissenschaftlern binnen weniger Monate vollbracht, indem sie von ihrer Kenntnis über Struktur und Eigenschaften Gebrauch machten.

Natürlich steht die Natur am Anfang und im Labor können bestenfalls nur annehmbare Faksimiles einiger Naturprodukte synthetisiert werden. Der Wissenschaftler ist bislang nicht in der Lage, es mit der Mannigfaltigkeit vieler natürlich vorkommender Makromoleküle aufzunehmen, die nicht nur einfache Stoffe, sondern vielmehr funktionell arbeitende Einheiten sind. Die Vielfalt der Beziehungen zwischen Struktur und Funktion bei vielen Proteinen und Nucleoproteinen ist das Optimum an molekularer Konstruktion. Es wird noch eine ganze Weile dauern, bis man hoffen kann, dieses Syntheseniveau zu erreichen. Die Fortschritte beim Verständnis der Wechselwirkungen in einfacheren Systemen sind jedoch schon ein Schritt in die richtige Richtung.

Allgemeine Literatur

G. Allen und J. C. Bevington (Hrsg.), *Comprehensive Polymer Science*, Bde 2 und 7, Pergamon Press (1989).

C. E. H Bawn, „Structure and performances", *Plastics and Polymers*, 373 (1969).

B. Bloch und G. W. Hastings, *Plastics in Surgery*, Thomas (1967)

W. Bruce-Black, „Structure-property relationships in high temperature fibres", *Trans. N. Y. Acad. Sci.*, **32**, 765 (1970).

J. P. Critchley, G. J. Knight und W. W. Wright, *Heat Resistant Polymers*, Plenum Press (1983).

R. W. Dyson (Hrsg.), *Speciality Polymers*, Blackie and Son Ltd (1987).

R. W. Dyson (Hrsg.), *Engineering Polymers*, Blackie and Son Ltd (1989).

H. G. Elias und F. Vohwinkel, *New Commercial Polymers 2*, Gordon and Breach Science Publishers (1986).

M. J. Folkes (Hrsg.), *Processing, Structure and Properties of Block Copolymers*, Elsevier Applied Science Publishers (1985).

I. Goodman, *Synthetic Fibre Forming Polymers*, R.I.C. (1967).

J. W. S. Hearle und R. H. Peters, *Fibre Structure*, Butterworths (1963).

L. Mascia, *The Role of Additives in Plastics*, Edward Arnold (1974).

J. E. McIntyre, *The Chemistry of Fibres*, Edward Arnold (1971).

M. Lewin und J. Preston, *High Technology Fibres*, Teil A (1985) und B (1989), Marcel Dekker Inc.

K. L. Mittal (Hrsg.), *Polyimides: Synthesis, Characterization and Applications*, Bde. 1 und 2, Plenum Press (1984).

R. W. Mancrieff, *Man-made Fibres*, John Wiley and Sons (1963).

R. B. Seymour und C. E. Carraher, *Structure-Property Relationships in Polymers*, Plenum Press (1984).

R. B Seymour und G. S. Kirshenbaum (Hrsg.), *High Performance Polymers: Their Origin and Development*, Elsevier (1986).

A. V. Tobolsky und H. Mark, *Polymer Science and Materials*, Kap. 14 und 15, Wiley-Interscience (1971).

D. Wilson (Hrsg.), *Polyimides*, Blackie and Son Ltd (1989).

Spezielle Literatur

1. J. E. Bailey, A. J. Clarke, *Chem. in Britain*, **6**, 484 (1970).

2. M. F. Drumm, C. W. H. Dodge, L. E. Nielsen, *Ind. Eng. Chem.*, **48**, 76 (1956).

3. R. A. Gaudiana, R. A. Minns, R. Sinta, N. Weeks, H. G. Rogers, „Amorphous Rigid Rod Polymers" *Prog. Polym. Sci.* **14**, 47 (1989).

4. P. M. Hegenrother, *Polym. J.* **19**, 73 (1987).

5. L. C. Lopez, G. L. Wilkes, "Poly(phenylene sulphide)" *Rev. Macromol. Chem. Phys.* **C29**, 83 (1989).

6. R. B. Richards, *J. Appl. Chem.* **1**, 370 (1951).

7. D. Tanner, J. A. Fitzgerald, B. R. Phillips, „The Kevlar Story" *Angew. Chem. Int. Ed. Engl. Adv. Mater.* **28**, 649 (1989).

8. A. H. Willbourn, *Plastics and Polymers*, 417 (1969).

16 Polymere Flüssigkristalle

16.1 Einleitung

Der flüssigkristalline Zustand wurde zum ersten Mal im Jahr 1888 von dem österreichischen Botaniker Friedrich Reintzer beobachtet, der feststellte, daß Cholesterylester beim Schmelzen opake Flüssigkeiten bilden, die sich dann bei weiterem Erhitzen zu isotropen Flüssigkeiten aufklaren. Dieses Verhalten wurde von Lehmann als Beweis für die Existenz einer neuen Phase angesehen, die zwischen den Zuständen des Feststoffes und der isotropen Schmelze liegt. Freidel prägte für diesen neuen Zustand in seinen Arbeiten den Begriff der *Mesophase*, abgeleitet von der griechischen Bezeichnung *mesos* für dazwischen oder intermediär. Da diese Mesophasen einerseits flüssig, andererseits auch doppelbrechend sind und somit die Eigenschaften von Flüssigkeit und Kristall besitzen, bezeichnete Lehmann sie als *Flüssigkristalle*.

Im allgemeinen unterscheidet man zwei Hauptklassen von Flüssigkristallen. Erhält man die flüssigkristalline Phase durch Erhitzen der reinen Verbindung, wie bei den Cholesterylestern, so spricht man von *thermotropen* Flüssigkristallen. Bildet sich jedoch die flüssigkristalline Phase beim Mischen der Verbindung mit einem Lösungsmittel, so nennt man sie *lyotrop*. Die Gruppe der thermotropen Flüssigkristalle beinhaltet die enantiotropen Typen, bei denen man die flüssigkristalline Phase sowohl beim Aufheizen, als auch beim Abkühlen der Verbindung beobachtet, und die monotropen Typen, bei denen nur ein starkes Abkühlen aus der isotropen Schmelze eine stabile Mesophase darstellt.

Eingehendere Untersuchungen der Mesophasen führten zur Identifikation von drei Haupttypen: dem *smektischen* Zustand (Griech.: *smegma* = Seife), dem *nematischen* Zustand (Griech.: *nema* = Faden) und dem *cholesterischen* oder chiral nematischen Zustand, den man bei Systemen beobachtet, in denen die Moleküle chirale Zentren aufweisen.

Während frühe Arbeiten und auch ein großer Teil der neueren Studien sich auf die Untersuchung flüssigkristalliner Eigenschaften von kleinen Molekülen konzentrierten, nahm man sehr bald an, daß auch polymere Formen existieren. Flory postulierte 1956, daß Polymere mit der Gestalt von starren Stäbchen in konzentrierten Lösungen oberhalb einer bestimmten kritischen Konzentration geordnete Strukturen ausbilden sollten. Das Phänomen wurde erstmals 1937 an Lösungen des Tabakmosaik-Virus beobachtet, doch erst mit den Arbeiten an konzentrierten Lösungen von Poly(γ-methylglutamat) und Poly(γ-benzylglutamat) gelang es, Florys Vorhersage erstmals systematisch experimentell zu verifizieren. Die Polymeren bilden dabei ausgedehnte Helices aus, die sich zu geordneten Bündeln zusammenfügen, deren Längsachsen in eine Vorzugsrichtung orientiert sind. Daraus resultieren eine quasiparallele Anordnung der Ketten ihrer Lösung und somit anisotropes, flüssigkristallines Verhalten. Später ließen sich auch für einige aromatische Polyamide und Cellulosederivate, also relativ starre Moleküle, anisotrope Lösungen nachweisen. Während diese Systeme alle lyotrop sind, wurden in den 70er Jahren auch thermotrope flüssigkristalline Polymere synthetisiert. Die Entwicklung der letztgenannten Systeme hat seither stark zugenommen.

16.2 Flüssigkristalline Phasen

Moleküle mit flüssigkristallinen Eigenschaften weisen entweder eine starre, langgestreckte Stäbchenform mit einem großen Länge/Breite-Verhältnis auf oder sie sind scheibchenförmig. Chemisch betrachtet bestehen sie meist aus einem zentralen Kern aus starr miteinander verknüpften aromatischen oder cycloaliphatischen Einheiten, die entweder polare oder flexible Alkyl- oder Alkoxy-Endgruppen tragen. Einige typische Beispiele für kleine Moleküle, die flüssigkristalline Phasen ausbilden und als Mesogene bezeichnet werden, sind in Tabelle 16.1 zusammengefaßt. Polymere mit flüssigkristallinen Eigenschaften kann man sich auf drei Arten aus solchen Mesogenen zusammengesetzt denken: (i) Verknüpfung der Einheiten an beiden Enden unter Aufbau flüssigkristalliner Hauptkettenpolymerer, (ii) Befestigung der Einheiten an einem Ende an ein polymeres Rückgrat unter Ausbildung einer kammartigen Seitenkettenstruktur, (iii) Kombination von Haupt- und Seitenkettenstruktur. Die verschiedenen möglichen geometrischen Anordnungen sind schematisch in Bild 16.1 dargestellt.

Die mesogenen Einheiten bilden in den Polymeren die gleichen geordneten Strukturen aus, wie man sie in den niedermolekularen Systemen beobachtet, auch wenn sich bei Verwendung des gleichen Mesogens nicht notwendigerweise der gleiche Typ der flüssigkristallinen Phase ausbildet. Die Mesogene werden durch eine Fernordnungsorientierung ausgerichtet, wobei die Längsachse der Mesogene über weite Bereiche in eine Vorzugsrichtung orientiert ist, die als Direktor bezeichnet wird. Sind die Mesogene räumlich so angeordnet, daß sich ihre Schwerpunkte in regelmäßigen Schichten befinden, nehmen sie eine der möglichen smektischen Phasen ein. Die seitlichen Kräfte zwischen den Molekülen in den smektischen Phasen sind stärker als die Kräfte zwischen den Schichten, und

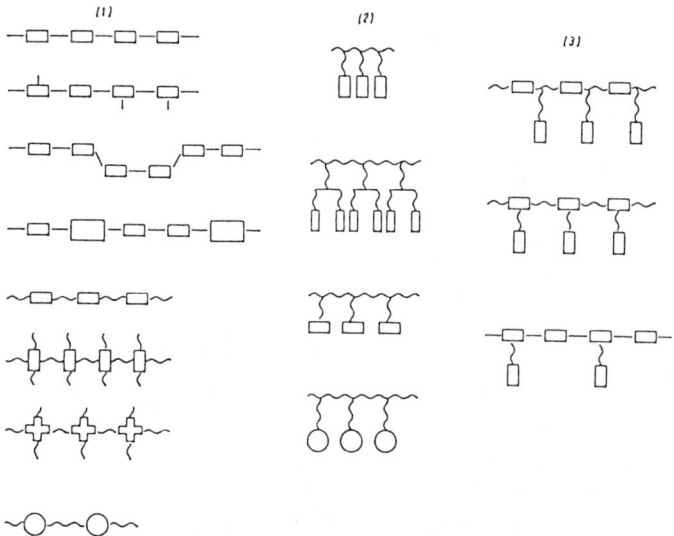

Bild 16.1: Schematische Darstellung verschiedener möglicher Anordnungen von Mesogenen in Polymeren (1) Hauptkettenpolymer, (2) Seitenkettenpolymer und (3) Kombination von Haupt- und Seitenkettenpolymer (Übernommen von D. Sek (1988), mit Erlaubnis des Akademie-Verlages).

Tabelle 16.1: Eine Auswahl niedermolekularer Mesogene und die zugehörigen flüssigkristallinen Charakeristika

Mesogen	Übergangstemperatur (°C)
 $R = -CN$ $-n\text{-}C_4H_9$ $-O-C_2H_5$ $-\overset{\underset{\|}{O}}{C}-O-CH_3$	k 106 n 117 i k 20 n 48 I k 83 n 107 I k 79 n 102 i
	k 200 n 320 I
	k 274 n 340 I
	k 189 n 356 I
	k 154 n 344(dec)i

Tabelle 16.1: Eine Auswahl niedermolekularer Mesogene und die zugehörigen flüssigkristallinen Charakeristika (Fortsetzung)

Mesogen	Übergangstemperatur (°C)
R = —H / —O—CH$_3$	k 239 n 265 i / k 266 n 390 i
R = —CH$_3$ / —Cl	k 197 n 287 i / k 232 n 318 i
—CN / —O—CH$_3$ / —O—n-C$_4$H$_9$ / —O—n-C$_6$H$_{13}$	k 227 n 367 i / k 181 n 337 i / k 159 s 186 n 303 i / k 127 s 229 n 276 i
O—CH$_3$	k 227 n 403 i
O—n-C$_4$H$_9$	k 253 n 270(dec)i
O—CH$_2$	k 232 n 331 i
	k 270 n 346 i
	k 110 n 197 i

Tabelle 16.1: Eine Auswahl niedermolekularer Mesogene und die zugehörigen flüssigkristallinen Charakeristika (Fortsetzung)

Mesogen	Übergangstemperatur (°C)
	k 137 n* 155 i
R = —Cl	k 118 n* 125 i
—CH$_3$	k 95 n* 117 i
—C$_2$H$_5$	k 97 n* 114 i
—n-C$_6$H$_{13}$	k 96 n* 112 i
—n-C$_7$H$_{15}$	k 97 n* 110 i
—n-C$_8$H$_{17}$	k 78 s* 81 n* 92 i
—CH(C$_2$H$_5$)(CH$_2$)$_3$CH$_3$	k 30 n* 50 i
—n-C$_{13}$H$_{27}$	k 71 s* 79 n* 83 i
—n-C$_{14}$H$_{29}$	k 77 s* 79 n* 83 i
—n-C$_{16}$H$_{33}$	k 76 s* 80 n* 83 i
—(CH$_2$)$_7$(CH=CH—CH$_2$)(CH$_2$)$_6$CH$_3$	k 39 s* 44 n* 49 i
—(CH$_2$)$_7$(CH=CH—CH$_2$)$_2$(CH$_2$)$_3$CH$_3$	k 20 s* 44 n* 49 i
—(CH$_2$)$_7$(CH=CH—CH$_2$)$_3$CH$_3$	k 35 s* 45 n* 48 i
—O—(CH$_2$)$_8$(CH=CH—CH$_2$)(CH$_2$)$_6$CH$_3$	k -10 s* 18 n* 31 i
—O—(CH$_2$)$_2$—O—(CH$_2$)$_2$—O—C$_2$H$_5$	k -2 n* 15 i
	k 150 n* 178 i
	k 178 n* 290 i

Tabelle 16.1: Eine Auswahl niedermolekularer Mesogene und die zugehörigen flüssigkristallinen Charakeristika (Fortsetzung)

Mesogen	Übergangstemperatur (°C)
$R = -n\text{-}C_4H_9$, $R' =$	k 171 s 184 n 358(dec) i
$-n\text{-}C_7H_{15}$	k 83 s 125 n 206 i
	k 150 s 211 n 316 i
$R = -CH_3$	k 207 n 318 i
$-O-CH_3$	k 220 n 350 i
$-O-n\text{-}C_5H_{11}$	k 145 n 272 i
$-O-n\text{-}C_7H_{15}$	k 153 n 245 i
$-O-n\text{-}C_9H_{19}$	k 144 n 227 i
$R = -O-CH_3$	k 119 n 135 i
$-O-C_2H_5$	k 139 n 169 i
$-O-n\text{-}C_4H_9$	k 105 n 136 i
$-O-n\text{-}C_6H_{13}$	k 81 n 128 i
$-C-O-O-C_2H_5$ ($=O$)	k 114 n 120 i

so bewirkt das Gleiten einer Schicht über die andere die charakteristische Fluidität des Systems, ohne daß die Ordnung innerhalb der Schichten verlorengeht. Eine Vielzahl smektischer Phasen konnte identifiziert werden, die sich in der Art der Ordnung voneinander unterscheiden, wobei die Mesogene immer entweder senkrecht oder gekippt zu der Schichtstruktur stehen. Die Phase mit dem höchsten Ordnungsgrad ist die smektische Mesophase B (SB), die eine perfekte hexagonale Packung der senkrecht auf den Schichten stehenden Mesogene aufweist. SB und die smektische Mesophase E (SE) bilden eine dreidimensionale Ordnung aus, die entsprechenden geneigten Modifikationen heißen smektisch H (SH) und smektisch G (SG). Eine deutlich geringere Ordnung weist die Phase smektisch A (SA) auf, in der die Mesogene innerhalb der Schichten zwar noch orientiert, aber nicht mehr dicht gepackt sind. Die zugehörige verkippte Modifikation wird als smektisch C (SC) bezeichnet. SC und SA verhalten sich wie echte zweidimensionale Flüssigkeiten. Eine Zwischenstellung bezüglich des Ordnungsgrades nehmen die smektischen Mesophasen F (SF) und I (SI) ein, allerdings werden die Mesophasen SA, SB und SC am häufigsten beobachtet.

Die nematischen Phasen sind weitaus weniger geordnet als die smektischen Phasen. Zwar bleibt die Orientierung der Längsachsen der Mesogene erhalten, ihre Schwerpunkte sind aber nicht mehr in festen Schichten angeordnet, sondern willkürlich im Raum verteilt. Nematische Phasen sind deutlich fluider als die smektischen Phasen, sind aber immer noch doppelbrechend.

Die dritte wichtige Kategorie flüssigkristalliner Zustände ist eine Variation der nematischen Mesophase und wird als chiral nematischer Zustand bezeichnet. Solche Phasen werden beobachtet, wenn Mesogene, die nematische Phasen ausbilden, ein chirales Zentrum aufweisen. Dieses bewirkt eine Drehung von einer zur nächsten Schicht der Phase, wobei

(a)   (b)

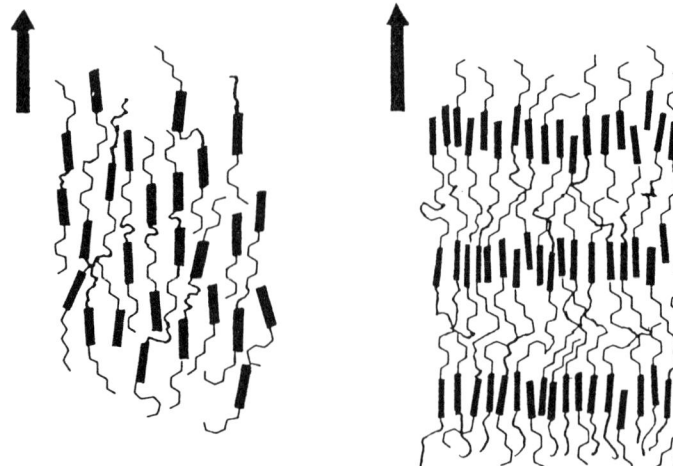

Bild 16.2:   Schematische Darstellung der (a) nematischen Phase und (b) der smektischen Phase von flüssigkristallinen Hauptkettenpolymeren, der Pfeil markiert den Direktor. Die relative Anordnung ist im Fall von flüssigkristallinen Seitenkettenpolymeren gleich.

sich die Orientierung des Direktors jeweils um einen bestimmten, festen Betrag ändert, so-daß die Direktoren im dreidimensionalen Raum eine Helix bilden. Der chiral nematische Zustand wurde erstmals bei der Untersuchung von Cholesterylderivaten beobachtet, mitt-lerweile kennt man auch andere chirale Mesogene. Desweiteren läßt sich der Zustand durch Zusatz von kleinen chiralen Molekülen zu einem nematischen Wirtspolymeren induzieren. Die nematische und die smektische Phase, also die beiden Haupttypen, sind in Bild 16.2 gegenübergestellt.

Bei einigen polymeren Flüssigkristallen lassen sich mehrere Mesophasen erkennen. So findet man bei flüssigkristallinen Hauptkettenpolymeren meist einen Übergang vom Kri-stall in die Mesophase, während in wesentlich amorpheren Systemen, die einen Glasüber-gang zeigen, die Mesophase erst dann auftreten kann, wenn der Übergang bereits stattge-funden hat. In thermotropen Systemen mit mehreren Phasenübergängen bewirkt eine Tem-peraturerhöhung einen schrittweisen Übergang vom Zustand mit der höchsten Ordnung in den mit der geringsten Ordnung, d.h. kristallin (k) $\rightarrow$ smektisch(S) $\rightarrow$ nematisch (N) $\rightarrow$ isotrop(i), z.B.

(i)

$$\text{glasartig (g)} \xrightarrow{308K} S_A \xrightarrow{393K} N \xrightarrow{397K} i$$

(ii)

$$k \xrightarrow{495K} S_A \xrightarrow{540K} N \xrightarrow{563K} i$$

16.3 Identifikation der Mesophasen

In polymeren Materialien lassen sich die flüssigkristallinen Phasen oftmals nur sehr schwer eindeutig identifizieren, doch existieren etliche Techniken, die Aufschluß über die Natur der molekularen Organisation geben. Verwendet man diese Techniken in einer ergänzen-den Form, so liefern diese verlässliche Informationen über den Ordnungsgrad der mesoge-nen Gruppen in der jeweiligen Phase.

Polarisationsmikroskop

Oftmals lassen sich die Phasen anhand charakteristischer Texturen beobachten, wenn man dünne Schichten des Polymeren bei einer bestimmten Temperatur durch ein Mikroskop mit linear polarisiertem Licht betrachtet.

(a)

(b)

(c)

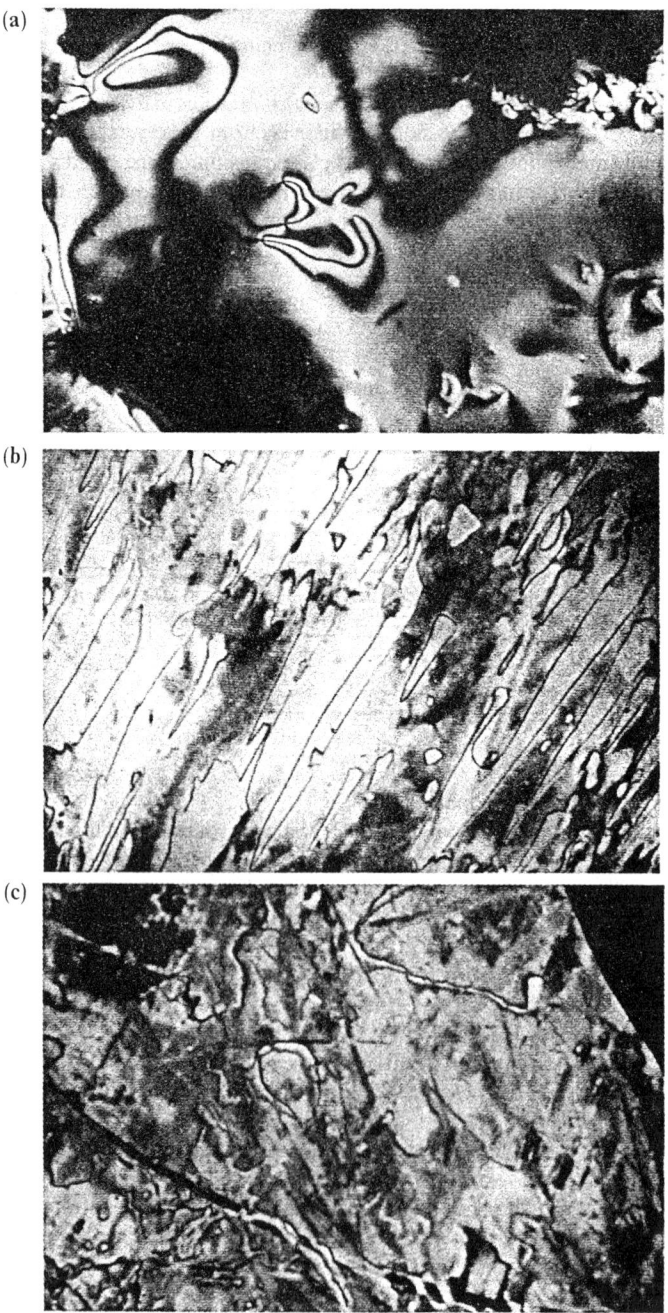

Bild 16.3: Photographische Aufnahmen nematischer Texturen, wie sie unter dem Polarisations-mikroskop erscheinen; (a) Schlieren-, (b) Faden und (c) marmorierte Textur; (© reproduziert mit freundlicher Genehmigung von C. Nöel).

(a)

(b)

(c)

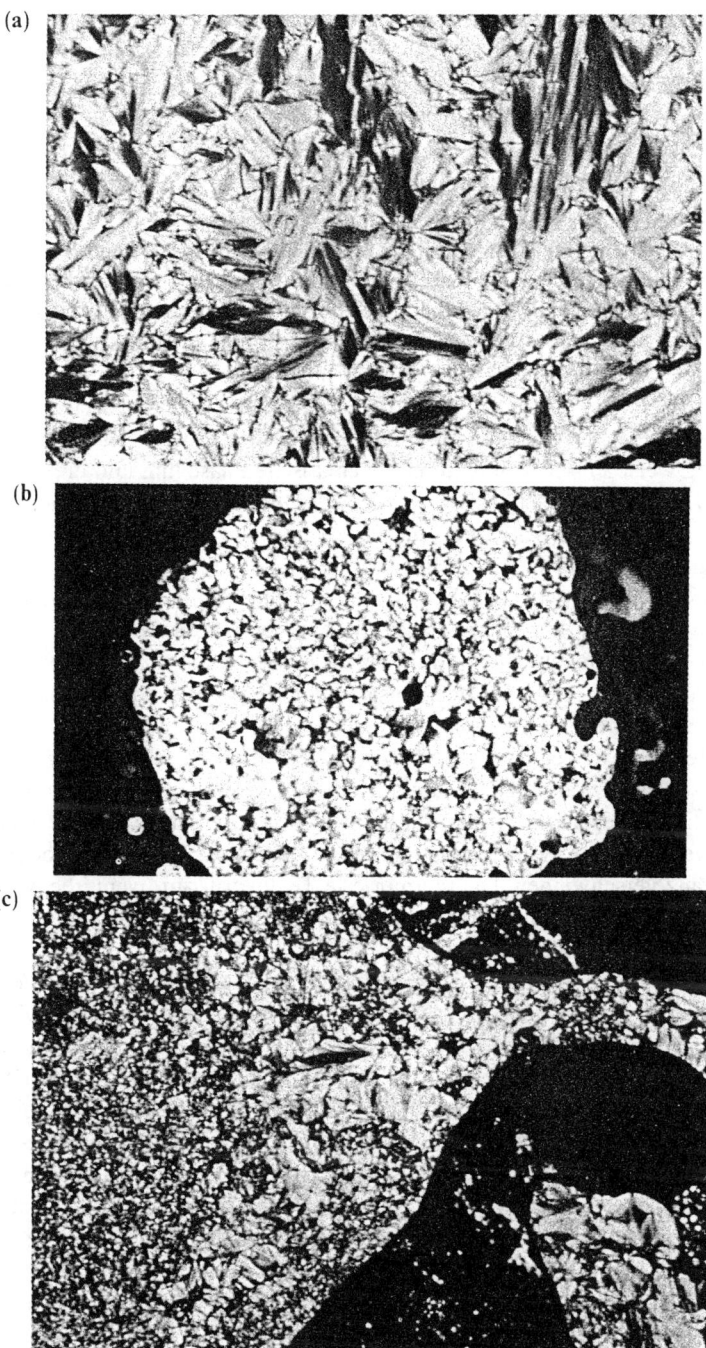

Bild 16.4: Photographische Aufnahmen charakteristischer smektischer Texturen, wie sie unter dem Polarisationsmikroskop erscheinen; (a) Kegel- und Fächer- (smektisch A), (b) Mosaik- (smektisch B) und (c) gebrochene Kegel-Textur (smektisch C); (© reproduziert mit freundlicher Genehmigung von C. Nöel).

Die Präparation der Glasträger vor der Beobachtung der Probe muß sehr sorgfältig durchgeführt werden, da homogene (oder auch planare) Texturen, bei der alle Mesogene parallel zur Oberfläche liegen, nur dann beobachtet werden können, wenn der Träger zuvor mit einem Baumwolltuch oder einem vergleichbaren Material in eine Richtung gerieben wurde. Das bewirkt eine einheitliche Doppelbrechung und verhindert, wie im Fall unbehandelter Träger, bei denen die Längsachsen der Mesogene alle senkrecht zur Glasoberfläche ausgerichtet sind, woraus eine sogenannte homeotrope Ausrichtung resultiert, bei der man im Mikroskop ein einheitliches dunkles Feld sieht. Übt man in einem solchen Fall auf das obere Glasplättchen einen leichten Druck aus, so kann es durch Umklappen der Mesogene zu Szintillationseffekten kommen. Derartige homeotrope Texturen erhält man zudem, wenn man die Träger zuvor mit konzentrierter Salpetersäure behandelt und dann mit Wasser und Aceton abspült. Erscheint beim Abkühlen einer isotropen Schmelze eine nematische Textur, so setzt sich diese aus kleinen Tröpfchen zusammen, die sich aus der Flüssigkeit abscheiden. Dieser Vorgang weist an sich schon auf eine nematische Phase hin, und drei verschiedene Texturen sind möglich, je nachdem wie sich die Tröpfchen zu größeren Domänen zusammenlagern. Diese sind die Schlieren-, die Faden oder die marmorierte Textur; Beispiele für die jeweilige Textur finden sich in Bild 16.3.

Die Schlieren-Texturen zeigen breite, dunkle Linienmuster, die den ausgelöschten Bereichen entsprechen, in denen die Mesogene senkrecht auf der Glasoberfläche stehen. Wichtig sind dabei auch die Punkte, an denen zwei oder vier dieser Linien zusammentreffen. Weist eine Textur Punkte auf, wo zwei Linien zusammentreffen, so ist das ein eindeutiger Hinweis auf eine nematische Phase. Es muß an dieser Stelle festgehalten werden, daß das ausschließliche Aufeinandertreffen von jeweils vier Ästen in einer Schlieren-Textur, auf eine smektische Mesophase C oder deren chirale Modifikation hinweist. Texturen mit einer fadenartigen Struktur sind ebenfalls typisch für nematische Phasen, doch sind sie eher instabil und gehen bei weiterer Temperaturerhöhung in geschlossene Ringe über, bevor sie möglicherweise sogar ganz verschwinden. Die marmorierte Textur tritt auf, wenn die Moleküle in aneinanderliegenden Domänen unterschiedliche Vorzugsrichtungen besitzen, wobei durch Interferenz verschiedene Farben entstehen.

Smektische Phasen zeigen eine Vielzahl charakteristischer Texturen, wie (i) die Kegel- und die Fächer-Textur, die für smektische A-Phasen typisch sind und sich oft durch die Zusammenlagerung von sogenannten Bâtonnets bilden, (ii) die bei der smektischen B-Phase beobachtete Mosaik-Textur und (iii) die gebrochene Kegel-Textur, die alternativ zu der oben beschriebenen Schlieren-Textur bei smektischen C-Phasen auftritt. Bild 16.4 zeigt Beispiele für die Texturen (i) bis (iii). Die chiral nematischen Phasen können sowohl planare Grandjean-Texturen mit öligen Streifen aufweisen, die von Defekten herrühren, aber auch tiefe Reflexionsfarben zeigen, deren Intensität davon abhängt, wie groß der Gangunterschied in der helicalen Struktur von einer zur nächsten Schicht der Phase ist.

Differentialkalorimetrie

Die Differentialkalorimetrie findet breite Anwendung bei der Bestimmung der Übergangstemperaturen thermotroper Mesophasenübergänge, dabei handelt es sich in den meisten Fällen um endotherme Übergänge erster Ordnung. Bild 16.5 zeigt die schematische Darstellung eines solchen Diagramms mit möglichen Übergängen in einer Heizkurve. Üblicherweise nimmt man zur Überprüfung der gefundenen Temperaturen mehrere Heiz- und Kühlcyclen auf.

Röntgenbeugung

Debye-Scherrer-Pulveraufnahmen ermöglichen eine grobe Charakterisierung der Mesophase, eine Einteilung in die verschiedenen Unterarten ist mit dieser Technik nur sehr schwer möglich. Messungen an orientierten Proben würden mehr Information sowie zuverlässigere Meßwerte liefern, jedoch lassen Pulveraufnahmen in jedem Fall eine verlässliche Aussage über die Anzahl der vorhandenen Phasen zu.

Im Fall von weniger geordneten Phasen, wie nematisch, S_A und S_C, erkennt man bei großen Beugungswinkeln einen diffusen Halo, der auf eine ungeordnete, laterale Anordnung der Mesogene hinweist. Im Gegensatz dazu zeigen die geordneteren smektischen Phasen einen oder mehrere Braggsche Reflexe. Bei kleineren Beugungswinkeln (~ 3°) bildet sich bei nematischen Proben ein diffuser innerer Ring aus, der etwas schärfer ist als jener, den man bei isotropen Schmelzen beobachtet. Liegen smektische Phasen vor, so

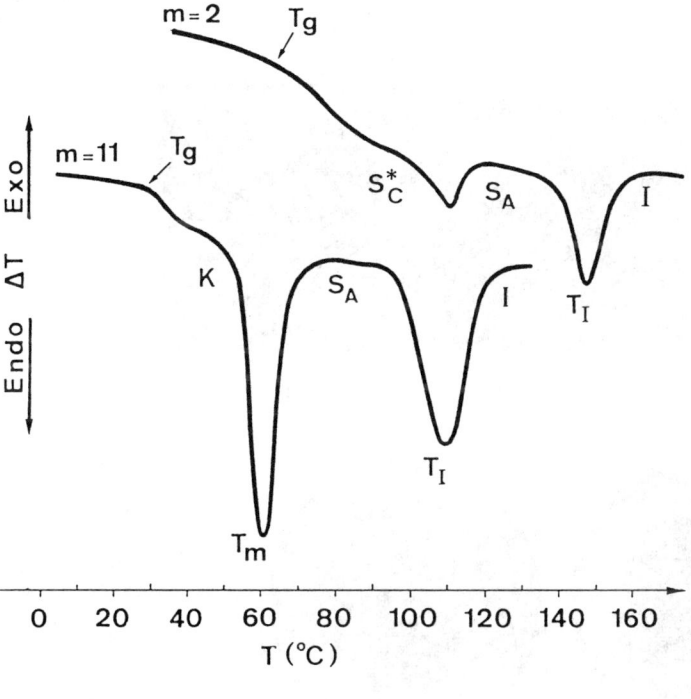

Bild 16.5: Typische DSC-Kurven zweier Proben eines flüssigkristallinen Seitenkettenpolymeren mit unterschiedlich langen Spacern (Reproduziert von Decobert *et al.* (1986)).

sieht man einen oder sogar mehrere innere Ringe, die auf die höher geordnetere, lamellare Struktur zurückzuführen sind.

Eine klare Unterscheidung der verschiedenen Phasen ist dann möglich, wenn die Proben zuvor unter dem Einfluß eines starken Magnetfeldes beim langsamen Abkühlen aus der isotropen Schmelze orientiert wurden, so daß die Vorzugsrichtung erhalten bleibt. Typische Beugungsmuster für die nematische sowie die smektische A- und die smektische C-Phase sind in Bild 16.6 dargestellt.

Untersuchung der Mischbarkeit

Die Art der Phase, die ein flüssigkristallines Polymeres ausbildet, läßt sich häufig dadurch identifizieren, daß man die Mischbarkeit mit niedermolekularen Mesogenen mit bekannter Mesophase untersucht. Sind diese Texturen gleich, so hat sich eine gemischte flüssigkristalline Phase ausgebildet, bei der kein sichtbarer Übergang zwischen den zwei Molekülarten besteht. Für einige gemischte Systeme wurden Temperatur-Zusammensetzungsdiagramme erstellt, die einen eutektischen Punkt aufweisen. Dargestellt ist dies in Bild 16.7 für ein flüssigkristallines Seitenkettenpolymer mit Siloxanrückgrat, das mit einem niedermolekularen Analogon unter Ausbildung einer einheitlichen nematischen Phase gemischt

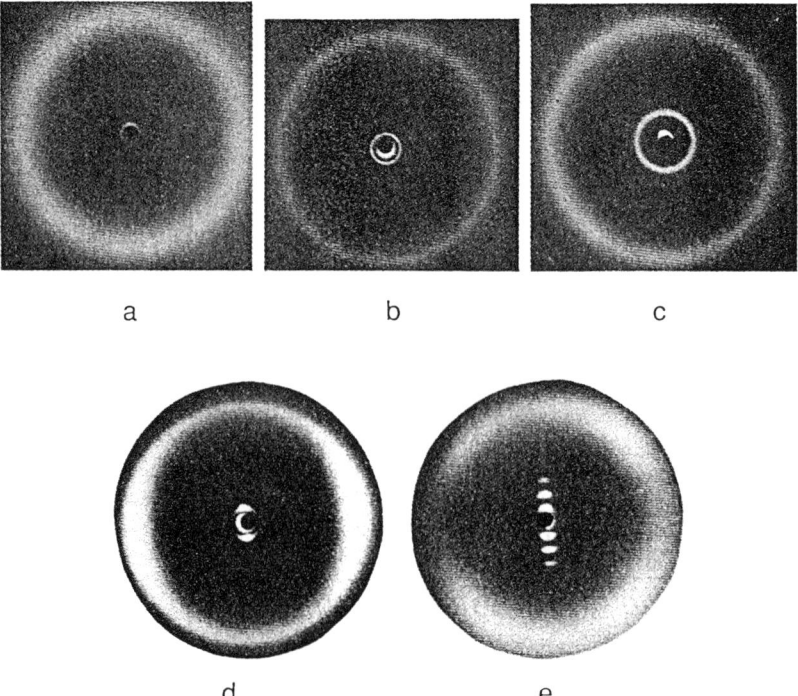

Bild 16.6:   Typische Röntgenbeugungsmuster von nicht orientierten (a) nematischen, (b) smektischen A- und (c) smektischen C-Phasen sowie orientierten (d) smektischen A- und (e) smektischen C-Phasen.

wurde. Auch für Mischungen aus flüssigkristallinen Hauptkettenpolymeren und nieder-molekularen Mesogenen wurden derartige Diagramme erhalten. Es muß an dieser Stelle jedoch erwähnt werden, daß bei mischbaren Komponenten, die isomorph sind, der Um-kehrschluß nicht unbedingt Gültigkeit besitzt. Sind die beiden flüssigkristallinen Phasen in der Mischung unterschiedlich, so werden sie durch einen sichtbaren Übergang voneinander getrennt.

16.4 Lyotrope flüssigkristalline Hauptkettenpolymere

Bestimmte stäbchenförmige Polymere bilden, wenn sie mit einer kleinen Menge eines Lö-sungsmittels versetzt werden, eine doppelbrechende Flüssigkeit, die sich bei Zugabe eines Überschußes an Lösungsmittel in den meisten Fällen in eine echte, isotrope Lösung um-wandelt. Man bezeichnet diese Systeme, die durch Auflösen amphiphiler Moleküle in ge-eigneten Lösungsmitteln entstehen, als lyotrope flüssigkristalline Systeme. Die Entstehung solcher flüssigkristalliner Lösungen ist zum einen abhängig von der Molmasse der Mole-küle, dem Lösungsmittel und der Temperatur, doch letztendlich entscheidend ist die starre Struktur des Polymeren. Polymere, die zur Ausbildung helicaler Strukturen neigen, wie beispielsweise die stabile α-Helix in Polypeptiden, stellen geeignete Materialien dar und auch die Ester der Poly(L-glutaminsäure) sind gute Beispiele für lyotrope Systeme. Inner-halb der synthetischen Polymeren besitzen die aromatischen Polyamide eine herausragende Bedeutung. Dabei können die Substanzen mit lyotropen Eigenschaften sehr unterschied-liche Strukturen besitzen, wie man Bild 16.8 entnehmen kann, wobei sich die Starrheit der Struktur aus den über die Amidgruppen verknüpften Ringsystemen ergibt. Diese Kupp-lungseinheit nimmt eine *trans*-Konformation an und steht in Konjugation zu den benach-barten Phenylringen, so daß die gesamte Polymerkette eine ausgedehnte Stäbchenstruktur annimmt.

Diese für die Flüssigkristallinität erforderliche Starrheit des Polymeren bringt es an-dererseits mit sich, daß es in gewöhnlichen Lösungsmitteln wenig löslich ist, so daß häufig stärker wechselwirkende Flüssigkeiten erforderlich sind. Während Poly(L-glutamate) lyo-trope Phasen in Dioxan und Methylenchlorid ausbilden, werden aromatische Polyamide erst mit wesentlich agressiveren Flüssigkeiten, wie Protonensäuren (H_2SO_4, CF_3SO_3H, CH_3SO_3H) oder aprotischen Lösungsmitteln, wie Dimethylacetamid oder N-Methylpyrroli-don in Verbindung mit geringen Anteilen an LiCl oder $CaCl_2$ solvatisiert. Hexamethylen-phosphorsäuretriamid wurde ebenfalls genutzt, doch aufgrund seiner Karzinogenität sollte man es vermeiden.

Flexible Polymere nehmen in Lösung die Konformation eines statistischen Knäuels an, wohingegen starre Polymere eher stäbchenförmig sind; mit steigender Konzentration in Lösung neigen sie zur Bildung von Clustern mit Bündeln quasi-paralleler Stäbchen. Diese stellen anisotrope Domänen dar, innerhalb derer die Ketten nematisch angeordnet sind. Zwischen den Direktoren dieser Domänen besteht bezüglich der Richtung keine oder nur wenig Korrelation, solange die Lösung nicht geschert wird; erst dann neigen die Domänen dazu, sich parallel zur Fließrichtung auszurichten, wobei die Viskosität des Systems deut-lich kleiner wird, als man es von einer gleichkonzentrierten Lösung statistischer Knäuels erwarten würde. Lyotrop flüssigkristalline Polymere weisen ein charakteristisches Viskosi-tätsverhalten mit ändernder Konzentration der Lösung auf.

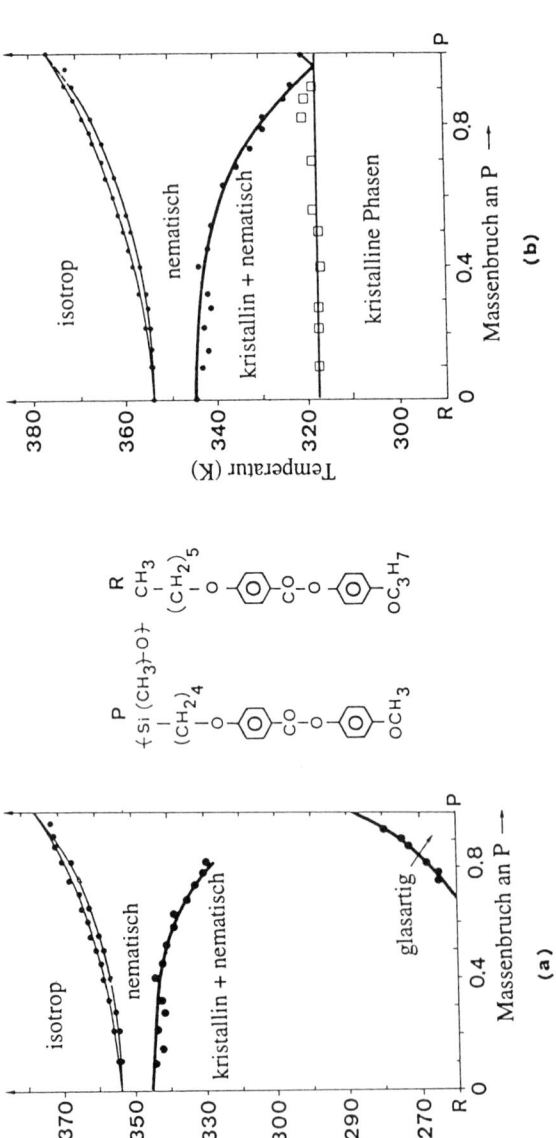

Bild 16.7:   Isobare Phasendiagramme von flüssigkristallinen Seitenkettenpolymeren, die mit einer nematischen Referenzsubstanz gemischt wurden: (a) frisch präparierte Probe, (b) nach dreimonatiger Lagerung bei Raumtemperatur (Übernommen von Benthack-Thomas und Finkelmann (1985)).

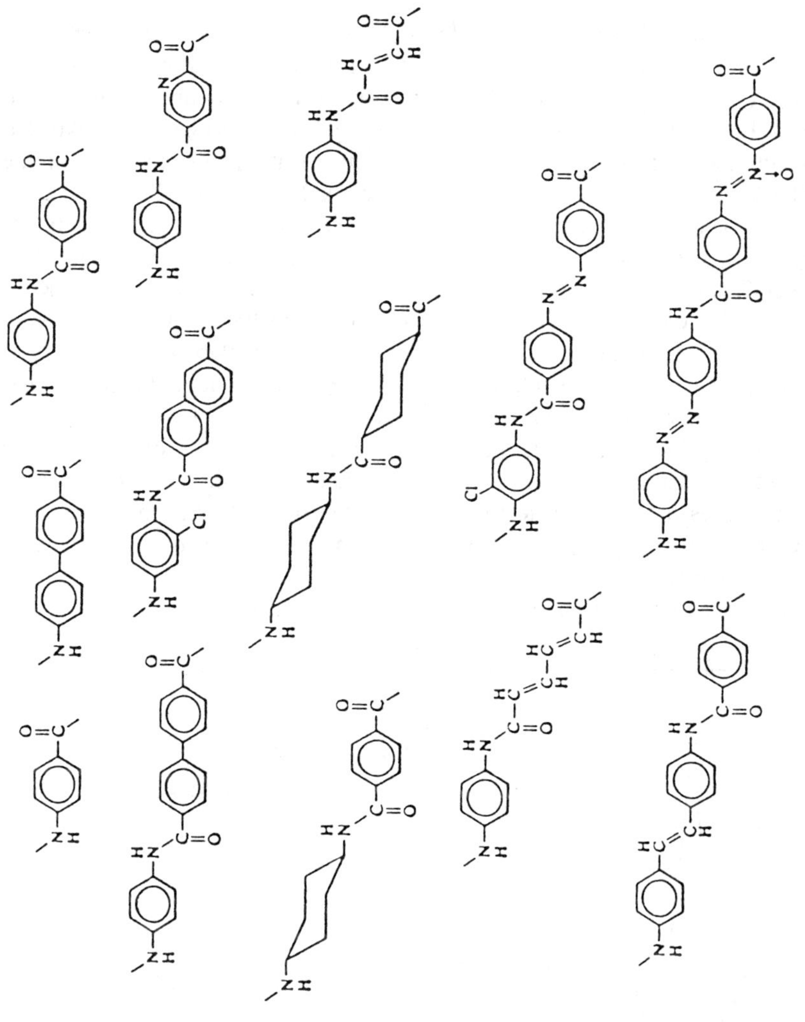

Bild 16.8: Strukturen einger Polyamide, die zur Ausbildung lyotrop flüssigkristalliner Lösungen befähigt sind.

Typischerweise folgt die Viskosität dem in Bild 16.9 gezeigten Trend. Dabei handelt es sich um eine Lösung eines teilweise chlorierten Poly(1,4-phenylen-2,6-naphtalamid) in einem 1:1-Gemisch aus Hexamethylenphosphorsäuretriamid und N-Methylpyrrolidon mit 2,9% LiCl. Wird Polymeres zu dieser Lösung hinzugegeben, so steigt die Viskosität, während die Lösung jedoch isotrop und klar bleibt. Bei einer kritischen Konzentration, die vom System abhängt, wird die Lösung opak und anisotrop und bei weiterer Polymerzugabe tritt eine scharfe Abnahme der Viskosität auf. Dies spiegelt die Ausbildung orientierter nematischer Domänen wider, in denen die Ketten parallel zur Fließrichtung ausgerichtet sind, wodurch der Reibungswiderstand der Moleküle verringert wird. Die kritische Konzentration, die erreicht werden muß, damit sich eine nematische Phase ausbildet, ist vom Lösungsmittel abhängig und nimmt mit zunehmender Molmasse des Polymeren ab.

Eine Reihe von Polyamiden haben aufgrund der hohen Zugfestigkeit der Fasern, die aus den nematischen Lösungen gesponnen werden, kommerzielle Bedeutung erreicht. Die zusätzliche Orientierung der Ketten in Richtung der Längsachse der Faser, die sich aus der nematischen Selbstorganisation des Systems ergibt, führt zu einer drastischen Verbesserung der mechanischen Eigenschaften und macht die Polyamidfasern zu attraktiven Alternativen zu Metall- oder Kohlenstoff-Fasern, z.B. als verstärkende Komponente in polymeren Verbundwerkstoffen (Composites).

Die kommerziell wichtigsten aromatischen Polyamidfasern sind:

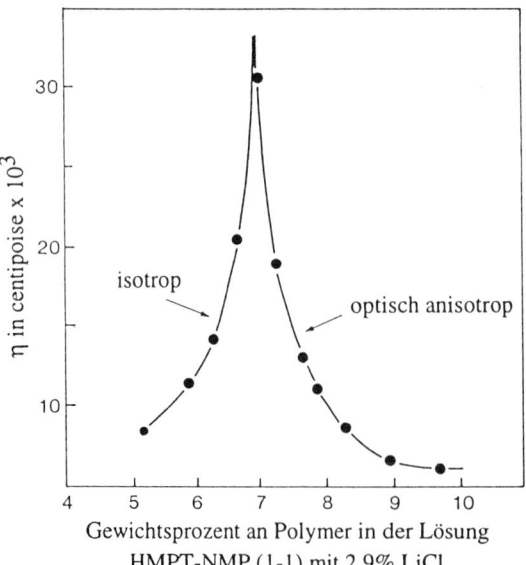

Bild 16.9:   Änderung der Viskosität von Lösungen von teilweise chloriertem Poly(1,4-phenylen-2,6-naphthalamid) gelöst in einer Mischung aus Hexamethylenphosphorsäuretriamid und N-Methylpyrrolidon mit 2,9% LiCl als Funktion der Konzentration der Lösung; man erkennt den Übergang von den isotropen zu den anisotropen Lösungen (Übernommen von P. W. Morgan (1979) mit Genehmigung der American Chemical Society, Washington, D.C).

(i) Poly(*m*-phenylenisophthalamid), Handelsname Nomex

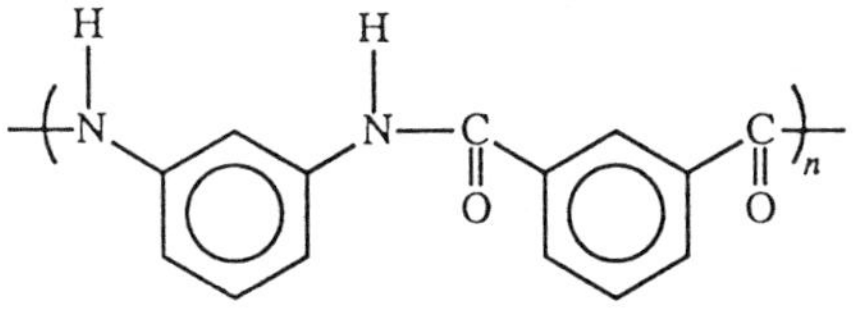

(ii) Poly(*p*-benzamid), oder Faser B

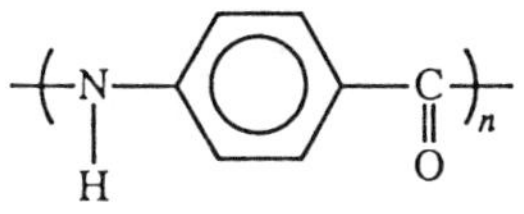

(iii) Poly(*p*-phenylenterephthalamid), Handelsname Kevlar.

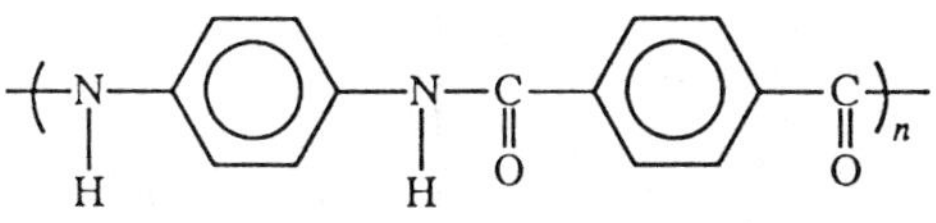

Eine wesentlich umfangreichere Beschreibung der aromatischen Polyamide wurde bereits in Abschnitt 15.11 gegeben.

Lyotrope Polymere mit heterocyclischen Strukturen sind ebenfalls bekannt, wobei X = O, S oder -NH. In starken Protonensäuren können diese Polymeren nematische Phasen ausbilden und in dieser Form zu Fasern mit hoher Zugfestigkeit versponnen werden.

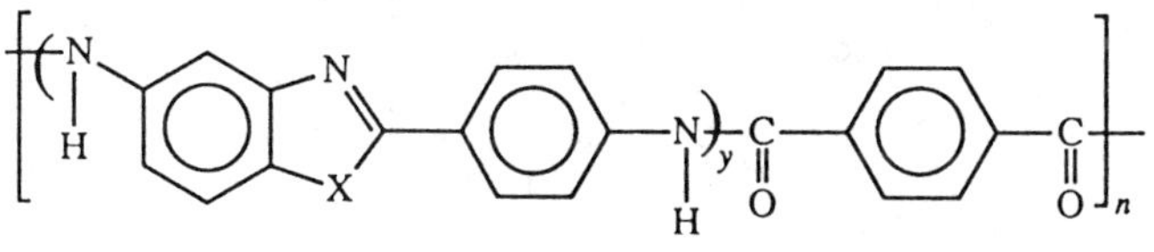

Weitere Strukturen, die zur Bildung lyotroper Lösungen geeignet sind, sind:

(a) Polyisocyanate

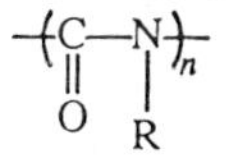

(b) Poly(alkylisonitrile)

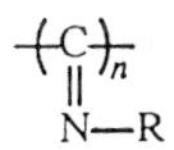

(c) Poly(organophophazine)

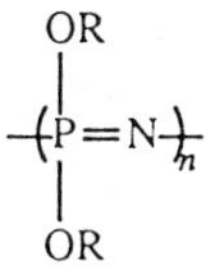

wobei R = Alkyl oder Aryl.

Tabelle 16.2: Typische Einheiten, die zum Aufbau flüssigkristalliner Hauptkettenpolymerer verwendet werden

Tabelle 16.2: Typische Einheiten, die zum Aufbau flüssigkristalliner Hauptkettenpolymerer verwendet werden (Fortsetzung)

16.5 Thermotrop flüssigkristalline Hauptkettenpolymere

Die ersten Beispiele für thermotrop flüssigkristalline Hauptkettenpolymere wurden im Jahr 1975 von Roviello und Sigiru hergestellt, die Alkylsäurechloride mit *p,p'*-Dihydroxy-α, α'-dimethylbenzalazin umsetzten und dabei die Struktur (I) erhielten, die nach dem Schmelzen anisotrope fluide Phasen ausbildet.

$$\text{(I)} \qquad\qquad\qquad n = 6, 8, 10$$

In der Folgezeit erkannte man, daß solche Polymerketten, die durch die Verknüpfung von Mesogenen entstehen, bei Temperaturen kurz oberhalb des Schmelzpunktes des Polymeren flüssigkristalline Phasen aufweisen. Viele dieser Materialien sind Polyester, die durch Kondensationsreaktionen, auch Grenzflächenpolymerisationen, oder durch Hochtemperaturpolymerisationen in Lösung unter Verwendung von Diolen und Dicarbonsäurechloriden entstehen. Die bevorzugte Methode ist eine Umesterung in der Schmelze. Unterschiedliche Kombinationen von starren Einheiten wurden verwendet und einige der untersuchten Strukturen sind in Tabelle 16.2 zusammengestellt.

Unter den am häufigsten eingesetzten Monomerbausteinen finden sich Hydroxybenzoesäure, Terephthalsäure, 2,6-Naphthalindicarbonsäure, 2-Hydroxy-6-naphthalinsäure und 4,4'-Dihydroxybiphenyl. Im einfachsten Fall lassen sich die Polymeren aus nur einer Einheit darstellen, so z.B. bei Poly(*p*-hydroxybenzoesäure)

doch existieren auch Beispiele mit mehr als einer Einheit, wie z.B. Struktur (II) im Beispiel auf der gegenüberliegenden Seite, wobei die Verhältnisse der beiden Komponenten zur Veränderung der Eigenschaften des Produktes variiert werden können.

Die so hergestellten Polymeren sind zumeist unlöslich, besitzen hohe Schmelzpunkte und Mesophasenbereiche, wie beispielsweise Poly(*p*-hydroxybenzoesäure), welches erst bei ~ 833 K schmilzt. Diese Tatsache erschwert die Verarbeitung der Produkte, weswegen alternative Strukturen mit deutlich niedrigeren Schmelzpunkten nützlicher sind. Zur Absenkung der Schmelzpunkte flüssigkristalliner Hauptkettenpolymerer bieten sich verschiedene Möglichkeiten an:

(a) Einbau flexibler Abstandhalter (Spacer);
(b) Copolymerisation verschiedener mesogener Monomere unterschiedlicher Größe, um eine statistische, unregelmäßigere Struktur zu erhalten;
(c) Einführung von Seitengruppen zur Herabsetzung der Kettensymmetrie;
(d) Synthese von Ketten mit Knickstellen, wie etwa bei unsymmetrisch verknüpften aromatischen Einheiten.

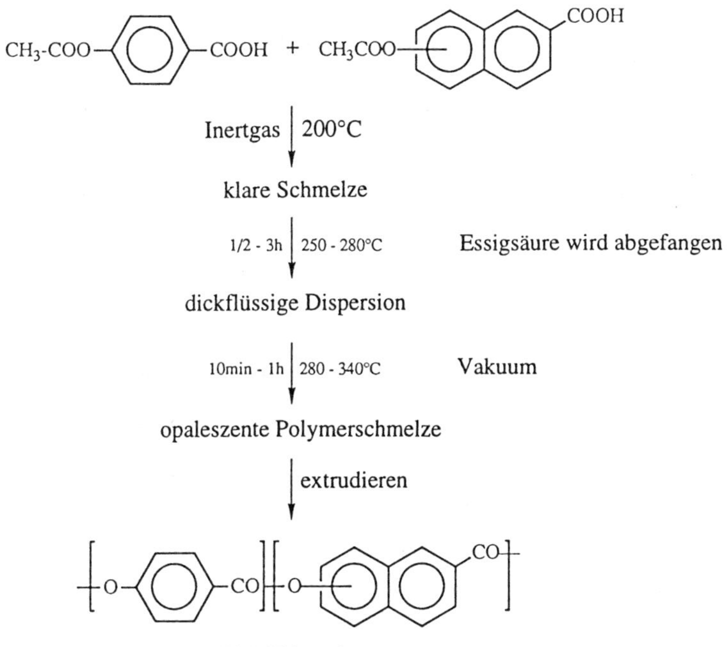

CH₃-COO—〈◯〉—COOH + CH₃COO—〈◯◯〉—COOH

Inertgas | 200°C

klare Schmelze

1/2 - 3h | 250 - 280°C   Essigsäure wird abgefangen

dickflüssige Dispersion

10min - 1h | 280 - 340°C   Vakuum

opaleszente Polymerschmelze

| extrudieren

—[O—〈◯〉—CO]—[O—〈◯◯〉—CO]—

HBA/HNA polymer

(II)

Der Einsatz flexibler Spacer ist eine sehr beliebte Möglichkeit; meist besteht er aus zwei cyclischen Einheiten, die über eine kurze, starre Brücke miteinander verknüpft sind, wobei sich ein mesogener Block ausbildet. Diese werden dann mit Hilfe funktioneller Gruppen zu beweglichen Einheiten unterschiedlicher Länge verknüpft, so daß die Mesogene entlang der Kette voneinander entfernt werden und gleichzeitig die Unbeweglichkeit der Kette reduziert wird. In Tabelle 16.3 ist die chemische Konstitution einer solchen Kette schematisch dargestellt, gemeinsam mit einigen Beispielen für die verschiedenen verwendbaren Gruppen. Die Brücken zwischen den Ringen müssen starr sein, da nur so die notwendige Steifheit der mesogenen Einheit gewährleistet ist, üblicherweise verwendet man Einheiten mit Mehrfachbindungen. Ebenfalls für diesen Zweck geeignet sind Estergruppen, insbesondere, wenn sie in Konjugation zu Arylringen stehen, wobei die Konjugation eine Versteifung der Gesamtstruktur (III) bewirkt.

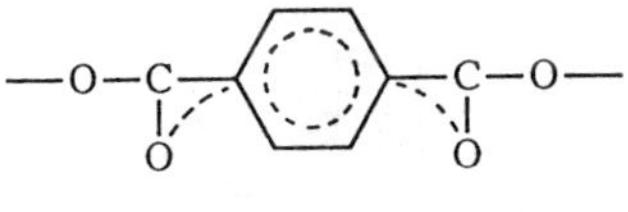

—O—C—〈◯〉—C—O—
　　‖　　　　‖
　　O　　　　O

(III)

Die Mehrheit dieser flüssigkristallinen Hauptkettenpolymeren zeigt nach dem Schmelzen eine nematische Phase; in einigen Fällen bewirken kleine strukturelle Veränderungen die Bildung smektischer Mesophasen. So beobachtet man bei Polyestern der Struktur

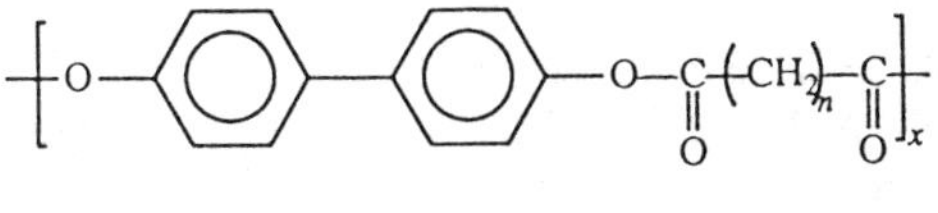

—[O—〈◯〉—〈◯〉—O—C—(CH₂)ₙ—C]ₓ—
　　　　　　　　　　　　‖　　　　‖
　　　　　　　　　　　　O　　　　O

Tabelle 16.3: Anordnung der Einheiten in einem typischen thermotrop flüssigkristallinen Hauptkettenpolymeren

Cyclische Einheit	Verbindungsgruppe	funktionelle Gruppe	Spacer
(Phenyl-Einheit), $x = 1\text{-}3$	$-\overset{\text{O}}{\underset{\|}{C}}-O-$	$-\overset{\text{O}}{\underset{\|}{C}}-O-$	$-(CH_2)_n-$
(Naphthalin) 1,4 / 1,5 / 2,6	$-\underset{R}{\overset{\|}{C}}=N-N=\underset{R}{\overset{\|}{C}}-$	$-O-\underset{\|}{\overset{\|}{C}}-$; O	$-(CH_2-\underset{R}{\overset{\|}{CHO}})_n-$
(Cyclohexan, H, H)	$-CH=\underset{R}{\overset{\|}{C}}-$	$-O-$	$-S-R-S-$
(Cyclooctan)	$-CH=N-$ $-N=N-$ $-N=N-$ $\underset{O}{\overset{\|}{}}$	$-(CH_2)_n-$	$-\underset{R}{\overset{R}{\underset{\|}{\overset{\|}{Si}}}}-O-$

[Schema: CYCLISCHE EINHEIT — VERBINDUNGS-GRUPPE — CYCLISCHE EINHEIT — FUNKTIONELLE GRUPPE — SPACER; Klammer über den ersten drei: MESOGENE GRUPPE]

bei einer geradzahligen Anzahl von Methyleneinheiten (n) eine nematische Phase, bei
einem ungeradzahligen n jedoch eine smektische Mesophase. Diese Beobachtungen stim-
men mit den Voraussagen von de Genne überein. In gleicher Weise kann bei Polyestern,
die aus vielen Ringen aufgebaut sind, eine Umkehr der Estergruppe in einer Veränderung
der Phase resultieren, so z.B.:

(a) [Polymer-Strukturformel]

$$T_m = 493K; \quad T_i = 540K; \quad \text{smektisch}$$

(b) [Polymer-Strukturformel]

$$T_m = 503K; \quad T_i = 538K; \quad \text{nematisch}$$

Der Einbau beweglicher Spacer senkt die Schmelztemperatur ab und erhöht gleichzeitig den Temperaturbereich, in dem die Mesophase stabil ist. Das Ausmaß dieser Effekte ist abhängig von der Länge des Spacers. So ist beispielsweise in Systemen wie den Poly(α-cyanostilbenalkanoaten), Struktur IV,

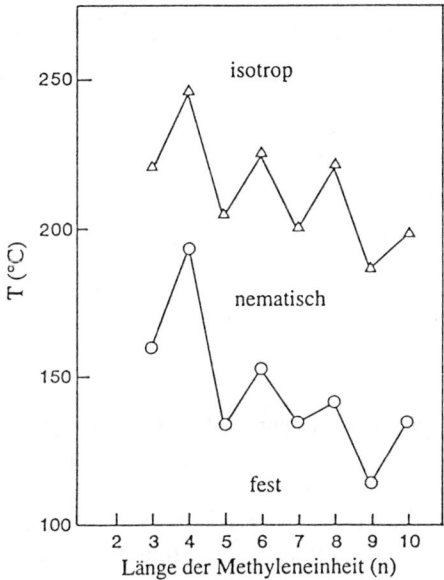

(IV)

bei denen man eine nematische Phase beobachtet, sowohl T_m als auch die Übergangstemperatur von der nematischen in die isotrope Phase (T_i) abgesenkt, wenn die Länge an Methylenuntereinheiten (n) zunimmt. Dies wird in Bild 16.10 gezeigt, in welchem der Wechsel zwischen gerad- und ungeradzahligen Einheit verdeutlicht wird. Polymere mit Spacern, die eine geradzahlige Anzahl an (CH$_2$)-Einheiten haben, weisen im Vergleich zu denen mit einer ungeraden Anzahl üblicherweise höhere Schmelz- und Klärtemperaturen (T_i) auf, was die Vermutung zuläßt, daß die Länge des Spacers die Ordnung in der flüssigkristallinen Phase beeinflußt. Aufgrund der Fernordnung versucht das System eine Orientierung anzunehmen, bei der die Mesogene parallel zur Direktorachse angeordnet sind. Dies fällt einem Spacer mit einer ungeradzahligen Anzahl an Methyleneinheiten leichter, wenn eine Zick-Zack-Konformation eingenommen wird, wie in Bild 16.11 gezeigt.

Bild 16.10: Übergangstemperaturen $T_i \rightarrow T_N$ (-$\triangle$-) und $T_N \rightarrow T_K$ (-O-) für Struktur IV als Funktion der Länge der Methyleneinheit (Reproduziert von K. Imura, N. Koide und M. Takeda (1987) mit Erlaubnis von Ottenbrite, Utracki und Inoue (Hrsg.), *Current Topics in Polymer Science*, **1** © Carl Hanser Verlag, München).

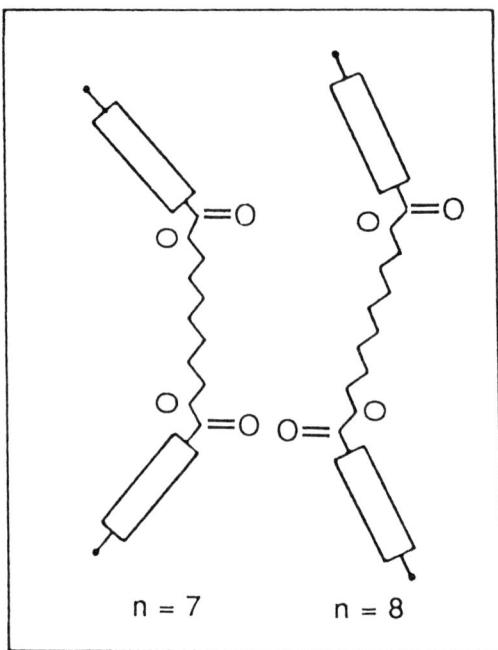

Bild 16.11:   Schematische Darstellung des Einflusses von einer gerad- bzw. ungeradzahligen
Anzahl von Methyleneinheiten auf die relative Anordnung mesogener Einheiten in
flüssigkristallinen Hauptkettenpolymeren (Übernommen von W. R. Krigbaum, J.
Watanabe und T. Ishikawa, *Macromolecules*, **16**, 1271 (1983) mit Erlaubnis der
American Chemical Society).

Die Spacer-Einheit wird im allgemeinen durch Copolymerisation eingeführt, wobei sich
die Mengenverhältnisse von Spacerblöcken zu Mesogensegmenten variieren lassen. Bei
einer festen Spacerlänge, wie beispielsweise in Poly(azophenolhexanoat) (Struktur V)

$$\left(O-\bigcirc-N=N-\bigcirc-O\right)_x\left(\underset{O}{\overset{\|}{C}}-(CH_2)_6-\underset{O}{\overset{\|}{C}}\right)_{\bar{y}}$$

(V)

fällt T_m bis zu einem Verhältnis von (1:1) der beiden Komponenten ab. Dieser Effekt ist
begleitet von einer Verbreiterung des Temperaturbereichs, in dem die Mesophase stabil ist;
dargestellt sind diese Phänomene in Bild 16.12.

Durch Copolymerisationsreaktionen sind eine Vielzahl anderer Kombinationen möglich; eine in diesem Zusammenhang sehr interessante Reaktion ist die Modifikation von
Poly(ethylen-terephthalat) durch Umsetzung des vorgebildeten Polymeren mit *p*-Acetoxy-
benzoesäure. Dadurch wird eine mesogene Einheit an den Verknüpfungstellen zweier
Blöcke in die Kette eingeführt, wobei ein thermotrop flüssigkristallines Polymeres entsteht.

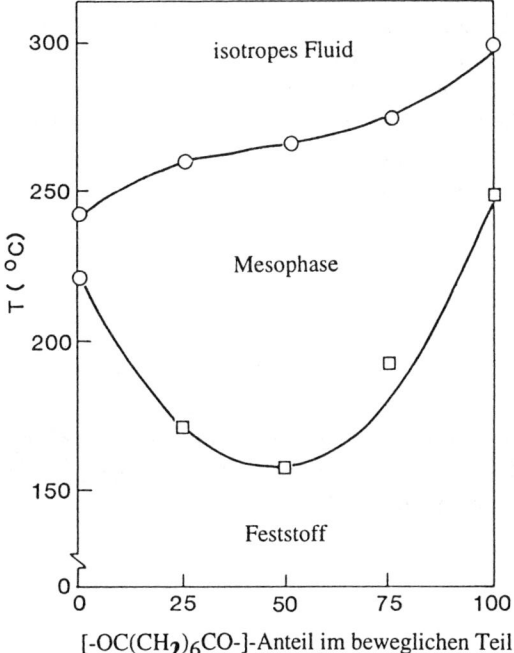

Bild 16.12: Auftragung der Übergangstemperaturen gegen die Copolymerzusammensetzung von Poly(azophenolhexanoat), Struktur V. (-O-) steht für den Übergang $T_i \rightarrow T_N$ und (-□-) für T_m (Reproduziert von K. Imura, N. Koide und M. Takeda (1987) mit Erlaubnis von Ottenbrite, Utracki und Inoue (Hrsg.), *Current Topics in Polymer Science*, **1**, © Carl Hanser Verlag, München).

Durch Zugabe definierter Mengen an Oxybenzoateinheiten läßt sich die flüssigkristalline Phase kontrollieren. Bei einem Gehalt von etwa 30 mol% beobachtet man in der Schmelze das Auftreten einer nematischen Phase. Optimale mechanische Eigenschaften besitzt das Material bei einem Oxybenzoatgehalt von etwa 60 bis 70 mol% in der Kette; die Zugfestigkeit des Materials nimmt bei dieser Zusammensetzung stark zu, begleitet von einer hiermit einhergehenden Abnahme der Viskosität in der Schmelze (siehe Bild 16.13).

Der Einbau von Seitengruppen in das Mesogen bewirkt ebenfalls eine Absenkung von T_m und T_i, da die sperrigen Seitengruppen die Polymerkette auf Distanz halten, wodurch die intermolekularen Anziehungskräfte abgeschwächt werden. Die einfachste Methode ist die Substitution von Ringen; Lenz zeigte, daß eine Veränderung der Struktur (VI)

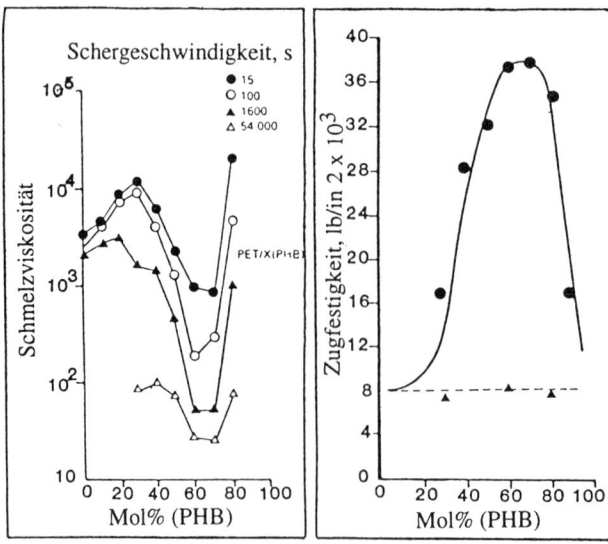

(VI)

die eine nematische Phase zeigt, durch Variation der Seitengruppe X in einer Absenkung der Werte für T_m und T_i resultiert, wie in Tabelle 16.4 zusammengestellt. In gleicher Weise bewirkt in Strukturen wie Poly(hydrochinonterephthalat) (VII)

(VII)

eine Substitution des Phenylringes eine Absenkung von T_m von > 870 K auf etwa 610 K.

Bild 16.13:   Abhängigkeit (a) der Schmelzviskosität und (b) der Zugfestigkeit vom Gehalt (in Mol%) an Oxybenzoateinheiten in einem Copolymeren aus Poly(ethylenterephthalat) und *p*-Acetoxybenzoesäure (Reproduziert von R. W. Lenz und J. J. Jin (1986), mit Erlaubnis von Gordon und Breach Science Publishers Ltd.).

Tabelle 16.4: Einfluß von Seitengruppen auf verschiedene Übergangstemperaturen der Struktur (VI)

X	T_g	T_m	T_i	ΔT
H	340	509	540	31
-CH$_3$	317	427	463	36
-C$_2$H$_5$	308	344	400	56

Die Einführung von Knickstellen durch Verwendung von *meta*-substituierten Monomeren oder „Kurbelwellen"-Monomeren wie 6-Hydroxy-2-naphthalinsäure (HNA) ist ebenfalls sehr wirkungsvoll. Wird HNA durch Copolymerisation in die Struktur von Poly-(hydrochinonterephthalat) eingbaut, so wird T_m abgesenkt (siehe Bild 16.14).

Andere Strategien zur Herabsetzung der Kettensymmetrie basieren auf der Verwendung von kreuzförmigen Molekülen (Struktur VIII)

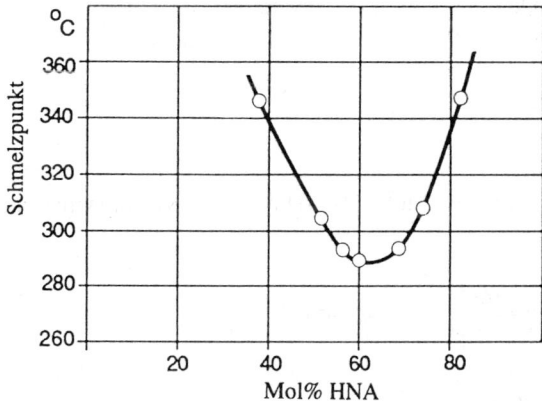

Bild 16.14: Schmelzpunkt des thermotropen Copolyesters aus 6-Hydroxy-2-naphthalinsäure (HNA) mit Terephthalsäure (TA) und Hydrochinon; das Minimum befindet sich bei einem Gehalt von etwa 60 Mol% HNA (Reproduziert mit Erlaubnis des Hoechst High Chem. Magazins).

(VIII)

oder diskotischen Mesogenen (Struktur IX).

(IX)

$$R = -(CH_2)_4-CH_3$$

Über eine neuere Methode zur Absenkung der Verarbeitungstemperatur berichtete Porter, der eine binäre Mischung aus Poly(bisphenol-E-isophthalat-*co*-naphthalat)

mit einem niedermolekularen flüssigkristallinen Molekül, welches als Weichmacher im Polyester wirkte, herstellte.

Durch Einstellen des Verhältnisses der beiden Komponenten zueinander, erreicht man eine Absenkung von T_m um 20 K, was die Verarbeitung erleichtert. Nach Orientierung des Blends durch Extrusion der Schmelze und Abkühlen auf eine Temperatur gerade unterhalb des Überganges führt man eine Umesterungsreaktion durch, wobei die kleinen Moleküle unter Erhalt der Orientierung in die Kette eingefügt werden.

Verbrückende Gruppen

Obwohl viele der thermotrop flüssigkristallinen Hauptkettenpolymeren zu den Polyestern zählen, lassen sich auch andere Brückengruppen verwenden. Man hat beobachtet, daß anhand des Effektes, den die Gruppen auf die Stabilität der Mesophase ausüben, eine Ordnung in der folgenden Reihenfolge möglich ist.

$$—CH\!=\!CH— \quad > \quad —N\!=\!N— \quad > \quad —CH\!=\!N— \quad > \quad \text{kein Spacer}$$
$$\qquad\qquad\qquad\qquad\quad \overset{\displaystyle\downarrow}{O}$$

oder

$$—N\!=\!N— \quad > \quad —CH\!=\!\overset{\displaystyle\downarrow}{\underset{\displaystyle CH_3}{C}}— \quad > \quad —N\!=\!N—$$
$$\ \overset{\displaystyle\downarrow}{O}$$

Die Estergruppe läßt sich nur sehr schwer in diese Reihenfolge einfügen, da in Abhängigkeit von der Orientierung zum Phenylring unterschiedliche Wechselwirkungen auftreten, wobei die Konjugation die Starrheit beeinflußt, beispielsweise:

16.6 Flüssigkristalline Seitenkettenpolymere

Auch Polymere mit Mesogenen, die als Seitenkette an das Polymerrückgrat angebunden sind, können flüssigkristalline Eigenschaften aufweisen. Grundlegende Arbeiten auf dem Gebiet der flüssigkristallinen Seitenkettenpolymeren wurden von Ringsdorf, Finkelmann, Shibaev und Platé durchgeführt. Das Ausmaß, mit dem sich in diesen Systemen Mesophasen ausbilden können, wird durch die Beweglichkeit des Rückgrates und dadurch, ob die Mesogene direkt an die Hauptkette gebunden sind oder durch den Einbau eines Spacers von der Kette entfernt werden, beeinflußt.

Die Polymerkette, an die das Mesogen gebunden ist, kann unterschiedliche Beweglichkeitsgrade aufweisen, was sowohl einen Einfluß auf T_g als auch die Übergangstemperatur von der flüssigkristallinen in die isotrope Phase (T_i) hat. Für eine Reihe von Polymeren mit derselben mesogenen Einheit, aber einer Kettenbeweglichkeit, die in der Reihenfolge Methacrylat > Acrylat > Siloxan abnimmt, ist dies in Tabelle 16.5 gezeigt. Auch für die Übergangstemperaturen verzeichnet man eine Abnahme in dieser Reihe.

Die Schlüsse, die sich aus diesen Betrachtungen ableiten lassen, sind, daß der Temperaturbereich der Mesophase (ΔT) dann am größten ist, wenn die Kette möglichst beweglich ist und wenn ihre Konformationsänderungen im Ganzen die anisotrope Anordnung der Mesogene in der flüssigkristallinen Phase nicht stören oder unterbrechen. Der Einfluß des Rückgrats läßt sich minimieren, indem man die Bewegungen der Hauptkette von denen des Mesogens in der Seitenkette entkoppelt. Bewerkstelligen läßt sich dies durch Einbau langer, beweglicher Spacereinheiten zwischen dem Rückgrat und dem Mesogen; die dabei

Tabelle 16.5: Einfluß der Kettenbeweglichkeit auf die Übergangstemperaturen von flüssigkristallinen Seitenkettenpolymeren mit gängigen Mesogenen

Polymeres	Übergänge/K	ΔT
$\begin{array}{c} CH_3 \\ \mid \\ \{CH_2-C\}_n \\ \mid \\ COOR \end{array}$	$g \xrightarrow{369} N \xrightarrow{394} i$	25
$\begin{array}{c} \{CH_2-CH\}_n \\ \mid \\ COOR \end{array}$	$g \xrightarrow{320} N \xrightarrow{350} i$	30
$\begin{array}{c} CH_3 \\ \mid \\ \{O-Si\}_n \\ \mid \\ CH_2R \end{array}$	$g \xrightarrow{288} N \xrightarrow{334} i$	46

$$R = -(CH_2)_2-O-\text{⟨C₆H₄⟩}-\overset{O}{\underset{\parallel}{C}}-O-\text{⟨C₆H₄⟩}-O-CH_3$$

erhaltene typische Struktur eines flüssigkristallinen Seitenkettenpolymeren entspricht dann
der schematischen Darstellung in Tabelle 16.6. Derartige Strukturen lassen sich auf verschiedene Weise synthetisieren, ein möglicher Zugang ist im folgenden dargestellt:

$$HO-\text{⟨C₆H₄⟩}-CO_2H \xrightarrow[Cl-(CH_2)_6-OH]{\overset{KOH, KI, H_2O}{EtOH}} HO-(CH_2)_6-O-\text{⟨C₆H₄⟩}-CO_2H$$

$$\xrightarrow[\underset{HO-⟨C₆H₄⟩-OH}{\overset{CO_2H}{}}]{CH_2=CH,\ PTSA} \quad \underset{CO_2-(CH_2)_6-O-\text{⟨C₆H₄⟩}-CO_2H}{CH_2=CH}$$

(1) SOCl$_2$, DMF (2 Tropfen)

$$\xrightarrow[(2)\ HO-⟨C₆H₄⟩-CN,\ NEt_3]{\overset{OH}{\underset{CH_3}{t\text{-}Bu\diagdown\diagup t\text{-}Bu}}} \quad \underset{CO_2-(CH_2)_6-O-\text{⟨C₆H₄⟩}-CO_2-\text{⟨C₆H₄⟩}-CN}{CH_2=CH}$$

Werden längere Spacereinheiten eingeführt, so beobachtet man häufig eine Abnahme
der Glasübergangstemperatur T_g des Polymeren aufgrund des Weichmachereffektes, zudem
steigt die Tendenz zur Ausbildung geordneterer smektischer Phasen.

Tabelle 16.6: Schematische Darstellung der Anordnung in einem flüssigkristallinen Seitenkettenpolymeren (SCLCP)

SCLCP	BEWEGLICHER SCHWANZ	CYCLISCHE EINHEIT	BRÜCKE	CYCLISCHE EINHEIT	FUNKTIONELLE EINHEIT	SPACER	FUNKTIONELLE EINHEIT	BEWEGLICHES RÜCKGRAT

Flexibler Schwanz	Cyclische Einheit	Brücke	Funktionelle Einheit	Spacer	Bewegliches Rückgrat
keine	(Benzolring 1,3 / 1,4)	keine	keine	keine	$-CH-CHR-$
R	(Benzolring mit X; X = Me, Ph, Cl)	$-CO-O-$	$-O-$	$-(CH_2)_n-$	$-SiR-O-$
OR	(Naphthalin 1,4 / 1,5 / 2,6)	$-CR=CR-$	$-CO-O-$	$-S-R-S-$	$-SiR-O-SiR_2-O-$
CN	(Cyclohexan $n = 1,2,3$)	$-CR=NO-$	$-O-CO-$	$-SiR_2-O-$	$-P=N-$
	Cholesteryl	$-NO=N-$		$-(CH_2-CHR)_n-$	
		$-C\equiv C-$		$-NR'-R-NR'-$	
		$-CR=N-N=CR-$			

Tabelle 16.7: Einfluß der Länge der Spacer- bzw. der Schwanzgruppe auf die Ordnung innerhalb
der Mesophase

$$CH_3-\!\!\overset{\displaystyle\xi}{\underset{\displaystyle\underset{\xi}{O}}{Si}}-\!\!R-\!\!O-\!\!\bigcirc\!\!-\!\!\overset{\displaystyle O}{\underset{\displaystyle \|}{C}}-\!\!O-\!\!\bigcirc\!\!-\!\!OR'$$

Spacer	Länge der Alkyleinheit	Übergänge
(a) R = (CH$_2$)$_3$;	R' = -CH$_3$;	g $\xrightarrow{288}$ N $\xrightarrow{334}$ i
(b) R = (CH$_2$)$_6$;	R' = -CH$_3$;	g $\xrightarrow{278}$ S $\xrightarrow{319}$ N $\xrightarrow{381}$ i
(c) R = (CH$_2$)$_3$;	R' = -C$_6$H$_{13}$;	g $\xrightarrow{288}$ S $\xrightarrow{385}$ i

Die Beispiele in Tabelle 16.7 zeigen, daß bei zunehmender Spacerlänge die Ordnung
ebenfalls zunimmt, und aus der nematischen Phase wird eine smektische. Dieser Ordnungs-
effekt wird auch durch eine Verlängerung der Alkylkette gefördert. Beide Variationsmög-
lichkeiten spiegeln die Neigung der Alkylketten wider, sich zu ordnen und, wenn sie lang
genug sind, zu kristallisieren; eine Tatsache, die sich auch auf den flüssigkristallinen Zustand auswirkt.

Eine Beschreibung der Orientierungs-Ordnung in nematischen Polymeren ist mit Hilfe
des Parameters S möglich, der definiert ist als

$$S = 3/2\left(\overline{\cos^2\theta - 1/3}\right),\tag{16.1}$$

wobei θ für den Winkel steht, um den die Molekülachse der Mesogene im Mittel von der
Vorzugsorientierung abweicht, d.h. wenn $S = 1$, liegt ein Zustand perfekter paralleler
Ordnung vor. Der Wert von S für flüssigkristalline Seitenkettenpolymere beträgt etwa 75%
des Wertes, den man für die entsprechenden niedermolekularen Mesogene erhält, und fällt
mit steigender Temperatur ab, da die thermische Anregung der Orientierung der mesogenen Gruppen entgegenwirkt. Während innerhalb der nematischen Phase eine Verlängerung des beweglichen Spacers keinen signifikanten Einfluß auf den Wert von S ausübt,
beobachtet man beim Übergang vom nematischen zum smektischen Zustand wie erwartet
einen deutlichen Anstieg von S.

Der geordnete Zustand der Mesophase dieser flüssigkristallinen Seitenkettenpolymeren
läßt sich problemlos im Glaszustand einfrieren, indem man die Temperatur rasch unterhalb
von T_g bringt, wobei der Wert für S unverändert bleibt. Das bedeutet, daß die flüssigkristalline Phase in einem glasartigen Polymeren eingeschlossen werden kann und in
diesem Zustand solange stabil ist, bis sie durch Aufheizen auf Temperaturen oberhalb von

T_g zerstört wird. Dieses Phänomen eröffnet verschiedene interessante Anwendungsmöglichkeiten auf den Gebieten der Optoelektronik und der Datenspeicherung (siehe Abschnitte 17.19 und 17.22). Viele dieser Anwendungsmöglichkeiten sind davon abhängig, ob die mesogenen Gruppen in der Lage sind, sich unter dem Einfluß eines magnetischen oder elektrischen Feldes auszurichten.

Es wurde bereits früher festgestellt (Abschnitt 16.3), daß flüssigkristalline Polymere durch Wechselwirkung mit der Oberfläche einer Meßzelle, die im einfachsten Fall aus zwei Glasplättchen mit dem dazwischenliegenden Polymeren aufgebaut ist, eine Vorzugsrichtung annehmen können. Dabei existieren die zwei Extremfälle einer (a) homogenen oder (b) homeotropen Anordnung, wobei die Längsachsen der Mesogene entweder parallel oder senkrecht zur Zelloberfläche stehen, wie in Bild 16.15 schematisch gezeigt. Bei vertikaler Betrachtung durch die Glasplatten mit Hilfe gekreuzter Polarisatoren erscheint das System dann entweder opak oder transparent. Aufgrund der hohen Viskosität, die in solchen Polymersystemen besteht, benötigt diese Ausrichtung geraume Zeit oder verläuft nur unvollständig. Da die Dielektrizitätskonstante und die diamagnetische Suszeptibilität vieler Mesogene anisotrop ist, können flüssigkristalline Seitenkettenpolymere im nematischen Zustand durch Anlegen eines magnetischen oder elektrischen Feldes sehr einfach orientiert werden. Die interessante Größe in einem solchen Fall ist die kritische Feldstärke, die den sogenannten Frederick-Übergang bewirkt. Dabei handelt es sich um das Umklappen der Mesogene von der homogenen zur homeotropen Ausrichtung. Während die Relaxationszeit dieses Überganges bei niedermolekularen Mesogenen in der Größenordnung von einigen Sekunden liegt, kann sie aufgrund von Viskositätseffekten bei Polymeren um einige Größenordnungen größer sein. Daher sind polymere Flüssigkristalle für schnell ansprechende Displays relativ uninteressant, während ihre höhere Stabilität sich bei anderen Anwendung jedoch sehr vorteilhaft auswirkt, wie wir in Kapitel 17 noch sehen werden.

16.7 Chiral nematische flüssigkristalline Polymere

Eine spezielle Form nematischer Phasen, die zum ersten Mal an niedermolekularen Cholesterolestern beobachtet und aus diesem Grund ursprünglich als „cholesterische Mesophase" bezeichnet wurde, findet man häufig bei mesogenen Systemen mit einem chiralen Zentrum. Bei der Struktur handelt es sich um eine helical-gestörte nematische

(a)   (b)

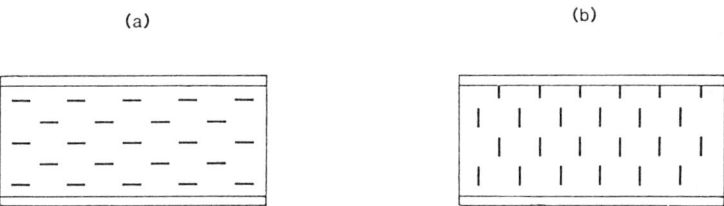

Bild 16.15: Schematische Darstellung einer (a) homogenen und (b) einer homeotropen Anordnung der Mesogene in einer Meßzelle.

Phase, wie in Bild 16.16 dargestellt, in der die nematische Ordnung in jeder einzelnen der aufeinanderfolgenden Schichten erhalten bleibt, der Direktor jeder Schicht jedoch regelmäßig um den Winkel θ relativ zur benachbarten Schicht verdreht ist. Insgesamt führt dies zu einer helicalen Drehung des Direktors mit einer Ganghöhe p. Diese Form der Anordnung bewirkt ein System mit sehr hoher optischer Aktivität und der Fähigkeit, selektiv aus nicht polarisiertem Licht zirkular polarisiertes Licht einer bestimmten Wellenlänge λ_R zu reflektieren. Die Wellenlänge des reflektierten Lichtes ist über die Beziehung

$$\lambda_R = \tilde{n}p \tag{16.2}$$

mit der Ganghöhe der helicalen Struktur verknüpft, wobei $\tilde{n}$ der mittlere Brechungsindex der flüssigkristallinen Phase ist.

Die Synthese von Polymeren, die in der Lage sind, eine solche chiral nematische Phase auszubilden, erwies sich zunächst als sehr schwierig, da viele der kammartigen Acrylat- und Methylacrylatpolymere, an die man die Cholesteroleinheiten als Seitenkette anhängte, bevorzugt smektische Phasen ausbildeten. Durch eine Copolymerisation eines Monomeren mit Cholesteroleinheiten mit einem anderen potentiellen mesogenen Monomeren bzw. durch Verwendung von Mesogenen mit einer chiralen Einheit in der Schwanzgruppe wurde dieses Problem überwunden. Beispiele für beide Typen sind in den Strukturen X und XI gezeigt.

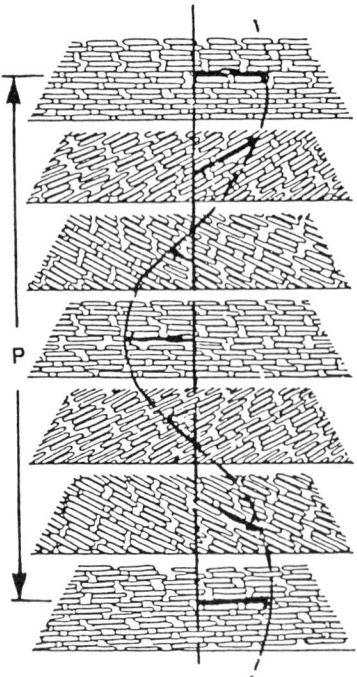

Bild 16.16:   Schematische Darstellung der cholesterischen bzw. chiralen nematischen Phase, wobei p der Gangunterschied der Helix ist.

Tabelle 16.8: Veränderung von λ_R mit der Copolymerzusammensetzung für Struktur XI

%Chol.	T_g / K	T_i / K	λ_R (nm)
34	50	90	850
40	50	102	660
55	55	105	555
65	55	150	500

(X)

(XI)

Chol. =

Die Daten in Tabelle 16.8 zeigen an, daß sich in einem mittleren Temperaturbereich zwischen T_g und T_i bei einer Veränderung des Gehaltes an chiralem Monomerem (Cholesterol) auch die Wellenlänge des reflektierten Lichtes ändert. Das läßt vermuten, daß sich die Veränderung der Zusammensetzung auf den Gangunterschied der Helix in der chiralen nematischen Phase auswirkt und es somit zu einer Änderung der Wellenlänge des reflektierten Lichtes kommt. Im Fall von Struktur XI führt ein steigender Cholesterolgehalt zu einer Verengung der Helixwindungen; der Gangunterschied p wird kleiner und auch λ_R wird zu kleineren Wellenlängen hin verschoben. Der Gangunterschied reagiert auch empfindlich auf Temperaturänderungen; mit steigender Temperatur neigt die Helix dazu, sich zu entwinden, und damit einhergehend detektiert man einen Anstieg von λ_R.

Genau wie die in Abschnitt 16.6 beschriebenen flüssigkristallinen Polymere bieten auch diese Materialien die Möglichkeit, die nematische Phase durch rasches Abkühlen des Systems unterhalb von T_g einzufrieren. Dabei bleiben die Struktur als auch die Farbe des reflektierten Lichtes erhalten, so daß man auf diese Weise stabile, lichtechte monochromatische Filme herstellen kann.

16.8 Weitere Strukturen

Eine große Anzahl vergleichbarer flüssigkristalliner Seitenkettenpolymerer läßt sich synthetisieren; dazu zählen die folgenden Strukturen.

(a) Mesogene Gruppen sowohl in der Haupt- als auch in der Seitenkette, bei denen man eine nematische Phase beobachtet

(b) Ketten mit lateral orientierten Mesogenen in der Seitenkette, die ebenfalls nematisches Verhalten zeigen

(c) Materialien mit diskotischen Seitenketten, die nach schwachem Tempern eine anisotrope dikotische Phase ausbilden.

$$R = -(CH_2)_4 - CH_3$$

Allgemeine Literatur

A. Blumstein (Hrsg.), *Polymeric Liquid Crystals*, Plenum Press (1985).

A. Ciferri, W. Krigbaum und R. Meyer (Hrsg.), *Polymer Liquid Crystals*, Academic Press (1982).

M. Gordon und N. A. Platé, *Liquid Crystal Polymers. Advances in Polymer Science*, Bde. 59/60/61, Springer-Verlag (1984).

G. Gray (Hrsg.), *Thermotropic Liquid Crystals*, CRAC series, Bd. 22, John Wiley and Sons (1987).

G. Gray und J. Goodby, *Smectic Liquid Crystals: Textures and Structures*, Leonard Hill (Blackie) (1984).

C. B. McArdle (Hrsg.), *Side Chain Liquid Crystal Polymers*, Blackie and Sons Ltd (1989).

N. A. Platé und V. P. Shibaev, *Comb-Shaped Polymers and Liquid Crystals*, Plenum Press (1987).

Spezielle Literatur

1. H. Benthack-Thomas, H. Finkelmann, *Makromol. Chem.*, **186**, 1895 (1985).

2. G. Decobert, J. C. Dubois, S. Esselin, C. Nöel, *Liquid Crystals*, **1**, 307 (1986).

3. W. R. Krigbaum, J. Watanabe, T. Ishikawa, *Macromolecules*, **16**, 1271 (1983).

4. K. Imura, N. Koide, M. Takeda, „Synthesis and Characterization of some thermotropic liquid crystalline polymers", in *Current Topics in Polymer Science*, **1** (1987).

5. R. W. Lenz, J. I. Jin, „Liquid crystal polymers: a new state of matter", *Polymer News*, **11**, 200 (1986).

6. P. W. Morgan, „Aromatic Polyamides", *Chem. Tech.*, 316 (1979).

7. C. Nöel, „Synthesis, characterization and recent developments of liquid crystalline polymers", *Makromol. Chem. Macromol. Symp.*, **22**, 95 (1988).

8. D. Sek, „Structural variations of liquid crystalline polymer macromolecules", *Acta Polymerica*, **39**, 599 (1988).

17 Polymere für die Elektronikindustrie

17.1 Einleitung

Die Anwendungsbereiche spezieller Polymerverbindungen auf den Gebieten der Elektronik und Photonik sind ausgesprochen umfangreich; sowohl in einer „passiven" Form, als Isolatoren, Verkapselungen zum Schutz, Verbindungsstoffe und als Materialien zum Aufbau integrierter Schaltkreise, wie auch „aktiv", z.B. als elektrische Leiter, Photoleiter oder als aktive Materialien in der nichtlinearen Optik.

Einige dieser Anwendungen sind, vom chemischen Standpunkt aus betrachtet, recht banal, jedoch als Teilbereich des Gesamtprozesses sehr wichtig; so beispielsweise bei der Anordnung und dem Schutz der zerbrechlichen integrierten Schaltkreise (integrated circuits, IC) gegen die zerstörerischen Einflüsse von Luftfeuchtigkeit und zur Vorbeugung von Korrosion. Novolak-Epoxide oder duroplastische Silikonepoxidharze sind für diese Zwecke ideal und werden zur Umhüllung der integrierten Schaltkreise verwendet, die bereits mit einem Schutzmantel, bestehend aus bei Raumtemperatur vulkanisierbaren Silikonpolymeren, überzogen wurden, um einer Feuchtigkeitsabsorption vorzubeugen. Andere Anwendungen sind für den Chemiker wesentlich interessanter, da sie beträchtliche Überlegungen und Einfallsreichtum über das molekulare Design des Polymeren erfordern.

Die Eigenschaften von Polymeren, die sie zu wesentlichen Bestandteilen der Mikroelektronik machen, lassen sich unter zwei Aspekten diskutieren; polymere Resists und leitfähige Polymere. Hieran läßt sich am besten verdeutlichen, warum Fortschritte auf diesem Gebiet nur unter Ausnutzung der einzigartigen Eigenschaften polymerer Materialien möglich war. Daran schließt sich eine kurze Diskussion über einige Anwendungen auf dem Gebiet der Photonik an.

17.2 Polymerresits für die Produktion integrierter Schaltkreise

Integrierte Schaltkreise gehören ohne Frage zu den wichtigsten Produkten der modernen Elektronikindustrie. Sie sind aus unterschiedlichen Anordnungen von Transistoren, Dioden, Kondensatoren und Widerständen aufgebaut, die für jeden einzelnen Typ individuell auf einem flachen Silikon- oder Gallium-Arsenid-Substrat konstruiert werden und zwar durch selektive Diffusion kleiner Materialmengen in die festgelegten Regionen auf das Halbleitersubstrat und durch Aufdampfen von Metall auf die Wege, welche die aktiven Schaltelemente miteinander verbinden. Die Muster, die diese Regionen festlegen, sowie die Verbindungswege müssen zunächst mit Hilfe des lithographischen Prozesses auf eine Schicht eines Resistmaterials aufgezeichnet werden und anschließend über einen Ätzprozeß auf das Substrat übertragen werden. In diesem Zusammenhang versteht man unter dem *lithogra-*

phischen Prozeß die Kunst der Darstellung präziser Muster auf dünnen Filmen von Resistmaterial, indem man diese einer geeigneten Form von Strahlung aussetzt, z.B. UV, Elektronenstrahl, Röntgenstrahl oder Ionenstrahl, unter Bildung eines latenten Abbildes auf dem Resist, daß schrittweise durch Behandlung mit Lösungsmitteln oder Plasma entwickelt werden kann. Bei einem *Resist* handelt es um ein meist polymeres Material, welches empfindlich auf elektromagnetische Strahlung reagiert und dabei seine chemischen oder physikalischen Eigenschaften ändert. Darüber hinaus muß er nach der Entwicklung gegenüber dem Ätzprozeß resistent (daher der Name) sein, so daß die Bereiche, die er nach der Bestrahlung noch bedeckt, gegenüber dem Ätzagens schützt, während die bestrahlten Regionen des Substrats angreifbar sind. Auf diese Weise wird ein Muster auf das Substrat übertragen und das verbleibende Resistmaterial entfernt.

17.3 Der lithographische Prozeß

Im Verlauf des lithographischen Prozesses werden einige Stufen durchlaufen, die schematisch in Bild 17.1 gezeigt sind. Handelt es sich bei dem Substrat um einen Silikon-Chip, so wird dieser zunächst oxidiert, wobei eine dünne SiO_2-Oberfläche entsteht (Schritt 1). Eine Lösung des polymeren Resists wird gleichmäßig auf die Oberfläche aufgebracht und erwärmt, um das restliche Lösungsmittel zu entfernen, wobei sich ein dünner Film des Resists von etwa 0,5 bis 2 μm Dicke bildet (Schritt 2). Im darauffolgenden Schritt (Schritt 3) wird der Resist elektromagnetischer Strahlung ausgesetzt, was entweder durch eine Maske geschieht oder durch direktes Schreiben, falls es sich bei der Quelle um einen Elektronenstrahl handelt. In Abhängigkeit von der verwendeten Strahlung und der Natur des

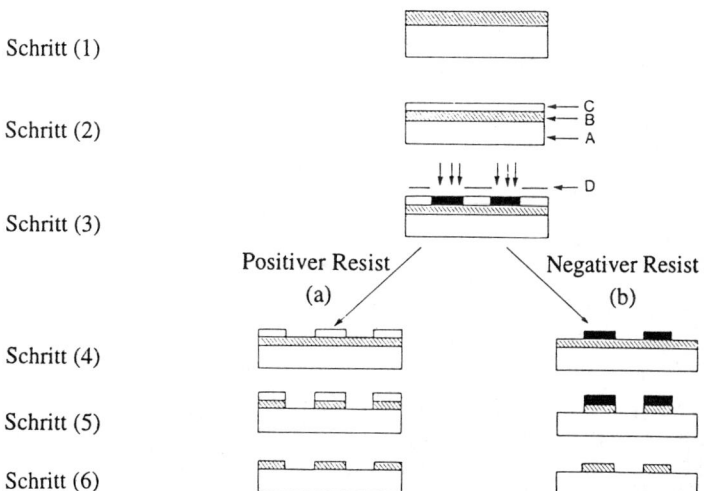

Bild 17.1:   Der Ablauf des lithographischen Prozesses: (1) Aufbau der dielektrischen Schicht; (2) Beschichtung mit dem polymeren Resist; (3) Behandlung mit elektromagnetischer Strahlung; (4) Muster nach dem Entwickeln; (5) Ätzen; (6) freigelegter Resist. A: das Substrat (Silizium etc.); B: dünne, dielektrische Schicht; C: Schicht des polymeren Resists; D: Maske.

Resists sind die bestrahlten Bereiche löslich und lösen sich bei der Entwicklung heraus (*positiver* Resist) oder sie sind unlöslich, falls das Polymere vernetzt wurde (*negativer* Resist). Ein positives bzw. negatives Muster erhält man dann während der Entwicklung durch Behandeln mit einem Lösungsmittel, das die bestrahlten Bereiche bei einem positiven Resist (Schritt 4a) bzw. die unbestrahlten Bereiche bei einem negativen Resist (Schritt 4b) herauslöst. Dabei entsteht eine Schablone für das Muster, welches auf das Substrat geätzt wird. Der Ätzvorgang (Schritt 5) gelingt durch Behandlung mit gepufferter HF oder durch Plasma-Trockenätzen. In beiden Fällen muß das Polymere die Bereiche des Chips, die es noch bedeckt, schützen, während die der Strahlung ausgesetzten Bezirke angreifbar sein müssen. Nachdem das Muster auf diese Weise übertragen wurde, wird der verbleibende Resist abgestrippt und abgetrennt (Schritt 6).

Da sich die Designer in Richtung einer noch stärkeren Miniaturisierung und zunehmender Komplexibilität der Bauelemente bewegen, besteht ein Bedarf für kleinere Ausmaße der Merkmale. Somit beträgt das Minimum der Merkmalgrößen auf MOS RAM-Speichern ~ 3,5 μm, wenn ein „höchstintegrierter Schaltkreis" (Very Large-Scale Integrated Circuit, VLSI-Schaltkreis) 256 K-Bauelement aufgebaut werden soll. Um einen solchen Chip, bei dem es sich lediglich um eine quadratische 1/2'' große Silikonplatte handelt, zu konstruieren, müssen 256 000 Stellen, an denen elektrische Ladung lokalisiert ist, zu einem verbundenen Kreissystem verknüpft werden. Dies stellt strenge Anforderungen an die Fähigkeit, diese Merkmale sorgfältig zu definieren, was sowohl von der verwendeten Strahlung, als auch, und das in einem noch größeren Ausmaß, von dem Verhalten des Resists gegenüber der Strahlung abhängig ist. Nun ist der Erfinderreichtum des Polymerchemikers gefragt, um ein geeignetes Resistmaterial zu konzipieren. Die Herstellung eines

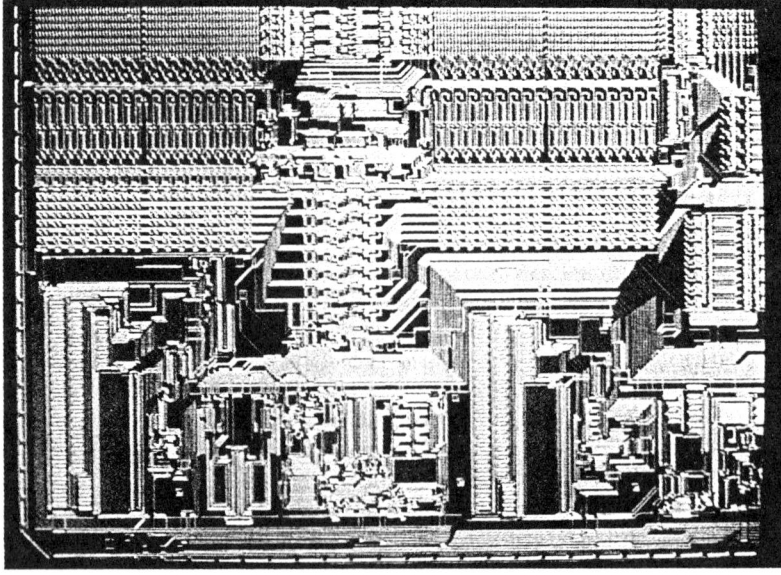

Bild 17.2:   Beispiel für einen höchstintegrierten Schaltkreis (VLSI-Schaltkreis) hergestellt von IBM (reproduziert mit Erlaubnis des Hoechst High Chem. Magazins (1989)).

VLSI-Bauelementes erfordert den Einsatz von kurzwelliger Strahlung, doch werden weiterhin sehr viele Schaltkreise durch einen photolithographischen Prozeß unter Verwendung von UV-Strahlung hergestellt. Ein Beispiel für ein VLSI-Bauelement ist in Bild 17.2 gezeigt.

17.4 Polymerresists

Das Antwortverhalten eines Polymeren auf die Strahlung und die erhaltene Auflösung sind nicht sehr einfach vorauszusagen, doch sind es sichere Kriterien, die ein angehender Resist erfüllen muß. Die wichtigsten Voraussetzungen sind:

(a) ausreichende Empfindlichkeit gegenüber der verwendeten Strahlung,
(b) die Fähigkeit zum einen gut auf dem Substrat zu haften, aber zum anderen sich nach dem Ätzen wieder einfach entfernen zu lassen.
(c) ein hoher T_g, insbesondere wenn es sich um einen positiv arbeitenden Resist handelt, um einem Fließen und somit einer Zerstörung des entwickelten Musters vorzubeugen,
(d) Beständigkeit gegenüber den Ätzreagentien.

Resists lassen sich anhand der beiden Leistungskriterien (1) Empfindlichkeit und (2) Auflösung (Kontrast) bewerten.

Empfindlichkeit

Die Empfindlichkeit ist definiert als die Menge an einfallender Energie, was dem Fluß pro Flächeneinheit gemessen in C/cm^2 entspricht, die erforderlich ist, um eine ausreichende Änderung des Resists zu bewirken und damit sicherzustellen, daß nach der Entwicklung das gewünschte Relief erhalten wird. Meßbar ist dies durch Auftragung des Logarithmus der Strahlungsdosis D gegen die relative Filmdicke nach der Entwicklung. Die erhaltenen Kurven für sowohl einen negativ als auch einen positiv arbeitenden Resist sind in Bild 17.3 dargestellt.

Die Empfindlichkeit nimmt zu, wenn die zur Bildung des Bildes erforderliche Dosis abnimmt, d.h. je niedriger die Dosis ist, um das gewünschte Abbild zu erhalten, desto größer ist die Empfindlichkeit. Die gesuchten Empfindlichkeitsbereiche betragen ungefähr 0,01 bis 1,0 $\mu C/cm^2$.

Auflösung

Die Auflösung (γ) oder auch der Kontrast ist für positive und negative Resists unterschiedlich definiert. Bei positiven Resists ist γ_p abhängig von sowohl der Geschwindigkeit des Abbaus als auch der Geschwindigkeit der Löslichkeitsänderung des Resists bei der Bestrahlung, während für einen negativen Resist γ_n eine Funktion der Gelbildungsgeschwindigkeit ist. Die entsprechenden Werte erhält man aus der Steigung des linearen Anteils der Antwortkurve und sie werden gegeben durch

$$\gamma_p = \log \left[\frac{D_p}{D_p^0} \right]^{-1} \tag{17.1}$$

$$\gamma_n = \log \left[\frac{D_g^0}{D_g^i} \right]^{-1}, \tag{17.2}$$

wobei D_g^i der Anfangspunkt der Gelbildung, D_g^0 die erforderliche Dosis ist, um 100% der

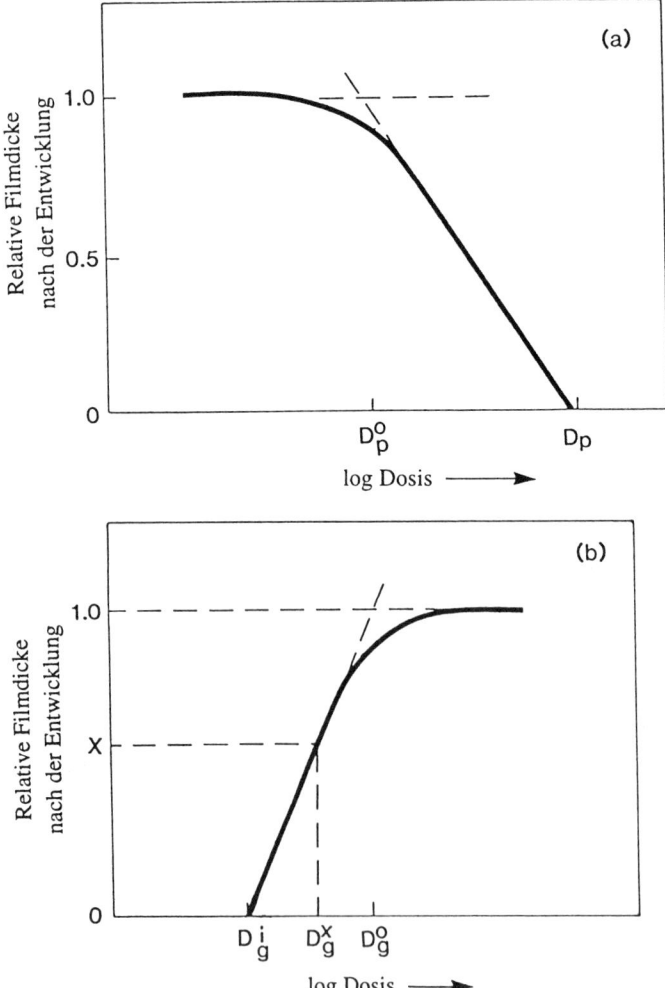

Bild 17.3: Charakteristische Empfindlichkeitskurven; die relative Filmdicke ist als Funktion des Logarithmus der Dosis für (a) einen positiv und (b) einen negativ arbeitenden Polymerresist aufgetragen.

anfänglichen Filmdicke zu produzieren, D_p ist die Dosis, welche erforderlich ist, um eine vollständige Löslichkeit der bestrahlten Bereiche zu erzielen, während die unbestrahlten Bereiche unlöslich bleiben. Wir wollen uns jetzt einigen Systemen zuwenden, die sich für diese Anwendung als erfolgreich herausgestellt haben.

17.5 Photolithographie

Viele Polymerverbindungen werden durch die Einwirkung ultravioletter Strahlung verändert. Diese Tatsache führte zu der Entwicklung photolithographischer Techniken unter Verwendung der gängigen UV-Strahlung einer Quecksilberdampflampe mit einem Emissionsspektrum von $\lambda = 430$ nm, 405 nm und 365 nm. Benötigt man Auflösungen die kleiner sind als ~ 2 μm, so können UV-Quellen mit $\lambda \approx 150$ bis 250 nm verwendet werden, vorausgesetzt, daß ein Resist gewählt werden kann, der in diesem Wellenlängenbereich absorbiert.

Positive Photoresists

Zur Entwicklung des Musters basiert ein positiv arbeitender Resist üblicherweise auf einer Abnahme der Löslichkeit der bestrahlten Regionen im Vergleich zu den unbestrahlten Bereichen. Da die verwendeten Wellenlängen, die im nahen UV-Bereich liegen, zu niederenergetisch für eine Bindungsspaltung sind, muß die Löslichkeitsänderung auf eine andere Weise bewerkstelligt werden.

Ein in der Elektronikindustrie weit verbreiteter Photoresist ist ein Zweikomponentensystem bestehend aus einem kurzkettigen Novolak-Harz, das als filmbildendes Agens fungiert, und etwa 20 bis 50 Gew.% eines Naphthochinondiazids als photoempfindliche Substanz. Dieser Sensibilisator ist in basischen Lösungen unlöslich und ist zudem ausreichend groß, um als „Lösungsinhibitor" zu wirken; es bewahrt so den Novolak-Film vor dem Lösen in wäßrigen, alkalischen Lösungen, in denen das Harz üblicherweise löslich ist. Durch Belichtung mit UV-Strahlung wird das Diazid in die Indencarbonsäure überführt, die in basischen Lösungen löslich ist, und somit das gesamte Lösungsverhalten der belichteten Bereiche verändert, während die unbestrahlten Regionen unlöslich und somit widerstandsfähig bleiben. Die Reaktion verläuft über eine Stickstoffabspaltung gefolgt von einer Wolff-Umlagerung, wobei durch die Anwesenheit kleiner Mengen an Wasser im Resist die Überführung vom Keten in die Carbonsäure vervollständigt wird (siehe Schema auf Seite 550 oben).

Die Novolake absorbieren zu stark im kurzwelligen UV-Bereich (~ 250 nm), doch gerade für diese Zwecke wurden andere Systeme entwickelt. Ein in Basen lösliches Poly-(methylmethacrylat-*stat*-methacrylsäure)-Copolymer, welches im kurzwelligen UV-Bereich transparent ist, kann mit dem photoempfindlichen, basenunlöslichen Lösungsinhibitor *o*-Nitrobenzylcholsäureester gemischt werden. Mit Hilfe von UV-Strahlung wird der Ester unter Bildung von Cholsäure und *o*-Nitrosobenzylalkohol photolysiert, wie im unteren Schema auf Seite 550 gezeigt. Dieses System arbeitet in der gleichen Weise wie der Resist auf Novolak-Basis und ergibt ein positives Muster.

Novolak n = 2 - 12   (unlöslich in Basen)

(löslich in Basen)

(I)

Negative Photoresists

Dieser Typ von Resist war die Hauptstütze der Mikroelektronikindustrie, wenn Auflösungen bis auf etwa 2μm ausreichten, doch für feinere Arbeiten ist er nicht geeignet. Die am häufigsten verwendeten Systeme bestehen aus Mischungen von cyclisiertem Polyisopren und einer geeigneten photoempfindlichen Verbindung, wie beispielsweise einem aromatischen Diazid. Die säurekatalysierte Cyclisierung von Polyisopren liefert eine komplexe

Mischung an Strukturen, doch führt sie auch zu einem höheren T_g des Materials, mit verbesserten filmbildenden Eigenschaften.

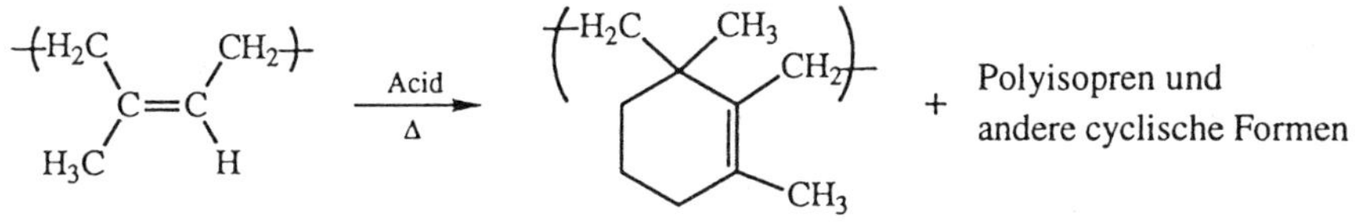

$$\left(H_2C \quad CH_2\right) \xrightarrow[\Delta]{Acid} \left(H_2C \quad CH_3 \quad CH_2\right) + \text{Polyisopren und andere cyclische Formen}$$

Aus dem Bisazid bildet sich bei Bestrahlung ein Bisnitren, welches dann das Polyisopren durch Reaktion mit den Doppelbindungen oder den allylischen Wasserstoffen innerhalb der bestrahlten Bereiche unter Ausbildung einer unlöslichen Matrix vernetzt, d.h.:

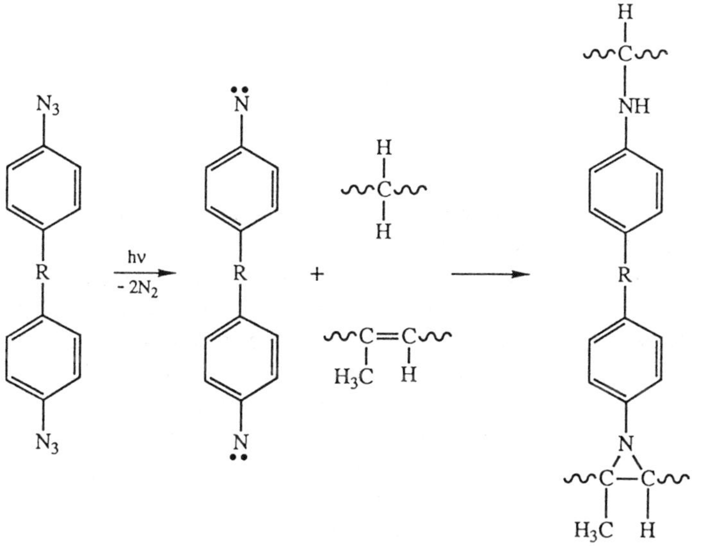

Ein zweites System nutzt die Fähigkeit des Poly(vinylzimtsäureester)s, bei Bestrahlung Vernetzungsstellen auszubilden, z.B.

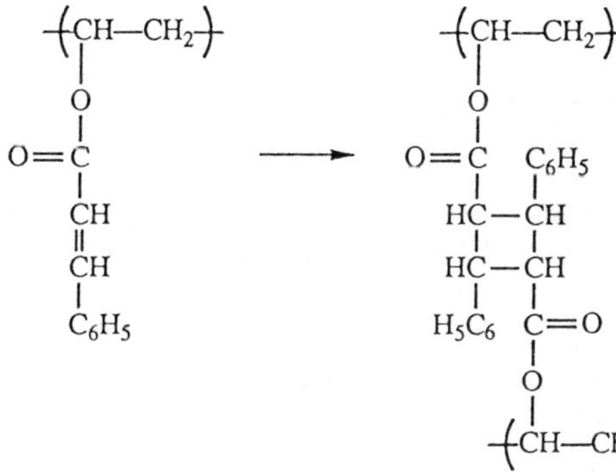

Die Photodimerisierung läßt sich mit Hilfe von Michlers-Keton, 4,4'-Bis(dimethylamino)-benzophenon, sensibilisieren.

Eine bessere Auflösung erhält man durch Einsatz kurzwelliger UV-Strahlung, doch bedarf es nun einer anderen Gruppe von Resists, da die üblicherweise verwendeten in diesem Wellenlängenbereich lichtundurchlässig sind.

Poly(methylmethacrylat) sowie einige seiner Derivate können als positive Resists eingesetzt werden. In allen Fällen absorbiert die Carbonylgruppe bei 215 nm, was eine Bindungsspaltung bewirkt und somit zum Abbau führt.

$$
\begin{array}{c}
\underset{\displaystyle \;}{\text{+(CH}_2\text{--}\underset{\underset{\text{OCH}_3}{\overset{|}{\text{C}=\text{O}}}}{\overset{\overset{\text{CH}_3}{|}}{\text{C}}}\text{--CH}_2\text{--}\underset{\underset{\text{OCH}_3}{\overset{|}{\text{C}=\text{O}}}}{\overset{\overset{\text{CH}_3}{|}}{\text{C}}}\text{)}_n}
\xrightarrow{\;h\nu\;}
\underset{\displaystyle \;}{\text{+(CH}_2\text{--}\underset{\underset{\text{OCH}_3}{\overset{|}{\text{C}=\text{O}}}}{\overset{\overset{\text{CH}_3}{|}}{\text{C}}}\text{CH}_2\text{--}\underset{\underset{\text{OCH}_3}{\overset{|}{\text{C}=\text{O}}}}{\overset{\overset{\text{CH}_3}{|}}{\text{C}}}\text{)}_n}
\longrightarrow
\end{array}
$$

$$
\text{+(CH}_2\text{--}\underset{\overset{|}{\text{CH}_3}}{\text{C}}\text{=CH}_2 + \bullet\,\underset{\underset{\overset{|}{\text{OCH}_3}}{\overset{|}{\text{C}=\text{O}}}}{\overset{\overset{\text{CH}_3}{|}}{\text{C}}}\text{)} \quad + \quad \text{CO, CO}_2\text{, CH}_3^{\bullet}\text{, CH}_3\text{O}^{\bullet}
$$

Einen Resist mit einem negativen Muster erhält man mit Hilfe der Technik der Bildumkehr unter Verwendung des Novolak-Naphthochinondiazid-Systems. Bei dem Verfahren nutzt man die gängigen Schritte, die zur Darstellung eines positiven Resists erforderlich sind; zusätzlich erfolgt eine Basen- und Thermobehandlung bei Temperaturen oberhalb von 350 K, wobei eine basenkatalysierte Decarboxylierung der Indencarbonsäure abläuft, unter Bildung eines photochemisch unempfindlichen Indenderivates, das als Löslichkeitsinhibitor fungiert. Der gesamte Resist wird nun einer Belichtung mit der UV-Lichtquelle der gesamten Oberfläche unterworfen, wobei das Naphthochinondiazid der zuvor unbelichteten Bereiche in das Carbonsäurederivat überführt wird. Dieser Schritt bewirkt eine Löslichkeit dieser Bereiche, so daß die Entwicklung ein negatives Muster liefert. Die Abfolge der einzelnen Schritte ist in Bild 17.4 zusammengefaßt.

Bei den Alkyl- sowie Arylsulfonen handelt es sich um weitere positive Resists, die in diesem Wellenlängenbereich empfindlich sind.

17.6 Elektronenstrahlempfindliche Photoresists

Die durch Beugungsschwierigkeiten bei Auflösungen von weniger als 1 μm gesetzten Grenzen der Photolithographie lassen sich teilweise überwinden, indem man sich der Elektronenstrahl oder Röntgenlithographie bedient, bei denen mit wesentlich kleineren Wellenlängen in einem Bereich von 0,5 bis 5 nm gearbeitet wird. Da die Photonenenergie des Elektronenstrahls groß genug ist, um eigentlich alle im Resist vorliegenden Bindungen zu zerstören, sind die Reaktionen, denen man sich hier bedient, wesentlich weniger selektiv als jene, die man bei einigen Photoresists antrifft. Bei Belichtung mit einem Elektronenstrahl kann somit in einem Polymeren sowohl Vernetzung als auch Abbau stattfinden,

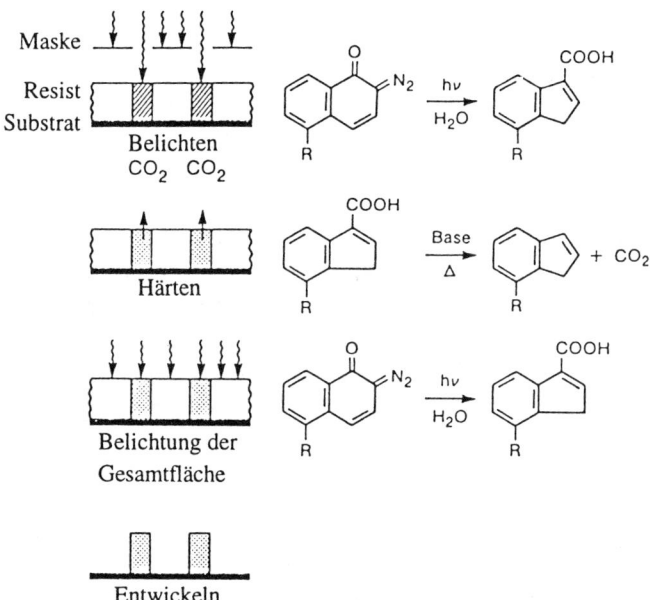

Bild 17.4: Produktion eines umgekehrten Abbildes unter Verwendung einer Novolak-Naphto-chinondiazid-Resistmischung durch Belichten mit UV-Strahlung (reproduziert mit Erlaubnis von M. J. Bowden und S. R. Turner (Hrsg.) *Electronic and Photonic, Applications of Polymers*, American Chemical Society, Washington, D.C. (1988)).

wobei das Verhalten des Resists, ob positiv oder negativ, davon abhängt,welcher der Prozesse dominiert. Dies ist abhängig von der Belichtungszeit und der Intensität der Strahlung, so daß ein positiver Resist möglicherweise Vernetzungsreaktionen eingehen kann und bei längerer Belichtung in einen negativen Resist überführt wird.

Positive Resists

Die meisten Polymere, die als positive Resists verwendet werden, neigen bei Abbau zu einer Depolymerisation über einen Reißverschlußmechanismus; bei PMMA handelt es sich um einen typischen Vertreter in dieser Kategorie. Unglücklicherweise ist die Empfindlichkeit von PMMA gegenüber der Strahlung eines Elektronenstrahls sehr gering; bei einem Versuch diese Eigenschaft zu verbessern, wurden PMMA-Derivate synthetisiert, in denen die α-Methylgruppe durch stärkere elektronenziehende Gruppen ersetzt, wie etwa Cl, CN und CF_3, um den Elektroneneinfang zu unterstützen (siehe Bild 17.5). Eine andere Strategie basierte auf der Modifikation der Estergruppe, doch in allen Fällen ist das Vorhandensein des quaternären Kohlenstoffatoms das einzige Merkmal, das den Resist, aufgrund seiner Anfälligkeit zum Kettenabbau, als positiv arbeitendes System auszeichnet. Bei den Poly(alkensulfon)en handelt es sich ebenfalls um sehr empfindliche positive Resists; die Darstellung gelingt über eine alternierende Copolymerisation von Schwefeldioxid mit einem geeigneten Alken.

$$\left(CH_2-CH-\overset{\overset{O}{\|}}{\underset{\underset{O}{\|}}{S}}\right) \xrightarrow{\text{E-Strahl}} CH_2=CH \;+\; SO_2$$

Bei Belichtung durch eine Elektronenstrahlquelle spalten die Polymerketten unter Freisetzung von SO_2 an der schwachen C-S-Bindung; in einigen Fällen, wie beispielsweise bei Poly(2-methylpentensulfon) findet man bei Einsatz einer 20 kV Elektronenstrahlquelle sogar eine komplette Verdampfung innerhalb der belichteten Bereiche. Die größte Einschränkung erfährt diese Gruppe von Resists durch ihre geringe Beständigkeit gegenüber trockenen Ätzverfahren.

Negative Resists

Allgemein betrachtet weisen negative Resists eine schlechtere Auflösung auf, sind jedoch schneller und robuster als positive Resists. Die unterschiedlichen Geschwindigkeiten resultieren aus der Tatsache, daß bereits ein geringer Vernetzungsgrad die Unlöslichkeit des Polymeren bewirkt, wohingegen ein positiver Resist einer ganzen Fülle von Fragmentierungsschritten unterworfen sein muß, bevor er erfolgreich entwickelt werden kann. Gute negative Resists müssen potentielle Vernetzungsstellen, wie etwa Doppelbindungen oder Epoxidgruppen tragen, darüber hinaus nach Möglichkeit auch Phenylringe besitzen, damit die Energie des Elektronenstrahls absorbiert und delokalisiert werden kann und die Kette

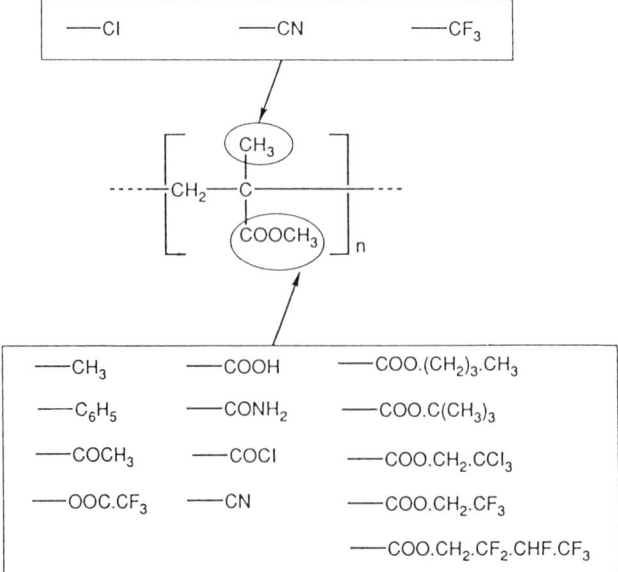

Bild 17.5:   Gruppen, die zur Steigerung der Empfindlichkeit eines positiv arbeitenden Elektronenresists verwendet wurden.

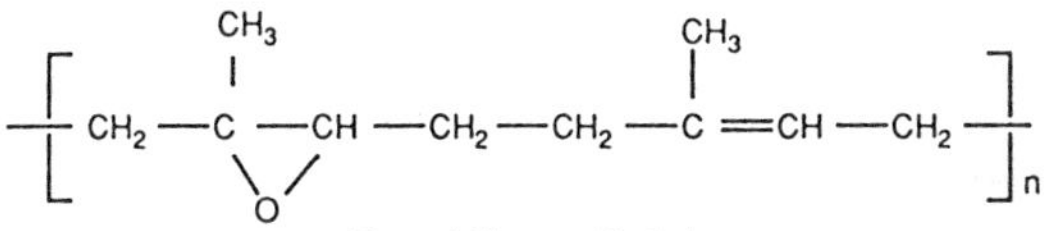

Epoxidiertes Polyisopren
(0,05 μC/cm^2)

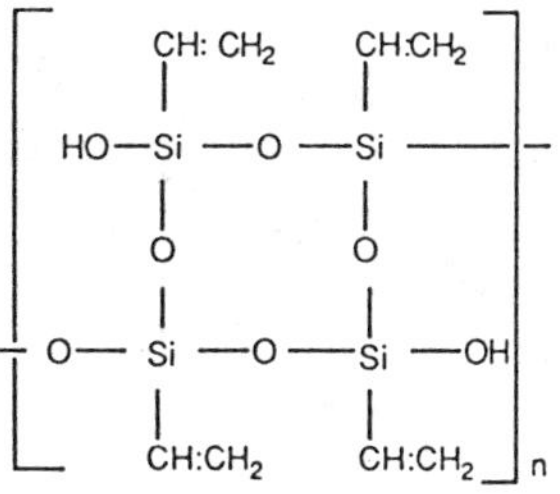

Polyvinylcyclosiloxan
(4 μC/cm^2)

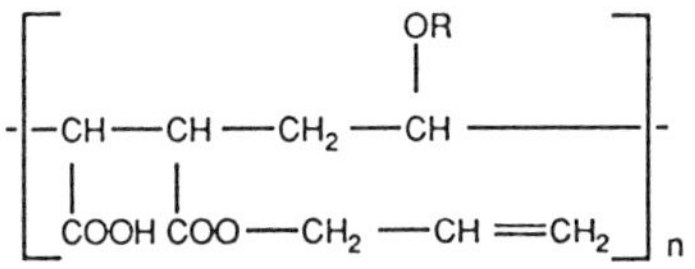

Allylhalbester des
Maleinsäureanhydrid/
Vinylether-Copolymeren (0,1 μC/cm^2)

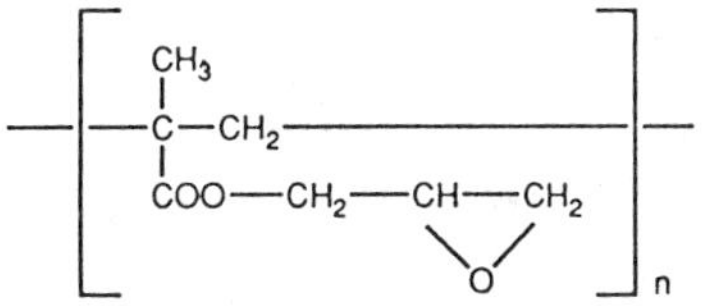

Poly-glycidyl-
methylacrylat
(1 μC/cm^2)

Bild 17.6: Einige Beispiele für empfindliche negative Polymerresists (reproduziert mit Erlaubnis von Chemistry and Industry (1985)).

vor einer Spaltung geschützt ist. Einige Beispiele für brauchbare Systeme sind in Bild 17.6 zusammengestellt. Eine andere interessante Gruppe bilden die halogenierten aromatischen Polymere (siehe Tabelle 17.1); der Einbau eines Halogenatoms steigert beispielsweise die Empfindlichkeit bei Substanzen auf der Basis von Polystyrol.

17.7 Röntgen- und ionenstrahlempfindliche Resists

Ein Nachteil der Elektronenstrahl-Lithographie geht auf die Tatsache zurück, daß ein Großteil der Wechselwirkung zwischen dem Polymeren und dem Elektronenstrahl als eine Folge der niedrigen Energie der im Film produzierten Elektronen auftritt. Diese werden über die Trennschärfe des Strahls hinaus gestreut und können unerwünschte Reaktionen in den Bereichen hervorrufen, die für die primäre Strahlung nicht zugänglich sind. Dies ist als

Tabelle 17.1: Empfindlichkeit einiger halogenierter aromatischer Polymerer

Polymeres	Empfindlichkeit
Poly(styrol-*stat*-4-chlorstyrol)	6μC/cm^2
Poly(styrol-*stat*-4-chlormethylstyrol)	1μC/cm^2
Poly(3-brom-9-vinylcarbazol)	2μC/cm^2

⊢   ⊣
5μm

Bild 17.7:   In einen Resist eingebranntes Muster unter Verwendung von Röntgenlithographie;
                  die Abbildung demonstriert die scharfen Kanten und die Auflösung, die mit dieser
                  Technik möglich sind (Reproduziert mit Erlaubnis des Hoechst High Chem. Maga-
                  zins (1989)).

„Nachbarschaftseffekt" (oder auch Proximity Effect) bekannt und kann ein Unterhöhlen
und Überlappen nahe beieinander liegender Merkmale hervorrufen. In der Röntgen- und
Ionenstrahl-Lithographie besitzen die produzierten sekundären Elektronen niedrigere Energien und kürzere Weglängen; infolgedessen fällt der Nachbarschaftseffekt weniger ins
Gewicht. Diese Techniken werden in der Zukunft weitaus mehr Anwendung finden. Die
elektronenmikroskopische Aufnahme eines bestrahlten und entwickelten Röntgenresists ist
in Bild 17.7 gezeigt.

17.8 Elektroaktive Polymere

Von Natur aus sind organische Polymere mit einem reinen Kohlenstoffrückgrat Isolatoren,
die als Materialien zur Verkapselung verwendet werden, wenn ein Medium mit einem
hohen Leitungswiderstand erforderlich ist, wie etwa bei der Ummantelung von Kabeln und
elektrischen Leitungen. Man hat herausgefunden, daß sich der Leitungswiderstand herabsetzen läßt, wenn man einen Verbundwerkstoff aus dem Polymeren mit Ruß oder fein
verteiltem Metall herstellt. Allerdings verläuft der Leitungsvorgang in diesen Fällen durch
den Füllstoff und nicht durch das Polymere, welches lediglich als Trägermatrix fungiert.
Der Einbau eines Füllstoffs kann zudem auch die mechanische Stärke des Polymeren
herabsetzen.

Der erste große Durchbruch wurde 1977 mit der Beobachtung erzielt, daß sich Polyacetylen, welches im Reinzustand ein schlechter Leiter ist, durch Überführung in das Salz nach Reaktion mit Iod in ein hoch leitfähiges Polymeres umwandeln läßt. Das Resultat war ein deutlicher Anstieg der Leitfähigkeit in der Größenordnung von 10^{10}. Da das Auftreten der Leitfähigkeit auf eine Bewegung der Elektronen durch das Polymere zurückzuführen ist, fügte diese Entdeckung eine aufregende, neue Dimension auf dem rasch anwachsenden Gebiet der synthetischen Metalle hinzu. Andere Polymere mit ähnlichen Charakteristika sind zumeist polykonjugierte Strukturen; im Reinzustand sind sie Isolatoren, doch nach Behandlung mit einem oxidierenden oder reduzierenden Reagenz lassen sie sich in die jeweiligen Polymersalze überführen, die eine mit den Metallen vergleichbare Leitfähigkeit aufweisen. Eine Vorstellung über den Leitfähigkeitsbereich (σ) vermittelt Bild 17.8; σ variiert von 10^{-18} für einen guten polymeren Isolator (z.B. Polytetrafluorethylen) bis zu $\sigma \sim 10^6$ S cm^{-1} für den metallischen Leiter Kupfer.

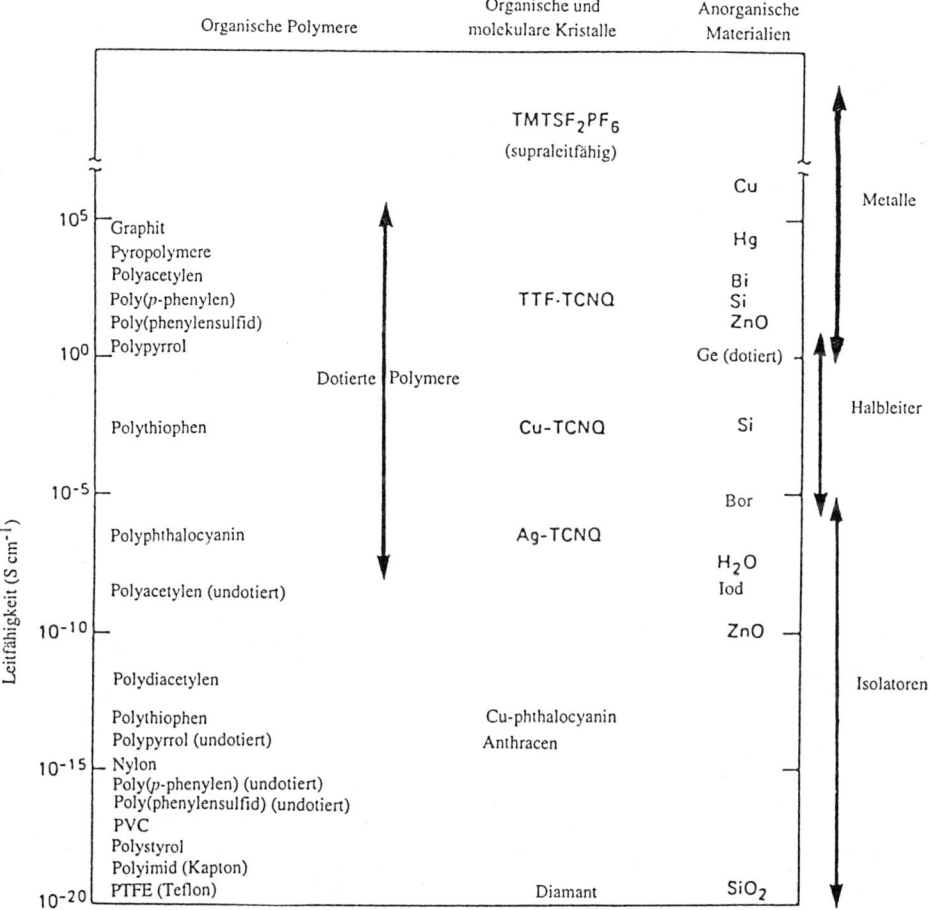

Bild 17.8: Bereiche der Leitfähigkeit von Polymeren (dotiert und undotiert), anorganischen Materialien und molekularen Kristallen.

17.9 Der Mechanismus der Leitfähigkeit

Die elektische Leitfähigkeit ist eine Funktion der Anzahl der Ladungsträger des Typs „i"
(n_i), deren Ladung (ε_i) und deren Beweglichkeit (μ_i) und ergibt sich aus der Gleichung
$\sigma = \sum \mu_i n_i \varepsilon_i$. Als Einheit verwendet man für die Leitfähigkeit S cm^{-1}. Zur Erklärung der
Leitfähigkeit in Feststoffen benutzt man üblicherweise das Bändermodell. Dieses Modell
postuliert, wenn Atome oder Moleküle im festen Zustand aggregiert sind, spalten sich die
äußeren Atomorbitale, die die Valenzelektronen enthalten, in die bindenden und antibindenden Orbitale auf und vermischen sich unter Bildung von zwei nah beieinanderliegenden
Energieniveaus. Üblicherweise bezeichnet man diese Bänder als Valenz- bzw. Leitungsband. Ist das Valenzband durch die vorhandenen Elektronen nur teilweise gefüllt oder
überlappen die beiden Bänder, so daß zwischen ihnen keine Energielücke besteht, dann
werden bei Anlegen eines Potentials einige Elektronen in die leeren Niveaus gehoben, wo
sie sich ungehindert bewegen können und somit einen Strom erzeugen. Dies ist die allgemeine Beschreibung eines Leiters. Wenn jedoch andererseits das Valenzband voll besetzt
und von dem leeren Leitungsband durch eine Energielücke getrennt ist, so findet auch unter
dem Einfluß eines äußeren Feldes kein Elektronenfluß statt, es sei denn, daß durch Zufuhr
von Energie Elektronen in das leere Band heraufgesetzt werden. Solche Materialien sind
entweder Halbleiter oder Isolatoren, je nachdem wie groß die Energielücke ist. Der größte
Teil der Polymeren sind Isolatoren. Gemäß dem Bändermodell sind die Elektronen dann
delokalisiert und dehnen sich über das Gitter aus (siehe Bild 17.9).

Wenn wir uns über die elektrische Leitfähigkeit Gedanken machen, so ist das Bändermodell nicht ausreichend, da die Atome kovalent miteinander verbunden sind, unter Ausbildung polymerer Ketten, die nur schwache intermolekulare Wechselwirkungen ausüben.
Makroskopische Leitfähigkeit erfordert jedoch nicht nur eine Beweglichkeit der Elektronen
entlang der Ketten, sondern auch von einer Kette zur nächsten.

17.10 Darstellung leitfähiger Polymerer

Polymere sind entweder Isolatoren oder Halbleiter. So beträgt beispielsweise die Bandlücke
in einer vollkommen gesättigten Kette, wie dem Polyethylen, 5 eV. In einem konjugierten
System, z.B. Polyacetylen, fällt der Wert für die Bandlücke auf 1,5 eV ab. Die zugehörigen
intrinsischen Leitfähigkeiten betragen etwa 10^{-17} S cm^{-1} und 10^{-8} S cm^{-1}, beide Werte sind
sehr niedrig. Leitfähige Polymere erhält man durch Oxidation oder Reduktion des
Polymeren mit einem geeigneten Reagenz (siehe Tabelle 17.2). Das Bändermodell erklärt
die Zunahme der Leitfähigkeit entweder durch die Entfernung von Elektronen aus dem
Valenzband durch das Oxidationsmittel und dem Zurückbleiben einer positiven Ladung
oder durch die Zufuhr von Elektronen in das leere Leitungsband durch das Reduktions-
mittel. Entsprechend bezeichnet man die Wirkungsweise der Dotierungsreagenzien als p-
bzw. n-dotierend. Diese Erklärung ist eine sehr starke Vereinfachung der tatsächlichen
Vorgänge, da die Leitfähigkeit in Polymeren einhergeht mit Ladungsträgern, die keine
freien Spins besitzen, und auch keine ungepaarten Elektronen, wie man sie in Metallen

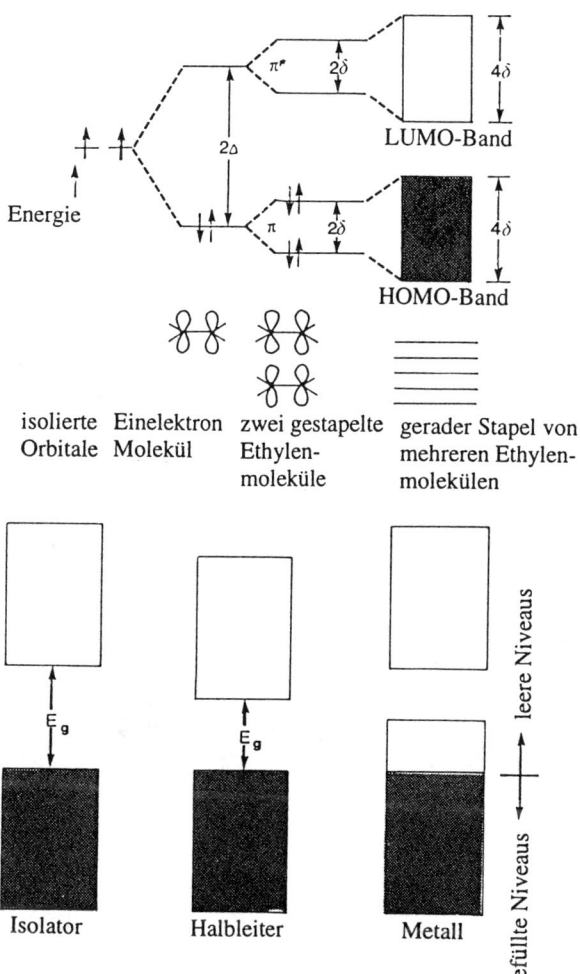

isolierte   Einelektron   zwei gestapelte   gerader Stapel von
Orbitale   Molekül   Ethylen-   mehreren Ethylen-
            moleküle   molekülen

Bild 17.9:   Schematische Darstellung des Bändermodells wie im Text näher beschrieben. Die dunklen Bereiche zeigen die Bänder an, die mit Elektronen besetzt sind, die hellen diejenigen, die für die Leitung benötigt werden. Die Energie der Bandlücke zwischen dem gefüllten und dem leeren Zustand beträgt E_g; (Übernommen von D. O. Cowan und F. M. Wiygul (1986) mit Genehmigung der American Chemical Society, Washington, D.C.).

findet, auftreten. Daher muß ein modifiziertes Modell erarbeitet werden; ein solches wird in den folgenden Abschnitten vorgestellt, wenn wir uns einige leitfähige Polymere detailliert anschauen.

Obwohl die Zugabe eines Donor- bzw. eines Akzepormoleküls zum Polymeren als Dotierung bezeichnet wird, ist die ablaufende Reaktion eine Redoxreaktion. Dieser Prozeß entspricht nicht der Dotierung von Si oder Ge in der Halbleitertechnologie, wo eine Substitution eines Atoms im Gitter auftritt. Da diese Bezeichnung jedoch üblicherweise verwendet wird, soll sie auch hier gebraucht werden. Allerdings sollte man immer daran

Tabelle 17.2: Strukturen und Leitfähigkeit dotierter konjugierter Polymerer (übernommen von D. O. Cowan und F. M. Wygul (1986) mit freundlicher Erlaubnis, American Chemical Society, Washington, D.C.)

Polymeres	Struktur	typisches Dotierungsverfahren	Typische Leitfähigkeit $(S\ cm)^{-1}$
Polyacetylen	(Struktur)	elektrochemisch, chemisch (AsF_5, I_2, Li, K)	500–$1{,}5 \times 10^5$
Polyphenylen	(Struktur)	chemisch (AsF_5, Li, K)	500
Poly(phenylensulfid)	(Struktur)	chemisch (AsF_5)	1
Polypyrrol	(Struktur)	elektrochemisch	600
Polythiophen	(Struktur)	elektrochemisch	100
Poly(phenylchinolin)	(Struktur)	elektrochemisch, chemisch (Natriumnaphthalid)	50

denken, daß die Dotierung leitfähiger Polymerer die Bildung von Polymersalzen einschließt. Man erreicht dies entweder durch Eintauchen des Polymeren in eine Lösung des
Reagenzes oder auch elektrochemisch.

Die Reaktion läßt sich für eine Oxidation in der allgemeinen Form

$$P_n \underset{Red}{\overset{Ox/A^-}{\rightleftharpoons}} [P_n^+ \, A^-] \underset{Red}{\overset{Ox/A^-}{\rightleftharpoons}} [P^{2+} \, 2A^-]$$

darstellen, wobei P_n für einen Abschnitt der Polymerkette steht. Der erste Schritt ist die
Bildung eines Radikal-Kations (oder -Anions), welches als Soliton oder Polaron (die
Unterscheidung zwischen diesen beiden Formen erfolgt etwas später) bezeichnet wird.
Diesem Schritt kann dann ein zweiter Elektronentransfer, unter Ausbildung eines Dikations
(oder Dianions), welches Bipolaron genannt wird, folgen. Alternativ können sich nach
Ablauf der ersten Redoxreaktion Charge-Transfer-Komplexe zwischen geladenen und
neutralen Abschnitten des Polymeren ausbilden.

$$[P_n^{\cdot+} A^-] + P_m \longrightarrow [(P_n P_m)^{\cdot+} A^-]$$

Diese sehr allgemeinen Grundlagen lassen sich am besten anhand einiger Beispiele
illustrieren, wobei wir uns zunächst mit dem Polyacetylen befassen wollen, welches sehr
intensiv untersucht wurde.

17.11 Polyacetylen

Polyacetylen läßt sich nach verschiedenen Syntheserouten herstellen, wobei in früheren
Arbeiten Ziegler-Katalysatoren eine große Rolle spielten. Tatsächlich ist die Synthese der
Verbindung, die die Entdeckung der Leitfähigkeit von Polyacetylen ermöglichte, nur einem
glücklichen Zufall zu verdanken, als Acetylengas durch eine Lösung des Ziegler-
Katalysators $Ti(OC_4H_9)_4/Al(C_2H_5)_3$ in Heptan geleitet wurde, in welcher der Katalysator-
gehalt weitaus höher war, als üblicherweise verwendet. Das Polyacetylen, welches sich an
der Gas-Flüssigkeitsgrenze bildete, war ein glänzender, flexibler, polykristalliner Film,
ganz im Gegensatz zu dem Pulver, welches in früheren Umsetzungen erhalten worden war.
Dieses Verfahren ist unter dem Namen 'Shirakawa-Polyacetylenverfahren' bekannt. Die
Substanz liegt in der *cis*-Konformation vor, wenn die Reaktion bei 195 K geführt wird. Bei
Temperaturerhöhung findet eine Isomerisierung unter Ausbildung der stabileren *trans*-
Form statt. Das Polymere ist nicht schmelzbar, unlöslich, enthält Katalysatorrückstände und
wird unter Einwirkung von Luft aufgrund einer langsamen Oxidation brüchig und trüb.
Diese Eigenschaften machen die Handhabung sehr schwierig, und es wurden etliche
Versuche unternommen, das Polymere zu veredeln oder Derivate davon zu produzieren
oder auch mit in organischen Lösungsmitteln löslichen Vorläufern zu arbeiten.

Viele dieser Probleme konnten von Feast gelöst werden, der eine elegante synthetische
Methode entwickelte, die im allgemeinen unter dem Namen *Durham-Verfahren* bekannt
ist. Es handelt sich hierbei um einen Zweistufen-Prozeß, bei dem lösliche Precursor-
Polymere durch eine ringöffnende Metathese-Polymerisation dargestellt werden, den sich

im nächsten Schritt eine thermische Eliminationsreaktion, unter Erhalt von Polyacetylen, anschließt. Eine Methode wird in dem folgenden Reaktionsschema aufgezeigt.

(I) (a) : R = CF$_3$

(I) (b) : R = COOCH$_3$

trans-Polyacetylen

Eine Verbesserung des Verfahrens schließt eine photochemische Umwandlung von I(a)

(III)

nach III ein, dessen Polymerisation einen Precursor liefert, der bei Raumtemperatur stabil ist und sich bei Erhitzen auf 330 bis 340 K in *trans*-Polyacetylen konvertieren läßt. Die Vorteile des Durham-Verfahrens sind (i), daß sich die Verunreinigungen durch Katalysatorrückstände entfernen lassen, da die Precursor-Polymere löslich sind und damit ein Reinigungsschritt durch Umfällen durchführbar ist, und (ii), daß die Vorläufer vor der Umwandlung zum *trans*-Polyacetylen verstreckt und orientiert oder zu Filmen gegossen werden können. Dies bedingt ein hohes Maß an Kontrolle bezüglich der Morphologie des Endproduktes, welches im ursprünglichen Zustand faserig und unorientiert vorlag. Da durch eine parallele Anordnung der Ketten die Leitfähigkeit maximiert wird, fördert ein Verstrecken, das am besten auf der Stufe des Präpolymeren stattfindet, den gewünschten Prozeß.

Wir wollen uns jetzt mit dem Mechanismus der Leitfähigkeit in Polyacetylen und dem Einfluß des Dotierens auf die Struktur beschäftigen. In einem polykonjugierten System sollten die π-Orbitale überlappt vorliegen und gemäß dem Bändermodell ein Valenz- und ein Leitungsband ausbilden. Wenn alle Bindungen gleich lang sind, d.h. daß durch die Delokalisation jede Bindung einen partiellen Doppelbindungscharakter besitzt, dann überlappen auch die Bänder und das Polymere verhält sich wie ein quasi-eindimensionales Metall mit guten Leitereigenschaften. Experimentelle Beweise unterstützen diese Theorie nicht. Vielmehr muß man sich auf die Physik eines monoatomaren eindimensionalen Metalls, mit einem halb gefüllten Leitungsband beziehen. Hierfür konnte gezeigt werden, daß es sich um ein instabiles System handelt, welches eine Gitterverzerrung durch Zusammenziehen und Ausdehnen der Kette eingeht. Dies führt zu alternierenden Paaren von Atomen mit langen und kurzen interatomaren Abständen entlang der Kette. Ein solcher Effekt wird durch die Peierls-Theorie beschrieben, welche festlegt, daß ein eindimensionales Metall instabil sein wird und daß sich aufgrund der Gitterverzerrung an der Fermi-Kante eine Energielücke bilden wird. Aus diesem Grund wird aus dem Material ein Isolator oder ein Halbleiter. Der Bruch in der Kontinuität der Energiebanden wird durch den Verbrauch elastischer Energie während der Gitterverzerrung verursacht, was durch eine Absenkung der elektronischen Energie und der Ausbildung einer Bandlücke kompensiert wird (siehe Bild 17.10). Die Analogie zum Polyacetylen wird somit ersichtlich, und es ließen sich alternierende Bindungsabstände zwischen den Einzel- und Doppelbindungen in der Kette nachweisen, woraus eine Energielücke zwischen Valenz- und Leitungsband resultiert. Die *trans*-Struktur von Polyacetylen ist ebenfalls ungewöhnlich, da zwei entartete Grundzustände existieren (A und B), welche spiegelbildsymmetrisch zueinander sind.

A   Neutrales Soliton   B

Die Einzel- und Doppelbindungen lassen sich ohne Energieänderung austauschen. Wenn also bei der Isomerisierung der *cis*-Struktur in die *trans*-Geometrie der Prozeß in einer Kette an zwei verschiedenen Punkten beginnt, ist es möglich, daß sich eine Sequenz A ausbildet, die auf eine Sequenz B trifft und somit ein freies Radikal produziert. Hierbei handelt es sich um eine relativ stabile Einheit und der resultierende Defekt in der Kette wird als neutrales Soliton bezeichnet, welches, in einfachen Worten gesprochen, einem Bruch im Alternierungsmuster der Bindungen entspricht, d.h. es bewirkt eine Aufspaltung der entarteten Grundzustände. Das Elektron trägt einen ungepaarten Spin und ist in einem nichtbindenden Zustand in der Energielücke, in der Mitte zwischen den beiden Bändern, lokalisiert. Die Anwesenheit dieses neutralen Solitons gibt *trans*-Polyacetylen die Eigenschaften eines Halbleiters mit einer intrinsischen Leitfähigkeit von etwa 10^{-7} bis 10^{-8} S cm^{-1}.

Durch Dotierung läßt sich die Leitfähigkeit verbessern. Läßt man trockenes Ammoniakgas auf den Film einwirken, so steigt die Leitfähigkeit auf $\sim 10^3$ S cm^{-1}. Durch kontrollierte Zugabe eines Akzeptors oder eines p-Dotierungsagens wie etwa AsF$_5$, Br$_2$, I$_2$ oder HClO$_4$ wird ein Elektron entfernt, und es entsteht ein positives Soliton (oder auch ein neutrales, wenn das entfernte Elektron nicht das freie ist). Chemisch betrachtet ist dies

Neutrales
Soliton   Freies
                                               Radikal

Positives
Soliton   Carbokation
                                               (Carbeniumion)

Negatives
Soliton   Carbanion

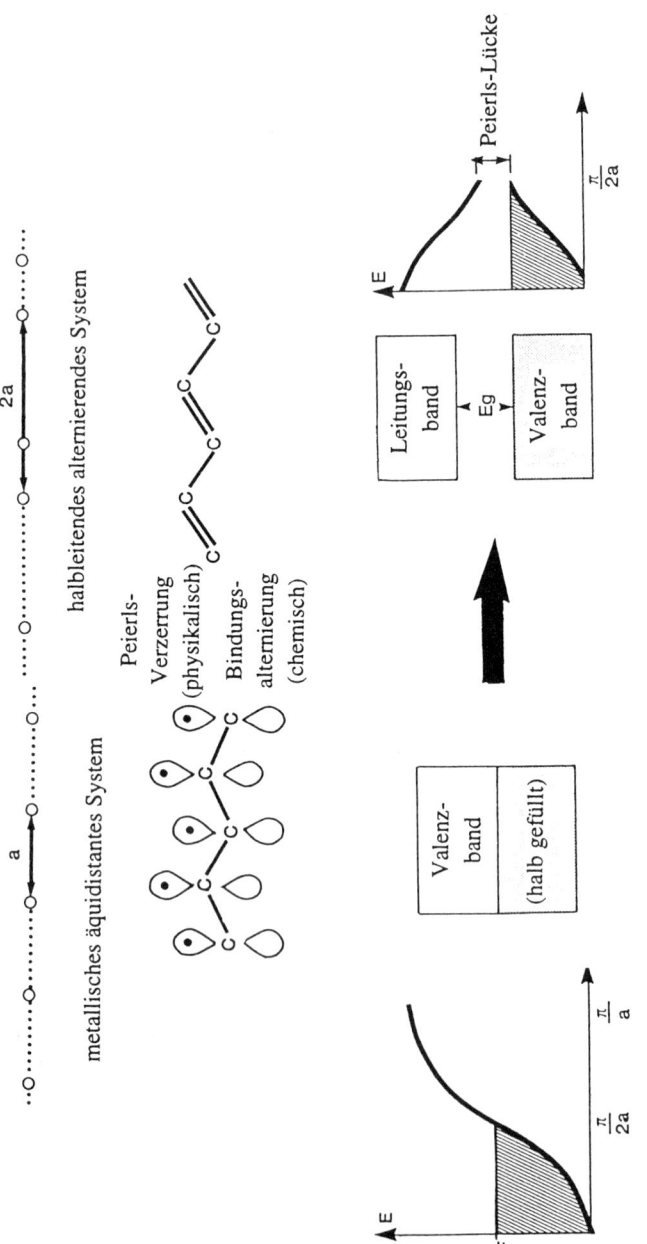

Bild 17.10:   Schematische Darstellung der Peierls-Verzerrung, die zur Bildung einer Energielücke führt und damit zu einem Halbleiter anstelle eines Leiters (Mit Genehmigung übernommen von M. J. Bowden und S. R. Turner (Hrsg.), *Electronic and Photonic Applications of Polymers*, American Chemical Society, Washington, D.C. (1988)).

äquivalent mit der Bildung eines Carbeniumions, welches durch eine Verteilung der Überschußladung über mehrere Monomereinheiten stabilisiert wird. In gleicher Weise wird ein negatives Soliton durch Behandlung des Polymeren mit einem Donor oder einem n-Dotierungsagens, welches ein Elektron in den Midgap-Energiezustand zugibt, generiert. Praktisch läßt sich dies durch Eintauchen des Films in eine THF-Lösung von Alkalimetall-Naphthalid oder elektrochemisch erreichen.

Bei hohen Dotierungszuständen neigen die Solitonenbereiche zu einer Überlappung und zur Ausbildung eines neuen Midgap-Energiebandes, welches mit dem Valenz- bzw. Leitungsband verschmilzt und somit einen weitreichenden Elektronenfluß ermöglicht. Folglich sind im Polyacetylen die geladenen Solitonen für die elektrische Leitfähigkeit des Polymeren verantwortlich.

17.12 Poly(*p*-phenylen)

Die Struktur von Poly(*p*-phenylen) weist alle typischen Charakteristika eines potentiellen polymeren Leiters auf. Allerdings ist die Gewinnung höhermolekularen Materials ausgesprochen problematisch. Eine Methode ist die Polykondensation gemäß der Gleichung

$$n\,Mg + n\,Br\text{–}\langle\bigcirc\rangle\text{–}Br \longrightarrow \left[\langle\bigcirc\rangle\right]_n + n\,MgBr_2$$

wobei ausschließlich oligomeres Material anfällt, welches unlöslich ist. Ein neues Verfahren wurde von Mitarbeitern am ICI entwickelt, und es basiert wiederum auf der Gewinnung eines leicht verarbeitbaren Precursor-Polymeren. Radikalische Polymerisation von 5,6-Dihydroxycyclohexa-1,3-dien (IV) liefert ein lösliches Präpolymeres, welches vor der abschließenden Thermolyse zum Poly(*p*-phenylen) in die gewünschte Form verarbeitet wird.

$$n\,\overset{\displaystyle\bigcirc}{\underset{\text{RCOO}\quad\text{OCOR}}{}} \xrightarrow[\text{Initiierung}]{\text{Freie radikalische}} \left[\underset{\text{RCOO}\quad\text{OCOR}}{\bigcirc}\right]_n \xrightarrow{\text{Hitze}} \left[\langle\bigcirc\rangle\right]_n$$

(IV)   Precursor Polymer   + 2 RCO₂H
                                          Poly(*p*-phenylen)

Im Reinzustand ist das Material ein Isolator, doch läßt es sich nach den gleichen Methoden wie beim Polyacetylen n- oder auch p-dotieren. Da Poly(*p*-phenylen) eine höheres Ionisierungspotential besitzt, ist es gegenüber Oxidationsprozessen weitaus stabiler, und es werden p-Dotierungsreagenzien benötigt. Die Substanz spricht sehr gut auf AsF_5 an, und man erreicht Leitfähigkeiten in der Größenordnung von etwa 10^2 S cm^{-1}. Im Gegensatz dazu sind Br_2 und I_2 unwirksam. Eine sehr bemerkenswerte Variante bei der Darstellung von leitfähigem Poly(*p*-phenylen) beinhaltet eine Einstufenreaktion, bei der kristalline Oligomere von Poly(*p*-phenylen) (z.B. *p*-Terphenylen) AsF_5-Dampf ausgesetzt werden. Diese nehmen einen metallischen, blauen Glanz an und lassen sich zu einem hoch leitfähigen Polymeren polymerisieren. Poly(p-phenylen) ist sehr stabil und hält ohne Abbau Temperaturen bis zu 720 K an der Luft stand.

Eine Betrachtung der Struktur zeigt, daß beim Poly(p-phenylen) die Theorie des Solitonendefekts nicht aufrecht erhalten werden kann, da hier kein entarteter Grundzustand vorliegt. Dagegen besitzen die beiden nahezu äquivalenten Formen, die benzoide und die chinoide Form, unterschiedliche Energieinhalte.

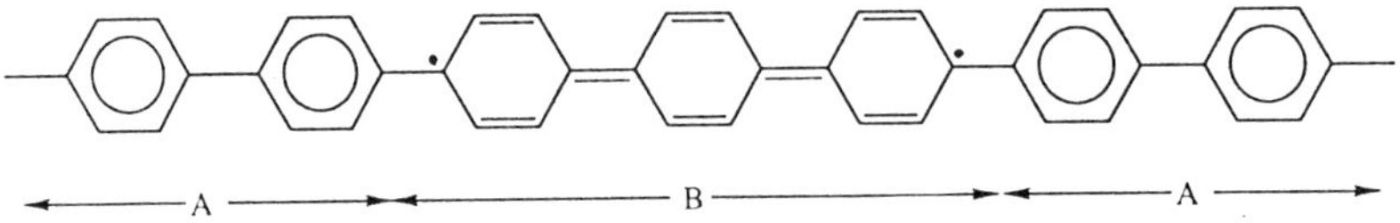

Die benzoiden Abschnitte A sind energieärmer als die chinoiden Bereiche B, die durch die benzoiden Strukturen begrenzt werden, weswegen die Energielücke mit 3,5 eV sehr viel größer ist als im Polyacetylen. Gemäß dem Bändermodell ist anzunehmen, daß der La-

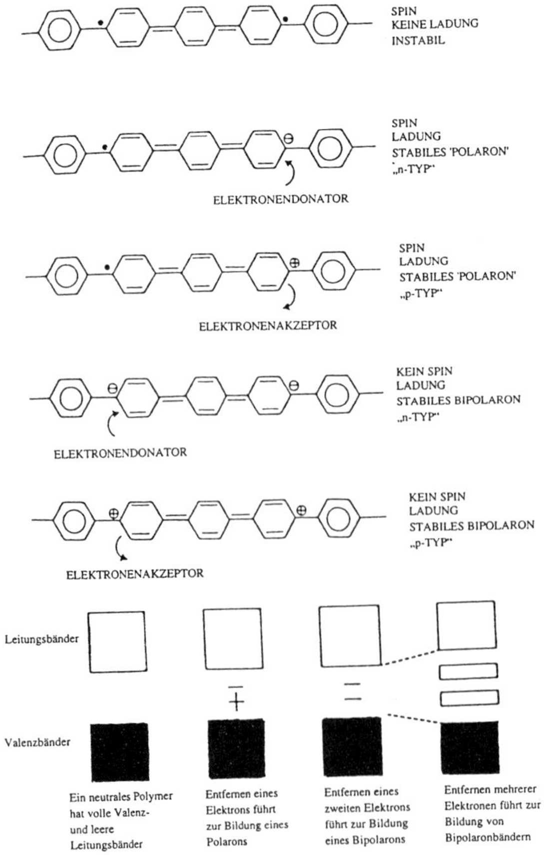

Bild 17.11: Darstellung von Polaron und Bipolaron-Strukturen in Poly(p-phenylen) und der Strukturvorschlag für die Bandstruktur des oxidierten (p-Typ) Polymeren (Teilweise übernommen von D. O. Cowan und F. M. Wiygul (1986) mit Genehmigung der American Chemical Society, Washington, D. C.).

dungstransport stattfindet, weil die mittlere freie Weglänge eines Ladungsträgers über eine große Anzahl von Gitterplätzen verteilt ist und daß die Verweilzeit auf einem beliebigen Platz kurz ist im Vergleich zu der Zeit, die ein Ladungsträger benötigt, um lokalisiert zu sein. Wenn ein Ladungsträger, wie auch immer, in einer Position gehalten wird, neigt er zu einer Polarisierung der lokalen Umgebung, welche dann in einen neuen Gleichgewichtszustand relaxiert. Dieser deformierte Bereich des Gitters und der Ladungsträger bilden nun eine neue Spezies, die als Polaron bezeichnet wird, aus. Im Gegensatz zum Soliton kann sich das Polaron erst nach der Überwindung einer Energiebarriere fortbewegen, weshalb die Bewegung durch einen Hüpfprozeß vonstatten geht. Im Poly(p-phenylen) sind die Solitonen durch die Änderungen im Polymeren aufgrund der Energieunterschiede gefangen, wobei ein Polaron entsteht, welches ein isolierter Ladungsträger ist. Ein solches Ladungspaar wird als Bipolaron bezeichnet und, bei Dotierung, sind die chemischen Äquivalente das Radikalion bzw. das Diradikalion. Im Poly(p-phenylen) und den meisten anderen polykonjugierten leitfähigen Polymeren erfolgt der Ladungstransport mit Hilfe von Polaronen oder Bipolaronen (siehe Bild 17.11).

17.13 Polyheterocyclische Systeme

Basierend auf der Wiederholungseinheit

wurden etliche, sehr nützliche polymere Substanzen synthetisiert und untersucht, wobei R für H, Alkyl, etc. und X für NH und S steht.

Polypyrrol

Die Polymerisation von Pyrrol gelingt elektrochemisch durch anodische Oxidation, wobei eine gleichzeitige Dotierung erfolgt. Typischerweise führt die Elektrolyse einer Lösung von Pyrrol (0,06 M) und $(Et)_4 N^+ BF_4^-$ (0,1 M) in Acetonitril (1% H_2O) zum Niederschlag eines unlöslichen, schwarz-blauen Filmes der Polymersubstanz an der Anode. Derartige Filme enthalten BF_4^--Ionen, besitzen eine Leitfähigkeit von etwa 10^2 S cm^{-1} und die hier aufgezeigte Zusammensetzung.

Das amorphe Material ist unlöslich in organischen Lösungsmitteln. Es zeigt eine gute Stabilität an der Luft, wobei die Leitfähigkeit bis zu Temperaturen von 570 K erhalten

bleibt und eine Abschwächung der Leitfähigkeit auch über längere Zeiträume nicht zu verzeichnen ist. Kupfer-bronzene Filme von Poly(pyrrolperchlorat) zeigen eine Leitfähigkeit
von etwa 40 S cm^{-1} und wurden elektrochemisch unter strikten Inertbedingungen unter
Verwendung von AgClO$_4$ in Acetonitril dargestellt. Die erhaltene Substanz besitzt die
folgende stöchiometrische Zusammensetzung:

Gelb-grüne Filme von neutralem Polypyrrol sind durch elektrochemische Reduktion der
Perchlorat-Filme zugänglich. Bei dieser Substanz handelt es sich um einen Isolator mit
einer Leitfähigkeit $\sigma \sim 10^{-10}$ S cm^{-1}.

Das neutrale Polymere läßt sich durch Einwirken entweder von Luft (Schwarzfärbung
des Films innerhalb von 15 min) oder von Br$_2$-, I$_2$- oder FeCl$_3$-Dämpfen reoxidieren. Eintauchen des Polymeren in Metallsalz-Lösungen von Ag$^+$, Cu^{2+} oder Fe^{3+} macht das Polymere ebenfalls leitfähig.

Die N-sustituierten Derivate des Pyrrols liefern sehr viel schlechtere organische Leiter.
Zudem bewirken sperrige Seitengruppen die Bildung von Pulvern anstelle von Filmen.

Schwefel-Verbindungen

Eine weitere wichtige Verbindungsklasse sind die schwefelhaltigen Polyheterocyclen.
Durch elektrochemische oxidative Kupplung läßt sich Poly(2,5-thienylen) in Form eines
schwach grünen Pulvers darstellen. Im neutralen Zustand besitzt die Verbindung eine Leitfähigkeit von 10^{-11} S cm^{-1}; nach Einwirken von I$_2$ steigt dieser Wert auf $\sim 10^{-1}$ S cm^{-1} an.
Von speziellem Interesse in dieser Verbindungsklasse ist das Poly(isothianaphthalin),

welches sehr ungewöhnliche Eigenschaften kombiniert. Nach Dotierung ist es ein sehr
guter Leiter mit einer kleinen Bandlücke (1 eV), zudem bildet es transparente Filme.

17.14 Polyanilin

Die Umsetzung von Anilin mit Ammoniumpersulfat in wässriger HCl liefert Polyanilin in
Form eines dunkelblauen Pulvers mit einer Leitfähigkeit von 5 S cm^{-1}. Die leitfähige Form
hat wahrscheinlich die Struktur eines Diiminsalzes:

Elektrochemische Oxidation von Anilin in wäßrigem HBF_4 führt zur Abscheidung eines klaren, dunkelgrünen Feststoffes an der Anode (Platinfolie). Die Reduktion mit methanolischer Alkalilösung liefert das neutrale Polymer, welches mit einer Leitfähigkeit von $\sim 10^{-11}$ S cm^{-1} ein Isolator ist.

17.15 Poly(phenylensulfid)

Während etliche leitfähige Polymere mit Hilfe löslicher Vorläufer dargestellt werden müssen, handelt es sich bei Poly(phenylensulfid) um eine lösliche Substanz, die darüber hinaus oftmals auch in der Schmelze dargestellt wird. Dotierung mit AsF_5, wobei sich der Prozeß durch die Anwesenheit von AsF_3 beschleunigen läßt, führt zur Bildung eines leitfähigen Polymersalzes mit $\sigma \sim 1$ S cm^{-1}, allerdings sind derartige Filme ausgesprochen spröde.

17.16 Poly(1,6-heptadien)

Grünlich-goldene, glänzende Filme aus Poly-1,6-heptadien

lassen sich durch die Cyclopolymerisation von 1,6-Heptadiin mit einem Ziegler-Katalysator herstellen. Das Polymere ist amorph und besitzt die oben gezeigte Wiederholungseinheit. Nach Dotierung findet man eine Leitfähigkeit von etwa 10^{-1} S cm^{-1}, allerdings sind die Filme sehr instabil.

17.17 Anwendungen

Dotiertes Polyacetylen läßt sich als Anode verwenden und kann somit in wiederaufladbaren Batterien eingesetzt werden. Metallelektroden sind während der Beladungs-Entladungs-Cyclen einer permanenten Auflösung und anschließenden Abscheidung unterworfen, was eine mechanische Abnutzung zur Folge hat. Dies macht den Einsatz von Polymermaterialien als Elektroden ausgesprochen attraktiv, da die Ionen ohne sonderliche Störungen in der Polymerstruktur ein- und austreten können. Obwohl auch Elektroden aus Polyanilin entwickelt wurden, sind die Poly(pyrrol)salzfilme vielversprechender für eine praktische Anwendung. Dies ist eine Folge von sowohl Stabilität als auch der Fähigkeit, selbsttragende Filme zu bilden, was bei der Konstruktion von flachen, platzsparenden Zellen ausgesprochen wichtig ist. Die Anwendung der Filme dehnt sich aus auf flexible Leiterbahnen für Kontaktbrücken in Schaltern bis hin zu elektrochromen Anzeigen bei optischen Speichersystemen.

Die Durchführbarkeit wurde für alle Kunststoffbatterien durch Konstruktion aus zwei Polyacetylensalz-Schichten, in die eine mit LiClO$_4$-gesättigte Polycarbonatschicht eingebettet war, demonstriert. Alle Kunststoffbatterien zeigen die Kombination aus elektrischer Leitfähigkeit und den Eigenschaften des niedriges Gewichts sowie der Korrosionsbeständigkeit vieler Kunststoffe - eine sehr vielversprechende Aussicht.

Neben den Anwendungen der leitfähigen Polymeren als Batterieelement kommt auch der Einsatz der Materialien zur Abschirmung elektromagnetischer Strahlung in Frage, da diese eine Absorption niederfrequenter Strahlung zeigen. Zudem lassen sie sich als Teile in Solarzellen und Halbleitern verwenden. Als weiteres Anwendungsgebiet wurden ihre Eigenschaften als Heizelemente in dünnwandigen Abdeckungen und in Form von Drähten und Kabeln untersucht.

17.18 Anwendungen in der Photonik

Bauelemente, die zur Übertragung von Information mit Hilfe von Photonen konzipiert wurden, schließen mittlerweile polymere Materialien mit geeigneten Strukturen ein. Passive Anwendungen beinhalten die Ummantelung optischer Fasern durch UV-vernetzbare Epoxidacrylate, thermisch aushärtende Silikone oder thermisch schrumpfendes Poly(ethylen), um sie vor mechanischer Abnutzung zu schützen. Polymere wurden ebenfalls zum Aufbau von Wellenleitern genutzt. Es lassen sich geeignete Polymere synthetisieren, die aktive nichtlineare optische Eigenschaften aufweisen, welche von der elektronischen Anregung der π-Elektronen abhängen.

17.19 Nichtlineare Optik

Der Einsatz von Polymerverbindungen als aktive Komponente läßt sich verwirklichen, wenn sie nichtlineare optische Eigenschaften besitzen und man kann sie dann als wesentlichen Bestandteil in einem Device verwenden. Die nichtlinearen optischen Eigenschaften sind von der elektronischen Anregung eines π-Elektronensystems abhängig, wodurch neue elektromagnetische Strahlungsfelder mit veränderten Ausbreitungscharakteristika, also Änderungen in der Phase, der Frequenz oder der Amplitude, im Gegensatz zum ursprünglichen Feld entstehen. Wendet man ein lokales elektrisches Feld E auf ein Molekül an, so bewirkt dies eine Polarisation P (dabei handelt es sich um eine skalare Größe) und es gilt der mathematische Zusammenhang

$$P = \alpha E + \beta E^2 + \gamma E^3 + \dots \tag{17.3}$$

Dabei sind die Tensoren α die lineare Polarisierbarkeit und β bzw. γ die zweiten bzw. dritten nichtlinearen Suszeptibilitäten. Der Beitrag der beiden zuletzt genannten nichtlinearen Größen ist relativ klein und läßt sich nur beobachten, wenn relativ starke Laser als Lichtquellen verwendet werden. Betrachtet man ein Ensemble von Molekülen, so erhält man mit der Gleichung

$$P = \chi_{IJ}^{(1)} E_J + \chi_{IJK}^{(2)} E_J E_K + \chi_{IJKL}^{(3)} E_J E_K E_L + ... \tag{17.4}$$

einen Zusammenhang für die makroskopischen nichtlinearen optischen Effekte, wobei χ sich auf die Eigenschaften des Ensembles bezieht und die Terme E_J etc. die Komponenten der elektrischen Feldstärke sind. $\chi_{IJ}^{(1)}$ steht in Beziehung mit dem Brechungsindex des Mediums in der linearen Optik; die Terme $\chi_{IJK}^{(2)} E_K$ und $\chi_{IJKL}^{(3)} E_K E_L$ haben die gleichen Dimensionen. Somit durchlaufen Materialien, deren $\chi^{(2)}$- oder $\chi^{(3)}$-Werte ungleich Null sind, eine Brechungsindexänderung, wenn sie in ein elektrisches oder optisches Feld gebracht werden.

Durch Anlegen eines elektrischen Feldes werden die Moleküle im Medium polarisiert, und sie wirken dann als Streuzentren für die Strahlung. Wenn das Medium eine asymmetrische Antwort auf das Feld zeigt, dann können Effekte wie die Frequenzverdopplung (second harmonic generation, SHG) oder der lineare elektrooptische Effekt (Pockels-Effekt) beobachtet werden. Auch eine paramagnetische Verstärkung kann auftreten und zwar dann, wenn das Einstrahlen von zwei Feldern der Frequenzen ν_a und ν_b zu einer Vermischung mit einhergehender Verstärkung der schwächeren Welle führt. Diese Effekte treten bei einer $\chi^{(2)}$-Aktivität des Materials auf. Um eine solche Eigenschaft in einem Molekül zu induzieren, sollte es (a) ein ausgedehntes, konjugiertes π-Elektronensystem besitzen, (b) eine elektronenziehende und eine elektronenschiebende Gruppe tragen, um einen intramolekularen Ladungstransfer zu begünstigen und (c) in einer nichtzentrosymmetrischen Form kristallisieren, um die Polarisation des Moleküls im Kristall zu gewährleisten. Das folgende Formelbild zeigt eine schematische Darstellung und es besteht

eine Differenz in den Dipolmomenten zwischen dem Grund- und dem angeregten Zustand. Die Positionen des Akzeptors A und des Donors D bewirken einen Push-Pull-Effekt, wobei sie die Elektronendichte stören und das Molekül polarisieren. Moleküle, die polare Kristalle mit hohen Werten für $\chi^{(2)}$ ausbilden, besitzen die folgenden Strukturen:

Daher muß ein Polymeres, welches nichtlineare optische Effekte zweiter Ordnung zeigen soll, diese Anforderungen erfüllen oder die Asymmetrie muß durch eine Polung in einem elektrischen Feld induziert werden.

Für den zuerst genannten Fall eröffneten Polydiacetylene attraktive Möglichkeiten. Synthetisch zugänglich sind diese Substanzen über eine Festkörperpolymerisation der kristallinen Monomere unter Ausbildung kristalliner Polymerer. Für einige Derivate wurden bereits sehr hohe Werte für $\chi^{(2)}$ ermittelt. Vorausgesetzt, daß die Packungsabstände in den Monomerkristallen geeignet sind, läßt sich die Polymerisation thermisch oder durch UV- bzw. γ-Strahlung initiieren und durch 1,4-Addition bildet sich Polydiacetylen.

$$R = CH_2OSO_2 - \langle\!\!\langle\ \rangle\!\!\rangle - CH_3 \ ; \quad -(CH_2)_n\text{-}OCONHCH_2COOC_4H_9; \quad -Si(CH_3)_3; \ H$$

Verwendet man ein Monomeres der Struktur V mit R ≠ R', so können die erhaltenen Polymerkristalle nichtlineare optische Eigenschaften zweiter Ordnung besitzen.

Ein anderes Verfahren, welches bei der Darstellung von Polymerfilmen mit hohen $\chi^{(2)}$-Werten eingesetzt wird, basiert auf der Dotierung mit Molekülen, die hohe Werte für β aufweisen. Durch Anlegen eines externen elektrischen Feldes bei Temperaturen oberhalb von T_g des Polymeren werden die Moleküle im Film angeordnet, und es erfolgt dann ein Abschrecken des Polymeren in den glasartigen Zustand bei weiterhin angelegtem Feld. Diese molekular-dotierten gepolten Filme besitzen $\chi^{(2)}$-Werte im Bereich von 10^{-6} und 10^{-8} esu, was in der Größenordnung von LiNbO$_3$- oder GaAs-Kristallen liegt.

Beispiele für diese Route wurden in der Literatur beschrieben am Beispiel des Azofarbstoffes Dispersionsrot I in PMMA und der Dispersion von 4,4'-N,N-Dimethylamino-nitrostilben (VII) in einem flüssigkristallinen Copolymeren (VIII) gefolgt von einem Polungsprozeß in der flüssigkristallinen nematischen Phase vor dem Abfangen (vergleiche Schema auf Seite 473).

Im letztgenannten System beobachtet man eine Konkurrenz zwischen der Orientierung und der thermischen Bewegung; beste Resultate wurden dann erzielt, wenn die Polungstemperatur etwa 25°C über T_g lag, aber nicht bei höheren Temperaturen. Der Übergang von nematischen zur isotropen Phase erfolgte bei $T_i = 100°C$. Zur Verbesserung des ge-

HO(CH$_2$)$_2$—N—CH$_2$CH$_3$

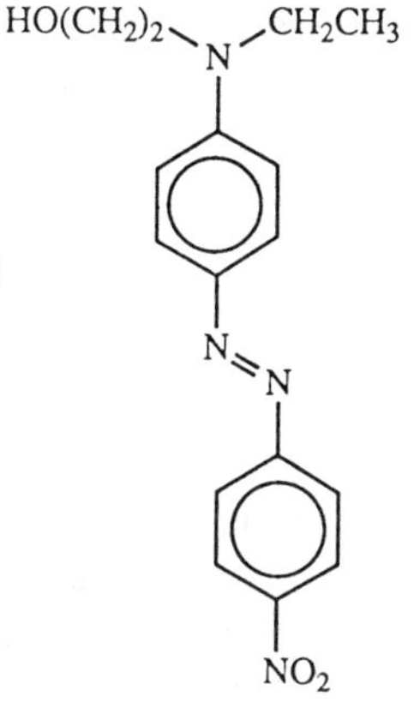

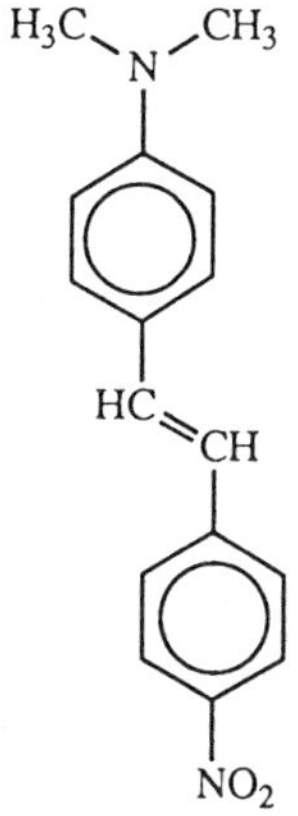

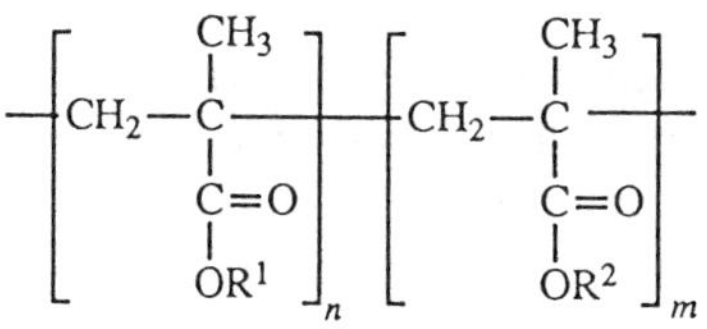

VI

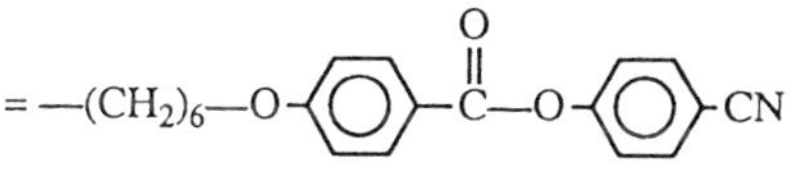

(benzene ring)

N=N

(benzene ring)

NO$_2$

H$_3$C—N—CH$_3$

VII

(benzene ring)

HC≡CH

(benzene ring)

NO$_2$

$$\left[\begin{array}{c} CH_3 \\ | \\ CH_2-C- \\ | \\ C=O \\ | \\ OR^1 \end{array}\right]_n \left[\begin{array}{c} CH_3 \\ | \\ CH_2-C- \\ | \\ C=O \\ | \\ OR^2 \end{array}\right]_m \quad VIII$$

$R^1 = -(CH_2)_6-O-$⟨◯⟩$-\overset{\overset{O}{\|}}{C}-O-$⟨◯⟩$-CN$

$R^2 = -(CH_2)_6-O-$⟨◯⟩$-\overset{\overset{O}{\|}}{C}-O-$⟨◯⟩$-OCH_3$

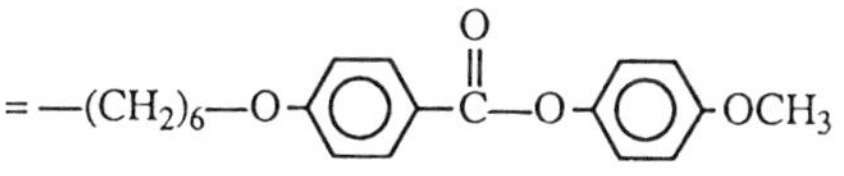

polten Systems wurden einige neuere Versuche wurden unternommen. Dies wurde durch Integration des nichtlinear optisch aktiven Moleküls in die Polymerstruktur und kammartig-verzweigter flüssigkristalliner Polymerer mit R' und der neuen Gruppe

$R^3 = -(CH_2)_6-O-$⟨◯⟩$-X-$⟨◯⟩$-NO_2$

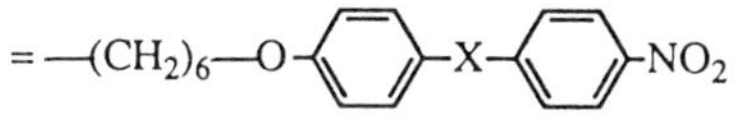

$X = -\overset{\overset{O}{\|}}{C}-O-$ or $-CH=CH-$

verifiziert. Dabei erhält man ein polymeres Material für eine schrittweise Polung.

Während einige der Polydiacetylene nichtlineare optische Eigenschaften zweiter Ordnung aufweisen, besitzen jene mit R = R', wie etwa Poly[bis(p-toluolsulfonat)diacetylen], einen zentrosymmetrischen Kristallhabitus und $\chi^{(2)}$ ist Null. In Übereinstimmung mit Materialien wie etwa Polyacetylen, Polypyrrol und anderen konjugierten Polymeren haben sie endliche Werte für $\chi^{(1)}$ und $\chi^{(3)}$. Wichtige nichtlineare optische Eigenschaften treten auf, wenn ein großer $\chi^{(3)}$-Term beobachtet wird, dazu zählen der quadratische elektrooptische-(Kerr)-Effekt, die Frequenzverdreifachung, die optische Phasenkonjugation und die optische Bistabilität, die aus Brechungsindexänderungen des Mediums resultiert. Dies kann sich bei der Entwicklung photonischer Schalter als sehr nützlich erweisen. Man beobachtet eine Verbesserung der $\chi^{(3)}$-Werte, wenn eine gute Ausrichtung der Polymerketten im Kristallgitter vorliegt und diese wird in Richtung der Kettenorientierung verstärkt. Es muß an dieser Stelle erwähnt werden, daß für ein Molekül, welches $\chi^{(1)}$- oder $\chi^{(3)}$-aktiv ist, keine Symmetriebeschränkungen bestehen.

17.20 Langmuir-Blodgett-Filme

Der Aufbau geordneter dünner Filme ist bei der Konstruktion elektronischer Bauelemente sowie bei der Untersuchung von Modellmembransystemen von beträchtlichem Interesse. Eine Methode, die sich größter Beliebtheit erfreut, ist die Langmuir-Blodgett-(LB)-Technik, bei der Moleküle mit einem hydrophilen Kopf und einem hydrophoben Schwanz eine monomolekulare Schicht an einer Luft-Wasser-Grenzfläche ausbilden können, die dann auf eine feste Oberfläche transferiert wird. Der letztgenannte Prozeß läßt sich entweder durch vertikales Eintauchen eines Glasplättchens (oder auch einem anderen Substrat) in den Trog, der die Monoschicht auf der Oberfläche enthält, bewerkstelligen, dies ist schematisch in Bild 17.12 dargestellt, oder alternativ mit Hilfe eines rotierenden Substrates, was einer horizontalen Übertragung entspricht. Beide Verfahren lassen sich zum Aufbau von

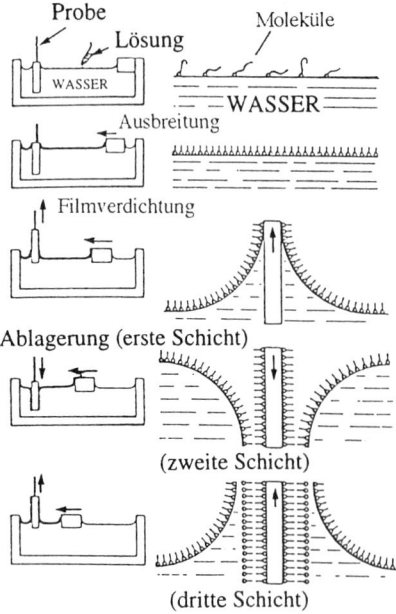

Bild 17.12:   Schematische Darstellung von Mono-, Doppel- und Dreifachschichten eines Moleküls aus einem Langmuir-Blodgett-Trog (reproduziert von Barraud (1987) mit Genehmigung der Academic Press).

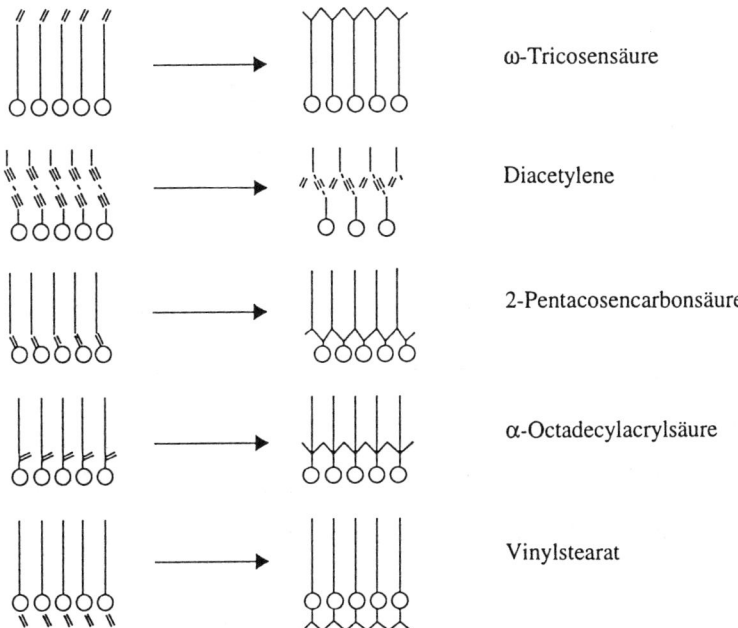

Bild 17.13: Schematische Darstellung möglicher Monomerstrukturen, die in dünnen Filmen, aufgebaut mit Hilfe der Langmuir-Blodgett-Methode, polymerisiert werden können.

Monoschichten durch einmaliges Eintauchen bzw. zum Aufbau von Multischichten durch wiederholtes Überführen des Films auf das Substrat verwenden. Wählt man ein Molekül mit polymerisierbaren Gruppen (Doppel- oder Dreifachbindungen), so lassen sich polymere Filme darstellen. Nach der Filmbildung werden diese durch thermische Behandlung oder Bestrahlung des Films mit UV- oder γ-Strahlung in die Polymerstruktur überführt. Verschiedene mögliche Monomerstrukturen sind schematisch in Bild 17.13 zusammengefaßt.

Polydiacetylene mit geeigneten amphiphilen Strukturen lassen sich zur Produktion dünner Filme nach diesem Verfahren verwenden, z.B. Heptadeca-4,6-diin-1-ol und die korrespondierende Säure. Sehr häufig beobachtet man eine Abhängigkeit der Stabilität der monomolekularen Schichten von der Molekülstruktur; als sehr vorteilhaft haben sich die neutralisierten Formen der Carbonsäurederivate erwiesen. Im allgemeinen bilden Diacetylenmonocarbonsäuren wesentlich stabilere Filme, wenn anfänglich das Cadmiumsalz verwendet wird, wobei das Cd^{2+}-Ion dann in der wäßrigen Phase als Gegenion vorhanden ist.

Filme, die gemäß der LB-Methode dargestellt wurden, haben bereits in der nichtlinearen Optik Anwendung gefunden, zudem werden sie in der Nanolithographie genutzt. Die Miniaturisierung von integrierten Schaltkreisen erfordert eine sehr hohe Auflösung und, wie bereits in Abschnitt 17.6 erwähnt wurde, werden deswegen Elektronenstrahlen genutzt. Einschränkungen erfährt man dabei durch unerwünschte Belichtung aufgrund der Streuung durch sekundäre Elektronen, wodurch die Genauigkeit des Musters herabgesetzt wird. Mit dem Einsatz dünnerer Resistfilme erzielt man in diesem Fall eine Verbesserung, da die Belichtungszeiten verkürzt werden. Die üblicherweise genutzte Technik des „Spincoatens" (Aufschleuderns) gewährleistet nicht immer, daß der Resistfilm frei von nicht akzeptablen Defekten ist, wie etwa kleinen Löchern, die das spätere Muster beeinträchtigen. In dieser Hinsicht sind dünne LB-Filme den anderen überlegen. Verbesserte Auflösungen beobachtete man bei Resists, die durch Polymerisation ultradünner (45 nm) LB-Filme von ω-Tricosensäure, mit der Zusammensetzung ($CH_2=CH(CH_2)_{20}COOH$), und α-Octadecylacrylsäure dargestellt wurden.

Auf dieser ganzen Technik ruhen große Hoffnungen auf dem Gebiet der molekularen Elektronik, bei der eine präzise Kontrolle der molekularen Struktur an erster Stelle steht.

17.21 Optische Informationsspeicherung

Polymere Materialien lassen sich zur optischen Informationsspeicherung verwenden, und einige sind für die Herstellung von optischen Video- oder digitalen Audiodisks nahezu ideal geeignet. Die Information wird üblicherweise mit Hilfe eines monochromatischen Lasers nach einer der folgenden vier Methoden auf das Polymere übertragen:

(a) ablatives „Lochbrennen"
(b) Blasenbildung
(c) Strukturveränderungen
(d) molekulare Doppelschichtlegierung.

Üblicherweise wird Technik (a) verwendet; dabei werden auf der Polymeroberfläche eine Abfolge kleiner Vertiefungen gebildet, die unterschiedliche Längen und Häufigkeiten der Abstände aufweisen. Die Information läßt sich wiedergewinnen, indem man die Intensität und Modulation von Licht, welches von dem Muster der Vertiefungen auf der Scheibenoberfläche reflektiert wird, mißt.

Die Disks werden aus Materialien produziert, die die folgenden Eigenschaften aufweisen:

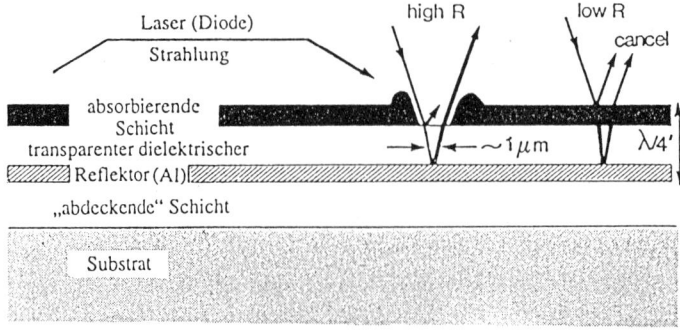

Bild 17.14:   Dreifachschichtstruktur einer typischen ablativ arbeitenden optischen Disk (Reproduziert mit Genehmigung von Chemistry and Industry (1985)).

(a) dimensionale Stabilität,

(b) isotrope Ausdehnung,

(c) optische Reinheit,

(d) geringe Doppelbrechung.

Zudem sollte die Oberfläche frei von verunreinigenden Teilchen und Einschlüssen sein, die den Prozeß der Informationsauffindung beeinträchtigen können. Eine typische ablativ-arbeitende Scheibe besitzt die in Bild 17.14 gezeigte Struktur. Bei dem Substrat handelt es sich um ein optisch transparentes Material, wie etwa Poly(carbonat), Poly(methylmethacry-lat) (PMMA), Poly(ethylenterephthalat) oder Poly(vinylchlorid), das von einer zusätzlichen Schicht überdeckt ist, um eine gleichmäßige optische Oberfläche für die Aufzeichnungs-schicht zu gewährleisten. Ein metallischer Reflektor (üblicherweise Aluminium) wird dann in Nachbarschaft zu einem transparenten dielektrischen Medium, beispielsweise Poly(α-methylstyrol), eingebaut und zum Schluß wird die absorbierende Schicht, in welcher die informationsvermittelnden Vertiefungen gebildet werden, hinzugefügt. Bei der letztgenann-ten handelt es sich entweder um einen Metall-Polymer-Verbundwerkstoff (Silberpartikel in einem Gel) oder um ein Farbstoffmolekül, welches in einer Polymermatrix dispergiert wurde, wie etwa die Squarylliumfarbstoffe, die bei GaAs-Lasern als Infrarotabsorber fungieren; ein typischer Vertreter ist

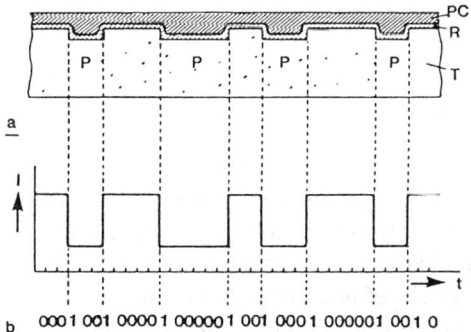

Die absorbierende Schicht wird durch einen transparenten Überzug aus vernetztem Poly-(dimethylsiloxan) geschützt. Dabei erhält man eine „direct read after write" oder auch DRAW-Disk, die nicht wieder gelöscht werden kann. Das Profil einer Compact Disk wird in ähnlicher Weise aufgebaut, und die Information wird in digitaler Form gelesen; eine solche ist in Bild 17.15 gezeigt.

Bild 17.15:   (a) Typischer Strukturquerschnitt einer optischen Scheibe; (b) das Intensitätsprofil des Lesesystems in Form des binären Kodes als Funktion der Zeit (t). In diesem Bild stehen T für die transparente, tragende Polymerschicht, R für die reflektierende Metallschicht, PC für den schützenden Überzug und P für eine Vertiefung, die zur Informationsspeicherung gebildet wurde (reproduziert mit Erlaubnis des Hüthig und Wepf Verlages).

Polymere lassen sich auch zur Herstellung von Linsen und Bildschirmen zur Projektion in Fernsehern verwenden. Diese werden am günstigsten aus PMMA oder Kombinationen aus PMMA und Glas, um der hohen thermischen Ausdehnung des Polymeren entgegenzuwirken, aufgebaut. Der Einsatz von UV-vernetzbaren Beschichtungen für die Herstellung von Linsennachbildungen und Schutzschichten ist weit verbreitet. Diese Systeme basieren auf Diacrylat- oder Dimethylacrylatmonomeren, die mit Photoinitiatoren vermischt werden, wie etwa

$$CH_2\!=\!\underset{\underset{\displaystyle O}{\|}}{C}\!-\!\underset{|}{\overset{R_1}{|}}\!-\!C\!-\!O\!-\!R_2\!-\!O\!-\!\underset{\underset{\displaystyle O}{\|}}{C}\!-\!\underset{|}{\overset{R_1}{|}}C\!=\!CH_2$$

Acetophenon oder Benzilketalen, wobei $R_1 = CH_3$, H und R_2 häufig durch die Einheit

$$-\!\!\left(OCH_2CH_2\right)_{\!n}\!\!-\!O\!-\!\!\bigcirc\!\!-\!\underset{\underset{\displaystyle CH_3}{|}}{\overset{\overset{\displaystyle CH_3}{|}}{C}}\!-\!\!\bigcirc\!\!-\!O\!\!\left(CH_2CH_2\!-\!O\right)_{\!n}\!\!-$$

ersetzt wird. Diese besitzen nach der Behandlung eine geringe Schrumpfung unter Erhalt der guten optischen und thermischen Eigenschaften.

17.22 Thermographie mit flüssigkristallinen Polymeren

Obwohl derartige Systeme bislang noch nicht kommerziell erhältlich sind, hat sich das Prinzip, flüssigkristalline Seitenkettenpolymere als optische Speichersysteme zu verwenden, fest etabliert. Demonstriert wurde der Effekt unter Verwendung eines aus einem Seitenkettenpolymeren präparierten Polymerfilms, der nematische flüssigkristalline Eigenschaften zeigt und die Struktur

$$\sim\!\!\sim\!\!(CH_2\text{-}CH)_n\!\!\sim\!\!\sim$$
$$\underset{COO\text{-}(CH_2)_5\text{-}O\!-\!\bigcirc\!\!-\!\bigcirc\!\!-\!CN}{|}$$

besitzt. Die mesogenen Seitengruppen werden bei Anlegen eines elektrischen Feldes an das Polymere oberhalb der Glastemperatur zuerst ausgerichtet und zwar derart, daß eine homeotrope Orientierung erhalten wird. Beim Abkühlen auf Temperaturen unterhalb von T_g wird die Anordnung in der glasartigen Phase eingefroren, und man erhält einen transparenten Film, der nach Entfernung des elektrischen Feldes stabil bleibt. Setzt man diesen Film der Strahlung eines Lasers aus, so findet an dem Punkt, an dem der Strahl auf den Film trifft, eine lokale Erwärmung statt, wobei das Material in den geschmolzenen, isotropen Zustand überführt wird. Dies geht mit einem lokalen Verlust an homeotroper Orientierung einher. Beim Abkühlen bildet sich im Film ein nicht-orientierter Bereich, an

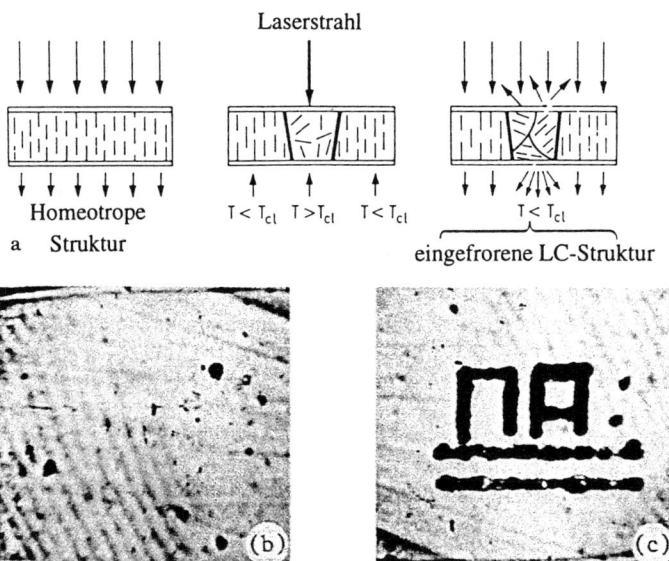

Bild 17.16: Thermographie unter Verwendung eines homeotrop-angeordneten, flüssigkristallinen Seitenkettenpolymeren in Form eines glasartigen Filmes, bei dem der flüssigkristalline Zustand im Glas eingefroren wurde. Zur Adressierung wurde ein Laserstrahl verwendet (b), unter Erzeugung von lokaler Erwärmung und Unordnung, die durch schrittweises Abkühlen unterhalb von T_g eingefroren wurde (c); (Reproduziert von N. A. Platé und V. P. Shibaev (1987) mit Genehmigung von Plenum Publishers und den Autoren).

dem das Licht gestreut und ein nicht-transparenter Punkt produziert wird. Die Information wird auf den Film „geschrieben" und kann durch schrittweise Temperaturerhöhung des gesamten Filmes unter Rückgewinnung des isotropen, ungeordneten geschmolzenen Zustandes gelöscht werden. Das System ist in Bild 17.16 gezeigt.

Im Hinblick darauf sind Polymere im Vergleich zu niedermolekularen flüssigkristallinen Molekülen sehr viel besser geeignet, da sie beim Abkühlen in den glasartigen Zustand nach Abschalten des elektrischen Feldes die Orientierung sehr viel länger bewahren, während niedermolekulare Materialien die Orientierung rasch verlieren.

Allgemeine Literatur

M. J. Bowden und S. R. Turner (Hrsg.), *Electronic and Photonic Applications of Polymers*, American Chemical Society, Washington, D.C. (1988).

T. Davidson (Hrsg.), *Polymers in Electronics*, ACS Symposium, Series 242, American Chemical Society (1983)

T. Goosey (Hrsg.), *Plastics for Electronics,* Elsevier Applied Science Publishers (1985).

H. Kuzmany, M. Mehring und S. Roth, *Electronic Properties of Polymers and Related Compounds*, Springer-Verlag (1985).

N. A. Platé und V. P. Shibaev, *Comb-Shaped Polymers and Liquid Crystals*. Plenum Press (1987).

D. A. Seanor (Hrsg.), *Electric Properties of Polymers*, Academic Press (1982).

T. A. Skotheim (Hrsg.), *Handbook of Conducting Polymers*, Bde. I und II, Marcel Dekker Inc. (1986).

L. F. Thompson, C. G. Willson and M. J. Bowden (Hrsg.), *Introduction to Microlithography,* ACS Symposium, Series 219, American Chemical Society (1983).

Barraud, A. (1987), in *Non Linear Optical Properties of Organic Molecules and Crystals,* Hrsg. Chemla, D. S. und Zyss, J., Bd. 1, S. 359, Academic Press, Nr. 4.

L. F. Thompson, C. G. Willson and J. M. T. Frechet (Hrsg.), *Materials for Microlithography*, ACS Symposium, Series 266, American Chemical Society (1984).

Spezielle Literatur

1. D. G. H. Ballard, A. Courtis, I. M. Shirley, S. C. Taylor, „A biotech route to poly(phenylene)", *J. Chem. Soc. Chem. Commun.,* 954 (1983).

2. M. G. Clark, „Materials for optical storage", *Chem. Ind.*, 258 (1985).

3. D. O. Cowan, F. M. Wiygul, „The organic solid state", *Chem. Eng. News*, 28 (1986).

4. S. Etemad, A. J. Heegor, A. G. MacDiarmid, „Polyacetylene", *Ann. Rev. Phys. Chem.* **33**, 443 (1982).

5. W. J. Feast, „Synthesis and properties of some conjugated potentially conductive polymers", *Chem. Ind.*, 263 (1985).

6. A. F. Garito, K. Y. Wong, „Non linear optical processes in organic and polymeric structures", *Poly. J.* **19**, 51 (1987).

7. R. G. Gossink, „Polymers for audio and video equipment", *Angew. Makromol. Chem.* **145/146**, 365 (1986).

8. R. S. Potember, R. C. Hoffmann, H. S. Hu, J. E. Cocchiaro, C. A. Viands, T. O. Poehler, „Electronic devices from conducting organics and polymers", *Poly. J.* **19**, 147 (1987).

9. E. D. Roberts, „Resists used in lithography", *Chem. Ind.*, 251 (1985).

10. G. G. Roberts, *Adv. Phys.* **34**, 475 (1985).

11. D. J. Williams, „Organische polymere und nichtpolymere Materialien mit guten nichtlinearen optischen Eigenschaften", *Angew. Chem.* **96**, 637 (1984).

Sachwortverzeichnis

A

Abriebfestigkeit 389
ABS-Copolymere 390, 397
Acrylfasern 18
Adam-Gibbs-Theorie 302
Additive 389
Affine Netzstellen-Deformation 355
Aktivierungsenergie
 – bei anionischer Polymerisation 105
 – bei kationischer Polymerisation 97
 – bei radikalischer Polymerisation 66, 79
 – bei Stufenreaktionen 41
 –, viskoses Fließen 280
Aldol-Gruppenübertragungs-Polymerisation 173
Allophanateinheiten 48
Alternierende Copolymere 4
Aminharze 23
Aminoplaste 53
Anionische Polymerisation 103
 –, Gegenioneffekte 112
 –, Initiierung 103, 111
 –, lebende 105, 108
 –, Lösungsmitteleffekte 112
 –, Molmassenverteilung 108
 –, stereoselektiv 150
 – von Styrol 104
Arrhenius-Gleichung 83
Ataktizität 141
Auflösung
 –, Resists 447
Auftriebsfaktor 230
Aufweitungsfaktor 245
Ausgeschlossenes Volumen 241
Avrami-Gleichung 274

B

Balata 342
Behinderungsparameter 244
Benzoylperoxid 59
Bewegungseinheiten 281
Bifunktionell 4
Bipolaron 466

Biureteinheiten 49

Biureteinheiten 49
Blockcopolymere 4, 129, 367
 – durch Gruppenübertragungs-
  Polymerisation 172
 –, Transformationsreaktionen 131, 133
Blowing agent 49
Boltzmann-Gleichung 176
Boltzmannsches Superpositionsprinzip 318
Boyersche Kurbelwellenbewegungen 306
Braggsche Gleichung 253
Brechungsindexinkrement 227
Brechungsinkrement 221
Butylkautschuk 24, 357

C

Carbanion 103
Carbeniumion 94
Carothers-Gleichung 31, 43
Ceiling-Temperatur 82, 84
Charakteristisches Verhältnis 244
Chinon 19
Chiral nematischer Zustand 406, 412, 439
Cholesterische Phase 406, 439
Copolymere
 –, ABS- 24
 –, alternierende 4, 116, 127
 –, Block- 4, 116, 129
 –, Definition 4
 –, EPR 24
 –, Gradienten- 130f
 –, Pfropf- 5, 116, 134
 –, SBR- 24
 –, statistische 4, 116, 365
 –, Stereoblock- 117
Copolymerisation 116
 –, Änderung der Zusammensetzung
  während der 117
 –, azeotrope 122
 –, Ringöffnende Metathese-Polymerisation
  164
 – -sdiagramm 120
 – -sgleichung 118
 – -sparameter 119

Q

R

Bücher aus dem Umfeld

Molekulare Biophysik

von Michel Daune
Aus dem Französischen übersetzt
von Stephanie Quant

1997. XVIII, 546 Seiten. Kartoniert.
ISBN 3-528-06689-X

Wie die Biophysik selber ist auch dieses
Lehrbuch interdisziplinär angelegt, denn die
Gesetze und Methoden der Physik und der
Chemie ermöglichen das Studium der Zellen von Pflanzen und Tieren auf molekularer Ebene. Im Verlauf der fünf Teile dieses
Buches schafft der Autor eine Basis, die Biophysik der belebten Welt durch die schrittweise Betrachtung von Konformation, Dynamik, Hydratation, Eigenschaften der Poly-
elektrolyte und der Assoziation der Biopo-
lymere zu verstehen. Jeder der Teile wird
durch einen Literaturanhang ergänzt.
Der Autor hat es vermieden, die in der Biophysik häufig verwendeten physikalischen
und chemischen Methoden ausführlich zu
erläutern, da die wichtigen Techniken wie
Kristallographie, NMR-Spektroskopie und
Elektronenmikroskopie in anderen Büchern
dargestellt werden. Auch die mathemati-
schen Herleitungen von Gesetzmäßigkeiten
werden stark beschränkt und eher in ver-
tiefenden Übungen und in einem Anhang
eingeübt.
Das Buch ist eine Fundgrube für Chemie-
und Physikstudenten, die sich mehr Wissen
über die molekulare Biochemie und Biophysik aneignen wollen.

Hydrodynamik

von Etienne Guyon, Jean-Pierre Hulin
und Luc Petit
Mit einem Geleitwort von P. G. de Gennes.

1997. XII, 466 Seiten.
(vieweg studium; Aufbaukurs Physik;
hrsg. von Ruder, Hanns) Bd. 76. Pb.
ISBN 3-528-07276-8

Aus dem Inhalt: Physik der Fluide - Impuls-
diffusion und Strömungsbereiche - Kinema-
tik der Fluide - Die lokalen Gleichungen der
Fluiddynamik - Erhaltungssätze - Potential-
strömungen - Wirbeldichte und Wirbeldy-
namik - Strömungen bei kleinen Reynolds-
zahlen - Laminare Grenzschichten - Hydrodynamische Instabilitäten

Neben der Herleitung und Darstellung der
fundamentalen Gleichungen enthält dieses
Lehrbuch sehr viele Beispiele und Anwendungen, so z. B. eine genaue Diskussion
des Flugmechanismus sowie der Wirkung
der verschiedenen Klappen an Flügeln, und
ist daher auch für Dozenten eine Fundgrube zur anschaulichen Auflockerung der
Vorlesung. Neben den beiden üblichen
Schwerpunktthemen „Dynamik idealer Fluide" und „Verhalten sehr viskoser Fluide"
wird das wichtige Thema „Grenzschichten"
besonders behandelt. Ein Anhang über su-
prafluides Helium - ein Beispiel für ein ideales Fluid - rundet das Stoffgebiet ab.

Verlag Vieweg · Postfach 1547 · 65005 Wiesbaden · Fax (0611) 78 78-420